中国科学院科学出版基金资助出版

食品科学与工程类系列教材

动植物检验检疫学

励建荣　主编

科学出版社

北京

内容简介

本书分为动物检验检疫和植物检验检疫两部分。动物检验检疫的主要内容包括：动物检验检疫概述、进出境动物和动物产品检验检疫工作程序、动物检验检疫技术、动物传染病检疫技术、肉品检验检疫技术、水产品检验检疫技术、乳品检验检疫技术、蛋品检验检疫技术、动物性产品中药物残留检验技术。植物检验检疫的主要内容包括：植物有害生物风险分析、植物检疫法规、进出境植物和植物产品检验检疫工作程序、植物检验检疫技术、检疫性植物有害生物。

本书是以技术为主体的实用性较强的教材，可供高等学校动植物卫生检验、食品质量与安全、食品科学与工程等专业的师生使用，也可作为动植物检验检疫机构和有关企业的参考及培训用书。

图书在版编目(CIP)数据

动植物检验检疫学/励建荣主编. —北京：科学出版社，2018.1
食品科学与工程类系列规划教材
ISBN 978-7-03-052725-7

Ⅰ. ①动… Ⅱ. ①励… Ⅲ. ①动物检疫-教材 ②植物检疫-教材 Ⅳ. ①S851.34 ②S41

中国版本图书馆 CIP 数据核字(2017)第 100668 号

责任编辑：席　慧／责任校对：杜子昂
责任印制：赵　博／封面设计：铭轩堂

科学出版社 出版
北京东黄城根北街 16 号
邮政编码：100717
http://www.sciencep.com

保定市中画美凯印刷有限公司印刷
科学出版社发行　各地新华书店经销

*

2017年12月第 一 版　开本：787×1092　1/16
2024年 6 月第七次印刷　印张：22
字数：640 000
定价：79.80 元
(如有印装质量问题，我社负责调换)

《动植物检验检疫学》编写委员会

主　　编　　励建荣　（渤海大学）
副 主 编　　崔汝强　（江西农业大学）
　　　　　　韩新锋　（四川农业大学）
　　　　　　白凤翎　（渤海大学）
　　　　　　王彦波　（浙江工商大学）
　　　　　　李学鹏　（渤海大学）
参编人员　　傅玲琳　（浙江工商大学）
　　　　　　仪淑敏　（渤海大学）
　　　　　　李婷婷　（大连民族大学）
　　　　　　都启晶　（青岛农业大学）
　　　　　　蔡路昀　（渤海大学）
　　　　　　曹爱玲　（萧山出入境检验检疫局）
　　　　　　汤轶伟　（渤海大学）
　　　　　　张德福　（渤海大学）
　　　　　　刘秀英　（渤海大学）

前　言

农产品是人类赖以生存的食物来源。我国是农业大国，农产品质量安全直接关系到人们的身体健康和社会稳定。改革开放以来，随着养殖业和种植业的飞速发展，农产品产量连年上升，对满足我国日益增长的农产品需求做出了突出的贡献。然而，为提升养殖业和种植业的效率，设施农业占有农产品市场较大份额，高密度动物养殖和反季节蔬菜种植给动物疾病和植物虫害的防治带来新的挑战，动物源性人兽共患病和植物源性有害生物的传播严重阻碍了我国农业的发展，给农林牧渔业造成重大的经济损失和高额的防治费用。同时，人兽共患病和有害生物入侵不仅对人类健康产生巨大威胁，还会危及国家经济安全及生态和社会稳定。

在农产品国际贸易活动中，对动物疫病及植物检疫性有害生物入侵的防范和对其威胁的恐惧常常引起国与国之间的贸易摩擦，成为贸易制裁的重要借口或手段，相关国家为此曾蒙受巨大的经济损失。多年的历史教训证明，动植物病虫害传入容易消灭难，一旦发生后患无穷。针对可能通过动物性食品感染人类的食源性疾病和植物有害生物进行检验检疫，防止外来病虫害的传入是保护农业生产安全和人民身体健康的重要措施。同时，动植物检验检疫与对外农产品贸易、生态环境安全都有着重大的联系。

本书分为动物检验检疫和植物检验检疫两部分。动物检验检疫以动物性产品为对象，对细菌、病毒、寄生虫、天然毒素等生物性污染物和兽药残留、渔药残留、重金属等化学性污染物的检验程序及方法，以及动物屠宰检验技术进行阐述，主要内容包括：动物检验检疫概述、进出境动物和动物产品检验检疫工作程序、动物检验检疫技术等。植物检验检疫重点介绍通过植物性产品导致的植物性危害的检验程序和方法，主要内容包括：植物有害生物风险分析、植物检疫法规、进出境植物和植物产品检验检疫工作程序等。

本书是以技术为主体、实用性较强的教材，可供高等学校动植物卫生检验、食品质量与安全、食品科学与工程等专业的师生使用，也可作为动植物检验检疫机构和有关企业的参考及培训用书。

本书的编写和出版得到科学出版社的大力支持，在此表示衷心的感谢。

编　者
2017 年 8 月

目　录

前言
绪论 ··· 1
　第一节　动植物检验检疫的概念 ··· 1
　第二节　动植物检验检疫的必要性 ·· 3
　第三节　国内外动植物检验检疫的目的和任务 ·· 6
　第四节　国内外动植物检验检疫的发展现状 ··· 7
第一章　动物检验检疫概述 ··· 11
　第一节　动物检验检疫的概念 ··· 11
　第二节　动物检验检疫的分类 ··· 12
　第三节　国内外动物检疫工作的组织与管理 ··· 13
　第四节　动物检验检疫主要法律、法规 ·· 16
第二章　进出境动物和动物产品检验检疫工作程序 ······················ 19
　第一节　进出境动物及动物产品检疫审批 ··· 19
　第二节　进境动物及动物产品检验检疫 ·· 22
　第三节　出境动物及动物产品检验检疫 ·· 27
　第四节　过境动物及动物产品检验检疫 ·· 31
　第五节　动物及动物产品检疫处理 ··· 34
第三章　动物检验检疫技术 ··· 38
　第一节　检验检疫样品采集 ·· 38
　第二节　动物检验检疫细菌学检验技术 ·· 44
　第三节　动物检验检疫病毒学检验技术 ·· 55
　第四节　其他病原微生物检验技术 ··· 61
　第五节　动物检验检疫寄生虫学检验技术 ··· 69
　第六节　现代生物技术在动物检验检疫中的应用 ··· 72
第四章　动物传染病检疫技术 ·· 76
　第一节　人畜共患病的检验检疫 ·· 76
　第二节　畜禽重要传染病的检验检疫 ··· 88
　第三节　畜禽寄生虫病的检验检疫 ··· 94
　第四节　其他动物（犬、猫、兔）重要传染病的检验检疫 ·· 100
第五章　肉品检验检疫技术 ·· 105
　第一节　概述 ··· 105
　第二节　畜禽宰前检疫技术 ··· 106

  第三节 畜禽宰后检验技术 110
  第四节 肉的新鲜度综合评价技术 116
  第五节 肉的微生物学检验技术 120
  第六节 肉制品的卫生检验 122
  第七节 食用动物油脂的卫生检验 128
第六章 水产品检验检疫技术 132
  第一节 概述 132
  第二节 水产品检验抽样技术 134
  第三节 水产品新鲜度综合检验 139
  第四节 水产品理化检验 142
  第五节 水产品细菌学检验 148
  第六节 水产品寄生虫检验 149
  第七节 水产品天然毒素检验 151
第七章 乳品检验检疫技术 159
  第一节 概述 159
  第二节 乳品取样技术 163
  第三节 乳与乳制品的理化检验 167
  第四节 乳与乳制品有毒有害物质检验 176
  第五节 乳与乳制品微生物检验 183
  第六节 乳与乳制品掺伪检测 191
第八章 蛋品检验检疫技术 196
  第一节 蛋的品质鉴定方法 196
  第二节 蛋与蛋品卫生标准的分析方法 200
第九章 动物性产品中药物残留检验技术 204
  第一节 动物性产品中兽药残留检验 204
  第二节 水产品中渔药残留检验 211
  第三节 动物性产品中农药残留检验 215
  第四节 动物性产品中非法添加物检验 221
第十章 植物有害生物风险分析 227
  第一节 植物有害生物在自然界中分布的区域性 227
  第二节 植物有害生物风险分析的历史与发展 229
  第三节 有害生物风险分析的国际标准及风险分析程序 231
  第四节 植物检疫与植物卫生 236
  第五节 转基因植物的风险评估 238
第十一章 植物检疫法规 243
  第一节 植物检疫法规的发展和类别 243
  第二节 国际性植物检疫法规 247
  第三节 中国植物检疫法规 253

第十二章 进出境植物和植物产品检验检疫工作程序 256
    第一节 进出境植物及植物产品检疫审批 256
    第二节 入境植物及植物产品检疫 259
    第三节 出境植物及植物产品检疫 263
    第四节 过境植物及植物产品检疫 265
    第五节 植物及植物产品检疫处理 267

第十三章 植物检验检疫技术 274
    第一节 常规检验检疫技术 274
    第二节 植物检验检疫新技术的应用 283
    第三节 植物检疫信息和资料的内容及收集 286
    第四节 进境原木及木质包装材料的检疫处理 289

第十四章 检疫性植物有害生物 293
    第一节 检疫性植物病原物 293
    第二节 检疫性害虫 319
    第三节 检疫性杂草 334

主要参考文献 338
附录 339

教学课件索取单

凡使用本书作为教材的高校主讲教师，可获赠教学课件一份。课件仅供教学参考，欢迎通过以下两种方式之一与我们联系。

1. 关注微信公众号"科学 EDU"索取教学课件

　　关注 → "教学服务" → "课件申请"

2. 填写教学课件索取单，拍照发送至联系人邮箱

科学 EDU

姓名：		职称：		职务：	
学校：		院系：			
电话：		QQ：			
电子邮箱（重要）：					
所授课程 1：				学生数：	
课程对象：□研究生 □本科（____年级） □其他_____				授课专业：	
所授课程 2：				学生数：	
课程对象：□研究生 □本科（____年级） □其他_____				授课专业：	
使用教材名称 / 作者 / 出版社：					

食品专业教材
最新电子书目

联系人：席　慧　　咨询电话：010-64030233　　回执邮箱：xihui@mail.sciencep.com

绪 论

第一节 动植物检验检疫的概念

一、动植物检验检疫的起源

检疫起源于14世纪，意大利威尼斯为防止当时欧洲流行的鼠疫（黑死病）、霍乱和疟疾等危险性疾病的传入，令抵达其口岸的外国船只上的人员隔离滞留在船上40d，经口岸当局观察和检查，如未发现疾病，才允许其离船登陆。其理由是，如果患有某种传染病，一般在40d之内就可能表现出来。这种原始的隔离措施，在当时对防止鼠疫等传染病的传播起过很大的作用。人们从这一做法中得到启示，"检疫"两字的内涵和应用也就逐渐扩大。

动物检验检疫源于300多年前的欧洲，当时，世界上发生了一系列重大动物疫病，造成了巨大的经济损失。为了防止疫病的传播流行，人类在长期与疫病作斗争的过程中，积累了丰富的经验，有关国家采取了制止措施，由此而产生了动物检验检疫。

随着科学技术的不断发展，人们又对进入口岸的植物及植物制品进行检疫，以防止植物病虫害及外来有害物种的侵入，由此产生了植物检验检疫。早期的防止病虫害传播法规是1660年法国卢昂地区为了控制小麦秆锈病流行而提出的有关铲除小檗（小麦秆锈病菌的转主寄主）并禁止其输入的法令。19世纪40~70年代，由于一系列灾难性病虫的远距离传播，造成爱尔兰马铃薯晚疫病的大流行。葡萄白粉病和葡萄黑腐病的相继发生，以及为害柑橘的吹绵蚧从澳大利亚传入西欧等，逐渐使越来越多的国家重视采用检疫措施以保护农业。1873年德国明令禁止进口美国的植物及其产品，以防止毁灭性的马铃薯甲虫传入。1877年英国也为此而颁布了禁令。随后，欧洲、美洲、亚洲的其他一些国家及澳大利亚等国纷纷制定植物检疫法令，并成立了相应机构执行检疫任务。当前世界上绝大多数国家都已制定了自己的植物检验检疫法规。

二、动植物检验检疫的性质、内涵及基本概念

（一）动植物检验检疫的性质与内涵

检疫具有两个基本属性：一个属性为法律的强制性，动植物检验检疫机构是执法机关，是通过执法来制止危险性有害生物的传播、蔓延。检疫执法离不开对有害生物鉴定、消毒灭菌、杀虫等科学技术的应用。另一个属性为预防性，御疫于非疫区之外，动植物检验检疫主要是针对外来危害严重、在国内未发生（或分布未广）而可能人为传播的疫情。

动植物检验检疫是包括法制管理、行政管理、技术管理的综合管理体系，它主要包含以下几个内涵：一是动植物检验检疫的目的是为了防止人们在进行各种经济活动和社会交往中，

人为地传播(传出和传入)动物疫病和植物危险性有害生物,保护本国、本地区的农、林、牧、园艺等广义的农业生产和农业生态系统的安全;促进动植物及其产品等的流通和交换,为发展农业生产和商品流通服务,并履行有关的国际义务。二是动植物检验检疫主要着眼于全局和长远利益,它所保护的是一个国家或地区,乃至若干个国家的农业生产和农业生态系统的安全,并且融经济效益、社会效益、生态效益于一体。三是动植物检验检疫所针对的有害生物主要是那些危险性大,可以通过各种人为途径传播,本国、本地区尚未发生或虽有发生但分布未广,并且在大力扑灭的动植物"危险性病、虫、杂草"。四是动植物检验检疫以法规为依据,包括国家法规、国际法规、地方政府制定的法规及两国间签订的协定或条款。动植物检验检疫的执法是由国家或地方政府授权的由动植物检验检疫法规中规定的专门机构各级检疫机构来实施的。五是动植物检验检疫不是一个单项措施,而是由一系列的措施所构成的"综合管理体系",由在流通前、中、后(进口检疫在入境前、中、后)采取的一系列预防动物疫病和植物危险性病、虫、杂草传播及在新区定殖的措施所构成的包括法制管理、行政管理、技术管理的"综合管理体系"。

(二)动植物检验检疫的基本概念

动植物检验检疫作为一项具有法律强制性的防范手段,已经在各国的农牧业生产安全和国民身体健康,以及农产品进入国际市场、引进动植物优良品种等方面,都做出了重要贡献。认识动植物检验检疫相关术语的基本含义,对于进一步理解动植物检验检疫的重要性和目的,是非常必要的。在动植物检验检疫的发展过程中,联合国粮食及农业组织(Food and Agriculture Organization of the United Nations,FAO)等国际组织,曾经向各成员方发放相关的术语表或国际标准;各国或地区对这些术语也进行了一定的描述。

关于"动植物检验检疫"这一术语,过去一般是从"动物检疫"和"植物检疫"两个角度分别解释其含义。综合考虑其特点,动植物检验检疫是旨在防止检疫性动物疫病和植物有害生物的传入、传出和(或)扩散,或确保其官方控制的一切活动。

在动植物检疫领域,动物疫病(animal disease)指的是为害或可能为害动物及动物产品的任何传染病和寄生虫病。传染病是指由特定病原微生物引起的,具有一定的潜伏期和临床表现,并具有传染性的疾病。寄生虫病是指由病原性寄生虫引起的疾病。

《中华人民共和国进出境动植物检疫法》(简称《动植物检疫法》)规定了动物、动物产品、植物、植物产品、其他检疫物的基本概念。动物是指饲养、野生的活动物,如畜、禽、兽、蛇、龟、鱼、虾、蟹、贝、蚕和蜂等。动物产品是指来源于动物未经加工或者虽经加工但仍有可能传播疫病的产品,如生皮张、毛类、肉类、脏器、油脂、动物水产品、奶制品、蛋类、血液、精液、胚胎、骨、蹄和角等。植物是指栽培植物、野生植物及其种子、种苗及其他繁殖材料等。植物产品是指来源于植物未经加工或者虽经加工但仍有可能传播病虫害的产品,如粮食、豆、棉花、油、麻、烟草、子仁、干果、鲜果、蔬菜、生药材、木材和饲料等。其他检疫物是指动物疫苗、血清、诊断液、动植物性废弃物等。

"有害生物及应检疫的有害生物(pest)"是泛指为害或可能为害动植物及其产品的任何有生命的有机体。该定义最早出现在美国的《联邦植物有害生物法》中。根据有害生物的发生分布情况、其危害性和经济重要性、在植物检疫中的重要性以及其他特殊需要的不同,有害生物可以区分为"限定的有害生物"和"非限定的有害生物"两类。"限定的有害生物"(regulated pest，RP)是指在一个国家或地区未发生或虽然有发生但正在进行官方防治的、有潜在经济重要性的有害生物，即由国家法律、法规规定的，须对其采取限制措施的有害生物，也有人称之为"潜在的危险性有害生物"。在限定的有害生物中，又进一步区分为"检疫性有害生物"和"限定的非检疫性有害生物"两种。"检疫性有害生物"(quarantine pest，QP)是指对某一地区具有潜在经济重要性，但在该地区尚未存在或虽存在但分布未广并正由官方控制的有害生物。"限定的非检疫性有害生物"(regulated non-quarantine pest，RNQP)是一种在进口国虽有广泛分布，但存在于进境的种植材料上，并将对其原有用途造成不可接受的损害的非检疫性有害生物，因而进口方的法律、法规可以规定对其采取检疫措施。

"非限定的有害生物"(non-regulated pest，NRP)，也就是已经广泛发生或普遍分布的有害生物，有些是日常生活中常见的，它们在植物检疫中没有特殊的重要性。有些危害性很大，但是各国都有发生，且大多为气流传播，一旦有少量发现，一般也不必采取检疫措施来处理，如果数量较多，也可进行除害处理，因此可称为"一般的有害生物"或非检疫的有害生物。

这些术语在以前并未被各国采用。在我国广泛使用的是"检疫对象"，但实际上两者有所不同。对进境检疫来说，"检疫对象"不仅限于检疫性有害生物，有时还包括应检疫的其他货物，在实际检疫中还应包括双边协议、协定及合同等规定的其他有害生物，有时甚至还包括一般的有害生物；对出境检疫来说，检疫对象可能是国内已发生的一些有害生物，而这些有害生物可能是进口国所关心的。因此，为便于交流，也为了与世界性检疫术语保持一致，将过去我国常用的"检疫对象"谓之"限定的有害生物"更为确切。

检疫性动物疫病和植物有害生物(quarantine animal disease and plant pest)是对受其威胁的地区具有潜在经济重要性，但尚未在该地区发生，或虽已发生但分布不广并正在由官方控制的动物疫病和植物有害生物。

第二节 动植物检验检疫的必要性

一、动物疫病及植物检疫性有害生物的危害

动物疫病及植物检疫性有害生物的传播蔓延给人类造成巨大的经济损失，它造成的直接经济代价是农、林、牧、渔业产量与质量的惨重损失及高额的防治费用；同时危及国家经济安全和社会稳定，并对人类健康产生巨大威胁。此外，它还可通过改变生态系统产生各种间接经济损失。

在国际贸易活动中，对动物疫病及植物检疫性有害生物入侵的防范和对其威胁的恐惧常常引起国与国之间的贸易摩擦，成为贸易制裁的重要借口或手段，相关国家为此曾蒙受巨大的经济损失。光肩星天牛是一种破坏性极大的林木害虫。自1996年以来，美国纽约、芝加哥等多地发生光肩星天牛的危害。据美国有关方面统计，光肩星天牛一旦在美国传播开来，将对美国槭糖业、旅游业和生态环境造成约1380亿美元的直接经济损失。长期以来，美国一直将光肩星天牛的发生归咎于中国输美货物木质包装携带入境，并以此为由，于1998年9月11日对中国所有输美货物木质包装采取了紧急检疫措施，要求所有货物木质包装在出口前必须经过熏蒸等除害处理，否则将被销毁或连同货物一并退回。之后，欧盟国家和加拿大等国也相继对我国出口木质包装提出了严格的检疫要求，严重阻碍了我国相关产品的出口。通过

中美双方合作的"星天牛种间及光肩星天牛种群间分子生物学研究"课题实验，专家发现，美国和中国的光肩星天牛基因存在显著差异，因而不支持"美国所发生的光肩星天牛是从中国传入"的观点，但是此次事件让我国出口贸易蒙受了巨大损失。

动物疫病及植物检疫性有害生物传播蔓延危及国家经济安全和社会稳定。检疫性有害生物的入侵可以危害一个国家的经济安全，损害一个国家的人民利益，甚至动摇一个社会的稳定根基。欧洲于19世纪30年代从南美洲的秘鲁引进马铃薯进行种植。与此同时，一种致病菌——马铃薯晚疫病菌也在人类毫不知情的情况下潜随而至。这种病菌遇到气候适宜时便生出大量菌丝体，造成马铃薯腐烂，生成的孢子可再次侵染。当时，人们并未意识到这一潜在的危险，而是被马铃薯诸多的优点所吸引，进行大量种植，特别是在爱尔兰几乎成为唯一的粮食作物。1845年，由马铃薯晚疫病菌引起的一场灾难降临欧洲。这一年的气候条件非常适合该病菌的繁殖，马铃薯还没等到收获就全部枯死，造成了震惊世界的爱尔兰大饥荒，致使800万居民中约100万人死亡和超过150万人流落他乡。由此可见，动物疫病及植物检疫性有害生物传播蔓延可严重影响社会的稳定与发展。

动物疫病及植物检疫性有害生物传播和蔓延威胁人类健康。动物疫病及植物检疫性有害生物传播和蔓延除了严重破坏农、林、牧、渔业生产和生态环境，影响社会稳定外，还会威胁人类健康。有研究初步表明，目前有100多种动物疫病可以传染给人类。其中真正危及人类身体健康的人畜共患病有10余种，如口蹄疫、艾滋病、疯牛病、猪链球菌病、禽流感、炭疽等。在2005年7～8月，我国广东、香港、四川资阳等地因暴发流行2型猪链球菌导致的猪和人感染事件中，共发生204例人感染猪链球菌病例，其中38例死亡。自2003年以来，禽流感在亚洲10多个国家和地区肆虐，造成数千万只家禽被宰杀销毁。高致病性禽流感不仅可以造成禽类动物死亡，还可以传染给人类，全球每年均有人因感染高致病性禽流感而死亡的案例发生。发生高致病性禽流感国家的禽肉出口受到严重限制，同时也给国民身体健康带来了极大威胁。

二、动植物检验检疫的重要性

多年的历史教训证明，动植物病虫害传入容易消灭难，而且后患无穷。加强动植物检验检疫，防患于未然，防止外来病虫害的传入是保护农业生产安全和人民身体健康的重要措施。同时，动植物检验检疫与对外贸易、生态环境都有着重大的联系。

（一）动植物检验检疫与对外贸易

在全球经济一体化，贸易自由化进程不断加快的今天，国际农产品贸易摩擦此起彼伏。动植物检验检疫在确保国内急需的动植物及其产品安全引进、促进农产品出口和保护国内农产品市场方面的作用越来越显著。中国是一个农业大国，出口创汇的产品仍有极大的潜力有待开发，外贸部门与动植物检验检疫机关应加强合作，共同努力不断开拓新产品，冲破国际上的检疫壁垒，让更多的动植物创汇农产品走向国际市场。中国还履行和承担国际动植物检疫协议、条约的义务，通过执行贸易合同、科技合作协议的动植物检疫条款，既保护了经济的发展，又提高了中国外贸的信誉。

国外动植物优良品种(如蛋鸡、肉鸡、奶牛、肉牛、水果、蔬菜等)和农产品被引进的数量逐年增多。国家十分重视对国外引进动植物、动植物产品及其他检疫物的检疫工作。2011

年2月，广东省出入境检验检疫局从意大利和丹麦进境的两批菠菜种子中检疫截获藜草花叶病毒，这是近几年来我国首次截获该病毒。美澳型核果褐腐病菌是我国禁止进境的检疫性真菌有害生物，2011年广州白云机场口岸从美国输华樱桃中截获可疑病果，病果表面有微小的圆形褐色病斑。保湿培养4d后，病斑迅速扩展至全果，并簇生绒状灰白至灰黄色菌落，导致果实腐烂。经对分离物进行形态学观察和ITS序列分析，将病菌鉴定为美澳型核果褐腐病菌，从进境美国樱桃大宗货物中截获该病菌在我国尚属首次。通过有效的检验检疫措施，降低了我国对外贸易的风险。

(二)动植物检验检疫与生态环境

动植物检验检疫工作做好了，把危险性病虫害拒之于国门之外或消灭在扩散之前，起到了防患于未然的作用；同时也起到了保护环境、保护生态平衡的作用。众所周知，一种检疫性病虫害传入容易消灭难，根治更难。当一种病虫害传入后给农业、林业、畜牧业生产造成了危害，人们往往要动用大量的人力、物力、财力来防治它。事实上，减少危害可以做到，但要消灭它很不容易。面对动物性疫病的肆虐，只能大量使用兽药进行疾病的防治，这为动物性食品安全带来了隐患。同时，植物受到病虫危害，每年都要使用大量农药来防治，这使得人们经济上受到重大损失。更主要的是，连年大量使用农药不但污染了环境，而且杀伤了害虫或病菌的天敌和其他有益的生物。长期大量使用一种农药还能使害虫和病菌产生抗药性，再加上天敌和有益生物的杀伤，使病虫更猖獗。为了减轻危害需使用更多的农药，这样土壤中农药积累越来越高，收获的农作物中农残含量也越来越高，如此恶性循环，环境污染日趋严重，使生态失去平衡，生态效益受到严重破坏，长此下去，人类自身将会受到难以抗拒的惩罚。生态效益还有一个特点是难以逆转性。当生态严重失去平衡时，要让它恢复平衡往往不是一件容易的事，而需要较长时间的精心保护。农业生产不是在实验室中进行，它生产周期长，受大自然影响大，又不能停顿，加上生物本身有各自的发展规律，有时人为的控制往往显得无能为力。所以人们应充分发挥动植物检验检疫的预防作用，尽量保持生态的自然平衡，使农业、林业生产获得更大的生态效益。

在人类文明的早期，陆路和航海技术尚不发达，自然界中的生态平衡并没有受到太大破坏。在自然条件下，一颗蒲公英的种子可能随风飘荡几十千米后才会落地，如果各种条件适合，它会在那里生根、发芽、成长；山间溪水中的鱼虾可能随着水流游到大江大河中安家落户。凡此种种，都是在没有人为干预的条件下缓慢进行的，时间和空间跨度都非常有限，因此不会造成生态系统的严重失衡。如果一个物种在新的生存环境中不受同类的食物竞争以及天敌伤害等诸多因素制约，它很可能会无节制地繁衍。1988年，几只原本生活在欧洲大陆的斑贝(一种类似河蚌的软体动物)被一艘货船带到北美大陆。当时，这些混杂在仓底货物中的"偷渡者"并没有引起当地人的注意，它们被随便丢弃在五大湖附近的水域中。然而令人始料不及的是，这里竟成了斑贝的"天堂"。由于没有天敌的制约，斑贝的数量便急剧增加，五大湖内的疏水管道几乎全被它们"占领"了。到目前为止，人们为了清理和更换管道已耗资数十亿美元。来自亚洲的天牛和南美洲的红蚂蚁是另外两种困扰美国人的"入侵者"，前者疯狂破坏芝加哥和纽约的树木，后者则专门叮咬人畜，传播疾病。

"生物入侵者"在给人类造成难以估量的经济损失的同时，也对被入侵地的其他物种以及物种的多样性构成极大威胁。第二次世界大战期间，棕树蛇随一艘军用货船落户美国关岛，这种栖息在树上的爬行动物专门捕食鸟类、偷袭鸟巢、吞食鸟蛋。从第二次世界大战至今，关岛本地的 11 种鸟类中已有 9 种被棕树蛇 "赶尽杀绝"，仅存的两种鸟类的数量也在与日俱减，随时有绝种的危险。一些生物学家在乘坐由关岛飞往夏威夷的飞机上曾先后 6 次看到棕树蛇的身影。他们警告说，夏威夷岛上没有任何可以扼制棕树蛇繁衍的天敌，一旦棕树蛇在夏威夷安家落户，该岛的鸟类将在劫难逃。

许多生物学家和生态学家将 "生物入侵者" 的增多归咎于日益繁荣的国际贸易，事实上许多 "生物入侵者" 正是搭乘跨国贸易的 "便车" 达到 "偷渡" 目的的。以目前全球新鲜水果和蔬菜贸易为例，许多昆虫和昆虫的卵附着在这些货物上，其中包括危害性极大的害虫，如地中海果蝇等。尽管各国海关动植物检验检疫中心对这些害虫严加防范，但由于进出口货物数量极大，很难保证没有漏网之 "虫"。此外，跨国宠物贸易也为 "生物入侵者" 提供了方便。近年来，由于引进五彩斑斓的观赏鱼而给某些地区带来霍乱病源的消息时常见诸报端。一些产自他乡的宠物，如蛇、蜥蜴、山猫等，往往会因主人的疏忽或被遗弃而逃出藩篱，啸聚山林，为害一方。一些生物学家指出，一旦某种 "生物入侵者" 在新的环境中站稳脚跟并大规模繁衍，其数量将很难控制。即使在科学技术高度发达的今天，面对那些适应能力和繁殖能力极强的动植物，人们仍束手无策。

第三节　国内外动植物检验检疫的目的和任务

动植物检验检疫的目的和任务主要有三点。

一是保护农、林、牧、渔业生产，使其免受国际上重大疫情灾害影响。防止动物传染病、动物寄生虫、植物危险性病菌和害虫、杂草及其他有害生物等检疫对象和其他危险疫情传入、传出，对于保护国家农、林、牧、渔业生产安全，履行国家之间签订的检疫协定书的义务具有重要作用。

二是维护国家经济权益与安全，促进对外贸易顺利进行和持续发展。世界各主权国家为保护人民身体健康，保障工农业生产、基本建设、交通运输和消费者的安全，相继制定有关动植物及其产品的检疫法规、检疫传染病的卫生检疫法规，规定有关产品进口或携带、邮寄入境，都必须持有由出口国官方检验检疫机构证明符合相关安全、卫生与检疫法规标准的证书，甚至规定生产加工企业的质量与安全卫生保证体系，必须经过出口国或进出口国官方注册批准，并使用法规要求的产品标签和合格标志，其产品才能取得市场准入资格。许多法规标准已形成国际法规标准。出入境检验检疫是合理利用国际通行的非关税技术壁垒手段，保证中国对外贸易顺利进行和持续发展的需要。中国检验检疫机构对出口产品或我国生产加工企业的官方检验检疫与监管认证，是突破国外的贸易技术壁垒，取得国外市场准入资格，并使我国产品能在国外顺利通关入境的保证。中国检验检疫机构加强对进口产品的检验检疫和对相关的国外生产企业的注册登记与监督管理，是采用符合国外通行的技术贸易壁垒的做法，以合理的技术规范和措施保护国内产业及国家经济的顺利发展，保护消费者的安全健康与合法权益，建立起维护国家根本利益的可靠屏障。加强对重要出口商品质量的强制性检验是为了促进提高中国产品质量及其在国际市场上的竞争能力，以利扩大出口。

三是保护人民身体健康。动植物及其产品与人的生活密切相关。许多疫病是人畜共患的传染病。据有关方面不完全统计，目前动物疫病中，人畜共患的传染病已达 196 种。动物检疫对保护人民身体健康具有非常重要的现实意义。有些外来的植物疫情如毒麦、假高粱、豚草、阿米草、曼陀罗在超量的情况下，也会造成严重的人畜中毒后果。另据国外报道，关于杀人蜂、螺旋蝇，以及许多疫病媒介昆虫如库蠓类等，由于其会对人类安全构成较大的威胁，也引起了广泛的社会关注。许多动植物的检疫问题，会因疫病的突发而造成社会的不安定，有时还需政府领导人出面解决。

第四节　国内外动植物检验检疫的发展现状

实施强制性的动植物检验检疫已成为世界各国的普遍制度。据统计，参加乌拉圭谈判，并最终签署《实施卫生与植物卫生措施协议》(SPS)的国家或地区有 117 个。纵观动植物检验检疫现状，近年来国际上对动植物检验检疫等措施的要求越来越高，这主要涉及国际贸易，总体趋向是减少检疫等对贸易的限制。无论是 WTO 还是 FAO，都十分关注动植物检验检疫对贸易的影响，要求各国公开检疫体制、政策。

（一）国外动植物检验检疫的发展现状

1. 世界各国动植物检验检疫的基本类型　按照各国的地理位置、自然环境、资源禀赋和经济社会发展水平，将世界范围的动植物检疫分为自然环境优越型、发达国家型、经济共同体型、发展中国家型和工商业城市型 5 种类型。

1) 自然环境优越型　自然环境优越型的特点是这些国家具有独特的自然地理条件，是岛国或半岛国，如澳大利亚、日本、韩国和新西兰这样的岛国，经济基础好，农牧业比较发达，动植物检疫设施和检疫能力强。出于保护自身的需要，实施极为严格的进口动植物检验检疫措施，而对出口动植物检验检疫较松。一般是根据进口国家的动植物检疫要求进行检疫和出证。例如，澳大利亚和新西兰除引进少数优良品种外，基本上不进口农产品，即使进口也要求非常严格。

2) 发达国家型　发达国家型的特点是经济发达，技术先进，体系健全，动植物检疫的国家能力、管理能力和研究能力较强。由于这些国家农业发达，出于对本国农业、市场和对外贸易等利益需要，其对外动植物检验检疫的要求、措施和标准很高，往往凭借其经济、技术、信息优势制造技术性贸易壁垒，限制他国农产品的进口。这类国家如美国和加拿大，虽然具有很长的边境线，但疫情比较清楚，两国之间的检疫措施较宽松，但对外检疫并不比岛国或半岛国松，出口检疫也比较宽松。

3) 经济共同体型　经济共同体型的特点是这些国家形成经济政治联合体，如欧盟有统一的外围边界，奉行共同的农业政策，包括检疫政策，这种特殊的环境产生了特殊而有效的检疫管理模式。成员方通过将欧盟检疫法规本国化，执行统一的检疫政策，形成完备的法规体系。在共同体国与国之间的检疫措施放松，但是共同体对来自欧共体以外的国家的检疫要求仍十分严格。同时，其检疫做法又有很强的针对性和灵活性。例如，出口动植物检疫各成员方拥有自主权，可以对欧盟以外的国家进行单独谈判达成协议，而进口动植物检验检疫各成员享有欧盟待遇，欧盟外国家如需要向欧盟出口货物要得到各成员认可，即欧盟的同意。

4) 发展中国家型　发展中国家型的特点是经济基础较差，农业生产不够发达，技术相对落后，实施动植物检疫的国家能力、管理能力和研究能力都比较薄弱，对突发一种动物疫病或植物检疫性有害生物的早期诊断和监测困难，一旦发现一种动物疫病或植物检疫性有害生物时，往往已经扩散蔓延，难以根除和封锁控制。因此，在逐步对外开放的过程中，尽管选择了比较严格的进出口动植物检验检疫措施，仍然处于相对被动的地位。一方面采取了严格的进口动植物检验检疫措施，时常遭到出口国家，尤其是发达国家的指责，而防止外来动物疫病或植物检疫性有害生物的传入和蔓延仍困难重重。另一方面尽管也采取了严格的出口动植物检验检疫措施，但往往难以达到进口国家的要求，特别是发达国家的动植物检验检疫要求和技术标准。出口动植物检验检疫也十分困难。泰国、马来西亚、印度尼西亚、印度及部分美洲、非洲国家就属于这类国家。

5) 工商业城市型　工商业城市型的特点是这些国家或地区是农牧业贫乏的自由贸易区或城市化工业化国家，如新加坡等。这些国家或地区也存在动植物检疫机构，对进口活动物、植物实行许可制度，并且对进口种子、种畜有严格的检疫要求，但对进口动植物产品要求不严，旅检工作较松，出口主要按进口国的检疫要求进行检疫出证或履行国际协定中应尽的义务。

2. 国际动植物检验检疫发展的趋势　以《实施卫生与植物卫生措施协议》(SPS)为核心的一系列协定、协议和标准的制定，引起了全球动植物检疫管理体制和做法的巨大变革。国际动植物检验检疫发展的趋势有如下特点：动植物检疫保护范围进一步扩展，保护农业生产、人类健康和生态环境的责任越来越重大；动植物检疫必须适应和服务于经济贸易的发展；动植物检验检疫措施的国际化进程不断加快；检验检疫新技术将逐步得到应用，检疫除害处理技术也趋于无害化。

(二) 中国动植物检验检疫的发展现状

1. 中国动植物检验检疫的历史　据史料记载，我国最早的动物检验检疫出现在1903年。由于清政府在1896年允许沙俄在东北修建中东铁路，为解决修路人员的供给，1903年在中东铁路管理局设立了铁路兽医检疫处，检疫来自沙俄的各种肉类食品。我国早期的动植物检疫带有显著的半殖民地色彩，这是由于1840年鸦片战争后欧美各国迫使清政府签订了一系列不平等条约，使中国的对外贸易为各列强所控制，动植物检疫也同样随列强的意愿而为之。例如，1913年，英国为了防止牛、羊疫病的传入，禁止病畜皮毛进口，在上海的英国商人为了贸易的需要，聘请英国兽医到上海做出口检验，并签发兽医证书。

中国官方最早的动物检验检疫机构出现于1927年，在天津成立了"农工部毛革肉类出口检查所"，最早的检验检疫法规是同年制定的《毛革肉类出口检查条例》及与此条例相配套的《毛革肉类出口检查条例实施细则》，可以说是国外的压力及国内商人的强烈要求促使了这一官方机构及法规的出现。1922年，美国曾以中国无国家兽医出口检查机关为由禁止中国肉类的进口；后又颁布关于限制毛革肉类进口的法令，该法令规定自1927年12月1日起，凡未经政府兽医机关检验，没有按规定式样签发兽医证书的猪、羊肠衣禁止进口。迫于这样的压力，中国政府决定在通商口岸建立毛革肉类出口检查所，并配备兽医人员及设备，执行动物检验检疫。

中国最早提出设立植物检验检疫机构的设想是在20世纪20年代。自从1840年鸦片战争后，帝国主义列强打破了旧中国闭关锁国的状态，清朝、民国政府被迫开放门户，英、美、法、日、德、俄等一方面倾销其工业品，另一方面大肆掠夺中国的农产品原料，如大豆、烟叶等。在无海关权的情况下，植物检验检疫只是保护帝国主义利益的工具。1921年英国驻华使馆照会中国政府，要求执行英国政府颁布的"禁止染有病虫害植物进口章程"之后，外商竟在中国开设检验所、检验室及公正行等从事农产品检疫的机构并签发证书。1928年，浙江建设厅张祖纯先生向中国政府农矿部报送了《呈请农矿部创设植物检查所详细计划书》，同时起草了《农矿部植物检查所经费预算》《植物病虫害检查规则》《植物病虫害检查规则施行细则》等规范性文件。根据国外的习惯做法，张先生还编制了"植物进口检查请求书""植物病虫害检查证书""植物出口检查请求书""病菌害虫标本进口许可请求书""邮寄植物输入检查请求书""病菌害虫进口检查请求书""免检标签"及"检查标签"等数种格式，这是中国最早的植物检疫证书。同年12月，中国政府农矿部正式公布了"农产物检查条例"，并先后在上海、广州设立了农产物检查所，开展进出口农产品的品质检查和病虫害检验。1929年，为改变中国商品检验长期为外国人所把持的局面，政府工商部在上海、天津、青岛、汉口、广州等地设立商品检验局。1929年农矿部颁布了《农产物检查条例实施细则》及《农产物检查所检查农产物处罚细则》。为保证植物检疫工作有法可依，1932年12月14日实业部公布了《商品检验法》，检验项目包括植物病虫害、种苗检验等，这是中国最早的商品检验法规，开创了中国对进出口商品实施法定检验的先河。

1937年抗日战争爆发，各商品检验局的工作被迫中止。1945年抗日战争胜利后，由于内战的影响，加上外国概不承认中国的检疫证书，植物检疫处于名存实亡的境地。至新中国成立时除上海商品检验局还有少数植物检疫人员外，其他地方的检疫工作已完全停止。

1949年10月1日新中国成立，我国动植物检验检疫事业取得了新的进展。1965年以前对外动植物检验检疫工作由对外贸易部门主管，检疫工作重点是放在出口农产品的检疫上，为此我国政府制定了《输出输入农、畜产品检验暂行标准》《输出输入植物检疫暂行办法》《输出输入植物应施检疫种类与检疫对象名单》《各国禁止或限制输入植物检疫对象名单》等。同年起，进出口动植物检疫交由农业部管理(动物产品仍由商检局办理)，并在27个口岸建立了动植物检疫所，初步形成全国对外动植物检验检疫机构体系。

20世纪60年代末期，刚刚步入正轨的中国动植物检验检疫工作受到了极大的冲击和破坏。1978年后，我国进入了以经济建设为中心的新时期，改革开放给国家的社会主义经济带来了新的活力，对外贸易活动也空前活跃。因此，国务院于1981年9月24日批准成立中华人民共和国动植物检疫总所(1995年更名为国家动植物检疫局)，统一管理全国口岸所的业务工作。1982年6月，国务院颁布了《中华人民共和国进出口动植物检疫条例》；1983年1月，国务院颁布了我国第一个《植物检疫条例》；1991年10月30日第七届全国人民代表大会常务委员会通过并实施的《中华人民共和国进出境动植物检疫法》，以法律的形式明确动植物检疫的宗旨、性质和任务，标志着中国动植物检疫事业进入了一个新的发展时期；1997年7月3日，国家主席令第八十七号颁布了《中华人民共和国动物防疫法》，于1998年1月1日起正式实施，标志着中国国内动植物检疫与进出境动植物检疫一并走上了法制管理的道路。

2. 中国动植物检验检疫的现状 针对新的形势，中国政府对进出境动植物检疫工作及机构进行了及时的调整。1998年，中华人民共和国出入境检验检疫局(副部级单位)成立，由原国家商品检验局、国家动植物检疫局、国家卫生检疫局3家机构调整后组成，归属海关总署，内设动植物检疫监管司，全面负责进出境动植物检疫工作。2001年，国家质量技术监督局和国家出入境检验检疫部门合并组成中华人民共和国质量监督检验检疫总局(正部级单位),进出境动植物检疫工作仍由动植物检疫监管司全面负责。加入 WTO 是我国高瞻远瞩、审时度势做出的战略决策,标志着中国的改革开放事业进入一个全新的时代。WTO 总干事麦克摩尔指出:"中国加入 WTO 对中国和国际经济体来说都是一个历史性的事件。"加入 WTO 对中国经济的巨大影响在中国加入 WTO 后的第一年即显示出来,2002 年中国国际贸易总量跃居世界第 5 位,进出口总量占世界贸易总量的 3.5%,外来投资首次超过美国,跃居世界第一位。不可忽视的是,加入 WTO 在给中国动植物检疫事业发展带来前所未有的机遇的同时也带来了巨大的挑战,中国动植物检疫任重而道远。

中国的动植物检验检疫已有百余年的历史,在经历了 1949 年以前的无权、无为的痛苦历程后,于新中国成立后才得到新生,并在改革开放时期获得飞速发展。加入 WTO,为我国动植物检验检疫事业带来了新的机遇和挑战。我国的动植物检验检疫现已形成一个捍卫国家动植物检验检疫主权,保卫农、林、牧、渔业生产安全,保护人民身体健康和促进对外经济贸易发展的重要体系,并为动植物检验检疫全球化、一体化奠定了坚实的基础。

---复习思考题---

1. 世界各国进行动植物检验检疫的目的是什么?
2. 世界动植物检验检疫的类型主要有哪些?
3. 解释什么是动物疫病、有害生物、植物有害生物、检疫性有害生物、动植物检验检疫。

第一章 动物检验检疫概述

第一节 动物检验检疫的概念

动物检验检疫是遵照国家法律，运用强制性手段和科学技术方法预防或阻断动物疫病的发生，以及从一个地区到另一个地区间的传播。动物检验检疫的目的和任务：一是保护农、林、牧、渔业生产安全。众所周知，农、林、牧、渔业生产在世界各国国民经济中占有非常重要的地位。采取一切有效的措施免除重大疫情的灾害，是每个国家动物检疫部门的重大任务。二是促进经济贸易的发展。当前国际间动物及动物产品贸易的成功与否，具有优质、健康的动物和产品是关键，而动物检验检疫工作是保证动物健康的关键。三是保护人民身体健康。动物及其产品与人的生活密切相关。许多疫病是人畜共患的传染病，据有关方面不完全统计，目前动物疫病中，人畜共患的传染病已达196种。1996年，在世界范围内引起广泛关注的疯牛病（BSE）风波，之所以引起广泛关注是因为疯牛病与人的健康有密切关系。因此，动物检验检疫对保护人民身体健康具有非常重要的现实意义。

动物检验检疫源于300多年前的欧洲，当时，世界上发生了一系列重大动物疫病，造成了巨大的经济损失。为了防止疫病的传播流行，人类在长期与疫病作斗争的过程中，积累了丰富的经验，有关国家采取了制止措施，由此而产生了动物检验检疫。中国动物检验检疫始于20世纪30年代，历经数十年，目前已形成了较完善的动物检疫体系。中国在对外开放的港口、机场、车站和各省（直辖市、自治区）都设有动物检疫机关，担负着进出境动物和动物产品的检疫任务。此外，各省（直辖市、自治区）政府所在地设有本地区动物防疫和检疫机构，形成了一个强大的动物检疫体系。

动物检验检疫工作得以正常运行和发展并发挥其应有的作用，是以有关的检疫法规作为根本保证的。目前涉及动物检验检疫方面的法规有《中华人民共和国进出境动植物检疫法》《中华人民共和国进出境动植物检疫法实施条例》和《中华人民共和国动物防疫法》及有关的配套法规，如《中华人民共和国进境动物一、二类传染病、寄生虫病名录》《中华人民共和国禁止携带、邮寄进境的动物、动物产品及其他检疫物名录》等。《进出境动植物检疫法》是中国动植物检疫的一个重要法律，它对动物检疫的目的、任务、制度、工作范围、工作方式，以及动检机关的设置和法律责任等作了明确的规定。《进出境动植物检疫法》和《动物防疫法》都是为了预防和消灭动物传染病、寄生虫病，保护畜牧业生产和人民身体健康而制定的。而《进出境动植物检疫法》主要是进出境动物检疫方面的内容，《动物防疫法》是立足国内动物防疫和检疫方面的规定。

中国经济的发展举世瞩目，每年以较大的幅度增长，国际间的双边贸易量也越来越大，动物检验检疫的合作与交流也越来越频繁，其作用也显得越来越重要。目前中国政府和荷兰、蒙古国、朝鲜、阿根廷、乌拉圭、巴西等国政府签署了动物检疫和动物卫生合作协定；并先后与美国、加拿大、阿根廷、乌拉圭、巴西、日本、新西兰、澳大利亚、泰国、蒙古国、英国、法国、丹麦、德国、荷兰、意大利、奥地利、芬兰、以色列、博茨瓦纳、津巴布韦、俄罗斯、哈萨克斯坦等国家签署了双边输入和输出牛、羊、猪、马、禽、兔等动物及动物产品的单项检疫议定书共100多个。中国动物检验检疫是世界各国动物检疫家族中的一员并起着重要的作用，为世界上的动物检验检疫事业做出了应有的贡献。

按照我国动物防疫检疫的有关规定，凡在国内生产流通或进出境的动物及其产品、运载工具，均属动物检疫的范围。主要包括动物检疫的实物范围和动物检疫的性质范围。

进出境动物检疫的范围包括动物，动物产品，其他检疫物，装载动物、动物产品和其他检疫物的装载容器及包装物，来自动物疫区的运输工具。①动物是指饲养、野生的活动物，如畜、禽、兽、蛇、龟、虾、蟹、贝、蚕、蜂等。②动物产品是指来源于动物未经加工或虽经加工但仍有可能传播疫病的产品，如生皮张、毛类、肉类、脏器、油脂、动物水产品、奶制品、蛋类、血液、精液、胚胎、骨、蹄、角等。③其他检疫物是指动物疫苗、血清、诊断液、动物性废弃物。动物及其产品运载工具包括车、船、飞机、包装物、饲料和铺垫材料、饲养工具等。上述三类为动物检验检疫的实物范围。

动物检验检疫的性质范围主要指生产性检疫、贸易性检疫、非贸易性检疫、观赏性检疫、过境检疫。生产性检疫包括对农场、牧场、部队、集体、个人饲养的动物实施检验检疫；贸易性检疫包括对进出境、市场贸易、运输、屠宰的动物及其产品实施检验检疫；非贸易性检疫则是指对国际邮包、展品、援助、交换、赠送、旅客携带的动物及其产品实施检验检疫；观赏性检疫指对动物园的观赏动物、艺术团的演艺动物实施检验检疫；过境检验是指对通过国境的列车、汽车、飞机等运载的动物及其产品实施检验检疫。

动物检验检疫对象是指动物检疫中政府规定的动物疫病(传染病和寄生虫病)。主要包括人畜共患疫病，危害性大而目前预防控制有困难的动物疫病，急性、烈性动物疫病，以及我国尚未发现的动物疫病。我国动物检验检疫的对象由农业部规定和公布，各省、自治区和直辖市的农牧部门可从本地区实际需要出发，根据国家规定的检疫对象适当增减，列入本地区检疫对象中。农业部[1999]96号公告公布全国动物检疫对象共分三类116种。一类(14种)：口蹄疫、猪水疱病、猪瘟、非洲猪瘟、非洲马瘟、牛瘟、牛传染性胸膜肺炎、牛海绵状脑病、痒病、蓝舌病、小反刍兽疫、绵羊痘和山羊痘、禽流行性感冒(高致病性禽流感)、鸡新城疫。二类(64种)：①多种动物共患病(9种)；②牛病(8种)；③绵羊和山羊病(2种)；④猪病(10种)；⑤马病(5种)；⑥禽病(14种)；⑦兔病(4种)；⑧水生动物病(3种)；⑨蜜蜂病(9种)。三类(41种)：①多种动物共患病(6种)；②牛病(5种)；③绵羊和山羊病(8种)；④马病(5种)；⑤猪病(3种)；⑥禽病(5种)；⑦鱼病(2种)；⑧其他动物病(7种)。

进出境动物检疫对象由国家进出境检验检疫局规定和公布，贸易双方国家签订有关协定或贸易合同也可以规定某种动物疫病为检疫对象。根据1999年重新修订的《国际动物卫生法典》，世界卫生组织将危害畜牧业较严重、各成员方必须通报的动物传染病和寄生虫病分为A、B两类。A类疫病15种(在全球范围内超越国境传播的)，B类疫病67种(属于地方流行性疫病)。

第二节 动物检验检疫的分类

动物检验检疫主要包括国内检疫和国境检疫两大类。

1. 国内检疫 简称内检，是指产地检疫、屠宰检疫、运输动物防疫监督和市场防疫监督等工作。

动物产地检疫是指动物及其产品在离开饲养、生产地之前由动物卫生监督机构派官方兽医所进行的到现场或指定地点实施的检疫。动物产地检疫是一项维护养殖业和环境公共卫生安全的重要工作，因此，国家将越来越重视动物产地检疫，动物卫生检疫机构的工作任重道远。通过动物产地检疫，一是可以防止染疫的动物及其产品进入流通环节；二是通过执法手段，切断运输、屠宰、加工、储藏和交易等环节，防止动物疫病蔓延；三是防止人畜共患疫病的流行；四是将动物疫病的发生最大程度地局限化；五是及时发现危害公共卫生安全的迹象，并采取强有力的措施将其消除；六是通过动物产地检疫在为消费者提供安全生活必需品时还可给予身心的愉悦；七是可以借助检疫工作加快推进动物养殖周边环境的环保工作，净化空气，促进绿色低碳经济的发展等，确保动物源性产品的质量安全。

屠宰检疫是指对被宰动物所进行的宰前检疫和在屠宰过程中所进行的同步检疫。其中，宰前检疫是对待宰动物进行活体检查；屠宰的同步检疫是在屠宰过程中，对其胴体、头、蹄、脏器、淋巴结、油脂及其他应检疫部位按规定的程序和标准实施的检疫。

运输动物防疫监督是为了保护各省、自治区、直辖市免受动物疫病的侵入，防止动物疫病远距离跨地区传播和减少途病、途亡，对动物、动物产品在公路、水路、铁路、航空等运输环节进行的监督。及时查出不合格的动物、动物产品，对防止动物疫病远距离传播，可以起到重要的把关作用，能促进产地检疫工作的开展，也为市场检疫监督奠定了良好的基础。

2. 国境检疫 又称进出境检疫、口岸检疫，简称外检，包括进境检疫、出境检疫、过境检疫、携带及邮寄检疫等方面。

出境检疫包括出境动物检疫、出境动物产品检疫和出境动物疫苗、血清、诊断液等其他检疫物的检疫。出境动物检疫是指对输出到其他国家和地区的种用、肉用或演艺用等饲养或野生的活动物出境前实施的检疫。出境动物产品检疫是指对输出到其他国家和地区的、来源于动物未经加工或虽经加工但仍然有可能传播疫病的动物产品实施的检疫。

过境动物必须是经输出国（地区）检验检疫合格的，并有输出国（地区）官方机构出具的动物检疫证书。

境外动物、动物产品在事先得到批准的情况下，允许途经中华人民共和国国境运往第三国。动物产品必须以原包装过境，在我国境内换包装的，按入境产品处理。根据《中华人民共和国动植物检疫法》及其实施条例，检验检疫机构对过境动物和动物产品依法实施检验检疫和全程监督管理。

携带动物、动物产品和其他检疫物进境的，进境时必须向海关申报并接受口岸动物检疫机关检疫。海关应当将申报或者查获的动物、动物产品和其他检疫物及时交由口岸动植物检疫机关检疫。未经检疫的，不得携带进境。

第三节 国内外动物检疫工作的组织与管理

一、国外动物检验检疫工作的组织与管理

（一）国外动物检验检疫管理体制

国外动物检验检疫管理体制，由官方兽医制度以及垂直管理的兽医机构组成，其主要特

征是，由国家考核任命和授权的兽医官作为动物卫生监督执法主体，通过实行全国范围的或省级的垂直管理，对动物疫病防治及动物产品生产实施独立、公证、科学和系统的兽医卫生监控，保证动物及其动物产品符合兽医卫生要求，切实降低疫病和有害物质残留风险，确保畜牧业生产和食品安全，维护人类和动物的健康。

世界多数国家实行官方兽医制度，但具体做法不尽相同，官方兽医的称呼也不完全一致，但在管理上有着明显的共性。首先，他们都是依据世界卫生组织制定的标准、准则或建议，在本国的法律和标准体系中，突出了兽医统一的、全过程的管理，即不仅包括饲养、屠宰、加工、运输、储藏、销售、进出口的全过程，也包括相关的场所、环境、设施、工艺、操作规程和操作方法，还包括了科研、实验、检验机构，以及兽医诊疗管理、动物福利各个方面。这种管理方式较好地保证了动物产品生产全过程的兽医监督，把动物疫病防治和动物性食品安全的风险降到了最低水平。其次在管理体制方面，他们基本上都采用了兽医机构"垂直"管理的制度。目前，官方兽医制度已经成为评价一个国家动物卫生管理能力的主要指标，是畜产品安全监管能力国际认可度的重要标志。

(二)国外的动物检验检疫工作

1. 企业动物卫生认证与注册　目前，世界各国均通过世界贸易组织/实施卫生与植物卫生措施协议/技术性贸易壁垒协议(WTO/SPS/TBT 协议)要求的合格评定程序，对动物源性产品企业实行相关的认证和注册。合格评定程序是指直接或间接用来确定产品是否达到技术法规或标准要求的程序。合格评定程序的内容主要包括两大类：一是对产品的安全、功能特性等进行的实验室检测程序，即产品认证；二是由国家认可机构对企业内部质量管理或环境管理等进行的认可程序，即所谓体系认证。其中，产品认证又分为安全认证和合格认证两种。安全认证是强制性的，合格认证和体系认证是自愿的。

2. 边境检验检疫　根据 SPS 的规定，各国均在其边境的附近位置设置边境检疫站，其主要职能是对进出境的动物和动物产品进行检疫。出口动物及其动物产品的检疫则主要依靠国内动物疫病控制计划、监测计划的监测检验结果和临床检查，边境检疫站只做健康检查，并由官方兽医签发国际动物卫生证书。

3. 屠宰检验检疫　由于国外的动物屠宰企业均实行了动物卫生管理体系认证，故屠宰检疫主要是实施监督检查职责，并通过屠宰检疫具体检查致病微生物，即传染病和寄生虫。加之可共享饲养及运输过程中的全部动物卫生信息，故屠宰检疫在食品安全方面的保障作用是显而易见的。

4. 流通控制(跨省运输、出入境检验检疫)　在发达国家，动物的基本流通模式为：无疫病区→无疫病区；无疫病区→监测区→缓冲区→疫区；无疫病区→疫病低度流行区→疫区；严格禁止染疫或疑似染疫动物反向流动。

5. 进出口检验检疫引入风险管理　在 WTO/SPS 协议的框架下，目前世界各国普遍实施进境动物及其产品的风险评估。除此以外，进出口贸易双方还要对各自相关的出口企业分别进行相互的认证和注册，以确保出口的动物源性产品的质量与安全。

二、国内动物检验检疫工作的组织与管理

(一)国内动物检验检疫管理体制

1. 动物检验检疫管理体制现状　在我国，动物检验检疫管理体制划分为国内检验检

和出入境检验检疫两个管理体制,分别隶属于农业部和国家质量监督检验检疫总局(以下简称国家质检总局)。国内检验检疫和出入境检验检疫分别依据《中华人民共和国动物防疫法》和《中华人民共和国出入境动植物检疫法》进行。在技术层面,两个不同的检验检疫系统分别执行不同的法律、法规和技术标准体系。

一直以来,我国畜产品的产业链从养殖、加工、流通到国际贸易都实行部门分段管理和交叉管理,不利于兽医工作的统一实施,已影响了动物疫病的控制和动物源性食品安全保障整个链条的运行。按照《国家动物卫生法典》的有关原则,动物饲养和动物产品的生产、加工、运输等活动都必须在政府的官方兽医体系监控之下,要达到这种格局,兽医工作就必须实施统一管理。为此,国家已经启动了兽医管理体制改革。

2. 动物检验检疫管理体制的改革 2004年7月,农业部增设兽医局,专司动物防疫监督、检验检疫和兽药监管;2005年5月14日,国务院以国发(2005)15号文出台《关于推进兽医管理体制改革的若干意见》,该文件要求建立官方兽医制度,重建兽医行政管理、执法监督和技术支撑体系。同时,健全基层动物卫生监督机构,实行执业兽医制度。另外还要求整合现有动物卫生执法机构及其职能,在省、市、县重建动物卫生监督机构。按乡镇或区域设立畜牧兽医站,人员、业务、经费等由县级畜牧兽医行政部门垂直管理。

实行官方兽医体制后,对动物及动物产品卫生实施的是全程监控。官方兽医制度实行的是官方兽医和个体兽医并行的制度。官方兽医为国家公务员,代表国家行使法律规定的权力,而个体兽医主要是为企业、动物诊疗等提供营利性服务而获取报酬,且将检验检疫、执法监督与兽医诊疗服务分开,将动物卫生工作中的政府行为与市场行为分开。除官方兽医由国家聘用外,其他兽医人员可一律走向社会,在官方兽医的管理下从事兽医服务工作,更好地为动物防疫、动物检验检疫和食品安全做出贡献。

(二)国内的动物检验检疫工作

1. 国内动物检验检疫 《中华人民共和国动物防疫法》规定,动物检验员对检疫结果负责,动物防疫监督机构行使管理职权。

我国的国内动物检验检疫主要有产地检验检疫和屠宰检验检疫两种形式。产地检验检疫实施报检制度,是在动物离开饲养地之前进行的检验检疫,目的是确保不会有病畜禽进入流通环节。在管理上,产地检验检疫坚持"谁防疫,谁出证"的原则,以保证检验检疫责任的落实。从2000年起,农业部开始实施免疫耳标和免疫档案制度。2006年又颁布了《畜禽标识和养殖档案管理办法》,加强检验检疫监督工作中对动物及动物产品的追踪溯源。在我国,屠宰检验检疫实施驻厂检验检疫制度,是在屠宰过程中进行的同步检验检疫,具体又分为宰前检验检疫和宰后检验检疫。总的要求是"有宰必检,一畜一证"。

2. 进出境动物检验检疫 根据《中华人民共和国进出境动植物检疫法》及《中华人民共和国进出境动植物检疫法实施条例》的有关规定,在国外发生严重动物传染病时,我国禁止进口该国相关动物及其产品,并采取严格的检验检疫措施。在国外对我国生产加工企业实行卫生注册的同时,我国也实施了《进口食品国外生产企业注册管理规范》,凡未获得中国国家认证认可监督管理局注册的国外生产企业的食品不得进口。现已对加拿大、阿根廷、乌拉圭、丹麦等国向我国出口食品的企业实施了卫生注册。

第四节 动物检验检疫主要法律、法规

动物检验检疫应依据国家法律，运用强制性手段和科学技术方法预防或阻断动物疫病的发生以及在地区间的传播。而相应的检疫法律、法规是动物检验检疫工作得以正常进行并发挥其应有作用的主要依据。

目前，由世界贸易组织制定的《实施卫生与植物卫生措施协议》以及世界动物卫生组织的《国际动物卫生法典》《陆生动物卫生法典》和《水生动物卫生法典》是重要的国际性动物检验检疫法规。我国颁布实施的动物检验检疫法规有《中华人民共和国进出境动植物检疫法》《中华人民共和国动物防疫法》《中华人民共和国进境动物一、二类传染病、寄生虫病名录》《中华人民共和国禁止携带、邮寄进境的动物、动物产品及其他检疫物名录》和《进境动物和动物产品风险分析管理规定》等。

一、《实施卫生与植物卫生措施协议》

《实施卫生与植物卫生措施协议》由前言和正文14条及3个附件组成。主要条款有：总则、基本权利和义务，协调，等效，风险评估和适当的卫生与植物卫生保护水平的确定，适应地区条件（包括适应病虫害非疫区和低度流行区的条件），透明度，控制、检查和批准程序，技术援助，特殊和差别待遇，磋商和争端解决，管理，实施和最后条款。协议涉及动植物、动植物产品和食品的进出口规则。协议适用范围包括食品安全、动物卫生和植物卫生三个领域的有关实施卫生与植物卫生检疫措施。

二、《国际动物卫生法典》

世界动物卫生组织（OIE）于1968年通过了初版的《国际动物卫生法典》，后又几经修订。共分6部分：总则、A类疫病、B类疫病、附则、国际动物检疫证书格式和通报疾病名录。其内容主要体现在4个方面。

（一）成员方的义务和责任

各成员方在动物及动物产品的国际贸易中必须遵守本规则；各成员方应尽可能在其领域内建立口岸检疫机构和隔离检疫站；各成员方应及时报告其管辖区内流行性动物疾病的发生情况、诊断方法、控制措施及结果，并通报动物检疫等相关法规；世界动物卫生组织有责任提供和协调进出口双方的检疫和防疫标准。

（二）检疫性疫病和种类

《国际动物卫生法典》规定了A、B类疫病的种类，目前A类疫病包括15种，如口蹄疫、非洲猪瘟、新城疫、高致病性禽流感等。B类疫病包括67种，如狂犬病、炭疽病等。

（三）疫情信息通报

OIE所有成员必须承认OIE中央局有直接与该国兽医行政管理部门联络的权力。OIE寄

送给兽医行政管理部门的所有通报和信息即视为已向有关国家寄送，由兽医行政管理部门寄送给 OIE 的通报和信息即视为向有关国家寄送。在发生各种疫情时，兽医行政管理部门应在 24h 内通过一定的方式（电传、电报、电子邮件等）向 OIE 寄送通报。

（四）国际贸易出证

在动物和动物产品的国际贸易中，既要确保不阻碍贸易正常进行又要确保对人和动物健康无不可接受的危险。《国际动物卫生法典》规定：有关动物卫生状况和国家动物卫生信息系统的信息，以确定该成员是否为无 A 类或 B 类疫病国家或是否存在无 A 类或 B 类疫病的区域，信息还应包括保持无疫情状态所实施的条例及方法；传染病发生的常规信息及快报；国家控制和预防 A 类及 B 类疫病采取措施能力的详细情况；兽医服务机构和主管当局的信息；技术资料，特别是该国全部或部分地区应用的生物学试验和疫苗。《国际动物卫生法典》制定了动物检疫书的格式，达到出口国检疫要求的出具证书。

三、《中华人民共和国进出境动植物检疫法》

《中华人民共和国进出境动植物检疫法》是进出境动物检疫最重要的法律依据。于 1991 年 10 月颁布，1992 年 4 月正式实施，一共 8 章 50 条。目前该法根据 2009 年中华人民共和国第十一届全国人民代表大会常务委员会第十次会议《全国人民代表大会常务委员会关于修改部分法律的决定》进行了修正。该法主要内容包括：立法宗旨；主管部门和执法机构；检疫范围（动物、动物产品、包装材料及装载容器、运输工具等）；检疫项目（进境、出境、过境检疫，运输工具、国际邮包、旅客检疫等）；法律责任。

四、《中华人民共和国动物防疫法》

《中华人民共和国动物防疫法》是国内动物防疫最重要的法律依据。于 1997 年 7 月 3 日通过，自 1998 年 1 月 1 日起施行。2007 年 12 月重新修订，于 2008 年 1 月 1 日起施行，一共 8 章 85 条。

（一）立法宗旨

为了加强对动物防疫工作的管理，预防、控制和扑灭动物疫病，促进养殖业发展，保护人体健康。

（二）主管部门和执法机构

国务院畜牧兽医行政管理部门主管全国的动物防疫工作；县级以上地方人民政府畜牧兽医行政管理部门主管本行政区域的动物防疫工作；县级以上人民政府所属的动物防疫监督机构实施动物防疫和动物防疫监督；军队的动物防疫工作监督机构负责军队现役动物及军队饲养自用动物的防疫工作。

（三）动物疫病的预防

动物疫病分 3 级管理；国家对严重危害养殖业生产和人体健康的动物疫病实行计划免疫

制度，实施强制免疫；预防和扑灭动物疫病所需的药品、生物制品和有关物资，应当有适量的储备，并纳入国民经济和社会发展计划。禁止经营的动物、动物产品包括：封锁疫区内与所发生动物疫病有关的；疫区内易感染的；依法应当检疫而未经检疫或者检疫不合格的；染疫的；病死或者死因不明的。

（四）动物疫病的控制和扑灭

(1) 任何单位或者个人发现患有疫病或者疑似疫病的动物，都应当及时向当地动物防疫监督机构报告，动物防疫监督机构应当迅速采取措施，并按照国家有关规定上报。

(2) 发生一、二类动物疫病时，须划定疫点、疫区，并对疫区实行封锁。

(3) 为控制、扑灭重大动物疫病，动物防疫监督机构可以派人参加当地依法设立的检查站执行监督任务，也可以在必要时设立临时性的动物防疫监督检查站，执行监督检查任务。

(4) 发生人畜共患疫病时，有关单位互相通报疫情，并及时采取控制、扑灭措施。

（五）动物和动物产品的检疫

(1) 动物检疫员取得相应资格证书后，方可上岗实施检疫，并对检疫结果负责。

(2) 国家对生猪等动物实行定点屠宰、集中检疫，动物防疫监督机构对屠宰点屠宰的动物实行检疫。

(3) 国内异地引进种用动物及其精液、胚胎、种蛋的，应先办理检疫审批手续，并须检疫合格。

(4) 动物凭检疫证明出售、运输、参加展览、演出和比赛，动物产品凭检疫证明、验讫标志出售和运输。

五、我国颁布的其他法规

我国颁布的《中华人民共和国进境动物一、二类传染病、寄生虫病名录》《中华人民共和国禁止携带、邮寄进境的动物、动物产品及其他检疫物名录》公布了在动物检验检疫中具有检疫性有害生物的名录及禁止进口物品名单。我国禁止下列各物进口：动物病原体（包括菌种、毒种）、害虫及其他有害生物；来自疫情流行的国家和地区的动物、动物产品及其他检疫物；动物尸体；土壤等。

为规范进境动物和动物产品风险分析工作，防范动物疫病传入风险，保障农牧渔业生产，保护人体健康和生态环境，根据《中华人民共和国进出境动植物检疫法》及其实施条例，参照世界贸易组织（WTO）关于《实施卫生和植物卫生措施协议》（SPS）的有关规定，我国制定了《进境动物和动物产品风险分析管理规定》。

复习思考题

1. 动物检验检疫的主要对象有哪些？
2. 动物检验检疫是如何分类的？
3. 什么叫动物检验检疫？

第二章 进出境动物和动物产品检验检疫工作程序

第一节 进出境动物及动物产品检疫审批

检疫审批，是指检验检疫机构根据货主或其代理人的申请，依据国家有关法律、法规，批准从国外引进动物、动物产品或在中国国内运输过境动物的要求。检疫审批的目的在于，对输入或通过中国境内运输的检疫物，检验检疫机关根据事先已掌握的输出国或地区疫情，决定是否同意输入或过境，可以减少不必要的损失，防止危险性动物传染病传入我国。

一、动物检疫审批依据

实施动物检疫审批是法律赋予检验检疫机关的权力。检验检疫机构主要是根据以下依据办理检疫审批手续。

(一)《中华人民共和国进出境动植物检疫法》及其实施条例和相关配套法规

这些相关法律、法规是开展动物检疫工作的基础，是检疫审批工作贯彻执行的保证。《中华人民共和国进出境动植物检疫法》第 10 条规定："输入动物、动物产品、植物种子及其他繁殖材料的，必须事先提出申请，办理检疫审批手续。"第 5 条规定："因科学研究等特殊需要引进动植物病原体(包括菌种、毒种等)、害虫及其他生物等禁止进境物的，必须事先提出申请，经国家动植物检疫机关批准。"第 23 条规定："要求运输动物过境的，必须事先征得中国国家动植物检疫机关同意，并按照指定的口岸和路线过境。"《进出境动植物检疫法实施条例》对此也做了明确规定。

(二)中国与输出国签订的双边检疫协定(含协议、备忘录、条款)

为了使我国输入或输出动物的检疫工作更有针对性，我国检验检疫机关与有关国家的动物检疫主管部门联系、协商，目前已与美国、俄罗斯、英国、法国、德国、荷兰、加拿大、比利时、丹麦、日本、南非、津巴布韦、澳大利亚、新西兰、以色列等多个国家签订了双边输入动物、动物产品检疫协定(含协议、备忘录、条款)300 多个。这些协定是从国外输入动物、动物产品检疫的基本要求。

(三)输出国家或地区的动物疫情情况

国家出入境检验检疫部门根据世界动物卫生组织(OIE)的报告、我国驻外使馆的通知及派出兽医官的汇报，随时掌握着国外的疫情情况，当某个国家发生重大疫情时，我国检验机关会及时发出有关通知，禁止从该国进口相对应的动物及动物产品。如果该国的疫情确实得到有效控制，且符合 OIE 的有关规定，国家出入境检验检疫部门将解除禁止从该国进口相对应的动物及动物产品的通知。

二、动物检疫的审批机关

国家质检总局统一管理全国的进境动植物检疫审批工作。国家质检总局或其授权的其他审批机构(以下简称审批机构)负责签发《中华人民共和国进境动植物检疫许可证》(以下简称《检疫许可证》)和《中华人民共和国进境动植物检疫许可证未获批准通知单》(以下简称《检疫许可证未获批准通知单》)。各直属检验检疫局(以下简称初审机构)负责所辖地区进境动植物检疫审批的初审工作。

三、动物检疫审批的范围

国家质检总局公布的《进境动植物检疫审批名录》对动物检疫审批的范围作了如下规定。

（一）动物检疫审批

1) 活动物　　动物(指饲养、野生的活动物如畜、禽、兽、蛇、龟、虾、蟹、贝、蚕、蜂等)、胚胎、精液、受精卵、种蛋及其他动物遗传物质。

2) 食用性动物产品　　肉类及其产品(含脏器)、动物水产品、蛋类及其制品、奶及其制品。

3) 非食用性动物产品　　皮张类、毛类、骨蹄角及其产品、明胶、蚕茧、动物源性饲料及饲料添加剂、饲料用乳清粉、鱼粉、肉粉、骨粉、肉骨粉、油脂、血粉、血液等，含有动物成分的有机肥料。

（二）特许审批

特许审批包括动物病原体(包括菌种、毒种等)，动物疫情流行国家和地区的有关动物、动物产品和其他检疫物(其他检疫等)，动物尸体，土壤。

另外，根据农业部和国家质检总局《中华人民共和国禁止携带、邮寄进境的动物、动物产品和其他检疫物名录》(农业部 2012 年 1 月 13 日公布)规定，进口细胞、血清、动物废弃物，以及可能被病原体污染的物品也应列入特许审批范畴。总之，凡确需进口国家禁止进境物的，必须事先办理特许审批手续。

（三）过境动物检疫审批

过境的动物、动物产品及微生物也须由国家出入境检验检疫部门批准。

上述审批范围不是一成不变的，国家质检总局可根据有关法律、法规和国务院有关部门发布的禁止进境物名录，及时制定、调整并发布需要检疫审批的动物及其产品名录。

四、动物检疫审批的程序

根据《进境动植物检疫审批管理办法》的规定，检疫审批程序包括申请、审批核准等步骤。

(一) 申请

申请办理检疫审批手续的单位(以下简称申请单位)应当是具有独立法人资格并直接对外签订贸易合同或者协议的单位。过境动物和过境转基因产品的申请单位应当是具有独立法人资格并直接对外签订贸易合同或者协议的单位或者其代理人。

申请单位应当在签订贸易合同或者协议前,向审批机构提出申请并取得《检疫许可证》。过境动物或者过境转基因产品在过境前,申请单位应当向国家质检总局提出申请并取得《检疫许可证》。

申请单位应当按照规定如实填写并提交《中华人民共和国进境动植物检疫许可证申请表》(以下简称《检疫许可证申请表》),需要初审的,由进境口岸初审机构进行初审;加工、使用地不在进境口岸初审机构所辖地区内的货物,必要时还需由使用地初审机构初审。

申请单位应当向初审机构提供下列材料:①申请单位的法人资格证明文件(复印件);②输入动物需要在临时隔离场检疫的,应当填写《进境动物临时隔离检疫场许可证申请表》;③输入动物肉类、脏器、肠衣、原毛(含羽毛)、原皮、生的骨、角、蹄、蚕茧和水产品等由国家质检总局公布的定点企业生产、加工、存放的,申请单位需提供与定点企业签订的生产、加工、存放的合同;④按照规定可以核销的进境动植物产品,同一申请单位第二次申请时,应当按照有关规定附上一次《检疫许可证》(含核销表);⑤办理动物过境的,应当说明过境路线,并提供输出国家或者地区官方检疫部门出具的动物卫生证书(复印件)和输入国家或者地区官方检疫部门出具的准许动物进境的证明文件;⑥因科学研究等特殊需要,引进进出境动植物检疫法第 5 条第一款所列禁止进境物的,必须提交书面申请,说明其数量、用途、引进方式、进境后的防疫措施、科学研究的立项报告及相关主管部门的批准立项证明文件;⑦需要提供的其他材料。

(二) 审批核准

初审机构对申请单位检疫审批申请进行初审的内容包括:①申请单位提交的材料是否齐全;②输出和途经国家或者地区有无相关的动植物疫情;③是否符合中国有关动植物检疫法律、法规和部门规章的规定;④是否符合中国与输出国家或者地区签订的双边检疫协定(包括检疫协议、议定书、备忘录等);⑤进境后需要对生产、加工过程实施检疫监督的动植物及其产品,审查其运输、生产、加工、存放及处理等环节是否符合检疫防疫及监管条件,根据生产、加工企业的加工能力核定其进境数量;⑥可以核销的进境动植物产品,应当按照有关规定审核其上一次审批的《检疫许可证》的使用、核销情况。

初审合格的,由初审机构签署初审意见。同时对考核合格的动物临时隔离检疫场出具《进境动物临时隔离检疫场许可证》。对需要实施检疫监管的进境动植物产品,必要时出具对其生产加工存放单位的考核报告。由初审机构将所有材料上报国家质检总局审核。

初审不合格的,将申请材料退回申请单位。

同一申请单位对同一品种、同一输出国家或者地区、同一加工或使用单位一次只能办理 1 份《检疫许可证》。

国家质检总局或者初审机构认为必要时,可以组织有关专家对申请进境的产品进行风险分析,申请单位有义务提供有关资料和样品进行检测。

国家质检总局根据审核情况，自收到初审机构提交的初审材料之日起 30 个工作日内签发《检疫许可证》或者《检疫许可证申请未获批准通知单》。

属于农业转基因生物在中华人民共和国过境的，国家质检总局应当在规定期限内做出批准或者不批准的决定，并通知申请单位。

第二节　进境动物及动物产品检验检疫

一、进境动物和动物产品概述

输入动物是指饲养、野生的活动物。其中大动物包括黄牛、水牛、牦牛、犀牛、马、骡、驴、骆驼、象、斑马、猪、绵羊、山羊、羚羊、鹿、狮、虎、豹子、猴、豺、河马、海豚、海豹、海狮、平胸鸟(包括鸵鸟、鸸鹋和美洲鸵)等；小动物包括犬、猫、兔、貂、狐狸、獾、水獭、海狸鼠、鼬、实验用鼠、鸡、鸭、鹅、火鸡、鹤、雉鸡、鸽子、各种鸟类动物等；水生动物和两栖爬行动物包括鱼、虾、蟹、贝、海参、海胆、沙蚕、海豆芽、酸酱贝、蛙、鳖、龟、蛇、蜥蜴以及珊瑚类等。入境演艺动物特指入境用于表演、展览、竞技，而后须复出境的动物。入境伴侣动物特指由旅客携带入境的伴侣犬、猫等。

进境动物产品主要是指来源于动物未经加工或者虽经加工但仍有可能传播疫病的产品，如生皮张、毛类、肉类、脏器、油脂、动物水产品、奶制品、蛋类、血液、精液、胚胎、骨、蹄、角等。凡进入中华人民共和国国境(或关境)的，来源于动物未经加工或虽经加工但仍有可能传播疫病的动物产品均应接受检疫，经检疫合格后方准进境。

二、进境动物检验检疫疫病的分类

1992 年 6 月 8 日农业部公布了《中华人民共和国进境动物一、二类传染病、寄生虫病名录》(以下简称《进境动物一、二类传染病、寄生虫病名录》)，规定了对进境动物和动物产品检疫的疫病共 97 种，其中一类病 15 种，二类病 82 种。2008 年 12 月 11 日农业部修订了《一、二、三类动物疫病病种名录》，其中一类动物疫病 17 种，二类动物疫病 77 种，三类动物疫病 63 种，共 157 种疫病。国家对进口动物疫病检疫名单的确定，主要是依据该病对国内畜牧业、渔业生产影响的危害程度和该病在我国的分布情况，同时参考国际组织的规定。

三、进境动物及动物产品检疫依据

对进境动物及动物产品依据《中华人民共和国进出境动植物检疫法》(以下简称《进出境动植物检疫法》)及其实施条例、《中华人民共和国进出口商品检验法》及其实施条例、《进境动物检疫管理办法》及其他相关规定、《中华人民共和国国境卫生检疫法》及其实施细则、《中华人民共和国食品安全法》及其实施条例、《国务院关于加强食品等产品安全监督管理的特别规定》等法律、法规的规定进行检疫。对每批进境动物具体检疫疾病，将按照我国与输出国所签订的双边动物检疫议定书的要求执行。对进境演出动物将依照《进境演艺动物检疫管理办法》实施检疫。对进境伴侣动物将依照《出入境人员携带物检疫管理办法》(国家质检总局 146 号令)进行检疫。

四、进境动物检疫程序

根据《进出境动植物检疫法》第 2 条的规定，引进动物(如马、牛、羊、猪、禽类、狗、猫)胚胎、精液、受精卵等动物遗传物质时必须按规定履行入境检疫手续。

1. 进境动物检疫许可证的申请 　　输入动物、动物遗传物质应在签订贸易合同或赠送协议之前，货主或其代理人必须填写《进境动植物检疫许可证申请表》(表 2-1)或通过登录网站办理。国家动植物检疫机关根据对申请材料的审核及输出国家的动物疫情、我国的有关检疫规定等情况，对同意进境动物、动物遗传物质的发给《检疫许可证》。入境伴侣动物无需办理审批手续。

表 2-1　中华人民共和国进境动植物检疫许可证申请表

一、申请单位			编号：	
名称：			本表所填内容真实；保证严格遵守进出境动植物检疫的有关规定，特此声明。	
地址：				
邮编：	法人代码：	联系人：	签字盖章：	
			申请日期：	
电话：	传真：		年　月　日	

二、进境后的生产、加工、使用、存放单位			
名称及地址	联系人	电话	传真

三、进境检疫物					
名称	品种	数量/重量	产地	境外生产、加工、存放单位	是否转基因产品

输出国家或地区：	进境日期：	出境日期：
进境口岸：	结关地：	
目的地：	用途：	出境口岸：
运输路线及方式：		
进境后隔离检疫场所：		

四、审批意见(以下由出入境检验检疫机关填写)	
初审机关意见：	审批机关意见：
签字盖章：	经办：　审核：　签发：
日期：　年　月　日	经办日期：　年　月　日

中华人民共和国国家质量监督检验检疫总局印制

2. 境外产地检疫　　为了确保引进的动物健康无病，国家质检总局将视进口动物的品种（如猪、马、牛、羊、狐狸、鸵鸟等）、数量和输出国的情况，依照我国与输出国签署的动物检疫和卫生条件议定书规定，派出官方兽医赴输出国配合输出国官方检疫机构执行检疫任务。其工作内容及程序如下。

1) 会同输出国官方兽医商定检疫工作计划　　了解整个输出国动物疫情，特别是本次拟出口动物所在省（州）的疫情，确定从符合议定书要求的省（州）的合格农场挑选动物；初步商定检疫工作计划。

2) 挑选动物　　确认输出国输出动物的原农场符合议定书要求，特别是在议定书要求该农场在指定的时间内（如3年、6个月等）及农场周围（如周围20km范围内）无议定书中所规定的疫病或临诊症状等，查阅农场有关的疫病监测记录档案、询问地方兽医、农场主有关动物疫情、疫病诊治情况；对原农场所有动物进行临诊检查，保证所选动物必须是临诊检查健康的。

3) 原农场检疫　　确认该农场符合议定书要求，检查全农场的动物是健康的，监督动物结核或副结核的皮内变态反应或马鼻疽点眼试验及结果判定；到官方认可的负责出口实验室进行检验工作，并按照议定书规定的判定标准判定检验结果；符合要求的阴性动物方可进入官方认可的出口前隔离检疫场实施隔离检疫。

4) 隔离检疫　　确认隔离场为输出国官方确认的可供出口动物隔离检疫用的隔离场；核对动物编号，确认只有农场检疫合格的动物方可进入隔离场；到官方认可的实验室参与有关疫病的实验室检验工作及结果判定；根据检验结果，阴性的合格动物准予向中国出口；在整个隔离检疫期，定期或不定期地对动物进行临诊检查；监督对动物的体内外驱虫工作；对出口动物按照议定书规定进行疫苗注射。

5) 动物运输　　拟定动物从隔离场到机场或码头至中国的运输路线并监督对运输动物的车、船或飞机的消毒及装运工作，并要求使用药物为官方认可的有效药物。运输动物的飞机、车、船不可同时装运其他动物。

3. 报检　　依照《进出境动植物检疫法实施条例》的规定，输入种畜禽，货主或其代理人应在动物入境前30d到隔离场所在地的检验检疫机关报检；输入其他动物，货主或其代理人应在动物入境前15d到隔离场所在地的检验检疫机关报检。报检时提供：报检员证、入境动物检疫许可证、贸易合同、协议、发票、正本动物检疫证书（可在动物入境时补齐），并预交检疫费。

对旅客携带伴侣动物，每人只限1只，报检时必须提供输出国出具的动物检疫证书和狂犬病免疫证书。

4. 进境现场检疫　　在货物到达入境口岸前，货主或其代理人要提前预报准确的到港时间，并做好通关和接卸准备。检疫人员对运输动物的车辆要提前进行消毒处理。

现场检疫人员应在接卸动物的场地设立简易隔离标志，并对场地进行消毒，闲杂人员不得靠近运输工具。现场检疫人员在接卸动物登上运输工具前，检查运输记录、审核动物检疫证书、核对货证，对动物进行临诊观察和检查。对水生动物应按规定抽取样品、水、饲料等送往实验室检验，并对水温及水的pH、氨氮量、溶氧量、盐度进行测定。

对动物的临诊观察包括精神状态、被毛、站立或俯卧姿势，天然孔或排泄物有无异常，如在机舱或甲板上散放的动物还要观察口腔、眼结膜及步履状态。特别要观察有无口蹄疫、非洲猪瘟、水泡病、禽流感、新城疫等一类传染病的临诊症状。如发现国家规定的一类传染病症状或不明原因的大批死亡，须拒绝卸货并立即报上一级检验检疫机关，经进一步确认为一类传染病时作"不准入境，全群退回"或"全群扑杀、销毁"处理；如发现个别动物死亡或临诊不正常，在确认为非一类传染病后，准予卸货，将死亡动物消毒、销毁。

对运输和接卸动物的工具、动物排泄物、废水、铺垫物、外包装物和接卸场地进行消毒和无害化处理。对装载动物的飞机、船舶消毒后出具《运输工具消毒证书》。现场检疫结束后出具证书，如未发现异常，出具《检疫调离通知单》，动物由检疫人员押运至指定的国家入境动物隔离场或经检验检疫机关认可的临时隔离场。入境动物在入境口岸检验检疫机构管辖范围外隔离检疫的，由入境口岸检验检疫机构完成现场检疫后签发《检疫调离通知单》，通知隔离检疫场所在地口岸检验检疫机构。运输途中车辆要封闭，严防动物脱逃和铺垫物泄漏。

5. 隔离检疫 隔离检疫是严防国外动物疫病传入我国所采取的一项重要措施。在隔离检疫期应严格按照《国家进境动物隔离检疫场管理办法》和《进出境动物临时隔离检疫场管理办法》实施检疫、管理。

国家进境动物隔离检疫场(简称隔离场)由国家出入境检验检疫部门统一安排使用，凡需要使用隔离场的单位，应提前3个月到国家出入境检验检疫部门办理预定手续。使用单位须向口岸检验检疫机构预付50%的隔离场租用费，不能在预定的时间使用隔离场，应及时通知国家出入境检验检疫部门。由于没有在预定时间使用隔离场造成的经济损失，由预定使用单位承担。进出境动物临时隔离检疫场(简称临时隔离场)，指由口岸检验检疫机构依据《进出境动物临时隔离检疫场管理办法》和《国家入境动物隔离检疫场标准(试行)》批准的，供出境动物或有关入境动物检疫时所使用的临时性场所。临时隔离场由货主提供。每次批准的临时隔离场只允许用于一批动物的隔离使用。在动物隔离检疫期，临时隔离场的防疫工作受口岸检验检疫机构的指导和监督。

种用家畜、禽一般在正式隔离场隔离检疫，其他动物由国家出入境检验检疫部门视正式隔离场的使用情况和输入动物饲养所需的特殊条件，可安排在临时隔离场隔离检疫。输入种用家畜、禽的隔离检疫期为45d，输入鱼的隔离检疫期为40d，输入蛙的隔离检疫期为60d，其他动物为30d。

隔离场不能同时检疫两批动物，每次检疫期满后须至少空场30d才可接下一批动物。每次接动物前对隔离厩舍和隔离区至少消毒3次，每次间隔2d。对于水生动物的临时隔离场，要用口岸检验检疫机构指定的方法，在动物进场前7～10d进行消毒处理。

隔离检疫期对动物的饲养工作由货主承担，饲养员应在动物到达前7d到口岸检验检疫机构指定的医院做健康检查。患有结核病、布鲁氏菌病、肝炎、化脓性疾病及其他人畜共患病的人员不得进驻隔离场。在隔离场内不得食用与进口动物相关的肉食及其制品。货主在隔离期不得对动物私自用药或注射疫苗。

一般在动物进场7d后开始对动物进行采血、采样用于实验室检验。样品的采取必须按照农业部颁布的《进出境动物、动物产品检疫采样标准》及其他相关标准进行。对猪、马、牛、羊、鸵鸟、狐狸等应逐头(只)采样；鸡、鸭、鹅、火鸡等按1%，鸟、鸽子等按10%比例随时抽样，最少抽取30个样本，不足30只动物的按100%采样。

采血的同时可进行结核病、副结核病等的皮内变态反应或马鼻疽的点眼试验。

隔离场的兽医须每天对动物进行临诊检查和观察。临诊检查可包括两方面的内容：首先做整体及一般检查，如体格、发育、营养状况、精神状态、体态、姿势与运动、行为、被毛、皮肤、眼结膜、体表淋巴结、体温、脉搏及呼吸数等。其次可根据需要进行其他系统的检查，如心血管系统、呼吸系统、消化系统、泌尿系统、生殖系统、神经系统等。发现有临诊症状的动物要及时单独隔离观察、检查。

在隔离检疫期如发现规定检疫项目以外的动物传染病或寄生虫病可疑迹象的应进一步实施检疫，并将结果及时报告国家出入境检验检疫部门。

对于死亡动物要在专门的解剖室进行剖检、采集病料，查明病因，尸体做无害化处理。

6. 实验室检验 实验室检验是最终出具检疫结果的重要依据。所检疫病的名录试验项目和结果判定标准依照中国与输出国签订的动物检疫议定书（条款）、协定和备忘录或国家质检总局的审批意见执行。检出阳性结果或发现重要疫情须及时报上级检验检疫机关，并通知隔离场采取进一步隔离措施。

实验室检验须在隔离期内完成，如遇特殊情况需延长隔离期的须提前向上一级检验检疫机构申报。动物疫病和试验方法供实验室检验时参考，试验方法参见《中华人民共和国进出境动物检疫规程手册》。

7. 检疫结果的判定和出证 对检疫结果判定应严格按照我国与输出国签订双边检疫议定书或协议中的规定执行，并参考国际标准和国家标准。检疫工作完毕后，口岸动植物检疫机关对检疫合格的动物、动物遗传物质出具《检疫许可证》，准许入境。

8. 资料的收集与保存 对检验检疫中的临床记录、原始实验记录、文字记录、声像资料要及时归档。实验材料、血清、病理材料、分离到的菌株和毒株要妥善保存至少半年。

五、进境动物产品检疫程序

1. 检疫审批 输入动物产品，货主或其代理人须事先申请办理审批手续。按规定应事先办理《检疫许可证》的进境动物产品，按照国家质检总局发布的《进境（过境）动植物及其产品检疫审批》中规定的程序办理《检疫许可证》。

2. 报检 产品进境前或进境时，进口单位或其代理人填写《入境货物报检单》，并提供以下单证：①需要办理《检疫许可证》的，提供《检疫许可证》第一联正本；②输出国或地区官方检验检疫机构出具的检疫证书正本；③贸易合同、产地证书、信用证、发票等单证。

3. 入境口岸现场检验 查询该批货物的启运时间、港口、途经国家或地区，查看运行日志。

核对集装箱号、封识与所附单证是否一致；核对单证与货物的名称、数量和重量、产地、包装、唛头标记是否相符。

查验有无腐败变质，容器、包装是否完好。

查验后符合要求的，允许卸离运输工具。发现散包、容器破裂的，由货主或者代理人负责整理完好，方可卸离运输工具。

货物卸离运输工具后，须实施防疫消毒的应及时对运输工具的相关部位及装载货物的容器、包装外表、铺垫材料、污染场地等进行消毒处理。

现场查验合格的，入境口岸检验检疫机构按如下原则办理：《检疫许可证》要求调离到指运地检验检疫的，出具《入境货物通关单》，调离到指运地，由指运地检验检疫机构进行检验检疫。对上述规定以外的动物产品，出具《入境货物通关单》，同时根据有关规定采取样品，送实验室检验检疫。

现场查验不合格的，出具《检验检疫处理通知书》，做除害、退回或者销毁处理；经除害处理合格的，准予进境；凡来自禁止进口的国家或货证不符的，根据情况做销毁或退回处理。

4. 指运地申报　　《检疫许可证》要求在指运地申报的进境动物产品，货主或代理人凭上述有关单证和《入境货物通关单》向指运地检验检疫机构申报。

指运地检验检疫机构按《检疫许可证》和《入境货物通关单》等单证的内容，核对进境动物产品的名称、数量和重量、产地、包装、唛头标记等，并按规定采样进行检验检疫。

货物卸离运输工具后，应及时对运输工具的有关部位及装载货物的容器、包装外表、铺垫材料、污染场地等进行消毒处理。

5. 采样　　由检验检疫机构负责采样。采样标准按《检疫许可证》或《出入境动物检疫采样》标准（GB/T 18088—2000），或进境产品的相关标准执行。

采样后向进口单位或其代理人出具《抽/采样凭证》。

样品按规定包装后随《送检单》送有关实验室进行检验。无实验室检验项目的不采样。

6. 实验室检验　　《检疫许可证》有明确检验检疫要求的，按其要求进行检验检疫。《检疫许可证》无具体要求的，按国家标准或行业标准进行检验检疫。实验室检验检疫完毕后，出具《检验检疫结果报告单》。

样品自发出检验检疫结果报告单后，需保存6个月方可处理。

7. 检疫出证及处理　　实验室检验检疫合格的，检验检疫机构签发《入境货物检验检疫证明》。对不需在登记注册单位或指定单位生产、加工、存放的进境动物产品做放行处理；对需要在登记注册企业或指定企业生产、加工、存放的进境动物产品，监督生产、加工、存放过程。

实验室检验检疫不合格的，检验检疫机构出具《检验检疫处理通知书》，相关货物做除害、退回或者销毁处理。

口岸现场查验或实验室检验发现问题，进口单位或其代理人要求对外索赔的，按照有关要求出具相关证书。

第三节　出境动物及动物产品检验检疫

出境动物检疫是指对输出到其他国家和地区的种用、肉用或演艺用等饲养或野生的活动物出境前实施的检疫。出境动物产品检疫是指对输出到其他国家和地区的、来源于动物未经加工或虽经加工但仍然有可能传播疫病的动物产品实施的检疫。

检验检疫机构对出境动物及动物产品根据《进出境动植物检疫法》及其实施条例，以及相关法律、法规的规定实施检验检疫。检验检疫的内容依据输入国家或者地区与我国签订的双边检疫协定、我国的有关检验检疫规定，以及贸易合同中订明的检验检疫要求确定。

一、出境动物的检验检疫

1. 注册登记　　对出口动物的饲养场、养殖场、养殖基地等出口企业实施卫生注册登记备案制度，通过检验检疫机构的卫生注册，一方面对这些出口企业兽医卫生条件进行评估和考核认可；另一方面通过检验检疫机构的监管和指导，规范和提高出口饲养场、养殖场的防疫管理水平。

2. 检疫监督管理 《进出境动植物检疫法》及其实施条例授权检验检疫机构对出境动物的饲养过程实施检疫监督制度。监督制度的内容主要包括如下几个方面。

检验检疫机构对注册饲养场应实行分类管理，定期或不定期检查其动物卫生防疫制度的落实情况、动物卫生状况、饲料及药物的使用等，并将检查结果填入注册饲养场管理手册。

检验检疫机构对注册饲养场实施疫情监测。发现重大动物疫情时，须立即采取紧急预防措施，并于12h内向国家质检总局报告。

检验检疫机构对注册饲养场按国家有关部门发布的药物残留监控计划进行农药、兽药和其他有毒有害物质的检测工作。

注册饲养场须将本场的免疫程序报检验检疫机构备案，并严格按规定的程序进行免疫。严禁使用国家禁止使用的疫苗。

注册饲养场应建立疫情报告制度。发现疫情或疑似疫情时，必须及时采取紧急预防措施，并于12h内向所在地检验检疫机构报告。

注册饲养场不得饲喂和存放国家禁止使用的药物和动物促生长剂。对国家允许使用的药物和动物促生长剂，要遵守国家有关药物使用规定，特别是停药期的规定，并须将所使用药物和动物促生长剂的名称、种类、使用时间、剂量、给药方式等填入《管理手册》。

注册饲养场须保持良好的环境卫生，切实做好日常防疫消毒工作，定期消毒饲养场地和饲养用具，定期杀虫、灭鼠、灭蚊蝇。进出注册饲养场的人员、车辆和笼具必须严格消毒。

3. 出境报检 输出需隔离检疫动物的货主或其代理人应在出境前60d向启运地检验检疫机构预报检，提交输入国法定和贸易合同规定的动物检验检疫要求，以及与所输出动物有关的资料。在隔离前7d填写《出境货物报检单》，并持贸易合同、信用证、货运单、发票、出口动物饲养场注册登记证等资料向启运地检验检疫机构正式报检。输出属于国家规定的保护动物的，货主或其代理人须提交国家濒危物种进出口管理机构核发的允许出口证明书；输出种用畜禽的，货主或其代理人应提交农牧部门出具的种用动物允许出口证明书；输出实验动物的，货主或其代理人须提交国家科技行政主管部门核发的允许出口证明书；输出观赏鱼类的，货主或其代理人尚须有注册养殖场的供货证明、养殖场或中转包装场注册登记证和委托书。

出境伴侣动物，货主在离境前30d持所在地县级以上农牧部门出具的动物健康证书及狂犬病疫苗接种证书向所在地出入境检验检疫机构报检，每位旅客限带1只伴侣动物出境。

检验检疫机构受理报检后，应核对出口动物饲养场注册登记号、出口公司备案资料、合同或信用证、发票及其他必要的单证。经审核符合出境检验检疫报检规定的，接受报检；否则不予受理。

4. 隔离检疫和实验室检验 出口动物实施产地作隔离检疫和实验室检验、离境口岸作临床检查和必要复检的制度。输出动物，出境前需经隔离检疫的，须在检验检疫机构指定的隔离场所实施隔离检疫。需隔离检疫的情况主要有：进口国要求隔离检疫的；根据贸易合同的规定需对出境动物进行隔离检疫的；在对出境动物进行检疫过程中发现传染病的；我国政府对出境动物有隔离检疫规定的。

1) 隔离场所　出境动物的隔离检疫场所一般由货主自行提供，但使用前须经检验检疫机构考核认可，并接受其监督检查。

2) 动物挑选　　在检验检疫机构的监督下，货主或其代理人应挑选健康无临床症状、符合贸易合同要求的动物进入隔离场集中饲养。

3) 临床检查　　一般进行群体临床检查，必要时逐头（只）、逐项进行个体临床检查。对批量较大、群体检查无明显异常的，可抽检部分动物进行个体临床检查。

4) 采样　　检验检疫机构根据出口动物检测的具体项目需要采取动物血液、咽喉-气管-泄殖腔拭子、阴道分泌物、包皮囊冲洗液等样品送实验室检验。采样标准按有关规定执行，输入国有明确要求的，执行输入国的要求。

5) 实验室检验　　实验室检验是出境动物检验检疫的重要步骤，是检验检疫出证和实施检疫处理的主要依据。实验室检验项目应依据输入国家或地区和中国有关动物检验检疫规定、双边检疫协定以及贸易合同的要求确定。检验方法、操作程序及判定标准应执行国家标准、行业标准，无国标、行标的，可参照国际通行作法进行。进口方有明确要求并征得我国检验检疫机构同意的，可按进口方要求进行。

6) 加施封识　　根据需要，货主或其代理人应在检验检疫机构监督下，对经检验检疫合格的动物加施检疫封识。

7) 出证　　检验检疫机构对检验检疫合格的出境动物签发《动物卫生证书》和《出境货物换证凭单》或《出境货物通关单》。输入国家或地区没有检验检疫要求，不需要出具证书的，直接签发《出境货物换证凭单》《出境货物通关单》，予以放行。

出境动物检疫证书发出后，如需更改，应由报检人填写《更改申请单》，交回原先签发的证书后，经施检部门同意可以重新签证；如证书正本或副本遗失，报检人必须书面说明理由，经法人签字、加盖公章，并在指定报社登报声明，经施检部门审核后方可重新签发证书。

5. 运输监管　　出境动物，经产地检验检疫机构检验检疫合格的，从产地运往出境口岸时，公路、铁路、民航等运输部门和邮递部门凭检验检疫机构签发的单证办理承运和邮递手续；从产地运往出境口岸的过程中，国内其他部门不再检验检疫。

检验检疫机构对经检验检疫合格的出境动物实行监装制度。监装时，应监督对装运动物的运输工具和装运场地进行消毒处理。出口动物运输途中所用饲料、饲草及铺垫材料必须来自非疫区；确认待运动物是经检验检疫合格的动物；核对出口动物品种和数量，确保货证相符。检验检疫机构认为必要时可派员随同押运人员一起，监督从产地运往出境口岸的全过程，了解运输途中动物的健康状况，监督运输途中的防疫工作。

出口大中动物，货主或其代理人必须派出经检验检疫机构培训、考核合格的押运员负责国内运输过程的押运。押运员在押运过程中须做好运输途中的饲养管理和防疫消毒工作，不得串车，不得沿途抛弃或出售病、残、死动物及饲料、粪便、垫料等，并做好押运记录。运输途中发现重大疫情时应立即向启运地检验检疫机构报告，同时采取必要的防疫措施。出口动物抵达出境口岸时，押运员须向出境口岸检验检疫机构递交押运记录，途中所带物品和用具须在检验检疫机构监督下做有效消毒处理。

6. 离境口岸检验检疫　　经产地检验检疫机构检验检疫合格的出口动物运抵口岸后，由离境口岸检验检疫机构实施临床检查或者复检。

1) 离境申报　　出口动物运抵出境口岸后，货主或其代理人应向离境口岸检验检疫机构申报，递交产地检验检疫机构出具的《动物卫生证书》和《出境货物换证凭单》。属于首次申报的，还须递交出口动物饲养场检疫注册登记证正本和副本复印件，向离境口岸检验检疫机构申请备案。

2) 离境查验　　离境检验检疫机构受理申报后，核定出口动物数量，核对货证相符，查验检验检疫标识，并按照相关的检疫要求实施临床检查。

3) 签证放行　　离境口岸检验检疫机构对经离境查验合格的出境动物，在产地检验检疫机构签发的《动物卫生证书》上加签出境日期、数量、检疫员姓名，加盖检验检疫专用章，并根据产地检验检疫机构出具的《出境货物换证凭单》，签发《出境货物通关单》。

4) 中转仓检验检疫　　出口动物运抵出境口岸后，不能立即出境，需要在出境口岸中转场暂养的，货主或其代理人应报请离境口岸检验检疫机构实施中转仓检验检疫。

(1) 进场申报：中转场由货主提供并报检验检疫机构认可。货主或其代理人应持产地检验检疫机构签发的《动物卫生证书》一正本两副本，填写《进场检验检疫申报单》向离境口岸检验检疫机构申报，属于首次申报的，需递交出口动物饲养场检疫注册登记证正本和副本影印件，向离境口岸检验检疫机构申请备案。

(2) 查验单证：离境口岸检验检疫机构受理申报后，查验产地检验检疫机构签发的《动物卫生证书》和《出境货物换证凭单》，并核对货证相符。

(3) 进场检疫：动物进场时，离境检验检疫机构核定出口动物数量，核对货证相符，查验检验检疫标志，并按照隔离检疫的要求实施群体临床检查和个体临床检查。对查验合格的，允许进仓。

(4) 留场检疫：离境检验检疫机构巡仓检疫员每天两次对仓库内库存动物进行巡仓检疫，检查出口动物健康状况、饲养管理及库存数量等情况，巡检情况及时记录，发现问题及时处理。

(5) 出仓检疫：动物离仓出境前，货主或其代理人应报请检验检疫机构对出仓动物实施出仓检疫。出仓检疫时检验检疫机构应进行群体临床检查和个体临床检查；对需要加施检验检疫标志的，应对标志进行检查；对检疫合格的出口动物，在启运地检验检疫机构签发的《动物卫生证书》上加签出境日期、数量、检疫员姓名，并加盖检疫放行章，签发《出境货物通关单》允许装车启运。

(6) 监装：检验检疫机构对出场动物实施监装制度。监装时，应确认出口动物来自检验检疫机构注册的饲养场和中转仓，临床检查无任何传染病、寄生虫病症状和伤残情况，并核对出口动物品种、数量无误，检验检疫标志完善的，予以放行；否则，不予出口。

5) 中转仓出境复检　　出口动物由中转仓运抵出境口岸后，应再次接受出境口岸现场检验检疫机构实施的临床检查或者复检。临床检查不合格或有其他情况，需进一步做隔离检疫和实验室检验的，必须在检验检疫机构指定的隔离场进行隔离检疫，并抽样做实验室检验。检查合格的，予以放行；否则，不予出口。发现重大疫情的，货主或其代理人应积极协助检验检疫机构及时扑灭疫情，检验检疫机构应同时通知当地防疫部门做好防疫工作，并报告国家质检总局和通知产地检验检疫机构。

7. 回空车辆消毒　　装载动物出境的回空车辆进境时，应在进境口岸检验检疫机构设置的消毒场所并在该机构的监督下，对车辆整体、笼具、饲用工具等进行消毒处理，以防止将动物疫情传入国内。

二、出境动物产品的检验检疫

1. 出境动物产品生产、加工、存放单位的登记注册　　出境动物产品生产、加工、存放单位需实行登记注册管理的，登记注册的条件和程序按照国家质检总局发布的《进出境动植物及其产品生产、加工、存放单位登记注册》规定进行。需对生产、加工、存放单位实行登记注册管理的出境动物产品种类由国家质检总局制定。

2. 报检　　货主或其代理人在报关或装运前7d向出境动物产品产地检验检疫机构报检。对输入国家有特殊要求、检验检疫周期较长，或需对生产动物产品的动物实施检疫的，可视情况适当提前。

报检时，货主或其代理人提供以下单证：《出境货物报检单》、对外贸易合同(售货确认书或函电)、信用证、发票、厂检单等单证。

3. 检验检疫

1) 现场查验　　核查货物与报检资料是否相符，数量、重量、规格、批号、内外包装、标记、唛头与所提供资料是否一致；生产、加工、存放过程是否符合相关要求；检查厂检单、原料产地县级以上农牧部门出具的动物产品检疫证明是否齐全，并做好现场查验记录。

2) 抽样　　根据相应标准或合同签订的要求进行抽样。抽样的数(重)量按 GB 18088—2000 执行。

样品的保存温度和条件及送样时间，应符合相关规定。

3) 感官检验　　对抽取的样品进行感官检验，检查内容根据产品种类确定，包括外观、色泽、弹性、组织状态、黏度、气味、异物、异色等。

4) 实验室检验　　根据输入国家或地区，或贸易合同中订明的检疫要求，采用适用的标准进行品质、理化、传染病、微生物、寄生虫、有毒有害物质残留等实验室检验检疫。

4. 检验检疫出证及监装　　根据现场检验检疫、感官检验检疫和实验室检验检疫结果，进行综合判定，填写《出境货物检验检疫原始记录》。

判定为合格的，根据输入国家或地区官方检疫机关的要求，或根据贸易合同中的要求，或根据货主或其代理人的要求出具有关检验检疫证书。通常情况下，出具《出境货物通关单》或《出境货物换证凭单》《兽医卫生证书》等相关证书。

判定为不合格的，不准出境。对经过消毒、除害以及再加工处理后合格的，准予出境；对无法进行消毒、除害处理或者再加工仍不合格的，不准出境。

对检验检疫不合格的，出具《不合格通知单》。

对已出具检验检疫证书的出境动物产品实行监装制度。

5. 离境口岸查验　　离境口岸检验检疫机构凭《出境货物换证凭单》换发《出境货物通关单》，分批出口的，须在《出境货物换证凭单》上核销。

按照出境货物口岸查验的相关规定查验。如果包装不符合要求，须更换包装。货证不符的，不准出境。

第四节　过境动物及动物产品检验检疫

过境是指输出国的检疫物途经中华人民共和国国境运输到输入国，包括采用火车、汽车、飞机等运输工具。经我国国境运输的动物、动物产品、其他检疫物及装载动物和动物产品的运输工具、装载容器等都须实施动物检疫。

境外动物或境外动物产品在事先得到批准的情况下，允许途经中华人民共和国国境运往第三国。动物产品必须以原包装过境，在我国境内换包装的，按入境产品处理。根据《进出境动植物检疫法》及其实施条例，检验检疫机构对过境动物和动物产品依法实施检验检疫和全程监督管理。

一、过境动物的检验检疫

过境动物必须是经输出国(地区)检验检疫合格的，并有输出国(地区)官方机构出具的动物检疫证书。过境动物须办理的检验检疫手续包括以下几方面。

1. 办理过境检疫审批 动物入境前，货主或其代理人须直接向我国国家质检总局提出动物过境检疫申请，按要求填写《中华人民共和国动物过境检疫申请表》，说明拟过境的路线，并提供以下资料：①输出国官方机构出具的动物检疫证书复印件；②目的地或运输途经下一个国家、地区官方机构出具的动物进境检疫许可证或动物接收证复印件。

有以下情况者，过境申请不被批准：①输出国家、地区或进入中国国境前所途经国家、地区发生一类动物传染病、新发病或其他严重威胁我国畜牧业和人体健康的疾病，拟过境动物属该疫病的易感动物；②无输出国、地区官方检验检疫证书；③无目的地或运输途经下一个国家、地区官方机构出具的动物进境检疫许可证或动物接收证。

2. 入境报检 动物进境前或进境时，承运人或押运人应向《动物过境检疫许可证》指定的入境口岸检验检疫机构报检，并提供以下资料：①货运单；②有效的输出国官方动物检疫证书正本；③输出国或途经国官方机构出具的过境动物使用饲料、铺垫材料检疫证书正本；④国家质检总局签发的《动物过境检疫许可证》。

以上证单经审核合格，由入境口岸检验检疫机构签发《入境货物通关单》，将过境动物调离到离境口岸。通关单上注明动物过境期间的检疫防疫要求。

无《动物过境检疫许可证》及输出国官方机构出具的动物检疫证书的，入境口岸检验检疫机构将不予受理报检，动物不得过境。《动物过境检疫许可证》超过有效期的，在规定期限内补办过境检疫许可手续后，可重新办理报检手续。

3. 入境口岸现场检验检疫 动物到达前，货主或其代理人要提前预报准确的到港时间，并做好通关和接卸准备。动物到达入境口岸后，口岸检验检疫人员将对过境动物实施现场检验检疫，未经现场检验检疫合格的，任何人不得擅自将动物卸离运输工具。

现场检验检疫工作主要包括以下内容。①登机(轮)了解动物启运时间和港口、途经国家或地区，并与《过境许可证》的有关要求进行核对。向承运人了解动物的饲养管理、病、死及饲料等情况。②查验产地国(地区)官方检疫证书、货运单、贸易合同等，核对是否货证相符。③检查装载过境动物的运输工具、笼具是否完好并能防止渗漏。动物在吸血昆虫活动季节过境时，其运输工具、笼具还须装置有效的防护设施。④在指定的场地对过境动物进行临床检查，观察动物是否有传染病症状、死亡、流产、异常排泄物等，有传染病症状的，采样送检验室检验。⑤对装载过境动物的运输工具、笼具、接近动物的人员，以及被污染的场地做防疫消毒处理；对过境动物的尸体、排泄物、铺垫材料及其他废弃物按防疫要求进行处理。经现场检验检疫合格的，同意卸离运输工具，运往指定的出境口岸。

如在现场检验检疫中发现以下情况的,按相应规定处理:①货证不符或不能提供有效产地国(地区)官方检疫证书的,不准过境;②临床检查发现动物急性死亡或有一、二类动物传染病、寄生虫病症状的,全群动物不准过境;③经检查发现运输工具、笼具有可能造成途中散漏的,承运人或押运人应按检验检疫机关的要求采取密封措施,无法采取密封措施的,不准过境;④过境动物的饲料、铺垫材料受病虫害污染的,做除害处理,无法处理的,不准过境和做销毁处理;⑤动物到达前或到达时,产地国或地区突发动物疫情,按国家质检总局相关公告、禁令执行。

4. 过境期间的检疫监督　　检验检疫机构对过境动物实施全程监督,主要的监管要求包括:①过境期间,未经检验检疫机关同意,任何人不得将过境动物卸离运输工具;②过境动物须按指定路线在中国境内运输,口岸检验检疫机构对其在中国境内的运输全过程实施检疫监督管理,可根据《动物过境检疫许可证》的要求,派员监运过境动物至出境口岸,货主或其代理人须负责押运人员的一切费用;③过境期间动物尸体、排泄物、铺垫材料及其他废弃物必须按照检验检疫机关的有关规定,进行无害化处理,不得擅自抛弃;④上下过境动物运输工具的人员须经检验检疫机关允许,并接受必要的防疫消毒处理;⑤需在中国境内添装饲料、铺垫材料的,应事先征得检验检疫机关的同意,所添装的饲料、铺垫材料应来自非疫区并符合兽医卫生要求。

动物过境途中发生一类动物传染病、寄生虫病的,全群扑杀,发生二类动物传染病、寄生虫病的,扑杀阳性动物。

5. 离境检疫　　过境动物离境时,承运人凭入境口岸检验检疫机构签发的《入境货物通关单》向出境口岸检验检疫机构申报,出境口岸检验检疫机构验证放行,不再实施检疫。

二、过境动物产品的检验检疫

动物产品过境无需事先取得《检疫许可证》。承运人或押运人可在动物产品入境前或入境时向入境口岸检验检疫机构申请办理检验检疫手续。

1. 入境报检　　过境动物产品入境报检须提供以下资料:①货运单复印件;②有效的输出国官方检疫证书正本。

以上单证经审核合格的,入境口岸检验检疫机构签发《入境货物通关单》将货物调离到出境口岸。

2. 入境口岸现场检验检疫　　检验检疫机构在入境口岸按以下要求对过境动物产品实施现场检验检疫:①登机(轮、车)查询启运时间和港口、途径国家或地区,查看航行日志;②查验货证,检查货物品名、数(重)量、产地、包装规格、唛头等是否与单证相符;③检查装载过境动物产品的运输工具、装载容器、包装是否完好并能防止渗漏;④对装载过境动物产品的运输工具、装载容器、包装、装卸动物产品的人员,以及被污染的场地做防疫消毒处理;⑤未经检验检疫机关同意,任何人不得拆开包装或将过境动物产品卸离运输工具。

发现以下情况者,不准过境:①货证不符,不准过境;②经检查发现运输工具、装载容器、包装有可能造成途中散漏的,承运人或押运人应按检验检疫机关的要求采取密封措施,无法采取密封措施的,不准过境;③发现货物被一、二类病虫害污染的,做除害处理,无法处理的,不准过境。

经现场检验检疫合格，同意卸离运输工具，运往指定的出境口岸。过境期间，未经检验检疫机关同意，任何人不得拆开包装或将过境动物产品卸离运输工具，必要时入境口岸检验检疫机构可对过境动物产品施加封识。

3. 离境检疫 过境动物产品离境时，承运人凭入境口岸检验检疫机构签发的《入境货物通关单》，向出境口岸检验检疫机构申报，出境口岸检验检疫机构验证放行，不再实施检疫。

第五节 动物及动物产品检疫处理

（一）检疫处理的概念

检疫处理指检验检疫机构单方面采取的强制性措施，即对违章入境或经检疫不合格的进出境动物、动物产品和其他检疫物采取的除害、扑杀、销毁、退回、截留、封存、不准入境、不准出境、不准过境等措施。

（二）检疫处理的原则

在保证动（植）物病虫害不传入或传出国境的前提下，同时考虑尽量减少经济损失以促进对外贸易的发展。能做除害灭病处理的，尽可能不进行销毁。无法进行除害处理或除害处理无效的，或法律有明确规定的，要坚决做扑杀、销毁或者退回处理，做出扑杀、销毁处理决定后，要尽快实施，以免疫病进一步扩散。

（三）检疫处理的方式和程序

1. 检疫处理的方式

1）除害 通过物理、化学和其他方法杀灭有害生物，包括熏蒸、消毒、高温和低温辐照等。

2）扑杀 对经检疫不合格的动物，依照法律规定，用不放血的方法进行宰杀，消灭传染源。

3）销毁 用化学处理、焚烧、深埋或其他有效方法，彻底消灭病原体及其载体。

4）退回 对尚未卸离运输工具的不合格检疫物，可用原运输工具退回输出国；对已卸离运输工具的不合格检疫物，在不扩大传染的前提下，由原入境口岸在检验检疫机构的监管下退回输出国。

5）截留 对旅客携带的检疫物，经现场检疫认为需要除害或销毁的，签发《出入境人员携带物留验/处理凭证》，作为检疫处理的辅助手段。

6）封存 对需进行检疫处理的检疫物，应及时予以封存，防止疫情扩散，也是检疫处理的辅助手段。

此外，还有"不准出境""不准过境"等处理方式。

2. 检疫处理的程序 检疫处理的程序是口岸检验检疫机构根据检验检疫结果，对不合格的检疫物签发《检验检疫处理通知书》，通知货主或其代理人进行处理。检疫处理必须在检疫人员的监督下进行，检疫处理后，货主可根据需要向检验检疫机构申请出具有关对外索赔证书。

(四)进境动物检疫处理

1. 现场检疫处理　动物入境时,检验检疫人员在口岸现场(机场、码头)检查动物装载情况及动物临床健康状况。若发现有动物死亡或有临床症状,则应分析具体情况,包括因病死亡、机械性死亡、气温等物理性死亡,分别做出处理。

对死亡的动物应及时移送指定地点作病理剖检,并采样送实验室检验,死亡的动物尸体转运到指定地点进行无害化处理,并出具证明进行索赔或做其他处理。

对有疾病临床症状的动物,若超过半数动物死亡,则禁止卸离运输工具,全群退回并上报国家出入境检验检疫部门。

动物铺垫材料、剩余饲料和排泄物等,由货主及其代理人在检疫人员的监督下,做除害处理,如熏蒸、消毒、高温处理等。

对发现有大批死亡的动物,此外,还应对入境动物作群体临诊观察,发现疑似感染传染病动物时,在货主或者押运人的配合下查明情况,立即处理。

从以下几个方面对整群动物进行临诊观察,发现有下列症状者,一般认为动物健康状况不良,根据情况作综合判定。

1) 精神状态　动物惊恐不安、狂躁不驯,是马流行性脑脊髓炎和狂犬病的特征表现。动物沉郁、嗜睡,甚至昏迷,多为发热性疫病和衰竭性疫病的表现。

2) 被毛状况　被毛逆立、无光,局限性脱毛,这时应多注意皮肤病或外寄生虫病如螨病的可能。

3) 皮肤的颜色　皮肤苍白乃贫血之症;皮肤黄疸色多见于肝病及溶血性疫病如钩端螺旋体病等;皮肤蓝紫色又称发绀,多见于亚硝酸盐中毒、蓝耳病等。

4) 皮肤疹疤　反刍兽及猪的皮肤尤其是口腔部及蹄部的皮肤有小水泡性病变,继而溃烂,可提示口蹄疫或传染性水泡病。马的臀部(有时在颈侧、胸侧)的所谓银元疹,提示马媾疫的可能。另外,猪的体表部位有较大的坏死与溃烂,应提示坏死杆菌病。

5) 眼及结合膜检查　猪大量流泪,可见于流行性感冒;于眼窝下方见有流泪的痕迹,应提示传染性萎缩性鼻炎的可能;脓性眼屎是化脓性结膜炎的特征,可见于某些热性传染病,尤其应注意猪瘟。结合膜潮红多可能为结膜炎所致;苍白是各型贫血的特征;发绀可提示某些毒物中毒、饲料中毒(如亚硝酸盐中毒);黄疸多由肝病或引起肝胆损伤的传染病引起;结合膜上有点状或斑点状出血,是出血性素质的特征,在马多见于血斑病、焦虫症,尤其是急性或亚急性马传染性贫血时更为明显。

6) 口腔、鼻腔检查　口腔大量流涎提示口蹄疫及中毒病(如鸡的有机磷中毒及猪的食盐中毒等),口腔黏膜颜色的变化与眼结合膜相近;动物若有大量鼻液多见于肺坏疽、支气管炎、支气管肺炎、大叶性肺炎的溶解期,以及马腺疫、急性开放性鼻疽等;动物频繁性咳嗽多提示有呼吸道性疫病。

2. 隔离检疫和实验室检验的检疫处理　根据隔离检疫和实验室检验的结果对该批动物作综合判定并做相应处理。

如发现《入境动物传染病名录》所列的一类传染病或寄生虫病,按规定做全群退回或全群扑杀销毁处理。

如发现二类传染病或寄生虫病,对患病动物做退回或扑杀、销毁处理,同群其他动物放行至指定地点继续观察，由当地检验检疫机构或兽医部门负责监管。

对经检疫合格的入境动物由口岸检验检疫机构在隔离期满之日签发有关单证（入境货物检验检疫证明），予以放行。

对检出规定检疫项目以外的对畜牧业有严重危害的其他传染病或寄生虫病的动物，由国家质检总局根据其危害程度做出检疫处理决定。

对旅客携带的伴侣动物，不能交验输出国（或地区）官方出具的检疫证书和狂犬病免疫证书或超出规定限量的，做暂时扣留处理。旅客应在口岸检验检疫机构规定的期限内办理退回境外手续，逾期未办理或旅客声明自动放弃的，视同无人认领物品，由口岸检验检疫机构进行检疫、处理。

（五）进境动物产品检疫处理

1. 现场检疫处理 动物产品入境后，检查有无腐败变质现象，容器、包装是否完好。符合要求的，允许卸离运输工具。发现散包、容器破裂的由货主或者其代理人负责整理完好，方可卸离运输工具。根据情况，对运输工具的有关部位及装载动物产品的容器、外包装、铺垫材料、被污染场地等进行消毒处理。

2. 实验室检验的检疫处理 经实验室检验合格的动物产品出具《检疫放行通知单》，同意入境加工、使用或销售；检出我国公布的一、二类动物传染病、寄生虫病名录的病原体，或危害人畜健康的其他病原体时，出具《检验检疫处理通知书》，通知货主或其代理人，在检疫机关监督下做防疫、消毒、除害、销毁或原包装退回处理。

（六）出境动物检疫处理

根据输入国的检疫卫生要求或双边议定书或贸易合同中的检疫要求，经检验检疫不合格的动物不准出境，根据具体情况做退回原产地或者扑杀销毁处理，发现重大疫情要及时上报国家质检总局，并向当地及原产地畜牧兽医部门通报，及时采取措施，扑灭疫情。

（七）出境动物产品检疫处理

经检疫不合格又无有效方法做无害化处理的，不准出境。

（八）除害处理常用药品及方法

1) 甲醛溶液 含 37%～40%甲醛的水溶液；甲醛溶液 40mL/m^3，高锰酸钾 30g/m^3，熏蒸 12～24h，熏蒸时房间封闭，熏蒸后通风换气。适用于受污染的房间、仓库及船舱的表面。

2) 2%碱性戊二醛或强化酸性戊二醛（商品名 Sonacide） 喷雾或浸泡，10min 杀灭一般病毒，1～10min 杀灭细菌繁殖体，10～30min 杀灭结核杆菌，5～10min 杀灭真菌，3h 杀灭芽孢；适用于木质、搪瓷、陶瓷、金属和玻璃器械、纺织品及橡皮制品。

3) 环氧乙烷 1.9kg/m^3、25～50℃熏蒸 87h，或 2.2kg/m^3、19～33℃熏蒸 67h，由于环氧乙烷具有很强的穿透力，因此最好在密闭的金属容器内进行，或密闭房间内进行；适用于羊毛熏蒸。对皮张的熏蒸用药为 0.4kg/m^3、25～50℃熏蒸 40h，或 0.7kg/m^3、25～50℃熏蒸 20h。

4）漂白粉　　次氯酸钙（32%～36%），氯化钙（29%），氧化钙（10%～18%），氢氧化钙（15%），水（10%）；2%～20%喷洒或浸泡 15min 至 2h；适用于畜舍、用具、污水、车船、土壤、墙壁、地面和路面等。处理污水时有效氯含量应为 50～2000mg/L。

5）次氯酸钙　　0.3%～6%喷洒或浸泡 15min 至 2h；消毒对象同漂白粉。

6）三合一　　次氯酸钙（56%～60%），氢氧化钙（20%～24%），氯化钙（6%～8%）；0.5%～10%喷洒或浸泡 15min 至 2h；适用于畜舍、用具、污水、车船、土壤、墙壁、地面和路面等。处理污水有效氯含量应为 50～2000mg/L。

7）二氧化氯　　每升饮用水中加入 0.2mg 二氧化氯；适用于饮用水。

8）过氧乙酸　　喷雾或浸泡，0.04%～1%，作用 0.5～2h；适用于畜舍、车船、用具、服装、畜禽体表等。熏蒸 1～3g/m^3，相对湿度 50%～80%，作用 1～2h；适用于室内空气。

9）来苏儿（甲酚）　　浸泡或喷洒，1%～5%，作用 0.5～2h；适用于污染物表面消毒，如地面、墙壁、衣服和实验室污染物品、畜舍等。

10）氢氧化钠　　1%～3%溶液喷洒；适用畜禽舍、车船、非金属用具、地面、道路。

11）碳酸钠　　4%溶液喷洒或洗刷；适用于畜禽舍、车船、用具、地面、道路及衣服等。

复习思考题

1. 什么是检疫审批？其目的是什么？
2. 动物检疫审批的程序有哪些？
3. 进境动物及进境动物产品的检疫程序分别是什么？
4. 出口动物中需隔离检疫的情况有哪些？
5. 过境动物须办理的检验检疫手续有哪些？
6. 检疫处理的概念和原则是什么？

第三章 动物检验检疫技术

第一节 检验检疫样品采集

一、样品采集的原则

采集检验样品是动物检验工作的重要内容。采样的时机是否适宜，样品是否具有代表性，样品的处理、保存、运送是否合适及时，都与检验结果的准确性、可靠性关系极大。因此，采集检验样品时，需要符合以下规定。

1. 合理原则 按照检疫规定要求，须严格按照规定采集各种足够数量的样品。同时，不同疫病的需检样品各异，应按可能的疫病侧重采样。对未能确定为何种疫病的，应全面采样。动物群体发病，至少采取5头(只)动物的病料。每一种样品应有足够的数量，除确保实验用量以外，还要留有备样。

2. 适时原则 根据检疫要求及检疫对象和检验项目的不同，选择适当的采样时机十分重要。样品是有时间要求的，应严格按规定时间采样：有临诊症状需要作病原分离的，样品必须在病初的发热期或症状典型时采样；病死的动物，应立即采集病料，尤其在夏季不应超过4h，时间过长，尸体腐烂，影响病原微生物的检出。必要时可从发病早期活体或急宰的尸体上采集病料。

3. 无菌采样原则 除供病理组织学检验外，供病原学及血清学检验的样品，必须无菌操作采样，采样所用器械及容器均须灭菌处理，并遵守无菌操作规程，一种样品必须用一件器械和容器；尸体剖检需采样品的，先采样后检查，以免人为污染样品。

4. 典型原则 典型采样要求样品要有代表性，采取病料的种类应根据传染病的特点，采取相应的脏器、排泄物、分泌物等。动物活体采样：一是要选择典型动物，就是未经药物治疗、病状典型的动物，这对细菌性传染病的检查尤为重要；二是要选择典型材料，即采集病原体可能在其中含量最高的材料。在采集病料前，对动物可能患某种疫病做出初步诊断，侧重采集含病毒或细菌量最多的脏器或内容物；也可以根据临床症状和病理变化采集病料，如神经症状明显可采集脑和脊髓，消化道病理变化明显可采集肠内容物及肠系膜淋巴结等。

5. 安全采样原则 采样过程中，须做好采样人员的安全防护，防止感染，同时防止因病原扩散而造成环境污染。

二、病料处理

采取的新鲜病料最好不加任何保存液，立即送检。若不能短时间内送达，尤其在夏季，要想使试验诊断得到正确的结果，除采取适当的病料外，还需使病料保持或接近新鲜状态，为此需对病料进行处理。

1) 病理组织学检查材料　　采用10%甲醛溶液或95%乙醇溶液等固定，固定液体积应为病料的10倍。如用10%甲醛溶液固定组织，经24h必须更换一次新鲜溶液；神经系统组织需使用10%甲醛溶液，并加入5%~10%的碳酸镁。

2) 细菌检查材料　　液体病料在容器口加橡皮塞和软木塞，然后用蜡封固；组织块则保存于饱和氯化钠溶液或30%甘油缓冲液中，容器加塞封固。

3) 病毒学检查材料　　一般保存在50%的甘油生理盐水溶液中。需做组织学检查的材料最好使用包音氏液或岑克氏液。

4) 血清学检验材料　　一般在每毫升血清中，可加入5%石炭酸1滴用于防腐，低温保存，但不能冻结。

三、各类动物样品的采集

（一）血液

1. 病毒检验样品　　应在动物发病初体温升高期间采集，对于没有症状的带毒动物，一般宜在进入隔离场所后7d内采样。血液样品必须是脱纤血或抗凝血。抗凝剂可选用乙二胺四乙酸(EDTA)或肝素，枸橼酸钠对病毒有微毒性，一般不宜采用。采血前，在真空采血管或其他容器内按每10mL血液加入EDTA 20mg或0.1%肝素1mL。猪从前腔静脉真空采血或用注射器抽取，用量少时也可以从耳静脉抽取；牛、马、羊从颈静脉或尾静脉真空采血；家禽从翅膀静脉或颈静脉用注射器抽取血液。采得的血液立即与抗凝剂充分混合，防止凝固；采脱纤血液时，先在容器内加入适量小玻璃珠，加入血液后，反复振荡血液，以便脱去血液纤维，采得的血液经密封后贴上标签，以冷藏状态立即送实验室。必要时，可在血液中按每毫升各500~1000IU加入青霉素和链霉素，以抑制血源性或采血中污染的细菌。

2. 细菌检验样品　　应在动物发病初体温升高或发病未经药物治疗期间采集，血液应脱纤或加肝素等抗凝剂(EDTA或枸橼酸钠)，但不可加入抗生素。血液密封后贴上标签，冷藏，尽快送实验室，否则须置4℃冰箱内暂时保存，但时间不宜过久，以免溶血。

3. 血清学检验样品　　全血用真空采血管或注射器从动物颈静脉或其他静脉采集，用作血清学检验的血液不加抗凝剂也不做脱纤处理。为保障血清质量，一般情况下，空腹采血较好。采得的血液贴上标签，室温静置待凝固后送实验室，并尽快将自然析出的血清或经离心分离出的血清吸出，按需要分装若干小瓶密封，再贴上标签冷藏保存备检或冷藏送检。血清学检验用的血液，在采血、运送、分离血清过程中，应避免溶血，以免影响检验结果。中和试验用的血清，数天内检验的可在4℃左右保存；较长时间才能检验的，应冻结保存，但不能反复冻融，否则抗体效价下降；供其他血清学检验的血清，一般不加入防腐剂或抗生素，若确有需要时也可加入抗生素(每毫升血清加青霉素、链霉素500~1000IU)，也可加入终浓度为0.08%的叠氮化钠、0.01%的硫柳汞。加入防腐剂时，不宜加入过量的液态量，以免血清被稀释。加入防腐剂的血清可置4℃条件下保存，但如存放时间过长也宜冻结保存。

采集双份血清检测比较抗体效价变化时，第一份血清应采于发病初期，并作冻结保存，第二份血清于采集第一份血清后3~4周采集，双份血清同时送实验室。

4. 寄生虫检验样品　　因不同的血液寄生虫在血液中出现的概率及部位各不相同，因此，需要根据各种血液寄生虫病的特点，取相应部位的血液制成血涂片，送实验室。

5. 常规检验样品 血液需加抗凝剂，防止血液凝固，抗凝剂用 EDTA、肝素或枸橼酸钠均可。血液由静脉采得并与抗凝剂充分混合，尽快送实验室。运输中血液不可冻结，不可剧烈振动，以免溶血。

（二）动物组织

组织样品一般从扑杀动物或垂死的动物和病死尸体剖检中采集，也可从活动物体内采集。从尸体采样时，先剥去动物胸腹部皮肤，以无菌器械将腹腔、胸腔打开，根据检验目的和生前疫病的初步诊断，无菌采集不同的组织。从活体内采取组织样品，一般需使用特殊的器械。

1. 病毒检验样品 作病毒检验的组织，必须以无菌技术采集，组织应分别放入灭菌的容器内并立即密封，贴上标签，立即放入冷藏容器送实验室。如果途中时间较长，可将其以冻结状态运送。也可以将组织块浸泡在 pH7.4 左右的 Hank's 液或磷酸缓冲肉汤保护液内，并按每毫升保护液加入青霉素、链霉素各 1000IU，然后放入冷藏瓶内送实验室。

2. 细菌检验样品 供细菌检验的组织样品，应新鲜并以无菌技术采集，如遇尸体已经腐败，某些疫病的致病菌仍可采集于长骨或肋骨，从骨髓中分离细菌。采集的组织应分别放入灭菌的容器内或灭菌的塑料袋内，贴上标签，立即冷藏送实验室。必要时也可以作暂时冻结送实验室，但冻结时间不宜过长。

3. 病理组织学检验样品 作病理组织学检验的组织样品必须保证新鲜，采样时，应选取病变最典型、最明显的部位，并应连同部分健康组织一并采集。若同一组织有不同的病变，应同时各取一块。切取组织样品的刀具应十分锋利，将需要采取的组织切成厚约 0.5cm、长宽均为 1~2cm 的组织块，立即浸泡在 95%乙醇或 10%中性甲醛缓冲固定液（40%甲醛溶液 100mL、无水磷酸氢二钠 6.5g、磷酸二氢钾 4.0g，蒸馏水加至 1000mL）内固定。固定液容积应是组织块体积的 10 倍以上，样品密封后加贴标签即可送实验室。若不能在 2d 内送出，或实验室不能在短期内检验，经 24h 固定后，最好更换一次固定液，以保持固定效果。

作狂犬病的内氏小体检查的脑组织，取量应较大，一部分供在载玻片上作涂片用，另一部分供固定用，固定用 Zenker 固定液（重铬酸钾 36g、氯化汞 54g、氯化钠 60g、冰醋酸 50mL、蒸馏水 950mL）固定。作其他包涵体检查的组织用氯化汞甲醛固定液（氯化汞饱和水溶液 9 份、甲醛溶液 1 份）固定。

固定组织样品时，为了简便，一般一头动物的组织可在同一容器内固定。如有数头动物的组织样品，可用纱布分别包好并附上用铅笔书写的标签后投入一个较大的容器内固定送检。

（三）粪便

1. 病毒检验样品 分离病毒的粪便必须新鲜。少量采集时，以灭菌的棉拭子从直肠深处或泄殖腔黏膜上蘸取粪便，并立即投入灭菌的试管内密封，或在试管内加入少量 pH7.4 的保护液再密封。采集较多量的粪便时，可将动物肛门周围消毒后，用器械或用戴上胶手套的手伸入直肠内取粪便，也可用压舌板插入直肠，轻轻用力下压，刺激排粪，收集粪便。所收集的粪便装入灭菌的容器内，经密封并贴上标签，立即冷藏或冷冻送实验室。

2. 细菌检验样品 作细菌检验的粪便，最好是在动物使用抗菌药物之前，从泄殖腔或直肠内采集新鲜的粪便。采样方法与病毒检验样品相同。量较少的粪便样品可投入无菌缓冲盐水或肉汤试管内；较多量的粪便则可装入灭菌的容器内，贴上标签后冷藏送实验室。

3. 寄生虫检验样品 应选取新排出的粪便或直接从直肠内采集，以保持虫体或虫体节片及虫卵的固有形态。一般作寄生虫检验的粪便用量较多。采得的粪便以冷藏不冻结状态送实验室。

（四）皮肤

能在皮肤上引起疱疹或丘疹、脓疱性皮炎、结节、皮肤坏死等病变的疫病，均可采集有病变的皮肤进行病原分离、病理组织学检验或寄生虫检验。供检验的皮肤样品病变应明显而典型。采集扑杀动物或死后动物的皮肤样品，用灭菌的器械取病变部位及与之交界的小部分健康皮肤；活动物的病变皮肤如水疱皮、结节、痂皮等可直接剪取。剪取的皮肤样品，供病原学检验的应放入灭菌的容器内，或加入保护液后冷藏送检；做组织学检验的应立即投入固定液内固定；作寄生虫检验的可放入有盖容器内供直接镜检。活动物的寄生虫病如疥螨、痒螨等，在患病皮肤与健康皮肤交界处，用凸刃小刀，使刀刃与皮肤表面垂直，刮取皮屑，直到皮肤轻度出血，接取皮屑供检验。

（五）生殖道样品

生殖道样品主要是动物死胎、流产排出的胎儿、胎盘、阴道冲洗液、阴道分泌物、阴茎包皮冲洗液、精液、受精卵等。这些样品可供作病原学检验。流产的胎儿及胎盘可按采集组织样品的方法，无菌采集有病变的组织，也可根据检验目的采集血液或其他组织；精液以人工采集方法收集；阴道分泌物、阴茎包皮分泌物可用棉拭子从深部取样，也可将阴茎包皮外周、阴户周围消毒后，以灭菌的缓冲液或 Hank's 液冲洗阴道、阴茎包皮，收集冲洗液。所采集的各种样品，供病毒检验的立即冻结或加入保护液；作细菌检验的立即冷藏；作组织学检验的迅速切成小块投入固定液内固定，贴上标签后迅速送实验室。

（六）分泌液和渗出液

分泌液和渗出液包括眼分泌液、口腔分泌液、鼻腔分泌液、咽食道分泌液、乳汁、尿液、脓汁、阴道（包括子宫和宫颈）渗出液、皮下水肿渗出液、胸腔渗出液、腹腔渗出液、关节囊（腔）渗出液等。采集这些分泌液或渗出液时，必须无菌操作。

眼、口腔、鼻腔、阴道的分泌液或渗出液，以灭菌的棉拭子蘸取；脓汁的采集，作病原菌检验的应在药物治疗之前，用棉拭子蘸取已破口的脓灶脓汁，未破口的脓灶脓汁用注射器抽取；咽、食道分泌物，可用食道探子从已扩张的口腔伸入咽、食道处反复刮取；尿液样品可在动物排尿时收集，也可以用导管导尿或膀胱穿刺采集；皮下水肿液和关节囊（腔）渗出液，用注射器从积液处抽取；胸腔渗出液的采集，牛用注射器在右侧第五肋间或左侧第六肋间刺入抽取，马在右侧第六肋间或左侧第七肋间刺入抽取；腹腔积液的采集，牛在最后肋骨的后缘右侧腹壁作垂线，再由膝盖骨向前引一水平线，两线交点至膝盖骨的中点为穿刺部位，用注射器抽取；马的腹腔积液穿刺抽取部位与牛不同的是在左侧。乳汁的采集，先将乳房、乳头作清洗消毒后，用手挤取乳汁，弃去初挤出的乳汁，收集后挤出的乳汁。

所采集的各种分泌物或渗出液，应立即分别装入已灭菌的玻璃瓶内密封，贴上标签，冷藏，迅速送实验室。动物主要疫病病原检验检疫取样样品见表 3-1。

表 3-1　动物主要疫病病原检验检疫取样样品

病名	样品
口蹄疫	水疱皮、水疱液、食道、咽分泌物、扁桃体
非洲猪瘟	全血、脾、扁桃体
猪水疱病	全血、水疱皮、水疱液
猪瘟	全血、骨髓、淋巴结、肾、脾
牛瘟	眼结膜分泌物、粪便、肠黏膜
小反刍兽疫	全血、眼、鼻分泌物、淋巴结、脾、肺、扁桃体
蓝舌病	全血、脾、肝
痒病	脑
牛海绵状脑病	脑
非洲马瘟	全血、肺
鸡瘟	鼻、咽、气管分泌物、粪便、肺
新城疫	眼分泌物、泄殖腔拭子、脾、气管黏膜、脑
鸭瘟	全血、鼻、咽分泌物、粪便、病变组织
牛肺疫	肺、胸、腹积液
牛结节性疹	病变皮肤、肿大的淋巴结
炭疽	全血(涂片)、脾、耳部皮肤
伪狂犬病	脑、脊髓液、扁桃体、淋巴结、流产胎儿、胎盘(猪)
心水病	全血、脑、肺巨噬细胞
狂犬病	唾液、脑
Q 热	全血、唾液、乳汁、粪便、胎盘、羊水
裂谷热	全血、肝
副结核病	粪便、盲肠黏膜、肠系膜淋巴结
巴氏杆菌病	全血(涂片)、肝、肾、脾、肺
布鲁氏菌病	流产胎儿、胎盘、乳汁、精液
结核病	乳汁、痰液、粪便、尿、病灶分泌物、病变组织
鹿流行性出血热	全血、脾、骨髓
细小病毒病	牛，肠黏膜、局部淋巴结；猪，流产胎儿、胎盘、鼻、咽、气管分泌物、气管黏膜；犬，小肠及内容物、粪便
梨形虫病	全血(涂片)、脑、肝、肾、肺
锥虫病	全血(涂片)、脾、淋巴结
鞭虫病	全血(涂片)
牛地方流行性白血病	全血、病变组织
牛传染性鼻气管炎	全血、眼、鼻、气管分泌物、气管黏膜、肺淋巴结、流产胎儿、胎盘
牛病毒性腹泻——黏膜病	全血、粪便、肠黏膜、淋巴结
牛生殖道弯曲杆菌病	流产胎儿、胎盘、阴道分泌物、阴茎包皮冲洗液、阴道冲洗液、精液
赤羽病	脑组织、脊髓、脊髓液、脾、胎盘
水疱性口炎	全血、水疱皮、水疱液、病变淋巴结

续表

病名	样品
牛流行热	全血、脾、肝、肺
茨城疫	全血、脾、淋巴结
绵羊痘和山羊痘	全血、新鲜病变组织及水疱液、淋巴液
衣原体病	阴道、子宫分泌物，流产胎儿，胎盘，粪，乳汁
梅迪-维斯纳病	全血、唾液、脊髓液
边界病	脑、脊髓、脾
绵羊肺腺瘤病	肺、鼻分泌物
山羊关节炎/脑炎	关节液、关节软骨、滑膜细胞
猪传染性脑脊髓炎	脑、脊髓、唾液、粪便
猪传染性胃肠炎	粪便、小肠及内容物
猪流行性腹泻	粪便、小肠及内容物
猪密螺旋体痢疾	粪便、病变肠段及内容物
猪传染性胸膜肺炎	鼻、气管分泌物，肺，支气管黏膜，肝，脾
猪生殖和呼吸综合征	全血、肺
马传染性贫血	全血、脾
马脑脊髓炎	全血、脑、脊髓液
委内瑞拉马脑脊髓炎	全血、脑、脊髓液
马鼻疽	鼻、咽、气管分泌物，病灶分泌物，病变组织
马流行性淋巴管炎	新破溃结节的脓汁、淋巴结
马沙门氏菌病	流产胎儿，胎盘，阴道、子宫分泌物
类鼻疽	鼻、咽、气管分泌物，胸腔淋巴结化脓灶，肺，肝，脾
马传染性动脉炎	全血、眼、鼻分泌物，脾
马鼻肺炎	流产胎儿，胎盘，鼻、咽、气管分泌物，气管黏膜，局部淋巴结
鸡传染性喉气管炎	鼻、气管分泌物，气管黏膜
鸡传染性支气管炎	肺、气管黏膜
鸡传染性法氏囊病	法氏囊、肾
鸭病毒性肝炎	全血、肝
鸡伤寒	全血、粪便、肝、脾、胆囊
禽痘	水疱皮、水疱液
鹅螺旋体病	全血、肝、脾
马立克氏病	全血、皮肤、皮屑、羽毛尖、脾
住白细胞原虫病	全血
鸡白痢	全血、粪便、肝、脾
家禽支原体	鼻、咽、气管分泌物，肺，气管黏膜
鹦鹉热	全血、眼结膜分泌物，粪便，气囊，肝，脾，心包，肾，腹水，泄殖腔拭子
鸡病毒性关节炎	水肿的腱鞘、胫跗关节、脾、胫股关节的滑液

续表

病名	样品
禽白血病	全血、病变组织
兔病毒性出血病	全血、肝、脾、肺
兔黏液瘤病	病变皮肤、眼、鼻分泌物
野兔热	全血、病变组织、肾、肺、唾液
犬瘟热	实质器官、分泌物
利什曼病	皮屑、脾、骨髓、淋巴结

第二节　动物检验检疫细菌学检验技术

一、细菌培养基

分离病原菌需要良好的培养基。各种病原菌对营养的要求不尽相同，培养基的营养成分必须符合所分离病原菌的要求，才能保证其生长。培养基中一般含有可被细菌利用的氮源、碳源、无机盐和水等物质。不同种类的细菌对营养的要求有显著的差别，一般情况下，微生物对未经消化的蛋白质利用较差，而需要结构比较简单的含氮物质，如蛋白胨、蛋白质、多肽类及氨基酸等。某些细菌更需要类似维生素的辅助生长因素或某些特殊因子方能生长。除营养成分外，制造培养基时，调整培养基的pH也非常重要，如有些病原菌只能在一定的pH时才能生长。因此，一定要根据细菌生长所需要的条件去制备各种培养基。培养基主要作为繁殖、分离、鉴定、研究细菌和制造生物制品等之用。

二、细菌培养

（一）病料的采集和运送

对动物进行病原菌检疫，病料的采集和运送是否得当，是关系到能否分离到病原菌的关键。分离病原菌，首先要充分了解各种病原菌（目的菌）在被检动物体内及其分泌物和排泄物中的分布情况。不同的病原菌在病畜体内分布情况不同，即使是同一种病原菌，在疫病的不同时期和不同病型中分布也不同。因此，在采集病料前必须根据疫病的流行特点、临床表现和免疫学检验结果，对被检动物可能患有何种疫病做出初步诊断。然后针对病原菌可能存在的部位，采集最合适的病料进行检验。采取病料所用器械都应事先消毒，确保无菌，采样时应无菌操作。如果动物已死亡，取样时应注意以下几点：①对急性死亡的动物，从耳尖或四肢末梢血管采血制成涂片，染色镜检，在排除炭疽后方能剖检取样；②采取病料的时间越早越好，夏季要在动物死亡后2h内采取病料；③为了提高病原微生物的阳性分离率，采取的病料要尽量齐全，除了内脏、淋巴结和局部病变组织外，还应采取脑组织和骨髓，以防遗漏；④认真填写病料送检单和剖检病理变化记录。

下面介绍各种病料的采取方法。

1）脓汁　先将表面清洁消毒，然后用灭菌注射器或吸管抽取深部的脓汁；若是开口化脓灶或皮肤、黏膜表面化脓，可用灭菌棉拭子浸蘸脓汁后，放入试管中。

2) 内脏器官　　采取心、肺、肝、脾、肾等有病变的组织及其淋巴结，无病变的也要采取，无菌剪取 1～2cm 大的方块，分别装入灭菌容器内。

3) 血液　　取全血时，无菌采取血液 10mL，立即注入盛有 0.5%肝素溶液 0.1mL 或 5%柠檬酸钠溶液 1mL 的灭菌试管内，并立即混合均匀。要分离血清时，将无菌采取的血液直接注入灭菌试管，待血液自然凝固后分离血清。从尸体采取血液时，可用灭菌注射器或吸管从右心房抽取。

4) 皮肤和黏膜　　采取病变局部的皮肤和黏膜及其附属淋巴结，放入甘油盐水溶液中。

5) 脑和脊髓　　无菌采取脑和脊髓 1～2cm 大的方块，放入甘油盐水溶液中。

6) 胆汁　　用灭菌注射器吸取后放入灭菌试管中。

7) 肠和胃　　剪取有病变的部位一段或一块。也可将肠管一段（6～8cm）用线扎紧两端后剪下送往实验室。

8) 粪便　　可用棉拭子插入肛门蘸取，或扑杀病畜后由肠管采取，立即放入低温条件下保存。

9) 乳汁　　先用消毒药液清洗乳头及其附近，弃去最初挤出的几滴乳汁，然后采取乳汁约 10mL 放入灭菌试管内。

10) 流产胎儿　　可将整个胎儿用塑料薄膜包紧，装入箱中送检。

11) 小动物、禽和鱼等　　可按上述流产胎儿方式整体送检。在距离实验室很近，又有隔离运输条件时，也可将发病小动物直接送检。

（二）病料的处理

采集的病料，在接种培养前，应对其性状进行观察，如是否脓性、带血或腐败，有何气味，并作记录。各种病料在分离培养前均应制备一张涂片，作革兰氏染色、镜检，以了解细菌的形态、染色特性，并估计其含菌量。通过肉眼观察和显微镜下看到的结果，对病料中可能含有的病原菌做初步的估计。

如果病料是病变组织，又是用无菌方法采集的，在接种前一般无需做特别处理。但如果病料被杂菌污染严重，则需根据所要分离的病原菌的特性，采用一些对病原菌无害、但对杂菌有杀灭或抑制作用的方法，用以抑制杂菌生长。例如，从粪便中分离沙门氏菌，可将粪样接种于亚硒酸钠肉汤中，做增菌处理。在这种培养基中，其他细菌被抑制，而沙门氏菌则能自由繁殖。又如，分离链球菌和猪丹毒杆菌用叠氮化钠结晶紫血琼脂；分离布鲁氏菌、胎儿弯曲杆菌、炭疽杆菌、副结核杆菌可用选择性抗菌琼脂等。如果从肠道内容物或从污染有不产生芽孢的杂菌培养物中分离能形成芽孢的细菌，取此材料再接种培养基，即容易获得细菌的纯培养物。有些病料（如乳汁、尿等）含菌太少，则应先做集菌处理，然后接种，以提高检出率，其集菌方法有离心法和过滤法。离心法取沉淀物作培养物，过滤法取沉积于滤板上表面的病料作培养。还有些细菌往往在细胞质内集结成团，而在它们所形成的病灶中含菌较少，遇到这种情况，可将病料组织磨碎，制成乳剂，加入酶、酸或碱消化组织，使菌团散开，然后离心，收集沉淀物作培养（如从肠黏膜分离副结核杆菌即用此法）。

（三）细菌的分离与接种

分离培养是细菌学诊断中不可缺少的一环，其主要目的是在含多种细菌的病料或培养物中挑选出某种细菌。分离培养时应注意，选择适合于所分细菌生长的培养基、培养温度、气体条件等，同时严格按无菌操作程序进行实验，并做好标记。

1. 分离方法 可用以下几种方法分离纯培养物。

(1) 如果病料是病变组织，又是用无菌方法采集的，可将病料直接涂抹在固定培养基平皿上，或用接种环钩取少许组织，划线接种于琼脂平皿上或斜面上。生长后，如果菌落形态是一致的，则任意挑几个菌落移植于琼脂斜面上作鉴定。如果菌落形态不一致，则应在每种菌落中任意选取1~2个，移植于斜面上分别鉴定。如果杂菌太多，可采用平皿法或毛细吸管法分离出纯培养物。平皿法有两种，一种是用接种环将培养物划线接种在固体培养基的表面。接种物在线上由多变少，接种物中的细菌亦随之而逐步分开。培养后，可根据菌落形态检出疑为病原菌的菌落移植鉴定。另一种是倒平皿法，先将固体培养基熔化，冷至45℃后，接种入带有杂菌的培养物，混匀，倒入3~5个平皿中。凝固后置于37℃培养，平皿上将生长出分散的菌落，检出可疑的菌落移植鉴定。如果接种的材料含菌太多，可先用肉汤或生理盐水稀释，然后按上法接种和倒注平皿。毛细管法是用明胶培养基将培养物作适当稀释后，用毛细吸管接种许多小滴于盖玻片上。将盖玻片翻转，放在悬滴标本的载玻片上，在显微镜下检查各滴中的细菌。记住仅含有一个菌体的小滴，取此小滴接种于培养基上，即生长出纯的培养物。将玻片放在37℃培养，待生长出菌落后再移植也可。

(2) 如果病料是痰、乳汁、阴道分泌物、粪、尿等材料，污染杂菌较多，则需根据分离的病原菌特性，在培养基中加入一些对病原菌无害，但对杂菌有抑制或杀死作用的抑菌药物，事先处理材料，以除去杂菌，然后接种培养基。例如，分离痰和乳汁中的结核菌，可先用3%氢氧化钠或4%~6%硫酸处理病料，杂菌被杀死，而结核菌不会死亡，接种培养基后，将得到结核菌纯培养物。某些染料和抗生素，对某类细菌有选择性抑制作用，而对某些病原菌无抑制作用。有选择地加这些药物于培养基中，然后接种病料，可得到病原菌的纯培养物。例如，分离沙门氏菌用的沙门氏菌-志贺氏菌琼脂(SS琼脂)、去氧胆酸盐琼脂；分离布鲁氏菌、胎儿弯曲杆菌、鼻疽杆菌、伪鼻疽菌、猪痢疾密螺旋体用的选择性抗生素琼脂；分离链球菌和猪丹毒杆菌用的叠氮化钠结晶紫血琼脂等。

(3) 如果从肠道内容物，或从被不产生芽孢的杂菌污染的培养物中分离能形成芽孢的细菌(如产气荚膜梭菌、破伤风梭菌等)，可将材料或培养物在80℃加热15min。在此温度下不形成芽孢的杂菌将被杀死，形成芽孢的细菌仍可以存活。取此材料接种培养基，即获得纯培养物。

(4) 有些污染杂菌的病料和培养物，可以通过接种易感动物排除杂菌，而得到病原菌纯培养物。例如，怀疑为气肿疽的病料，在送往实验室检验前，已被腐败性细菌污染。而许多腐败性细菌是产生芽孢和厌气的，加热处理的方法不能把它们消除，要从病料中分离出气肿疽梭菌不太容易。遇到这种情况，除将病料接种平皿，作厌气培养，从平皿上挑出气肿疽梭菌外，还应当将病料的组织悬液接种豚鼠。腐败性细菌不能在豚鼠组织中繁殖，而气肿疽梭菌则能自由生长，并致死豚鼠，从豚鼠的病变组织中可以培养出纯的气肿疽梭菌来。从乳汁、痰、阴道分泌物、精液、尿等材料中分离出病原菌(如结核菌、布鲁氏菌、胎儿弯曲杆菌等)，通常也采用易感动物接种法进行分离。

(5) 如果液体病料如乳汁、尿等，含菌太少，则应先做集菌处理。然后接种，以提高阳性检出率。可将病料离心，使菌体下沉，培养沉淀物(如病料是乳汁，除取沉淀物外，还应取乳皮层作培养，因为乳中细菌大部分随乳油上浮）。也可将液体病料通过隔菌滤板过滤，使细菌沉积在滤板的上表面，然后将滤板上部直接涂抹在培养基平皿上作培养，或用少量水洗，取洗液作培养或接种动物。有些细胞内寄生的细菌往往在细胞质内集结成团，在它们所形成的病灶中含菌也较少，遇到这种情况，可将病灶组织磨碎，制成乳剂，加入酸、碱或酶消化组织，使菌团散开，然后离心，收集沉淀物作培养。

2. 细菌接种方法 培养细菌时，须将标本或细菌培养物接种于培养基上，常用接种方法有以下几种。

1) 平板划线接种法 此法为最常用的分离培养细菌的方法，通过平板划线，可使被检材料适当稀释，形成单个菌落，有利于从含有多种细菌的标本中分离出目的菌。分离培养用的平板培养基应表面干燥，可于临用前置 37℃ 孵育箱内 30min，这样既能使表面干燥有利于分离培养，又能使培养基预温，对培养某些较难培养的细菌有利。常用的平板划线接种法有以下几种。

(1) 分区划线法。此法多用于脓汁、粪便等含菌量较多的标本的分离。其方法是首先将接种环于火焰上灼烧灭菌后，蘸取标本均匀涂布于平板培养基边缘一小部分(第一区)，然后将接种环火焰灭菌，待冷却后只通过第一区 3~4 次后连续划线(第二区)，依次可划线 3~5 区，每一区细菌数可逐渐减少，直到分离出单个菌落为止。

(2) 连续划线法。此法多用于含菌数量较少的标本。其方法是首先用接种环将标本均匀涂布于平板培养基边缘一小部分，然后由此开始，在培养基表面自左向右连续划线并逐渐向下移动，直到下边缘。

划线接种时，尽可能做到直、密、匀，有效地利用培养基表面达到充分分离的目的。如果标本含菌较多，接种在强选择培养基(如 SS 琼脂培养基)时或标本含菌较少时，采用分区划线法接种，接种环可一直使用至划完，中间不必灭菌。接种完毕，在平皿底上做好菌名、日期和接种者等标记，将平皿倒扣，置适宜温度和气体环境中培养。

2) 斜面接种法 采用此法的目的是进行纯培养。其方法是从平板分离培养物上用接种环挑取单个菌落或者取纯种，插入接种管至斜面培养基上，先从斜面底部自下而上划一条直线，再从底部开始向上划曲线接种，划线应尽可能密而匀，或者直接自下而上划曲线接种。划线完毕，管口通过火焰，塞上棉塞，竖立，置温箱培养。

3) 倾注培养法 此法适用于饮水、乳汁和尿等液体标本的细菌计数。其方法是取原标本或经适当稀释(一般是 $10^{-5} \sim 10^{-1}$ 倍稀释)的标本 1mL，置于直径 90mm 的无菌平皿内，倾入已熔化并冷却至 50℃ 左右的培养基约 15mL，立即混匀，待凝固后倒置于 37℃ 培养 18~24h，做菌落计数。

4) 穿刺接种法 此法多用于双糖、明胶等具有高层的培养基进行接种。方法是用接种针挑取菌落或培养物少许，由培养基中央直刺到距管底 0.3~0.5cm 处。然后沿穿刺线退出接种针，若为双糖等含高层斜面的培养基则仅穿刺高层部分，退出接种针后立即在斜面上作划线接种。

5) 液体接种法 此法多用于普通肉汤、蛋白胨、水等液体培养基的接种。其方法是接种环蘸取少量菌种，倾斜液体培养基管，先在液面与管壁交界处研磨接种物(以试管直立后液体能淹没接种物为准)，再在液体中摆动 2~3 次接种环，塞好棉塞后轻轻混匀即可。

(四)细菌的培养方法

根据培养细菌的目的和培养物的特性,培养方法分为一般培养法、二氧化碳培养法和厌氧培养法3种。

1. 一般培养法　将已接种过需氧菌或兼性厌氧菌的培养基,置37℃培养箱内18～24h,即可生长。少数生长缓慢的细菌,需培养3～7d甚至1个月才能生长。为使培养箱内保持一定湿度,可放置一杯水。培养时间较长的培养基,接种后应将试管口塞棉塞后用石蜡或凡士林封固,以防培养基干裂。

2. 二氧化碳培养法　某些细菌如胎儿弯曲杆菌和牛流产布鲁氏菌等需要在含有10%二氧化碳的空气中才能生长,尤其是初代分离培养要求更为严格。将已接种的培养基置于二氧化碳环境中进行培养的方法即二氧化碳培养法。

常用方法有以下几种。

1)二氧化碳培养箱法　可将已接种的培养基直接放入二氧化碳培养箱内孵育,即可获得二氧化碳环境。

2)烛缸法　将已接种的培养基置于容量为2000mL的磨口标本缸或干燥器内。缸盖或缸口处均需涂以凡士林,然后点燃蜡烛直立置入缸中,密封缸盖。待蜡烛自行熄灭时,容器内含5%～10%的CO_2,容器置37℃培养。

3)碳酸氢钠-盐酸法　每升容积的容器内,按碳酸氢钠0.4g与盐酸3.5mL的比例,分别将两种试剂各置一器皿内(如平皿内),连同器皿置于标本缸或干燥器内,盖严后使容器倾斜,两种试剂接触后即可产生二氧化碳。

3. 厌氧培养法　目前常用的厌氧培养方法有厌氧罐法、气袋法及厌氧培养箱法3种。

1)厌氧罐法　厌氧罐法是目前应用较广泛的一种方法,分为以下几种。

(1)抽气-换气法。该法适用于一般实验室,其特点是较经济并可迅速建立厌氧环境。标本接种后,将平板放入厌氧罐,拧紧盖子,用真空泵抽出罐中空气,使压力真空表指针指至−79.98kPa,停止抽气,然后充入高纯N_2使压力真空表指针回到0位,连续反复3次,最后在罐内−79.98kPa的情况下,充入70% N_2、20% H_2、10% CO_2(有人改用20% CO_2及80% H_2,也可获得较好结果)。罐中需放入冷催化剂钯粒,以催化罐中残余的O_2和H_2化合成水。同时罐中应放有亚甲蓝指示管,亚甲蓝在有氧的环境下呈蓝色,无氧时为红色。临用前首先将亚甲蓝煮沸使之变成无色,放入罐中先呈浅蓝色,待罐中无氧环境形成,亚甲蓝即可持续呈无色。

(2)气体发生袋法。气体发生袋是由锡箔密封包装,其中含有两种药片,一种为含枸橼酸钠和碳酸氢钠的药片,另一种是含有硼氢化钠的药片。前者遇水放出二氧化碳,后者可释放氢。使用时在袋的右上角剪一小口,灌进10mL蒸馏水,立即放入含有钯粒、指示剂及平板培养基的厌氧罐中,拧紧盖子经2～3min后,可感到盖子微热并有少量水蒸气出现。密封后1h左右罐中O_2的含量可低于1%,使袋内呈无氧状态。

2)气袋法　此方法不需要特殊设备,操作简单,使用方便,不但实验室中可用,而且外出采样、现场接种也可用。原理与气体发生袋法完全相同,只是采用塑料袋代替了厌氧罐,气袋为一透明而密闭的塑料袋,内装有气体发生安瓿、指示剂安瓿、含有催化剂的带孔塑料管各一支。其操作方法为首先将接种的平板培养基放入袋中,用弹簧夹夹紧袋口,然后用手指压碎气体发生安瓿，20min 后再压碎指示剂安瓿，如果指示剂不变蓝色，说明袋内达到厌氧状态，即可放入37℃培养箱进行培养。

3）厌氧培养箱法　　使用之前须仔细检查厌氧装备密封性及催化剂、指示剂质量等。使用时严格遵守操作规程，保证箱内气体比例合理。

三、细菌的鉴定

不同的病原菌在各自培养基上生长的特点是不同的，系统鉴定就是通过病原菌的形态结构、生长特性、抗原性和病原性等检测，并用已知标准免疫血清确定分离细菌的属、种和型。微生物鉴定的程序通常是根据其形态、生长、生化特性等定种，最后根据抗原的免疫血清学检查定型。

（一）形态学检查

细菌形态上的差别比较容易观察出来，常依据形态特点作纲、目、科的分类，甚至定到属。各种细菌的形态，在适宜的环境下是相对稳定的。但环境的改变，如培养基条件的改变、抗生素和化学药品的作用等，均可使细菌产生不规则的形态，并可出现细胞壁的缺陷和多样性。为此，在作细菌形态鉴定时，必须按被检菌的生长要求，选择适宜的培养基和培养条件，以及适宜的培养时间和检查方法，才能做出正确的形态学鉴定。形态学检查一般包括两方面：培养菌落的眼观形态学观察和显微镜下菌体的形态学观察。

1. 培养菌落的眼观形态学观察　　主要是通过分离培养，观察细菌在固体、液体、半固体及鉴别培养基上的生长情况。在固体培养基上要观察菌落形态、大小、颜色是否均匀一致；表面是光滑湿润，还是干燥无光或呈褶皱状；边缘是整齐还是不规则；菌落是隆起、扁平，还是乳头样，是透明、半透明还是不透明。在液体培养基中，要观察培养基是否均匀混浊、管底有无沉淀、液面有无菌膜、是否产气等。在半固体培养基上应观察细菌是否沿着接种线生长，是呈毛刷样生长还是均匀生长，上下部生长是否一致。在鉴别培养基上，应观察其生长情况是否与预期的相一致，在血琼脂培养基上还要观察是否溶血及溶血圈的特点，在某些培养基上还要注意是否有臭味等。

2. 显微镜下菌体的形态学观察　　主要是通过染色、镜检，注意观察菌体的形状、大小和排列规律，注意是否产生芽孢和芽孢的位置；注意染色反应、有无荚膜等。在做细菌个体形态学检查时，要根据被检菌的种类和检查项目，选用相应的染色方法，同时要注意选择适当的培养基及培养的时间，才能达到预期的目的。一般以 18～24h（生长时间长的细菌除外）的幼嫩培养菌为宜。例如，做革兰氏染色检查时，培养时间长的陈旧细菌，可能由阳性变为阴性。做细菌运动性检查时，液体培养基的幼嫩培养物（几小时到十几小时）最为适宜。做炭疽荚膜染色时，因炭疽杆菌在一般培养基上不形成荚膜，而在动物体内形成明显的荚膜，因此，应首先接种小鼠，取死亡动物的病料作涂片标本镜检。做鞭毛染色时，以液体培养基为宜。芽孢的形成，因细菌种类不同，往往由于培养条件如培养基、空气和培养时间等不同而不同，但一般均要求较长时间。镜检时除注意其基本形态结构和大小（要用测微计测量）外，还应注意其排列状态、菌端形状、有无两级染色、有无形成芽孢和荚膜等。必要时可用电镜观察其微细结构。

3. 常用的几种染色方法　　在显微镜形态学观察工作中，细菌的染色占有非常重要的位置。因为细菌细胞小而透明，详细观察活体形态很不容易，需用苯胺类染料染色后，形态特点才清晰可见。此外，各种细菌对各种染料的亲和力不同，可以用鉴别染色的方法识别某些细菌，这对于细菌分类很有帮助。

涂片用的载玻片需用清洁液洗净、擦干、不留油质，否则培养物不能均匀地推开。被检材料如果是肉汤培养物，可用接种环取一滴，均匀涂抹于载玻片上，涂抹的范围约有手指甲大小即可。随后，在酒精灯火焰周围加热载玻片使之固定（即火焰固定）；被检材料如果是固体培养物，先滴一滴水（常用生理盐水）于载玻片上，再用接种环取少许培养物，在水滴中混匀，培养物不宜太多，否则菌体看不清楚。脓汁、淋巴液、乳汁也可按同样方法制备抹片。血液和病变组织，可直接涂抹在载玻片上，组织抹片也不能太厚，否则看不见细菌。细菌培养物抹片用火焰固定，组织抹片常用甲醇或甲醛固定。具体的染色方法如下。

1）革兰氏染色法
(1)在已干燥、固定好的抹片上，滴加草酸铵结晶紫染色液，作用1～2min，水洗。
(2)加革兰氏碘液于抹片上，作用1～3min，水洗。
(3)加95%的乙醇于抹片上脱色，作用0.5～1min，水洗。
(4)加稀释石炭酸复红（或沙黄水溶液）复染10～30s，水洗。
(5)吸干或自然干燥，镜检。

革兰氏阳性菌呈蓝紫色，革兰氏阴性菌呈红色。

2）亚甲蓝染色法　在已干燥、固定好的抹片上，滴加适量的（足够覆盖涂抹点即可）亚甲蓝染色液，经1～2min，水洗，干燥（可用吸水纸吸干或自然干燥，但不能烤干），镜检。荚膜呈红色，菌体呈蓝色，异染颗粒呈淡紫红色。

3）Ziehl-Neelsen抗酸染色法　首先在已干燥、固定好的抹片上，滴加较多量的石炭酸复红染色液，用酒精灯火焰微微加热玻片至发生蒸汽为度（不要煮沸），维持微微发生蒸汽，经3～5min，水洗。然后用3%盐酸乙醇溶液脱色，至标本无色脱出为止，充分水洗。再用碱性亚甲蓝染色液复染约1min，水洗。最后吸干、镜检。抗酸性细菌呈红色，非抗酸性细菌呈蓝色。

4）吉姆萨染色法　此法常用于观察白细胞、检查血液内寄生虫和观察细菌形态特征等。于5mL新煮过的中性蒸馏水中滴加5～10滴吉姆萨染液原液，即成为常用的吉姆萨染色液。抹片经甲醇固定（一般需2～3min），干燥后，在其上滴加足量染色液，或将抹片浸入盛有染色液的染色缸中，染色30min，或者数小时至24h，取出水洗，吸干或烘干，镜检。荚膜呈淡紫色，菌体呈蓝色，视野常呈红色。

5）鞭毛染色法　常用的是刘荣标氏鞭毛染色法。

染色液：甲液　　　　25%碳酸溶液　　　　　　　　　10mL
　　　　　　　　　　鞣酸粉末　　　　　　　　　　　2g
　　　　　　　　　　饱和明矾水溶液　　　　　　　　10mL
　　　　乙液　　　　饱和结晶紫或结晶紫乙醇溶液

用时取甲液10份、乙液1份，混合后在冰箱中可保存7个月。在干燥、固定好的抹片上，滴加上述混合液，在室温中染色2～3min，水洗，吸干后镜检。菌体和鞭毛均呈紫色。

6）芽孢染色法　有些细菌产生芽孢。芽孢很结实，染料不容易渗透到深处。通常要加热或延长染色时间，染料才能渗透进去。现介绍两种芽孢染色法。

(1) 复红、亚甲蓝染色法：抹片经火焰固定后，滴加石炭酸复红液于抹片上，加热至产生蒸汽，经2～5min，水洗，以5%乙酸脱色，至淡红色为止，水洗；以碱性亚甲蓝染色液复染30s，水洗；吸干或烘干，镜检。菌体为蓝色，芽孢呈红色。

(2) 孔雀绿、沙黄染色法：抹片经火焰固定后，滴加5%孔雀绿水溶液于其上，加热30～60s，使之产生蒸汽3～4次，水洗30s，以0.5%沙黄水溶液复染30s；水洗，吸干，镜检。菌体呈红色，芽孢呈绿色（酸处理过的玻片，可防止绿色褪失）。

(二) 生化试验

相近的菌种单凭形态学检查不易区别，但是不同菌类的新陈代谢产物不同，因此可用生物化学的方法来检测这些产物的存在与否，从而进行细菌的鉴别诊断。细菌的生化反应在种、型鉴别方面有重要价值，是继形态学鉴定之后，又一重要鉴别依据。下面介绍一些常用的生化试验方法。

1) 糖发酵试验　某些细菌能分解某几种糖而产生酸，有些细菌还能继续分解这些酸而产生气体（CO_2和H_2），可根据其分解糖类的差异来鉴别细菌。试验时，将被检菌接种于糖发酵培养基中，37℃培养2～3d。如果培养基变黄，说明产酸；如变黄的同时还有气泡产生，说明既产酸又产气；如培养基仍呈蓝紫色，说明未产酸。

2) 吲哚（靛基质）试验　有些细菌能分解蛋白质中的色氨酸而产生吲哚，吲哚能与对位二甲基氨苯甲醛作用，形成玫瑰吲哚而呈红色。试验时，将待检菌接种于邓亨氏蛋白胨溶液中，37℃培养1～2d。于培养液中加入戊醇或二甲苯2～3mL，摇匀，静置片刻后，沿管壁加入吲哚试剂2mL，两者液面接触处出现红色沉淀的为阳性，无色的为阴性。

3) 淀粉水解试验　将细菌划线接种于平板上，37℃培养24h，取出后在菌落处滴加革兰氏碘液少许，培养基呈深蓝色，能水解淀粉的细菌菌落周围有透明环。

4) V-P试验　在有蛋白胨存在的条件下，有些细菌分解葡萄糖而产生乙酰甲基甲醇，并分解成2,3-丁烯二醇，在有碱存在时，氧化成二乙酸，后者与蛋白胨中的胍基化合物起作用，产生粉红色的化合物。试验时，将被检菌接种于葡萄糖蛋白胨水培养基中（葡萄糖、K_2HPO_4、蛋白胨各5g，溶于1000mL水中，分装于试管中，0.075MPa灭菌10min），37℃培养2～7d后，于培养物中加入甲液（6% α-萘酚乙醇溶液）和乙液（40% KOH溶液），振摇。数分钟内出现红色者为阳性；无红色出现且于37℃条件下4h后，仍无色者为阴性。此种试验常用来鉴定产气杆菌和大肠杆菌，前者为阳性，后者为阴性。

5) 甲基红试验　有些细菌分解葡萄糖时，产生酸性物质较多，使培养基变酸（pH4.5以下）。试验所用培养基与V-P试验所用的培养基相同。接种细菌，37℃培养2～7d后，于培养物中加入几滴0.02%甲基红乙醇溶液（0.1g甲基红溶于300mL 95%乙醇中，加蒸馏水至500mL），如呈红色，表示阳性。此种试验也常用来鉴别产气杆菌和大肠杆菌，前者为阴性，后者为阳性。

6) 柠檬酸盐利用试验　有些细菌能将柠檬酸盐作为碳元素的唯一来源。试验时，将被检菌接种到Simmons固体柠檬酸盐培养基上，37℃培养2～4d，如果生长，表示能利用柠檬酸盐，培养基变为蓝色；如果不生长，表示不能利用柠檬酸盐，培养基不变色。此培养基是用来鉴别产气杆菌和大肠杆菌的，前者能生长，培养基变碱，指示剂变蓝，后者不能生长。

7) 溴甲酚紫牛乳试验　大部分细菌能在牛乳培养基中生长，所引起的变化各不相同。牛乳可被细菌产生的类似凝乳酶所凝固，也可被其产生的酸所凝固。有些细菌可分解乳糖产生气体，有些细菌可将奶酪蛋白胨化，有些细菌虽然在培养基中生长，但不引发任何物理变化。培养基中的酸碱度可由溴甲酚紫变黄或变紫显示出来，培养基如变黄表示产酸。

溴甲酚紫牛乳：100mL 脱脂乳中加 1.2mL 1.6%的溴甲酚紫乙醇溶液。

8) 凝固血清液化试验　将细菌纯培养物在吕氏血清斜面上作划线接种，于 37℃培养一周，观察培养基有无液化。

9) 硫化氢试验　某些细菌能分解含硫氨基酸，产生硫化氢，后者使培养基中的乙酸铅形成黑色的硫化铅。试验时，将被检物接种于乙酸铅琼脂斜面上，并穿刺入底部，37℃培养 1～2d 后，培养基变黑色者为阳性。

10) 硝酸盐还原试验　有些细菌在含硝酸盐的培养基中，能把硝酸盐还原成亚硝酸盐，试验时，将被检细菌接种于硝酸盐培养基中，37℃培养 1～2d，之后加入下列试剂。

甲试剂：对氨基苯磺酸　　　0.4g
　　　　5mol/L 冰醋酸　　　50mL
乙试剂：α-萘胺　　　　　　0.25g
　　　　5mol/L 冰醋酸　　　50mL

每管中先加入甲试剂 0.1mL，再加乙试剂数滴，如出现红色，表示阳性。

11) 尿素酶试验　有些细菌能产生尿素酶而分解尿素。试验时，将被检菌接种于培养基中，室温放置，经 5h 和 24h 观察结果，如培养基变红，则表示尿素被分解（阳性）。

12) 接触酶（过氧化氢酶）试验　细菌的培养基中不应含有红细胞，因为其含有接触酶。方法：将 1mL 3%的 H_2O_2 倾注于生长物（菌落或菌苔）上，有气泡（O_2）发生者为阳性；也可于清洁小试管中加少量 H_2O_2(30%)，再用清洁无菌的细玻棒（或火焰封口的毛细管）蘸细菌少许，插入 H_2O_2 液面下，有气泡者为阳性；也可在玻片上滴 1 滴 H_2O_2，蘸取少许培养物，混合，有气泡者为阳性。

13) 氧化酶试验　用 1%的四甲基对苯二胺水溶液（此液为无色，变色不能使用，故最好使用时再制备），滴在细菌的菌落上，菌落呈玫瑰红色，然后变为深紫色者为氧化酶试验阳性。

倾去试剂，再徐徐加入用 95%乙醇配制的 1%的 α-萘酚溶液，菌落变成深蓝色者，为细胞色素氧化酶阳性。或取白色洁净滤纸一角，蘸取试验菌少许，加试剂 1 滴，立即呈粉红色，以后颜色逐渐加深的为阳性。

14) 苯丙氨脱氨酶试验　有些细菌能将苯丙氨脱氢酶变成苯丙酮酸，酮酸能使三氯化铁指示剂变绿色。试验时，将被检菌接种在培养基上，37℃培养 18～24h 后取出，加 0.2mL 10%的 $FeCl_3$ 水溶液于生长面上，变绿色者为阳性。

15) 氨基酸脱羧酶试验　试验时，将被检菌接种于培养基中，上面滴加一层无菌液体石蜡，37℃培养 4d，培养液先呈黄色，后变为蓝色者为阳性。

16) 氰化钾试验　试验时，将被检菌接种到氰化钾培养基中，立即用软木塞塞紧，37℃培养，连续观察 2d，有细菌生长者为阳性反应。

（三）细菌血清型鉴定及血清学试验

细菌细胞含有各种各样的抗原物质，这些抗原结构比较复杂，有存在于细胞壁的菌体抗原(O抗原)，有运动性的细菌在菌体抗原之外还有鞭毛抗原(H抗原)，它们均具有不同的种、型特异性。包围于细胞壁外面的抗原称表面抗原，它包括种、型特异性很强的荚膜抗原(如炭疽杆菌)以及Vi抗原(沙门氏菌)和K抗原(大肠杆菌)。此外，还有存在于某些革兰氏阴性杆菌表面的菌毛抗原。抗原根据特异性程度可区分为两类：一类抗原为属间细菌所共有的共同抗原，这种抗原的存在，只能表明其属性；另一类抗原为特异性抗原，只存在于特定的种、型中，是最后确定细菌种、型的重要依据。因此，可利用抗原物质在血清学反应上的特异性，通过血清学试验进行细菌属内分群和种内分型。

血清型鉴定是微生物鉴定的特异方法。首先要求被鉴定的细菌必须纯净，不能混有其他种细菌，而且要新鲜，细菌要在适宜的条件下培养，尽量减少传代，以防发生变异。其次是要有特异性强和效价高的已知标准免疫血清(包括单克隆抗体)和标准菌株。有些种类的细菌如大肠杆菌和沙门氏菌不仅种、型繁多，而且抗原构造复杂，应购置专门的分型血清以备应用。最后应根据其菌体构造和抗原成分以及实验室的设备技术条件，选择相应的一种或几种血清学试验方法进行鉴定。用于细菌鉴别的血清学方法有凝集试验、沉淀试验、毒素中和试验、补体结合试验等。

1) 凝集试验　　取被检菌种培养物分别与该种细菌的各型特异血清作玻片凝集或试管凝集试验，如果被检菌种和某型特异血清发生凝集，而与其他型血清不发生凝集，即可证明被检菌种与引起凝集的血清同型。

如果被检菌种不但和某型特异血清发生凝集作用，而且与其他型血清发生凝集，表示该菌种有几种特异抗原，这在沙门氏菌中是常见的。沙门氏菌的抗原结构就是这样被测定出来的。

一般多采用玻片法做试验，因为玻片法比较简单。方法是滴1滴生理盐水于玻片上，钩取被检菌种少许，在水滴中混悬，加入已知的特异血清1滴，混匀，轻轻转动玻片，4～5min后，观察有无凝集现象。

如有条件，做试管凝集试验更好。方法是用石炭酸生理盐水将被检菌种的新鲜固体培养物洗下，制成每毫升含10亿左右细菌的菌液。另用石炭酸生理盐水将一份已知凝集价的血清在一排试管中作一系列稀释，每管加稀释液0.5mL。加上述菌液于各管稀释液中，每管0.5mL，在37℃培养24h后，记录反应结果。试验时用一份已知菌种的培养物做同样试验，作对照。如果被检菌种与对照菌种同型，两者的凝集价应该相同。

2) 沉淀试验　　先用稀酸和其他方法提取被检菌种的抗原物质，取0.5～1mL加于试管中的已知血液的液面之上，若接触面发生白色环，表示有沉淀反应。

鉴定肺炎球菌的荚膜抗原，则用另一种方法做试验。将被检菌种培养物涂抹于玻片上，加入已知型别的特异血清1滴。数分钟后在显微镜下观察。若荚膜发生肿胀，表示被检菌种与该血清同型。荚膜肿胀试验，也是一种沉淀反应试验。

沉淀试验的另一种方法，是在琼脂中进行，也称为琼脂扩散试验，一般用来做比较详细的抗原分型。此种试验有两种方法：一是试管法，将抗血清加入溶化了的琼脂中，分装入试管，凝固后，加被检菌种的抗原溶液于其上，置于温箱或室温数天，当抗原向血清琼脂中渗透时，将形成沉淀线。如果抗原是纯物质，只形成一条沉淀线；如果抗原由几种物质组成，则由于各种物质扩散速度不同，将形成几条沉淀线。二是平皿法，此法是在平皿中进行。将溶化了的琼脂倒在平皿上，凝固后在琼脂平板中打几个孔穴，将血清和抗原分开放在各穴内。几天后，沉淀线即在孔穴之间的琼脂内形成。为了使沉淀线显著，琼脂中常加入较多的盐分(有时加到6%~8%)。

3) 毒素中和试验　　根据毒素种类的不同，试验方法也不相同，常用的有以下几种。

(1) 动物接种试验：有些毒素被抗毒素中和后，失去其致死动物的能力。如果被检菌种的毒素(如培养物滤液)和已知型别的抗毒素血清混合，注入易感动物体内，不引起死亡，即可证明被检菌种与该抗毒素同型。

(2) 絮状反应试验：有些毒素被抗毒素中和时，发生絮状沉淀反应。以被检菌种的毒素与已知型别的抗毒素血清混合，可根据是否发生絮状反应判定型别。

(3) 红细胞凝集试验：有些毒素，如破伤风毒素，能被红细胞吸收。吸收了毒素的红细胞与相应的抗毒素血清接触时发生凝集。另外，有些毒素，如肉毒梭菌毒素，可以凝集红细胞，而抗毒素则可以抑制这种凝集作用。故可用已知型别的抗毒素血清来鉴定菌种的型别。

(4) 皮肤坏死中和试验：有些毒素少量注入豚鼠或家兔皮内后，就可引起坏死区。但毒素被抗毒素中和后，就丧失产生坏死区的能力。因此，可用已知型别的抗毒素来鉴定菌种的型别。

(5) 溶血中和试验：有些毒素可以溶解红细胞，但被相应的抗毒素中和后就丧失溶血作用。可用已知型别的抗毒素鉴定新菌株的溶血素型别。

4) 补体结合试验　　将被检细菌制成混悬液或提取其浸出液，与已知型别的特异血清做补体结合试验。若为阳性，表示与该血清同型。此法常用于梭菌属分型和鼻疽菌种鉴定。

(四) 细菌毒力测定

病原性细菌致病能力的强弱程度称为毒力。通常病原菌的毒力越大，其致病性就越强。同一种病原菌，因菌株不同，毒力大小也不相同，它的毒力有强毒、弱毒和无毒之分。细菌的毒力测定，在微生物学实验研究中特别重要，尤其是在进行疫苗效价测定、血清效价检定、细菌毒素测定、食品毒理研究等时，都必须预先将实验用的细菌(或毒素)的毒力加以测定。测定微生物毒力大小是用递减剂量的材料(活的微生物或毒素)感染易感动物来进行的。每次实验时，均须注意实验动物的种别、年龄和体重，实验材料和剂量，感染途径及其他因素。因为这些因素都会直接影响毒力测定结果。其中动物体重与感染途径尤为重要。一般要加以规定，用来表示微生物毒力大小的单位有最小致死量(MLD)和半数致死量(LD_{50})两种。

1) 最小致死量　　能使特定的动物感染后，在一定时限内发生死亡的最少的活的微生物量或毒素量。这一测定毒力的方法比较简便，不过有时可能由于实验动物个体差异而导致结果有误差。

2) 半数致死量　　半数致死量是指在一定时限内能使半数实验动物感染后发生死亡所需的活的微生物量或毒素量。实验时要选择年龄、大小、体重一致的动物，将动物分成若干个组，每组动物数量相等。然后用等量的实验材料感染同一组动物。各组动物所用的实验材料量均有一定差数。对每组动物加以记录，然后按Reed和Muench所介绍的方法来计算半数致死量。

3）最小感染量和半数感染量　　最小感染量（MID）是病原微生物对实验对象（实验动物、鸡胚胎、细胞培养）能引起传染发生的最小剂量。半数感染量（ID_{50}）是病原微生物能使半数实验对象发生感染的剂量。

第三节　动物检验检疫病毒学检验技术

一、病毒分离用样品的采集与保存

采集用于病毒分离的样品，最理想的时期是在机体尚未产生抗体之前的疾病急性期。濒死动物的样品或死亡之后立即采集的样品也有利于病毒分离，其原则是尽可能采集新鲜样品。采集样品的选择一般是：呼吸道疾患采集鼻腔、咽喉分泌物；中枢神经疾患采集脑、脊髓液；消化道疾患采集粪便；发热性疾患和非水疱性疾患采集咽喉分泌物、粪便及全血；水疱性疾患采集水疱皮和水疱液。若是死尸剖检后采集样品，必须在死后 6h 内进行，一般是采集有病理变化的器官或组织。不同的病毒采集的样品各有不同，具体见表 3-2。

表 3-2　不同病毒分离样品采集参考表

病毒	临诊样品	组织器官样品
肠道病毒	粪便、直肠拭子、咽喉拭子	脑、脊髓、血液、病变组织、结肠内容物
鼻病毒	鼻咽拭子	气管、肺
披膜病毒	血液	脑、血液
流感病毒	鼻咽拭子、血液	肺、气管、血液
轮状病毒	粪便	肠及结肠内容物
腺病毒	咽喉和直肠拭子、粪便	肺、结肠内容物
单纯疱疹病毒	水疱液、喉及阴道拭子	损伤的脑组织或其他器官
痘病毒	局部损伤组织、脓汁、皮痂、血液	肝、脾、血液

样品的现场处理。①对于咽喉、鼻咽或直肠拭子，将其放入灭菌试管中，加入 2mL Hank's 平衡盐溶液（pH7.2），其中含蛋白稳定剂（0.5%的明胶或牛血清白蛋白）和复合抗生素。②对于粪便样品，直接放入灭菌试管中或双倍加入含复合抗生素的上述平衡盐溶液。③对于尿或腹水等体液，直接收入灭菌瓶中。④对于血液样品，每个病畜抽取 10～15mL 全血，使其自然凝固分离血清。将血清置灭菌瓶中于低温冰箱中保存。待 2～3 周后再抽血一次分离血清。有时也可用柠檬酸钠或肝素抗凝血或脱纤血进行病毒分离或血细胞分类。⑤组织器官样品，在动物死后立即采集，直接放入灭菌瓶中，不添加防腐剂。若样品不能当天使用，可用 50%的缓冲甘油[pH7.2 的 Hank's 平衡盐溶液或磷酸盐缓冲液（PBS）配制，含复合抗生素]保存。绝大多数病毒是不稳定的，样品一经采集要尽快冷藏。现场采集样品要尽快用冷藏瓶（加干冰或水冰）将样品送到实验室检验或置低温冰箱保存。如使用干冰应特别注意将样品严密封好，以防二氧化碳窜入样品，因为有的病毒对酸很敏感（如口蹄疫病毒）。如无法获得干冰或水冰，可将冷水与氯化铵按 3∶1 的比例倒入冷藏瓶中，溶解后将密封好的样品放入其中。不能及时检验的样品，一般要保存于-70℃以下。一般忌放-20℃（该温度对有些病毒活力有影响）。

二、病毒分离前样品的实验室处理方法

病毒含量较高的样品浸出液或体液，可不经过病毒分离直接用于诊断鉴定。病毒含量较少的样品，则需通过病毒的分离增殖来提高诊断的准确性和鉴定的可靠性。病毒分离首先要对样品进行适当的处理，然后接种实验动物或培养的组织细胞。

1）组织器官样品的处理　①用无菌操作取一小块样品，充分剪碎，置乳钵中加玻璃砂研磨或用组织捣碎机制成匀浆，随后加1～2mL Hank's平衡盐溶液制成组织悬液，再加1～2mL Hank's平衡盐溶液继续研磨，逐渐制成10%～20%的悬液，在研磨时不宜用力过猛，以免产热，损害病毒；②加入复合抗生素；③以8000r/min低温离心15min；④取上清液用于病毒分离，必要时可用有机溶剂去除杂蛋白和进行浓缩。

2）粪便样品的处理　①加4g粪便于16mL Hank's平衡盐溶液中制成20%的悬液；②于密闭的容器中剧烈振荡30min，取上清液再次重复离心；③以6000r/min低温离心30min，取上清液再次重复离心；④用450nm的微孔滤膜过滤；⑤加二倍浓度的复合抗生素，然后直接用于病毒分离或进行必要的浓缩后再进行病毒分离。

3）无菌的体液（腹水、脊髓液、脱纤血液、水疱液等）和鸡胚液样品的处理　一般血液标本比较纯净，可不做处理直接用于病毒分离。

4）样品的特殊除菌处理　样品经过上述一般处理即可用于病毒分离，但对于某些样品用一般方法难以去除杂菌的，则应考虑配合如下方法进行处理：①乙醚除菌。对某些病毒（如肠道病毒、鼻病毒、呼肠孤病毒、腺病毒、痘病毒、小RNA病毒等对乙醚有抵抗力）可用冷乙醚双倍加入样品悬液中充分振荡，置4℃过夜。取下层水相分离病毒。②染料普鲁黄（Proflavin）除菌。由于染料普鲁黄对肠道病毒和鼻病毒很少或没有影响，常用作粪或喉头样品中细菌的光动力灭活剂。将样品用0.0001mol/L pH9.0的普鲁黄于37℃作用60min，随后用离子交换树脂除去染料，将样品暴露于白光下，即可使其中已经被光致敏的细菌或霉菌灭活。③过滤除菌。可用陶土滤器、石棉滤器、瓷滤器或200nm孔径的混合纤维素酶微孔滤膜等除菌，但对病毒有损失。④离心除菌。用低温高速离心机以18 000r/min离心20min，可沉淀除去细菌，病毒（小于100nm）保持在上清液中。必要时可重复离心一次。

5）待检样品中病毒的浓缩　对于病毒含量很少的样品，普通方法不易检测或分离出病毒，必须将其浓缩。常用浓缩方法如下：①聚乙二醇（PEG）浓缩法。将相对分子质量为6000的PEG逐步加入经一般处理的样品溶液中，使之终浓度为8%，置4℃过夜。以3000r/min离心15min，用少量含复合抗生素的Hank's平衡盐溶液重悬，必要时用450nm微孔滤器除去真菌孢子。②硫酸铵浓缩法。将等量饱和硫酸铵溶液缓慢加入经过上述一般处理的样品溶液中，边加边搅拌，置4℃过夜。离心同上。③超滤器浓缩法。这是一种高效率的浓缩方法，特别适合大体积的样品浓缩。④超速离心浓缩法。以40 000r/min低温离心60～120min，绝大多数病毒将沉于管底，然后用少量Hank's平衡盐溶液悬浮病毒。这种方法回收率很高，但仅适用于小体积的样品。

6）病毒分离样品脂类物质的去除　有些病毒样品（如组织样品）脂类和非病毒蛋白含量很高，必要时在浓缩病毒样品之前可用有机溶剂抽提。常用的有机溶剂有正丁醇、氟利昂、三氯乙烯等。方法是将预冷的等量有机溶剂双倍加入样品中，强烈振荡后，1000r/min离心5min，脂类和大量非病毒蛋白将保留在有机相中，病毒保留在水相中。应当注意的是，病毒必须对这些有机溶剂有抗性。

三、实验动物与病毒分离

（一）实验动物的选择

兽医学上常用于分离病毒的实验动物有小鼠、大鼠、豚鼠、家兔、鸡胚等，也常用自然易感动物如家畜、家禽等。选择用于分离病毒的实验动物的原则是要确认选择的实验动物的种类、年龄、性别对拟检查的病毒有最高的敏感性。实验动物的级别选择可根据实验性质而定。

（二）实验动物的接种

实验动物的接种必须选择对拟检查的病毒最敏感的途径，否则，即使接入大量病毒也有可能造成感染失败。通常分离培养病毒的方式有动物接种、胚胎卵接种和组织培养接种等。本节只介绍新生小鼠和鸡胚的常用接种途径。

1. 新生小鼠的接种途径 新生小鼠对多种病毒易感，是一种很常用的实验动物。一般选择出生 24~48h 的小鼠。常用以下三种途径：①皮下接种法。接种方法见图 3-1A，接种量 0.1mL/只。②脑内接种法。接种方法见图 3-1B，接种量 0.03mL/只。③腹腔接种法。接种方法见图 3-1C，接种量 0.01mL/只。

 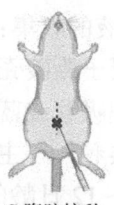 

A 皮下接种　　　　B 脑内接种　　　　C 腹腔接种　　　彩图

图 3-1　新生小鼠常见接种途径

鼠组织毒的收获：接种后每天观察 2 次，及时发现有死亡、麻痹等病症的小鼠。弃掉 24h 内死亡的小鼠，收集死亡或出现麻痹等症状的小鼠脑和胴体，制成 10% 的组织悬液用于诊断、鉴定或接种适宜的组织细胞，或继续接种小鼠用于其他项目研究。若小鼠无任何症状，应继续盲传 2~3 代，若仍无任何症状，则视为阴性。必要时需盲传 3 代以上。

2. 鸡胚的常用接种途径 用鸡胚分离病毒虽然是一种较为原始的方法，但由于其具有经济、方便以及适用范围广等优点，至今仍然是应用最广泛的方法之一。常用以下几种接种途径，见图 3-2。

1) 羊膜腔或尿囊腔的接种　　主要用于正黏病毒和副黏病毒的分离和增殖，见图 3-2A 和 B。

（1）选用 7~13 日龄的鸡胚，用碘酒和乙醇消毒蛋壳表面。

（2）在气室上端打孔，在观察灯上用带有 6 号针头的注射器从孔中插入至尿囊腔和（或）羊膜腔中，接入 0.1~0.2mL 样品。羊膜腔的接种应注意向胚胎方向刺入。刺破羊膜腔的一个证据就是胚胎发生一个突然的运动，然后稍向回抽针，注入样品。每份样品接 3~4 枚鸡胚。

（3）用胶带或石蜡封孔，将气室向上放置，孵育于 35~37℃。

（4）每日用观察灯观察，弃掉 24h 内死亡的鸡胚，收集 24h 以后死亡的鸡胚，或 72~120h 收集活胚。

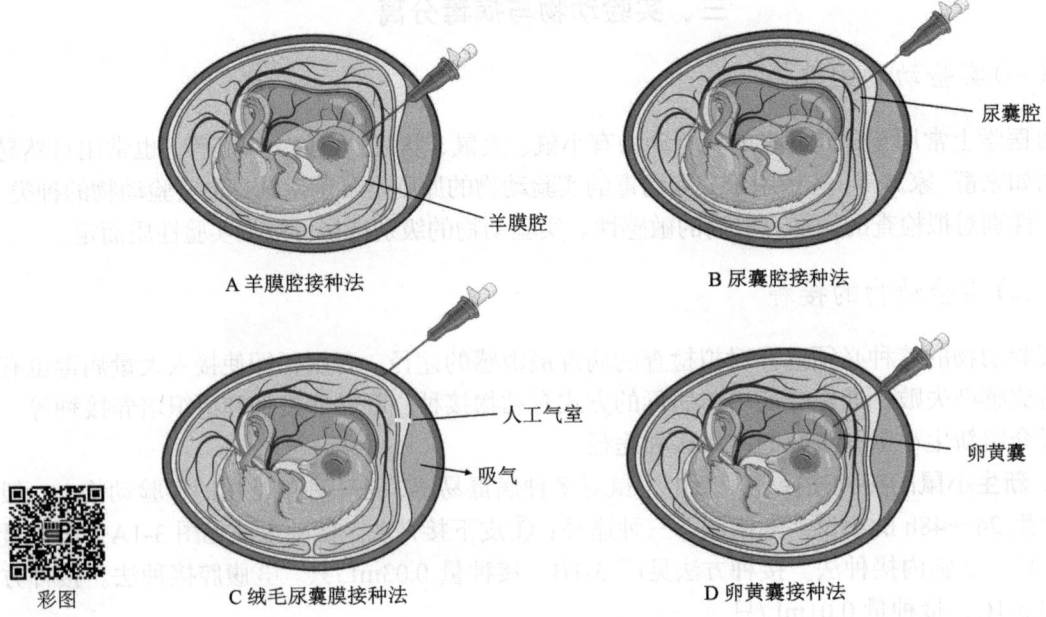

图 3-2 鸡胚的常用接种途径

(5) 羊水和尿囊液的收集：将鸡胚置 4℃下 2～4h，用碘酒和乙醇消毒表面，剥去气室上的蛋壳，用剪刀或镊子撕破壳膜和绒毛尿囊膜，用吸管吸取尿囊液。吸完尿囊液后，再用镊子夹住羊膜，用毛细吸管或蓝芯注射器小心地穿入羊膜腔吸取羊水。

2) 绒毛尿囊膜接种　主要用于痘病毒和疱疹病毒的分离和增殖，见图 3-2C。

(1) 选择孵化 9～12 日龄的鸡胚，用 5%石炭酸进行表面消毒。不用碘酒消毒，因为乙醇溶液可经卵壳吸收，并在绒毛膜上产生病变。

(2) 在观察灯上选择血管较少的一侧，用电烙铁在卵壳上烙一个烤焦圈，或用自制针头钻(无针尖)沿定位线钻一个直径 5mm 的圆圈，但不能钻透绒毛尿囊膜。用刀片挑起一小片卵壳。另外，在气室上方用针头钻穿另外一个孔。

(3) 用一橡皮吸球从气室上的小孔轻吸气使胚内形成负压，使侧面开口处的绒毛尿囊膜下陷。

(4) 从侧面的开口用注射器通过壳膜插入约 5mm 深，将 0.05mL 的样品滴在下陷的绒毛尿囊膜上。缓慢抽出针头，用灭菌的胶带或石蜡将鸡胚上的 2 个开口全部封住。将气室端向上，于 35～37℃孵育。

(5) 每日观察接种的鸡胚，弃掉 24h 内死亡的鸡胚。

(6) 绒毛尿囊膜的收获：将鸡胚放于卵架上，用碘酒和乙醇消毒表面。从气室端剥去卵壳，用镊子夹住绒毛尿囊膜(或先将鸡胚倾入平皿中后，再用镊子夹住绒毛尿囊膜)，用剪刀剪下绒毛尿囊膜。将绒毛尿囊膜平铺在平皿中，加入几毫升的 Hank's 平衡盐溶液或 PBS，置于暗色平面上，以便计数痘斑或病斑。

另外，也可以采用简便接种方法，即直接从气室端打破卵壳，用眼科镊撕去一小片绒毛尿囊膜上的内壳膜，然后滴加样品溶液。

3) 卵黄囊接种法　主要用于虫媒披膜病毒、衣原体及立克次氏体等的分离和增殖，见图 3-2D。

(1) 选用 5～7 日龄鸡胚(此时期卵黄囊大，易接种，且有较大的表面积供病原体繁殖)，于观察灯上画出气室和胚胎位置，垂直放置在卵架上，用碘酒和乙醇消毒气室端。

(2) 用针头钻在气室中央钻一小孔，用带有 6 号针头的注射器将样品沿小孔刺入约 3cm，注入 0.1～0.2mL 接种物于卵黄囊内，随后用胶带或石蜡封孔。

(3) 置孵化箱内继续孵育，每天翻卵 2 次。弃掉 24h 内死亡的鸡胚(但东方型和西方型马脑炎可能在接种后 15～24h 内使鸡胚死亡)。

(4) 卵黄囊的收获：用碘酒和乙醇消毒卵壳表面，用镊子去掉气室上的卵壳，用另一把灭菌镊子夹出卵黄囊(黄色，容易辨认)放在灭菌平皿中，必要时用生理盐水冲去卵黄。也可将全部内容物倾入平皿中，然后剥出卵黄囊。对某些病毒的分离则要收集全部胚体。

(三) 组织培养细胞

组织培养原来是指小块动物组织的体外培养，现在用以泛指组织(块)、器官和细胞的体外培养。在非特指情况下，常说的组织培养是指细胞培养。

细胞培养分为单层细胞培养和悬浮细胞培养。单层细胞培养包括静止培养和使用转瓶旋转培养，使细胞在器皿的表面生长出单层或数层细胞。单层细胞常用来分离和繁殖病毒。悬浮细胞培养，是指细胞悬浮于营养液中繁殖的一种培养方法，它可进行连续培养，便于工业化生产，常用来繁殖病毒生产疫苗。根据细胞株的不同，细胞培养又分为原代细胞培养、继代细胞培养、二倍体细胞培养和传代细胞培养。原代细胞培养，是指直接从组织消化分散的细胞所进行的第一代体外培养。继代细胞是指将原代细胞消化下来还能继续培养的细胞；二倍体细胞是指染色体的数目和形态正常的继代细胞，其中至少有 75%细胞的核型与其动物获得的正常细胞核型相同；传代细胞是指癌变的异倍体细胞，其特点是可无限地传代培养。传代细胞现为病毒分离、增殖和病毒学研究普遍广泛使用的培养细胞，已建立了人和不同动物的许多种传代细胞系，可供病毒学实验选用。

1. 培养细胞的应用　　细胞培养是分离和培养病毒，以及进行病毒学实验研究的简便而有效的工具和手段，许多新的动物病毒就是通过细胞培养方法而发现的。生产病毒抗原及制造病毒疫苗，则更大量地应用细胞培养。

2. 培养细胞接种方法　　选择生长旺盛的敏感细胞备用。倾弃或吸弃营养液并以 Hank's 液或 Earle 液洗涤 1～2 次，加入不同稀释度的接种物(病毒液或待检病料悬液)，每个稀释度最少用 2～3 个细胞培养瓶。接入量以能使病毒液盖满细胞层为度。摇匀后置 37℃温箱作用 30～60min，使病毒充分吸附于细胞上。加入维持液，置温箱中培养，每天检查培养细胞 2 次，直至病毒增殖产生细胞病变。

如果接种物毒性太大，如粪便悬液，则可使其吸附细胞 30～60min 后，将其吸出，再用洗液轻轻洗涤细胞 1 次，随后加入维持液。这样，病毒已经充分吸附在细胞上，而接种物对细胞的毒性则因及时加入维持液而降低。

3. 培养细胞接种病毒的优缺点　　选择敏感的培养细胞几乎可进行所有病毒的分离和增殖培养。培养细胞分离和增殖病毒，操作和收毒简便，易于人工控制环境条件，以减少散毒的机会，并便于大量扩增病毒和进行疫苗生产。实验室进行病毒的细胞培养，要求一定的实验条件和较高的实验技术，一般实验室难以进行，并且有些病毒增殖后不产生细胞病变，增加了病毒增殖判定的难度。

四、病毒的鉴定

病毒的鉴定包括理化特性鉴定、生物学特性鉴定、分子生物学鉴定及血清学鉴定等。有关具体病毒鉴定的实验方法因病毒不同而异。下面介绍病毒基本理化特性等一般病毒特征的鉴定方法。

1. 氯仿敏感性试验
(1)将 1mL 病毒样品加入一密封容器内,另取 1mL 作对照。
(2)样品中加 1mL 氯仿,对照加 1mL Hank's 液于室温下间歇振荡 10min。
(3)将氯仿处理样品及病毒对照样品同时于 1000r/min 离心 5min。
(4)测定处理样品和对照样品的病毒滴度。
注:在本试验中必须设立对脂溶液敏感和不敏感两种病毒(如弹状病毒与呼肠孤病毒)作为对照。

2. 酸敏感性试验 肠道病毒对酸有抵抗力,可通过耐酸试验与其他性质相近的病毒(如鼻病毒)加以区别。用 0.1mol/L 的 HCl 调细胞维持液至 pH2.5,备用;用 0.1mol/L 的 NaOH 调细胞维持液至 pH9.2 备用。酸敏感性试验方法如下。
(1)将 500μL 待检病毒加于 2mL pH2.5 的维持液中,每个样品做两份,溶液的最终 pH 约为 3.0。
(2)将 500μL 待检病毒加于 2mL pH7.2 的维持液中,每个样品做两份,用作对照。
(3)于 37℃水浴,1h 和 3h 后各收获其中的一份样品,做如下处理:①在酸处理样品中加入 pH9.2 碱性细胞维持液,使最终 pH 为 7.2。②在对照样品中加入等量 pH7.2 的维持液,使最终 pH 为 7.2。③测定两组样品的病毒滴度,与对照比较以观察对酸敏感性。
注:在本试验中必须设立酸敏感性和非酸敏感性两种病毒对照。

3. 热敏感性试验 此试验一般在 37℃或 56℃下,根据不同病毒的稳定性,以几小时、几天或几周的间歇期进行。
(1)在装有维持液的薄壁玻璃瓶中加入 500μL 病毒液。
(2)将其中一瓶冷冻保存,其余置所需温度的水浴中。
(3)按预定的时间分别间歇收获病毒液,迅速冰冻保存。
(4)融化所有病毒样品,测定各样品病毒滴度以观察热灭活率。

4. 阳离子稳定性试验
(1)用双蒸水配制 2mol/L $MgCl_2$ 溶液,过滤除菌。
(2)加一小份的病毒液于等量的 2mol/L $MgCl_2$ 溶液中,另一小份加到等量的灭菌双蒸水中。
(3)将各种处理的病毒液分成 3 份,保留一份作培养对照。
(4)每种处理的其余两份病毒液置 50℃水浴。
(5)1h 后收获其中一份,另一份 3h 后收获。收获后的病毒应尽快冰冻保存。
(6)测定病毒液、2mol/L $MgCl_2$ 与病毒的混合液和灭菌水与病毒液的混合液,在 50℃水浴前和水浴 1h、3h 后的病毒滴度。
注:阳离子稳定性病毒在加 $MgCl_2$ 后仅出现微小的滴度下降。

5. 电子显微镜观察
1)样品制备 ①粪便。用蒸馏水将粪便制成 10%悬液,加入灭菌玻璃珠打匀,双倍加入氟利昂，混匀，以1000r/min离心10min，取水相浓缩病毒。用几滴蒸馏水重悬沉淀作为观察样品。②病毒细胞培养物。当细胞出现病变效应时，冻融1～3次，以1000r/min离心10min去渣，上清液进行病毒浓缩，用几滴蒸馏水重悬沉淀作为观察样品。③脓汁或细胞外样品。将样品在载玻片上制成抹片，自然干燥。用少量蒸馏水重新悬浮样品材料。在制备样品时加入Bacey Tracey去污剂能使染料均匀分散。

2) 载网的制备　加1滴准备好的样品于护膜的小方格上。取一碳面载网，以碳面向下置于样品滴上，静置5min。用滤纸吸去多余液体，然后滴加2%～4%的磷钨酸钠，染色10～60s，再用滤纸吸干。至此样品制备完毕，可作电镜观察。

3) 免疫复合物的电镜观察　是将免疫化学技术与电镜技术有机结合起来，即在电镜下利用电子致密物质(如铁蛋白)等标记法研究抗原抗体相互作用的新技术。由于免疫电镜技术特异性强，可直接用于病毒的临床快速诊断，病毒分类、分型及免疫机制等方面研究。

(1) 选择高滴度的病毒作为抗原，最好使用滴度为 10^7 $TCID_{50}$/mL 以上的病毒 ($TCID_{50}$ 为半数组织培养感染剂量)。当75%的细胞出现病变效应时，收获细胞，冻融1～3次后，离心去渣，上清液即为病毒液。

(2) 用等量经适当稀释的抗血清对少量病毒进行处理，置于一密封容器中，37℃水溶1h，以同法对另一份病毒用等量PBS或阴性血清处理。

(3) 加1滴每种方法处理的病毒样品于载网上，用2%的磷钨酸钾染色，电镜观察。

(4) 通过观察免疫血清和病毒粒子的特异性凝集而形成的大颗粒复合物以鉴定病毒。PBS对照和阴性对照虽然有时可见到个别病毒粒子的聚合，但主要表现为单个分散的颗粒。

注：如果只能得到低滴度的病毒，使用上述方法处理前应浓缩以增加病毒量。然后以14 000r/min离心1h使血清病毒复合物沉淀，将凝集物进行负染后，电镜观察。

第四节　其他病原微生物检验技术

一、支　原　体

支原体(mycoplasma)是一类无细胞壁的原核细胞，是迄今被认为能在无活细胞培养基中繁殖的最小微生物。菌体形态呈高度多形性，有球状、杆状、环状、丝状等。革兰氏染色阴性，但较难着色。吉姆萨法染色良好，呈淡紫色。菌体大小差异很大，球状的直径常见的为125～250nm，分支细丝的长度可以从几纳米到150nm。由于菌体细小，且细胞膜具有柔韧弹性，往往能通过孔径450nm的滤器。支原体的菌落(250～600μm)比一般细菌小很多，在固体培养基上形成特征性的"油煎蛋状""乳头状"或"脐眼状"菌落。但有的种如肺炎支原体 (*Mycoplasma pneumonia*)、羊肺炎支原体 (*Mycoplasma ovipneumoniae*) 则缺乏上述特征，而呈"桑葚状"。二分裂为支原体主要的繁殖方式。

自 Nocaud(1989)首先从牛的胸膜肺炎病例中分离出支原体之后，至今已从人、畜禽、野生动物、植物、土壤、昆虫等中发现支原体80余种。其中有少数为腐生，多数为寄生，不少的种对人和畜禽具有明显的致病性。例如，引起人的原发性非典型性肺炎(PAP)的肺炎支原体，引起牛的胸膜肺炎(牛肺疫)的丝状支原体线状亚种；引起山羊的接触性胸膜肺炎、增生性和间质性肺炎的丝状支原体山羊亚种、羊肺炎支原体等；引起猪的地方性肺炎(猪喘气病)的猪肺炎支原体；引起鸡慢性呼吸道疾病的禽败血支原体等。在支原体科中，兽医学研究的主要对象为支原体属和尿素支原体属。几乎所有对人和动物致病的支原体都归在这两个属内。近年已从患慢性呼吸道疾病的家禽中和从死胎、流产率高的母猴中分离到了尿素支原体。支原体形态多样，直接镜检意义不大，应取病料进行分离培养和形态学、生理生化及血清学鉴定。

1. 病料的采集和保存 由于不同支原体所致动物疾病的差异，欲作支原体分离培养的病料也应有所不同。

(1) 猪源支原体。猪肺炎支原体，可采集病肺组织，也可用棉拭子收集气管或支气管分泌物或呼吸道洗液；猪鼻支原体可采取鼻腔和下呼吸道分泌物、肺组织、浆膜或关节渗出液；猪滑液支原体可取关节液、鼻腔分泌物或扁桃体表面分泌物、扁桃体、肺、淋巴结或其他组织。

(2) 禽源支原体。禽败血支原体，可用棉拭子取气管、气囊、肺、眶下窦渗出液，剪取气管、气囊和肺组织；滑液支原体，可取急性期病鸡的关节渗出液、肝、脾等组织材料；火鸡支原体，可用灭菌棉拭子擦取泄殖腔分泌物。

(3) 牛源支原体。不同牛源支原体可致牛的乳腺炎、肺炎、关节炎、结膜炎和角膜炎，以及腹膜炎、脓肿和败血症等，某些支原体常存在于牛的呼吸道和生殖道，因此作牛源支原体的分离采样应按致病部位进行。可取生殖道灌洗液、呼吸道分泌物和肺组织、眼分泌物、乳汁、关节液等。

(4) 羊源支原体。根据各羊源支原体所致疾病不同，可采取鼻腔、眼分泌物和生殖道，乳汁、关节液、气管和直肠材料，以及肺组织、胸膜渗出物等。

由于热和干燥可使支原体弱化，如不能立即进行接种培养，可将材料浸于适宜的含青霉素、乙酸铊的支原体液体培养基或适宜的保存液中，在4℃下运送或暂时贮存。

2. 培养方法 支原体的培养不仅对营养要求苛刻，而且因其细胞膜裸露而对环境十分敏感，其中对培养基条件要求比一般细菌高。常用的分离培养方法有以下几种。

1) 培养基接种 将病料接种于适宜培养基上，37℃培养，逐日观察其生长情况，如pH、浑浊度等。通常需2～3d或迟至6～7d或更长时间才能观察到生长，此时可见液体培养基呈轻度混浊，用40倍放大镜观察固体培养基，可发现有菌落生长。

(1) 好气性培养法与好气性细菌培养方法一样，在接种固体培养基培养时，要保持一定的湿度。

(2) 厌气性培养法。将平皿置于干燥器内，用抽气机抽去其中的空气，填充95%的N_2和5%的CO_2气体。也可用烛缸法进行厌气培养。因为支原体一般都是厌氧的，尤其是病料的初代培养，用厌气培养法比用好气培养法效果好。

2) 鸡胚接种 可将纯培养物接种于9～11日龄鸡胚的绒毛尿囊膜上。例如，牛的支原体接种鸡胚后可使绒毛尿囊膜发生水肿，有时还可形成白色斑点，鸡胚常于接种后3～4d死亡。

3) 动物接种 以病原性支原体的纯培养物接种相应易感动物的鼻内、关节囊内、气管内、乳房内，观察其临诊症状和特征病变，并可从病变组织中重分离出支原体。

3. 菌落形态和染色观察 由于支原体在适宜的固体培养基上可生长出具有"油煎蛋状"或"桑葚状"特征性的菌落，因此菌落形态的观察是分离检查支原体的第一步重要工作。观察可用放大镜(40倍)或低倍光学显微镜(40～80倍)。观察时应注意排除异物或培养基中的气泡、水滴、接种材料中的组织细胞或碎片、疑似菌落等非特异性因素。

用Dienes法染色，可使支原体的菌落被染成紫色，一般细菌(除嗜血杆菌)菌落几乎不着色。Dienes 染色液的配制：亚甲蓝 2.5g，天青-Ⅱ 1.5g，麦芽糖 10g，碳酸钠 0.5g，溶于 100mL 蒸馏水中。染色时直接吸取染液加在菌落表面，1min 后用生理盐水轻轻冲洗，在低倍镜下观察。

4. 生物化学鉴定方法 目前常用的主要试验方法有以下几种。

(1) 对毛地黄皂苷的敏感性试验。这是鉴别支原体对胆固醇需求性的间接试验方法。试验在琼脂培养基上进行。先以 1.5%毛地黄皂苷乙醇溶液浸湿直径为 6mm 的圆滤纸片，37℃干燥。将待检支原体菌液接种于培养基上(可用流滴技术)，取一片毛地黄皂苷纸片放在接种区中心，培养 3~5d 后，低倍镜下观察菌落生长情况。若有抑制带出现，且带宽大于 2mm 的为支原体，小于 2mm 的为无甾醇原体，L 型细菌对毛地黄皂苷也不敏感。

(2) 发酵葡萄糖和水解精氨酸试验。将待检支原体接种于适宜培养基(培养基含 0.5%葡萄糖和 0.2%精氨酸及 0.002%酚红)，于 37℃培养，如培养基变成黄色，则表明发酵葡萄糖产酸，如培养基变成红色，则是水解精氨酸产碱。

(3) 水解尿素试验。在适宜培养基内加入 0.1%尿素，调 pH 至 5.5~6.0，接种培养基后培养基最终变成红色者为阳性。

(4) 四氮唑还原试验。取氯化四氮唑 1g，蒸馏水 50mL，溶解后用滤器过滤除菌，分装后可置 -25℃保存；用适宜的培养基，其中不加葡萄糖、精氨酸和酚红，而加氯化四氮唑 0.02%(即上述 2%氯化四氮唑加入培养基中再稀释 100 倍)，调 pH 至 7.0~7.2。接种待检支原体，37℃培养两周，培养基变粉红色者为阳性，不变色者为阴性。

(5) 菌落吸附红细胞试验。将待检支原体培养物稀释至适当滴度(常取 10^{-3}、10^{-4}、10^{-5})，分别接种固体培养基，37℃培养 3~4d，于低倍镜下观察。如有菌落生长，即以 pH7.2 PBS 将已制备好的豚鼠红细胞配成 0.25%悬液，加入菌落密度适宜的平皿中，37℃吸附 30min。以 PBS 轻轻洗 3~4 次后在低倍镜下观察菌落吸附红细胞的情况，整个菌落表面布满红细胞者为阳性，菌落表面无红细胞者为阴性。

5. 血清学方法鉴定 确定支原体的种往往以血清学试验结果为依据。最常用于种分类的血清学方法有：生长抑制试验(GIT)、代谢抑制试验(MIT)、免疫荧光抗体试验(IFT)、直接凝集试验、间接凝集试验、补体结合试验(CFT)、双相免疫扩散试验(DIDT)等。前三种血清学方法是首选的。

(1) 生长抑制试验(GIT)。将抗血清加入固体琼脂培养基中，可抑制同源和抗原相关菌株的生长。也可取直径 6mm 的无菌圆形滤纸片，用 0.025mL 高效价抗血清浸湿，室温干燥，保存于 4℃。以 1mL 约含 10^5 菌落形成单位(cfu)的被检测支原体肉汤培养物作为抗原。取抗原约 0.1mL，使用流滴方法接种琼脂平皿，当抗原被培养基表面吸收以后，将制备好的圆形滤纸片放在接种区中心，置 37℃潮湿环境中培养，直到出现显微镜下可见的菌落时再进行判定。圆形纸片边缘出现完全和接近完全的抑制带大于 2mm 者表示该菌与抗血清同源，小于 2mm 者判为异源。试验时须设立阴性对照和阳性对照。

试验也有不产生抑制带的情况，可能是：①接种抗原量过大，解决方法为将菌液稀释至 10^{-3}~10^{-1} 后再进行检测；②所用的抗血清与被检支原体种不对应；③存在抗药性支原体等。

不完全抑制的原因是：①接种抗原不纯；②圆滤纸片吸收抗血清量不够等。

(2) 代谢抑制试验(MIT)。支原体在适宜的液体培养基中生长繁殖时，具有代谢活性，而当在这种培养基中加入特异性抗血清时能够抑制支原体的生长发育，因而也就抑制了这种代谢活性。这种反应可通过培养基中含有的pH指示剂(酚红)或氯化四氮唑的颜色变化间接反映出来。现在这种方法已被采纳作为支原体鉴定方法之一。

本方法是在小试管中进行的。首先，在一系列小试管内用液体培养基将高免抗血清稀释到需要的浓度(一般最高稀释到1∶2048或1∶4096)，每管加入1mL；将对数生长期的被检测支原体培养物，用液体培养基作10^{-4}稀释；往稀释血清的各管内加入1mL支原体培养物稀释液；取在免疫前采取的健康兔血清，按上述程序进行操作，作为代谢抑制试验的阴性对照，同时设立菌液对照管(1mL培养基+1mL稀释菌液)、阳性血清对照管(1mL培养基+1mL阳性血清)；将上述各管置37℃培养，每天观察pH变化。当菌液对照管中培养基pH降低0.5时，以试验管中培养基pH未下降或仅下降0.1时的最高稀释度的倒数作为抑制价。

(3) 免疫荧光抗体试验(IFT)。有直接法和间接法两种。间接表面免疫荧光法：在有菌落的琼脂块上滴一滴适当稀释的抗血清，在湿盒里置20℃作用30min。用pH7.2 PBS冲洗琼脂块两次各10min，加一滴适当稀释荧光素标记的抗体，置20℃下30min后，用PBS冲洗两次，挖出琼脂块放到玻片上，用落射式荧光显微镜观察。菌落呈亮黄绿色特异性荧光，形态清晰者为阳性反应，属同源菌株。菌落无荧光反应者为阴性，不属同源菌株。试验时应同时设立阳性对照和加正常兔血清的阴性对照。

此外，在支原体血清学诊断和分类鉴定方面还有人报道了乳胶凝集反应、间接红细胞凝集反应(IHA)、酶联免疫吸附试验(ELISA)、放射免疫沉淀反应(RTP)、核酸探针技术、聚合酶链反应(PCR)等方法。

二、衣　原　体

衣原体(chlamydia)是一类专性、严格细胞内寄生生活的微生物，不能在细菌培养基上生长繁殖；在光学显微镜下可被观察到；因所处发育阶段不同，大小可不同。这类微生物既含有DNA又含有RNA；有核糖体；可以以二分裂方式繁殖；对磺胺、四环素族、红霉素和青霉素等抗生素敏感。

衣原体属中与动物疫病有关的主要为鹦鹉衣原体，它可引起畜禽的多种疾病，要确诊其病原，需进行病原体的分离培养及对分离物作鉴定。分离衣原体，采集标本最为重要，对于一些严重的全身性疾病，从病畜的血、分泌物和大多数器官均能检查和分离到衣原体。但对大多数动物衣原体病来说最合适的检查材料，要从有症状或有病变的部位采集。例如，流产病例取流产胎儿的器官、胎盘和子宫分泌物；关节炎病例取关节液、滑液；脑炎病例取大脑与脊髓；肺炎病例取肺、支气管淋巴结；肠炎病例取肠黏膜、粪便等。对于严重感染的病例，如羊的衣原体性流产的子叶，其涂片常用吉姆萨(Giemsa)、史丁普(Stamp)或吉姆尼氏(Gimenez)等方法染色镜检，即可确诊。对于一些可疑病例，仅用显微镜检查是得不出结论的，还必须进行病原分离培养。最常用的分离培养方法有鸡胚卵黄囊接种法、小鼠接种法、细胞培养法。

1. 衣原体接种培养材料的处理

(1) 血液。血凝块在灭菌乳钵中研细，加入肉汤(pH7.2~7.4，含链霉素和卡那霉素)，制成10%悬液。

(2) 液体或分泌物。用原液，若黏稠，可加2~10倍体积的肉汤(pH7.2~7.4，含链霉素和卡那霉素)，装在加有玻璃球的灭菌瓶内，盖好瓶塞用力摇动，使成悬液，置于冰箱备用。

(3)粪便。用加有链霉素和卡那霉素的肉汤制成悬液,其浓度为 20%,置 4℃下 4h,以 600r/min 离心 10min,吸取上清液备用。

(4)组织。用剪刀剪碎后在灭菌乳钵中加玻璃砂研细,用含有链霉素和卡那霉素的肉汤稀释,使成10%悬液,以 600r/min 离心 10min,取上清液备用。

2. 衣原体的接种培养方法

1)鸡胚卵黄囊接种　　同病毒鸡胚卵黄囊接种方法。将接种后的鸡胚置 36℃孵育箱内,每天照蛋一次,观察到鸡胚失去活力或死亡为止。大多数鸡胚一般在接种后 4~8d 死亡,鸡胚和卵黄囊充血,并常有出血。接种后 48h 内死亡者常由污染或损伤所致,应予以废弃。如接种后 13d 鸡胚仍然存活,则再行盲目传代,如连续 3 代阴性,判为阴性结果。

对较规律死亡的鸡胚,可按下述方法收获鸡胚卵黄囊。用乙醇、碘酒涂擦气室部,用灭菌剪沿气室边缘将蛋壳剥开,剪破壳膜,将蛋内容物倾注于灭菌的平皿内,再将卵黄囊自鸡胚剥离,并将其剪破,用灭菌盐水冲洗卵黄囊膜除去卵黄,夹取卵黄囊膜,取一小块涂片,染色镜检,其余的卵黄囊膜,可接种另一批鸡胚或低温保存备用。

2)小鼠接种

(1)腹腔接种。选用 3~5 周龄小鼠,用 70%乙醇或碘酒涂擦小鼠腹部,用 24 号针头的结核菌素注射器,腹腔注射 0.2mL,每天观察发病和死亡情况。如小鼠在 2~3d 死亡,则肉眼变化不明显,特征变化是十二指肠肥大,上覆一层黏性分泌物,其中含有大量的上皮细胞,细胞内可检查到原生小体;如小鼠在 5~15d 死亡,则脾大,肝有早期坏死灶,肝和脾细胞里有大量的衣原体,腹腔积有纤维性渗出物。恢复的或感染后 3 周扑杀的小鼠,肉眼变化仅见腹腔有渗出物,脾显著增大,组织涂片中可见散在衣原体。

可按下述方法收获小鼠的肝、脾、肾。小鼠体表用消毒药涂擦(3%来苏儿、0.1%新洁尔灭)。用大头针将其四肢钉于剖检板上,用灭菌剪刀和镊子采取肝、脾、肾,置于灭菌平皿内。取上述脏器切面制作涂片,染色镜检。同时作分离培养或冰冻保存。

(2)鼻内接种。选用 3~5 周龄小鼠,用乙醚适度麻醉,以免小鼠打喷嚏而影响吸入,将接种材料数滴滴于鼻孔内,剂量为 0.3~0.5mL。每天观察小鼠发病和死亡情况,如接种物毒力强,可迅速发生感染,小鼠表现拱背、精神不振、呼吸困难等症状,于 2~20d 死亡。毒力较弱者,几乎未见有临诊症状,剖检可见肺的全叶或一部分硬实,灰色,半透明,感染 10d 以上的肺涂片中的衣原体较少,但再传代即可导致小鼠致死性感染。

收获死亡或存活小鼠(不论有无症状)的肺脏,方法与上述脾、肝、肾相同,取肺切面涂片染色镜检。如果需要,肺组织作分离培养或冰冻保存。

3)细胞培养

(1)衣原体可在多种细胞中增殖、分离或培养,最常用是 McCoy 和 L_{929} 细胞,其他传代细胞如 BHK21、FL、Vero 等传代细胞均可供选用。

(2)用细胞培养法分离衣原体所用的感染材料比用鸡胚、小鼠分离要求严格,采集标本时应无菌操作,标本应及时低温保存或放在适宜保存液中,以防止细菌污染或丧失衣原体活性,在处理标本时也应注意温度条件。

(3)为了便于在细胞培养过程中检查衣原体,可在培养瓶中加放盖玻片,在不同的时间取出染色镜检,观察衣原体在细胞内的生长发育情况。

3. 衣原体的鉴定　　对从各种病料中分离培养出来的疑似衣原体,可作以下各项鉴定。

(1) 在细菌培养基上不能生长。
(2) 感染细胞的细胞质内可查见衣原体原生小体和始体,感染细胞破裂后,衣原体释放于细胞外。
(3) 碘染色反应:鹦鹉衣原体为阴性,沙眼衣原体为阳性。
(4) 在鸡胚卵黄囊内生长,沙眼衣原体可被磺胺嘧啶钠抑制,鹦鹉衣原体不被磺胺嘧啶钠抑制。
(5) 用补体结合试验可鉴定出衣原体的属特异或种特异抗原。

根据上述鉴定要点,只要明确分离物具有严格细胞内寄生的特性,在光学显微镜下可以观察到衣原体的原生小体或始体,又能在鸡胚卵黄囊内生长,再结合其分离的来源,便可基本上确定为衣原体。然后根据其碘染色反应和对磺胺的敏感性,即能鉴定到衣原体的种。

三、立克次氏体

立克次氏体(Rickettsia)是介于细菌和病毒之间的一类微生物。立克次氏体目(Rickettsiales)下分3个科,约69种。在兽医上有重要意义的立克次氏体属于立克次氏体科(Rickettsiaceae)及无浆体科(Anaplasmataceae)。其中引起人类疾病和人畜共患病的约10种,引起动物不同程度感染的共约20种。除少数成员外,立克次氏体大多为严格的细胞寄生性微生物;一般比细菌小,大小多在0.3～0.5μm,可在普通光学显微镜下看见,一般不能通过过滤器。立克次氏体呈多形性,有球状、球杆状以及杆状等。革兰氏染色阴性。一般多用吉姆萨法、马基阿韦洛氏法染色,着色较好。致人和动物患病的立克次氏体,多寄生于血管内皮细胞、网状内皮细胞或红细胞等,常常天然寄生于一些节肢动物(蜱螨、虱、蚤等)体内,这些节肢动物是许多立克次氏体病的重要传播媒介。

动物立克次氏体病微生物学诊断,以病原检查和动物血清中特异性抗体的检测为依据,二者单独或配合应用。病原的分离鉴定是最确切的诊断方法,但需用较长的时间和较多的人力、物力,故一般多为有重点、有选择地应用。但在发现了新的未知立克次氏体感染,或有必要对立克次氏体感染株作进一步鉴定时,则必须进行分离鉴定。

由于某些立克次氏体如Q热立克次氏体等,对人有很强的传染性,因此,进行有关活立克次氏体的操作实验室应有完善的隔离防护设施和条件,操作人员应严格遵守各项规章制度,防止人为感染和病原散播。

立克次氏体分离与鉴定的方法内容如下。

1. 病料的采集与检查

1) 病料采取　　根据所怀疑的疾病或检疫要求,采取立克次氏体含量较多、无杂菌污染或污染较少的适宜材料,并按无菌方法采取。供立克次氏体分离培养的病料,应采自未应用抗生素的急性期或发热期患病动物,已死亡的动物,应尽早采取。病料应置-70℃低温保存,及时检查。

根据需要可采取急性期或发热期患病动物的血液;适时采集剖杀或病死动物的脑、脊髓、脾、肝、肺、肾、胎盘、胎儿、阴道排泄物、乳汁等。检查血清抗体时,应采取血液血清分离。为了检测抗体效价的变化,应分别采取急性期和恢复期血清。必要时采集蜱等节肢动物样品,其中一部分保存于70%乙醇中,供分类鉴定用,其余应冷藏供立克次氏体分离培养。

2) 显微镜检查　　对原始病料进行涂片染色镜检,根据形态学特性,对病料中立克次氏体做出初步辨识。对某些动物立克次氏体感染，可结合流行病学、临诊症状以及病理变化等，做出诊断或初步诊断。

将原始病料制成血片或组织涂片，有时需制成压片，即将小块组织置于两玻片间用力挤压制成。涂片或压片自然干燥后，用甲醇或无水乙醇固定，以吉姆萨法或马基阿韦洛氏法染色，然后进行显微镜检查。镜检时应注意观察立克次氏体感染的细胞种类、染色特性、形态表现、存在部位（细胞质内、细胞核内等）以及集落形成等特性。若能在细胞内见有大量染成红色或紫色的众多球状或球杆状颗粒，则可做出相当可靠的初步诊断，但须与布鲁氏菌、鹦鹉热衣原体相鉴别。

由于原始病料中立克次氏体含量一般较少，故镜检的阴性结果并不能排除立克次氏体感染的可能。但某些病料若经过适当处理，则可提高镜检阳性率。如某些寄生于白细胞的立克次氏体感染时，直接血液涂片检查结果为阴性，而当用加抗凝剂的血液白细胞层制片检查时，可能查出病原。

2. 分离培养　立克次氏体的分离培养方法有动物或鸡胚接种、细胞培养等。从原始病料进行立克次氏体初代分离时，一般多用易感实验动物接种，也可用鸡胚卵黄囊接种，一般原始病料的初代分离较少应用细胞培养。

1) 动物接种　常选用易感性较高的实验动物，如豚鼠、仓鼠等。因感染某些动物的立克次氏体不能引起实验动物感染或发病，需接种易感的同类动物。

一般病料组织，可研磨制成 10%～20%的悬液，低速离心后取上清液；新鲜的血液或抗凝血可直接应用；血凝块应去血清后研磨制成 20%～50%悬液。若病料有杂菌污染，可加青霉素 100～1000IU/mL，室温下作用 0.5h 后应用。对于媒介蜱，可先用灭菌盐水洗涤，再用 0.1%硫柳汞浸泡 1～2h 进行体表消毒，然后用灭菌生理盐水充分洗去药液，以含青霉素 100～1000IU/mL 的灭菌生理盐水研磨制成悬液备用。

动物接种常采用腹腔内接种，有时需静脉接种。一般每份材料需同时接种数只动物，豚鼠至少需接种 2 只，小鼠可接种 4～6 只。接种后每天定期测量体温。潜伏期随立克次氏体种类、接种途径、接种剂量等不同而有差异。在实验动物体温升高的高峰期或发病死亡时剖检，采取血液、脾、肝、肺等作涂片染色镜检。若接种感染的实验动物未出现体温升高，也未发病或死亡，或虽有发病但其血液及脏器涂片未发现立克次氏体时，一般可再盲传 2～3 代，以增加立克次氏体的繁殖量。

在实验动物接种传代时，可用感染的组织悬液或血液，同时应将其接种细菌培养基作无菌检查。在动物接种感染和传代中，对已有立克次氏体繁殖的材料，再接种鸡胚卵黄囊分离培养，一般在鸡胚传数代后便可适应，有的第一代即可致死鸡胚并在卵黄囊膜涂片中发现立克次氏体。

2) 鸡胚培养　引起人类疾病和人畜共患病立克次氏体，除五日热病原体等外，一般均能在鸡胚卵黄囊良好繁殖，但只感染动物的某些立克次氏体，至今尚未在鸡胚培养成功。鸡胚培养一般为卵黄囊接种，可用于立克次氏体的大量繁殖，也可用于初代分离。对于不易直接从原始病料获得初代分离物的，一般可先通过实验动物接种，再进行鸡胚分离培养。

选用 6～7 日龄鸡胚，按常法接种卵黄囊，剂量一般为 0.2～0.5mL，每份材料应同时接种数只鸡胚，一般不少于 5 只。接种后置较低温度如 32～35℃继续孵育 7～12d。弃去接种后 3d 内死亡的鸡胚，剖检第 4～12 日死亡的鸡胚和孵育后期仍存活的鸡胚，用洗去卵黄的卵黄囊膜作涂片染色镜检观察后，挑选立克次氏体含量较多又无细菌污染的卵黄囊膜，制成悬液接种鸡胚传代，以获得纯分离物。在卵黄囊膜涂片镜检未观察到立克次氏体时，可再盲传2~3代，以使其能大量繁殖。

对鸡胚传代适应的立克次氏体分离株和感染的卵黄囊膜，于-70~20℃低温保存。

3) 细胞培养　　立克次氏体的细胞培养法与病毒的细胞培养法相似。立克次氏体对细胞的选择性并不严格，但在不同细胞中的繁殖和感染程度可能有差异。现多用单层细胞培养法。原代细胞可用多种动物组织制备，如常用的鸡胚细胞，家兔、豚鼠和仓鼠肾细胞等。传代细胞中如 HeLa 细胞、Vero 细胞、RK13 细胞、BHK21 细胞、DH82 细胞以及纤维母细胞 L 株等多种传代细胞均可供选用。

接种材料应不加或少加抗生素。细胞培养中加入立克次氏体后，低速离心吸附可增加细胞感染，比静置的效果好。接种后的培养温度多为32~35℃。在单层细胞培养中，除某些立克次氏体种和株外，一般不引起明显的细胞病变。

细胞培养一般较少用于初代分离，必要时可用鸡胚培养物或实验动物感染组织材料再进行细胞培养，供进一步试验检查或其他专项试验。但对于动物的某些埃希氏体感染，常用感染动物血液分离出的白细胞作为接种材料，用细胞培养进行病原体的初代分离。

3. 立克次氏体的鉴定　　立克次氏体的鉴定包括以下几方面。

1) 形态学检查　　以接种实验动物的血液和脾、肝、肺等组织感染的卵黄囊膜，或细胞培养物进行涂片染色镜检，注意观察形态特征，对立克次氏体作初步辨识，明确鉴定的形态学依据。对于动物的某些立克次氏体感染，如动物感染白细胞的艾希氏体病及心水病等，可根据感染的细胞种类、存在部位以及特征的形态学表现等，结合有关资料做出鉴定。

2) 血清学试验　　常用的血清学试验方法有免疫荧光染色法、补体结合试验以及微量凝集试验等。

(1) 免疫荧光染色法。以感染动物组织材料、鸡胚培养物或细胞培养物制成抗原标本片，用丙酮、甲醇固定(室温10~15min，低温30min以上)后，按常规方法，与已知血清进行间接法免疫荧光染色检查；或用已知立克次氏体制备抗原标本片，与感染实验动物恢复期血清(或待检免疫血清)进行间接法免疫荧光染色检查。每批染色试验均需设置必要的对照。阳性结果可对分离的立克次氏体做出特异性快速鉴定。

(2) 补体结合试验。补体结合试验所用抗原分为可溶性抗原和颗粒性抗原。前者为用乙醚处理后制成，为群特异的，可用于立克次氏体群的鉴定；后者用洗涤纯净的立克次氏体悬液制成，为种特异的，可用于立克次氏体种的鉴定。抗原一般用含大量立克次氏体的鸡胚卵黄囊膜制成。试验用血清包括感染实验动物的恢复期血清和用已知或未知立克次氏体免疫实验动物制得的免疫血清。免疫动物多用豚鼠。试验可用试管法，总量1mL(每种成分0.2mL)。也可用微量法，在微量反应板上进行，总量为0.125mL(每种成分0.025mL)。试验用血清、抗原、补体在4℃下的冷结合法的敏感性较37℃下的热结合法者高。抗体滴度达1:8或以上者即可判为阳性反应。

在立克次氏体分离株的鉴定中，有时需进行交叉补体结合试验，即用已知抗原检测分离株的抗血清，并用分离株抗原检测已知株的抗血清，根据反应结果做出鉴定。

(3) 微量凝集试验。在进行立克次氏体鉴定时，可用已知凝集抗原检测感染实验动物恢复期血清(或待检免疫血清)中的特异抗体，从而对分离立克次氏体做出鉴定；也可用已知血清检查立克次氏体分离株，做出鉴定。凝集试验可用于立克次氏体种的鉴定。

试验在微量反应板上进行时，常用经苏木素染色的染色抗原，抗原应用高纯度立克次氏体制得，以便观察结果。Q热立克次氏体染色抗原，一般不用自然Ⅱ相(鸡胚适应Ⅱ相)株制备，因其在抗原染色时极易发生自身凝集，一般难以提纯。若用Ⅰ相抗原经三氯乙酸或高碘酸钾处理后制得的Ⅱ相抗原，则比较稳定，染色后仅能与特异性血清发生凝集反应。若将Q热立克次氏体自然Ⅱ相菌株经多法纯化处理而制成高度纯净染色抗原，也可用于微量凝集试验。试验结果以能引起"++"凝集的最高血清稀释度为凝集滴度。通常凝集滴度在1∶8或以上为阳性。

其他血清学试验如酶联免疫吸附试验、间接血凝试验和放射性同位素沉淀试验等均有研究报道。

第五节　动物检验检疫寄生虫学检验技术

寄生虫病的检查方法和传染病的检疫方法有一定的区别。作为比较高等的寄生动物，其独特的发育史，决定了其检查方法的特殊性。在口岸动物检疫中，除了进行一般的流行病学调查和临诊检查外，其定性的实质性方法有以下几种。

一、虫卵检查法

对相对密度较小的虫卵，常用的是虫卵漂浮法。根据虫卵的相对密度，配制相应的漂浮液，用适当的离心力进行离心，即可以在漂浮液的液面上收集到虫卵；对相对密度较大的虫卵，多用水洗沉淀法，在沉渣中收集检查虫卵。

虫卵检查法操作简单，结果直观，常用于球虫和肠道寄生虫的检查。

二、虫体检查法

1) 蠕虫的成虫检查法　　成虫的虫体检查，在生前主要用于绦虫病的诊断；死后剖检(或抽样剖检)几乎可用于所有蠕虫病的检查。

2) 蠕虫的幼虫检查法　　幼虫的虫体检查，多用于非肠道寄生虫或通过虫卵不易鉴定的寄生虫。例如，幼虫培养法用于检查圆形线虫病；贝尔曼氏幼虫检查法用于检查肺线虫；血液压片法和集虫检查法用于检查丝状线虫病；毛蚴孵化法用于诊断血吸虫病等。

3) 螨的检查法　　分皮屑内死虫检查法和皮屑内活虫检查法。前者可采用漂浮法或沉淀法，适用于初步诊断；后者可采用直接检查法或温水检查法，适用于确诊。

4) 血孢子虫病的检查法

(1) 血液涂片法适用于染虫率较高的患病动物。

(2) 浓集检查法常用于染虫率很低的情况。

(3) 淋巴结穿刺涂片检查法主要用于检查诊断泰勒虫病。

5) 鞭毛虫病的检查法

(1) 血液压滴标本检查法适用于检查伊氏锥虫寄生数量较多的病畜。

(2) 血液集虫检查法适用于血液虫体数量较少的情况。

(3) 泌尿生殖器官刮下物、分泌物压滴标本检查法。刮下物压滴标本检查适用于检查媾疫锥虫，分泌物压滴标本检查适用于检查毛滴虫。

(4) 泌尿生殖器官刮下物、分泌物涂片检查法适用于检查媾疫锥虫病和毛滴虫病。

三、免疫学检测方法

常用于寄生虫病检查的免疫学技术归结起来可分为以下几大类。

（一）免疫沉淀技术

免疫沉淀技术包括琼脂扩散法、虫卵和虫体周围沉淀、对流免疫电泳法（普通电泳、乙酸纤维薄膜电泳、单向定量免疫电泳）等，其优点是简便、快速、准确，缺点是敏感性不高。

1. 琼脂扩散试验　琼脂扩散试验是利用可溶性抗原与抗体在含有电解质的半固态琼脂内产生扩散作用，来检测某种寄生虫病的一种试验。抗原与抗体是相对应的，经过一定时间的扩散，两者相遇并达到适当的比例时，互相结合凝集成白色沉淀线（或带），依据沉淀线的出现可判断有无某种寄生虫的感染。本试验又分单向扩散和双向扩散试验，寄生虫免疫检验中常用双向扩散试验，既可用已知抗原测定未知抗体，也可用已知抗体鉴定未知抗原，还可用于测定抗体或抗原的效价。

2. 虫卵和虫体周围沉淀试验　虫体或虫卵的可溶性抗原可渗出体外，当遇到相应抗体时，就会结合成抗原抗体复合物，这种复合物往往附着于虫体或虫卵周围，一般由普通显微镜即可观察到，根据一定大小形状的反应出现，就可确定被检动物体液中抗体的存在，从而确定动物体内有该虫寄生，这种方法称为虫卵和虫体周围沉淀试验。

3. 对流免疫电泳　对流免疫电泳是一种快速、敏感的电泳技术，是在免疫学基础上发展起来的一种检测方法。在电场中抗原、抗体相对泳动，增加了相遇机会又克服了琼脂双向扩散时抗原、抗体各方向自由扩散的倾向，从而提高了检出率。本法简单易行，短时间内即可完成，特异性较强，较免疫扩散法和常规免疫电泳法敏感10～20倍。既可检测血清抗体，也可用于检测循环抗原，已被广泛应用于多种寄生虫免疫检验，如黑热病、弓形虫病、贾第虫病、丝虫病、旋毛虫病、血吸虫病、肺吸虫病、包虫病等。对于包虫病的检验，特异性为98.8%，敏感性为64.9%；对于肺吸虫病的检测不仅特异性强，敏感性较高，而且对疗效评价也有一定的参考作用。

（二）免疫荧光技术

免疫荧光技术指用荧光技术对抗体或抗原进行标记，并借助荧光显微镜观察所标记的荧光以示踪相应抗原或抗体的方法。此方法结合了免疫学反应的特异性和在黑色背景中发光物质易被发现等优点，直接免疫荧光抗体可确切测出少量抗原或抗体在组织内或细胞内的定位及分布，对于测定血清抗体也是一种比较敏感的方法。免疫荧光抗体技术目前已用于血吸虫病、肝片吸虫病、肺吸虫病、旋毛虫病、锥虫病、钩虫病、弓形虫病、利什曼原虫病等的诊断。

（三）免疫酶技术

免疫酶技术即用酶标记抗体或抗原，以酶促反应指示免疫反应的一类免疫测定技术。其实验方法很多，如酶联免疫吸附试验（ELISA）、免疫酶染色试验（IEST）、酶标记抗原对流免疫电泳（ELACIEP）、酶联免疫印迹技术（ELIB）等，具有适应范围广、灵敏度高、特异性强等特点，因而被广泛采用。

1. 酶联免疫吸附试验 酶联免疫吸附试验(ELISA)即将抗原(抗体)吸附于固相载体，并在载体上进行免疫酶反应、底物显色后用肉眼、分光光度计或酶标仪测定结果。此类试验方法很多，已知用于各种寄生虫检测的有：间接 ELISA、双抗体夹心法 ELISA(S-ELISA)、抑制法 ELISA(I-ELISA)、凝胶扩散 ELISA(dig-ELISA)、斑点 ELISA(dot-ELISA)、亲和素-生物素系统 ELISA(ABC-ELISA)、金黄色葡萄球菌 A 蛋白 ELISA(SPA-ELISA)和单克隆抗体 ELISA(McAb-ELISA)等。

2. 免疫酶染色试验 免疫酶染色试验(IEST)检测基本原理与荧光抗体试验相同，只是以辣根过氧化物代替荧光素。其特异性和敏感性与荧光抗体法相似，但优于荧光抗体法的是用普通显微镜便能观察，便于应用，标本不易褪色，可长期保存，利于回顾检查。由于本法简便快捷、抗原性稳定，更适宜现场应用。

3. 酶标记抗原对流免疫电泳 本试验是在对流免疫电泳基础上，引进酶标记技术建立的一种酶免疫检测方法。先用辣根过氧化酶标记抗原，再与抗体进行对流免疫电泳，抗原抗体结合形成免疫复合物，通过相应底物处理，在酶的作用下，使无色底物氧化出现清晰可辨的棕红色反应沉淀带，即为阳性反应。本法较常规对流免疫电泳更为灵敏。

4. 酶联免疫印迹技术 酶联免疫印迹技术(ELIB)又称蛋白质印迹技术，是近年来由十二烷基硫酸钠聚丙酰胺电泳(SDS-PAGE)、固相酶联免疫试验、转移电泳 3 项技术结合而成的一种新型免疫试验技术。本法能从复杂的混合物中不经繁琐的分离提纯过程，一次就能检出和分析各种不同活性的组分，测出微量的抗原或低滴度的抗体，是一项具有发展潜力的高敏感和高特异性的检验技术。可用于寄生虫抗原的分析和纯化、虫种的分类、特异性抗体的检测和谱型研究，成为寄生虫病免疫检验和流行病学监测的方法。

（四）免疫凝集技术

常用的方法有间接的乳胶凝集试验、炭粒凝集试验、间接血凝试验等。

1) 乳胶凝集试验 以聚苯乙烯乳胶颗粒作为载体吸附抗原或抗体，与相应的抗体或抗原作用，在电解质存在的适宜条件下发生凝集反应，出现肉眼可见的凝集块。该方法简便、快速，有较好的敏感性和特异性，干扰因素少，结果稳定，适合现场应用。曾用于血吸虫病、弓形虫病、丝虫病、阿米巴病、囊虫病、包虫病等寄生虫病的检查。检测包虫病优于间接血凝试验，检测旋毛虫病阳性率 90.7%，与蛔虫病、钩虫病、囊虫病等无交叉反应。

2) 炭粒凝集试验 是以活性炭粒为载体进行的凝集试验，应用范围与乳胶凝集试验相同。

3) 间接血凝试验 用于诊断寄生虫病的主要有下列几种方法。

（1）间接血凝试验。先将抗原吸附于红细胞表面，以检测被检物中的抗体。将抗原或抗体吸附于红细胞表面的过程，称致敏。吸附有抗原或抗体的红细胞称致敏红细胞。

（2）反向间接血凝试验。用特异性抗体致敏红细胞，以检测被检物中的抗原。

（3）间接血凝抑制试验。该试验用抗原致敏的红细胞来检测相应的抗原。方法是先在被检物中加入相应的抗体，作用一段时间后再加入致敏红细胞，如被检物中含有相应的抗原，则抗原先与抗体结合，再加入抗原致敏的红细胞后则不出现凝集。若被检物中不存在抗原，则出现凝集。

（4）反向间接凝集抑制试验。该试验用抗体致敏的红细胞检测被检物中的抗体。方法为先在被检物中加入相应抗原，作用一段时间后再加入致敏红细胞。若被检物中含有相应抗体，则不出现凝集；若不含抗体，则出现凝集。

间接血凝试验快速，易操作，无需昂贵的仪器，敏感性高，故广泛地应用于多种寄生虫病的辅助诊断和流行病学调查，如肝片吸虫病、肺吸虫病、血吸虫病、华支睾吸虫病、猪囊尾蚴病、棘球蚴病、泡球蚴病、丝虫病、旋毛虫病、弓形虫病、伊氏锥虫病及黑热病等。

四、分子生物学检测方法

这是近些年迅速崛起的一项新技术，主要用于精确地定性分析或衡量病原的检测，包括DNA探针(probe)技术和聚合酶链反应(PCR)技术。这两种技术在寄生虫的检测中多局限于同一种属中不同虫体或虫株的鉴别。

（一）DNA探针技术

DNA探针技术，又称为核酸分子杂交技术，是20世纪80年代和90年代迅速发展的一种基因诊断方法。在寄生虫病的诊断、现场调查、寄生虫虫种、虫株的鉴定及分类研究等方面均已应用DNA探针技术。目前的报告资料认为，DNA探针技术特异性和敏感性高，能直接检测寄生虫的基因，似比免疫血清学的方法可靠、稳定。通过斑点杂交试验简化了检测程序，可以测定大量标本，可供流行病学的调查研究。

（二）聚合酶链反应

聚合酶链反应(polymerase chain reaction，PCR)，目前用于诊断弓形虫病、利什曼原虫病、贾第虫病等寄生虫病，具有高度特异敏感和快速的特点。

第六节 现代生物技术在动物检验检疫中的应用

一、现代生物技术概述

随着科学技术的发展和人们生活水平的不断提高，现代生物技术产品越来越多地进入市场，现代生物技术方面的知识被越来越多的人所了解，但很少有人能够清楚地说出生物技术的定义。生物技术(biotechnology)有时也称生物工程(bioengineering)，其最初的含义是指利用生物将原材料转变为产品的技术。

生物技术包括传统生物技术和现代生物技术。传统生物技术是指旧有的制酱、醋、酒、奶酪、酸奶及有机酸的传统工艺。现代生物技术以现代生物学作为理论基础，由生物学、免疫学、化学、物理学、信息学等多种学科理论和技术相互交叉融合而成。其发展与材料、信息、传感器、图像处理、微机电系统等多种技术的发展息息相关，因而现代生物技术已经突破了传统生物学的范畴，成为研究现代生物学的必备工具和重要手段。现代生物技术涉及的内容非常广泛，如对目的基因进行体外操作的基因克隆技术；对生物的遗传基因进行改造或重组后产生人类所需新物质的转基因技术；利用生物反应器大量加工、制造生物活性产品的生物发酵技术；将生物分子与电学、光学或机械系统连接起来，并把生物分子捕获的信息经放大、传递、转换后成为易于检测的光、电或机械信息的生物耦合技术等。

现代生物技术的飞速发展,给生物学科领域带来一场深刻的革命。以基因工程、细胞工程、发酵工程、酶工程和蛋白质工程为代表的现代生物技术正在深入到人类生活的各个领域。近20年来,现代生物技术的发展越来越引人注目,并呈现出两个显著的特点,即现代生物技术可以突破物种界限,有效地改造生物有机体的遗传本质;现代生物技术带来的经济效益和社会效益显著。现代生物技术的广泛应用,给动植物检疫带来深刻的影响,特别是免疫学技术和分子生物学技术的应用,使管制性动植物疫病的诊断和检疫水平得到极大的提高。

二、现代生物技术在动物检验检疫中的应用

随着现代生物技术的不断发展,现代生物技术也广泛地应用于畜禽疫病诊断,为动物检验检疫提供了很多高效、快捷、准确的方法。例如,20世纪80年代以来广泛采用的酶联免疫吸附试验(ELISA),诊断准确、经济;单克隆抗体技术也广泛地应用于动物传染病的临床诊断、鉴别诊断、病毒分型和流行病学的研究;DNA分子杂交、PCR、免疫印迹等分子生物学诊断技术也将会成为动物疫病诊断的有效方法。在动物检验检疫中,这些诊断技术对正确诊断疫病起着重要的作用。

1. 单克隆抗体技术 通过细胞融合建立能产生单克隆抗体的杂交瘤技术,可用于疫病的病原诊断和病理诊断。一个病原体存在着许多性质不同的抗原,在同一抗原上,有可能存在许多性质不同的属、种、群、型特异性抗原,采用杂交瘤技术,可以识别不同抗原或抗原决定簇的单抗,从而可以对感染性疾病与寄生虫病进行快速准确地诊断,同时可用于调查疫病流行情况、流行毒株或虫体的分类鉴定,为疫病的诊断和防治提供资料。近年来,用单抗诊断试剂盒诊断人畜共患疫病已获成功。另外,单抗还用于含量极微的激素、神经递质、细菌毒素和肿瘤细胞抗原的诊断。

2. 核酸探针技术 核酸探针是指带有标记物的已知序列的核酸片段,它能与其互补的核酸序列杂交形成双链,所以可用于待测核酸样品中特定基因序列的检测。每一种病原体都具有独特的核酸片段,通过分离和标记这些片段就可制备出探针,用于检测任何特定病原微生物,并能鉴别出密切相关的毒(菌)株和寄生虫。

核酸杂交技术有固相杂交和液相杂交之分。固相杂交技术较为常用,先将待测核酸结合到一定的固相支持物上,再与液相中的标记探针进行杂交。固相支持物常用硝酸纤维素膜(nitrocel-lulosefiltermembrane, NC膜)或尼龙膜(nylon membrane)。

固相杂交包括膜上印迹杂交和原位杂交。其中膜上印迹杂交技术应用最为广泛,它包括3个基本过程:首先是通过斑点印迹(dot-blot)或Southern印迹(Southern blot)的核酸印迹技术将核酸片段转移到固相支持物上,然后用标记探针和支持物上的核酸片段进行杂交,最后进行杂交信号的检测。

3. PCR技术 PCR即聚合酶链反应,其原理是在模板DNA、引物和4种脱氧单核苷酸存在的条件下,依赖于耐高温的DNA聚合酶的酶促合成反应。PCR以欲扩增的DNA作为模板,以与模板正链和负链末端互补的两种寡核苷酸作为引物,经过模板DNA变性、模板引物特异性结合,并在DNA聚合酶作用下发生引物链延伸反应来合成新的模板DNA。模板DNA变性、引物结合(退火)、引物延伸合成DNA这三步构成一个PCR循环。每一循环的DNA产物经变性又成为下一个循环的模板DNA。这样,目的DNA数量将以$2n$的形式积累,

在 2h 内可扩增 30(n) 个循环，DNA 量就可达到原来的百万倍。PCR 三步反应中，变性反应在高温中进行(一般为 94℃变性 30s)，目的是通过加热使 DNA 双链解离形成单链；第二步反应又称退火反应，在较低温度中进行(一般为 55℃退火 30s)，这样可使引物与模板上互补的序列形成杂交链而结合；第三步为延伸反应，是在 4 种 dNTP 底物和 Mg^{2+} 存在的条件下，由 DNA 聚合酶催化以引物为始点的 DNA 链的延伸反应(一般为 70～72℃延伸 30～60s)。通过高温变性、低温退火和中温延伸三个温度的循环，模板上介于两个引物之间的片段不断得到扩增。对扩增产物可通过凝胶电泳、Southern 杂交或 DNA 序列分析进行检测。

PCR 技术主要用于传染病的早期诊断和不完整病原检疫，还可鉴别比较近似的病原体，如流行性出血热病毒与蓝舌病病毒，不同种类的巴贝斯虫等。自从 1992 开始应用 PCR 技术以来，近年来已建立了多种疫病的 PCR 诊断技术。

(1) 快速检测病毒性疫病的病原。用 PCR 技术检测的动物病毒性疫病的病原有蓝舌病病毒、口蹄疫病毒、牛病毒性腹泻病毒、牛白血病病毒、牛冠状病毒、恶性卡他热病毒、伪狂犬病病毒、狂犬病病毒、非洲猪瘟病毒、鸡传染性支气管炎病毒、鸡传染性喉气管炎病毒、马鼻肺炎病毒、马传染性肺炎病毒、马立克氏病毒、轮状病毒、水貂阿留申病病毒、山羊关节炎-脑炎病毒、梅迪-维斯纳病病毒、猪细小病毒、鱼传染性造血器官坏死病病毒等。

(2) 快速检测其他疫病病原体。目前已报道用 PCR 技术检测的其他病原体有致病性大肠杆菌毒素基因、牛分枝杆菌、牛胎儿弯曲杆菌、炭疽芽孢杆菌、钩端螺旋体、牛巴贝斯虫和弓形虫等。

4. 免疫印迹技术 免疫印迹又称 Western 印迹(Western blot)，与 DNA 的 Southern 印迹技术相对应，两种技术均把电泳分离的组分从凝胶转移到一种固相载体(通常用 NC 膜)，然后用探针检测特异性组分；不同的是，Western blot 所检测的是抗原类蛋白质成分，所用的探针是抗体，与附着于固相载体的靶蛋白所呈现的抗原表位发生特异性反应。该技术结合了凝胶电泳分辨力高和固相免疫测定特异敏感等优点，具有从复杂混合物中对特定抗原进行鉴别与定量检测，以及从多克隆抗体中检测出单克隆抗体的优越性。该技术的灵敏度能达到标准的固相放射免疫分析的水平而无需对靶蛋白进行放射性标记。

用免疫印迹技术可定性、定量地检测出待检样品中含量很低的特定病原体的抗原成分。对于一些能感染细胞而细胞病变不易观察的病原体的检测也很有用。用单克隆抗体作为第一抗体进行免疫印迹，还可以对毒株做分型鉴定。

5. 限制性核酸内切酶图谱分析 限制性核酸内切酶图谱分析(restriction endonuclease analysis，REA)技术通过酶切消化微生物 DNA，然后电泳染色呈现大小不一的片段，对这些片段的迁移率及数量进行分析，便可了解到病原微生物遗传物质的一定特性，在此基础上采用双酶切割或杂交等方法，则可推测出片段的排列顺序和酶切位点，从而推断出 DNA 间存在的相似性或差异性，是病原变异、毒株鉴别、分型及了解基因结构和进行流行病学研究的有效方法，对动物检疫具有很重要的实用意义，尤其对出入境动物产品所携带病毒是疫苗毒还是野毒，以及推断是本地毒还是外来毒有很重要的意义。

6. 寡核苷酸图谱分析 寡核苷酸图谱分析是指核酸或核酸片段经核酸酶切割后电泳，少数较大分子质量的酶切核酸片段在聚丙烯酰胺凝胶上分布特点的比较。由于它是通过少数核酸片段来了解整个核酸的特征，如同根据指纹特点判断案情一样，因此又称为指纹图分析(analysis of fingerprint map)。有人已从我国猪群中分离到 1 株丙型流感病毒；还应用于口蹄疫病毒、蓝舌病病毒、脊髓灰质炎病毒、马脑脊髓炎病毒、禽反转录病毒、水疱性口炎病毒、轮状病毒等研究。其分析结果有时被仲裁机构作为处理经济纠纷的依据。

7. 核酸序列分析 核酸是生命的遗传物质,遗传信息存于4种单核苷酸(A,C,G,T/U)按不同顺序连接而成的核酸分子中,迅速准确地解读决定生命性状的密码,测定基因组的核酸序列,对于识别病原,揭示疫病变化规律是任何方法都不可相比的。但它是最烦琐和最复杂的检测技术,目前在动物检疫中尚采用不多。

8. 限制性核酸片段多态性分析 每一限制性核酸内切酶在切割DNA分子时都有固定的切点顺序,DNA分子中核苷酸排列顺序的变化有可能使该切点丢失或增加。由于不同的生物群体的DNA序列千差万别,因而用同一限制性内切酶消化后,所得DNA片段的长度分布也是千变万化的。这种酶切片段长度分布的多样性就称为限制性片段长度多态性(restriction fragment length polymorphism, RFLP)。RFLP主要用于生物群体的遗传分析,但也可用于动物检疫中病原体的检测。在研究肾钩端螺旋体分型时,采用RELP技术几乎可将肾钩端螺旋体体型内各血清亚型区分出来。

近年来,还研究开发了扩增片段长度多态性(amplification fragment length polymorphism, AFLP)、聚合酶链反应/限制性片段长度多态性(PCR/RFLP)分析法和随机扩增多态性DNA(RAPD),可用于对多种病原微生物进行分类和鉴定。

---复习思考题---

1. 动物检验检疫样品采集的原则是什么?如何采集各种检验样品?
2. 动物检验检疫细菌学检验是如何进行的?如何进行细菌的鉴定?
3. 动物检验检疫病毒学检验有哪些检验工序?各工序的主要内容是什么?
4. 比较说明支原体、衣原体和立克次氏体的检验方法有什么不同。
5. 动物检验检疫寄生虫学检验方法有哪几种?
6. 举例说明现代生物技术在动物检验检疫中的应用有哪些。

第四章 动物传染病检疫技术

第一节 人畜共患病的检验检疫

人畜共患病(zoonosis)是人和脊椎动物由共同的病原体引起、在流行病学上有关联的传染病。其所涉及的动物范围非常广，包括家畜、野生动物、鸟类等。人畜共患病的分布非常广泛。家畜的人畜共患病不仅影响家畜的健康，而且危害人类的健康及畜牧业发展。

一、炭 疽

炭疽(anthrax)是由炭疽杆菌引起的各种家畜、野生动物和人共患的一种急性、热性、败血性传染病。以败血症变化、脾显著肿大、血液凝固不良、皮下和浆膜下有出血性胶样浸润为特征。本病遍及世界各地。

1. 病原　　炭疽杆菌(*Bacillus anthracis*)是革兰氏阳性的需氧菌，大小为($5\sim10$)μm×($1\sim3$)μm，无鞭毛，不运动。在普通琼脂平板上生长成灰白色、表面粗糙的菌落，放大观察菌落有花纹，呈卷发状，中央暗褐色，边缘有菌丝射出。在动物体内常单独存在双菌形或短链形，有荚膜。在人或动物体内因可依赖荚膜抵抗白细胞的吞噬而在体内繁殖并致病。在人体或动物体内生长繁殖时，可产生出一种毒性物质，具有抗吞噬作用和抑制免疫血清的抗炭疽杆菌作用。毒性物质在皮内可引起水肿，接种于静脉内可致死。

其繁殖体对日光、热或普通消毒剂均很敏感，易被消灭。在体外不适宜的环境下，能形成有顽强抵抗力的芽孢。芽孢在干热($150℃$)时仍可存活 $30\sim60$min。漂白粉、碘溶液、氢氧化钠、过氧乙酸等对炭疽杆菌具有较强的消毒效果，如在 10% NaOH 溶液中浸 2h 也可将其杀灭。

2. 流行病学

1) 易感动物　　各种家畜、野生动物对本病都有不同程度的易感性。草食动物最易感，其次是杂食动物，再次是肉食动物，家禽一般不感染。人也易感。

2) 传染源　　主要是草食动物牛、马、羊、骡、骆驼、猪等感染病畜。食草动物因食入水草中的炭疽杆菌芽孢而感染。人与人的传播很少。炭疽杆菌一旦接触空气，就可形成炭疽芽孢，具有极强抵抗力，被污染的土壤、水源、场地可形成持久疫源地，呈地方性、季节性流行，多发生在吸血昆虫多、雨水多、洪水泛滥的季节。

3) 传播途径　　本病主要经消化道、呼吸道和皮肤感染。潜伏期一般为 20d。本病主要通过消化道感染，也可经呼吸道或吸血昆虫的叮咬经皮肤感染。

直接或间接接触病畜和染菌的皮、毛、肉、骨粉或涂抹染菌的脂肪均可引起皮肤炭疽；吸入带炭疽杆菌的气溶胶、尘埃可引起肺炭疽；进食带菌肉类可引起肠炭疽。其中皮肤接触病畜及食用病畜肉是人感染炭疽的主要原因。

4) 流行特征　　呈全球性分布，主要在南美洲、东欧、亚洲及非洲地区。我国全年均有发生，多数为散发病例。有职业性，多发于牧民、农民、屠宰与肉类加工和皮毛加工工人以及兽医等。夏季因皮肤暴露多而较易感染。

3. 临床症状与病理变化　　本病潜伏期一般为 1～5d，最长的可达 14d。按其表现不一，可分为以下 4 种类型。

1) 最急性型　　常见于绵羊和山羊，偶尔也见于牛、马，表现为脑卒中的经过（卒中型）。外表完全健康的动物突然倒地，全身战栗、摇摆、昏迷、磨牙，呼吸极度困难，可视黏膜发绀，天然孔流出带泡沫的暗色血液，常于数分钟内死亡。

2) 急性型　　多见于牛、马，病牛体温升高至 42℃，表现兴奋不安，吼叫或顶撞人畜、物体，以后变为虚弱，食欲、反刍、泌乳减少或停止，呼吸困难，初便秘后腹泻带血，尿暗红，有时混有血液，乳汁量减少并带血，常有中等程度臌气，孕牛多迅速流产，一般 1～2d 死亡。马的急性型与牛相似，还常伴有剧烈的腹痛。病理变化包括尸僵不全，血液呈暗紫红色、凝固不良，黏稠似煤焦油状。皮下、肌间、咽喉等部位有浆液性渗出及出血。淋巴结肿大、充血，切面潮红。脾高度肿胀，达正常数倍，脾髓呈黑紫色。

3) 亚急性型　　也多见于牛、马，症状与上述急性型相似，除急性热性病征外，常在颈部、咽部、胸部、腹下、肩胛或乳房等部皮肤、直肠或口腔黏膜等处发生炭疽痈，初期硬固有热痛，以后热痛消失，可发生坏死或溃疡，病程可长达一周。

4) 慢性型　　主要发生于猪，多不表现临床症状，或仅表现食欲减退和长时间伏卧，在屠宰时才发现颌下淋巴结、肠系膜及肺有病变。有的发生咽型炭疽，呈现发热性咽炎。咽喉部和附近淋巴结肿胀，导致病猪吞咽、呼吸困难，黏膜发绀最后窒息死亡。肠炭疽多半有便秘或腹泻等消化道失常的症状。

4. 检验检疫　　采集皮肤炭疽病灶的脓液、渗出物，肺炭疽的痰液，肠炭疽的粪便等进行微生物诊断。常规的诊断方法包括抹片染色镜检、细菌分离培养、动物攻毒试验等。辅助诊断包括 Ascoli 氏反应、青霉素抑制试验和青霉素串珠试验、噬菌体裂解试验、琼脂扩散试验、间接血凝试验和 ELISA 等。

需要指出的是，严禁在非生物安全条件下进行疑似炭疽动物、炭疽动物的尸体剖检，以防止芽孢污染环境，应依法将感染动物的尸体、污染的土壤和垫料等进行焚烧处理。

5. 处理　　我国农业部于 2008 年 12 月 11 日公布的一、二、三类动物疫病病种名录，将炭疽列为二类动物疫病。

生前在畜群中发现炭疽病畜或疑似炭疽病畜时，应立即采取不放血的方式扑杀销毁。同群畜全部测体温，体温正常者进行急宰处理。宰后发现炭疽病畜，其内脏、皮毛及血销毁。被炭疽污染或怀疑被其污染的胴体、内脏，也应进行化制或销毁。

二、结 核 病

结核病（tuberculosis）是由分枝杆菌属（*Mycobacterium*）的几种分枝杆菌所引起的人畜共患的一种慢性传染病。以多种组织器官形成肉芽肿和干酪样、钙化结节病变为特征。本病分布世界各国，尤其在奶牛中流行比较严重，我国奶牛的感染率较高，猪、鸡也常发生。

1. 病原　　结核分枝杆菌根据自然宿主不同可分为牛型、人型和禽型结核杆菌。人型结核菌是直或微弯的细长杆菌，呈单独或平行相聚排列，多为棍棒状，间有分枝状。牛型结核菌呈多形性，棒状或分枝状，且着色不均匀。禽型结核菌短而小，为多形性。

本菌不产生芽孢和荚膜，也不能运动，为革兰氏染色阳性菌，用一般染色方法较难着色，常用的方法为 Ziehl-Neelsen 氏抗酸染色法。结核杆菌为严格需氧菌，生长最适 pH：牛型菌为 5.9～6.9，人型菌为 7.4～8.0，禽型菌为 7.2。生长最适温度为 37.5℃。

结核杆菌在外界环境中生存力较强(含有丰富的脂类)。对干燥和湿冷的抵抗力很强。对热抵抗力差。对常用消毒药抵抗力较强，如 5%来苏儿 48h 死亡，3%～5%甲醛溶液 12h 死亡等，在 70%乙醇或 10%漂白粉中需经 4d 死亡。无机酸、有机酸、季铵盐类等对结核杆菌消毒效果差。

2. 流行病学

1) 易感动物　　本病可侵害多种动物，约 50 种哺乳动物、25 种禽类可患病。

在家畜中牛最易感，特别是奶牛，其次为黄牛、牦牛、水牛、猪和家禽，山羊极少发病。人易感，尤其儿童主要是通过饮用生牛奶或消毒不严格的牛奶而感染。各型菌主要引起相应动物感染，牛型、人型结核杆菌不引起禽类感染，此外均可交叉感染。

2) 传染源　　结核病患畜(禽)是本病的传染源，特别是通过各种途径向外排菌的开放性结核患畜(禽)，肺部病灶的病菌可以随咳痰排出，肠结核病灶的病菌可随粪便排菌，乳房结核可随乳汁排菌。

3) 传播途径　　本病主要通过呼吸道和消化道感染。

3. 临床症状与病理变化　　潜伏期长短不一，短者十几天，长者数月甚至数年。

牛结核病主要由牛型结核杆菌引起。人型菌和禽型菌，对牛毒力较弱，多引起局限性病灶且缺乏肉眼变化，通常这种牛很少能成为传染源。

牛的潜伏期长短不一，短的十几天，长的数月，甚至数年。病初症状不明显，患病较久，症状逐渐显露出来。由于患病器官不同，症状不一。常见的是肺结核，有时可见乳房结核、淋巴结核、肠结核、生殖器结核、脑结核、胸膜结核和全身性结核等。特征病变为形成结节性肉芽肿，表现为慢性消瘦，波及其他内脏组织，最后结核干酪样坏死及钙化，淋巴结易发生感染出现脓肿灶。人感染后通常在肺泡内形成增生性结节，然后发生干酪样坏死，最后钙化而痊愈。肺结核主要是以长期顽固的干咳。乳房结核常在乳区发生局限性或弥散性硬结，无热无痛。淋巴结结核常见于颌、咽、颈和腹股沟等部位，淋巴结肿大突出于体表，无热无痛。肠结核以持续性下痢或与便秘交替出现为特征。

禽结核病主要危害鸡和火鸡，成年鸡和老鸡多发。感染途径主要经消化道，但呼吸道感染的可能性也不能排除。病禽因衰竭或因肝破裂而突然死亡。病理变化为肠壁溃疡并逐渐扩大，肝和脾有干酪样坏死。

猪对禽型、牛型、人型结核菌都有感染性。

4. 检验检疫　　当畜禽发生不明原因的渐进性消瘦、咳嗽、肺部异常、慢性乳腺炎、顽固性下痢、体表淋巴结慢性肿胀等，可作为疑似本病的依据，但仅根据临床症状很难确诊。

该病的诊断主要包括病原鉴定、血清学试验和变态反应试验。

1) 病原学检查　　采取病料(病灶、痰、尿、粪便、乳及其他分泌液)作涂片，经抗酸性染色后镜检，菌体呈红色，其他菌及背景呈蓝色。也可接种罗杰二氏培养基培养鉴定，但培养周期较长；或接种实验动物如豚鼠进行鉴定。

2)血清学试验　　ELISA可用于检测特异性抗体，是目前比较好的方法。

3)变态反应试验　　结核菌素试验是国际贸易指定试验，通过皮内注射结核菌素纯化蛋白衍生物(PPD)，观察注射部位的肿胀程度来判定是否感染。牛结核病用牛型提纯结核菌素，皮内注射0.1mL，72h判定反应，局部有明显的炎性反应，皮厚差在4mm以上者判为阳性。

5. 处理　　本病被列为二类动物疫病。患全身性结核病的，一律化制或销毁；患局部性结核病(仅发生于个别器官、组织或淋巴结)的，将病变部分销毁，其余部分高温处理。

三、沙门氏菌病

沙门氏菌病(salmonellosis)是由沙门氏菌属(*Salmonella*)的细菌引起的各种动物和人共患的一类疾病的总称。本病对幼畜禽有较大危害性，常表现为败血症或胃肠炎。某些菌型能在动物和人类之间交叉感染，并且是引起人类食物中毒的重要因素之一，所以本病在公共卫生上具有重要意义。

1. 病原　　沙门氏菌属于肠杆菌科(Enterobacteriaceae)沙门氏菌属(*Salmonella*)革兰氏阴性杆菌，无芽孢、无荚膜，多数有鞭毛，能运动(周鞭毛，鸡白痢、鸡伤寒沙门氏菌除外)。本属细菌为需氧及兼性厌氧菌，培养的最适温度为37℃，最适pH为7.4～7.6。在普通培养基上易生长，在含有胆汁的培养基中生长更好。在SS琼脂培养基上长成灰白色菌落，在麦康凯培养基上有时长成灰白色菌落。沙门氏菌属细菌的抵抗力属中等，对外界环境有一定的抵抗力，在外界条件下可生存数周或数月。一般常用消毒剂和消毒方法均能达到消毒的目的。

2. 流行病学

1)易感动物　　各种年龄的动物均感染，感染后发病与否与人、动物机体的抵抗力和感染的细菌数量及致病力有关系。幼畜最易感，特别是1～4月龄的仔猪、1月龄前后的犊牛、断乳前后的羊、6月龄内的幼驹。

2)传染源　　病畜和带菌动物是本病的主要传染源，其次是受感染的鼠类和其他野生动物。患者和带菌者也可以作为传染源。

3)传播途径　　主要通过消化道、呼吸道、伤口等途径传播；也存在子宫内感染(垂直传播)。

4)流行特征　　本病一年四季均可发生，但以夏秋季多见。本病在畜群中发生后，一般呈散发性或地方流行性，有些动物(如犊牛)还可表现为流行性。

3. 临床症状和病理变化

1)猪沙门氏菌病　　也称为仔猪副伤寒，多发于幼龄仔猪(1～2月龄小猪)，成年猪少见。急性病例多为败血型，病猪发热、呆钝和虚弱，有时四肢内收，匍匐在地，耳朵、腹部和股内侧皮肤先呈朱红色，后为蓝红色。剖检全身浆膜有点状出血，胃肠道卡他性炎症。

慢性病例多表现为肠炎，长期腹泻，粪便呈糊状，恶臭，粪内混有白色肠黏膜小片或纤维素性渗出液，病猪虚弱，贫血。肠道病变为局灶性或弥漫性坏死性炎症，病变多集中在回肠和大肠部，脾大，肠系膜淋巴结肿大，灰红色，呈髓样肿胀。

2)禽沙门氏菌病　　分为禽副伤寒、禽伤寒和鸡白痢三种。

禽副伤寒是由其他有鞭毛、能运动的沙门氏菌所引起的禽类疾病。各种家禽和野禽均易感，雏禽常呈败血症经过而迅速死亡。超过15日龄的幼禽有一定的抵抗力，表现为：垂头闭目，双翅下垂，显著厌食，饮水增加，水泄样下痢，怕冷而相互拥挤。成年禽一般为慢性带菌者，常不出现症状。急性型病禽可发现小肠黏膜出血性卡他性炎症，肝大呈黏土色。慢性型病禽肠黏膜坏死，卵泡变形，输卵管发炎，有时继发腹膜炎。

禽伤寒由鸡伤寒沙门氏菌引起。急性者突然停食，精神委顿，排黄绿色稀粪，冠和肉垂贫血、苍白而皱缩，体温上升1～3℃。病死率为10%～50%。肝和脾显著肿大，肠道有出血性卡他性炎症，母鸡卵泡出血、变形，可引起腹膜炎。

鸡白痢是由鸡白痢沙门氏菌所引起的鸡传染病，主要侵害2～3周龄以内的雏鸡，以白痢为特征，并呈急性败血症经过，其发病率与死亡率为最高，呈流行性。一般性症状表现为精神委顿，病初食欲减少，而后停食，多数出现软嗉症状。腹泻，排稀薄如白色浆糊状粪便，肛门周围污染；3周龄以上极少死亡，但生长不良。有的病雏出现眼盲，或肢关节呈跛行症状。成年鸡一般呈隐性感染无临床症状；或表现母鸡产蛋量与受精率降低；极少数精神委顿，腹泻白色稀粪，停止产卵；个别呈"垂腹"现象。剖检主要是卵巢的病理变化。病鸡常伴有心包炎、心包积液。

4. 检验检疫

1) 细菌学检查　常采取猪回肠壁或肠系膜淋巴结，发热出奇的牛的乳汁、血液、粪便及内脏组织，雏鸡的胆汁、胰、脾、肝，残留的卵黄，成年鸡的卵巢等材料，进行分离培养，并做生化和血清学鉴定。并注意类证鉴别，仔猪特别要注意与猪瘟鉴别，仔鸡注意与鸡球虫病区别；后者发病多在20～90日龄，血性下痢，从小肠、盲肠损害部刮取黏膜，镜检查球虫卵囊即可。

2) 血清学试验　成年鸡一般作血清学检查，以全血平板法最为普遍。

(1) 凝集试验：有平板法和试管法，前者又分为全血法和血清法。

(2) 琼脂扩散试验：也有全血和血清法两种，特异性强。

(3) 卵黄凝集试验：将卵黄用浓盐水(8%)稀释5倍，放4℃静置1d，除去脂肪层，再用8%浓盐水作倍比稀释后，供凝集反应。

5. 处理　鸡白痢是二类动物疫病，禽伤寒是三类动物疫病。平板凝集试验是监测本病最常用的血清学方法，其监测范围包括各品种的鸡群，年龄在3个月以上的鸡，每年可分两次取样，随机抽样数一般≥200只鸡。

动物检疫发现阳性鸡，予以淘汰急宰，病变部分化制或销毁；胴体和内脏高温处理。

当肌肉有严重病变时，胴体和内脏化制或销毁。

四、布鲁氏菌病

布鲁氏菌病(brucellosis)是由布鲁氏菌属(*Brucella*)引起的人畜共患慢性全身传染病，在家畜中以牛、羊、猪等较易感。其特征是流产、不育和关节炎、睾丸炎。本病广泛分布于世界各地，可引起不同程度的流行。

1. 病原　布鲁氏菌呈球形、球杆形或短杆形，新分离者趋向球形。多单在，很少成双，短链或小堆状。不形成芽孢和荚膜，偶尔有类似荚膜样结构，无鞭毛不运动。革兰氏染色阴性，吉姆萨染色呈紫色。经柯兹洛夫斯基或改良Ziehl Neelsen、改良Koster等鉴别染色法染成红色，可与其他细菌相区别。

布鲁氏菌属可分为6个种，19个生物型，即马耳他布鲁氏菌(又称羊型)有3个生物型，流产布鲁氏菌(又称牛型)有9个生物型，猪布鲁氏菌有4个，其他为林鼠布鲁氏菌、绵羊布鲁氏菌和犬布鲁氏菌。

布鲁氏菌的抵抗力和其他不能产生芽孢的细菌相似。本菌对外界环境的抵抗力较强。在污染的土壤和水中可存活1～4个月，皮毛上2～4个月，鲜乳中8d，乳、肉食品中约2个月，粪便中120d，流产胎儿中至少75d，子宫渗出物中200d。对湿热的抵抗力不强。60℃加热30min或70℃加热5min即杀死，煮沸立即死亡。

2. 流行病学

1) 易感动物　　本病的易感动物的范围很广泛，如羊、牛、猪、野牛、羚羊、鹿、野猪、马、狗、猫、狐、狼、猴、鸡、鸭以及一些啮齿动物等，但主要以牛、羊和猪为主。动物的易感性随着性成熟年龄接近而增高。

2) 传染源　　本病的传染源是病畜和带菌动物（包括野生动物）。其中受感染的妊娠母畜是最危险的。布鲁氏菌感染的睾丸及阴囊中也有布鲁氏菌存在，这种情况在公猪显得更加重要。

3) 传播途径　　本病的传播途径主要是消化道，也可通过污染的饲料与饮水而感染，但经皮肤感染也具有一定的重要性。

3. 临床症状和病理变化

1) 牛　　母牛最显著的临床症状是流产，可以发生在妊娠时的任何时期，最常见的发生在第6～8个月。流产的胎儿多为死胎或弱胎。患病公畜有时可见阴茎潮红肿胀，更常见的是睾丸炎及附睾炎使睾丸肿大，配种能力下降，急性病例，则睾丸肿胀、疼痛。临诊上常见的症状还有关节炎，甚至可以见于未流产的牛只，关节肿大疼痛。

2) 羊　　首先被注意到的症状也是流产。在自然条件下，流产多发生于怀孕的第3或第4个月。怀孕初期流产较为少见。流产的胎儿多死亡，有的虽能成活但也极度衰竭、发育不良。少数母羊在流产前体温升高、精神委顿、食欲减退、伏卧不起、口渴、由阴道流出黄色黏液或血样分泌物等，流产后持续排出黏液。但产后胎盘滞留现象较为少见。经常发生子宫内膜炎，病程短的可达几个月甚至更长。

此外，有个别的会发生关节炎和滑液囊炎，病羊表现为跛行。公羊除表现为关节炎外，有时还发生睾丸炎、附睾炎，睾丸肿大，触摸时局部发热并有热痛感。

3) 猪　　流产多发生在妊娠的第3个月(9～12)周。有的在妊娠第2～3周即流产，有的接近妊娠满即早产，在流产的1～3d内，常出现拉稀，乳房、阴唇肿胀，阴道流出黏性或黏脓性分泌物。公猪常见睾丸炎和附睾炎。

4. 检验检疫　　布鲁氏菌病常表现为慢性或隐性感染，其诊断和检疫主要依靠血清学检查及变态反应检查。

1) 细菌学检查　　病料最好用流产胎儿的胃内容物、肺、肝和脾，以及流产胎盘和羊水等。也可采用阴道分泌物、乳汁、血液、精液、尿液，以及急宰病畜的子宫、乳房、精囊、睾丸、附睾、淋巴结、骨髓和其他有局部病变的器官。

病料直接涂片，作革兰氏和柯兹洛夫斯基染色镜检。若发现革兰氏阴性、鉴别染色为红色的球状杆菌或短小杆菌，即可做出初步的疑似诊断。此法更适合于作流产材料及流产数日内的阴道分泌物检查。

2) 血清学试验　　用已知抗体可检查病料中是否存在布鲁氏菌，或分离培养物是否为布鲁氏菌，比细菌学检查法简便快速，因而具有较大实用价值。动物在感染布鲁氏菌 7～15d

可出现抗体，检测血清中的抗体是布鲁氏菌病诊断和检疫的主要手段。

常用方法有：荧光抗体技术、反向间接血凝试验、间接炭凝集试验以及免疫酶组化法染色等。国内常用玻板凝集试验、虎红平板凝集试验、乳汁环状试验进行现场或牧区大群检疫，以试管凝集试验和补体结合试验进行实验室最后确诊。

3) 变态反应检查 皮肤变态反应一般在感染后的 20~25d 出现，因此不宜作早期诊断。本法适于动物的大群检疫，主要用于绵羊和山羊，其次为猪。

5. 处理 本病被列为二类动物疫病。产地检疫发现个体感染，应予以隔离或扑杀，以保护健康畜群。宰前发现本病时，不准屠宰。宰后对病胴体、内脏销毁处理。病畜的同群畜及怀疑被其污染的胴体和内脏高温处理。

五、狂犬病

狂犬病(rabies)是一种由狂犬病病毒(rabies virus，RV)引起的人畜共患急性、创伤性、中毒性传染病。其特征是：精神兴奋，意识障碍，继而表现局部或全身麻痹死亡。人主要通过咬伤感染，临床表现为脑脊髓炎等症状，也称恐水症。世界大多数国家仍然有本病不同程度的发生。

1. 病原 狂犬病病毒(RV)属于弹状病毒科(Rhabdoviridae)的狂犬病病毒属(*Lyssavirus*)。病毒粒子呈子弹形或试管状外观。病毒可在鸡胚绒毛尿囊膜、原代鸡胚成纤维细胞以及小鼠和仓鼠肾上皮细胞培养物中增殖，并在适当条件下形成蚀斑。病毒的核酸为单股 RNA。病毒表面的糖蛋白，除能诱生中和抗体外，还具有血凝特性。病毒可以凝集鹅和 1 日龄雏鸡的红细胞，病毒凝集鹅红细胞的能力可被特异性抗体所抑制，故可进行血凝抑制试验。

病毒可被各种理化因素灭活，不耐湿热，56℃下 15~30min 或 100℃下 2min 均可使之灭活，但在冷冻或冻干状态下可长期保存病毒。在 50%甘油缓冲液保存的感染脑组织中病毒至少存活 1 个月，在 4℃以下低温可保存数月之久。病毒能抵抗自溶及腐败，在自溶的脑组织中可保持活力达 7~10d。

2. 流行病学

1) 易感动物 几乎所有温血动物都易感，在自然界中易感动物主要为犬科和猫科动物，以及翼手类(蝙蝠)和某些啮齿类动物。野生动物(狼、狐、貂、臭鼬和蝙蝠等)是狂犬病病毒主要的自然储存宿主。野生啮齿动物如野鼠、松鼠、鼬鼠等对本病易感，在一定条件下可成为本病的危险疫源而长期存在。

2) 传染源 患病和带毒的动物(我国以犬为主)，病犬的潜伏期唾液中就排毒，在我国的流行区，外观健康犬有 8.3%~25%的血清阳性率。

3) 传播途径 多数患病动物唾液中带有病毒，由患病动物咬伤或伤口含有狂犬病病毒的唾液直接污染是本病的主要传播方式。流行特点是一个接一个的发病，多由咬伤感染。

3. 临床症状和病理变化 本病无特征性剖检变化，只有反常的胃内容物可以视为可疑。病理组织学检查见有非化脓性脑炎变化，以及在大脑海马角、大脑或小脑皮质等处的神经细胞中可检出嗜酸性包涵体——内氏小体。

1) 犬 潜伏期 10d 至 2 个月，有时更久。一般可分为狂暴型和麻痹型两种类型。

狂暴型可分为：①前驱期。病犬精神沉郁，不听呼唤，强迫牵引则咬伤畜主。性情、食欲反常，喜吃异物。瞳孔散大，反射机能亢进，轻度刺激即易兴奋，有时望空扑咬，有时亢进，唾液分泌增多，后躯软弱。②兴奋期。病犬高度兴奋，狂暴并常攻击人畜。狂暴发作常与沉郁交替出现。病犬在野外游荡，多半不归，到处咬伤人畜。随着病程发展，陷于意识障碍，反射紊乱，狂咬，显著消瘦。③麻痹期。麻痹症状急速发展，下颌下垂，舌脱出口外，流涎显著，不久后躯及四肢麻痹，卧地不起，最后因呼吸中枢麻痹或衰竭而死。

麻痹型病犬以麻痹症状为主，兴奋期很短或无。麻痹始见于头部肌肉，病犬表现吞咽困难，使主人疑为正在吞咽骨头，当试图加以帮助时常遭咬伤。随后发生四肢麻痹，进而全身麻痹以致死亡。

2）猫　　一般表现为狂暴型，症状与犬相似，但病程较短，出现症状后2～4d死亡。

在发作时攻击其他猫、动物和人。因常接近人，且行动迅速，常从暗处忽然跳出，咬伤人的头部，因此猫得病后可能比犬更为危险。

3）牛、羊　　牛病初见精神沉郁，反刍减少，食欲降低，不久表现起卧不安，前肢搔地，有阵发性兴奋和冲击动作（试图挣脱绳索、冲撞墙壁、跃踏饲槽、磨牙、性欲亢进、流涎等）。一般少有攻击人畜现象。当兴奋发作后，往往有短暂停歇，以后再度发作。并逐渐出现麻痹症状，如吞咽麻痹、伸颈、流涎、臌气、里急后重等。最后倒地不起，衰竭而死。

羊的狂犬病较少见，症状与牛相似，多无兴奋症状，或兴奋期较短，末期常麻痹而死。

4. 检验检疫　　应将可疑病犬拘禁观察或扑杀，进行必要的实验室检验。

1）直接染色检查　　剖检病犬取大小脑、延脑等，最好取海马角，各切取1小块，置灭菌容器，在冷藏条件下运送至实验室。为检查内氏小体，可切取海马角，置吸水纸上，切面向上，载玻片轻压切面，制成压印标本，室温自然干燥后染色镜检，检查有无特异包涵体。

2）荧光抗体法　　将本病高免血清用荧光素标记，制成荧光抗体。取可疑病例脑组织或唾液腺制成压印片或冰冻切片，用荧光抗体染色，在荧光显微镜下观察，细胞质内出现亮绿色荧光颗粒者为阳性。

3）病毒分离　　取脑或唾液腺等病料加缓冲盐水研磨成10%乳剂，脑内接种5～7日龄乳鼠，每只注射0.03mL，每份标本接种4～6只乳鼠。唾液或脊髓则在离心机沉淀和以抗生素处理后，直接作接种用。乳鼠在接种后继续由母鼠同窝哺养，3～4d后如发现哺乳减退、痉挛、麻痹而死，即可取脑检查包涵体，并制成抗原，作病毒鉴定。

经7d仍不发病，可杀死其中2只，剖取鼠脑作成悬液，如上传代。如第二代仍不发病，可再传代。连续盲传3代总计观察4周而仍不发病者，作阴性结果报告。也可应用3周龄以内的幼鼠，如上作脑内接种。如有条件，可同时接种仓鼠肾原代细胞或继代细胞或BHK-21细胞等。新分离的病毒可用电子显微镜直接检查，或者应用抗狂犬病血清进行中和试验或血凝抑制试验加以鉴定。

4）血清学检验　　常用的方法有中和试验、补体结合试验、间接荧光抗体试验、交叉保护试验、血凝抑制试验及间接免疫酶试验（HRP-SPA）等。一般实验室常用的血清学诊断法为中和试验。

近年来已将单克隆抗体技术用于狂犬病的诊断，特别适用于区别狂犬病病毒与该病毒属的其他相关病毒。

5. 处理　　本病被列为二类动物疫病。对患狂犬病死亡的动物一般不应剖检，更不允许剥皮食用，以免狂犬病病毒经破损的皮肤黏膜而使人感染，而应将病尸焚化或深埋。如因检验诊断需要剖检尸体时，必须做好个人防护和消毒工作。

六、口蹄疫

口蹄疫(food and mouth disease,FMD)是由口蹄疫病毒引起偶蹄动物患病的一种急性、热性、高度接触性传染病,其特征是口腔黏膜、蹄部和乳房皮肤发生水疱和溃疡。世界动物卫生组织(OIE)一直将本病列为必须通报的动物疫病。

1. 病原 口蹄疫病毒(FMDV)属小RNA病毒科,口蹄疫病毒属。病毒粒子直径23～25nm,圆形或六角形。单股RNA,无囊膜。7个血清型,75个亚型。A、O、C、SAT1、SAT2、SAT3、Asia-Ⅰ型,各类型无交叉免疫性,各亚型之间部分交叉免疫性。

病毒在水疱皮内及其淋巴液中含毒最高。发热期血液中的病毒含量最高。退热后在奶、尿、口涎、眼泪、粪中含病毒。FMDV对外界环境抵抗力很强,自然条件下,含毒组织和污染物保持传染达数天、数周,甚至数月之久。酸和碱对FMDV作用强:1%～2%氢氧化钠、30%草木灰水、1%～2%甲醛溶液、0.2%～0.5%过氧乙酸、4%碳酸钠均是良好的消毒剂。5%的氨水、碘制剂消毒效果好,酚、乙醇、季铵盐类对此病毒无效。

2. 流行病学

1)易感动物　侵害33种动物。偶蹄兽易感,黄牛最易感。家畜中以黄牛、奶牛最易感,其次是猪,再次是羊易感,野生动物中野牛、驯鹿、野猪、大象均易感。幼龄动物较成年动物更易感。

2)传染源　病畜是主要的传染源。病状出现后的头几天,排毒量最多,毒力最强。牛以舌面水疱皮多,病猪排毒以破溃的蹄皮为最多。病畜出现症状前排毒,病愈动物带毒一般不超过2～3个月,牛可带毒2～5年,排毒4～6个月。

3)传播途径　直接接触和间接接触传播均可,主要经消化道传播,也可经损伤的黏膜(口、鼻、眼、乳腺)、皮肤和呼吸道传播。

4)流行特点　无严格的季节性,但流行有明显的季节规律,往往在不同地区,流行于不同季节。一般冬、春较易发生大的流行,夏季减缓或平息。FMDV可随风传播到50～100km以外的地方。呈跳跃式传播。暴发流行呈周期性,每隔一两年或三五年流行一次。

3. 临床症状　牛发病潜伏期一般为2～7d,最长为14d。病初体温升高至40～41℃,食欲减退,精神委顿,闭口流涎,1～2d后在唇内面、齿龈、舌面和颊部黏膜发生核桃大的水疱,口温高,流涎呈白色泡沫状,常挂满嘴边,反刍停止,水疱经一昼夜破裂形成浅表的红色糜烂。水疱破裂后,体温下降至正常,逐渐好转。若有细菌感染,发生溃疡,形成瘢痕。在口腔发生水疱的同时或稍后,趾间及蹄冠的柔软皮肤上红肿、疼痛,迅速发生水疱,病牛不愿站立、行走或跛行,很快破溃,糜烂,或干燥结成硬痂,然后愈合。继发感染,坏死,蹄匣脱落。乳头皮肤有时也可出现水疱,很快破裂,形成烂斑,泌乳量明显减少。多发生于纯种牛,黄牛少发。本病一般良性经过,一周左右痊愈,蹄部出现病变,2～3周痊愈,死亡率1%～3%,恶性口蹄疫,由于心脏停搏而突然死亡,病死率20%～50%。

猪发病潜伏期1～2d,以蹄部水疱为主要特征。温度40～41℃,口黏膜形成小水疱或糜烂,蹄冠、蹄叉、蹄踵等部出现局部发红、微热、敏感症状,不久形成米粒大、蚕豆大的水疱,破裂出血,糜烂,一周痊愈,若继发感染,蹄壳脱落。鼻盘、乳房上常见到烂斑。哺乳仔猪常因急性胃肠炎和心肌炎而突然死亡,死亡率可达60%～80%。主要病理学特征为心包膜有弥散性及点状出血,心肌切面有灰白色或淡黄色的斑点或条纹,俗称"虎斑心"。心脏松软，似煮肉状。

4. 检验检疫

1）病毒分离　采取水疱皮或水疱液，通过补体结合试验、乳鼠中和试验、反向间接血凝试验、双抗夹心酶联免疫吸附试验等进行病原检测、毒性鉴定。还可采集血清做抗体检测。

2）生物学诊断　病料分别接种 1~2d 和 7~9d 乳小鼠，两组均死亡为口蹄疫，7~9d 不死为猪水疱病，病料经 pH 3~5 缓冲液处理后接 1~2d 乳小鼠，死亡为猪水疱病，反之则为口蹄疫。

5. 处理　本病被列为一类动物疫病。宰前检疫发现口蹄疫，不放血的方式扑杀销毁，场地严格消毒，采取防疫措施，立即上报疫情。宰后检疫发现口蹄疫，立即停止生产，彻底清洗、消毒生产场地，胴体、内脏及其副产品以及同批产品及其副产品销毁处理。

七、流行性乙型脑炎

乙型脑炎(Japanese encephalitis, JE)又称流行性乙型脑炎、日本乙型脑炎，简称乙脑，是由乙型脑炎病毒引起的一种严重的人畜共患虫媒病毒性疾病，该病对人类危害巨大，是人类中枢神经系统最常见的虫媒病之一，广泛分布于亚洲，特别是远东的一些国家和地区，但近年来其流行分布范围有不断扩大的趋势。

1. 病原　乙型脑炎病毒(JEV)为黄病毒科(Flaviviridae)黄病毒属(*Flavivirus*)成员，呈球形，直径 20~40nm，为单股正链 RNA 病毒，外有类脂囊膜，表面有血凝素，能凝集鸡红细胞，病毒在细胞质内增殖，对温度、乙醚、酸等都很敏感，能在乳鼠脑组织内传代，也能在鸡胚、猴肾细胞、鸡胚细胞和 HeLa 细胞内生长。

2. 流行病学

1）易感动物　马 3 龄以下，人 10 岁以内，猪 6 月龄以内易感。其他动物多为隐性感染，人和其他动物乙脑均由猪传播而来。

2）传染源　患病猪是主要传染源，其次为马、牛、羊、狗、鸡、鸭等。其中以未过夏天的幼猪最为重要。动物受染后可有 3~5d 的病毒血症，致使蚊虫受染传播。一般在人类乙脑流行前 2~4 周，先在家禽中流行，患者在潜伏期末及发病初有短暂的病毒血症，因病毒量少、持续时间短，故其流行病学意义不大。

3）传播途径　蚊类是主要传播媒介，库蚊、伊蚊和按蚊的某些种类都能传播本病，其中以三带喙库蚊最重要。蚊体内病毒能经卵传代越冬，可成为病毒的长期储存宿主。病毒→蚊肠道→蚊唾液腺→蚊叮咬人→人或动物被感染。

4）流行特征　本病流行有严格的季节性，80%~90%的病例集中在 7~9 月，但由于地理环境与气候不同，华南地区的流行高峰在 6~7 月，华北地区在 7~8 月，而东北地区则在 8~9 月，均与蚊虫密度曲线相一致。4~5 年为一个流行周期。

3. 临床症状　幼猪一般表现为突然发病、高热稽留、精神委顿、食欲减少或废绝、粪干硬呈球状，表面附着灰白色的黏液。有的猪后肢呈轻度的麻痹、步态不稳、关节肿大、跛行；有的猪视力障碍，最后麻痹死亡。

妊娠母猪突然发生流产，产出死胎和弱胎，胎儿多已经死亡，但同胎也见正常的胎儿，母猪无明显的异常症状。流产胎儿脑水肿、皮下血样浸润、肌肉似水煮样、腹水增多；母猪子宫黏膜充血、出血和有黏液；胎盘水肿或见出血。公猪常发生一侧或两侧性睾丸肿大，局部发热、有痛感，经3～5d后，肿胀消退，有的睾丸变小、变硬、失去配种和繁殖能力。睾丸实质充血、出血和出现坏死灶。

4. 检验检疫

1) 病毒分离　　病程一周内死亡病例脑组织中可分离到乙脑病毒，可在乳鼠(2～4日龄)脑内接种，也可接种到原代细胞或传代细胞(猪肾细胞、Vero细胞、BHK-21细胞)。也可用免疫荧光试验(IFT)在脑组织中找到病毒抗原。从脑脊液或血清中不易分离到病毒。

2) 血清学检查

(1) 补体结合试验：阳性出现较晚，一般只用于回顾性诊断和当年隐性感染者的调查。

(2) 中和试验：特异性较高，但方法复杂，抗体可持续10多年，仅用于流行病学调查。

(3) 血凝抑制试验：抗体产生早，敏感性高、持续久，但特异性较差，有时出现假阳性。可用于诊断和流行病学调查。

5. 处理　　本病被列为二类动物疫病。发生乙脑疫病时，按《中华人民共和国动物防疫法》及有关规定，采取严格控制、扑灭措施，防止疫病扩散。患病动物予以扑杀并进行无害化处理。死猪、流产胎儿、胎衣、羊水等，均须无害化处理。污染场所及用具应彻底消毒。

八、高致病性禽流感

禽流行性感冒(avian influenza，AI)简称禽流感，是由A型流感病毒引起各种禽类的一种急性、高度致死性传染病。以体温升高，冠和肉髯发黑，头颈部水肿，跗关节肿胀，眼结膜炎和神经症状为特征。高致病性禽流感病毒可以直接感染人类，并造成死亡。世界动物卫生组织(OIE)将其列为必须通报的动物传染病，我国将其列为一类动物疫病。

1. 病原　　禽流感病毒(AIV)是正黏病毒科(Orthomyxoviridae)流感病毒属的一个成员。病毒颗粒呈球形、杆状或长丝状，为多形性。直径为80～120nm，表面有一层棒状和蘑菇状的纤突，前者对红细胞有凝集性，称血凝素(HA)，后者有能将吸附在细胞表面上的病毒粒子解脱下来的作用，称神经氨酸酶(NA)。纤突的一端镶嵌在病毒的脂囊膜，囊膜下面有一层膜蛋白，紧紧地包裹着呈螺旋状对称的核衣壳。核衣壳的直径为9～15nm，由RNA、核蛋白及三个多聚酶组成。

根据核糖核蛋白抗原性不同分为三个类型，即A、B、C三型。其中，B、C两型仅能对人致病，A型可对人、猪、马和禽致病。

依据病毒表面的两种糖蛋白血凝素和神经氨酸酶可将A型流感病毒分成若干亚型。目前已有16种HA和9种NA，不同的H抗原或N抗原之间无交叉反应。由H5和H7亚型的一些毒株(以H5N1和H7N7为代表，其他毒株有H7N3、H5N2、H5N8、H7N1等)所引起的疾病成为高致病性禽流感(HPAI)，其发病率和死亡率都很高，危害巨大。

禽流感病毒有囊膜，对乙醚、氯仿、丙酮等脂溶剂敏感。常用消毒药容易将其灭活。病毒对热比较敏感，在直接阳光下40～48h即可灭活，紫外线直接照射，可迅速破坏其传染性。对冻融作用相对较稳定，但反复冻融，最终可使病毒灭活。

2. 流行病学

1) 易感动物　　禽流感病毒广泛分布于世界范围内的许多家禽(包括火鸡、鸡、珍珠鸡、石鸡、鸽子、雉、鹅、鸭)、野禽(包括野鸭、野鹅、鹧鸪、雀形目的鸟、鹦鹉、鸥、海滨鸟和海鸟)。自迁徙水禽,特别是鸭中分离到的病毒比其他禽类多。

在各种家禽中,流感对饲养的火鸡和鸡危害最大。在人工试验中,猪、雪貂、水貂、猴和人都能被家禽类的流感病毒感染。

2)传染源　　主要为病禽(野鸟)和带毒禽(野鸟)。病毒可长期在污染的粪便、水等环境中存活。

3)传播途径　　病毒传播主要通过接触感染禽(野鸟)及其分泌物和排泄物、污染的饲料、水、蛋托(箱)、垫草、种蛋、鸡胚和精液等媒介,经呼吸道、消化道感染,也可通过气源性媒介传播。

3. 临床症状和病理变化　　禽流感的症状极为复杂、根据禽的种类(鸡、火鸡、鸭、鹅及野鸟等)以及感染病毒亚型类别的不同,表现出各种各样的变化,有最急性、急性、亚急性及隐性感染等,潜伏期从几小时到几天不等。

一般来说,本病没有特征性症状。通常呈现体温升高、精神沉郁,饮食减少、消瘦、产蛋量下降。有的出现呼吸道症状,咳嗽、喷嚏、啰音、呼吸困难,羽毛松乱,病禽流泪,身体蜷缩。有的出现神经症状和下痢。高致病性禽流感病毒感染后,可出现头和面部水肿、冠和肉垂肿并发绀、脚鳞出血等症状。产蛋高峰期的鸡群,发病严重,产蛋急剧下降,一周内可下降20%~70%,有的几乎停产;软壳蛋增多,蛋皮粗糙,颜色变淡。以上症状可能单独出现,有的也可能几种同时出现。单一的中等毒力以下禽流感感染家禽后死亡率一般不高。但如果与某些细菌病混合感染时,死亡率可高达30%~50%。高致病性禽流感病毒感染,常可引起家禽大批发病死亡。

主要病理变化为消化道和呼吸道黏膜广泛充血、出血;腺胃黏液增多,可见腺胃乳头出血,腺胃和肌胃之间交界处黏膜可见带状出血;心冠及腹部脂肪出血;输卵管的中部可见乳白色分泌物或凝块;卵泡充血、出血、萎缩、破裂,有的可见"卵黄性腹膜炎";脑部出现坏死灶、血管周围淋巴细胞管套、神经胶质灶、血管增生等病变;胰腺和心肌组织局灶性坏死。

4. 检验检疫　　禽流感疫情发生后要及时上报,首先由专家进行现场诊断和流行特点调查,初步诊断为高致病性禽流感疑似病例,然后由国家禽流感参考实验室做病毒分离与鉴定,最终确定病毒毒型。农业部根据国家禽流感参考实验室的诊断结果,最后确认或排除高致病性禽流感疫情。

1)病原鉴定　　符合相应生物安全级别的,且经国务院畜牧兽医行政管理部门认定的省级以上动物疫病诊断实验室和研究机构的实验室,可开展病原鉴定工作。

2)样品采集　　活禽样品应采集泄殖腔拭子和气管拭子;死禽样品应采集气管、脾、肺、肝、肾和脑等组织器官;小珍禽样品应采集新鲜粪便。

3)病原学诊断　　主要包括病原分离、鉴定和毒力测定。主要有RT-PCR检测、神经氨酸酶抑制试验、静脉内接种致病指数(IVPI)、对血凝素基因裂解位点的氨基酸序列测定结果与高致病性禽流感分离株序列进行比对等方法。

4)血清学诊断　　主要包括琼脂凝胶免疫扩散试验(AGID)(不适用于水禽)、血凝抑制试验(HI)。

5. 处理　　本病被列为一类动物疫病。宰前检出禽流感时,病禽和同群所有禽全部扑杀后销毁。宰后确诊为禽流感病禽的整个胴体及副产品,均做销毁处理。

第二节 畜禽重要传染病的检验检疫

一、猪 瘟

猪瘟(classical swine fever)是由猪瘟病毒引起猪的高度传染性和致死性传染病，特征为高热稽留，小血管变性而引起广泛性出血、梗死和坏死。

1. 病原 猪瘟病毒(CSFV)属于黄病毒科(Flaviviridae)瘟病毒属(*Pestivirus*)，其 RNA 为单股正链。其病毒粒子呈圆形，大小为 38～44nm，核衣壳是立体对称二十面体，有包膜。在细胞质内复制。不能凝集红细胞，与牛腹泻病毒有相关抗原。目前猪瘟病毒只有一个血清型，病毒能在猪胚或乳猪脾、肾、骨髓、淋巴结、白细胞、结缔组织或者肺组织的细胞中培养，但在这些细胞上不产生明显病变。

猪瘟病毒对自然环境的抵抗力不强。在自然干燥的条件下，病毒易于死亡，污染的环境如保持充分干燥和较高的温度，经 1～3 周，即失去传染性。腐败易使病毒感染丧失，如病猪血液、尸体及尿发生腐败，病毒 2～3d 即可被杀死，在骨髓中也仅能存活 15d。病毒对温热的抵抗力也不强，56℃经 60min，60℃经 10min 完全丧失致病力。病毒在低温条件下可长期保存，在冷藏猪肉中可持续存活数月，在冻结猪肉中存活时间可达数年之久。腌制或熏制病猪肉中的病毒可存活 6 个月以上。猪瘟病毒对消毒药的抵抗力强，常用消毒药来苏儿、石灰、石炭酸对血液和尿中的病毒杀灭效果差。最有效的消毒药是 2%氢氧化钠热溶液，或 20%～30%热草木灰水，或 5%～10%的漂白液，在 1h 内即可杀灭病毒。

2. 流行病学

1) 易感动物 在自然条件下，仅猪(包括野猪)对本病有较强的易感性，不论品种、年龄和性别及季节均可以感染。但一般认为优良纯种和改良种以及仔猪易感性强。人工接种可感染多种动物，使其体内在一定时期内带毒，但不表现临床症状。猪瘟病毒在兔体内可连续传代，引起体温升高，产生定型热反应，对猪的毒力明显减弱，已不能使猪发病，但能保持良好的免疫原性。

2) 传染源 主要是发病猪和带毒猪，病后带毒猪、潜伏期带毒猪和隐性感染猪均可成为传染源。不同年龄、性别、品种的猪均易感。病毒分布在猪全身各种体液和各脏器内，以脾、淋巴结含毒量最高，其次是血液和肝。病毒随尿、粪便和各种分泌物向体外排放。屠宰病猪的血液、脏器、肌肉和废料、废水不经灭毒处理，也可大量散播病毒。另外，被污染的饲料、饮水、运输工具以及人员的衣物也都可以成为传播本病的媒介。

3) 传播途径 主要是消化道，但也可以通过呼吸道和眼结膜传播。此外，破裂的皮肤或去势时的伤口也可以感染。猪食用被病毒污染的饲料、饮水或不经处理的泄水而引起发病。本病除水平传播外，还可垂直传播，带毒孕猪可经胎盘感染胎儿，造成猪的持续感染。

4) 流行特点 一年四季都可发生。发病急，传播迅速，一旦发病，往往在短期(1～3周)内波及全群，甚至波及邻近猪群，造成广泛流行。但在常发地区或注射过猪瘟疫苗的单位或地区，可呈零星点状散发。

3. 临床症状和病理变化

1) 最急性型 发病急，死亡快。主要呈现急性败血症。

2)急性型　　持续高热(41℃左右)，结膜潮红，有多量黏性或脓性眼分泌物(化脓性结膜炎)，甚至将两眼黏封。皮肤上有出血点或斑，常见的部位为耳、颈下、四肢腹下会阴等毛少的部位。粪便干燥成小球状以后排液状便，常带有黏液或血液。有时发生呕吐。

死于急性猪瘟的猪，皮肤、浆膜、黏膜及各实质器官上有程度不同的出血点或斑。淋巴结特别是腹腔内的淋巴结、颌下淋巴结和颈部淋巴结肿大，呈暗红色，切面呈弥漫性或周缘性出血，中心部分呈灰白色，切面红白颜色相间如同大理石样色彩。肾色彩变淡，皮质部有数量不等的小出血点。脾边缘常可见到稍隆起、紫黑色的出血性梗死。膀胱、喉头黏膜有出血点，甚至膀胱内有暗红色的尿液。肠黏膜，尤其是回肠后部、盲肠及回肠口部可见数量不等的轮层状溃疡，肠黏膜淋巴滤泡肿大隆起。

3)慢性型　　消瘦、贫血、衰弱、行走时两后肢摇晃，显示无力。便秘和腹泻交替发生，而以腹泻多见。有些病猪的耳尖、尾端和四肢下部蓝紫色或坏死，甚至干脱病程长达1个月或者更长时间。

病程稍长的病例，胸腔变化明显，可见纤维素性肺炎或坏死性化脓性肺炎，肺胸膜粗糙，胸腔内有纤维素性渗出液。慢性病例猪出血性病变轻微，纤维素性坏死性肠炎明显。断奶仔猪的肋骨末端与软骨交界处发生钙化，可见黄色骨化线，这在猪瘟诊断上有一定的意义。

4)温和型或称非典型型　　临床症状较轻、不典型，病情缓和，病理变化不典型，病程较长，但致死率较高。

4. 检验检疫　　根据病猪临床诊断和尸体剖检可进行初步诊断，实验室诊断方法主要有病毒分离、琼脂扩散试验、血清中和试验、鸡新城疫病毒强化试验(END试验)、免疫酶测定技术或酶标记抗体诊断法、猪瘟兔化弱毒兔体交互免疫试验、非免疫猪接种生物学试验、RT-PCR等。

1)动物接种试验　　易感猪接种是检测猪瘟病毒的最敏感方法。采取发病猪的血液或病死猪的淋巴结、脾、扁桃体等组织制成乳剂，无菌处理后接种易感猪(10～20kg)，观察发病情况，然后再分离病毒。通常也可采用兔体交叉免疫试验。

2)血清学方法　　检测血清抗体可为猪瘟免疫提供依据，特别是酶联免疫吸附试验(ELISA)对检测非典型猪瘟和温和性猪瘟有重要作用。直接免疫荧光抗体技术(IFA)是检测猪瘟病毒的一种快速诊断方法，该方法是采取猪的扁桃体或者猪肾、脾等组织做冰冻切片或触片，经丙酮固定，荧光抗体染色，在荧光显微镜下观察，如果这些组织细胞内发现有亮绿色荧光，说明细胞内存在猪瘟病毒，即可诊为猪瘟。

5. 处理　　本病被列为一类动物疫病。肉尸及内脏有显著病变者，全部化制或销毁。有轻微病变的肉尸及内脏高温处理后出场，血液化制或销毁。猪皮消毒后利用，脂肪炼制后食用。规定高温处理的肉尸和内脏，应在24h内处理完毕。

二、猪　丹　毒

猪丹毒(swine erysipelas)是由猪丹毒杆菌引起的猪的一种急性、热性传染病。特征为急性型呈败血症症状，亚急性型在皮肤上出现紫红色疹块。

1. 病原　　猪丹毒杆菌(*Erysipelothrix rhusiopathiae*)属于革兰氏阳性、纤细的小杆菌，呈单在或成对排列，在心内膜组织或老龄培养物上呈长丝状。普通培养基上能生长，加适量的血清会生长更好，明胶穿刺培养时，沿穿刺线呈试管刷状生长。不形成芽孢，对环境抵抗力强，对湿热、消毒剂敏感，对石炭酸不敏感。

2. 流行病学

1）易感动物　　3～6月龄架子猪和后备母猪易感。

2）传染源　　病猪是主要传染源，其次是病愈猪和健康带菌猪。通过分泌物、排泄物传播。

本菌主要存在于病猪的肾、肝和脾，以肾含菌量最高，病猪的分泌物和排泄物中均含有本菌。健康猪有35%～50%带菌。

3）传播途径　　病猪及其他带菌动物主要由粪、尿、唾液及鼻腔分泌物排菌，污染饲料、饮水、用具和土壤，经消化道传给易感猪。也可通过损伤的皮肤和蚊、蝇、蜂、虱等吸血虫的叮咬而传播。

4）流行特点　　夏秋季节多发，5～8月是高峰期。呈散发或地方流行性。

3. 临床症状和病理变化

1）急性败血症型　　突然发病，体温升高42℃以上。在皮肤上形成大小不等、形状不一的红疹块，指压褪色。粪便干硬，2～3d死亡。脾大、胃肠黏膜急性卡他性出血性炎症，淋巴结肿大、充血和出血，肾肿大呈暗红色，肺充血水肿，心包积液，心外膜有出血点。

2）亚急性型　　在下腹部、四肢内侧的皮肤形成界限明显的菱形或方形疹块，稍突出于皮肤表面，呈红紫色；有时也可见耳部、尾部的皮肤发生坏死。

3）慢性型　　心内膜炎型表现呼吸困难，心跳加快有杂音；关节炎型表现受害部位关节肿大、疼痛、跛行；皮肤坏死型表现背、肩、耳、蹄和尾等部坏死。心内膜特别是二尖瓣上形成花菜样瘤生物；关节囊增厚、内有纤维素性渗出物。

4. 检验检疫

1）病原学诊断　　急性败血症病例采集其耳静脉，死后取心血和脾、肝、肾。亚急性型取疹块边缘皮肤血制成触片或抹片，染色镜检，如有G^+纤细杆菌在白细胞中成丛排列，可作初诊。

细菌培养48h后，取可疑菌落鉴定：形态学、培养性状、生化试验和动物接种试验鉴定。

2）血清学诊断　　主要用于流行病学调查和鉴别诊断。

5. 处理　　本病被列为二类动物疫病。动物检疫发现急性猪丹毒病猪，胴体和内脏做销毁处理，其同群猪及怀疑被污染的胴体和内脏进行高温处理。疹块型、慢性猪丹毒，割去病变部分销毁，其余部分高温处理。

三、新 城 疫

新城疫（newcastle disease，ND）也称亚洲鸡瘟或伪鸡瘟，是由病毒引起的鸡和火鸡的一种急性高度接触性传染病，临床特征为呼吸困难、下痢、黏膜和浆膜出血、神经机能紊乱。为世界动物卫生组织（OIE）规定的必须通报的动物疫病，我国将其列为一类动物疫病。

1. 病原　　新城疫病毒（NDV）属于副黏病毒科（Paramyxoviridae）副黏病毒属（*Paramyxovirus*），只有一个血清型，但不同毒株的毒力差异很大。病毒粒子呈圆形，直径120～300nm，有囊膜，囊膜外有突起，并含有血凝素和神经氨酸酶。根据毒力强弱可分为强毒力株、中等毒力株和低毒力株。所有鸡新城疫毒株都具有凝集某些动物红细胞的能力，以鸡、豚鼠的红细胞和人的O型红细胞最为常用，对牛、羊等动物的血凝不稳定；对马、猪、猫的红细胞不凝集。这种凝集红细胞的特性可被特异的抗体所抑制。可在鸡胚中生长繁殖(尤其在10~12d),无论何种接种途径,都能迅速生长繁殖;也可在体外细胞中(常用鸡胚成纤维细胞)生长,且产生细胞病变。

NDV 存在于病禽的所有组织器官、体液、分泌物和排泄物中,以脑、脾、肺含毒量最高,以骨髓含毒时间最长。对热、光等物理因素的抵抗力较其他病毒稍强,但对一般的消毒剂敏感。在低温条件下抵抗力强。该病毒对消毒剂、日光及高温抵抗力不强,一般消毒剂的常用浓度即可很快将其杀灭。

2. 流行病学

1)易感动物　　多种禽类均为新城疫病毒的天然易感宿主,包括鸡、火鸡、珠鸡、鹌鹑、鸽子、野鸡等;水禽如鸭、鹅等也能感染,且近年有鹅发病死亡的报道;各种年龄鸡均可发病,以雏鸡和中鸡较多。

2)传染源　　主要是病鸡和带毒鸡,通过口鼻分泌物和粪便排毒,污染饲料、饮水、垫料、用具、地面等。

3)传播途径　　主要是呼吸道和消化道。

4)流行特点　　一年四季均可发生,但春、秋多见。

3. 临床症状和病理变化　　急性型发病急,发病率和病死率高;体温升高,可达44℃,精神沉郁,羽毛松乱,缩颈闭眼,离群独处;咳嗽,呼吸困难,张口呼吸,发出"咯咯"的喘鸣音,冠、髯紫黑;下痢,排黄绿色或黄白色稀粪;嗉囊充满多量酸臭液体和气体,口角常有分泌物流出;产蛋鸡迅速减蛋,白皮蛋、软壳蛋、畸形蛋增多。

多由急性转化而来,初期症状与急性型相似,不久后逐渐减轻,同时出现神经症状,如扭颈、转圈、翅腿麻痹。反复发作,受惊时更加明显。病程长达1~2个月,大多最终死亡。

全身黏膜和浆膜出血,尤其消化道、呼吸道。腺胃乳头出血,肌胃角质层下也常见出血。盲肠扁桃体肿大、出血、坏死;直肠和泄殖腔黏膜呈条纹状出血;小肠黏膜有枣核形出血和纤维素性坏死性病灶(淋巴滤泡的肿胀、出血和溃疡),坏死假膜脱落可见到粗糙、红色的溃疡;吸道病变可见鼻腔、喉、气管黏膜充血、出血,气管内有大量黏液,肺可见淤血或水肿。脑膜充血或出血。产蛋鸡卵泡和输卵管显著充血,卵泡膜极易破裂以致卵黄流入腹腔引起卵黄性腹膜炎。

4. 检验检疫　　可根据流行病学、临诊表现和剖检特征,做出初检。

1)样品采集　　可从病死或濒死禽采集脑、肺、脾、肝、心、肾、肠(包括内容物)或口鼻拭子,除肠内容物需单独处理外,上述样品可单独采集或者混合。或从活禽采集气管和泄殖腔拭子,雏禽或珍禽采集拭子易造成损伤,可收集新鲜粪便代替。上述样品立即送实验室处理或于4℃保存待检(不超过4d)或-30℃保存待检。用于血清学试验的样品,一般采集血清。

2)病原学检查　　①病毒培养鉴定:样品经处理后,接种9~10日龄SPF鸡胚,37℃孵育4~7d,收集尿囊液做血凝试验(HA)测定效价,用特异抗血清(鸡抗血清)判定NDV是否存在。②毒力测定:1日龄雏鸡脑内接种致病指数(ICPI)测定、6周龄鸡静脉内接种致病指数(IVPI)测定、鸡胚平均死亡时间(MDT)测定。

3)血清学检查　　主要有琼脂扩散试验、病毒中和试验、病毒血凝试验(HA)、病毒血凝抑制试验(HI)、酶联免疫吸附试验(ELISA,用于现场诊断、流行病学调查和口岸进出境鸡检疫的筛检）。

5. 处理 新城疫为一类动物疫病，检出阳性时，全群鸡只扑杀、销毁处理。暴发新城疫时应立即扑杀病禽，尸体深埋或高温处理。清扫场地粪便、残余饲料和垫草等，并进行无害化处理。对发生过新城疫的禽场在半年之内，其禽只不准出售、外运。

四、鸭　瘟

鸭瘟又名鸭病毒性肠炎（duck enteritis），是鸭的一种高死亡率的急性、热性传染病。其临床特征是高热、肢软、流泪、排绿色稀便，且部分病鸭的头颈部肿大，故俗称"大头瘟"。

1. 病原 鸭瘟病毒（DEV）属于疱疹病毒科（Herpesviridae）疱疹病毒属（*Herpesvirus*）。在病鸭的血液和内脏中含有大量病毒，通常存在于感染细胞的细胞核和细胞质中。本病毒对乙醚和氯仿敏感，对外界环境有较强的抵抗力。但对一般浓度的常用消毒药较敏感。例如，1%～3% NaOH 溶液、10%～20%漂白粉混悬液、5%甲醛溶液等，均能较快地杀灭病毒。其他如直射阳光、高温干燥等因素，都不利于病毒的生长繁殖。

2. 流行病学

1）易感动物　鸭瘟对不同日龄和不同品种的鸭均可感染，但在不同品种中，以番鸭、麻鸭和绵鸭最易感染，北京鸭次之。在自然感染条件下，成年鸭发病率与死亡率较高。在其他禽类中，鹅也能感染，但很少造成广泛流行。野鸭、野鹅（加拿大鹅）、大雁等，通过人工接种均易感，而在自然界中，常为带毒者。鸡对鸭瘟病毒有抵抗力。

2）传染源　鸭瘟的传染源主要是病鸭和带毒鸭，其次是其他带毒的水禽、飞鸟之类。这些带毒的禽类，特别是病鸭和死鸭，很容易通过排出的粪便及其分泌物污染饲料、饮水、饲养工具等散播病毒。

3）传播途径　消化道感染是主要的传染方式。某些吸血昆虫，也有可能是本病的传播媒介。

本病的发生与流行，无明显季节性，但以春、秋鸭群的运销旺季，最易发病流行。

3. 临床症状和病理变化 潜伏期一般为2～4d，病初体温急剧升高，一般高达43～44℃，呈稽留热型。病鸭表现精神萎靡，头颈缩起，食欲降低，渴欲增加，两肢发软，步态蹒跚，经常卧地，难以走动，如若强行驱赶，则见两翅扑地而走。这时，病鸭不愿下水，若强迫其下水，也不能游动，并挣扎回岸。病鸭眼周湿润、流泪，有的附有脓性分泌物，把两眼黏合。

病鸭呼吸困难，鼻孔内也常有浆液性或黏液性分泌物流出。部分病鸭头颈部肿胀。病鸭下痢，排绿色稀便，有时为灰白色，肛门周围羽毛被污染，常附有稀粪结块。泄殖腔黏膜充血、出血、水肿，严重时黏膜松弛外翻，黏膜面附有黄绿色伪膜，不易剥脱。

病后期，体温下降，体质衰竭，不久死亡。急性病例，病程一般为 2～5d；慢性病例一般在 7d 以上；有少数病鸭存活，表现消瘦，生长发育不良，角膜混浊较为典型，严重时，常形成单侧性溃疡性角膜炎。产蛋鸭群的产蛋量减少，一般减产 30%左右，随着死亡率的增高，可减产 60%以上，甚至停产。

鸭瘟的病变，以全身性急性败血症为主要特征。例如，全身的浆膜、黏膜和内脏器官有程度不同的出血性斑点或坏死。皮下组织有不同程度的胶样浸润，尤以"大头瘟"典型病例较为严重。食道黏膜具有纵行排列的灰黄色伪膜覆盖，此伪膜不易剥脱，剥脱后呈现出不同大小的、特征性的红色溃疡灶。

4. 检验检疫

1) 动物接种　　取肝、脾组织病料，研磨成浆后过滤，取其过滤液，加入青霉素、链霉素适量，然后给1日龄易感健康雏鸭肌肉接种，每只接种量为0.5mL。接种后3～12d，可引起发病或死亡，并出现典型病变。

2) 组织培养　　用鸭胚成纤维细胞培养物分离病毒。鸭瘟病毒可引起细胞病变，形成蚀斑。

3) 病毒的鉴定　　鸭瘟病毒，在变性的肝细胞、消化道上皮细胞和网状内皮细胞核内，均能形成嗜酸性包涵体。并在消化道和淋巴样组织病变处，常见有特征性的空泡。

4) 血清学鉴定　　经常采用病毒中和试验法，即用已知鸭瘟鸡胚化的适应弱毒株为抗原，检测未知血清中的相应抗体。也可应用荧光抗体技术或其他血清学试验的方法，进行鸭瘟病毒的鉴定。

5. 处理　　本病被列为二类动物疫病。疫区的肉鸭屠宰加工厂禁止收购有疫情禽场的鸭，要严格执行检验检疫制度，对屠宰中的可疑鸭及其内脏等，需经高温处理后利用或废弃。

五、猪 痢 疾

猪痢疾(swine dysentery)是由猪痢疾蛇形螺旋体引起的猪的一种危害性严重的肠道传染病。临床表现为黏液性或黏液出血性下痢，其病变特征为大肠黏膜发生卡他性出血炎症。

1. 病原　　猪痢疾蛇形螺旋体(*Serpulina hyodysenteriae*)呈细长微带螺旋状，两端尖细，暗视野显微镜下呈蛇样运动，不易着色，可用镀银染色。属厌氧菌，培养条件要求较高，最适培养温度为37～42℃，培养基是酪蛋白胰酶消化大豆琼脂和肉汤。在含有马、牛、绵羊及兔等血液培养基上产生明显的β溶血。为厌氧螺旋体，需用酪蛋白的胰酶消化物豆胨血液琼脂培养基在厌氧条件下进行培养，于42℃或38℃培养4～6d。在血液琼脂上呈现明显的强β溶血，形成绣花针尖样、半透明、扁平、微小菌落。用琼脂扩散试验可将本菌分为4个血清型。

本菌对氧有一定的耐受性，在28～30℃的环境中暴露10h以内一般不会死亡。在粪便中5℃可存活61d，纯培养在4～10℃厌氧条件下最少存活102d，-80℃可存活10年以上。最适生长温度为37～42℃，对一般消毒药及高温、氧、干燥等敏感。

2. 流行病学

1) 易感动物　　只发生于猪，各种年龄的猪均可感染，以7～12周龄小猪多发。一般发病率为75%，致死率为5%～25%。

2) 传染源　　病猪和带菌猪。

3) 传播途径　　病原随粪便排出污染猪圈、饲槽、用具、饲料和饮水，经消化道感染。

3. 临床特征和病理变化

1) 最急性型　　多见于暴发本病之初，表现急性剧烈腹泻，排粪失禁，呈高度脱水状态而迅速死亡。

2) 急性型　　病初多为排软粪或稀粪，随即粪便中出现大量黏液和血液，粪便呈油脂样、蛋清样或胶冻状，粪色为棕色、红色或黑红色不等，病猪迅速消瘦，常转为慢性或死亡。

3) 亚急性或慢性型　　病情较轻，下痢，粪便中黏液及坏死组织碎片多，血液较少。病情较长，进行性消瘦，生长停滞。部分康复猪经一定时间可以复发。

消瘦、被毛粗乱并沾有粪便，常有明显的脱水。本病的特征是大肠有病变而小肠没有，早期病变常出现在结肠襻顶部，随病情进一步发展可以蔓延至盲肠、整个结肠和直肠前段。急性病例表现为黏液性、出血性和纤维素性渗出，肉眼可见大肠黏膜充血、肿胀和出血，并有胶冻样附着，常混有血液和纤维素。严重时，肠黏膜表明有散在性或弥漫性糠麸样坏死物覆盖，刮出后不规则糜烂出血溃疡面。

4. 检验检疫 确诊可取急性病猪的粪便或刮取肠黏膜抹片镜检或作病原分离和血清学检验。

5. 处理 确诊为猪痢疾的病猪或整个胴体及副产品，均做销毁处理。

第三节 畜禽寄生虫病的检验检疫

一、旋毛虫病

旋毛虫病(trichinosis)是由旋毛形线虫(*Trichina spiralis*)寄生所引起的人畜共患寄生虫病。成虫寄生于肠道，称肠旋毛虫；幼虫寄生于横纹肌，称之为肌旋毛虫。人、猪、犬、猫、鼠类、狐狸、狼、野猪等均能感染，人旋毛虫病可引起人死亡。

1. 病原 旋毛形线虫成虫微小，细线状，乳白色，头端较尾端稍细。旋毛虫为雌雄异体。雄虫大小为(1.4~1.6)mm×0.04mm，生殖器官为单管形，虫体尾端有两个叶状交配附器。雌虫大小为(3~4)mm×0.06mm，尾部直而钝圆，生殖器官也为单管形，包括卵巢、输卵管、子宫、阴道等。卵巢位于虫体后部，子宫后段充满虫卵，近阴门处已有发育成熟的幼虫，阴门位于虫体前1/5处，成熟幼虫自阴门排出，故旋毛虫的生殖方式为卵胎生。

新生幼虫系刚产出的幼虫，甚微小，大小约为124μm×6μm。成熟幼虫具有感染性，长约1mm，卷曲于横纹肌内的梭形囊包中。囊包大小为(0.25~0.5)mm×(0.21~0.42)mm，其长轴与横纹肌纤维平行排列。一个囊包内通常含有1~2条幼虫，有时可多达6~7条。

2. 流行病学

1) 易感动物 宿主包括人、猪、犬、猫、鼠类、狐狸、狼等49种动物，主要的宿主是鼠和猪。人群普遍易染，流行的关键在于是否有生食或半生食鱼类、螺类、虾类等食物。

2) 传染源 人类患者和感染者、受感染的家畜和野生动物等。主要的保虫宿主为猫和狗，还有鼠类、狐狸、野猫等。

3) 传播途径 生食和半生食鱼类、螺类、虾类。

3. 临床症状 成虫寄生在小肠时，由于虫体的机械性刺激，被侵害的上皮细胞因为受到损害而引起肠炎，表现腹泻、腹痛等。当幼虫进入肌肉时，患猪可出现体温升高、肌肉疼痛或长硬、水肿、嗜酸性粒细胞增多等症状。但由于缺乏特性症状，往往易误诊为其他疫病。

猪感染后，因耐受性强，经常临床症状不典型。可按照病原引起的不同，分为内成虫引起的肠性和由幼虫引起的肌型，肠型期影响极小，肌型期无临床症状。严重时肠型可见食欲减退、呕吐腹泻，肌型引起肌炎，引发运动障碍、声音嘶哑、呼吸咀嚼与吞咽障碍，体温升高、消瘦。有时眼睛和四肢水肿。死亡极少，多于4~6周后康复。

病理变化不典型，肌型有时可见有肌细胞横纹消失和肌纤维增生等。肉眼观察旋毛虫包囊，只有细针尖大小，未钙化的包囊呈露滴状，半透明，较肌肉的色泽淡，随着包囊形成时间的增加，色泽逐渐变深而为乳白色。

4. 检验检疫 生前：剪一小块活组织，如骨骼肌、舌肌压片镜检查肌幼虫，或用间接血凝试验(IHA)、补体结合反应、荧光抗体试验、电泳、皮内试验、ELISA 及炭粒凝集试验等免疫学方法诊断。后三法敏感性及特异性很高，后两种已在部分地区临床及生产中推广。死后：在肌肉中发现包囊幼虫可确诊。

方法有目检法、镜检法及人工胃液消化集虫法（肉样 30g+10 倍量人工胃液：浓盐酸 7mL、胃蛋白酶 7g、水 1000mL，37℃恒温 12～24h，过滤，查沉渣中肌幼虫）。

目前常规检验方法为：先肉眼观察左右二膈肌脚（撕去肌膜）有无可疑病灶——幼虫包囊为针尖大的小白点，钙化灶则呈黄白色。可疑病灶者，取左右膈肌脚 24 个麦粒大小的小肉粒压片镜检，发现包囊幼虫可确诊。

5. 处理 本病为二类动物疫病。24 个肉粒中肌幼虫超过 5 个者，横纹肌及心脏作工业用或销毁；5 个以下者，高温处理后出厂。皮下及肌间脂肪炼食用油。肠可供制肠衣。其他部位可出厂。

二、棘球蚴病

棘球蚴病(echinococcosis)是由棘球蚴绦虫的幼虫引起的一种人畜共患寄生虫病。由于棘球蚴呈包囊状，因而又称包虫病(hydatidosis)。成虫棘球绦虫寄生于犬科动物的小肠中，属带科棘球属，种类较多。目前，世界公认的有 4 种：细球棘球绦虫、多房棘球绦虫、少节棘球绦虫、福氏棘球绦虫。我国有 2 种：细球棘球绦虫、多房棘球绦虫。

1. 病原 细粒棘球蚴(*Cystic echinococcosis*)为眼观圆形或不规则的囊状体。大小因寄生时间、部位和宿主的不同而异。棘球蚴为单房囊，由囊壁和内含物组成。内容物包括囊液及子囊、孙囊和原头蚴组成的棘球砂。

细粒棘球绦虫很小，长度为 2～11mm，虫体由 4～6 个节片组成。头颈部呈梨形，有顶突和 4 个吸盘，顶突上有大小相间的呈放射状排列的两圈小钩共 28～48 个。吸盘圆形或椭圆形，平均直径 0.014mm。幼节仅见生殖基。成节内有雌雄生殖器官各一套，生殖孔开口于节片一侧的中部或偏后，睾丸 45～65 个，分布于生殖孔水平线的前后方。孕节长度占虫体全长的 1/2，几乎被充满虫卵的子宫所占据，子宫向两侧伸出不规则的分支，子宫有侧囊是细粒棘球绦虫的特征，子宫内含虫卵 200～800 个。

2. 流行病学

1) 易感动物 棘球蚴寄生于绵羊、山羊、黄牛、水牛、猪、马、驼等动物和人的肝、肺等器官。人类也可因吃进虫卵而被感染。不同种族和性别的人对棘球蚴均易感。从事牧业生产、狩猎和皮毛加工的人群为高危人群。

2) 传染源 感染的犬、狼和狐是囊型包虫病的主要传染源，而感染的犬、狐、狼和猫是多房棘球蚴病的传染源。

3) 传播途径 包虫病是通过食入虫卵而传播，中间宿主包括人、有蹄类动物、鼠类等。感染的途径主要为经口食入。人的感染主要为饮水和饮食方式。

3. 临床症状 棘球蚴对动物的危害严重程度主要取决于棘球蚴的大小、数量和寄生部位。机械性压迫使周围组织发生萎缩和功能障碍，代谢产物被吸收后可引起组织炎症和全身过敏反应。绵羊表现为消瘦、被毛逆立、脱毛、黄疸、腹水、咳嗽、倒地不起，终因恶病质或窒息而死亡。牛与其相似，猪的症状不如牛、羊明显。各种动物均可因囊泡破裂而产生严重过敏反应，突然死亡，对人危害尤其明显。成虫对犬的致病作用不明显，寄生数千条也无临床症状表现。

4. 检验检疫 生前诊断困难，剖检时才可以发现，结合症状及免疫学方法可初步诊断。国内，已研制出10多种免疫诊断方法，多数用透析棘球蚴囊液做抗原，也有用亲和层析和聚丙烯酰胺凝胶电泳方法来浓缩和分离抗原的，或死的原头蚴都能作为有效抗原。其中动物和人均可采用皮内变态反应诊断，敏感性高，但特异性差，一般准确率在70%左右。补体结合试验一般阳性率为50%~80%，有多种假阳性反应。间接血凝试验、酶联免疫吸附试验（ELISA）、酶联金黄色葡萄球菌A蛋白酶免疫吸附试验（PPA-ELISA）、斑点酶联免疫吸附试验（DOT-ELISA）、亲和素生物素酶联免疫吸附试验（ABC-ELISA）均可用于本病的诊断。另外X线、CT检出率较高。

5. 处理 本病属于二类动物疫病。严重感染的脏器整个器官工业用或者销毁；局部感染者仅废弃患部，其余部分不受限制出场。如果在肌肉内发现棘球蚴，相应部位的肌肉作工业用或销毁，其余部分不受限制出场。

三、猪囊尾蚴病

猪囊尾蚴病(cysticercosis cellulosae)又称猪囊虫病，是由寄生在人体小肠内的猪带绦虫的幼虫(猪囊尾蚴)寄生于中间宿主(猪)体内而引起的一种人畜共患寄生虫病。猪囊尾蚴病不仅影响养猪业的发展，还严重危害人类健康。

1. 病原 猪囊尾蚴($Cysticercus\ cellulosae$)是猪带绦虫的幼虫，呈卵圆形白色半透明的囊，囊内充满半透明液体，大小为(8~10)mm×5mm。囊壁内面有一小米粒大的白点，是凹入囊内的头节，其结构与成虫头节相似，头节上有吸盘、顶突和小钩，典型的吸盘数为4个，有时可为2~7个；猪带绦虫长2~5m，有700~1000个节片，头节为圆球形，直径为1mm，顶突上有25~50个角质小钩；虫卵圆形或椭圆形，直径为35~42μm，卵壳有2层，内层较厚，呈浅褐色，内含六钩蚴。

囊尾蚴的大小、形态因寄生部位和营养条件的不同和组织反应的差异而不同，在疏松组织与脑室中多呈圆形，直径5~8mm；在肌肉中略长；在脑底部可大到2.5cm，并可分支或呈葡萄样。囊虫包埋在肌纤维间，像散在豆粒和米粒，故常称有猪囊虫的肉为"豆肉"或"米心肉"。

2. 流行病学

1) 易感动物 猪、野猪是最主要的中间宿主，犬、骆驼、猫及人也可作为中间宿主。人是猪带绦虫的终末宿主。

2) 传染源 猪肉绦虫病患者是囊虫病的唯一传染源。患者粪便中排出的虫卵对本人及其周围人群均有传染性。所以人体不仅是猪绦虫的终宿主，也可成为中间宿主。通过污染食物和自家感染使虫卵进入人肠道后，卵内的六钩蚴即脱壳而出，穿过肠壁进入血流，在人体不同部位发生囊虫病(囊虫蚴病)。其中以脑囊虫病最为常见。

3) 传播途径 人体囊虫病的感染方式有3种：①内源性自身感染即呕吐等逆蠕动使妊娠节片或虫卵返流入胃；②外源性自身感染即患者手指污染本人粪便的虫卵，再经口感染自己；③外源性异体感染因食污染虫卵的蔬菜、生水、食物而获得囊虫病。

4）流行特点　　中国各地都有病例报道，东北三省和云南、贵州、河南、湖北及山东、安徽等省更为多见并有流行。感染率与生食猪肉习惯有关，也有切肉板及刀污染猪囊尾蚴而引起感染的报道。发病年龄以青年为最多，小儿受染者也不少。

3. 临床症状　　主要是妨碍猪的发育和生长，特别是影响幼龄猪的生长；中轻度感染的猪一般无明显症状，多表现营养不良，生长发育停滞，贫血或局部出现水肿。若寄生在舌部会引起舌麻痹影响采食，寄生在脑部会引起严重的神经紊乱、癫痫、视觉障碍，有时会突然倒毙。

患猪睡觉时，外观其咬肌和肩胛肌皮肤常表现有节奏性的颤动，熟睡后常磨牙，发出像小狗叫声的呼噜声。且以深夜或清晨表现得最为明显。患猪肌肉僵硬，肩部肌肉水肿，两肩增宽，臀部隆起，异常肥胖，显得身体中部较窄。

外观患猪的舌底、舌的边缘和舌的系带部有突出的白色囊泡。用手摸猪的舌底和舌的系带部可感觉到游离性的米粒大小的硬结。

通过宰后检验可确诊。如果在肌肉中，特别是在心肌、咬肌、舌肌及四肢肌肉中发现囊尾蚴，尤以前臂外侧肌肉群的检出率最高。

4. 检验检疫
1）流行病学证据　　在流行地区生活，有排绦史，食用生猪肉或"米猪肉"史等；有脑部症状和体征：如癫痫、颅压高、精神障碍等，并排除了其他原因造成的脑损害。

2）免疫学实验　　如间接血凝集试验、补体结合试验等人体感染尾蚴后可产生抗体，最长可达10年之久。该方法对囊虫的诊断有肯定的价值，敏感性、特异性均较高。

3）影像学典型的囊虫表现　　如多发性圆形小囊或可见小囊内有头节，或多发环形高容度Φ<10mm；病原学活检皮下结节可证实囊虫。

5. 处理　　本病被列为二类动物疫病。确诊为囊尾蚴病的患畜胴体及内脏均做化制或销毁处理。

四、弓 形 虫 病

弓形虫病（toxoplasmosis）是由龚地弓形虫（*Toxoplasma gondii*）寄生于猪、牛、羊、猫等多种动物和人的有核细胞中引起的人畜共患寄生虫病。人和动物感染率很高，多呈隐性感染，只在猪表现急性经过，死亡率高达60%以上。

1. 病原　　龚地弓形虫属于真球虫目（Eucoccidiida）弓形虫科（Toxoplasmatidae）弓形虫属（*Toxoplasma*）。目前，大多数学者认为发现于世界各地人和动物的弓形虫都是同一种，但有不同的虫株。弓形体的生活史中可出现五种不同形态，即滋养体、包囊、裂殖体、配子体和卵囊。滋养体或称速殖子，在中间宿主和终末宿主体内都可出现。

弓形体无运动器，但能活动。滋养体对温度较敏感，50℃下15min后迅速死亡，-20℃下1.5h后也丧失感染力；对一般常用消毒剂如1%来苏儿、3%石炭酸等都较敏感，接触1min内即被杀死。包囊的抵抗力较强，小鼠组织中的包囊可在4℃保存68d，而组织中的滋养体只能存活10d。包囊加热30℃需30min后才死亡。包囊对蛋白酶的抵抗也较强，可存活8h以上，而滋养体接触蛋白酶后即迅速被破坏。卵囊对酸、碱和常用的消毒剂的抵抗力都很强，1%硫酸或2.5%重铬酸钾都不能破坏卵囊的感染性。卵囊对热、干燥和氨水则较敏感，50~

55℃条件下 30min 就能被杀死。

2. 流行病学

1）易感动物　　人、畜、禽和多种野生动物均易感，如 200 多种哺乳动物、70 多种鸟类、5 种变温动物、某些节肢动物。家畜中对猪和羊的危害最大。

2）传染源　　虫体的不同阶段，如卵囊、速殖子和包囊均可引起感染，因此，中间宿主之间，终末宿主之间，中间宿主和终末宿主之间均可相互感染；临床期患畜的唾液、痰、粪、尿、乳汁、腹腔液、眼分泌物、肉、内脏、淋巴结及急性病例的血液中都可能含有速殖子。

3）感染途径　　病原体也可通过口、眼、鼻、呼吸道、皮肤、胎盘等途径侵入。

3. 临床症状　　猪以 3～5 月龄的仔猪发病严重。猪感染后 3～7d 症状与猪瘟相类似，体温升高到 40.5～42℃，呈稽留热型。病猪精神沉郁，食欲减退或废绝，呼吸困难，呈明显的腹式呼吸，呈犬坐式姿势，流浆液性鼻液。皮肤发绀，在嘴部、耳部、下腹部及下肢皮肤出现红紫色的斑块或间有小出血点。有的病猪耳壳上形成痂皮，甚至耳尖发生干性坏死。结膜充血，有眼屎。粪干，以后拉稀。

病羊出现神经系统和呼吸系统及全身症状。牛的症状与猪类似。人先天性（母婴传播）：流产、早产死胎；脑发育受阻、视力障碍；全身症状；获得性多见淋巴结肿大、脑炎型。

4. 检验检疫

1）直接镜检　　取肺、肝、淋巴结作涂片，用吉姆萨液染色后检查；或取患畜的体液、脑脊液作涂片染色检查。

2）动物接种　　取肺、肝、淋巴结研碎后加 10 倍生理盐水，加入双抗后，取上清液小鼠腹腔接种。检查小鼠腹腔液或取小鼠肝、脾、脑作组织切片检查。

3）鸡胚或细胞接种　　无菌处理的组织液接种鸡胚绒毛尿囊膜和其他细胞培养物。

4）卵囊检查　　检查猫粪。

5）血清学诊断　　目前国内常用的有间接血凝试验（IHA）和酶联免疫吸附试验（ELISA）。间隔 2～3 周采血，IgG 抗体滴度升高 4 倍以上表明感染处于活动期；IgG 抗体滴度不高表明有包囊型虫体存在或过去有感染。

5. 处理　　本病被列为二类动物疫病。病畜的胴体和内脏高温处理后出厂（场）；皮张不受限制出厂（场）。

五、肝片吸虫病

肝片吸虫病（fascioliasis）是严重危害反刍动物的蠕虫病。其特征是引起急性或慢性肝炎、胆管炎，并伴有全身中毒现象与营养障碍等症状。常呈地方性流行，危害相当严重，可引起大批幼畜死亡或导致成年动物使役性能下降，给畜牧业带来巨大的损失。

1. 病原　　肝片吸虫属片形科（Fasciolidae）片形属（*Fasciola*）。成虫体扁平，小树叶状，略带棕红色，是最大的吸虫之一，长 30～40mm、宽 10～15mm。雌雄同体，前端突出称为头锥，顶端有口吸盘，下方为腹吸盘。卵为人体寄生虫卵中最大者，椭圆形，淡黄褐色，似姜片虫卵，随寄主粪便排出体外，于适宜温度下经 10 多天在水中孵出毛蚴。毛蚴钻入中间寄主椎实螺科动物体内，经约 30d 的发育，最后产生许多尾蚴。尾蚴自螺体逸出，在水生植物或浅水面上形成囊蚴（后尾蚴）。若囊蚴被牛、羊或人吞食，后尾蚴在寄主小肠内脱囊而出，穿过肠壁钻入肝，并定居于肝胆管内，发育成熟并产卵。自吞食囊蚴至虫体发育成熟产卵，需3~4个月。成虫在寄主体内可存活11~12年。

2. 流行病学 本病遍及世界各地，肝片形吸虫宿主范围很广，除主要感染黄牛、水牛、绵羊、山羊、鹿和骆驼等各种反刍动物外，还可感染猪和马属动物及一些野生动物。人因生吃带囊蚴的水生植物、含嚼水草或饮用含囊蚴的河水偶被感染，多为散发。

肝片形吸虫病的流行常呈地方性，多发生在低洼和沼泽的放牧地区。一般在夏秋两季，以多雨的年份较为严重，因为这时螺类繁殖极多，虫卵散布很广。因此，在适宜的温度、湿度和光线以及中间宿主存在的情况下，牛、羊放牧时极易感染本病。

3. 临床症状 轻度感染往往不表现症状，感染数量多时（牛约250条成虫，羊约50条成虫）则表现症状，但幼畜即使轻度感染也可能变现症状。

羊：绵羊最敏感，最常发生，死亡率也高。急性型患羊食欲大减或废绝，精神沉郁，可视黏膜苍白，红细胞数和血红蛋白显著降低，体温升高，偶尔有腹泻，通常在出现症状后3~5d内死亡。慢性型患羊表现渐进性消瘦、贫血、食欲缺乏、被毛粗乱，眼睑、颌下水肿，有时也发生胸、腹下水肿。叩诊肝的浊音界扩大。后期，可能卧地不起，终因恶病质而死亡。

牛：多呈慢性经过，犊牛症状明显。患畜逐渐消瘦，被毛粗乱，易脱落，食欲减退，反刍异常，继发周期性瘤胃臌气或前胃弛缓，贫血，母牛不孕或流产。乳牛产奶量减少和质量下降。

4. 检验检疫 根据临床症状、流行病学资料、粪便检查及病理剖检等几方面进行综合判定。

粪便检查虫卵，可用水洗沉淀法或锦纶筛集卵法。虫卵易于识别，但应与前后盘吸虫卵相区别。

对有些严重感染的病畜，即感染后出现明显的临床症状，而粪便检查不能发现虫卵时，必须结合病理剖检。把肝或其他器官切碎，在水中挤压后淘洗，找出童虫。

5. 处理 本病被列为三类动物疫病。将受损害的脏器化制，其他部分不受限制出厂（场）。

六、猪 蛔 虫 病

猪蛔虫病(ascariosis)是由猪蛔虫寄生于猪小肠引起的一种线虫病，呈世界性流行，集约化养猪场和散养猪均广泛发生。我国猪群的感染率为17%~80%，平均感染强度为20~30条。感染本病的仔猪生长发育不良，增重率可下降30%。严重患病的仔猪生长发育停滞，形成"僵猪"，甚至造成死亡。因此，猪蛔虫病是造成养猪业损失最大的寄生虫病之一。

1. 病原 猪蛔虫(*Ascaris suum*)是寄生于猪小肠中最大的一种线虫。新鲜虫体为淡红色或淡黄色。虫体呈中间稍粗、两端较细的圆柱形。头端有3个唇片，一片背唇较大，两片腹唇较小，排列成品字形。体表具有厚的角质层。雄虫长15~25cm，尾端向腹面弯曲，形似鱼钩。雌虫长20~40cm，虫体较直，尾端稍钝。

2. 流行病学 猪蛔虫病的流行很广，一般在饲料管理较差的猪场，均有本病的发生；尤以3~5月龄的仔猪最易大量感染猪蛔虫，常严重影响仔猪的生长发育，甚至发生死亡。其主要原因是：第一，蛔虫生活史简单；第二，蛔虫繁殖力强，产卵数量多，每一条雌虫每天平均可产卵10万~20万个；第三，虫卵对各种外界环境的抵抗力强，虫卵具有4层卵膜，可保护胚胎不受外界各种化学物质的侵蚀，保持内部湿度和阻止紫外线的照射，加之虫卵的发育在卵壳内进行，使幼虫受到卵壳的保护。因此，虫卵在外界环境中长期存活，大大增加了感染性幼虫在自然界的积累。

3. 临床症状　　猪蛔虫幼虫和成虫阶段引起的症状和病变是各不相同的。

幼虫移行至肝时，引起肝组织出血、变性和坏死，形成云雾状的蛔虫斑，直径约1cm。移行至肺时，引起蛔虫性肺炎。临诊表现为咳嗽、呼吸增快、体温升高、食欲减退和精神沉郁。病猪伏卧在地，不愿走动。幼虫移行时还引起嗜酸性粒细胞增多，出现荨麻疹和某些神经症状类的反应。

成虫寄生在小肠时机械性地刺激肠黏膜，引起腹痛。蛔虫数量多时常凝集成团，堵塞肠道，导致肠破裂。有时蛔虫可进入胆管，造成胆管堵塞，引起黄疸等症状。

成虫能分泌毒素，作用于中枢神经和血管，引起一系列神经症状。成虫夺取宿主大量的营养，使仔猪发育不良，生长受阻，被毛粗乱，常是造成"僵猪"的一个重要原因，严重者可导致死亡。

4. 检验检疫　　对2个月以上的仔猪，可用饱和盐水漂浮法检查虫卵。正常的受精卵为短椭圆形，黄褐色，卵壳内有一个受精的卵细胞，两端有半月形空隙，卵壳表面有起伏不平的蛋白质膜，通常比较整齐。有时粪便中可见到未受精卵，偏长，蛋白质膜常不整齐，卵壳内充满颗粒，两端无空隙。

5. 处理　　将受损害的脏器化制，其他部分不受限制出厂（场）。

第四节　其他动物（犬、猫、兔）重要传染病的检验检疫

一、犬瘟热

犬瘟热（canine distemper，CD）是由犬瘟热病毒引起犬的一种高度接触性传染病。本病分布于全世界，我国也时有发生，是当前对宠物饲养业、经济动物养殖业和动物园观赏业危害最大的疫病。该病的传染性强，发病率高，临床症状多样，易继发其他细菌、病毒的混合感染和二次感染，死亡率可达80%～100%。

1. 病原　　犬瘟热病毒（canine distemper virus，CDV）为副黏病毒科麻疹病毒属的成员。抵抗力不强，2～4℃可存活数周，室温数天，50～60℃下1h即可被灭活。对碱性消毒药、乙醚、氯仿敏感，日光直射14h可杀灭病毒。试验感染可使鸡胚、雪貂、乳鼠、犬等发病，其中以雪貂最为敏感。CDV也可感染小熊猫、金猫、猞猁、熊、狼等动物。

2. 流行病学

1）易感动物　　不同年龄、性别和品种的犬均可感染，但以未成年的幼犬最为易感。纯种犬、警犬比土种犬易感性高，而且病情反应重，死亡率也高。

2）传染源　　主要是病犬、带毒犬及其他带毒动物。病毒存在于肝、脾、肺、脑、肾和淋巴结等多种淋巴结与组织中，通过流泪、鼻液、唾液、尿液以及呼出空气等排出病毒。病犬临床恢复后，可长时间地向外界排毒。

3）传播途径　　消化道是主要的传播途径，其次是呼吸道。经眼结膜、阴道、直肠黏膜也可感染。本病一年四季均可发生，流行季节主要在8～10月，呈散发、地方流行性或暴发。

3. 临床症状和病理变化　　病初犬鼻镜干燥，眼、鼻流水样分泌物。食欲差，无力，体

温升高至 39.5~41℃，持续 3~4d 后体温开始下降并有食欲。几天后体温再次升高，眼结膜、鼻腔有黏性或脓性分泌物，咳嗽，呼吸音粗粝，干呕，食欲下降，可能出现角膜炎或角膜溃疡。随着病程发展，少数病犬鼻端、足垫出现高度角质化。神经性犬瘟热的病犬表现步态不稳或阵发性抽搐。感染病犬早期仅见胸腺萎缩与胶样浸润，脾、扁桃体等脏器重的淋巴细胞减少。发生细菌继发感染的病犬，则可见化脓性鼻炎、结膜炎、支气管肺炎或化脓性肺炎。消化道则可见卡他性乃至出血性肠炎。

4. 检验检疫　　可进行病毒学检查，包括病毒的分离与鉴定、电镜观察及荧光抗体试验。免疫学诊断主要包括中和试验、补体结合试验，此外，还可进行琼脂扩散试验。也可用免疫荧光技术、免疫过氧化物酶法、ELISA、PCR 进行病原检测。

5. 处理　　本病属于二类动物疫病。发病、死亡动物肉尸及检疫阳性动物的内脏进行无害化处理。对病犬应严格隔离，尸体焚烧或深埋，污染的犬舍、场地和用具用 3%甲醛、3%NaOH、5%石炭酸消毒。假定健康和受威胁的犬进行紧急接种。

二、兔病毒性出血症

兔病毒性出血症(rabbit viral haemorrhagic disease，RVHD)是由兔出血症病毒引起的以全身实质器官为特征的兔的一种急性、败血性、高度接触性传染病，俗称"兔瘟"。

1. 病原　　兔病毒性出血热病毒(RHDV)是一种正链 RNA 杯状病毒，病毒的成熟颗粒为球形，呈二十面体立体对称，直径一般为 32~34nm。无囊膜，衣壳由 32 个壳粒组成，壳粒高为 5~6nm。RHDV 只有一种血清型。病毒的细胞培养已取得成功。

本病毒能凝集人的 O、A、B 和 AB 型红细胞(对人 O 型红细胞的凝集活性最强)，而不能凝集水牛、黄牛、马、驴、绵羊、山羊、猪、鸭、鹅、鸡、豚鼠、大鼠、小鼠、地鼠和兔的红细胞。凝集人红细胞的特性，能被抗血清抑制。

在自然环境中，本病毒有非常强的抵抗力和稳定性，在用乙醚、氯仿和胰蛋白酶处理后，病毒的感染性并不减弱。病毒可用 1%氢氧化钠和 0.4%~1.4%甲醛溶液灭活而不改变其免疫原性。

2. 流行病学

1) 易感动物　　本病毒仅能感染兔引起发病，对其他动物和人均不致病。应当说所有年龄的兔都易感，但仅 30 日龄后的幼兔，尤其是 40 日龄以上的幼兔、青年兔和成年兔临床发病。

2) 传染源　　病兔和带毒兔是本病的主要传染源。

3) 传播途径　　通常经鼻、黏膜和口腔感染。健康动物与感染动物直接接触或间接接触了感染动物的尸体或其排泄分泌物污染的饲料和水，即可感染。

3. 临床症状和病理变化　　可分为 3 种类型。

最急性型：无任何明显症状即突然死亡。死前多有短暂兴奋，如尖叫、挣扎、抽搐、狂奔等。有些患兔死前鼻孔流出泡沫状的血液。这种类型病例常发生在流行初期。

急性型：精神不振，被毛粗乱，迅速消瘦。体温升高至 41℃以上，食欲减退或废绝，饮欲增加。死前突然兴奋，尖叫几声便倒地死亡。

以上 2 种类型多发生于青年兔和成年兔，患兔死前肛门松弛，流出少量淡黄色的黏性稀便。病理变化以全身实质器官淤血、水肿和出血为主要特征。

慢性型：多见于流行后期或断奶后的幼兔。体温升高、精神不振、不爱吃食、爱喝凉水、消瘦。病程 2d 以上，多数可恢复，但仍为带毒者而感染其他家兔。慢性型病理变化主要是肝不同程度肿胀，可见黄白色坏死病灶；肺有数量不等的出血斑；肠系膜淋巴结肿大。

4. 检验检疫

1) 病原学检查　去感染兔的肝等病料进行处理，负染后的电镜检查病毒形态结构。用病料接种易感兔可引起死亡。可用血凝试验和血凝抑制试验检测病毒。另外可用酶标抗体或荧光素标记染色方法直接检测病料组织触片或冰冻切片中的病毒。RT-PCR 用于检测病料中的病毒核酸。

2) 血清学试验　血凝抑制试验、双抗体夹心 ELSIA、酶标抗体及免疫荧光抗体技术检测病毒或抗体。

5. 处理　本病被列为二类动物疫病。对宰前发现的病兔，应行无血扑杀，尸体做销毁、深埋处理；设备进行严格消毒；宰后检出时，肉尸和内脏应全部销毁。

三、兔黏液瘤病

兔黏液瘤病（myxomatosis）是由兔黏液瘤病毒引起的一种高度接触性和高度致病性的自然疫源性传染病。本病于 1896 年在乌拉圭首先发现，而后在欧洲、美洲、大洋洲、非洲等许多国家和地区发生流行，我国尚未有报道。

1. 病原　兔黏液瘤病毒属痘病毒科（Poxviridae）兔痘病毒属（*Leporipoxvirus*）。大小约为 290nm×230nm×75nm，为 DNA 病毒。病毒粒子的核心呈两面凹陷的盘状，核心的两边各有一个卵圆形的侧体，最外层是双层结构的套膜。在形态上与牛痘病毒不易区别，且与兔纤维瘤病毒具有共同的抗原性。

兔黏液瘤病毒具有高度宿主特异性，主要感染家兔、欧洲野兔、北美野兔，而南美野兔表现为温和型疾病过程。人及其他哺乳动物和非哺乳动物均不易感。兔黏液瘤病毒可以在鸡胚绒毛尿囊膜上生长繁殖，并呈现上皮增生的痘样病变，鸡胚的头部和颈部也可能发生水肿，同时不同的毒株在鸡胚上形成的痘斑大小各异，有助于毒株的鉴定。病毒也能在兔睾丸、脾和兔胚单层细胞上生长繁殖而出现细胞病变。

病毒在干燥的黏液瘤结节中可以保持毒力达 3 周之久；在潮湿的环境中 8～10℃可以存活 3 个月，在 26～30℃可以存活 10d。对乙醚敏感，但能抵抗去氧胆酸钠。实际消毒时可用 2%～4%氢氧化钠溶液、3%甲酯溶液等。

2. 流行病学

1) 易感动物　在自然情况下，病毒只能引起兔科动物发病，包括家兔和野兔。病毒存在于病兔全身各处的体液和器官中。

2) 传染源　病兔和带毒兔是主要的传染源。

3) 传播途径　通过直接接触和间接接触感染，在自然界通过节肢动物口器机械传递时主要的传播方式。本病一年四季均有发生，但在蚊虫大量繁殖的夏秋季多发。

3. 临床症状和病理变化　最急性型病例可在不出现任何症状或仅眼睑水肿的情况下于感染后 2～7d 死亡；急性病例在感染后 6～7d 出现全身性肿瘤，黏液脓性结膜炎及眼睑水肿，8～15d 后死亡；慢性病例症状较轻，可见轻度水肿，少量鼻漏和眼垢，耳、鼻、四肢等部位出现界限明显的结节。病理变化是出现皮肤肿瘤和皮下水肿，尤其是颜面和天然孔周围水肿严重。皮肤出血,胃肠道黏膜或心内外有出血点,脾大,淋巴结出血。

4. 检验检疫　　根据症状和病变的特异性,结合流行病学容易做出诊断。确诊需进行病毒分离,观察病料在鸡胚尿囊膜上是否产生痘斑或者在兔肾细胞上是否呈现葡萄串状病变/蚀斑效应。进一步用血清学方法如琼脂扩散试验、免疫荧光抗体试验、血清中和试验或ELISA确证病原。

5. 处理　　本病被列为二类动物疫病。暴发流行时按照防疫法的要求将染疫场严格隔离封锁,扑杀病兔和可疑兔,无害化处理动物尸体,彻底消毒兔舍。检疫中检出阳性动物,做扑杀、无害化处理,同群动物继续隔离检疫。对毛皮等产品实施熏蒸消毒。做好环境卫生工作,消灭吸血昆虫等传播媒介。

四、猫泛白细胞减少症

猫泛白细胞减少症(feline panleukopenia)是由猫细小病毒引起的猫及猫科动物的一种急性、高度接触性传染病,临床上以双相热型、呕吐、腹泻、高度脱水、出血性肠炎为特征。

1. 病原　　病原为泛白细胞减少症病毒(FPV),属细小病毒科(Parvoviridae)细小病毒属(*Parvovirus*)的病毒,为单股线状DNA病毒,具有细小病毒的一般性状。病毒粒子为球状,直径大小为20nm,无囊膜,等轴对称,20面对称体。本病毒的抵抗能力极强,对乙醚、氯仿、0.5%石炭酸和胰蛋白酶均有抵抗力,在低温或在50%甘油溶液中能长时间保存。能凝集猪和猴的红细胞。病毒能在感染的细胞核内增殖并形成包涵体。

2. 流行病学

1) 易感动物　　本病毒可引起猫科全部动物感染,动物园饲养的和野生的如豹、虎、狮、灵猫、野猫、山猫等均能感染,貂科和鼬科动物也感染。

2) 传染源　　该病最重要的传染源是感染猫、自发病动物的粪、尿、唾液、呕吐物和眼、鼻分泌物排毒,粪便中的病毒可存活43d,感染猫的肾和肺可带毒1年以上。排出的病毒广泛地污染周围环境而扩散传播,常导致地方流行性。

3) 传播途径　　主要通过直接接触和污染饲料等间接途径经消化道传染,此外也可能经蚤、虱、蜱、螨等吸血昆虫传播。流行季节为冬末至春季。

3. 临床症状和病理变化　　本病的潜伏期一般为2~9d,患病猫病初精神沉郁,食欲减退,发热达40℃,持续1d,然后恢复到常温。经2~3d后,温度再次升高,为明显的二相热型。患病猫精神沉郁,被毛粗乱,有部分猫出现呕吐、带血的水样腹泻,严重脱水,体重迅速下降;眼角、鼻部出现脓性分泌物,一般在二次发热时,患病猫死亡。

怀孕母猫被感染时,出现流产、死胎、早产等症状。血液学检查白细胞总数降低,一般降低到$8×10^9/L$,就要怀疑本病。减少到$2×10^9/L$,患病猫预后不良。

病理变化以出血性肠炎为特征。胃肠道空虚,所有胃肠道黏膜均有不同程度的充血、出血和水肿。其中以空肠、回肠段的病变尤为严重。肠系膜淋巴结肿大,肝大呈红褐色,脾充血肿大、有出血现象。肺脏充血、出血水肿,骨髓变成液体状态,失去了原来的硬度。

4. 检验检疫

1) 病毒分离鉴定　　用易感的断乳仔猫作人工感染,将病料接种于仔猫肾原代或传代细胞上培养传代,以观察发病情况、核内包涵体和细胞病变,以及血凝特性等,以确认该病毒。

2) 中和试验　　用猫肾或猫肺原代细胞作细胞培养中和试验,根据核内包涵体和细胞病变的有无做出判定。

3) 血凝及血凝抑制实验　　利用本病毒能凝集猪红细胞的特性，对粪便、细胞培养物或血清标本作 HA 或 HI 试验。在作 HI 试验时，使用 8 单位细胞培养毒作为抗原。

4) 免疫荧光试验　　用以检查感染猫脏器组织或感染细胞内的病毒抗原(包涵体)。

5. 处理　　本病被列为三类动物疫病。一旦发生本病，应立即隔离病猫，无救治希望的重病猫应及时淘汰。对猫的窝、食盘、水碗、便盆等进行严格消毒。对猫的用具可用紫外线灯照射，或用 2%的热碱水擦洗。病猫的尸体应深埋或焚烧，以防本病的扩大传播。

---复习思考题---

1. 人畜共患病大体上有哪几类？各类病所采取的检验检疫技术分别是什么？
2. 猪瘟的传播途径和流行特点有哪些？
3. 如何对新城疫病进行样品采集？
4. 动物传染病检疫技术分为哪几类？

第五章 肉品检验检疫技术

第一节 概 述

随着畜牧事业的发展和人们生活水平的提高。人们的食品结构也在相应地发生改变。近20年来，世界各国都在致力于增加食物结构中动物蛋白的比例，从以吃粮食为主逐渐改变成以吃肉食为主。目前，有的国家动物性食品在食物结构中的比例已经达到50%～60%，其结果是显著改善了人的体质，增长了人的平均寿命。一般说来，动物食品的营养性，特别是蛋白质及其必需氨基酸的含量为其他任何食物所不及，且味道鲜美，适口性强，又能做出千变万化的花色品种，因此有史以来就为人们所喜爱，这是它有利的一面。但动物性食品也有不利的一面，即其中所包含的不安全因素。迄今为止，已发现动物性食品(肉、蛋、奶、鱼)中所含的不安全因素有下列几类。

(1) 人畜共患病。指人类与人类饲养的畜禽之间自然传播的疾病和感染疾病。人畜共患病目前已发现200多种。据统计可以通过肉、蛋、乳而传染给人的疾病有30多种，还有大量的疾病通过饲养管理、产品加工、产品运输、废弃品处理等各个环节直接或间接地传播给人。人畜共患病目前在公共卫生学中占有相当重要的地位。

(2) 动物疾病。指专门感染某些动物而不感染人的疾病(如猪瘟等)。这类病畜在发病过程中可以继发其他的细菌感染(如沙门氏菌)，病畜肉若不经过妥善处理，继发感染的细菌同样可以使人致病或造成人的食物中毒。此外，在肉品加工和废弃品处理不善时，动物疾病的病原体也会大量散播，污染环境和饲料，造成疾病流行，给畜牧业经济造成损失。

(3) 食物中毒菌的污染。目前已知的主要食物中毒菌有10多种，它们可以通过肉、蛋、奶、鱼而传播给人，引起人的急性食物中毒。食物中毒菌可以是动物生前带染的，也可以是屠宰、加工、运输和销售过程中带染的。据统计，人的细菌性食物中毒，由动物性食品引起所占的比例最大。另外，还有一些致病性病毒(如传染性肝炎病毒、脊髓灰质炎病毒和肠道病毒等)也可以污染肉品，使肉品成为食源性病毒病的传播媒介。

(4) 微生物引起肉品腐败。自然界中的一些腐败菌污染肉品后，在肉上生长繁殖，肉蛋白质被细菌酶分解，产生一系列的腐败分解产物，使肉失去正常的感官性状与商品价值，造成经济损失。同时腐败肉上有大量的细菌污染，其中很可能污染不少的食物中毒菌和致病菌而对人的健康有一定的损害。另外，腐败分解产物如胺类物质对人也会产生不利的影响。

(5) 肉中的化学物质残留。肉中所含的有毒有害化学物质可以来自各个方面，如环境中有毒物质通过食物链而进入动物体；抗生素、磺胺类、激素、镇静药等通过临床治疗用药和饲料添加剂进入动物体。这些化学物质都可以残留在动物组织中，最后进入人体而引起危害。有些化学残留物还可能致癌或致畸，甚至危害后代健康。

(6) 食品添加剂。食品添加剂是在食品加工过程中为了达到某种目的(着色、漂白、抗氧化、发色、防腐等)而添加的化学物质。有些食品添加剂在动物试验中证实是有害的，特别是超量添加这些物质危害更大。肉食品加工所用的添加剂不多，其中用得最普遍的是发色剂亚硝酸盐，它可以与胺类形成亚硝胺，这是确认的致癌物质。肉品烟熏时也可能从烟气中吸收一些致癌物质[如苯并(a)芘]。另外，某些肉制品添加一些红色色素，即使有些是目前认可的，对人也多少有一些危害。

以上所列的六类不安全因素，总结起来有两类：一是动物生前遭到污染，称为第一次污染；二是动物宰后遭到污染，称为第二次污染。动物性食品卫生检验的任务即在于防止两次污染并鉴定产品的卫生质量，把一切有害因素杜绝在人们进食之前。现在人们对食品的要求是既要有营养性，又要有保健性，而且对于保健性的重视更甚于营养性，如果食品失去了保健性则营养性也就不复存在了。因此，肉品的卫生质量应该放在第一位。无论从防止人类疾病或防止动物疾病的意义上来讲，动物性食品卫生科学都是一门重要的预防医学科学。这门科学的具体任务有以下几条：①食品动物的人畜共患病和动物疾病的防治，保证食品动物屠宰前的健康；②防止有毒有害物质进入动物体和肉品，对动物性食品进行预防监测；③加工场所和加工过程的兽医卫生监督与管理；④宰前检疫和宰后检验；⑤指导废弃品的无害处理与消毒。

肉品卫生工作一向为先进国家所重视。新中国成立以后，我国制定了肉品卫生规程，要求加强肉食卫生管理和科学研究，严格检验检疫，做好消毒卫生与产品处理；严防肉品污染，做到三不落地(头蹄、内脏、肉尸不落地)，三不带(不带毛、不带血、不带粪污)，二摘除(摘除甲状腺、病变淋巴结等有害腺体，割除病变组织)，防尘防蝇，确保肉品的卫生质量，保障人们的身体健康。

第二节 畜禽宰前检疫技术

宰前检疫是对动物自进入屠宰场到屠宰加工之前所做的健康状况的检查，是对屠宰加工过程实施兽医卫生监督的重要环节之一，是控制疫情、及早消灭疫情和保证动物产品质量的重要措施。

一、宰前检疫的意义

(1) 及时发现病畜，实行病健隔离，病健分宰，适当处理，防止疫情扩散，减轻对加工环境和产品的污染，提高肉品的卫生质量。

(2) 及早检出宰后检验难以检出的疾病，一些疾病，如破伤风、狂犬病、李氏杆菌病、流行性乙型脑炎、胃肠炎、脑包虫病、口蹄疫和某些中毒性疾病等，在宰前检验时根据其临床症状不难做出诊断，但在宰后一般无特殊病理变化，或因解剖部位的关系较难发现明显病变，所以在宰后检验时容易被忽略或漏检。

(3) 防止违章宰杀，过去国家规定，对一些动物，如耕畜、种畜、幼畜和适龄的母畜等不许宰杀，随着社会进步，禁宰动物有所改变，耕畜已基本淘汰，而一些濒于灭绝或价值高的动物被禁宰。

(4) 及时发现疫情，为疫病防治积累资料。在宰前检疫中可根据动物的来源查找到疫病的疫源地，报告当地动物防疫监督机构，可以尽快控制和扑灭疫情，保障畜牧业的发展。

二、屠畜宰前检疫

1. 宰前检疫的程序

1)入场验收　这是对从外地采购的动物进入屠宰加工企业时所做的第一步检验，目的是防止患病动物混入宰前饲养管理场，造成疫病的传播和更大的经济损失。

(1)验讫证件，了解疫情　当屠宰动物运到屠宰加工厂但还未卸载前，兽医卫检人员应查验并回收《动物产地检疫合格证明》或《出县境动物检疫合格证明》和《动物及动物产品运载工具消毒证明》，了解产地有无疫情，查验免疫标识(耳标)，并核对运输屠畜的种类、数量。如果发现数目不符或有中途死亡的，须查明原因。如果发现疫情或有疫情可疑时，不得卸载，应立即将该批屠畜转入隔离圈内，进行详细的检查和必要的化验，待确诊后，按规定妥善处理。

(2)视检屠畜，病健分群　经上述查验的畜群，合格的准予卸载，在动物走过检疫分类栏的过程中进行视检，并对病畜、可疑病畜以及国家禁宰的动物于体表分别涂刷一定的标记，带标记的屠畜及时移入隔离圈，待详检。健康动物则进入正常的饲养圈舍。

(3)逐头检温，剔出病畜　动物入圈后，使其安静休息，并给以充分的饮水，在 2～4h 后逐头测量体温，将体温异常的屠畜移入隔离圈，待详查。

(4)个别诊断，按章处理　对隔离圈中的病畜和可疑病畜逐个进行仔细临检，必要时辅以实验室诊断，确诊后要果断迅速地按照有关规定进行处理。

2)住场查圈　经入场验收合格的屠畜，在宰前饲养管理期间，检疫人员应经常深入圈舍进行观察，以便及时发现漏检的或新发病的动物，做出相应的处理。

3)送宰检查　宰前饲养场的健康动物，经过 2d 以上的饲养管理之后，在送宰前再进行详细的外貌检查和逐头检温，送检认为合格的家畜，签发宰前检疫合格证，即可送往屠宰加工车间屠宰。

2. 宰前检疫的方法　屠宰加工企业日屠宰量少则几十多则上百，甚至上千，要在屠宰之前的有限时间内对这些动物的健康状况做出准确的判断，如果采取逐头(只)检查的方法完成检验十分困难，故生产实践中多采用群体检查与个体检查相结合的方法。其具体做法可归纳为动、静、食的观察三大环节和看、听、摸、检四大要领。

1)群体检查　将来自同一地区或同批的屠畜作为一组，或以圈为单位进行检查。

(1)静态观察。检疫人员在不惊扰动物的情况下深入到圈舍，仔细观察动物在自然安静状态下的表现，如精神状态、睡卧姿势、呼吸和反刍情况，有无咳嗽、气喘、战栗、呻吟、流涎、嗜睡和孤立一隅等反常现象。

(2)动态观察。静态观察后将动物轰起，或在卸载后观察动物的运动状态，如有无跛行、后腿麻痹、打晃摇摆、屈背弓腰和离群掉队等现象。

(3)饮食状态观察。在屠畜饮食期间，注意有无少食、贪饮、废食或吞咽困难等现象，并注意屠畜的排便情况及粪便的状态。

凡发现异常表现或症状的屠畜，应标上记号，以便隔离和进一步进行个体检查。

2)个体检查　对群体检查中被隔离出来的病畜或可疑病畜个体逐个进行的较详细的临床检查，即对病畜进行看、听、摸、检等兽医临床诊断，必要时可进行实验室化验和病原微生物学诊断，确定屠畜所患疾病的性质。也可对待宰屠畜进行抽样检查，抽出 5%～20%

做个体检查。

(1) 看。即观察动物的外貌和表现，如动物的精神状态、被毛、皮肤、运步姿势、鼻镜(或鼻盘)、呼吸动作、可视黏膜以及排泄物等有无异常。检查过程中要有敏锐的观察力和良好的系统检查的习惯，及时发现动物的异常现象与表现，以利快速诊断和防止漏检。

(2) 听。用耳朵直接听取动物的叫声、咳嗽声，或用听诊器听取动物的呼吸音、胃肠音和心音，及时发现动物的异常叫声、病理呼吸音、胃肠异常蠕动音和异常心音。

(3) 摸。用手触摸动物体各部，如耳根、角根、体表皮肤、体表淋巴结、胸廓、腹部等。可以大概判定屠畜的体温，体表有无肿胀、疹块、结节，体表淋巴结有无肿胀，胸、腹部有无压痛等。

(4) 检。即检测体温和实验室检查，体温升高或降低是动物患病的重要标志，但应注意，测温前应让动物得到充分休息，避免因运动、暴晒、运输、拥挤等应激因素导致的体温升高变化，健康动物的正常体温、脉搏和呼吸见表 5-1。此外，当发现一些重要疫病的可疑症状时，需进行实验室检查，如牛羊布鲁氏菌病的血清学检查，牛结核病的结核菌素试验和马鼻疽的鼻疽菌素点眼试验等。

表 5-1 健康动物正常体温、脉搏和呼吸

动物种类	体温/℃	呼吸/(次/min)	脉搏/(次/min)
猪	38.0~40.0	12~30	60~80
牛	37.5~39.5	10~30	40~80
羊	38.0~40.0	12~20	70~80
马	37.5~38.5	8~16	26~44
驴	37.5~38.5	8~16	40~50
骡	38.0~39.0	8~16	42~54
鸡	40.0~42.0	15~30	120~140
鸭	41.0~43.0	16~28	140~200
鹅	40.0~41.0	12~20	120~160
兔	38.5~39.5	50~60	120~140

3. 宰前重点检验疫病(检疫对象)

(1) 牛：口蹄疫、炭疽。

(2) 羊：口蹄疫、炭疽、羊痘。

(3) 猪：口蹄疫、传染性水泡病、猪瘟、猪肺疫。

各省(自治区、直辖市)农牧部门，可根据具体情况增减以上检疫对象。

4. 宰前检疫器械 宰前检疫常用的器械主要有体温计、听诊器、叩诊器、开口器、牛鼻钳、耳夹子、鼻捻子、采血针、穿刺针、皮内注射器及针头、剪刀、毛剪、卡尺等。也可自行配备检疫箱，主要包括显微镜、载玻片、盖玻片、酒精灯、染色液、消毒剂、采样袋、试管、玻璃瓶皿、解剖刀、剪刀、钩、手术刀、体温计、听诊器、应急灯、工作服、塑料手套、橡胶手套等。有条件的可配备照相机和录音机。

5. 宰前检疫后的处理

1) 准宰　　经检查确认为健康的、符合政策规定(卫生质量和商品规格)的动物准予屠宰。

2) 急宰　　当屠畜确认为无碍肉食卫生的普通病畜及一般性传染病畜而有死亡危险时，可随即签发急宰证明书，送往急宰。急宰动物均需在急宰车间内进行屠宰。如无急宰间，可在正常屠宰间内，待健康动物屠宰之后单独进行宰杀，且必须有兽医检疫员监督，工作完成后，车间和设备必须进行彻底消毒。

3) 缓宰　　经检查确认为一般性传染病和普通病，且有治愈希望者，或患有疑似传染病而未确诊的动物应予以缓宰。另有饲养育肥价值的畜禽、幼畜、孕畜也应缓宰。但必须考虑有无隔离条件和消毒设备，以及经济上是否合算等因素。

4) 禁宰　　凡是危害性大而且目前防治困难的疫病，或急性烈性传染病，或重要的人畜共患病，以及国外有而国内无或国内已经消灭的疫病，均按下述办法处理。

(1) 经宰前检疫发现屠畜患有口蹄疫、猪水疱病、猪瘟、牛瘟、牛传染性胸膜肺炎、牛海绵状脑病、痒病、蓝舌病、禽流感时，禁止屠宰，禁止调运畜禽及其产品，采取紧急防疫措施，并向当地农牧主管部门报告疫情。病畜禽与同群畜禽用密闭运输工具送至指定地点，用不放血的方法扑杀，尸体销毁。病畜禽所污染的用具、器械、场地进行彻底消毒。

(2) 经宰前检疫发现患有炭疽、鼻疽、恶性水肿、气肿疽、狂犬病、羊快疫、羊肠毒血症、羊猝狙、马传染性贫血、钩端螺旋体病、李氏杆菌病、布鲁氏菌病、急性猪丹毒、牛鼻气管炎、牛病毒性腹泻(黏膜病)、鸡新城疫、马立克病、鸭瘟、小鹅瘟、兔病毒性出血症、野兔热、兔魏氏梭菌病的畜禽时，一律不得屠宰，采取不放血的方法扑杀，尸体销毁或化制。

(3) 在牛、羊、马、骡、驴群中发现炭疽时，除对患畜采取上述不放血的方法处理外，其同群屠畜应立即检测体温，体温正常者急宰；体温不正常者隔离，并注射有效药物观察 3d，待无高温及临床症状时，即可屠宰。

(4) 在猪群中发现炭疽时，同群猪应立即进行体温检测，体温正常者急宰，体温不正常者隔离观察，直到确诊为非炭疽时方可屠宰。

(5) 凡经过炭疽芽孢疫苗预防注射的动物，须经过 14d 后方可屠宰。曾用于制造炭疽血清的动物不得屠宰食用。

(6) 在畜群中发现恶性水肿和气肿疽时，除对病畜采取不放血方法扑杀、尸体销毁外，其同群屠畜应逐头检测体温，体温正常者急宰，体温不正常者隔离观察，确诊为非恶性水肿或气肿疽时方可屠宰。

(7) 被狂犬病或疑似狂犬病病畜咬伤的动物，在咬伤后未超过 8d，且未发现狂犬病症状者，准予屠宰，其胴体和内脏经高温处理后出厂；超过 8d 者不准屠宰，应采取不放血的方法扑杀，并将尸体化制或销毁。

宰前检疫的结果及处理情况应做记录存档。发现新的传染病，特别是烈性传染病时，检疫人员必须及时向当地和产地兽医防检疫机构报告疫情，以便及时采取防治措施。

三、家禽宰前检疫

家禽宰前检疫的程序和方法与屠畜基本相似，但由于动物种类不同，其生理特点上有所差异，故在检疫和处理上稍有不同。

1. 家禽宰前检疫的方法　　家禽的宰前检疫同样包括群体检查和个体检查两个步骤，但一般以群体检查为主，个体检查为辅，必要时可进行实验室诊断。

1）群体检查　　一般以笼或舍为单位进行检查，通过对家禽的静态、动态、饮食状态的观察后，判定家禽的健康状况。

健康家禽一般全身羽毛丰满、整洁，紧贴体表且有光泽，泄殖孔周围及腹下绒毛洁净而干燥。两眼明亮有神，口、眼、鼻洁净，冠、髯鲜红发亮，对周围事物反应敏感，行动敏捷，勤采食，不时发出"咯咯"声或啼叫，经常撩起尾羽与鼓动翅膀，常用喙梳理羽毛，休息时往往头插入翅下，并且一肢高收。呼吸均匀，粪便呈浅黄色半固体状。

病禽精神委顿，闭目缩颈，鸡冠和肉髯苍白、青紫或肿胀，口、鼻、眼有分泌物，翅、尾下垂，羽毛蓬松无光泽，离群独居，行动迟缓，不喜采食，有灰白色、灰黄色或灰绿色的稀便，泄殖孔周围及腹下绒毛潮湿不洁或沾有粪便，呼吸困难，有喘息声。

2）个体检查　　经群体检查被剔除的病禽或疑似病禽，应逐只进行详细的个体检查。其检查方法包括看、听、摸、检四大要领。

检疫人员用左手抓住两翅根部，将家禽提起，从头部向下逐步检查。先观察头的冠、髯，看有无肿胀、苍白、发绀和痘疹等异常现象；看口、眼、鼻是否洁净，有无异常分泌物等；再用右手的中指抵住咽喉部，并用拇指和食指夹压两颊部，迫使禽口张开，观察口腔内情况，有无过多黏液、黏膜是否出血、咽喉部有无灰白色假膜等病理变化。将家禽适当举高，俯耳于家禽头颈部听其呼吸音有无异常，必要时用右手的拇指和食指捏压喉头和气管，看是否能诱发咳嗽。观察羽毛是否松乱，有无光泽，重点观察肛门周围和腹下绒毛是否潮湿不洁，有无粪便沾污；掀开被毛，检查皮肤，看皮肤的色泽，有无痘疹、坏死、肿瘤、结节等。用手触摸嗉囊，检查其充实度和内容物的性质，是否空虚、积液、积气、积食；再触摸胸部和腿部肌肉，检查其肥瘦程度；触摸关节，检查是否肿胀。必要时将家禽夹在左腋下，左手握住两腿，将温度计插入泄殖腔，测其体温。

鸭则挟于左臂下，以左手托住锁骨部，用右手进行个体检查。鹅体较重，不便提起，一般按倒就地检查。

2. 宰前检疫后的处理

1）准宰　　经宰前检疫确认为健康合格的家禽，由动物检疫人员出具准宰证明，送往屠宰加工车间屠宰。

2）急宰　　经检查确认为患有或疑似患有一般性疾病的家禽，应出具急宰证明，送往急宰间急宰。如患有鸡痘、鸡传染性喉气管炎、鸡传染性支气管炎、传染性法氏囊炎、禽霍乱、禽伤寒、禽副伤寒、球虫病等疫病的家禽应急宰。

3）禁宰　　经检查确认家禽患有危害严重的疫病时，应采取不放血的方法扑杀后销毁。如患有禽流感、鸡新城疫、鸡马立克病、小鹅瘟、鸭瘟等疫病的家禽应禁宰。

与疫病患禽同群的家禽，根据疫病的性质与传染情况不同，迅速屠宰或做其他处理。被病禽污染的场地、设备、用具，应进行严格消毒。

第三节　畜禽宰后检验技术

宰后检验是指动物在放血解体的情况下，检疫人员通过视、触、剖、嗅等方法检查其胴体、内脏，根据其病理变化和异常现象进行综合判断，得出检验结论。

一、宰后检验的目的和意义

屠畜禽宰后检验是动物性食品卫生检验最重要的环节之一，是宰前检疫的继续和补充。屠畜禽经过宰前检疫，只能检出具有体温反应或症状比较明显的患病动物，对于处于潜伏期或发病初期症状不明显的患病动物（如猪慢性咽炭疽、猪旋毛虫、猪囊虫等的患病动物）则很难发现，往往随着健康屠畜进入加工过程。这些病畜禽只有在宰后解体的情况下，通过观察胴体、脏器等所呈现的病理变化与异常现象，以及必要的实验室检验，进行综合分析才能做出准确判断。所以，宰后检验对防止染疫肉类上市销售，保障广大消费者吃上"安全肉"，防止动物疫病传播扩散，促进养殖业发展，均具有十分重要的意义。

1) 宰后检验的目的
(1) 发现和检出对人有害的肉和肉品。
(2) 剔除有害于其他动物或有害于公共卫生的肉类，并继而进行适当的处理。

2) 宰后检验的意义
(1) 判定屠畜禽产品的卫生质量和经济价值。
(2) 按照国家法律、法规对畜禽产品做出卫生评价。
(3) 保障人们食肉安全。
(4) 控制动物疫病的传播。

二、宰后检验的基本方法与技术要求

1. 宰后检验的基本方法　　宰后检验以感官检查为主，必要时采取细菌学、血清学、寄生虫学、病理学和理化检验等实验室检验方法，作为辅助判定的手段。

1) 感官检查　　检疫人员通过视检、剖检、触检和嗅检等方法对胴体和脏器进行病理学诊断与处理，以视检和剖检为主。

(1) 视检。即肉眼观察胴体皮肤、肌肉、胸腹膜、脂肪、骨骼、关节、天然孔及各种脏器的外部色泽、形态大小、组织性状等是否正常，有无充血、出血、水肿等病理变化，为进一步检查提供方向。例如，牛、羊的上下颌骨膨大时应注意检查放线菌病；猪的喉颈部肿胀时应注意检查炭疽和巴氏杆菌病；猪皮肤上有出血点时应注意检查猪瘟、猪肺疫、猪链球菌病。

(2) 剖检。用检验刀具切开并观察胴体或脏器的隐蔽部位或深层组织有无病理性变化或寄生虫。在淋巴结、肌肉、脂肪、脏器的检查中尤为常用。

(3) 触检。用手直接触摸受检组织和器官，判定其弹性及软硬度有无变化，对发现深部组织或器官内的硬结性病灶具有重要意义。例如，在肺叶内的病灶只有通过触摸才能发现；肝硬化也只有通过触检才能做出判定。

(4) 嗅检。对某些无明显病变的疾病或肉品开始腐败时，必须依靠嗅觉来判断。如屠宰动物生前患有尿毒症，肉中带有尿味；药物中毒时，肉中则带有特殊的药味；腐败变质的肉，则散发出腐臭味等。

2) 实验室检验　　实验室检验是指采用实验手段并能得出确定检验结果的检验方法。

(1) 细菌学检验。对有病变的器官、血液、组织，用直接涂片法进行镜检，必要时再进行细菌分离、培养、动物接种以及生化反应来加以判定。

(2) 血清学检验。针对疫病的特点，采取沉淀反应、补体结合反应、凝集试验和血液检查等方法，来鉴定疫病的性质。

(3) 寄生虫学检验。某些寄生虫（如旋毛虫）由于虫体形态较小，需要借助显微镜才能判定。

(4) 病理组织学检验。某些器官组织的病理变化（如肿瘤）需要制作成病理切片才能加以鉴定。

(5) 理化检验。有时可通过检验肉品的理化特性判定肉品的质量。如肉的腐败程度完全依靠细菌学检验是不够的，还需进行理化检验。可用挥发性盐基氮的定量测定、pH 的测定等综合判断其新鲜程度。

2. 宰后检验的技术要求

(1) 宰后检验应在适宜的光线条件下进行。

(2) 宰后检验应对胴体和内脏、头、蹄实行同步检验；无同步检验的屠宰场，要求屠宰后的胴体、内脏、头、蹄、皮在分离时编上同一号码，集中检验，以便查对。

(3) 在流水作业的加工条件下，为了保证迅速、准确地对屠畜禽组织和器官的健康状态做出判定，检验人员必须按规定检查最能反映病理变化的组织和器官，并遵循一定的方式、方法和程序进行检验，养成良好的工作习惯，以免漏检。

(4) 为确保肉品卫生质量和商品价值，剖检只能在规定部位切开，深浅适中，大小应适宜，切忌乱划或拉锯式切割。肌肉应顺肌纤维方向切开，非必要不得横断，以免造成巨大的切口，降低商品价值，并招致细菌的侵入或蝇蛆的附着。

(5) 检查带皮猪肉的淋巴结时，应尽可能从剖开面检查，淋巴结应沿长轴切开，当病变不明显时，可沿长轴切成薄片仔细观察。

(6) 当切开脏器或组织的病变部位时，要采取适当处理措施，防止病变材料污染产品、地面、设备、器具和检验人员的手。

(7) 检验人员应配备两套以上刀、钩和磨刀棒，以备工具受污染时及时替换，被污染的器械必须立即置消毒液中或 82℃ 热水中消毒。同时检验人员要做好个人保护，穿戴清洁的工作服、鞋帽、围裙和手套上岗，工作期间不得到处走动。

三、猪宰后检验的程序及要点

猪的宰后检验一般分为头部检验、皮肤检验、内脏检验、胴体检验、旋毛虫检验和复检等检验工序。

1. 头部检验 猪头部检验分两步进行，剖检两侧颌下淋巴结和外咬肌，视检鼻盘、唇、齿龈、咽喉黏膜和扁桃体。

1) 颌下淋巴结检验 在生猪放血之后，烫毛或剥皮之前进行。助手用右手紧握猪的右前蹄，左手用检验钩钩在右侧切口边缘的中间向右拉开。检验者左手持钩，钩住左侧切口边缘的中间部分，向左牵拉切口使其扩张；右手持刀将切口向深部纵切一刀，深达喉头软骨；再以喉头为中心，朝向下颌骨的内侧，左右各作一弧形切口，便可在下颌骨内沿、颌下腺下方，找出呈卵圆形或扁椭圆形的左右颌下淋巴结，并进行剖检。视检淋巴结是否肿大，切面是否呈砖红色，有无坏死灶（紫、黑、灰），周围有无水肿、胶样浸润等，主要是检查猪的局限性咽炭疽。

2)咬肌检验 如果加工工艺流程规定劈半之前头仍留在胴体上,则该步检验在胴体检验时一并进行,否则单独作离体检验。检验人员用检验钩钩住颈部断面上的咽喉头部,提起头,剖检两侧外咬肌,检查有无囊尾蚴。

除上述检查项目外,还可检查咽喉黏膜、会厌软骨和扁桃体(检查猪瘟),同时观察鼻盘、唇和齿龈(注意口蹄疫、水疱病)。

2. 皮肤检验 带皮猪在脱毛后开膛前进行检验,剥皮猪则在头部检验后洗猪体时初检,然后待皮张剥除后复检。主要观察皮肤的完整性与色泽变化,注意耳根、四肢内外侧、胸腹部、背部等处,有无点状、斑状出血和弥漫性充血,有无疹块、痘疮、黄染等。特别注意传染病、寄生虫病与一般疾病引起的出血点、出血斑的区别。由传染病引起的出血点和出血斑多深入到皮肤深层,水洗、刀刮、挤压、煮沸均不消失。猪瘟皮肤上有广泛的出血点;猪肺疫皮肤发绀;猪丹毒皮肤呈方形、菱形、紫红或黑紫色疹块,或呈现"大红袍";猪弓形虫病引起的皮肤发绀伴有淤血斑和出血点。一般疾病引起皮肤上的出血点和出血斑多发生在皮肤表层与固有层,刀易刮掉。鞭伤、电麻、疲劳等均可造成皮肤变化。当发现有传染病、寄生虫病可疑时,即刻打上记号,不得解体,由岔道转移到病猪检验点,进行全面剖检与诊断。

3. 内脏检验 根据屠宰加工条件的不同,猪内脏检验可分离体和非离体两种情况。离体检查时要注意将受检脏器编上与胴体相同的号码。非离体检查时,按照内脏摘除顺序,分两步进行。

1)胃、肠、脾检验 首先视检脾,注意其形态、色泽及大小,触摸其弹性及硬度,必要时剖检脾髓,观察有无猪瘟的脾边缘楔形梗死灶,有无脾型炭疽痫的结节状黑紫病变等。然后剖检肠系膜淋巴结,注意有无肠炭疽。最后视检胃肠浆膜和肠系膜,必要时将胃肠移至指定地点,剖检黏膜,检查色泽,观察有无充血、出血、水肿、胶样浸润、痈肿、糜烂、溃疡、坏死等病变。下列病变值得关注:猪瘟的胃黏膜有点状出血;猪丹毒时胃底部出血;急性胃炎时黏膜充血,慢性胃炎时黏膜肥厚有皱褶;猪瘟时大肠回盲瓣附近有纽扣状溃疡;猪副伤寒时大肠黏膜上有灰黄色糠麸状坏死性病变(纤维素性坏死性肠炎)和溃疡;坏死性肠炎溃疡面大。

2)心、肝、肺检验 动物感染疫病时,这些实质器官常出现充血、出血、变性、炎症等变化,应逐一检查。

心脏检查包括视检心包及心外膜,并剖开观察心脏外形及心包腔、心外膜的状态。随后用检验钩钩住心脏左纵沟加以固定,在左心室肌上作一纵斜切口,露出两侧的心室和心房,观察心肌、心内膜、心瓣膜及血液凝固状态。要特别注意二尖瓣上有无菜花状增生物(慢性猪丹毒),检查心肌有无囊尾蚴、浆膜丝虫寄生。

肝检查时先用刀轻轻刮去表面的血污后观察其外表,触检其弹性和硬度,视检外表、大小、色泽、表面损伤及胆管状态。然后剖检肝门淋巴结,并以刀横断胆管,挤压胆管内容物(检查肝片形吸虫)。必要时剖检肝实质和胆囊,注意有无变性、脓肿、坏死和肿瘤等病变。例如,肝片形吸虫、华支睾吸虫寄生胆管时,切开胆管可使虫体溢出;蛔虫异位寄生于胆道时可引起阻塞性黄疸;老龄猪的肝、胆肿瘤检出率高;猪瘟病猪的胆囊黏膜出血;败血型猪丹毒的肝大淤血,胆囊黏膜可见炎性充血、水肿。

肺脏检查时先视检其外表,剖开左、右支气管淋巴结,然后触摸两侧肺叶,剖开其中每一硬结的部分，必要时剖开支气管。重点检查有无结核、突变、寄生虫及各种炎症变化。结核病时可见淋巴结和肺实质中有小结节、化脓、干酪化等病变；猪肺疫以纤维素性坏死性肺炎（大叶性肺炎）为特征；肺丝虫病以凸出表面白色局灶性气肿病变为特征；猪丹毒以卡他性肺炎和充血、水肿为特征；猪气喘病以对称性肺的炎性水肿肉样变（小叶性肺炎）为特征；此外，猪肺还可见到细颈囊尾蚴、棘球蚴等。

必要时，还可进行直肠、膀胱、子宫及睾丸的检验。肾检验在胴体检验时一并进行。

4. 胴体检验 胴体检验最好在生猪劈半后进行，因为此时淋巴结及体腔组织暴露明显，便于视检和剖检。

1) 体表检查 主要检查内外体表有无各种病变的存在，同时判定胴体的放血程度。

(1) 检查病变。观察皮肤、皮下组织、脂肪、肌肉、胸腹膜、骨髓、关节及腱鞘等组织有无出血、水肿、脓肿、蜂窝织炎、肿瘤等病变。当患有猪瘟、猪肺疫、猪丹毒、猪繁殖和呼吸综合征、猪弓形虫病等疫病时，在皮肤上常有特殊的出血点或出血斑、疹块。发生"珍珠病"时，胸腹膜上有珍珠样结核结节。黄疸病猪全身组织黄染。

(2) 判定放血程度。胴体的放血程度是评价肉品卫生质量的重要指标之一，放血不良对肉的质量和耐存性有重大影响。畜禽宰前衰弱、疲劳、患病或循环系统及生理功能遭到破坏或减弱时，均会导致放血不良。而致昏和放血方法的正确与否也决定了胴体放血程度的好坏。放血不良的肉颜色发暗，皮下静脉血液滞留，在穿行于背部结缔组织和脂肪沉积部位的微小血管以及沿肋两侧分布的血管内滞留的血液明显可见，肌肉切面上可见暗红色区域，挤压有少许残血流出。

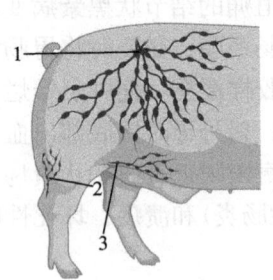

图5-1 猪体后半部体表淋巴结分布及淋巴流向示意图

1.髂下淋巴结；2.腹股沟淋巴结；3.腘淋巴结

2) 淋巴结检查 主要剖检腹股沟浅淋巴结和腹股沟深（或髂内）淋巴结，必要时剖检肩前淋巴结、髂下淋巴结与腘淋巴结（图5-1）。

剖检腹股沟浅淋巴结时，检验者左手用检验钩钩住最后乳头稍上方的皮下组织向外侧牵拉，右手持刀从脂肪组织层正中切开，即可发现被切开的腹股沟浅淋巴结。

腹股沟深淋巴结，位于髂深动脉起始部的后方，与髂内、髂外淋巴结相邻。

剖检淋巴结主要是看其是否有传染病的变化，如猪瘟的淋巴结大理石样出血；猪丹毒的淋巴结充血、肿大、多汁。

3) 腰肌检查 两侧腰肌是猪囊尾蚴常寄生的部位，必须剖检。剖检时，以检验钩固定胴体，用检验刀自荐椎与腰椎结合部位起切一深的切口，使刀刃擦着脊柱向下滑行，将腰肌尽可能地与脊柱分离。然后将检验钩移至肾附近，将已游离的腰肌展开，并顺腰肌的肌纤维方向做2～3条平行的切口，检查有无囊尾蚴。

有时为保证出口大排肌肉的完整性，也可剖检后以腿肌肉来代替。

4) 肾检查 肾是泌尿系统中最主要的器官，多种传染病均可侵害肾引起病变。例如，猪肺疫病猪的肾淤血、肿大，有大小不一的出血小点；猪瘟病猪的肾贫血，有大小不一的出血点；猪丹毒病猪的肾淤血、肿大，有出血斑点，有时呈紫色；肾还常有囊肿、肿瘤、结石；猪肾虫在肾门附近形成较大的结缔组织包囊，切开可发现成虫。检查时，首先剥离肾包膜，用检验钩钩住肾盂部，再用刀沿肾中间纵向轻轻一划，然后刀外倾以刀背将肾包膜挑开，用钩一拉，肾即可外露。察看外表，触检其弹性和硬度。必要时再沿肾边缘纵向切开，对皮质、髓质、肾盂进行观察。

5. 旋毛虫检验 屠体开膛取出内脏后，在左右两侧膈肌脚各取样一份，每份肉样不少于 30～50g，编上与胴体同一号码，送实验室压片镜检。检验时，先撕去肌膜作肉眼检查，然后在样品上剪取 24 个肉粒，每块肉样 12 粒，制成肌肉压片，分别进行镜检。有条件的屠宰场（点），可采用集样消化法检查。如发现旋毛虫虫体或包囊，应根据编号进一步检查同一头猪的胴体、头部及心脏。

6. 复检 为了最大限度地控制病畜肉出场（厂），生猪经上述初步检验后，还须再进行一次全面复检（即终点检验）。复检的任务是查验所有各检验点的检验结果，对胴体的卫生质量做出综合判定，确定所检出的各种病害肉无害化处理的方法，并对检验结果进行登记。这项工作通常和胴体的分级、盖检印结合起来进行。

上述各环节的检验中，对感官检查不能确诊的头、内脏、胴体必须打上预定的标记，以便化验人员采取相应的方法，进一步进行实验室检验。

宰后检验员除对上述检验点实施检验外，还应对"三腺"的摘除情况进行检查。"三腺"是指甲状腺、肾上腺和病变淋巴结，甲状腺、肾上腺是内分泌器官，淋巴结是免疫器官，因此"三腺"中含有内分泌激素和病原微生物，人们一旦误食，会引起食物中毒。猪的甲状腺位于喉部甲状软骨的后方，气管的两侧，深红色，一般分左右两叶与中间的峡部，两叶连在一起，长 4.0～4.5cm、宽 2.0～2.5cm、厚 1.0～1.5cm。猪的肾上腺是成对的红褐色腺体，位于肾的前内侧，长而窄，表面有沟。病变淋巴结是指受致病因子作用而产生病理变化的淋巴结。

四、禽宰后检验的程序及要点

家禽的宰后检验与家畜的宰后检验相比有其独具的特点。一方面，由于家禽淋巴系统的组织结构特殊，鸭鹅仅在颈胸部和腰部有少量淋巴结，鸡无淋巴结，因而家禽无论是内脏检验还是胴体检验，均不剖检淋巴结。另一方面，家禽的加工方法与家畜不同，有全净膛、半净膛与不净膛之分。对全净膛者检查内脏和体腔，对半净膛者一般只能检查胴体表面和肠管，对不净膛者只能检查胴体表面。因此，检验人员必须予以仔细的检查，善于发现病理征象。

1. 胴体检验

1）判定放血程度 家禽褪毛后视检皮肤的色泽和皮下血管（特别是翅下血管、胸部及鼠蹊部血管）的充盈程度，以判定胴体放血程度是否良好。放血良好的光禽，皮肤为白色或淡黄色，富有光泽，无蓝斑，看不清皮下血管，肌肉切面颜色均匀，无血液渗出。放血不良的光禽，皮肤呈暗红色或红紫色，常见表层血管充盈，皮下血管显露，肌肉颜色不均匀，切面有血液流出。放血不良的光禽应及时剔出，并查明原因。

2）检查体表和体腔 首先观察体表的完整度和清洁度，皮肤与天然孔有无可见的病理变化。注意观察皮肤上有无结节、结痂、疤痕（鸡痘、马立克病），胴体表面有无外伤、化脓、水肿及关节肿大，特别注意观察头部、爪、关节和口腔、眼、鼻、泄殖腔等天然孔的状态，有无粪便和污物污染，尤其要对肛门及其周围做详细检查。其次进行体腔的检查。对于全净膛的光禽，须检查体腔内部有无肿瘤、畸形、寄生虫及传染病的病变；对于半净膛的光禽，可由特制的扩张器由肛门插入腹腔内，张开后用手电筒或窥探灯照明，检查体腔和内脏有无病变及血、粪、胆汁污染。发现异常者，应剖开检查。

3) 检查头部和颈部　注意检查鸡冠和肉髯的色泽，有无肿胀、结痂（鸡痘）和变色（若鸡冠和肉髯呈蓝紫色或黑色，应注意是否为新城疫或禽流感）；眼球有无下陷，注意虹膜的色泽、瞳孔的形状、大小，以及有无锯齿状白膜或白环（眼型马立克病）；眼睛和眼眶周围有无肿胀，眼睑内有无干酪样物质（鸡传染性鼻炎、眼型鸡痘）；鼻孔和口腔是否清洁，注意有无黏性分泌物或干酪性假膜（鸡传染性鼻炎、鸡痘）；咽喉、气管和食管有无充血或出血，有无纤维蛋白性分泌物或干酪性渗出物（鸡传染性喉气管炎、鸡痘）；嗉囊有无积食、积气和积液。

2. 内脏检验

(1) 心脏。观察心包有无炎症，心肌、冠状沟脂肪部有无出血点、出血斑等病变（新城疫），必要时可剖开心腔仔细检查。

(2) 肝。在观察肝外表大小、色泽、形状的同时应检查边缘是否肿胀，特别注意有无灰白或淡黄色点状坏死灶和结节（鸡白血病、鸡马立克病），有无坏死小斑点（禽霍乱），胆囊是否完整，有无病变。

(3) 脾。观察脾色泽深浅程度，有无充血、肿大，有无肿瘤、结节等。

(4) 肠道。观察整个肠浆膜面有无变化，特别注意十二指肠和盲肠有无充血、出血斑点和溃疡，必要时剖开肠腔进行检查。

(5) 卵巢。观察卵子是否变形、变色、发硬等，特别注意大小不等的结节病灶。

(6) 胃。剖检肌胃，剥去角质层，观察有无出血、溃疡；剪开腺胃，轻轻刮去腺胃内容物，观察腺胃黏膜乳头是否肿大，有无出血和溃疡（鸡新城疫、禽流感）。

全净膛的光禽，内脏全部自体腔取出后，可按上述顺序检查。半净膛的光禽，借助扩张器和电光，检查肝、脾、心、卵巢、睾丸、肌胃、胸腹膜等有无胆污、粪污和血块等情况，检出的病禽可先单独放置，最后再逐只剪开腹腔观察。不净膛的光禽一般不作内脏检查，只有在检查胴体怀疑有传染病时，再开膛检查。

3. 复检　宰杀的光禽在自动流水线上检查时，因流速快，宰杀量大，故对初检出的可疑禽尸，一律连同脏器送复检台。最后再逐只剖开体腔，进行复检。重点检查口腔、咽喉、气管、坐骨神经丛、气囊、腔上囊、腺胃和肌胃等。复检后应综合分析，做出最后诊断。

第四节　肉的新鲜度综合评价技术

肉的新鲜度是关于肉的风味、色泽、质地、口感和微生物等卫生标准的综合评价，它可以综合反映产品营养性、安全性的可靠程度。肉新鲜度的检验，一般是从感官性状、腐败分解产物的特征和数量、细菌的污染程度等三方面来进行。肉的腐败变质是一个渐进性的过程，其变化是非常复杂的，采用单一的检验方法很难获得正确的结果，只有采用包括感官检验、理化检验、微生物检验等在内的综合方法，才能比较客观地对肉的新鲜程度做出正确的判断。

（一）感官检验

肉发生腐败变质时会发生感官性质的改变，如出现强烈臭味、黏液形成、色泽变化、结构崩解或产生其他异味等。肉新鲜度的感官检验，主要借助人的视觉、听觉、嗅觉、触觉及味觉，通过检查肉的色泽、组织状态、黏度、气味、煮沸肉汤等，将肉划分为新鲜肉、次鲜肉、变质肉三个等级。此方法简便易行，很有实用意义。进行感官检查时要注意光线明亮、温度适宜、空气清新、周围环境中不得有易挥发性物质。当长时间进行大批量样品检查时，为缓解感官疲劳，应适当休息。根据感官判定为次鲜肉时，应高温处理后迅速利用，但不允许制作罐头和灌肠；品质恶劣的变质肉，应做工业用或销毁。

我国食品卫生标准中已规定了各种动物肉的感官指标。

1. 畜肉新鲜度的感官评定指标 畜肉新鲜度的感官评定指标见表 5-2。

表 5-2 畜肉新鲜度的感官评定指标

项目	新鲜肉	次鲜肉	变质肉
外形	表面有一层干硬皮	表面覆有一层风干硬皮或粘手的黏液，有时可见霉菌	表面过度干燥或过度湿润发黏，常见霉菌
色泽	干硬皮呈粉红色或淡红色，新切面稍微湿润，但不发黏；具该种肉的固有颜色；肉汁透明	干硬皮色暗，新切面比新鲜肉色暗、湿润，微粘手；肉汁混浊	表面呈灰色或绿色；新切面过度发黏或潮湿；切开处呈暗色、淡绿色或黑色
韧度	肉切面致密有弹性，手指按压迅速复原	肉切面较软，手指按压不立即复原或不全复原	切开处非常松软，手指按压处不复原
气味	良好，有该种肉固有气味	微酸，微有腐败味。有时外层腐烂，内部无腐败气味	在内层深处也有显著的腐败气味
脂肪	无酸败或油污气味，大牲畜脂肪呈白、黄或淡黄色，结实，按压时碎裂；猪脂肪呈白色，柔软，有弹性；山羊、绵羊的呈白色，紧密	脂肪有淡灰色阴影，按压时如烂泥，微粘手指，有时可见霉菌，稍有油污气味	脂肪灰色，有污秽的阴影，可见霉菌及黏液层，有酸败或油污气味。腐败严重时呈淡绿色，韧性消失
骨髓	充满骨腔，柔韧，有光泽，不陷入骨的折断边缘内	稍陷入骨的折断边缘内，质地稍软，灰暗，无光	未充满骨腔，柔软，烂泥状。色暗，常呈污灰色
腱与关节	腱结实有弹性；关节表面光滑，有光泽，关节液呈透明状	腱稍柔软，白色无光或淡灰色；关节有黏液附着，关节液浑浊	腱灰色有黏液；关节有大量黏液附着，关节液呈血浆状
煮沸肉汤	澄清透明，脂肪团聚于表面，牛羊肉具特有香味	浑浊，有酸败肉气味或油污气味；表面油滴小	脏污，有碎块，有酸败或恶臭味；表面几乎无油滴

2. 禽肉新鲜度的感官评定指标 禽肉新鲜度的感官评定指标见表 5-3。

表 5-3 禽肉新鲜度的感官评定指标

项目	新鲜肉	次鲜肉	变质肉
嘴部	有光泽、干燥、有弹性，无外来气味	无光泽，弹性部分丧失，稍有腐败气味	暗淡，有黏液，角质软化、发黏，有腐败气味
口腔	黏膜呈淡玫瑰红色，有光泽，稍湿润，无外来气味	黏膜无光泽，呈玫瑰红或灰色，可见霉斑，稍有腐败味	黏膜有黏液，淡灰色，有霉斑，有腐败气味
眼睛	眼球饱满，角膜有光泽	眼球部分下陷，角膜无光泽	眼球下陷，有黏膜，有腐败气味
皮肤	呈白色、黄色、淡黄色或淡红色，表皮干燥，具该种肉固有气味	呈淡灰或淡黄色，表皮较干燥，有轻度腐败气味	呈灰黄色、淡黄色或淡绿色，表皮有黏液，可见霉斑，有腐败气味
脂肪	脂肪呈白、黄或淡黄色，有光泽，无外来气味	没有明显的感官变化，体内脂肪稍有外来气味	淡灰色或淡绿色，有酸臭气味

续表

项目	新鲜肉	次鲜肉	变质肉
肌肉	柔韧有弹性，鸡与火鸡肌肉为玫瑰红色，胸肌白色；鸭、鹅肌肉红色；有光泽，稍微湿，具该种禽固有气味	肌肉稍松软，韧面较暗。湿润，发黏。有指压留痕，有酸腐败气味	肌肉质地脆弱，发黏，切面湿润；色泽暗红、淡绿或灰色，有腐败气味
煮沸肉汤	澄清透明，脂肪团聚于表面，具特有香味	浑浊，有油脂气味；表面脂肪滴较小	浑浊，有时起小片，有酸败臭味；表面几乎无油滴

(二) 理化检验

肉新鲜度的感官检验虽然简便易行，也相当灵敏准确，但有一定的局限性。例如，眼睛只能分辨 1/10mm 以上的物体；嗅觉也有一定的限度，如硫化氢的产生只有达到一定浓度人的嗅觉才能闻到。故在许多情况下，除感官检查外尚需进行实验室检验，并且尽可能综合分析才能做出准确判定。

理化检验是根据肉中蛋白质等物质的分解产物，用物理学和化学检验方法对肉的新鲜程度进行判定。物理学检验是根据肉中蛋白质分解，低分子物质增多，肉的导电率、黏度、保水量的变化来衡量肉的品质；化学检验是用定性或定量方法测定分解产物，如氨、胺类、挥发性盐基氮、硫化氢、三甲胺、吲哚等来评定肉的新鲜度。肉类腐败变质的分解产物极其繁杂。其检测方法很多，但测定肉中挥发性盐基氮含量，能较准确地反映肉品质量，是评定肉新鲜度的客观指标，是国家现行食品卫生标准中唯一的理化指标。其他方法，如 pH 的测定、氨的检测、球蛋白沉淀试验、硫化氢试验和过氧化物酶反应等只能作为综合判定方法或作为参考指标。

1. 挥发性盐基氮的测定 挥发性盐基氮（简称 TVB-N），是指动物性食品由于酶与细菌的作用而发生腐败，使蛋白质分解产生氨以及胺类等碱性含氮物质，这些含氮物质能与腐败过程中同时产生的有机酸结合，形成盐基态的氮，因其具有挥发性，固称为挥发性盐基氮。蛋白质分解过程中产生多种胺类物质，如氨、伯胺、仲胺、叔胺等，故也可称为总挥发性盐基氮。肉在腐败变质过程中，挥发性盐基氮的含量随腐败变质的进程而逐渐增加，与肉腐败程度成正比。因此可通过测定挥发性盐基氮的含量来鉴定肉品的新鲜度。

挥发性盐基氮的检测方法常用的有半微量凯氏定氮法和康维微量扩散法两种方法，其判定标准有各类新鲜肉的挥发性盐基氮国家标准，可参见《食品安全国家标准 鲜（冻）畜、禽产品》(GB 2707—2016) 见表 5-4～表 5-6。

表 5-4 各类新鲜肉的挥发性盐基氮国家标准

挥发性盐基氮/(mg/100g)	猪肉	牛肉、羊肉、兔肉
	≤15	≤15

表 5-5 鲜（冻）畜肉理化指标

项目	指标	项目	指标
挥发性盐基氮/(mg/100g)	≤15	镉(Cd)/(mg/kg)	≤0.1
铅(Pb)/(mg/kg)	≤0.2	总汞(以 Hg 计)/(mg/kg)	≤0.05
无机砷/(mg/kg)	≤0.05		

表 5-6 鲜(冻)禽肉理化指标

项目		标准
挥发性盐基氮/(mg/100g)		≤15
汞(Hg)/(mg/kg)		≤0.05
铅(Pb)/(mg/kg)		≤0.2
砷(As)/(mg/kg)		≤0.5
四环素/(mg/kg)	肌肉	≤0.25
	肝	≤0.3
	肾	≤0.6
金霉素/(mg/kg)		≤1
磺胺二甲嘧啶/(mg/kg)		≤0.1
二氯二甲吡啶酚(克球粉)/(mg/kg)		≤0.01
己烯雌酚/(mg/kg)		不得检出
冻禽产品解冻失水率/%		≤6

2. pH 的测定　畜禽生前肉的 pH 为 7.0~7.2。屠宰后由于肉中肌糖原无氧酵解产生乳酸,ATP 分解产生磷酸,使肉的 pH 下降。如宰后在 20℃放置 24h,肉的 pH 可降至 5.6~6.0,此现象在肉品工业中叫作"排酸"。肉腐败变质过程中,由于蛋白质被分解为氨和胺类等碱性物质,使肉的 pH 上升,可达到 6.7 以上。但由于宰前过度疲劳、患病等因素,肉中肌糖原含量少,分解生成的乳酸量少,这种情况下,即使肉是新鲜的,pH 也较高。因此,pH 可以反映肉的新鲜程度,但不能作为绝对指标。测定方法有比色法和酸度计法。其判定标准为,新鲜肉 pH 为 5.8~6.2;次鲜肉 pH 为 6.3~6.6;变质肉 pH 为 6.7 以上。

3. 氨的检验　肉类腐败变质时,蛋白质分解生成氨和胺类等物质,称为粗氨。粗氨含量随着腐败变质的严重程度而增多,因此,可用来鉴定肉的新鲜程度。由于动物机体在正常状态下含有少量氨,并以谷氨酰胺形式储藏于组织中,另外,过度疲劳的动物肌肉中氨的含量比平时多 1 倍,其宰前疲劳程度也影响测定结果。所以,检测氨的阳性结果不能作为肉腐败变质的绝对指标。肉中粗氨的测定采用纳斯勒试剂法,根据溶液颜色的深浅和沉淀物的多少来鉴定肉的新鲜程度。其判定标准见表 5-7。

表 5-7 纳斯勒试剂反应结果判定

试剂滴数	浸出液的变化	评定符号	氨含量/(mg/100g)	肉的鲜度评价
10	淡黄色,透明	-	≤16	新鲜
10	透明,黄色	±	16~20	次鲜
10	淡黄色,轻度浑浊,稍有沉淀	±	21~30	次鲜
6~9	明显的黄色,有沉淀	++	31~45	变质
1~5	大量黄色或橙黄色沉淀	+++	>45	变质

4. 硫化氢检验　肉在腐败变质时,含硫氨基酸进一步分解,释放出硫化氢,其含量能反映出蛋白质的分解程度,因此,可用来鉴定肉的新鲜程度。肉中硫化氢检测采用乙酸铅试

纸法。根据乙酸铅试纸颜色的变化进行判定，其判定标准为：新鲜肉，滤纸条无变化；次鲜肉，滤纸条边缘呈淡褐色；变质肉，滤纸条下部呈褐色或黑褐色。

5. 球蛋白沉淀试验 肌肉中的球蛋白在碱性环境中呈溶解状态，而在酸性条件下则不溶解。新鲜肉呈酸性反应，肉浸液中没有球蛋白存在。肉在腐败过程中，由于肉的pH升高，肉浸液中的球蛋白随之增多。因此，可根据肉浸液中有无球蛋白和球蛋白的多少来检验肉的新鲜程度。但是，宰前过度疲劳或患病的动物，宰后肉在新鲜状态下，也呈碱性反应，可使球蛋白试验呈阳性结果，影响肉的新鲜程度的判定。根据蛋白质在碱性溶液中与重金属离子结合成沉淀的性质，采用重金属离子沉淀法测定肉浸液中的球蛋白，常用Cu^{2+}作蛋白质沉淀剂。其判定标准为：新鲜肉，溶液呈淡蓝色，完全透明，以"−"表示；次鲜肉，溶液轻度浑浊，有时有少量絮状物，以"+"表示；变质肉，溶液浑浊并有白色沉淀，以"++"表示。

6. 过氧化物酶反应 健康动物的新鲜肉中，含有过氧化物酶。不新鲜肉，严重病理状态的肉或过度疲劳的动物肉中，过氧化物酶则显著减少，甚至完全缺乏。肉中的过氧化物酶能分解过氧化氢，释放出新生态氧，新生态氧使联苯胺指示剂氧化为二酰亚胺代对苯醌，后者与未氧化的联苯胺形成淡蓝色或青绿色化合物，经过一段时间后变为褐色。其判定标准为：健康动物的新鲜肉，肉浸液在数秒内即呈蓝色或蓝绿色；次鲜肉，过度疲劳、衰老、患病、濒死期或病死动物肉，肉浸液无颜色变化，或在稍长时间后呈淡青色并迅速转变为褐色；变质肉，肉浸液无变化，或呈浅蓝色、褐色。

（三）微生物学检验

1）检测方法 菌落总数按GB/T 4789.2—2016、大肠菌群按GB/T 4789.3—2016、沙门氏菌按GB/T 4789.4—2016规定的方法进行检验。

2）评价标准 评价标准为：细菌总数，新鲜肉为10 000/g以下；次鲜肉为$10^4 \sim 10^6$/g，变质肉为10^6/g以上。根据国家无公害食品标准进行判定，大肠菌群（MPN≤10 000个/100g）超出检测标准设定的限值即判为阳性，为次鲜肉或变质肉。沙门氏菌等致病菌不得检出。

第五节 肉的微生物学检验技术

肉的微生物学检验是从微生物数量来说明肉的污染状况及腐败变质程度。健康的商品畜禽在一般情况下肉品是不含菌的，如果在宰前患有某些传染病，则在肉及脏器中就有相应的病原菌，或者在屠宰加工、运输和保存过程中，肉品被细菌污染。这些被细菌污染的食品在条件适宜的情况下，如温度和湿度较高，则细菌繁殖很快。人们食进含有大量细菌的食品，极有可能导致食源性感染或食物中毒。因此，为了保证人民的身体健康，评价肉品的卫生质量，在必要时须对其进行细菌学检验。

肉品的微生物学检验主要包括菌落总数测定、大肠菌群最近似数（MPN）的测定和致病菌主要是沙门氏菌的检验等。

一、微生物学检验方法

微生物学检验方法主要有一般检验法、表面检验法和鲜肉压印片镜检。

1. 一般检验法

(1) 检样的采取和送检。按我国《食品卫生微生物检验　肉与肉制品检验》(GB 4789.17—2003)规定：如系屠宰厂屠宰后的畜肉，可于开膛后，用无菌刀采取两腿内侧肌肉 50g(或劈半后采取背最长肌 50g)；如系冷藏或售卖之生肉，可用无菌刀取腿肉或其他部位的肌肉 100g。检样取得后，放入灭菌容器内，立即送检，最好不超过 3h，送检时应注意冷藏，不得加入任何防腐剂。检样送往化验室后，应立即检验或放置冰箱内暂存。

(2) 检样的处理。先将样品放入沸水中烫 3～5s(或烧灼消毒)进行表面灭菌，再用无菌剪刀取检样深层肌肉 25g，放入灭菌乳钵内用灭菌剪刀剪碎后，加入灭菌海砂或玻璃砂少许研磨，磨碎后加入灭菌水 225mL，混匀后为 1∶10 稀释液。

(3) 检验方法。菌落总数按 GB/T 4789.2—2016、大肠菌群按 GB/T 4789.3—2016、沙门氏菌按 GB/T 4789.4—2016 规定的方法进行检验。

2. 表面检验法

(1) 检样的采取。检验畜禽肉及其制品受污染的程度，一般可用板孔 $5cm^2$ 的金属制规板压在受检物上，将灭菌棉拭稍沾湿，在板孔 $5cm^2$ 的范围内揩抹多次，然后将板孔规板移压另一点，用另一棉拭揩抹，如此共揩抹 10 次。总面积为 $50cm^2$，共用 10 支棉拭，每支棉拭在揩抹后立即剪断或烧断，均投入盛有 50mL 灭菌水的锥形瓶或大试管中，立即送检。检验致病菌时，不必用模板，可疑部位用棉拭揩抹即可。

(2) 检样的处理。检验时先充分振摇，吸取瓶(管)中的液体作为原液，再按要求作 10 倍递增稀释。

(3) 检验方法。按上述一般检验方法中国家标准检验方法进行检验。

3. 鲜肉压印片镜检

1) 采样

(1) 如为半片或 1/4 胴体，可从胴体前后覆盖有筋膜的肌肉中割取不小于 8cm×6cm×6cm 的瘦肉。

(2) 取颈浅背侧或髂下淋巴结及其周围组织。

(3) 病变淋巴结、浮肿组织、可疑脏器(肝、脾、肾)的一部分。

(4) 大块肉则从瘦肉深部采样 300g。

2) 触片制备　从样品中切取 $3cm^3$ 左右的肉块，浸入乙醇中并立即取出点燃灼烧，如此处理 2～3 次，从表层下 0.1cm 处及深层各剪取 $0.5cm^3$ 大小的肉块。分别进行触片和抹片。

3) 染色镜检　将干燥的触片用甲醇固定 1min，进行革兰染色后用油镜观察 5 个视野，同时分别计出每个视野的球菌和杆菌数，然后求出一个视野中细菌的平均数。

4) 评定　新鲜肉看不到细菌，或一个视野中只有一个细菌，次鲜肉一个视野中的细菌数为 20～30 个，变质肉一个视野中的细菌数在 30 个以上，且以杆菌占多数。

二、卫生评价与处理

(1) 我国现行的食品卫生标准中尚没有制定鲜畜肉的细菌指标。根据某些实验数据分析，初步提出以下标准作为参考。细菌总数，新鲜肉为 10 000/g 以下；次鲜肉为 10^4～10^6/g，变质肉为 10^6/g 以上。

(2) 新鲜肉看不到细菌，或一个视野中只有几个细菌；变质肉一个视野中的细菌数在 30

个以上,且以杆菌占多数。

(3) 在胴体或淋巴结中,如果发现鼠伤寒或肠炎沙门氏菌,全部胴体和内脏化制或销毁;仅在内脏发现此类细菌时,废弃全部内脏,胴体切块后进行高温处理。胴体或淋巴结中发现沙门氏菌属的其他细菌,则内脏必须化制或销毁,胴体须经过高温处理。

第六节 肉制品的卫生检验

肉制品是指动物肉类(包括猪、牛、羊、鸡、鸭、鹅等畜禽肉类,以及法律、法规允许食用的人工饲养动物肉类,不包括水产类)为原料加工制成的产品,具有营养价值高、外观诱人、刺激食欲、美味可口等优点,深受消费者欢迎。主要包括酱卤肉制品、熏烧烤肉制品、熏煮香肠火腿制品和腌腊肉制品,另外还有其他肉制品,如肉串、肉块、肉饼及含肉馅的速冻熟肉制品。

肉制品营养价值很高,同时也很适于微生物的生长繁殖,在加工、贮存、运输、销售等过程中,都有被污染的可能。因此,为了确保肉制品的质量,必须做好卫生检验工作。

一、肉制品的感官检验

肉制品的感官检验主要检查其外表和切面的色泽、组织状态、气味等,判定其有无变质、发霉、发黏及污物沾染等。

(一) 酱卤肉制品

酱卤肉制品是以鲜、冻肉或整只畜禽胴体为原料,配以调味料,经调味、煮制或炒制等工艺加工而成的熟肉制品,主要有白煮肉类、酱卤肉类、肉松类和肉干类等。

1. 白煮肉类、酱卤肉类 下面以烧鸡为例说明该类产品的感官检验方法及其特性。

(1) 感官检验。取样品置于洁净白瓷盘中,在自然光线下用肉眼观察其色泽、形态、杂质等,并品尝其滋味。

(2) 感官特性。鸡体完整、无破损,两端皆尖、呈元宝形,皮色柿红、微带嫩黄,肉质软硬适度、一咬齐茬、熟烂离骨、肉丝粉白,鲜香醇厚、风味独特,无羽毛、血液、内脏及其他杂质。

2. 肉松类 下面以猪肉松为例说明该类产品的感官检验方法及其特性。

(1) 感官检验。将待检样品轻轻倒入洁净白瓷盘中,在自然光线下用不锈钢镊子拨开观察。

(2) 感官特性。其形态呈绒状、柔软、蓬松,允许有少量结头,不允许有焦头和筋头;色泽呈金黄色或淡黄色,不允许有焦黄色或暗灰色;具有猪肉松的香味、鲜味,咸甜适中,不允许有焦糊味、霉味及其他异味;无肉眼可见杂质;以 2mm 孔目的钢丝筛筛下肉松,其碎松率不得超过 5%。

3. 肉干类 下面以牛肉干为例说明该类产品的感官检验方法及其特性。

(1) 感官检验。将待检样品放入洁净白瓷盘中,在自然光线下目测其形态、色泽,并用不锈钢尺测其长、宽、厚度,观察是否符合要求。

(2)感官特性。其形态呈片状、粒状,大小基本一致,允许有小于一半的不规则片(粒),不超过总数的 1/4,不允许有碎屑、筋腱;色泽呈棕黄色或浅褐色,色泽基本一致,但不允许有暗褐色、灰紫色和花斑色;具有牛肉干的香辣味,不得有血腥味、霉味、酸败味及其他异味;无肉眼可见杂质。

(二)熏烧烤肉制品

熏烧烤肉制品是以鲜、冻肉为原料,利用熏烧烤的方法使原料肉熟化的一种肉制品,主要有熏烤肉类、烧烤肉类和肉脯类等。

1. 熏烤肉类、烧烤肉类 下面以烤鸭为例说明该类产品的感官检验方法及其特性。

(1)感官检验。取样品置于洁净白瓷盘中,在自然光线下用肉眼观察其外形、色泽,触检组织状态,嗅其气味并品尝滋味。

(2)感官特性。其外观皮肤均呈枣红色,油润光亮;肌肉切面呈微红色有光泽;脂肪呈淡黄色,具固有香味;皮质松脆,外焦里嫩,肉质鲜美,肥而不腻,香酥可口;带头或不带头,去爪,带翅根,腋下开口,外形饱满,肌肉切面压之无血水;无肉眼可见杂质。

2. 肉脯类 下面以猪肉脯为例说明该类产品的感官检验方法及其特性。

(1)感官检验。将待检样品放入洁净白瓷盘中,在自然光线下目测其形态、色泽,并用不锈钢尺测其长、宽、厚度,观察是否符合要求。

(2)感官特性。其形态呈片状、长方形,薄厚均匀,肌纤维明显可见,肌间有少量脂肪。片形力求完整,允许有小于一半的不规则片,不超过总数的30%。允许有少量空洞和脂肪,但不允许有超过4cm大洞、生片和脂肪片;色泽呈棕红色,有光泽,但不允许有焦煳片;具有猪肉脯应有的香辣味,不得有焦煳味及其他异味;无肉眼可见杂质。

(三)熏煮香肠火腿制品

熏煮香肠火腿制品是以鲜、冻肉为原料,配以调味料及其他辅料,经选料修整、腌制、绞制或切丁、成型、煮制或烟熏等工艺加工而成的熟肉制品。主要有熏煮香肠类和熏煮火腿类等。

1. 熏煮香肠类 下面以红肠为例说明该类产品的感官检验方法及其特性。

(1)感官检验。将待检样品放入洁净白瓷盘中,在自然光线下目测其形态、色泽,并用不锈钢尺测其长、宽、口径,观察是否符合要求。

(2)感官特性。其形态呈长杆形,表面有分布均匀的核桃状皱纹。长度、口径视具体规格而定,两端结扎良好,不允许有大弯曲状、破裂和畸形;用不锈钢刀切开,切面组织紧密,指压有弹性,肉糜和肥膘分布均匀,无大肥膘块、碎骨、软骨或筋头。允许有少量粉红色小夹花肉,不允许有明显气孔,但可有微小气孔存在。外表色泽鲜红,开水浸烫无明显褪色,不得有色差明显的深紫色和粉红色。切面肉糜的色泽应为自然的腌制肉色,不得有紫褐、灰褐色、氧化变色现象。横切面渗入肉糜的色圈不得超过1.2mm。具有红肠应有的香味并有轻度烟熏味,不得有焦煳味、霉味及其他异味;无肉眼可见杂质。

2. 熏煮火腿类 下面以圆火腿为例说明该类产品的感官检验方法及其特性。

(1)感官检验。将待检样品放入洁净白瓷盘中,在自然光线下对其外观、色泽、组织状态及风味进行检验。

(2)感官特性。肠体均匀饱满,结扎牢固,无污垢,无破损,无汁液流出。切片性能好，组织致密，有弹性，无软骨及其他杂质，无密集气孔且没有直径大于 3cm 的气孔。咸淡适中，鲜香可口，具有火腿固有风味，无异味。切片呈自然粉红色或玫瑰红色，色泽均匀，有光泽。

（四）腌腊肉制品

以鲜、冻肉为原料，配以调味料及其他辅料，经腌制、晾晒或烘烤等工艺加工而成的生制品，主要有咸肉类、腊肉类、中国腊肠类和中国火腿类等。

1. 咸肉类和腊肉类　该类产品代表品种有广式腊肉、咸猪肉等。目前国家制定的广式腊肉、咸猪肉的感官检验指标见表 5-8 和表 5-9。

表 5-8　广式腊肉感官指标

项目	一级鲜度	二级鲜度
色泽	色泽鲜明，肌肉呈鲜红色或暗红色脂肪透明或呈乳白色	色泽稍淡，肌肉呈暗红色或咖啡色，脂肪呈乳白色，表面可以有霉点，但抹去后无痕迹
组织状态	肉身干爽、结实	肉身稍软
气味	具有广式腊味固有的风味	风味略减，脂肪有轻度酸败味

表 5-9　咸猪肉感官指标

项目	一级鲜度	二级鲜度
外观	外表干燥清洁	外表稍湿润、发黏，有时有霉点
组织状态及色泽	质紧密而结实，切面平整，有光泽，肌肉呈红色或暗红色，脂肪切面白色或微红色	质稍软，切面尚平整，光泽较差，肌肉呈咖啡色或暗红色，脂肪微带黄色
气味	具有咸肉固有的风味	脂肪有轻度酸败味，骨周围稍有酸味

2. 中国腊肠类　主要有广式腊肠、四川腊肠和南京香肚等。该类产品的感官特性及检验如下。

(1) 感官特性。产品外形完整，长短、粗细均匀或饱满，表面干爽呈现收缩后的自然皱纹；切面瘦肉呈红色、枣红色，脂肪呈乳白色，色泽分明，外表有光泽；腊香味纯正浓郁，具有固有风味；滋味鲜美，咸甜适中。

(2) 感官检验。将待检样品放入洁净白瓷盘中，在自然光线下按感官特性的要求进行评定，按五级评分制评分，再将各项分值相加。优级品，总分≥18 分且各项没有 3 分的；一级品，总分≥15 分且各项没有 2.5 分的；二级品，总分≥12 分且各项没有 1.5 分的。具体评分方法见表 5-10。

表 5-10　中式腊肠感官检验评分表

项目	评分标准
色泽	① 瘦肉呈红色、枣红色，脂肪透明或乳白色，分界处色泽分明，外表有光泽，评 5 分 ② 色泽良好，可视其程度评 3~4 分 ③ 色泽较差，评 2 分 ④ 色泽差或有变色现象，评 1 分

续表

项目	评分标准
香气	① 腊香味纯正浓郁，具有固有风味，评 5 分 ② 香味良好，可视其程度评 3～4 分 ③ 香味稍差，评 2 分 ④ 香味较差或有异味，评 1 分或 0 分
滋味	① 咸甜适中，评 5 分 ② 滋味良好，可视其程度评 3～4 分 ③ 滋味较差，咸甜不均，评 2 分 ④ 滋味不正，评 1 分或 0 分
形态	① 外形完整，长短、粗细均匀或饱满，表面干爽，呈收缩后自然皱纹，评 5 分 ② 外形良好，可视其程度评 3～4 分 ③ 外形不整齐，评 1 分

3. 中国火腿类 以鲜、冻猪后腿为原料，经腌制、洗晒或风干、发酵加工而成的具有中国火腿特有风味的半成品，包括金华火腿、宣威火腿等。

1) 感官特性 腿形完整、无毛、腿心丰满、皮面平整，肉面无裂缝，皮与肉不脱离，造型美观，印签标记明晰，能显示各地方产品的形态特色（金华火腿似竹叶形、宣威火腿似琵琶形）；皮色淡棕黄色、蜡黄或黄色，表面瘦肉褐红色，肌肉切面呈玫瑰色，脂肪切面呈乳白色或微红色，骨髓桃红色或蜡黄色；肌肉紧密结实，切面平整有光泽；咸甜适口，味鲜美，具有火腿固有的香味。

2) 感官检验 常用看、刺、切、煮、查的方法进行检验。

（1）看。从表面与切面观察腌腊制品的色泽和硬度，从腌肉桶（池）内取出上、中、下三层有代表性的肉，检查其表面和切面的色泽、组织状态，是否发霉、破裂、虫蚀，有无异物或黏液附着。

（2）刺。检查腌肉深部的气味，用特制竹签刺入腌制品的深部，一般选择在骨骼、关节附近插入，垂直插入火腿厚度的 1/3～1/2，拔出后立即嗅其气味，并用脂肪堵住小孔，下一次检查要另换签。常采用 3 签法：第 1 签在胫骨与股骨骨缝附近，插入膝关节处；第 2 签，在商品规格中所谓中方段，髋骨部分、髋关节附近插入；第 3 签在中方与油头交界处，髋骨与荐骨间插入。

（3）切。当看、刺初检发现有质量问题时，选肉层厚部位用刀切开，检查断面肌肉与肥膘的状况。

（4）煮。取部分腿心肌肉切片用锅蒸煮 20min，嗅其气味并品尝滋味。

（5）查。对其腌制卤水和虫害情况进行检查。良好的腌肉，其卤水透明而带红色，无泡沫，不含絮状物，无发酵、霉臭和腐败的气味，pH5.0～6.2；已腐败的腌肉，其卤水呈血红色，混浊，有泡沫及絮状物，有腐败和酸臭气味，pH 多在 6.8 以上。腌腊制品在保藏期间易受火腿蝇、酪蝇等各种蝇蛆的侵害，检查时可在白天观察生产场地有无飞蝇逐臭现象，若有则表明制品可能有蛆存在，翻推进一步查明。

中国火腿外观与感官特性分级见表 5-11。

表 5-11 火腿感官指标

项目	优级品	一级品	二级品
外形	皮薄，腿脚细，油头小，无损伤、无虫，肉面无裂缝，皮与肉不脱离	同优级别	无损伤，无虫蛀
肉质	腿心饱满，瘦肉比例>65%	腿心饱满，瘦肉比例>60%	腿心稍薄，瘦肉比例>55%
香气	三签香	三签香	上签香，中、下签无异味

(五) 其他肉制品

除以上常见肉制品外，市场销售的还有肉串、肉块、肉饼及含肉馅的速冻熟肉制品，其感官特性及感官检验方法如下。

(1) 感官特性。以冰鲜、冻肉及其副产品、果蔬、面粉为原料，配以其他辅料，经切块、浸渍、制馅或不制馅、成型、加热、预冷速冻等工艺所制成的熟肉产品，成品要求形态完整、色泽一致、无结霜、无粘连。

(2) 感官检验。将待检样品放入洁净白瓷盘中，在自然光线下观察其断面冰晶大小，有无结霜、粘连、结块或风干等现象。再观察色泽是否一致，形态是否完整，表面是否全部包上面衣或腌浸物，大小是否均匀，质地是否良好，老嫩程度，有无变形、破裂。单体表面焦糊不超过 2 处，每处不超过 $1cm^2$，检查杂质情况。最后取样品密封后用微波炉解冻，加热熟化后品尝是否具有该品种应有的滋味及风味，有无异味。

二、肉制品的微生物检验

1. 样品的采集和处理 各类熟肉制品如酱卤肉、方圆腿、熟灌肠、熏烤肉、肉松、肉脯、肉干等，一般采取 200g，熟禽采取整只，均放入无菌容器内，立即送检，检验时直接切取或称取 25g；腊肠、香肠等生灌肠先对其表面进行消毒，再用灭菌剪刀剪取内容物 25g，放入无菌乳钵内，用剪刀剪碎后加入灭菌海砂或玻璃砂研磨，磨碎后再加入灭菌水 225mL，混匀后即为 1:10 的稀释液。也可用均质器以 8000~10 000r/min 均质 1min，制成 1:10 的稀释液。

2. 检验方法与评定 菌落总数按 GB/T 4789.2—2016、大肠菌群按 GB/T 4789.3—2016、沙门氏菌按 GB/T 4789.4—2016 规定的方法进行检验。

我国规定的熟肉制品微生物指标参见表 5-12。

表 5-12 熟肉制品的微生物指标

项目	指标
菌落总数/(cfu/g)	
烧烤肉、肴肉、肉灌肠	≤50 000
酱卤肉	≤80 000
熏煮火腿、其他熟肉制品	≤30 000
肉松、油酥肉松、肉粉松	≤30 000
肉干、肉脯、肉糜脯、其他熟肉干制品	≤10 000

续表

项目	指标
大肠菌群/(MPN/100g)	
肉灌肠	≤30
烧烤肉、熏煮火腿、其他熟肉制品	≤90
肴肉、酱卤肉	≤150
肉松、油酥肉松、肉松粉	≤40
肉干、肉脯、肉糜脯、其他熟肉干制品	≤30
致病菌(沙门氏菌、金黄色葡萄球菌、志贺氏菌)	不得检出

三、肉制品的理化指标检验

1. 样品的制备 采集的腊肉、火腿、腊肠等先去除肠衣薄膜，腊肉、火腿去掉表层，取中心约 10cm 长的部分，腊肠取整个肠体。然后用孔径为 3mm 的绞肉机绞 3 次，再按四分法取样。

2. 肉制品的常见理化指标检测 肉制品理化检测指标较多，如挥发性盐基氮、有害元素(铅、无机砷、镉、汞)、酸价、过氧化值、亚硝酸盐、苯并(a)芘、复合磷酸盐、水分等指标。具体评定指标见表 5-13 和表 5-14。

表 5-13 腌腊肉制品卫生理化指标

项目	指标
过氧化值(以脂肪计)/(g/100g)	
火腿	≤0.25
腊肉、咸肉、灌肠制品	≤0.50
非烟熏、烟熏板鸭	≤2.50
酸价(以脂肪计)(KOH)/(mg/g)	
灌肠制品、腊肉、咸肉	≤4.0
非烟熏、烟熏板鸭	≤1.60
三亚胺氮/(mg/100g)	
火腿	≤0.05
苯并(a)芘/(μg/kg)	≤5
铅(Pb)/(mg/kg)	≤0.2
无机砷/(mg/kg)	≤0.05
镉(Cd)/(mg/kg)	≤0.1
总汞(以 Hg 计)/(mg/kg)	≤0.05
亚硝酸盐残留量(以 $NaNO_2$ 计)/(mg/kg)	≤20

表 5-14 熟肉制品的理化指标

项目	指标
水分/(g/100g)	
肉干、肉松、其他熟肉干制品	≤20.0
肉脯、肉糜脯	≤16.0
油酥肉松、肉粉松	≤4.0

续表

项目	指标
复合磷酸盐(以 PO_4^{3-} 计)/(g/kg)	
熏煮火腿	≤8.0
其他熟肉制品	≤5.0
苯并(a)芘/(μg/kg)	≤5.0
铅(Pb)/(mg/kg)	≤0.5
无机砷/(mg/kg)	≤0.05
镉(Cd)/(mg/kg)	≤0.1
总汞(以 Hg 计)/(mg/kg)	≤0.05
亚硝酸盐残留量(以 $NaNO_2$ 计)/(mg/kg)	≤20

注：1) 复合磷酸盐残留量包括肉类本身所含磷及加入的磷酸盐，不包括干制品
　　2) 限于烧烤和烟熏肉制品

第七节　食用动物油脂的卫生检验

食用动物油脂包括食用猪油、食用牛油和食用羊油等，是利用动物脂肪组织中提炼出的固态或半固态脂类经过加工制得的脂类产品。它与一般植物油相比，有不可替代的特殊香味，且动物油脂中含有多种脂肪酸，饱和脂肪酸和不饱和脂肪酸的含量相当，具有一定的营养价值，并能提供极高的热量。

食用油脂在保存时，由于受日光、水分、空气、温度及外界微生物的作用，易发生一系列的氧化反应而变质。例如，油脂中的不饱和脂肪酸在酯解酶和氧气的作用下，发生游离基连锁反应，产生各类氢过氧化物和过氧化物，继而进一步分解，产生低分子的醛、酮类物质，使油脂的气味、口味劣变，产生酸败。在食品加工中，油脂长时间受热时也会产生大量的有害物质，油脂在 200℃以上高温、长时间加热，易引起热氧化、热聚合、热分解和水解等多种反应，产生的有害物质有油脂分解物、聚合物、环状化合物等。油脂酸败产物不但会改变油脂的口味，影响油脂的营养价值，而且对人体的健康也有一定的影响，有的产物还具有致癌作用。因此，须对食用油脂进行严格的卫生检验以保证食用安全。

一、食用动物油脂的感官检验

1. 生脂肪的感官检验　屠畜体内的脂肪组织称为生脂肪，由脂肪细胞和结缔组织网状基架组成。生脂肪通过炼制加工除去结缔组织及水分后得到的纯甘油酯称食用动物油脂。为提高食用动物油脂的质量，必须加强生脂肪的加工卫生管理。

检验项目包括颜色、气味、组织状态和表面污染程度等。各种动物生脂肪的感官指标见表 5-15。

表 5-15　生脂肪感官指标

项目	良质生脂肪			次质生脂肪	变质生脂肪
	猪脂肪	牛脂肪	羊脂肪		
颜色	白色	淡黄色	白色	灰色或黄色	灰绿色或黄绿色
气味	正常	正常	正常	有轻度不愉快味	有明显酸臭味

续表

项目	良质生脂肪			次质生脂肪	变质生脂肪
	猪脂肪	牛脂肪	羊脂肪		
组织状态	质地较软，切面均匀	质地坚实，切面均匀	质地较硬，切面均匀	质地结构有异常	质地、结构有异常
表面污染度	表面清洁干燥，无黏液及污染物			表面有轻度污染	表面发黏，污染严重

2. 炼制油脂的感官检验 检验项目包括色泽、气味、硬度和透明度。感官指标见表 5-16。

表 5-16 炼制油脂的感官指标

项目	猪油			牛油		羊油	
	特级	一级	二级	特级	一级	特级	一级
色泽	白色	白色，略带淡黄色暗影	白色，略带淡黄色及淡灰色暗影	黄色或淡黄色	黄色或淡黄色，略带绿色暗影	白色或淡黄色	白色或微黄色，略带淡绿色暗影
气味	正常，无杂味及臭味	同特级品，可略带微焦味	同特级品，可略带焦味及轻微的新鲜油渣味	正常，无杂味及臭味	同特极品，可略带轻微焦味	正常，无杂味及臭味	同特极品，可略带轻微焦味
硬度（15～20℃）	软膏状	软膏状	软膏状	坚实	坚实	坚实	坚实
透明度（熔化时）	透明	透明	透明或微浊	透明	透明	透明	透明

二、动物油脂的常见理化指标检验

（一）动物油脂的理化指标

动物油脂的理化指标应符合食用动物油脂卫生标准（GB 10146—2015），见表 5-17。

表 5-17 食用动物油脂理化指标

项目	指标	项目	指标
酸价(KOH)/(mg/g)		丙二醛/(mg/100g)	≤0.25
猪油	≤1.5	铅(Pb)/(mg/kg)	≤0.2
牛油、羊油	≤2.5	总砷(以 As 计)/(mg/kg)	≤0.1
过氧化值/(g/100g)	≤0.20		

（二）常见理化指标检测

1. 酸值和酸度 油脂酸值又称油脂酸价，是检验油脂中游离脂肪酸含量多少的一项指标。酸值是指中和 1g 油脂中的游离脂肪酸所需要氢氧化钾的毫克数，酸值的单位是 mg(KOH)/g。

酸度与酸值的测定方法相同，也是表示油脂中游离脂肪酸含量多少的一项指标。与酸值的区别在于测定结果的表示方法不同，酸度用质量分数表示，酸度是指用标准规定的方法测定出的游离脂肪酸含量占试样质量的百分比。

在《食品安全国家标准　食品中酸价的测定》(GB 5009.229—2016)中，规定了动植物油脂酸值和酸度的测定方法有两种滴定法和一种电位计法。两种滴定法包括热乙醇滴定法和冷溶剂滴定法，其中热乙醇滴定法为参考方法，冷溶剂滴定法适用于浅色油脂。在我国动植物油脂国家标准质量指标中，油脂酸值是强制检测指标。

良质油脂的酸价不得高于1.5；次质油脂不得高于3.5；变质油脂则高于3.5(牛油脂往往含有乳酸而使其酸价增高，应在感官检查的基础上进行综合判定)。

2. 过氧化值　过氧化值是指油脂试样在国家标准规定的操作条件下氧化碘化钾的物质的量，以每千克油脂中活性氧的毫摩尔量(或毫克当量)表示。其测定常用氧化还原滴定法中的间接碘量法。

油脂在储藏过程中，由于受光、热、空气中的氧，以及油脂中的水和酶的作用，常会发生变质腐败的复杂变化，这种变化称为酸败。油脂的酸败有两种方式，即水解酸败和氧化酸败。水解酸败是指油脂在水和解脂酶的存在下，水解成甘油和脂肪酸的变化；氧化酸败是指油脂(特别是含有不饱和脂肪酸的油脂)在空气中氧的作用下，分解成醛、酮、醇、酸的作用。一般油脂主要发生氧化酸败，在氧化过程中生成过氧化物和氢过氧化物等中间产物，它们很容易分解产生挥发性和非挥发性脂肪酸、醛、酮、醇等，这些酸败产物常具有特殊的臭气和发苦的滋味，影响了油脂的感官性质。水解酸败如果产生的是低级脂肪酸(如丁酸)，可直接影响油脂的气味。同时，水解产物的氧化，将更快改变油脂的新鲜正常的滋味和气味。油脂酸败，不但营养降低，而且具有毒性，酸败严重的油脂则不能食用。

3. 丙二醛　丙二醛值是油脂氧化酸败的重要指标。油脂中不饱和脂肪酸氧化分解产生丙二醛，利用比色法测出丙二醛含量，从而推导出油脂酸败程度。

4. 羰基价　油脂氧化酸败分解除有挥发性与不挥发性的饱和醛和不饱和醛、酮及酸类生成外，还产生多种羰基化合物。研究表明，羰基化合物的气味最接近于油脂自动氧化的酸败臭，其主要原因是多数羰基化合物都具有挥发性。因此，用羰基价来评价油脂中氧化产物的含量和酸败劣变的程度，具有较好的灵敏度和准确性。目前，大多数国家都采用羰基价作为评价油脂氧化酸败的一项指标，我国已把羰基价列为油脂的一项食品卫生检测标准。

羰基化合物的测定可分为油脂总羰基直接定量和挥发性或游离羰基分离定量两种情况。挥发性或游离羰基分离定量可采用蒸馏法或柱色谱法。在国家标准中，采用总羰基直接定量法(比色法)测定羰基价。

5. 碘价　油脂碘价又称碘值，是指在规定条件下与100g油脂发生加成反应所需碘的克数。

在一般油脂检验工作中，常用氯化碘-乙醇溶液法、氯化碘-乙酸溶液法和溴化碘-乙酸溶液法来测定碘价。常见动物油脂的碘价：牛脂40~48；猪油52~77。

6. 水分　油脂中的水分是油脂发生水解的基础。所以，油脂中水分的含量决定其品质的优劣。测定油脂的水分，采用直接干燥法。

油脂中的水分含量一级≤0.20%，二级≤0.30%。

三、食用动物油脂的卫生评定

食用动物油脂，应以感官检验结合实验室检验进行综合卫生评定。感官指标发生明显酸败变化的油脂，无论其实验室检验结果如何，都不得食用。

1. 良质油脂　　感官指标符合规定标准，即色泽正常，无异常气味，熔化后透明澄清。酸价不得高于 1.5，水分含量不超过 0.2%，过氧化值≤0.1，丙二醛值≤0.25mg/kg，醛和过氧化物反应均为阴性反应。

2. 次质油脂　　感官指标无异常变化或变化轻微。酸价不得高于 3.5，水分含量不超过 0.3%，醛和过氧化物反应均呈阳性反应。说明油脂已处于酸败初期阶段，应迅速利用。

3. 变质油脂　　感官指标有明显酸败变化。酸价大于 3.5，过氧化值大于 0.1，丙二醛值大于 0.25mg/kg，醛和过氧化物反应均呈明显阳性结果。变质油脂不得食用。

---**复习思考题**---

1. 简述家畜和家禽宰前检疫的方法。
2. 经宰前检疫后的动物应如何处理？家禽与家畜有什么不同？
3. 猪宰后检验有哪些检验工序？各工序的主要内容是什么？
4. 肉的新鲜度检验主要包括哪几项内容？试述畜肉和禽肉的感官指标及挥发性盐基氮的测定过程。
5. 试述肉的微生物检验方法及卫生评价指标。
6. 肉制品卫生检验的主要内容是什么？
7. 食用动物油脂的理化指标有哪些？评定标准是什么？

第六章 水产品检验检疫技术

第一节 概 述

　　水产品通常指各类鱼、虾、蟹、贝、藻等海、淡水经济动植物及其加工品，因其含有丰富的蛋白质、脂肪、矿物质和维生素等，营养价值较高，成为人类的主要食物来源之一。我国是水产品生产、贸易和消费大国，水产品总产量连续 20 多年名列世界第一，其中养殖水产品总产量占世界养殖总产量的 70%。随着世界海洋渔业、水产养殖及水产加工业的迅速发展和全球经济一体化进程的加快，水产品贸易在我国国际贸易中的地位更加重要，水产品出口额已连续 10 多年位居我国出口大宗农产品首位。但由于近年来水产品产地养殖环境污染严重，渔药等投入品超量或违禁使用，加之水产品易腐败变质，水产品质量安全问题日益突出，水产品安全突发事件时有发生，水产品质量安全已受到世界各国的广泛关注。水产品检验检疫成为保障人民身体健康、维护水产行业健康发展的必要环节。尤其在进出口贸易中，世界各国十分重视水产品质量安全工作，纷纷制定相应的法律、法规和技术标准，加强进出口水产品管理，严格控制水产品进出口贸易。为适应生产发展和国内国际贸易的需要，保护消费者利益，我国也制定了相应法律、法规与水产品质量安全卫生标准，并依据法律、法规与质量安全卫生标准对水产品实施检验。

一、水产品的种类与特点

　　水产品种类繁多，按生物种类形态主要可分为鱼类、虾蟹类、贝类、藻类和水生哺乳动物，按出产可分为淡水产和海鲜两大类，按其保存条件可分为活鲜、冰鲜、冻鲜和干鲜四大类，按其主要加工方式可分为冷冻、干制、腌熏、鱼糜制品、罐头制品、水产调味品等。

　　水产品是优质蛋白质的主要来源，富含全价蛋白质，并含有多种维生素和矿物质，少量的碳水化合物和脂肪，同时还含有许多生理活性成分(如二十碳五烯酸、二十二碳六烯酸、牛磺酸等)，因此水产品是一种高蛋白、低脂肪和低热量的健康食物。但相对畜肉来说，水产品个体小，组织疏松，水分含量高，表皮保护能力弱，容易受到细菌浸染。同时因体内含有丰富的、活力很强的内源酶(如蛋白酶等)，在各种蛋白酶的作用下，蛋白质分解，游离氨基酸增加，氨基酸和低分子质量的氮化合物为细菌的生长繁殖创造了条件，加速了水产品腐败进程。因此，易腐败变质是水产品的一大特性。此外，由于多数水产品对周围环境中的污染物具有一定的生物富集性，导致其体内常残留致病菌、生物毒素、重金属、有机污染物等有毒有害物质，从而引发水产品质量安全问题。

二、水产品质量安全的主要危害

　　水产品中存在的危害一是来自于原料，二是来源于生产加工过程。就其性质而言，水产品存在的危害分为三类,即生物性危害、化学性危害和物理性危害。

(一)生物性危害

水产品中生物性危害包括致病菌、病毒和寄生虫。在水产品中生物性危害导致的疾病占全部危害的80%左右,对人产生的危害主要表现为引起胃肠炎、腹泻、发烧、呕吐、败血症、痢疾等症状。

致病菌引起的水产品污染问题是影响水产品安全的关键问题之一,严重危害着人类的健康。水产品中的致病菌包括以下几类:一是水产品自身原有的细菌,这类细菌广泛分布于水中,如冷源性细菌肉毒杆菌(*Clostridium botulinum*)和单核增生李斯特菌(*Listeria monocytogenes*),嗜热性致病菌如霍乱弧菌(*Vibrio cholerae*)、副溶血弧菌(*Vibrio parahaemolyticus*);二是人为污染的细菌,主要存在于人和动物肠道内及被人或动物粪便污染的水环境中,常见的有沙门氏菌(*Salmonella* sp.)、志贺氏菌(*Shigella* sp.)、大肠杆菌(*Escherichia coli*)和金黄色葡萄球菌(*Staphylococcus aureus*)等,其中副溶血弧菌在水产品生物性食源性疾病中是首要危害因子。

水产品中的病毒主要以双壳软体动物为载体,目前已报道的病毒种类有诺瓦克病毒(Norwalk virus)、雪山病毒(snow mountain agent)、杯状病毒(calicivirus)、星状病毒(astrovirus)、非甲非乙肝炎(non-A and non-B)病毒,其中,甲型肝炎病毒和诺瓦克病毒是主要的食源性病毒。甲型肝炎病毒是导致暴发性、流行性、病毒性肝炎的主要病原,诺瓦克病毒是导致人类非细菌性、急性、暴发性胃肠炎的主要病原。1988年上海流行的甲型肝炎就是人们食用了被甲肝病毒污染而又没充分加热的毛蚶引起的。在我国出口的双壳贝类中也曾经被检测出诺瓦克病毒,该病毒的潜伏期是24~27h,感染率达50%~90%。

目前,存在于我国水产品中对人类健康危害较大的寄生虫有线虫、吸虫和绦虫。其中,比较常见的有线虫中的异尖线虫、广州管圆线虫和刚棘鄂口线虫,吸虫中的肝吸虫和肺吸虫,绦虫中的曼氏迭宫绦虫。

(二)化学性危害

水产品中的化学危害包括天然存在的化学危害、养殖过程中产生的化学危害、加工过程和环境污染导致的化学危害。其中天然存在的化学危害主要指水产品中自然存在的毒素,主要包括藻类毒素和动物毒素,前者是藻类分泌的有毒物质(如神经性贝类毒素等),它们或直接在水产品中形成,或是食物链迁移的结果,后者是一些水产品中固有的物质(如河豚毒素等),但对人类和动物均有危害作用。养殖过程中产生的化学危害主要是使用化学农药、渔药和饲料添加剂等造成的。水产品加工过程中的化学危害主要是过量或违禁使用食品添加剂(防腐剂等),以及加工过程中自身产生的有毒有害物质[如内源性甲醛、苯并(a)芘等]。环境污染带来的化学危害主要是重金属、有机物等化学污染物。

(三)物理性危害

潜在的物理危害由正常情况下水产品中没有的外来物质[包括金属碎片、碎玻璃、木屑(片)、碎石、沙粒等],以及水产品自身的碎骨片和鱼刺等造成。

第二节 水产品检验抽样技术

一、样品的采集

水产品检验的目的是要衡量被检验的个体或整批水产品的质量性状。不论是针对某一单独个体，或是针对某一群体，或是针对单一批量或多批量的水产品或加工品，采集检验样品，是在整批水产品种抽取一个体或一部分作为检验样品。

为了使检测样品具有代表性，针对不同的检测对象，应按照国家或行业标准规定的有关抽样方法采集样品。水产品样品的采集不同于其他工业性产品，水产品中的包装加工产品可按批量进行规范抽样。而养殖池塘内或市场上的鲜活产品，不能简单确定具体数量、来源，且每个个体的性状有可能都不相同。这种情况下，抽样前要针对被检测的对象和检测目的制定符合实际要求的抽样方案。

每个采用过程都要认真填写采样记录，写明样品的生产日期、批号、采样条件、包装情况。外地调入的水产品应结合运货单、兽医卫生人员证明、商品检验机关或卫生部门的化验单、厂方化验单等了解起运日期、来源地点、数量、品质情况，同时填写检验项目及采样人。而在池塘或市场上抽样，需要根据国家的有关标准化养殖规定，记录被抽样对象的养殖水质情况、所用饲料情况、养殖用药情况、估计数量、采集样品的大小、养殖时间、鲜活程度、采样时间等，而市场上的采样要增加捕捞时间、保鲜运输等条件的记录。

采集的样品要低温保鲜运输，并尽快完成检验，以避免样品腐败变质或受、传污染物。检验样品是从采集的样品上按具体方法和数量要求或按不同部位取下的少量样品，经混合、样品制备，均匀分成三份，粘贴标签，低温冷冻冷藏，以备检验、复验、备查或仲裁之用。

二、水产品抽样方法（SC/T 3016—2004）

本标准适用于在捕捞、养殖、加工、销售环节中，对水产及水产加工品进行生产检验、监督检验时样品的抽取。

（一）抽样准备

从水产品或水产加工品中抽取有代表性的样品提供检验，是保证质量评价或安全检测的质量的关键之一，应做好以下方面的准备。

1. 技术准备

(1)确定抽样目的：不同的抽样检验所采用的抽样方法不同，应明确是出厂检验、需方或供需双方的交付验收、仲裁检验及监督检验中的哪种类型的检验。

(2)熟悉被检查产品的性状、质量安全的状况、生产工艺及过程控制、生产地区或生产者的情况，产品标准及验收规则。

(3)明确确定检验分析的内容：包括检验项目(感官、物理、化学、微生物等)，检验分析是否有破坏性。

(4)选择抽样方法：综合上述情况决定抽样方法、抽样检验水平、质量水平。

(5)建立抽样的质量保证措施。

2. 人员准备

(1) 抽样人员在抽样前应进行培训,培训内容为:与抽样产品相关知识和产品标准、已经确定的样品抽取方法及抽样量、抽样及封样时的注意事项、样品运送过程中的注意事项等。

(2) 每个抽样组至少由两人组成,其中至少一人有抽样经验。

3. 物资准备

(1) 工具器材。①根据所抽取样品性质不同,需要准备以下器具:取样器(粉状样品)、温度计(现场测温)、定位仪、卷尺或直尺(测长度)、样品袋、保温箱(冻品或鲜品)、照相机及胶卷(需要时)等;②应用灭菌容器盛装用于微生物检验的样品。

(2) 记录等文件。介绍信、抽样人员有效身份证件、抽样表(单)、任务书、抽样细则、有关记录表或调查表、封条、文件夹、纸笔文具,以及交通图、抽样方位图(养殖区域)等。

(二) 样品的抽取方法

1. 样本基本要求

(1) 活体的样本应选择能代表整批产品群体水平的生物体,不能特意选择特殊的生物体(如畸形、有病的)作为样本。

(2) 鲜品的样本应选择能代表整批产品群体水平的生物体,不能特意选择新鲜或不新鲜的生物体作为样本。

(3) 作为进行渔药残留检验的样品应为已经过停药期的、养成的、即将上市进行交易的养殖水产品。

(4) 处于生长阶段的或使用渔药后未经过停药期的养殖水产品可作为查处使用违禁药的样本。

(5) 用于微生物检验的样本应单独抽取,取样后应置于无菌的容器中,且存放温度为0～10℃,应在48h内送到实验室进行检验。

(6) 水产加工品按企业明示的批号进行抽样,同一样品所抽查的批号应相同。抽查样品抽自生产企业成品库,所抽样品应带包装。在同一企业所抽样品不得超过两个,且品种或规格不得重复。

2. 企业生产检查抽样

(1) 组批规则。①养殖活水产品以同一池或同一养殖场中养殖条件相同的产品为一检验批;②水产加工品以同原料、同条件下、同一天生产包装的产品为一检验批。

(2) 抽样方法。①养殖水产品的出厂检验时,非破坏性检验按表6-1的规定执行;破坏性检验的抽样在每批中随机抽取约1000g样品进行检验。②水产加工品的出厂或交付检验时,非破坏性检验按本方法(五)(1)"抽样方案Ⅰ"的规定执行;破坏性检验所抽样品在同一产品批中随机抽取,样本以瓶(袋)为单位。大于1500箱抽取4箱,小于1500箱抽取2箱,再从每箱中随机抽取3瓶(袋)进行检验。

表6-1 抽样方法及感官检验规则 (单位:个)

总体量	样本量	合格判定数[1]	不合格判定数[2]
2～15	2	0	1
16～25	3	0	1
26～90	5	0	1

总体量	样本量	合格判定数[1]	不合格判定数[2]
91~150	8	1	2
151~500	13	1	2
501~1 200	20	2	3
1 201~10 000	32	3	4
10 001~35 000	50	5	6
35 001~500 000	80	7	8
>500 000	125	10	11

注：1) 合格判定数：若在样本中发现的不合格样品数小于或等于合格判定数，则判为该批产品为合格品。
2) 不合格判定数：若在样本中发现的不合格样品数大于或等于不合格判定数，则判该批产品为不合格品。

3. 监督抽查检验的抽样

(1) 非破坏性检验的抽样。①成批水产加工品的监督抽查检验时，样品抽取参见本方法(五)(2)"抽样方案Ⅱ"；②鲜活水产品的监督抽查检验时，样品抽取及判定参见表6-1。

(2) 破坏性检验的抽样。①组批规则：a) 养殖活水产品以同一池或同一养殖场中养殖条件相同的产品为一检验批；b) 捕捞水产品、市场销售的鲜品以来源及大小相同的产品为一检验批；c) 水产加工品以企业明示的批号为一检验批；d) 在市场抽样时，以产品明示的批号为检验批。②捕捞及养殖水产品的抽样。捕捞及养殖水产品的抽样见表6-2。样品处理及试样制备参见本方法(六)"养殖及捕捞水产品的试样制备"的规定。③水产加工品在生产企业(加工企业)的抽样。a) 每个批次抽取1t(至少4个包装袋)以上的样品，其中一半封存于被抽企业，作为对检验结果有争议复检用，一半由抽样人员带回，用于检验；b) 在生产企业抽样应抽取企业自检合格的样品，所抽样品的库存量不得少于20kg。被抽企业应在抽样单上签字盖章，确认产品。④水产及水产加工品在销售市场的抽样。a) 每个批次抽取1t(至少4个包装袋)以上的样品，其中一半由抽样人员带回，用于检验，一半封存于被抽企业，作为对检验结果有争议复检用，若被抽企业无法保证样品的完整性，则由双方将样品封好，由双方人员签字确认后，由抽样人员带回，作为对检验结果有争议复检用；b) 在销售市场随机抽取带包装的样品，应填写抽样单，由商店签字确认并加盖公章，企业应协助抽样人员做好所抽样品的确认工作，抽样人员应了解样品生产、经销等情况；c) 在销售市场抽取散装样品，应从包装的上、中、下至少三点抽取样品，以确保所抽样品具有代表性。

表6-2 捕捞及养殖水产品的抽样

样品名称	样本量*	检样量/g
鱼类	≥3尾	≥400
虾类	≥10尾	≥400
蟹类	≥5只	≥400
贝类	≥3kg	≥700
藻类	≥500g	≥400
龟鳖类	≥3只	≥400
其他	≥3只	≥400

*本表中所列为最少取样量，实际操作中需根据所取样品的个体大小，在保证最终检样量的基础上，抽取样品

(三)监督抽查的抽样记录及封样

(1)抽样时应认真填写抽样记录。

(2)在抽样记录上要认真填写产品的名称、商标、规格、批号、抽样量、库存量、抽样基数,并要准确地描述产品的性状及包装方式及所抽样品的运输方式。

(3)应认真填写被抽企业、生产企业的名称(应为全称,与公章的名称一致)、地址、电话、传真及企业的性质及必要信息,并由抽样人员(两人)签字确认后,再由被抽单位陪同抽样人员签字确认,抽样单应有抽样单位与被抽单位双方的公章(当被抽单位无法盖公章时,应由确定身份的人员签字确认)。

(4)所抽样品应由抽样人员妥善保管,随身带回,注意保持样品的原始性,样品不得被暴晒、淋湿、污染及丢失。

(5)封样时,应将样品置于纸箱中,封好,外加封条,至少上、下各加一条,并由抽样人员签字确认后,交被抽单位保存。

(四)样品保存及运输

1. 样品保存

(1)活水产品。活水产品应使其保活状态,当难以保活时,可将其杀死按鲜水产品的保存方法保存。

(2)鲜水产品。鲜水产品要用保温箱或采取必要的措施使样品处于低温状态(0~10℃),应在采样后尽快送至实验室(一般在2d内),并保证样品送至实验室时不变质。

(3)冷冻水产品。冷冻水产品要用保温箱或采取必要的措施使样品处于冷冻状态,送至实验室前样品不能融解、变质。

(4)干制水产品。干制水产品应用塑料袋或类似的材料密封保存,注意不能使其吸潮或水分散失,并要保证其从抽样时到实验室进行检验的过程中的品质不变。

(5)其他水产品。其他水产品也应用塑料袋或类似的材料密封保存,注意不能使其吸潮或水分散失,并要保证其从抽样时到实验室进行检验的过程中的品质不变。必要时可使用冷藏设备。

(6)微生物检验用样品。微生物检验用样品的保存时,需注意保持样品处于无污染的环境中,要低温保存,冻品保持冷冻状态,鲜、活品应尽量保持样品的原状态(0~10℃),从抽样至送到实验室的时间不能超过48h,并且要保证在此过程中,样品中的微生物含量不会有较大变化。

2. 样品运输

(1)监督抽查时,所抽样品一般由抽样人员随身带回实验室,与样品接收人员交接样品。

(2)若情况特殊不能亲自带回时,应将产品封于纸箱等容器中,由抽样人员签字后,交付专人送回实验室妥善保存,待抽样人员确认样品无误后,再与实验室的样品接收人员交接样品。

(五)抽样方案

(1)抽样方案Ⅰ(检验水平Ⅰ,AQL=6.5)见表6-3~表6-5。

表 6-3　净含量等于或小于 1kg 时

总体量（N）	样本量（n）	合格判定数（c）
≤4 800	6	1
4 801~24 000	13	2
24 001~48 000	21	3
48 001~84 000	29	4
84 001~14 400	38	5
144 001~240 000	48	6
>240 000	60	7

表 6-4　净含量大于 1kg 但小于 4.5kg 时

总体量（N）	样本量（n）	合格判定数（c）
≤2 400	6	1
2 401~15 000	13	2
15 001~24 000	21	3
24 001~42 000	29	4
42 001~72 000	38	5
72 001~120 000	48	6
>120 000	60	7

表 6-5　净含量大于 4.5kg 时

总体量（N）	样本量（n）	合格判定数（c）
≤600	6	1
601~2 000	13	2
2 001~72 000	21	3
7 201~15 000	29	4
15 001~24 000	38	5
24 001~42 000	48	6
>42 000	60	7

(2) 抽样方案Ⅱ（检验水平Ⅱ，AQL=6.5）见表 6-6~表 6-8。

表 6-6　净含量等于或小于 1kg 时

总体量（N）	样本量（n）	合格判定数（c）
≤4 800	13	2
4 801~24 000	21	3
24 001~48 000	29	4
48 001~84 000	38	5
84 001~14 400	48	6
144 001~240 000	60	7
>240 000	72	8

表 6-7 净含量大于 1kg 但小于 4.5kg 时

总体量(N)	样本量(n)	合格判定数(c)
≤2 400	13	2
2 401~15 000	21	3
15 001~24 000	29	4
24 001~42 000	38	5
42 001~72 000	48	6
72 001~120 000	60	7
>120 000	72	8

表 6-8 净含量大于 4.5kg 时

总体量(N)	样本量(n)	合格判定数(c)
≤600	13	2
601~2 000	21	3
2 001~72 000	29	4
7 201~15 000	38	5
15 001~24 000	48	6
24 001~42 000	60	7
>42 000	72	8

（六）养殖及捕捞水产品的试样制备

（1）鱼类：至少取 3 尾鱼，清洗后去头、骨、内脏，取肌肉等可食部分，绞碎混合均匀后备用，试样量为 400g，分为两份，其中一份用于检验，另一份作为留样。

（2）虾类：至少取 10 尾，清洗后去虾头、虾皮、肠腺，得到整条虾肉，绞碎混合均匀后备用；试样量为 400g，分为两份，其中一份用于检验，另一份作为留样。

（3）蟹类：至少取 5 只蟹，清洗后取可食部分（肉及性腺），绞碎混合均匀后备用；试样量为 400g，分为两份，其中一份用于检验，另一份作为留样。

（4）贝类：将样品清洗后开壳剥离，收集全部的软组织和体液匀浆；试样量为 700g，分为两份，其中一份用于检验，另一份作为留样。

（5）海藻：将样品去除砂石等杂质后，均质；试样量为 400g，分为两份，其中一份用于检验，另一份作为留样。

（6）龟鳖类：至少取 3 只，清洗后取可食部分，绞碎混合均匀后备用；试样量为 400g，分为两份，其中一份用于检验，另一份作为留样。

第三节 水产品新鲜度综合检验

新鲜度对水产品品质及原料的加工适性有着巨大影响，直接决定了产品价值。新鲜度检验对水产品安全、运输、仓储及加工具有重要意义。如何快速、客观评价水产品鲜度已成为水产品加工业亟待解决的课题。根据国家及行业现行法规和标准，水产品的品质评价一般包括感官检验、理化检验、微生物检验三个主要的方面。

一、感官检验

感官评价是通过视觉、嗅觉、味觉、触觉和听觉而感知到的食品及其他物质的特征或者性质的一种科学方法。感官鉴别水产品及其制品的质量优劣时，主要是通过人的视觉、嗅觉和触觉对水产品的体表形态，即鲜活程度、色泽、气味、肉质的弹性等感官指标来进行综合评价。该法快捷、方便、实用，其结果接近消费者的判定标准，可以有效分级和评价水产品鲜度。传统的感官评价法应用范围最广，能及时提供鱼肉品质信息，但它需要专业培训的测评小组，易受测评人员身体和心理状况影响，具有较强的主观性。为了客观地进行判断，必须对鉴定人员有比较规范的要求，并要合理制定感官评价和判断标准（表6-9和表6-10）。

（一）鱼类新鲜度的感官评定指标

鱼类新鲜度的感官评定指标见表6-9。

表6-9 鱼类新鲜度的感官评定指标

项目	新鲜	次新鲜	不新鲜
眼球	眼球饱满，角膜透明清亮，无血液浸润，有弹性	眼角膜起皱，稍变混浊，有时由于内溢血而发红，但眼球依然透明清晰	角膜混浊，眼球塌陷，虹膜和眼腔被血浸红
腮部	色泽鲜红，黏液透明且无异味，鳃丝清晰可见	鳃片呈淡红、深红或褐色，黏液混浊且带有发酸气味	鳃色呈褐色或灰白色，黏液明显混浊，鳃丝粘连，且具有腥臭或腐败气味
体表	有清晰透明的黏液，鳞片完整、鲜明有光泽，紧贴体表不易脱落	黏液多不透明，有酸味，鳞片光泽较差，易脱落	鳞片暗淡无光泽，易脱落，表面黏液污秽，并有腐败味
肌肉	坚实有弹性，手指压后凹陷立即消失，无异味，肌肉切面有光泽	肌肉稍松软，手指压后凹陷不能立即消失，略有腥酸味，肌肉切面无光泽	肌肉松软，手指压后凹陷不易消失，有霉味和腐臭味，肌肉易与骨刺分离
腹部	正常不膨胀，肛门紧缩，无内容物外泄	稍有膨胀，肛门稍突出	膨胀或变软，肛门外凸，内容物外泄

资料来源：章超桦等，2010

（二）虾、蟹及头足类新鲜度的感官评定指标

虾、蟹及头足类新鲜度的感官评定指标见表6-10。

表6-10 虾、蟹及头足类新鲜度的感官评定指标

水产品类型	新鲜	不新鲜
对虾	色泽气味正常，外壳有光泽，半透明，虾体肉质紧密，有弹性，头部紧密附着虾体；完整虾的头胸部与腹部连接膜不破裂	外壳失去光泽，甲壳黑变较多，体色变红，头部与虾体分离，虾肉组织松软，有氨臭味；完整虾的头胸部与腹部脱开，头部甲壳变红、变黑
梭子蟹	背壳青褐色，纹理清晰，腹面甲壳和中央沟色泽洁白有光泽，手压腹面较坚，螯足挺直	背面和腹面甲壳色暗，无光泽，腹面中央沟出现灰褐色斑点和斑块，螯足与背面呈垂直状
头足类	具有鲜艳的色泽，色素斑清晰且有光泽，黏液多而清亮，肌肉柔软而光滑，眼球饱满、无异味	色素斑模糊，并连成片呈红色，体表僵硬发涩，黏液混浊并有臭味

资料来源：林洪等，2001

二、理化检验

水产品新鲜度的感官检验虽然简便易行，也相当灵敏准确，但有一定的局限性。因此在

许多情况下，除感官检验外尚需进行实验室检验，并且尽可能综合分析才能做出准确判定。

水产品死亡后，由于自身的酶和附着体表及内脏微生物的作用，发生一系列的变化，如蛋白质的分解、脂肪的氧化等，在这一系列的变化过程中产生了新的分解产物，其中有些分解产物在水产品新鲜度发生变化的过程中，以稳步的速度增长或消失，并可以通过物理学和化学检验方法对水产品的新鲜程度进行判定。物理学检验是通过电特性参数测量、色差测量以及僵硬指数的测量来衡量水产品的品质；化学检验是用定性或定量方法测定分解产物，如挥发性盐基氮、三甲胺、氨、胺类、吲哚、K 值、过氧化值、硫代巴比妥酸值、pH 等来评定水产品的新鲜度。理化指标的评价方法和检验技术见本章第四节水产品理化检验。

三、微生物学检验

（一）检测方法

菌落总数按 GB 4789.2—2016、大肠菌群按 GB 4789.3—2016、沙门氏菌按 GB 4789.4—2016、副溶血性弧菌按 GB/T 4789.7—2013、志贺氏菌按 GB 4789.5—2012 规定的方法进行检验。

（二）评价标准

评价标准为：细菌总数，新鲜水产品为 10 000/g 以下；较新鲜的水产品为 $10^4 \sim 10^6$/g，腐败水产品为 10^6/g 以上。根据国家无公害食品标准进行判定，大肠菌群（MPN≤10 000 个/100g）超出检测标准设定的限值即判为阳性，为较新鲜或腐败的水产品。沙门氏菌、副溶血性弧菌等致病菌不得检出。

四、其他检验方法

（一）近红外光谱技术

近红外光是指介于可见光和中红外光之间的电磁波，波长范围是 700~2500nm，一般有机物在该区的近红外光谱吸收主要是含氢基团（—OH、—CH、—NH、—SH）等的倍频和合频吸收。由于水产品的大多数有机化合物如蛋白质、脂肪、有机酸、碳水化合物等都含有不同的含氢基团，所以通过对其进行近红外光谱分析就可测定这些成分的含量，并通过进一步分析得到更多与水产品品质相关的信息。

（二）生物传感器技术

所谓生物传感器，就是由固定化的生物材料作识别元件（包括酶、抗体、微生物等生物活性物质）与适当的换能器件（如氧电极和场效应管等）密切接触而构成的分析工具或系统。此换能器件可将生化信号转换成可定量的电或光信号，从而实现对特定底物的快速检测。由于生物活性物质具有专一识别功能，使得生物传感器具有较高的选择性，能直接应用于复杂样品的测定。目前广泛用来测定水产品鲜度的传感器包括：胺传感器，微生物传感器和测定 K 值的传感器。

在水产品的储藏过程中，蛋白质在内源性蛋白酶和微生物产生的蛋白酶作用下分解成胺类物质,这些胺类物质成为水产品腐败程度的指示物。胺传感器是将腐胺氧化酶结合在过氧化氢电极上,构成测定腐胺的微型电极。该系统对精胺、尸胺和腐胺等表征腐败的降解产物都有响应,尤其对腐胺的响应很短,为40s左右。这种方法已经在试验中证明可以很好地表征水产品的新鲜度。微生物传感器又称BOD(生物需氧)传感器,由溶氧传感器和微生物膜组成。在水产品的腐败过程中,由于水产品中内源性蛋白酶或微生物产生的蛋白酶的水解作用,有机物(氨基酸和胺等)逐渐增多。因此,根据水产品表面或提取物中有机物的量随时间的变化,利用BOD传感器来测定水产品的新鲜度。特别在水产品腐败早期,微生物传感器方法比传统的菌落计数方法要敏感很多,而且所需测定时间短。水产品新鲜度也取决于腺苷三磷酸(ATP)的各种分解产物的含量。K值传感器的原理是将预先制成的酶膜固定氧电极上或H_2O_2电极上。电极表面消耗的O_2或产生的H_2O_2而引起的电流变化与ATP降解产物的浓度有关,其测定结果和传统方法测定的结果相比有较好的相关性。

(三)新鲜度指示蛋白评价

无论从细胞水平还是从组织水平,蛋白质是水产品肌肉的基本组成成分。同时,水产品的腐败变质多是由于蛋白质的降解引起的。因此,水产品的新鲜度等品质变化与蛋白质存在必然的关联,蛋白质组分析能够提供参与决定水产品品质的各种生理机制过程中的蛋白质的结构和功能等方面的更多信息。以双向电泳分离技术(2-DE)、质谱鉴定技术(MS)和生物信息学(bioinformatics)三大技术为核心的差异蛋白质组学是研究生物蛋白质最有效最直接的方法,作为最新的生物技术,为研究水产品品质提供了一条新的途径,同时也为研究鱼肉鲜度表征蛋白提供了研究平台。

第四节 水产品理化检验

水产品理化检验的特点是准确,与感官法相符合,且弥补了感官法的不足,是水产品最常用的检验方法之一,其缺点是操作繁杂、需用仪器、对水产品原料的采样有破坏作用。下面介绍几种常用的理化检验方法。

一、pH的测定

当水产品停止呼吸后,其体内糖原经糖酵解途径产生乳酸,而使其肌肉的pH下降。随着鲜度下降,蛋白质被分解产生氨及胺类化合物,从而使pH上升,肌肉pH先下降后上升的规律变化与水产品的鲜度密切相关。

参照《食品安全国家标准 食品pH值的测定》(GB 5009.237—2016)中的酸度计法。称取约10g绞碎鱼肉样品(精确到0.001g),置于烧瓶中,加入9倍新煮沸冷却的中性蒸馏水,振荡,浸渍30min后用快速定性滤纸过滤,用酸度计测定滤液的pH。

二、总挥发性盐基氮的测定

总挥发性盐基氮(total volatile base-nitrogen,TVB-N)是指鱼贝类在微生物及酶的作用下,蛋白质发生分解产生具有挥发性的氨、伯胺、仲胺及叔胺等低级碱性含氮化合物的统称。在许多鱼类等水产品中TVB-N值的变化和新鲜度指标评定之间具有很高的相关性,因此TVB-N值被广泛用来反映鱼类等水产品腐败程度的最重要指标之一,已被我国及多数国家作为鉴定水产品腐败程度的标准。根据《食品安全国家标准 食品中生物胺的测定》(GB 5009.208—2016)的规定,30mg N/100g被认为是水产品品质可被消费者接受的TVB-N值上限,当海水鱼TVB-N值低于13mg N/100g时属于一级新鲜度,低于30mg N/100g为二级新鲜度。

(一)半微量定氮法

1)原理　挥发性盐基氮是指水产品由于酶和微生物的作用,在腐败过程中,使蛋白质分解而产生氨以及胺类等碱性含氮物质。此类物质具有挥发性,在弱碱性氧化镁溶液中被蒸馏出来,用硼酸溶液吸收,使吸收液由酸性变为碱性,用标准盐酸溶液滴定,根据标准盐酸溶液消耗量计算含量。

2)试剂

(1)氧化镁混悬液(10g/L)称取1.0g氧化镁,加100mL水,振摇成混悬液。

(2)硼酸吸收液(20g/L)。

(3)盐酸(0.010mol/L)的标准滴定溶液。

(4)甲基红-乙醇指示剂(2g/L)。

(5)亚甲蓝指示剂(1g/L)。

临用时将上述两种指示剂等量混合为混合指示剂。

3)仪器

(1)半微量凯氏定氮器。

(2)微量滴定管(最小分度0.01mL)。

4)分析步骤

(1)样品处理。将抽取的样品鱼先用自来水冲洗(带鳞鱼应去鳞),用净纱布抹去体表水分后,在鱼背沿脊椎切开约5cm,从内部切取鱼肉,去除脂肪、骨及鱼刺后,将鱼肉绞碎,称取10.00g,置于锥形瓶中,加蒸馏水100mL,不时振摇,浸渍30min后过滤,滤液置冰箱备用。

(2)蒸馏滴定。将盛有10mL吸收液及5~6滴混合指示剂的锥形瓶置于冷凝管下端,并使其下端插入吸收液的液面下,准确吸取5.0mL上述样品滤液于蒸馏器反应室内,加氧化镁混悬液(10g/L)5mL,迅速盖塞,并加水以防漏气,加热通入蒸汽,进行蒸馏,由冷凝管出现第一滴冷凝水开始计时,蒸馏5min停止。取下接收瓶,吸收液用盐酸标准溶液(0.010mol/L)滴定,终点至蓝紫色。同时做试剂空白试验。

5)计算

$$X=[(V_1-V_0)\times C\times 14/(m\times 5/100)]\times 100$$

式中,X为样品中挥发性盐基氮的含量(mg/100g);V_1为测定用样液消耗盐酸标准溶液体积(mL);V_0为试剂空白消耗盐酸标准溶液体积(mL);C为盐酸标准溶液的实际浓度(mol/L);14为与1.00mL盐酸(1.000mol/L)标准滴定溶液相当氮的质量(mg);m为样品质量(g)。

计算结果保留三位有效数字。

(二) 微量定氮法

1) 原理 挥发性含氮物质可在37℃碱性溶液中释放出,挥发后吸收于吸收液中,用标准酸溶液滴定,计算含量。

2) 试剂

(1) 饱和碳酸钾溶液:称取50g碳酸钾,加50mL水,微加热助溶,使用上清液。

(2) 水溶性胶:称取10g阿拉伯胶,加10mL水,再加5mL甘油及5g无水碳酸钾(或无水碳酸钠),研匀。

(3) 硼酸吸收液、混合指示液、盐酸标准溶液(0.010mol/L)与上述半微量定氮法相同。

3) 仪器

(1) 扩散皿(标准型):玻璃质,内外室总直径61mm,内室直径35mm,外室深度10mm,内室深度5mm,外室壁厚3mm,内室壁厚度2.5mm,加磨砂厚玻璃盖。

(2) 微量滴定管:最小分度0.01mL。

(3) 恒温培养箱。

4) 分析步骤

(1) 样品处理。与半微量定氮法相同。

(2) 样品测定。将水溶性胶涂于扩散皿的边缘,在皿中央内室加入1mL吸收液及1滴混合指示液。在皿外室一侧加入1.00mL的样液,另一侧加入1mL饱和碳酸钾溶液,注意勿使两液接触,立即盖好;密封后将皿于桌面上轻轻转动,使样液与碱液混合,然后于37℃温箱内放置2h,揭去盖,用盐酸标准滴定液(0.100mol/L)滴定,终点至蓝紫色,同时做试剂空白试验。

5) 计算

$$X=[(V_1-V_0)\times C\times 14/(m\times 0.01)]\times 100$$

式中,X 为样品中挥发性盐基氮的含量(mg/100g);V_1 为测定用样液消耗盐酸标准溶液体积(mL);V_0 为试剂空白消耗盐酸标准溶液体积(mL);C 为盐酸标准溶液的实际浓度(mol/L);14 为与1.00mL盐酸(1.000mol/L)标准滴定溶液相当氮的质量(mg);m 为样品质量(g)。

计算结果保留三位有效数字。

三、过氧化值的测定

1) 原理 水产样品中含有油脂,在空气中易氧化成有机过氧化物,这些过氧化物在酸性条件下可将碘离子氧化成碘,定量的碘可用标准的硫代硫酸钠来滴定,计算含量。

2) 试剂

(1) 饱和碘化钾溶液:称取14g碘化钾,加10mL水溶解,必要时微热使其溶解,冷却后贮于棕色瓶中。

(2) 三氯甲烷-冰醋酸混合液:量取40mL三氯甲烷,加60mL冰醋酸,混匀。

(3) 硫代硫酸钠标准溶液$[c(Na_2S_2O_3)=0.002mol/L]$。

(4) 淀粉指示剂(10g/L):称取可溶性淀粉0.5g,加少许水,调成糊状,倒入50mL沸水中调匀,煮沸。临用时现配。

(5)沸腾后冷却的蒸馏水。

3)分析步骤

(1)称取绞碎水产样品100g于500mL具塞的锥形瓶中,加100~200mL石油醚(30~60℃沸程)振荡10min后,放置过夜,用快速滤纸过滤后,减压回收溶剂得到油脂,置于250mL具塞锥形瓶中,加30mL三氯甲烷-冰醋酸混合液,使样品完全溶解。

(2)加入1.00mL饱和碘化钾溶液,紧密塞好瓶塞,并轻轻振摇0.5min,然后在暗处放置3min。

(3)取出加100mL已煮沸并冷却的蒸馏水,摇匀,立即用$Na_2S_2O_3$标准溶液滴定,至淡黄色时,加入1mL淀粉指示剂,继续滴定至蓝色消失时为终点。

(4)取相同量三氯甲烷-冰醋酸混合液、饱和碘化钾溶液、水,按同样方法,作试剂空白实验。

4)计算

$$X=[(V_1-V_0)\times c\times 0.1269/m]\times 100$$

式中,X为样品的过氧化值(g/100g);V_1为样品消耗硫代硫酸钠标准滴定溶液体积(mL);V_0为试剂空白消耗硫代硫酸钠标准滴定溶液体积(mL);c为硫代硫酸钠标准滴定溶液的浓度(mol/L);m为样品质量(g);0.1269为1mmol硫代硫酸钠相当的碘的质量(g)。

计算结果保留算术平均值的两位有效数字。

四、硫代巴比妥酸的测定

鱼类等水产品的脂质氧化通常采用2-硫代巴比妥酸试验法(即TBA值法)进行评价,TBA值是指肉类、鱼类等动物性油脂中不饱和脂肪酸氧化分解后所产生的衍生物如丙二醛(MDA)等与TBA试剂反应的结果。TBA值的高低表明脂质二级氧化产物即最终生成物的多少。这种方法相对较简单,并且通常与感官评价结果具有很好的相关性,是目前广泛用于水产品、肉品品质评价中反应脂类氧化的指标之一。丙二醛是水产品体内脂质氧化的产物,它能与TBA试剂产生颜色反应从而生成红色物质,该物质在532nm下有最大的吸收峰,可用来表征样品的脂质氧化程度。随着氧化程度的加深,次级产物不断增多,TBA值不断增大。

1)TBA标准曲线的绘制

(1)丙二醛标准溶液:称取0.315g 1,1,3,3-四乙氧基丙烷,溶解后稀释至1000mL,此溶液每毫升相当于丙二醛100μg,置于冰箱内保存。准确吸取10mL,稀释至100mL,此溶液每毫升相当于丙二醛10μg,备用。

(2)分别取丙二醛标准溶液(相当于10μg丙二醛/mL)0mL、0.04mL、0.08mL、0.12mL、0.16mL、0.20mL、0.24mL,置于10mL比色管内,加水至总体积5mL,加入5mL 0.02mol/L的TBA溶液,混匀,加塞,置于90℃水浴锅内保温40min,取出冷却10min,在532nm处测吸光值(同时做空白试验)。以丙二醛含量为横坐标,以吸光值为纵坐标绘制曲线。

2)水产品样品TBA值的测定 称取10g搅碎鱼肉于烧杯中,向烧杯中加入25mL纯水,充分匀浆后,再加入5%三氯乙酸(TCA)25mL,充分搅拌均匀后静止30min,然后过滤,再用5%三氯乙酸将滤液定容至50mL。取5.00mL上清液于具塞试管中,然后加入5mL的TBA溶液(0.02mol/L)。将上述混合液放置于(80±1)℃的恒温水浴加热40min,冷却至室温后,在

532nm 测定吸光值 A。TBA 值用丙二醛的质量分数表示，单位为 mg MDA/kg 样品。

五、K 值的测定

水产品捕获死亡后，其体内腺苷三磷酸(ATP)在 ATP 酶作用下降解成腺苷二磷酸(ADP)，ADP 在磷酸激酶的作用下降解成腺苷一磷酸(AMP)，AMP 在 AMP 脱氨酶作用下降解成肌苷酸(IMP)，IMP 在核酸激酶(NT)作用下降解成肌苷(HxR)，HxR 在核苷磷酸酶(NP)作用下降解成次黄嘌呤(Hx)，Hx 在黄嘌呤氧化酶(XO)作用下降解成尿酸(UA)。ATP 及其降解产物是鱼类等水产品肌肉核苷酸的主要成分，测定其最终分解产物(HxR 和 Hx)所占总 ATP 关联物的百分数即为新鲜度指标 K 值，K 值所反映的是鱼体初期新鲜度变化以及与品质风味有关的生化质量指标。已经有大量的研究表明，K 值可以作为评价鱼类等水产品新鲜度的一种指标。

1) 原理　　鱼肉中 ATP 及其分解生成物经高氯酸提取后，使用反相分配色谱柱 C_{18}，经磷酸缓冲液的洗脱可使各成分得到分离，根据标准品各峰的保留时间定性，采用外标法，对 ATP、ADP、AMP、IMP、HxR、Hx 进行定量。

2) 试剂　　0.6mol/L 高氯酸、1mol/L KOH 溶液、0.04mol/L 磷酸二氢钾、0.06mol/L 磷酸氢二钾。

3) 仪器　　高效液相色谱仪、冷冻离心机。

4) 操作步骤　　称取 5.0g 绞碎的鱼肉于烧杯中，加入 25mL 高氯酸(0.6mol/L)，采用 IKA 分散机于 4℃均质 1min。均质后的混合液采用 4℃冷冻高速离心机 3000g 离心 10min 后取出上清液，用 1mol/L KOH 将 pH 调至 6.5～6.8。静置 30min 后于 4℃冷冻高速离心机中 3000g 离心 10min 去除沉淀，将上清滤液置于 50mL 容量瓶定容，－80℃贮藏用于后期检测。整个操作过程样品温度均控制在 0～4℃。上机前，将上清液解冻，并采用 0.45μm 水相滤膜过滤。

HPLC 检测条件：色谱柱，Thermo Hypersil BDS C_{18}(250mm×4.6mm，5μm)；流动相，0.04mol/L 磷酸二氢钾、0.06mol/L 磷酸氢二钾混合溶液作为流动相进行平衡和梯度洗脱；上样量 10μL；流速 1mL/min；柱温 37℃；检测器为紫外可变波长检测器；检测波长 254nm。

ATP 及其降解产物标准品 HPLC 图谱的测定：将 ATP、ADP、AMP、IMP、HxR、Hx 的单标样品以及它们的混合标样于上述色谱条件下进行测定，以浓度为横坐标，峰面积为纵坐标绘制标准曲线，标准品 HPLC 图谱如图 6-1 所示。

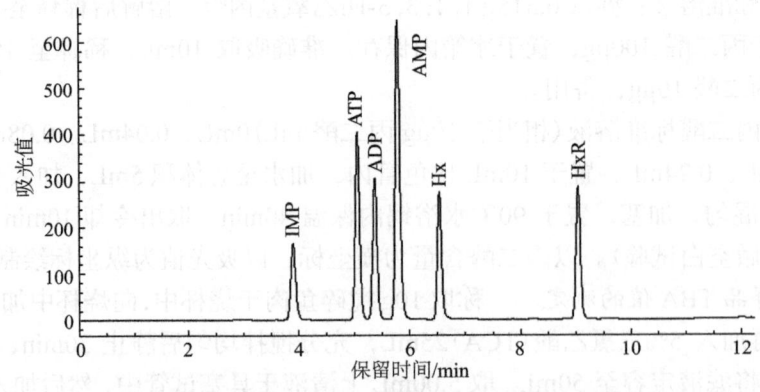

图 6-1　ATP 及其降解产物标准品的 HPLC 色谱图

样品 ATP 及其降解产物 HPLC 图谱的测定：将过水相膜后的样品提取液注入 HPLC 仪进行测定。通过比较样品及标准化合物色谱图峰值的保留时间和峰面积来进行定性和定量。

K 值的计算按照下列公式进行：

$$K = \frac{HxR + Hx}{ATP + ADP + AMP + IMP + HxR + Hx} \times 100\%$$

式中，ATP、ADP、AMP、IMP、HxR、Hx 分别代表腺苷三磷酸、腺苷二磷酸、腺苷一磷酸、肌苷酸、肌苷、次黄嘌呤，浓度采用 μmol/g 湿基表示。

六、三甲胺的测定

1）原理 三甲胺[$(CH_3)_3N$]是鱼肉类食品由于细菌的作用，在腐败过程中，将氧化三甲胺还原而产生的，系挥发性含氮物质，将此项物质抽提于无水甲苯中，与苦味酸作用，形成黄色的苦味酸三甲胺盐，然后与标准管同进比色，即可测得检样中三甲胺氮含量。

2）试剂

(1) 20%三氯乙酸溶液。

(2) 甲苯：试剂级，用无水硫酸钠脱水，再用 1mol/L 硫酸振摇、蒸馏，除干扰物质，最后再用无水硫酸钠脱水使其干燥。

(3) 储备液：将 2g 干燥的苦味酸(试剂级)溶于 100mL 无水甲苯中，使其成为 2%苦味酸甲苯溶液。

(4) 应用液：将储备液稀释成为 0.02%苦味酸甲苯溶液即可用。

(5) 1：1 碳酸钾溶液。

(6) 10%甲醛溶液：先将甲醛(试剂级，含量为 36%～38%)用于碳酸镁振摇处理并过滤，然后稀释成为 10%浓度。

(7) 无水硫酸钠。

(8) 三甲胺-氮标准溶液配制：称取盐酸三甲胺(试剂级)约为 0.5g，稀释成 100mL，取其 5mL 再稀释成 100mL，取最后稀释液 5mL 用微量或半微量凯氏蒸馏法准确测定三甲胺-氮量，并计算出每毫升的含量，然后稀释使每毫升含有 100μg 的三甲胺氮，作为储备液用。测定时将上述储备液 10 倍稀释，使每毫升含有 10μg 三甲胺-氮量。准备吸取后稀释标准液 1.0mL、2.0mL、3.0mL、4.0mL、5.0mL(相当于 10μg、20μg、30μg、40μg、50μg)于 25mL Maijel Gerson 反应瓶中，加蒸馏水中至 5.0mL，并同时作一空白，以下处理按检样操作方法，以光密度数制备成标准曲线。

3）仪器 25mL Maijel Gerson 反应瓶、100mL 或 150mL 玻塞锥形瓶、100mL 量筒、试管、吸管、微量或半微量凯氏蒸馏仪、分光光度计。

4）操作方法

(1) 检样外理：取被检水产品 20g (视检样新鲜程度确定取样量)剪细研匀，加水 70mL 移到测试瓶中，并加 20%三氯乙酸 10mL，振摇，沉淀蛋白后过滤，滤液即可供测定用。

(2) 测定方法：取上述滤液 5mL (也可视检样新鲜程度确定之，但必须加水补足至 5mL)于 Maijel Gerson 反应瓶中，加 10%甲醛溶液 1mL，甲苯 10mL 及 1：1 碳酸钾溶液 3mL，立即盖上塞，上下剧烈振摇 60 次，静置 20min，吸去下面水层，加入无水硫酸钠约 0.5g 进行脱水，吸出 5mL 于预先已置有 0.02%苦味酸甲苯溶液 5mL 的试管中，在 410nm 处或用蓝色滤光片测得吸光度，并做一空白试验，同时将上述三甲胺氮标准溶液(相当于 10μg、20μg、30μg、40μg、50μg)按上法同样测定，制备标准曲线，按下列公式计算得检样中的三甲胺氮含量。

5) 计算

$$X=(OD1/OD2\times m)/[W\times(V_1/V_2)]\times 100$$

式中，X 为肉样中三甲胺-氮含量(mg/100g)；OD1 为检样光密度；OD2 为标准光密度；m 为标准管三甲胺-氮质量(mg)；W 为检样质量(g)；V_1 为测定时体积(mL)；V_2 为稀释后体积(mL)。

第五节 水产品细菌学检验

微生物指标是衡量水产品品质好坏的主要指标之一。在养殖、捕获、加工、储存和销售等环节中，水产品均易受到微生物的污染，从而引起水产品的品质下降。水产品死亡后，随着储藏时间的延长，其体内微生物的繁殖和代谢是导致水产品腐败的主要因素。由于微生物的作用，鱼体内的蛋白质和氨基酸等物质发生脱氨、脱羧反应或者被分解，而产生氨、胺类(腐胺、尸胺、组胺)、硫化氢以及吲哚类化合物，从而使水产品产生具有腐败特征的臭味。因此，在储藏过程中检测鱼肉腐败微生物的动态变化可以很好地反映水产品的腐败程度。

一、原　　理

无菌状态下取样品 25.00g(精确到 0.01g)置入已灭菌的拍打均质袋中，加入 9 倍(m/V)的生理盐水(225mL)，使用拍打均质器拍打成均匀的 10 倍稀释液。用灭菌移液器吸取稀释液 1mL，注入至含有 9mL 灭菌生理盐水的试管里，振摇试管混合均匀，制成 1∶100 的稀释液。按上面操作顺序依次形成 10 倍递增稀释液。然后选择 2～3 个适宜浓度的稀释液并分别取 1mL 注入灭菌平板，倾注不同的选择性培养基，摇匀，静置冷却。将平板倒置，放入生化培养箱中 30℃培养(72±3)h。平板计数(plate count)以每克样品的菌落总数(cfu/g，cfu=colony forming unit)表示。

二、检样的处理

1) 鱼类检样的处理　　采取检样的部位为背肌。先用流水将鱼体体表冲净，去鳞，再用 75%酒精棉球擦净鱼背，待干后用灭菌刀在鱼背部沿脊椎切开 5cm，再切开两端使两块背肌分别向两侧翻开，然后用无菌剪刀剪取肉 25.00g，置入已灭菌的拍打均质袋中，加入 9 倍(m/V)的生理盐水(225mL)，混匀成稀释液。

注意剪取肉样时，勿触破及沾上鱼皮。鱼糜制品和熟制品应放入已灭菌的拍打均质袋后，再加生理盐水混匀成稀释液。

2) 虾类检样的处理　　采取检样的部位为腹节内的肌肉。将虾体在流水下冲净，摘去头胸节，用灭菌剪刀剪除腹节与头胸节连接处的肌肉，然后挤出腹节内的肌肉，称取样品 25.00g 放入已灭菌的拍打均质袋中，后续操作同鱼类检样处理。

3) 蟹类检样的处理　　采取检样的部位为胸部肌肉。将蟹体在流水下冲净，剥去壳盖和腹脐，再去除鳃条，复置流水下冲净。用75%酒精棉球擦拭前后外壁，置灭菌搪瓷盘上待干，然后用灭菌剪刀剪开成左右两片，再用双手将一片蟹体的胸部肌肉挤出（用手指从足根一端向剪开的一端挤压），称取样品25.00g放入已灭菌的拍打均质袋中，后续操作同鱼类检样处理。

4) 贝壳类检样的处理　　采样部位为贝壳内容物。先用流水刷洗贝壳，刷净后放在铺有灭菌毛巾的清洁的搪瓷盘或工作台上，采样者将双手洗净并用75%酒精棉球涂擦消毒后，用灭菌小钝刀从贝壳的张口处隙缝中徐徐切入，撬开壳盖，再用灭菌镊子取出整个内容物，称取样品25.00g放入已灭菌的拍打均质袋中，后续操作同鱼类检样处理。

以上检样的方法和检样部位均以检验水产食品肌肉内微生物含量从而判断其新鲜度为目的。如需检验水产食品是否带来某种致病菌时，其检样部位应采胃肠消化道和鳃等呼吸器官：鱼类检取肠管和鳃；虾类检取头胸节内的内脏和腹节外沿处的肠管；蟹类检取胃和鳃条；贝类中的螺类检取腹足肌肉以下的部分；贝类中的双壳类检取覆盖在斧足肌肉外层的内脏。

三、样品的检验

1) 细菌总数的测定　　水产品的细菌总数按《GB 4789.2—2016 食品安全国家标准　食品微生物学检验　菌落总数测定》方法检测。

2) 大肠菌群的测定　　水产品的大肠菌群数按《GB 4789.3—2016 食品安全国家标准　食品微生物学检验　大肠菌群计数》方法检测。

3) 致病菌的测定　　水产品中常见的致病菌主要包括沙门氏菌、副溶血性弧菌、志贺氏菌、金黄色葡萄球菌和肉毒梭菌。其检测分别按照《GB 4789.4—2016 食品安全国家标准　食品微生物学检验　沙门氏菌检验》《GB/T 4789.7—2013 食品卫生微生物学检验　副溶血性弧菌检验》《GB 4789.5—2012 食品安全国家标准　食品微生物学检验　志贺氏菌检验》《GB 4789.10—2016 食品安全国家标准　食品微生物学检验　金黄色葡萄球菌检验》和《GB/T 4789.12—2016 食品卫生微生物学检验　肉毒梭菌及肉毒毒素检验》方法进行。

4) 病毒的检测　　目前采用的病毒检测方法主要包括酶联免疫吸附测定(enzyme-linked immune sorbent assay，ELISA)、反转录-聚合酶链反应(reverse transcriptase polymerase chain reaction，RT-PCR)、免疫电镜(immune electron microscopy，IEM)、生物素-亲和素系统(biotin-avidin system，BAS)、放射性免疫测定(radio immune assay，RIA)等。

第六节　水产品寄生虫检验

寄生(parasitism)是多种生物所采取的一种生活方式，或者说是生物间相互关系的一种类型。寄生虫是一特定类群的动物，是一类专门从其寄主上或寄主内获取营养的有机体，它的寄生可引起动植物发生很多疾病。主要表现为寄生虫作为病原引起寄生虫病以及作为疾病的传播媒介两方面对人类产生危害。

水产品中的寄生虫种类较多，但大多与公众健康关系不大。目前已知鱼体和贝类中有50多种蠕虫寄生虫会引起人类疾病，有些会造成严重的潜在健康危险，多能引起人畜共患病。水产品中常见的寄生虫有异尖线虫、华支睾吸虫、卫氏并殖吸虫、广州管圆线虫、绦虫、车轮虫、小瓜虫及孢子虫等。易感染寄生虫及易导致人类患病的水产品包括狭鳕鱼、黑鲔、牙鲆、真鲷、鲅鱼、鲱鱼、鳕鱼、鲑鱼、鲐鱼、带鱼、鳗鱼等海水鱼；鲫鱼、草鱼、鲢鱼、鲤鱼等淡水鱼；乌贼等海洋头足类动物；虾、蟹、螺也是寄生虫的宿主。

一、异尖线虫的检验

异尖线虫为蛔目异尖科线虫，是一类广泛分布于世界各地的海洋寄生虫。可引起人体异尖线虫病的主要有即异尖线虫属、海豹线虫属、对盲囊线虫属和鮪蛔线虫属。通常认为异尖线虫的生活史分为4个时期，异尖线虫成虫寄生于海洋哺乳动物如海豚、海狮、鲸体内，雌性成虫产卵通过哺乳动物的粪便排出到体外，虫卵在海水中孵育成二期幼虫，该幼虫被甲壳类动物所捕食，甲壳类动物被鱼类所捕食进而在鱼体内发育为三期幼虫，哺乳动物通过捕食被感染的鱼类感染异尖线虫幼虫，之后在其体内异尖线虫发育为成虫。虽然人体不是异尖线虫的适宜宿主，但是幼虫可在人体消化道各部位寄生，人感染异尖线虫的危害性很大。

(1)灯检法：是目前检测水产品中寄生虫最为常见的一种方法，可在白色透射光照射下，根据虫体呈现的阴影判断寄生虫的存在及其数量；或者根据虫体在紫外线的照射下会发出荧光，呈现明亮的点状或条线状的光泽，由此进行检测。灯检法快速简便，成本较低，尤其适合水产品加工企业的现场、在线应用，但是一般对水产品的形状要求比较苛刻，且准确性欠佳，容易出现误检漏检现象。

(2)酶消化法：利用胃蛋白酶对鱼肉进行消化，而虫体本身由于其结构的特殊性不能被消化掉，然后以过滤、沉降等手段分离虫体，进而用肉眼和显微镜对虫体进行辨认鉴定。该方法操作也较为简单，可以有效保证检出效率，但是所需时间较长，仍需根据形态进行鉴定，要求操作人员具有较好的经验。

二、华支睾吸虫的检验

华支睾吸虫(*Clonorchis sinensis*)是中华支睾吸虫的简称，又称肝吸虫、华肝蛭。成虫寄生于人体的肝胆管内，导致胆管发炎、肝硬化，甚至引起腹水、肝坏死，可引起华支睾吸虫病，又称肝吸虫病。海产食品中几乎不含此寄生虫，淡水鱼染有华支睾吸虫囊蚴的种类较多，以鲤形目中的鲤形科阳性率最高，如白鲩、黑鲩、鳊头、大头鱼、土鱼、鲤鱼易被感染华支睾吸虫，其中小型麦穗鱼感染率最高，在淡水虾如细足米虾、巨掌沼虾等中也可被感染，其次是为鳅科及鲇形目中的鲶科鱼。囊蚴常寄生于淡水鱼的腹部、背部及头部。

(1)压片检验法：是用一些柔软组织，如肝胰脏、肌肉、心脏、肠壁等进行检查。取鱼类肌肉，用小解剖刀将肌肉组织切碎，载玻片压平(或切成薄片)，在低倍镜下检查囊蚴，与其他吸虫蚴鉴别。华支睾吸虫形体较小，窄长，呈薄而透明的乳灰色竹叶形，体长一般为10～25mm，宽为3～5mm，前端较尖，后端较圆。

(2)肌肉消化法：人工剥去鱼皮，取脊背肌肉，用刀切细，置于锥形瓶，按1∶10比例加入人工胃液，置于37℃温箱2h，使鱼肉完全消化后用粗钢筛网过滤，离心取沉淀物镜检。

三、卫氏并殖吸虫的检验

卫氏并殖吸虫(*Paragonimus westermani*)，全称卫斯特曼氏并殖吸虫，目前已报道的卫氏并殖吸虫有50多种，其第一中间寄主为淡水螺，第二中间寄主为蟹、蛄或虾。卫氏并殖吸虫是人体并殖吸虫病的主要病原，也是最早被发现的并殖吸虫，以在肺部形成囊肿为主要病变，主要症状有烂桃样血痰和咯血。寄生于脑脊髓时可引起头痛、癫痫和瘫痪等。

(1) 囊蚴检验法：将检样组织有异常部位，取少许置玻片中间压片，直接镜检囊蚴，也可经人工胃液将蟹虾肉完全消化后取沉淀物直接涂片镜检囊蚴。

(2) 成虫检查法：取肺部肺小支气管附近有豌豆大小、隆起、褐色或灰白色的包囊，切开可见有肺吸虫成虫。压片低倍镜检可见卫氏并殖吸虫为一红棕色卵圆形吸虫，形体扁平，背面较隆，长 7.5~16mm，宽 4~6mm，厚 2~4mm，很像一粒黄豆瓣。

四、横川后殖吸虫的检验

淡水鱼及蛙类感染横川后殖吸虫的较多。取鱼的鳞片表皮和鳃部，以及其他组织，直接用检样压片检查囊蚴，内脏发炎部位可查出成虫。异形吸虫检验同横川后殖吸虫检验。

五、阔节裂头绦虫的检验

阔节裂头绦虫也叫鱼阔节绦虫，成虫寄生于犬科食肉动物，裂头蚴寄生于各种鱼类。根据种类不同通过海水或淡水鱼传播，能使人感染的阶段是蚴虫形式。蚴虫看上去并不像绦虫，蚴虫较小，无节，通常像脂肪屑。裂头蚴寄生于鱼类，如鲑鱼、鲮鱼、杜文鱼、鲈鱼等，它在鱼的内脏及皮下组织中，多寄生于与鱼体肠系膜的脂肪或肌肉内。取一块米粒大小的鱼肉，置于滴有甘油的载玻片上，使其透明后，覆盖另一玻片制成压片，用放大镜或低倍镜观察。

六、寄生蠕虫的检验

寄生蠕虫种类很多，其中线虫和鲑隐空吸虫较为常见，最常见的线虫是复管线虫和无饰线虫。主要感染黄鱼、带鱼、海鳗、鲍鱼、墨鱼、鲱鱼等海鱼，检测时取鱼的内脏及鱼肉，将鱼的消化道内的食物及肌肉样制成薄片进行镜检，或将鱼肉消化后取其沉淀物镜检。线虫的成虫似棉线，白色，虫体大小为 $(3.7\sim13)\text{mm}\times(0.9\sim2.5)\text{mm}$，有的可长达 2cm 或更长。

第七节　水产品天然毒素检验

一、水产品中天然毒素的类型

水产品中的天然毒素主要包括河豚毒素、贝类毒素、西加鱼毒素和蓝藻毒素。河豚毒素（tetrodotoxin，TTX）主要存在于鱼纲硬骨鱼亚纲豚形目的近百种河豚和其他生物体内，是一种生物碱类天然毒素。河豚毒素能阻抑神经和肌肉的电信号转导，阻止肌肉、神经细胞膜的离子通道，使神经末梢及神经中枢麻痹，使机体不能运动。毒素量大时，迷走神经麻痹，呼吸减慢至停止，迅速死亡。贝类毒素包括麻痹性贝类毒素（paralytic shellfish poisoning，PSP）、腹泻性贝类毒素（diarrhetic shellfish poisoning，DSP）、神经贝类毒素（neurotoxic shellfish poisoning，NSP）和记忆丧失性贝类毒素（amnesic shellfish poisoning，ASP）。PSP 毒素是由亚历山大藻、膝沟藻属、原甲藻属等赤潮生物产生的，人食用含这些毒素的贝类会引发外周神经肌肉系统麻痹；DSP 毒素来自鳍藻属和原甲藻，食用后会引起腹泻；NSP 毒素主要来自短裸甲藻、剧毒冈比甲藻，人食用含这种毒素的贝类或吸入含有这种毒素的气雾会引发神经麻痹、气喘、呼吸困难等中毒症状；ASP 毒素主要来自藻类，人食用会导致记忆功能的损害。

西加鱼毒素(ciguatera fish poisoning, CFP)是由生活在热带地区的甲藻产生的一类毒素，通常由鱼作为媒介引起人类中毒，该类中毒事件多发生在加勒比海和太平洋地区。蓝藻毒素可分为海洋和淡水蓝藻毒素两类，其中微囊藻毒素(microcystin, MC)是淡水蓝藻毒素的主要代表，由铜绿微蓝藻(*Microcystis aeruginosa*)产生。MC 是一类具生物活性的单环七肽，分子质量为 1000Da 左右。动物通过直接接触或饮用含有微囊藻毒素的水而中毒，出现昏迷、肌肉痉挛、呼吸急促、腹泻等症状，重者数小时至数天内死亡。

二、贝类毒素常规检测技术

目前在世界范围检测的毒素主要为：麻痹神经贝类毒素、腹泻型贝类毒素、记忆缺失性贝类毒素、神经性贝类毒素、西加鱼贝类毒素等。

(一)生物法

毒素的检测，目前流行的方法是采用小鼠法生物检测。在已有毒素监测体系的国家里，约有 81% 的国家采用小鼠法检测麻痹性贝类毒素和腹泻性贝类毒素。对于神经性贝类毒素和记忆缺失性贝类毒素也有国家采用小鼠法检测，由于毒素的结构相差悬殊，化学性质也不相同，因此可以采用不同的化学方法来提取毒素，并对小鼠进行腹腔注射，根据注射后小鼠的存活时间来对毒性进行评价。到目前为止，对于 PSP 的小鼠法检测程序已由美国公职分析家协会制定(AOAC, 1990)。生物法直接测出样品的毒性强度，适用于样品的筛选，但短裸甲藻毒素(brevetoxin)和脂肪酸可能干扰分析，造成假阳性。

(二)酶联免疫法

小鼠活体验检海藻毒素(贝类毒素)的方法，一直受高变异性和低敏感性的局限，由于这种低灵敏度的方法，不得不采用较低的允许检出限(如小鼠生物法检出 PSP 的近似值约在 37μg/100g，一些检测规定中将检出限或允许指标定位在 40～80μg/100g)。此外，从动物保护观点看，这种方法也已引起很大的争议。由此，一些国家开始陆续采用灵敏度高、操作简便的酶联免疫法(检出限为 5μg/100g)以及更为科学实用的检测方法。

(三)液相色谱法

化学检测是通过对样品毒素组分的定性定量分析，给出毒性检测的结果。随着仪器检测技术的发展，目前贝类毒素检测向色谱法方向发展。其中，高效液相色谱法是被广泛接受的检测和分析手段(除此之外，毛细管电泳、薄层色谱等也常常用于藻类毒素的检测和分析。这些方法往往具有高灵敏度、低检测限、可比性和重复性好、分析速度快等特点)。色谱法可以定量检出贝类毒素，并确定毒素的具体种类，适合对采用生物法检测阳性样品的复检。目前国际上使用液相色谱法可以检出 20 种左右的毒素。目前由于市场上毒素标准品价格昂贵，且购买渠道不畅，使得液相色谱法的普及受到一定的影响。

麻痹性贝类毒素主要是以石房蛤毒素为代表的由甲藻产生的一类四氢嘌呤毒素的总称，根据不同的毒性换算成石房蛤毒素(STX)的含量。由于贝类毒素在紫外或荧光上一般都不吸收，因此若要采用液相色谱法(HPLC)进行检测，必须进行衍生，使其具有荧光吸收，国际上液相色谱法检测麻痹性贝类毒素主要采用以美国为代表的柱后衍生法和以加拿大为代表的柱前衍生发。这两种方法各有特点，柱后衍生法可以分离麻痹性贝类毒素的全部组成成分，其缺点在于对某些组分的检出限(检测精度)较低，如 Neo，样品检测时间较长，一般检测时间在 50～60min，仪器设备的配置和维护较为复杂，投入较高；而柱前衍生法则对设备的配置和维护简单，缺点是检测种类少，不能一次对所有的麻痹性贝类毒素的全部组分进行测定。在我国，海洋局系统主要采用柱后衍生法，而东海水产研究所则采用柱前衍生法。

在衍生化试剂的选择上，目前，麻痹性贝类毒素主要采用高碘酸或过氧化氢作为衍生化试剂，腹泻性贝类毒素检测所用的衍生化试剂主要有 9-氯乙基蒽(9-chloromethyl anthracene，CA)、9-蒽基重氮甲烷(9-anthryldiazo methane，ADAM)和香豆素。9-ADAM 的化学性质不稳定，无法在常温下保存，且检测时间需要 1h 左右；9-CA 的化学性质较为稳定，可在常温下保存，检测时间为 15min。在这三种试剂中，9-蒽基重氮甲烷的检测限(精度)最高，9-氯乙基蒽其次，香豆素检测限(精度)最低。因此目前普遍以 9-氯乙基蒽(9-CA)作为衍生化试剂。

三、河豚毒素的测定

（一）酶联免疫吸附试验法(参考 GB/T 5009.206—2016)

1) 原理　　样品中的河豚毒素经提取、脱脂后与定量的特异性酶标抗体反应，多余的游离酶标抗体则与酶标板内的包被抗原结合，加入底物后显色，与标准曲线比较来测定 TTX 含量。

2) 试剂　　除 TTX 标准品外，实验所用的化学试剂均为分析纯。

(1)抗河豚毒素单克隆抗体：杂交瘤技术生产并经纯化的抗 TTX 单克隆抗体。

(2)牛血清白蛋白(BSA)。

(3)人工抗原：牛血清白蛋白-甲醛-河豚毒素连接物(BSA-HCHO-TTX)，-20℃保存，冷冻干燥后的人工抗原可室温或 4℃保存。

(4)河豚毒素标准品：纯度98%。

(5)3,3,5,5-四甲基联苯胺(TMB)：4℃避光保存。

(6)辣根过氧化物酶(HRP)标记的抗 TTX 单克隆抗体：-20℃保存，冷冻干燥后的酶标抗体可室温或 4℃保存。

(7)过氧化氢：4℃避光保存。

(8)其他：乙酸、氢氧化钠、乙酸钠、乙醚；N,N-二甲基甲酰胺、碳酸钠、碳酸氢钠；磷酸二氢钾、磷酸氢二钠、氯化钠、氯化钾、纯水、吐温-20、柠檬酸、98%浓硫酸。

3) 仪器　　组织匀浆器，温控磁力搅拌器，高速离心机，全波长光栅酶标仪或配有450nm滤光片的酶标仪，可拆卸 96 孔酶标微孔板，恒温培养箱，微量加样器及配套吸头(100μL、200μL 和 1000μL)，分析天平(精密度万分之一)，架盘药物天平，125mL 分液漏斗，100mL量筒，100mL 烧杯，剪刀，漏斗，10mL 吸管，100mL 磨口具塞锥形瓶，容量瓶(50mL、1000mL)，pH 试纸，研钵。

4) 检样的制备　　对冷藏样品或冷冻后解冻的样品，用蒸馏水清洗鱼体表面的污物，滤纸吸干鱼体表面的水分后用剪刀将鱼体分解成肌肉、肝、肠道、皮肤、卵巢(雄性为精囊)等部分，各部分组织分别用蒸馏水洗去血污，滤纸吸干表面的水分后称重。

5) 提取

(1) 将待测河豚组织用剪刀剪碎，加入 5 倍体积 0.1%的乙酸溶液（即 1g 组织中加入 0.1%乙酸 5mL），用组织匀浆器磨成糊状。取相当于 5g 河豚组织的匀浆糊（25mL）于烧杯中，置温控磁力搅拌器上边加热边搅拌，达 100℃时持续 10min 后取下，冷却至室温后，8000r/min 离心 15min，快速过滤于 125mL 分液漏斗中。

(2) 滤纸残渣用 20mL 0.1%乙酸分次洗净，洗液合并于原烧杯中，置温控磁力搅拌器上边加热边搅拌，达 100℃时持续 3min 后取下，8000r/min 离心 15min 过滤，滤液合并于 5)(1) 中分液漏斗中。

(3) 在 5)(1) 中分液漏斗的清液中加入等体积乙醚振摇脱脂，静置分层后，放出水层至另一分液漏斗中并以等体积乙醚再重复脱脂一次，将水层放入 100mL 锥形瓶中，减压浓缩去除其中残存的乙醚后，将提取液移入 50mL 容量瓶中。

(4) 将 5)(3) 的提取液用 1mol/L NaOH 溶液调 pH 至 6.5~7.0，并用 PBS 定容至 50mL，立即用于检测（每毫升提取液相当于 0.1g 河豚组织样品）。当天不能检测的提取液经减压浓缩去除其中残存的乙醚后不用 NaOH 调 pH，密封后−20℃以下冷冻保存，在检测前调节 pH 并定容至 50mL 立即检测。

6) 测定

(1) 包被酶标微孔板。用 BSA-HCHO-TTX 人工抗原包被酶标板，120μL/孔，4℃静置 12h。

(2) 抗体抗原反应。将辣根过氧化物酶标记的纯化 TTX 单克隆抗体稀释后分别：①与等体积不同浓度的河豚毒素标准溶液在 2mL 试管内混合后，4℃静置 12h 或 37℃温育 2h 备用。此液用于制作 TTX 标准抑制曲线。②与等体积样品提取液在 2mL 试管内混合后，4℃静置 12h 或 37℃温育 2h 备用。此液用于测定样品中 TTX 含量。

(3) 封闭。已包被的酶标板用 PBS-T 洗 3 次（每次浸泡 3min）后，加封闭液封闭，200μL/孔，置 37℃温育 2h。

(4) 测定。封闭后的酶标板用 PBS-T 洗 3 次（每次浸泡 3min）后，加抗原抗体反应液（在酶标板的适当孔位加抗体稀释液作为阴性对照），100μL/孔，37℃温育 2h，酶标板洗 5 次（每次浸泡 3min）后，加新配制的底物溶液 100μL/孔，37℃温育 10min 后，每孔加入 50μL 2mol/L 的 H_2SO_4 终止显色反应，于波长 450nm 处测定吸光度值。

7) 结果计算　样品中 TTX 的含量按下式计算：

$$X=m_1VD/V_1m$$

式中，X 为样品中 TTX 的含量（μg/kg）；m_1 为酶标板上测得的 TTX 的质量（ng），根据标准曲线按数值插入法求得；V 为样品提取液的体积（mL）；D 为样品提取液的稀释倍数；V_1 为酶标板上每孔加入的样液体积（mL）；m 为样品质量（g）。

(二) 液相色谱-荧光检测法（参考 GB/T 23217—2008）

1) 原理　试样中含有的河豚毒素采用酸性甲醇提取，提取液浓缩后，过 C_{18} 固相萃取小柱净化，液相色谱-柱后衍生荧光法测定，液相色谱-串联质谱法确证，外标法定量。

2) 试剂及材料　除非另有说明，所用试剂均为分析纯，水为 GB/T 6682—2008 规定的一级水。

甲醇(色谱纯)，乙酸(色谱纯)，甲酸(色谱纯)，1%乙酸甲醇溶液，1%乙酸溶液，乙酸铵缓冲液(称取 4.6g 乙酸铵和 2.02g 庚烷磺酸钠，加入约 700mL 水溶解，以乙酸调节 pH 为 5.0，以水稀释至 1L)，0.1%甲酸水溶液，4mol/L 氢氧化钠溶液。

河豚毒素标准物质(tetrodotoxin，分子式 $C_{11}H_{17}N_3O_8$，纯度≥98%)。

标准储备液(100mg/L)：准确称取河豚毒素 10.0mg，用少量水溶解后以甲醇定容至 100mL，该标准储备液置于 4℃冰箱中保存。

标准工作液：根据需要取适量标准储备液，以 0.1%甲酸水溶液+甲醇(9+1，体积比)稀释成适当浓度的标准工作液。标准工作液当天现配。

基质标准工作液：以空白基质溶液配制适当浓度的标准工作液。基质标准工作液要当天配制。

C_{18} 固相萃取柱，500mg/3mL，用前依次以 3mL 甲醇、3mL 1%乙酸溶液活化，保持柱体湿润。

滤膜：0.2μm。

离心超滤管，截留相对分子质量为 3000。

3)仪器　液相色谱仪(带有荧光检测器与柱后衍生装置)，液相色谱-串联四极杆质谱仪(配有电喷雾离子源)，分析天平(感量 0.1mg 和 0.01g)，组织捣碎机，旋涡振荡器，超声波发生器，减压浓缩装置，固相萃取装置，真空泵：真空度应达到 80kPa，微量注射器(1～5mL，100～1000μL)，离心机(转速达 4000r/min)，离心机(转速达 13 000r/min，配有酶标转子)，冷冻高速离心机(转速达到 18 000r/min，可制冷 4℃)，K-D 浓缩瓶(100mL 和 25mL)。

4)检样的制备　制样操作过程中相关的器皿和器具可以采用 4%碳酸钠溶液浸泡加热去毒处理。

5)提取　从所取全部样品中取出有代表性样品的可食部分约 500g，切成小块，放入组织捣碎机均质，充分混匀，装入清洁容器内，并标明标记。

6)测定

(1)提取。称取 5.00g 匀浆样品置于 50mL 聚丙烯离心管中，加入 20mL 1%乙酸甲醇溶液，旋涡振荡 2min，50℃水浴超声提取 20min，4000r/min 离心 5min，取上清液，在残渣中再加入 20mL 1%乙酸甲醇溶液，重复以上步骤，合并上清液，过滤至 100mL K-D 浓缩瓶中，60℃旋转蒸发浓缩至近干，加入 2mL 1%乙酸溶液，振荡洗涤浓缩瓶，转移至 10mL 聚丙烯离心管中，4℃下于 18 000r/min 离心 10min，取上清液以约 1mL/min 的流速过柱，用 10mL 1%乙酸溶液洗脱，合并流出液与洗脱液，置于 25mL K-D 浓缩瓶中，于 60℃下减压浓缩至近干，用 1%乙酸溶液定容 1mL，过 0.2μm 滤膜，供液相色谱分析。进行液相色谱-串联质谱确证时，将样液装入离心超滤管中，13 000r/min 离心 15min，取滤液测定。

(2)空白基质溶液的制备。称取阴性样品 5.00g，按 6)(1)操作。

(3)测定条件。包括液相色谱参考条件、柱后衍生参考条件、液相色谱-串联质谱条件。

(4)定性标准：①保留时间。待测样品中化合物色谱峰的保留时间与标准溶液相比变化范围应在±2.5%之内。②信噪比。待测化合物的定性离子的重构离子色谱峰的信噪比应大于等于 3(S/N≥3)。③定量离子、定性离子及子离子丰度比。每种化合物的质谱定性离子必须出现，至少应包括一个母离子和两个子离子，而且同一检测批次，对同一化合物，样品中目标化合物的两个子离子的相对丰度比与浓度相当的标准溶液相比，其允许偏差不超过表 6-11 规定的范围。

表 6-11 定性确证时相对离子丰度的最大允许偏差(%)

相对离子丰度 K	$K>50$	$20<K<50$	$10<K<20$	$K\leqslant 10$
允许的相对偏差	±20	±25	±30	±50

(5)平行试验。按以上步骤，对同一试样进行平行试验测定。

(6)回收率试验。在阴性样品中添加适量标准溶液，按 6)(1)操作，测定后计算样品添加的回收率。

7)结果计算　用数据处理软件中的外标法，或绘制标准曲线，按下式计算试样中河豚毒素含量：

$$X = \frac{(c-c_0) \times V}{m}$$

式中，X 为试样中河豚毒素含量的数值(μg/kg)；c 为由标准曲线而得的样液中河豚毒素含量的数值(μg/L)；c_0 为由标准曲线而得的空白实验中河豚毒素含量的数值(μg/L)；V 为样品最终定容体积(mL)；m 为最终样液代表的试样量(g)。

计算结果应扣除空白值。

四、麻痹性贝类毒素的测定

1. 生物法(参考 GB/T 5009.213—2016)　采用鼠单位法对麻痹性贝类毒素(paralytic shellfish poison，PSP)予以定量。以石房蛤毒素作为标准，将鼠单位换算成毒素的微克数。根据小鼠注射贝类提取液后的死亡时间，查出鼠单位，并按小鼠体重，校正鼠单位(corrected mouse unit，CMU)，计算确定每 100g 贝肉内的 PSP 微克数。所测定结果代表存在于贝肉内各种化学结构的 PSP 毒素总量。

2. 酶联免疫吸附试验法(参考 SN/T 1773—2006)　该法适用于双壳类贝肉、贝柱和其他可食用部分的麻痹性贝类毒素的筛选检测，其测定基础是竞争性酶联免疫吸附试验。游离麻痹性贝类毒素与麻痹性贝类毒素酶标记物竞争麻痹性贝类毒素抗体，同时麻痹性贝类毒素抗体与捕捉抗体连接。没有被结合的酶标记物在洗涤步骤中被除去。结合的酶标记物将无色的发色剂转化为蓝色的产物。加入反应停止液后使颜色由蓝色转变为黄色。在 450nm 波长的酶标仪测量微孔溶液的吸光度值，样品中的麻痹性贝类毒素溶液与吸光度值成反比，按绘制的校正曲线定量计算即可得到样品中的麻痹性贝类毒素的含量(μg/kg)。

3. 液相色谱-荧光检测法(参考 GB/T 23215—2008)　该法是将 0.1mol/L 的盐酸提取所得的麻痹性贝类毒素用离心后，取上清液过 CLS 固相萃取柱净化，再经过相对分子质量为 10 000 的分子筛超滤离心管过滤，滤液用高效液相色谱进行分离，经在线柱后衍生反应后，进行荧光检测，外标法定量，即可根据下式得到样品中各种麻痹性贝类毒素的含量。

$$X = c \times \frac{V}{m} \times \frac{1000}{1000}$$

式中，X 为试样中被测组分残留量（μg/kg）；c 为从标准工作曲线上得到的被测组分溶液浓度（ng/mL）；V 为样品溶液定容体积（mL）；m 为样品溶液所代表试样的质量（g）。

计算结果应扣除空白值。

五、腹泻性贝类毒素的测定

以大田软海绵酸（okadaic acid，OA）及其衍生物为代表、摄食后可产生以腹泻为主要特征的存在于贝类体内的海洋生物毒性物质即为腹泻性贝类毒素（diarrhetic shellfish poison，DSP）。

1. 生物法（参考 GB/T 5009.212—2016） 用丙酮提取贝类中 DSP 毒素，经乙醚分配后，减压蒸干，再以含 1% 吐温-60 的生理盐水为分散介质，制备 DSP-1% 吐温-60 生理盐水混悬液，将该混悬液注射入小鼠腹腔，观察小鼠存活情况，计算其毒力。该法的观察时限为 24h。

2. 荧光磷酸酶抑制法（参考 SN/T 2131.1—2008） 该法适用于双壳类贝肉、贝柱中的大田软海绵酸及其衍生物的检验。其测定原理是大田软海绵酸（okadaic acid，OA）及其衍生物（DTX）的毒性与它们抑制丝氨酸和苏氨酸磷酸酶蛋白的活性直接相关，特别是 PP1 和 PP2A 两种蛋白；在磷酸酶及其荧光酶作用物的微孔板实验中，大田软海绵酸及其衍生物的浓度直接决定了磷酸酶水解荧光酶作用物的能力，水解后荧光酶作用物产生荧光，然后通过荧光酶标仪读取荧光值，样品中毒素的浓度可以通过标准曲线计算得出。

六、神经性贝类毒素的测定（参考 SN/T 1573—2013）

化学结构以短裸甲藻毒素（brevetoxin-2）为代表的，摄食后可产生神经性中毒和消化道症状的存在于贝肉内的海洋生物毒性物质的总称即为神经性贝类毒素（neurotoxin shellfish poison，NSP）。常采用生物法来检测海产双壳类贝肉、贝柱和其他可供食用部分的神经性贝类毒素的毒力，即采用小鼠单位定量测定 NSP 毒素的总量，采用 brevetoxin-2 作为毒素的标准品。根据小鼠注射贝类提取液后的死亡时间，查出鼠单位，并按小鼠体重，计算确定每克贝肉内 NSP 的小鼠单位。所测定结果代表了存在于贝肉内各种化学结构的 NSP。

七、贝类记忆丧失性贝类毒素软骨藻酸的测定（参考 GB/T 5009.198—2016）

海产双壳类贝肉、贝柱、外套膜及其制品（不包括盐渍制品）中的记忆丧失性贝类毒素软骨藻酸可采用甲醇/水提取，经 LC-SAX 强阴离子柱固相萃取（SPE）净化后，用 RP-HPLC 定量分析，即可得到试样中软骨藻酸含量。

八、微囊藻毒素的测定（参考 SN/T 2678—2010）

鱼、虾、贝等淡水产品中的微囊藻毒素常以酶标仪微量检来定量检测。即将甲醇水溶液提取所得淡水产品中的微囊藻毒素经过固相萃取柱净化处理后，样品中的微囊藻毒素与微囊藻毒素酶标记物共同竞争结合预先包被于微孔板上的抗体，以清洗液重复洗涤各微孔，然后加入底物显色，以酶标仪测定 540nm 处吸光度值，根据吸光度值即可得出试样中微囊藻毒素的含量。

复习思考题

1. 影响水产品质量安全的主要危害有哪些？
2. 水产品抽样检验时应注意哪些事项？
3. 水产品新鲜度检验有哪些方法？
4. 水产品中常见的寄生虫有哪些？如何检测？
5. 水产品常见天然毒素有哪些？如何检测？

第七章 乳品检验检疫技术

第一节 概 述

一、乳与乳制品

(一)乳的概念

乳(milk)是哺乳动物从乳腺分泌出来的一种白色或稍带有黄色的、不透明的、具有胶体特性的、均匀的生物液体,是哺乳动物为幼畜(幼儿)提供营养的首要来源。乳含有适合婴幼儿生长发育所必需的全部营养要素,它不仅是哺乳动物和人类出生后生命初级阶段赖以生存、生长发育的唯一食物,而且还是人类食物的重要组成部分。作为食物的重要补充来源,对人类而言,乳具有营养、免疫、调节等多种生物学功能。乳制品(dairy products)是以生鲜牛(羊)乳及其制品为主要原料,经加工制成的各种产品。

1. 正常乳 成分和性质正常的乳称为正常乳(normal milk)。一般指初乳期过后到干乳期前由健康乳畜所分泌的乳汁,也称常乳。常乳的化学成分和物理学性质基本稳定,是用于加工乳制品的主要原料。

2. 异常乳 一般是指乳畜在泌乳过程中,由于乳畜自身的生理和病理原因以及其他各种因素造成乳的化学成分和物理性质发生变化,这种乳称作异常乳。异常乳的物理性状和化学成分与正常乳具有明显差别,不能直接饮用和用作乳品加工原料。按产生原因可将异常乳分为生理异常乳、化学异常乳和微生物污染乳三类。

1)生理异常乳

(1)初乳(colostrums)是指乳畜分娩后第一周内所分泌的乳,又称黄乳。初乳色黄而浓稠,有特殊气味。初乳中干物质含量较高,含有比较丰富的免疫球蛋白、脂肪、维生素 A、维生素 D 和铁、钙等矿物质。相对而言,初乳具有较高的营养价值,可提高仔畜的抗病能力,利于仔畜的生长发育。初乳的热稳定性差,易凝固,不适于加工乳制品。

(2)末乳(late lactation milk)是指乳畜在干奶期前 2 周所分泌的乳,又称老乳。一般乳畜产犊 8 个月后泌乳量显著减少,1d 的泌乳量在 0.5kg 即进入末乳期。末乳的化学成分与常乳有显著差别,其成分除脂肪外,均较常乳高。具有苦而咸的味道,含酯酶多,常有油脂氧化味。乳中细菌数及过氧化氢酶含量增加,酸度降低。末乳不适于食用和乳制品的原料。

2)化学异常乳 是指乳的成分和理化性质发生异常的乳。

(1)低成分乳。由于遗传、饲养管理、生理或环境因素的影响,乳的成分发生异常变化,如乳中蛋白质、脂肪等成分偏低,为低成分乳。

(2) 低酸度乳。指乳中正常乳酸含量偏低，滴定酸度不高，但可与70%乙醇发生凝固的乳，又称为低酸度乙醇阳性乳。可能是与动物的代谢障碍、饲养管理不良、气候因素等有关。

(3) 冻结乳。在严冬季节，如在运输过程中导致乳发生冻结，使乳中酪蛋白变性，风味发生改变，有时酸度也会增高。

(4) 风味异常乳。指气味和口味异常的乳，主要由来自畜体、饲料、环境、包装、加工环节等方面的因素引起。

(5) 异物混杂乳。指乳中混入非乳成分，包括随饲料进入机体而转移到乳中的农药、兽药、重金属、抗生素、激素等化学污染物，也包括人为掺入乳中的外来物质，如三聚氰胺等。

3) 微生物污染乳　乳被微生物污染使其成分产生异常变化，理化性质改变，成为微生物污染乳。常见的包括乳房炎乳、酸败乳和病原菌污染乳。

(1) 乳房炎乳。指乳畜在泌乳期发生乳房炎时所分泌的乳。乳房炎乳中的解酯酶、氯和钠粒子以及体细胞数量增加，同时含有大量的病原微生物。

(2) 酸败乳。乳被环境中乳酸菌等多种微生物污染，分解乳中乳糖形成乳酸，使乳的pH下降，酸度增高，色泽发生改变，出现异味，加热时易凝固。

(3) 病畜乳。乳畜在泌乳期患有某种疾病，或携带某种人畜共患病的病原体及其他病原微生物，分泌含有病原菌的乳。

（二）乳的化学组成

乳是多种物质组成的营养体，主要由水、蛋白质、脂肪、乳糖、矿物质、维生素和酶类等物质组成。其中，水分占87%~90%，乳固形物占10%~13%。

(1) 乳蛋白。牛乳中的蛋白质含量在3.3%~3.5%，其中酪蛋白占80%~83%，乳清蛋白占17%~20%。乳蛋白是一种优质的全价蛋白，极易消化吸收。

(2) 乳脂肪。牛乳中乳脂肪含量在3%~5%，主要由三酰甘油构成，占乳脂肪的97%~98%，此外还有少量二酰甘油、单酰甘油、磷脂和固醇等。乳脂肪与乳的风味有着密切的关系，一般不溶于水，呈微细球状分散在乳液中。

(3) 乳糖。乳糖是哺乳动物乳汁中特有的糖类，牛乳中乳糖含量为4.6%~4.7%，全部呈溶解状态。乳糖属于双糖，在乳糖酶的作用下水解生成葡萄糖和半乳糖。有些人消化道中乳糖酶的含量很低，不能分解乳糖，食用乳后出现腹胀、腹泻等症状，称为"乳糖不耐症"。

(4) 矿物质。乳中矿物质主要有钾、钠、钙、镁、硫、磷、氯等大量元素和铁、锌、铜、锰、碘等微量元素。牛乳是人类获取常量元素和微量元素的理想食品，尤其是钙、镁、铁、锌、碘等元素的良好来源。

(5) 维生素。牛乳中含有几乎所有的维生素，水溶性维生素B_1、维生素B_6、叶酸、维生素B_{12}、维生素C等，以及脂溶性维生素A、维生素D、维生素E、维生素K等。

(6) 酶类。牛乳中酶类的三个来源：乳腺分泌、挤乳后由于微生物代谢生成和由于白细胞破裂而生成。主要包括水解酶类、蛋白酶类和氧化还原酶类。

（三）乳的理化性质

乳的理化性质主要包括色泽、气味和滋味、相对密度和比重、冰点和沸点、酸度、黏度、表面张力等，这些性质与乳制品的加工有密切关系，也是检测鉴定乳与乳制品质量安全的重要依据。

1) 色泽　　乳的色泽与乳畜的品种、饲料和产乳季节等因素有关。全脂牛乳呈乳白色或微黄色，乳白色是乳脂肪球与酪蛋白-磷酸钙复合物对光不规则反射和折射的结果，微黄色是乳中胡萝卜素和叶黄素的呈现结果。

2) 气味和滋味　　乳呈现特有的乳香气味，主要是由乳中低级脂肪酸、丙酮酸、乙醛类和二甲硫醚类化合物所形成，经加热后香气更浓。牛乳微甜来自乳糖，微酸来自柠檬酸和磷酸，咸味来源于氯化物，苦味由钙和镁形成。乳房炎乳因其中氯离子含量较高，故有咸味。山羊乳有膻味，与其脂肪酸的种类有关。

3) 相对密度和比重　　牛乳的相对密度是指在20℃时牛乳与同体积4℃水的质量比值，正常牛乳的相对密度在1.028～1.032。乳的比重是指在15℃时牛乳与同体积15℃水的质量比值，正常牛乳的比重在1.030～1.034。乳的相对密度是由乳中固形物含量所决定的，非脂乳固形物增加，则相对密度增加。牛乳的相对密度和比重差异不大，只是在不同温度条件下牛乳中固有成分的质量与体积之比。

4) 冰点和沸点　　牛乳的冰点一般在-0.565～-0.525℃，山羊乳的冰点平均为-0.580℃。乳的冰点很稳定，如果在乳中掺水，可使冰点上升。每掺水1%，冰点约上升0.0054℃。因此可以测定冰点来检验乳是否掺水。牛乳的沸点在1个大气压下为100.5℃，当乳中干物质含量增加时，沸点上升。

5) 酸度　　乳的自然酸度(natural acidity)和发酵酸度(fermentation acidity)即为乳的总酸度(total acidity)，常用吉尔涅尔度(Thorner degrees，°T)表示。新鲜牛乳的自然酸度为16～18°T，其中磷酸盐和柠檬酸盐占10～12°T，蛋白质占3～4°T，CO_2占2°T。当乳被微生物污染并生长繁殖后，微生物分解乳糖产生乳酸，使乳的酸度升高。这种由于发酵产酸而增加的酸度称为发酵酸度。酸度是衡量乳新鲜度和热稳定性的重要指标，乳的酸度高，则其新鲜度和热稳定性差，耐贮存时间短。

6) 表面张力与黏度　　牛乳在15℃时表面张力为0.04～0.062N/m。表面张力与泌乳期乳中干物质含量和温度等因素有关，初乳中蛋白质含量较高则其表面张力略高，全脂乳表面张力为0.052N/m，脱脂乳的表面张力为0.056N/m。温度高则乳的表面张力低，测定乳的表面张力可区分正常乳和异常乳，也可初步判断生鲜乳和杀菌乳。

牛乳在20℃时的黏度为0.0015～0.002Pa·s。乳的黏度与乳的化学组成和温度有关，末乳和病畜乳的黏度比正常乳大，乳的含脂率或非脂乳固体含量增加时黏度升高，温度升高时，乳的黏度下降。

二、乳与乳制品的质量安全

乳富含有人类赖以生存的各种营养要素，也是微生物生长的理想培养基。从乳畜到消费者食用，鲜乳要经过许多环节，若处理不当，任何一个环节都有可能造成污染，影响乳及乳制品的质量安全。

(一)乳与乳制品的质量

牛乳的质量要素是指乳中营养成分的组成，乳畜的种类与品种、健康状况、年龄和泌乳期、乳畜的管理和挤乳房方法等因素都与乳品质量有着密切的关系。

1. 乳畜的种类与品种 乳畜的种类与品种不同，其乳汁的化学成分组成不同。例如，羊乳的脂肪含量比其他动物高，而绵羊的乳脂肪和乳蛋白含量又较山羊高。一般而言，泌乳量较高的乳畜，其脂肪含量相对较低。

2. 乳畜年龄与泌乳期 乳畜的泌乳量以及乳汁的化学组成都随年龄、产仔数和泌乳期不同而异。初产乳畜所产乳中乳脂肪和非脂乳固体含量最高，多数奶牛到产7胎后脂肪含量下降。初产乳畜产乳量少，从第2胎起泌乳量逐渐增加，在第5~7胎达到高峰。在整个泌乳期，乳汁的化学组成和物理性质差异性很大。初乳呈黄色，脂肪和蛋白含量高，酸度和相对密度高。末乳的氯离子含量增加，酸度降低。

3. 饲养管理与环境因素 合理的饲养管理和全价饲料的供给对乳的质量具有良好的保障。营养丰富的饲料既可以增加乳畜产乳量，也可提高乳的质量。饲料影响着乳的色泽、风味、化学成分和营养组成。

乳畜所处的环境因素对乳的数量和质量都具有很大的影响。夏季炎热，饮水量增加使乳脂肪含量降低，相反，寒冷的冬季乳脂肪和干物质含量提高。在4~21℃气温条件下，产乳量和乳的成分相对稳定，当温度升高到27℃时，产乳量和乳中固形物含量均有所下降。

4. 挤乳时间与方法 挤乳方法对乳畜的产乳量和含脂率也有一定的影响。每次开始挤的乳脂肪含量偏低，最后挤的乳中干物质和脂肪含量偏高。挤乳时间间隔越长，产乳量越多，脂肪含量偏低。早晨挤的乳比晚上挤的乳脂肪含量低，但乳量大。若挤乳前后按摩乳房，不仅可提高产乳量，也可提高乳脂肪含量。目前在发达地区和奶牛饲养生产区，基本实现机械化或半机械化挤乳，挤乳设备的好坏直接影响奶牛的健康状况，从而间接影响牛乳的质量。

5. 乳畜的健康情况 乳畜的健康情况对产乳量和乳的质量安全影响较为显著。乳畜患有疾病时，产乳量会下降，乳中的脂肪、蛋白质乳糖等含量急剧下降，氯离子含量有所增加。

(二) 乳与乳制品的安全

影响乳与乳制品的安全因素主要来自于乳的微生物污染和化学性污染两个方面。

1. 乳的微生物污染 微生物污染可引起乳的酸败和人的食源性疾病。依据乳中微生物的来源，可将微生物污染分为内源性污染和外源性污染。

1) *内源性污染* 内源性污染又称乳房内污染，指乳畜体内来自乳房本身的微生物进入乳中的污染。无论是健康动物还是患病乳畜，其乳头内天然栖息一定数量和种类的微生物，因此，挤出的乳和健康动物的肉类和血液不同，不是无菌的，而是含有一定数量的微生物。一般而言，健康乳畜的乳汁中的细菌数量较少，在200~600细胞/mL；最先挤出的乳细菌含量较高，大约为6000细胞/mL，随后乳中细菌的数量逐渐减少，最后乳中细菌含量降至400细胞/mL。对患病动物，乳房中除了含有正常的菌群外，体内的病原微生物随血液循环进入乳房，此时分泌的乳汁含有病原菌，如乳牛的结核杆菌病、布鲁氏菌病、炭疽、李斯特氏菌病和乳房炎等疾病都可形成乳的内源性感染。

2) *外源性污染* 是指乳挤出后被微生物污染。相对于内源性污染而言，乳的外源性污染复杂而多变，主要来自畜体体表、环境、容器和设备、人员等方面的污染。

(1) 体表的污染。乳畜体表，特别是乳房周围的皮毛附着有大量的微生物，若挤乳前不进行清洗或不注重操作卫生，极易造成乳汁的污染。

(2) 环境污染。乳畜所处的环境因素如灰尘、饲料、粪便、地面、皮毛、昆虫等都含有大量的微生物，如果不加以控制，就可能进入乳中造成污染。畜舍中空气的清洁程度对乳的质量具有重大的影响。

(3)容器和设备的污染。乳品在生产加工、贮存、运输过程中，使用或接触的不干净的挤乳机械、乳桶、离心机、过滤器、贮乳车等容器和设备，都会造成乳的污染。特别是夏秋季，当容器设备清洗不彻底和消毒不严格，微生物便会在乳的残渣中生长繁殖，进入乳中造成污染。

(4)人员污染。挤乳人员的手和衣服不洁净，可造成在挤乳过程中的人为污染。若人员患有传染病，可能造成乳的食源性疾病传播。

2. 乳的化学性污染 乳与乳制品中的化学性污染一方面来自饲料、饮水、兽药等的内源性污染，另一方面来自设备、容器、人为等因素的外源性污染。化学性污染物主要包括农药残留、兽药残留、重金属、黄曲霉毒素等。

(1)农药残留。主要通过含有各种农药残留的饲料、饮水等摄入，造成在乳汁中的残留。

(2)兽药残留。兽药残留指抗微生物药物、抗寄生虫药物以及性激素和生长激素等在乳中的残留。这些药物一是为预防疾病、提高动物的抗病能力添加到饲料或饮水中，进入体内通过血液残留在乳汁中的；二是在病畜的疾病治疗过程形成在乳中的残留。

(3)重金属。乳中的重金属污染主要是来自设备、容器以及饲料和饮水。

(4)黄曲霉毒素。乳与乳制品中黄曲霉毒素的来源于饲料，当乳畜食用被黄曲霉污染的饲料，就可能造成对乳的污染。

(5)掺假物。乳中掺伪物十分复杂，如淀粉、豆浆、食盐、洗衣粉、化肥、芒硝、白陶土、白鞋粉、广告白、小苏打、硝酸盐、三聚氰胺等。

第二节 乳品取样技术

一、样 品 采 集

(一)样品分类

采样又称取样和抽样，是指从被检的原料或产品的总体(一般为一整批乳品)中抽取一部分样品。通过分析一个或多个样品，对整批乳品进行质量安全评估。根据样品的性质可将样品分为原始样品和平均样品。根据样品的作用又可将样品分为检测样品、复检样品和保留样品。

(1)原始样品。按照样品的性质和统计学的规则，将待检乳及乳制品从各个部位采集的小样，混合在一起即为该批样品的原始样品。

(2)平均样品。将原始样品混合均匀按四分法平均地分出一部分作为全面检验用的检样，即为平均样品。

(3)检测样品。由平均样品中分出用于全部项目检验用的样品。

(4)复检样品。复检样品是对结果有怀疑有争议或分歧时，可根据具体情况进行复检，为此目的的样品称为复检样品。

(5)保留样品。保留样品对某些样品需要封存保留一段时间，以备再次验证。

（二）采集原则

正确采样必须遵循以下两个原则：一是采集的样品要均匀一致、必须具有代表性，才能由样品反映被分析整体的质量和卫生状况；二是在采样过程中，要设法保持原有的理化状态，防止成分逸散或带入杂质。

样品采集后应在 4h 内送检。样品中不准添加任何防腐剂。

（三）采样的准备工作

(1) 采样人员。正规的乳制品分析实验室，应确定专门的采样人员。采样人员需接受专门训练，了解相关的知识，并熟练掌握采样操作技术。有条件时应实行双人平行采样。

(2) 样品的封装与标贴。采好的样品要密封包装，贴上标签。标签上应注明样品的名称、来源、数量、采样日期和编号等内容。

（四）样品采集注意事项

(1) 样品标签。样品标签应注明以下信息：①产品名称；②工厂名称及生产日期；③采样日期及时间；④产品数量及批号。

(2) 采集过程。采样工具应清洁，不应将任何有害物质带入样品中。样品在检测前不得受到污染、发生变化。所用样品应及时检验，如果在 1h 以内不能检验者，应贮于 2~6℃ 的冷库内。奶站在牛乳装车前，必须搅拌 5min，奶车到厂后，采样必须搅拌 15 次以上。每批样品中至少有 1 瓶做微生物检验，其余做感官检验和理化检验。

（五）采样的方法和数量

不同形态的样品采样数量不同，一般样品按形态不同分为固体样品、半固体样品和液体样品。

1. 液体样品　　一般包括生鲜乳、酸奶等产品。

采样时要遵守无菌操作规程，瓶装鲜乳采取整瓶作为样品，桶装乳先用灭菌搅拌器搅和均匀，然后用灭菌勺子采取样品。应用于微生物检验的样品，细菌菌落总数和大肠菌群指标的采样量一般为 100mL，致病菌检验的采样量为 20~300mL。采样时尽可能避免污染，将样品倒入灭菌广口瓶的塞下部，立即盖上瓶塞，并迅速使之冷却至 6℃ 以下。

2. 半固体样品　　一般包括炼乳、奶油等产品。

1) 炼乳　　将瓶或者铁罐的表面先用水洗净，再以点燃的酒精棉球将瓶口或铁罐表面消毒，然后用灭菌的开罐(瓶)器打开，以无菌手续称取样品，一般取样量为 200g，每个检验单元为 25g。

2) 奶油(稀奶油)　　用无菌手续取适量检样，置于灭菌锥形瓶内，在 45℃ 水浴或保温箱中加温，融化后立即将瓶取出，以灭菌吸管吸取检样，从检验融化至接种完毕的时间不应超过 30min。取样量一般为 200mL，每个检验单元为 25mL。

3. 固体样品　　一般包括干酪、奶粉等产品。

1) 干酪　　因为这些产品的抽样主要用于成分检测，所以样品容器的大小只要刚好够盛下样品就行，这样可以减少因湿气的进入而带来的成分变化。

(1) 小干酪和零售包装干酪。一般采集整块干酪或整包干酪。
(2) 块状干酪。用一个不锈钢刀在面上平行切 2 刀，弄去表层后取至少 100g 的一块。
(3) 大块干酪。抽取方法—照干酪情况和生产方法来定。如果有可能，用一个不锈钢取样器在 75%乙醇擦过表面的干酪的末端取样 5～10cm 长的样品。第二次取样从中心取，第三次取样点在第一和第二取样点的中间。

每次取样时，将取样部位的表面的蜡皮用灭菌刀削掉，然后用点燃的酒精棉球消毒后以灭菌刀切开，再以灭菌刀切取表层和深层检样各少许，置于灭菌乳钵内切碎，加入少量灭菌盐水研成糊状。

2) 奶粉　　小型包装奶粉，应该采取整件的原包装。罐装或瓶装的奶粉，按照炼乳处理方法将容器外部消毒后，以无菌手续开封取样。塑料袋装奶粉以 75%乙醇将袋口两面拭擦一遍，然后用灭菌刀剪切开，以无菌手续取样。

奶粉如是大包装，可分为灌装和袋装，规格为 12.5kg 和 25kg 两种，可用灭菌后的无菌刀或勺从有代表性的各部位每件取出不少于 200g 的样品。

(六) 采样细则

1) 袋装(箱装)原料　　有原辅料检验员根据"原辅料检验验证项目表"的不同要求从不同部位抽取 4 袋(箱)，在每袋的四角及中心各取 100～200g 做感官指标检验，凡需进行理化、微生物指标检验的，将样品混合均匀后取 300～500g 送检验部门做理化、微生物指标检验。不足 4 袋的按照实有数量进行抽检，检验合格后方可使用；不合格的依据复检规则进行复检。

2) 桶装原料　　依据"原辅料检验试验项目表"的要求在不同部位抽取 4 桶，在每桶的上、中、下三处或摇匀后取样 100～200g 做感官指标检验。凡需进行理化和微生物检验的，将样品混合均匀后取 300～500g 做理化和微生物检验。不足 4 桶的按照实有数量进行抽检，检验合格后方可使用；不合格的依据复检规则进行复检。

3) 辅料　　有检验部门每月对各类直接接触产品的辅料(如包装袋、雪糕棒、吸管等)分别进行一次涂抹检验，检验不合格的产品不可使用。

4) 检验结果的出具　　所用项目全部检验结束后，由检验中心出具"原材料检验表结果报告单"与"原辅材料感官检验验证报告单"，并在 48h 内录入计算机待查(只进行感官检验的，当日内将结果输入计算机)。

二、样 品 保 存

1. 保持样品原来状态　　样品应尽量从原包装中采集，不要从已开启的包装中采集。从散装或大包装中采集的样品。如果样品是干燥的，一定要保存在干燥清洁的容器内，不要同有异味的样品一同保存。

装载样品的容器可选择玻璃的或者塑料材质的，可以用瓶、试管或袋。容器必须完整无损，密封。

用于盛装病原学检验样品的容器，用前以干热或高压灭菌并烘干。如选用塑料不耐高压的容器，经环氧乙烷熏蒸后，紫外线 20cm 处直射灭菌后使用。

根据检验样品的性状及检验目的，选择不同容器，容器不可装过多，尤其液态样品不可超过容器量的 80%，以防冻结时容器破裂。装入样品后，必须加盖，然后用胶布或封箱胶带封固。

对于液态样品,在胶布或封箱硅胶外还须用融化的石蜡加封,以防液体外泄。如果选用塑料袋,则应用两层袋,分别用线结扎带口,防止液体流出,也防止流入物污染样品。

2. 易变质的样品要冷藏 易腐食品在温度较高的情况下采样,一定要冷藏保存,防止在送到检验室前发生变质。

3. 特殊样品要在现场进行处理 对于霉菌检验的样品,要保持湿润,可放在1%甲醛溶液内保存,也可储存在5%乙醇溶液或稀乙酸溶液中保存。

对病毒检验的样品,数小时内可以送到检验室的,可只做冷藏处理,超过数小时的应冻结处理。

三、样品的预处理

(一)处理原则

样品的处理原则主要包括以下几方面:一是要消除干扰因素;二是保证被测组分在分离过程中的损失要小,到可以忽略不计程度;三是将被测组分浓缩,以便获得更可靠的结果;四是选用简便快捷的分离富集方法处理样品。

(二)常用的预处理方法

1. 直接溶解法 检样中的被测物质大多数能直接溶于水,所以这类物质一般是将试样加水溶解稀释后直接测定,有些物质则需要加热提取后测定。有些难溶于水的有机物质,常用乙醚、乙醇、四氯化碳、氯仿等有机溶剂溶解。

2. 有机质破坏法 乳及乳制品中许多微量元素与蛋白质等有机结合成为难溶的或难离解的化合物,因此,在测定前要先破坏有机结合体,使被测组分释放出来。根据操作不同分为干法灰化、湿法消化和微波消解法。

1)干法灰化 干法灰化是将样品置于坩埚中,先在电炉上小火炭化,除去水分后,再置于500~600℃高温炉中灼烧灰化,使有机物被彻底氧化破坏,生成二氧化碳和水逸出,取出残灰,冷却后用稀盐酸或稀硝酸溶剂溶解过滤,滤液定容后供测定用。

干法灰化优点是破坏彻底、操作简便、试剂用量少;缺点是时间长,挥发性元素在高温下损失较大,坩埚对被测组分有残留作用,致使测定结果的回收率降低。

2)湿法消化 湿法消化在强酸性溶液中,在加热条件下利用硫酸、硝酸、高氯酸等氧化作用,使有机物分解产生气体,被测金属呈离子状态留在消化液中待测。湿法消化的优点是加热温度相对较低,减少了元素损失,有机物分解速度快,所需时间短;缺点是消化过程中产生大量有害气体,因此,实验要在通风橱中完成;消化初期,易产生大量泡沫外溢,故需操作人员随时关照。

3)微波消解法 微波消解法是通过电磁波的能量来加热反应液,它是从内到外加热,样品与酸的混合物通过吸收微波能,即时深层加热,同时,微波产生的交变磁场使介子分子极化,产生高速震动,获得高能量,促使化学键快速断裂。比起直接加热,它更有利于有机物质的消解。

3. 蒸馏法 蒸馏法是利用被测物质中各组分挥发性差异来进行分离的方法,可以用于除去干扰组分，也可以将被测组分蒸馏出来，收集后进行分析。例如，乳及乳制品中的不足的测定，常用的方法有三种。

1) 常压蒸馏　　用于被测组分受热不易分解和沸点不太高的样品，加热方法可依据情况选择水浴、油浴或直接加热。

2) 减压蒸馏　　用于常压蒸馏容易使被测组分分解或者沸点太高的样品。

3) 水蒸气蒸馏　　用于被测组分加热到沸点时可能分解的样品；或被蒸馏组分沸点较高，直接加热蒸馏时，因受热不均易引起局部碳化的样品。

4. 萃取法　　溶剂萃取法是在试剂中加入一种与原溶剂不相容的有机溶剂，利用试液中组分在此有机溶剂溶解的特性，而使之与不溶于此溶剂其他组分分离。溶剂萃取法主要用于物质的分离和富集。例如，在测定乳及乳制品中脂肪的含量时，利用脂肪在乙醚中的溶解性进行抽提。

萃取法的优点是设备简单、操作迅速、分离效果好、在食品分析中营养较广；缺点是进行成批量分析时，工作量较大，同时，萃取溶剂常易挥发、易燃且有毒性，故操作时应加以注意。

5. 沉淀分离法　　沉淀分离法是利用被测物质或者杂质能与试剂生成沉淀的反应，经过过滤等操作，使被测物质同杂质分离。

6. 吸附法　　吸附法是利用聚酰胺、硅胶、硅藻土、氧化铝等吸附剂对被测成分均有适当的吸附能力，从而达到与其他干扰成分的分离，如对着色剂有较强的吸附能力，其他杂质难以被吸附。

在鉴定食品中的着色剂的操作步骤中，常常应用吸附法处理样品。样品液中的着色剂被吸附剂吸附后，经过过滤、洗涤，再用适当的溶酶解析，从而得到比较纯净的着色剂溶液。吸附剂可以直接加入样品中吸附色素，也可将吸附剂装入玻璃管中作成吸附柱或涂布成薄层板使用。

第三节　乳与乳制品的理化检验

理化检验是针对构成乳及乳制品产品品质的质量与安全要素，应用现代科学技术和分析方法进行分析与检验。乳与乳制品的质量要素包括营养成分构成及其反应的物理化学属性，营养成分如蛋白质、脂类、糖类、维生素、矿物质等，物理化学属性包括酸度、相对密度、溶解度等。乳与乳制品的安全要素包括外界化学性有毒有害污染物，如农药、兽药、重金属、无机盐等。

一、酸度测定

牛乳的酸度分为固有酸度和发酵酸度，二者之和称为总酸度。

刚挤出的新鲜牛奶的酸度为 0.15%～0.18%(16～18°T)，主要是由乳中的蛋白质、柠檬酸盐、磷酸盐及 CO_2 等酸性物质贡献的酸性作用，称为固有酸度。固有酸度中 CO_2 占 0.01%～0.02%(2～3°T)，乳蛋白占 0.05%～0.08%(3～4°T)，柠檬酸盐占 0.01%(2°T)，磷酸盐占 0.06%～0.08%(10～12°T)。如果牛乳的酸度超过 0.20%～0.25%、pH 6.6 时即有乳酸形成。通常把酸度低于 0.20% 的牛乳称为新鲜乳；高于 0.20% 的牛乳称为不新鲜乳；达到 0.30% 时，饮用有一定的酸味；酸度为 0.60% 时牛乳形成结块。

乳在微生物的作用下发酵乳糖产生乳酸,导致乳的酸度逐渐升高。由于发酸产酸而贡献的酸度称为发酵酸度。如果牛乳放置时间过长,微生物繁殖可使牛乳酸度明显升高。如果奶牛状况不佳,患急慢性乳房炎等,则使牛乳酸度降低。因此,牛乳的酸度是反映牛乳质量的一项重要指标。

一般条件下,乳品工业所测定的酸度就是总酸度。滴定酸度可以及时反映出乳酸产生程度,而 pH 只反映乳的表观酸度,两者不呈现相关性,因此,生产中广泛地采用测定滴定酸度来间接掌握乳的新鲜度。酸度越高,乳的稳定性就越低。

(一)酸度的表示方法

乳品工业中酸度是指以标准碱液用滴定法测定乳及乳制品的滴定酸度。我国常用吉尔涅尔度(°T)来表示滴定酸度,在有些企业中也常使用 pH 表示。

1. 吉尔涅尔度 吉尔涅尔度(°T)指滴定 100mL 牛乳样品消耗 0.1mol/L NaOH 标准溶液的毫升数。实际操作时,一般取 10.00mL 牛乳,用 20.00mL 蒸馏水稀释,加入 0.5%的酚酞指示剂 0.5mL,以 0.1000mol/L NaOH 标准溶液滴定,将所消耗 NaOH 溶液的体积乘以 10,即为乳样的酸度(°T)。

2. 乳酸度 牛乳的酸度除用滴定酸度表示外,也可用乳酸的百分数即如酸度(%)来表示。乳酸度的测定方法与总酸度一样,可由滴定酸度直接换算成乳酸度,两者的换算关系为 1°T 相当于 0.09%乳酸。炼乳、酸奶等乳制品一般用乳酸度表示。乳酸度计算公式如下:

$$乳酸度(\%) = \frac{(N \times V) \times 0.09}{10 \times 相对密度} \times 100$$

式中,N 为 NaOH 的摩尔浓度;V 为滴定消耗 NaOH 溶液的体积数(mL);0.09 为乳酸的换算系数;10 为牛乳样品的体积(mL)。

牛乳的相对密度可用乳稠计测得,计算 1°T=0.09%乳酸。

3. pH 酸度可用氢离子浓度的负对数(pH)表示,正常新鲜牛乳的 pH 为 6.5~6.7,一般酸败乳或初乳的 pH 在 6.4 以下,乳房炎乳或低酸度乳 pH 在 6.8 以上。

(二)酸度测定法

1. 酸碱滴定法

1)原理 用 0.1mol/L NaOH 标准溶液滴定,乳中的乳酸等酸性物质与 NaOH 反应,生成乳酸钠及相应的钠盐和水。根据消耗 NaOH 的量计算乳的酸度。

2)仪器和试剂 0.1mol/L NaOH 标准溶液、5g/L 酚酞乙醇溶液、碱式滴定管、pH 计。

3)操作方法

(1)消毒乳、灭菌乳、新鲜乳。吸取 10.00mL 被检乳样,置于 250mL 锥形瓶中,加入 20mL 新煮沸放冷至 40℃的蒸馏水,再加入 0.5mL 5g/L 的酚酞乙醇溶液,小心摇匀。用 0.1mol/L NaOH 标准溶液滴至微红色,在 30s 内部褪色为止。此时溶液 pH 为 8.3,整个滴定过程应在 45s 内完成。记录所用 NaOH 溶液的体积,精确至 0.05mL,用消耗 0.1mol/L 氢氧化钠标准溶液的体积乘以 10,即得被检乳样酸度(°T)。

(2)酸奶。称取 5.00g 已搅拌均匀的检样,置于 250mL 锥形瓶中,加 40mL 新煮沸放冷的蒸馏水，再加入 0.5mL 5g/L 指示剂，摇匀。用 0.1mol/L NaOH 标准溶液滴至终点，用消耗的 NaOH 标准溶液体积乘以 20，即为酸度(°T)。

（3）全脂乳粉。称取 4.00g 试样于 50mL 小烧杯中，用 96mL 新煮沸冷却后的蒸馏水分数次将试样溶解并移入 250mL 锥形瓶中，加数滴酚酞指示液，混匀。用 0.1mol/L NaOH 标准溶液滴至终点，记录消耗的 NaOH 标准溶液体积数。按下式计算酸度。

$$X = \frac{V \times c \times 12}{m}$$

式中，X 为试样的酸度；V 为试样消耗 NaOH 溶液的体积数(mL)；c 为经标定的 NaOH 标准溶液的实际浓度(mol/L)；m 为试样质量(g)；12 为 12g 干乳粉相当于 100mL 鲜乳。

（4）淡炼乳。吸取 10.00mL 试样，置于 250mL 锥形瓶中，加 60mL 新煮沸放冷的蒸馏水及数滴酚酞指示液，以下按灭菌乳操作。

（5）甜炼乳。称取 10.00g 试样，加 65mL 新煮沸放冷的水溶解于 250mL 锥形瓶中，加数滴酚酞指示液，以下按灭菌乳操作。

（6）奶油。取乙醇-乙醚等容混合液，加数滴酚酞指示液，以氢氧化钠溶液(4g/L)滴至微红色。准确称取 10.00g 试样，加 30mL 中性乙醇-乙醚混合液，混匀，加三滴酚酞指示液。以 NaOH 标准溶液(0.1mol/L)滴至刚显粉红色，30s 内不褪色为终点，用消耗的 NaOH 标准溶液(0.1mol/L)体积乘以 10 即为酸度。

2. 乙醇试验（生鲜牛乳）

1）原理　　乳中酪蛋白胶粒带有正电荷，具有亲水性，在胶粒周围形成一层结合水。因此，酪蛋白在乳中以稳定的胶体状态存在。乙醇具有更强的亲水性，可使蛋白质胶粒脱水，浓度越大，脱水性越强。当乳的酸度增高时，酪蛋白胶粒带有的正电荷被氢离子中和。因此，酪蛋白胶粒表面的结合水已被乙醇脱去，中和负电荷形成凝集颗粒。

用一定浓度的乙醇与等量牛乳混合，根据蛋白质的凝集程度判断牛乳的酸度。用来测定原料乳在高温加工过程中的稳定性（试验的标准温度为 20℃ 左右）。

2）试剂　　体积分数分别为 68%、70% 和 72% 的调至中性的乙醇溶液。

乙醇溶液的配制：用无水乙醇，利用公式 $V_1 = V_2 \times 68\%$（V_1 为所加无水乙醇体积，V_2 为所配制浓度为 68% 乙醇的体积，$V_2 - V_1$ 为所加蒸馏水的体积）加入蒸馏水，充分混匀后用乙醇计测量乙醇溶液的浓度和温度，最后查表求得乙醇浓度。

3）操作方法　　用吸管（或移液器）吸取 2.0mL 乳样置于干净、干燥的试管或平皿内，用等量乙醇溶液，振摇试管或转动平皿，使乳样与乙醇充分混匀，勿使局部乙醇浓度过高而发生凝聚。振摇后不出现絮片的牛乳符合表 7-1 酸度标准，出现絮片的牛乳为乙醇试验阳性乳，表示其酸度较高。试验温度以 20℃ 为标准，不同温度需进行校正。根据收乳标准，采用 68%、70% 和 72% 的乙醇。

表 7-1　乙醇试验与酸度对照表

乙醇浓度/%	不出现絮状的酸度/°T
68	<20
70	<19
72	<18

3. 煮沸试验（生鲜牛乳）

1) 原理　　牛乳新鲜度越差，酸度越高，乳中蛋白质对热的稳定性差，加热后易发生凝固。根据乳中蛋白质在不同温度时凝固的特征，可判断乳的新鲜度。

2) 操作方法　　取 10mL 牛乳样品，加到干净试管中，置于水浴锅中煮沸 5min，取出观察管壁有无絮状物出现或发生凝集现象。如产生絮片或凝集，表示牛乳不新鲜，酸度高于 26°T。

二、脂肪的测定

脂类化合物是人体必需的营养要素之一，具有补充消耗脂肪、提供能量和构成脂肪组织的生理功能。乳及乳制品中脂类化合物主要包括乳脂肪和类脂两类物质，是乳及乳制品的重要组成部分。乳脂肪中含有卵磷脂、脑磷脂和神经鞘磷脂，不溶于水，以脂肪球的状态分散悬浮于乳浆中。脂肪球有大有小，大脂肪球芳香味浓，脂肪球越小越容易消化吸收，乳脂肪中脂肪酸的化学结构可分为饱和脂肪酸和不饱和脂肪酸。牛乳中脂肪酸的特别之处为含有较多 8 碳的短链脂肪酸，这种短链脂肪酸在人乳脂肪中只含有 0.4%，而在牛乳中含有 7.2%。另外，脂肪酸中含有 10～14 碳的中链脂肪酸，这些中、短链接脂肪酸容易被人体消化吸收。同时，乳脂肪酸的熔点低，具有很好的乳化状态，所以乳脂肪为易于消化吸收的优质脂肪。类脂主要包括磷脂和胆固醇等，它们在细胞生命过程中对物质的转运和能量的传递具有重要的作用，是非常重要的生理活性物质。

测定乳及乳制品中脂肪含量常用的方法有罗兹-哥特里法、巴布科克法和盖勃氏法，本书只介绍公认的标准法即罗兹-哥特里法和方便的巴布考克法。

（一）罗兹-哥特里法

罗兹-哥特里(Rose-Gottlieb)法又称碱性乙醚提取法，是乳品中脂肪测定的标准方法。应用巴布科克法和盖勃氏法所测得的脂肪中不包括磷脂。牛乳和稀奶油等产品中磷脂占总脂肪含量的 1%左右。本法适用于各种液状乳(生乳、加工乳、部分脱脂乳、脱脂乳等)，各种炼乳、奶粉、奶油及冰淇淋等能在碱性溶液中溶解的乳制品，也适用于豆乳或加水呈乳状的食品，被国际标准化组织(ISO)和 FAO/WHO 等采用，是乳及乳制品脂类定量测定的国际标准法。

1) 原理　　乙醚不能从牛乳及其他液体样品中直接提取脂肪，样品需先用浓氨水和乙醇处理，氨水可使乳中酪蛋白钙盐成为可溶性钙盐，使结合的脂肪游离，乙醇使溶解于氨水中的蛋白质沉淀析出，然后用乙醚从乳中提取脂肪。加入石油醚可减少抽出液中的水分含量，且分层清晰，干燥至恒重，称其质量得乳中脂肪含量。

2) 仪器和试剂　　①抽脂瓶，内径 2.0～2.5cm，体积 100mL。②水浴锅。③蒸馏装置。④氨水、95%乙醇、乙醚、石油醚(沸点 30～60℃)，均为分析纯。

3) 操作方法

(1) 仪器准备。恒重接收瓶、洗涤干燥抽脂瓶。

(2) 抽提。吸取 10.0mL 试样于抽脂瓶中，加入 1.25mL 氨水，充分混匀，置 60℃水浴中加热 5min，再振摇 2min，加入 10.0mL 乙醇，充分摇匀，于冷水中冷却后，加入 25.0mL 乙醚振摇 0.5min，再加入 25.0mL 石油醚，振荡 0.5min。静置 30min，待上层液澄清时，读取醚层体积。用移液管将有机层吸入至已恒重的接收瓶中。再加乙醚、石油醚(2～3 次)的重复提取(每次用15mL)，将有机层合并于同一接收瓶中。将接收瓶置于98～100℃干燥1h后称量，再置98～100℃干燥0.5h后称量，直至前后两次质量相差不超过1.0mg。

(3)结果计算。

$$X = \frac{m_1 - m_0}{m_2 \times \frac{V_1}{V_0}} \times 100$$

式中，X为试样中脂肪的含量(g/100g)；m_1为接收瓶加脂肪质量(g)；m_0为接收瓶质量(g)；m_2为样品质量(吸取体积乘以牛乳的相对密度)(g)；V_0为读取乙醚层总体积(mL)；V_1为放出乙醚层体积(mL)；100为每1g样品中脂肪含量转换为每100g样品中脂肪含量。

计算结果保留两位有效数字。

(4)精密度。在重复性条件下获得的两次独立测定结果的绝对差值不得超过算术平均值的5%。

(二)巴布科克法

巴布科克法(Babcock法)是由美国科学家Babcock研发，用来测定乳及乳制品的一种方法，该方法用来提取乳制品中的脂肪，测定时因样品不需要烘干，因此称为湿法提取。脂肪在牛乳中以乳胶体形式存在，要测定脂肪必须要破坏乳胶体脂肪与其他非脂成分分离，分离出来的非脂成分一般用浓H_2SO_4分解，用容量法定量，操作简便，为许多国家用于乳制品的常规分析。

1. 原理　　脂类在牛乳中并不是以溶解状态存在，而是以脂肪球呈乳浊液状态存在，在它周围有一层膜，这层膜使脂肪球可在乳中保持乳浊液的稳定状态，这层膜中含蛋白质、磷脂等许多物质，通常用浓H_2SO_4时非脂成分溶解，脂肪球膜就被软化破坏，于是乳浊液就破坏，脂肪即可分离出来。利用H_2SO_4溶解乳中的乳糖、蛋白质等非脂成分使脂肪球膜破坏，脂肪游离出来，在乳脂瓶中直接读取脂肪层，从而迅速求出被检乳中的脂肪率。

2. 方法　　准确吸取20℃牛乳17.6mL，注入巴氏乳脂瓶中，将等量H_2SO_4小心倒入乳脂瓶中，H_2SO_4流入牛乳下面形成一层，摇动乳脂瓶使牛乳与H_2SO_4混合，即呈棕黑色，继续摇动2～3min，将乳脂瓶放入离心机中，1000r/min离心5min，取出后向瓶中加60℃水至分离的脂肪层在瓶颈部刻度处，1000r/min再离心2min，加60℃水至4%刻度线，再离心1min，放置60℃水浴中保温5min使脂肪柱稳定，读数。

三、蛋白质的测定

牛乳中的蛋白质含量为3.0%～3.7%，主要由酪蛋白(casein)和乳清蛋白(whey protein)组成，还含有少量的脂肪球膜蛋白。酪蛋白是牛奶在20℃ pH4.6条件下沉淀的蛋白质，分为α-酪蛋白、β-酪蛋白和γ-酪蛋白，占乳中蛋白质总量的80%～82%。余下不形成沉淀溶解于乳清的蛋白质均称为乳清蛋白，占乳中蛋白质总量的18%～20%，包括β-乳球蛋白、α-乳白蛋白、血清白蛋白和免疫球蛋白及其他微量蛋白等。除血清白蛋白、免疫球蛋白来自血液外，所有酪蛋白和乳清蛋白均为乳腺中的乳分泌细胞合成产物。随着大部分牛乳蛋白的氨基酸序列测定，已发现了许多牛乳蛋白的变异型。

乳与乳制品中蛋白质的测定方法主要包括传统的凯氏定氮法、双缩脲法、Folin-酚试剂法、紫外吸收法和考马斯亮蓝法等。

凯氏定氮法是测定化合物或混合物中总氮量的一种方法，在有催化剂的条件下，用浓硫酸消化样品将有机氮都转变成无机铵盐，在碱性条件下将铵盐转化为氨，随水蒸气馏出并为过量的酸液吸收，再以标准碱滴定，就可计算出样品中的氮量。由于蛋白质含氮量比较恒定，可由其中氮含量计算蛋白质含量，故此法是经典的蛋白质定量方法。虽然凯氏定氮法具有时间长、不易区分氮的来源等缺点，但从灵敏度、回收率、精确度等指标来看还是目前测定蛋白质的国际通用的标准方法。

1. 原理　　蛋白质是含氮的有机化合物，乳及乳制品中蛋白质与硫酸和催化剂一同加热消化，使蛋白质分解，分解的氨与硫酸结合生成硫酸铵。然后碱化蒸馏使氨游离，用硼酸吸收后再以硫酸或盐酸标准溶液滴定，根据酸的消耗量乘以换算系数计算蛋白质含量。

1)消化　　试样与浓硫酸和催化剂一同加热，使有机质破坏，蛋白质分解，其中元素碳和氢完全被硫酸分解氧化为二氧化碳和水逸出，蛋白质中的氨基与硫酸结合生成硫酸铵，存在于溶液中。消化时加入硫酸铜作为催化剂，以加速分解反应。

在高温条件和 $CuSO_4$ 催化下，蛋白质中胺与浓 H_2SO_4 作用，硝化生成 $(NH_4)_2SO_4$。反应式为

$$2NH_2 + H_2SO_4 + 2H \longrightarrow (NH_4)_2SO_4$$

有机物消化后，溶液具有清澈的硫酸铜蓝绿色，同时硫酸铜在下一步蒸馏时可作碱性反应的指示剂。在反应过程中添加硫酸钾，为了提高反应溶液的沸点，加速分解过程。在消化过程中，随着硫酸的不断分解，水分的不断蒸发，硫酸钾的浓度逐渐增大，沸点逐渐升高，加速了对有机物的消化作用。

有时也添加30%的 H_2O_2，利用其氧化性，从而提高反应速度。

2)蒸馏和吸收　　硫酸铵在碱性条件下，通过加热蒸馏释放出 NH_3 随水蒸气被 H_3BO_3 溶液收集。反应式为

$$(NH_4)_2SO_4 + 2NaOH \longrightarrow 2NH_3 + 2H_2O + Na_2SO_4$$

$$2NH_3 + 4H_3BO_3 \longrightarrow (NH_4)_2B_4O_7 + 5H_2O$$

3)滴定　　氨被硼酸溶液吸收，用 H_2SO_4（或 HCl）标准溶液滴定生成硼酸铵，硼酸为极弱的酸，在滴定中并不影响所用指示剂变色反应。根据标准溶液消耗的体积计算总氮含量，再乘以蛋白质系数，即为蛋白质的含量。反应式为

$$(NH_4)_2B_4O_7 + H_2SO_4 + 5H_2O \longrightarrow (NH_4)_2SO_4 + 4H_3BO_3$$

2. 试剂　　所有试剂均为分析纯，用不含氮的蒸馏水配制。

(1) 标准滴定溶液：H_2SO_4 标准溶液，$c(H_2SO_4)=0.0500mol/L$；HCl 标准溶液，$c(HCl)=0.1000mol/L$。

(2) 甲基红-溴甲酚绿混合指示剂：用体积分数为95%的乙醇，将溴甲酚绿及甲基红分别配成 1g/L 的乙醇溶液，使用时按 1g/L 溴甲酚绿：1g/L 甲基红为 5∶1 的比例混合，临用时混合。

(3) NaOH 溶液：称取 400g NaOH，用 1000mL 水溶解，待冷却后移入试剂瓶中。
(4) 其他试剂：浓硫酸、硫酸钾、硫酸铜、30%过氧化氢溶液、30g/L 硼酸溶液。

3. 仪器　凯氏定氮蒸馏装置、500mL 或 250mL 凯氏烧瓶、250mL 锥形瓶等。

4. 操作方法

1) 取样的称取　精密称取 0.20～2.00g 固体样品或 2.00～5.00g 半固体样品或吸取 10.00～25.00mL（或用减量法称取 12～15g）液体样品（相当于 30～40mg 氮）。将样品和滤纸一起小心移入凯氏烧瓶的底部；液体样品要用减量法倒入凯氏烧瓶中，倾倒样品时要顺着连烧杯一起称重的小玻璃棒小心操作，尽量使样品不挂在凯氏烧瓶的颈口部。

2) 消化　在凯氏烧瓶中加入 10g 硫酸钾和 1g 硫酸铜，取量 20mL 浓硫酸，徐徐加入凯氏烧瓶中，混合，置于有石棉网的电炉上倾斜加热（通风橱内进行）。一开始火要小，小心不使烧瓶内泡沫冲出而影响测定效果。当瓶内发泡停止，再加大火力，同时，分数次加入 10mL 过氧化氢溶液（加前需使烧瓶冷却一会），冲下瓶颈和瓶壁上的炭化粒。当烧瓶内溶物的颜色逐渐变成透明的淡绿色时，继续消化 0.5～1h。

3) 转移　使消化好的样品稍冷，沿瓶壁加入少许水，混合，再逐渐沿瓶壁滴加少许水（防止剧烈沸腾，水进出烧瓶）至烧瓶内液体的体积约为 60mL，沿玻璃棒将烧瓶壁内液体导入放有小漏斗的 100mL 容量瓶中，以水洗凯氏烧瓶 3 次，冷却容量瓶，定容。

4) 蒸馏　连接定氮装置，于水蒸气发生瓶中装入 2/3 以下的水，加入数粒玻璃珠防止爆沸，加热煮沸水蒸气发生瓶内的水，接通冷凝水。在接收瓶装中加入 50mL 30g/L 硼酸溶液和三滴混合指示剂，使冷凝器的出液端口位于接收瓶液面下。将 25mL 消化液小心移入凯氏定氮装置蒸馏瓶中，再缓慢加入 25mL 400g/L NaOH 溶液，迅速塞好塞，用水封好塞，通入蒸汽进行蒸馏。待接收瓶内液体约为 150mL 时，稍移动接收瓶，使出口位于液面之上，流出的蒸馏液沿瓶壁流下至接收瓶内，当液体量接近 200mL 时，用少量蒸馏水冲洗冷凝管出液口，将冲洗液收集至接收瓶，停止蒸馏。

5) 滴定　用 H_2SO_4 或 HCl 标准溶液滴定至灰红色。

6) 空白试验　在测定样品的同时，进行空白试验，即除不加样品外，整个操作过程和样品测定一样。

5. 计算

$$X = \frac{(V_1 - V_2) \times 2 \times c \times 0.014}{m \times \frac{25}{100}} \times F \times 100$$

式中，X 为样品中蛋白质的含量（g/100g 或 g/100mL）；V_1 为样品消耗硫酸或盐酸标准溶液的体积（mL）；V_2 为试剂空白消耗硫酸或盐酸标准溶液的体积（mL）；c 为 H_2SO_4 或 HCl 标准溶液的浓度（mol/L）；0.014 为 1.00mL 0.0500mol/L H_2SO_4 或 0.1000mol/L HCl 标准溶液相当氮的含量（g）；m 为样品的质量/体积（g/mL）；F 为氮换算为蛋白质的系数，乳与乳制品为 6.38。

6. 注意事项　在操作过程中，需注意以下几方面。第一，加入样品及试剂时，避免黏附在瓶颈上。第二，硫酸钾的作用是为了提高硫酸的沸点（338℃），增进反应速度。加入 10g 硫酸钾一定要准确，因为 10g 硫酸钾可将沸点提高到 400℃，过多的硫酸钾会使温度过高。当温度达到 513℃时，会使生成的硫酸铵分解。第三，硫酸铜是消化过程的催化剂，使氧化作用加速。第四，若在消化时，溶液不容易呈透明状，可将定氮瓶放冷后，慢慢加入 2~3mL 30% H_2O_2，促进氧化作用。第五，蒸馏时要注意观察，避免瓶中的液体发泡冲出进入接收瓶，也要避免火力太弱，蒸馏瓶内压力降低，使接收瓶内液体倒流，造成实验失败。

四、乳糖的测定

乳糖是乳中最丰富的糖类，占牛乳中所含糖类的 99.8%，此外还有少量的葡萄糖、果糖和半乳糖。乳糖易溶于水，牛乳中的乳糖几乎全部是溶液状态，易于消化吸收。乳糖是双糖，进入人体后，在双糖酶作用下分解成一分子葡萄糖和一分子的半乳糖被人体吸收利用。

乳糖分子结构中含有还原性基团，属于还原糖。乳糖的测定主要采用莱茵-艾农氏法进行测定。

1. 原理　　样品经去蛋白后，在加热条件下费林试剂甲、乙混合液生成天蓝色氢氧化铜沉淀，立即与酒石酸钾钠发生反应，生成深蓝色的酒石酸钾钠铜。酒石酸钾钠铜被乳糖还原，生成红色的氧化亚铜沉淀。达到终点时，稍微过量的转化糖将蓝色的亚甲蓝还原为无色，而显出氧化亚铜的红色。

2. 试剂

1) 费林试剂

(1) 甲液：称取 34.639g 硫酸铜，溶于水中，加入 0.5mL 浓硫酸，用水定容至 500mL。

(2) 乙液：称取 173g 酒石酸钾钠和 50g 氢氧化钠，溶于水中，用水稀释并定容至 500mL，静止 2d 后过滤。

2) 草酸钾-磷酸氢二钠溶液　　取草酸钾 3g，磷酸氢二钠 7g，溶解于 100mL 水中。

3) 乙酸铅溶液　　取 20g 乙酸铅，溶解 100mL 水中。

4) 酚酞溶液　　称取 0.5g 酚酞溶于 75mL 95%乙醇中，加入 20mL 水，用 0.1mol/L 氢氧化钠滴定至粉红色，定容至 100mL。

5) 其他试剂　　10g/L 亚甲蓝溶液、体积比为 1∶1 盐酸溶液、300g/L 氢氧化钠溶液。

3. 操作方法

1) 费林试剂标定　　准确称取经 92℃烘干冷却后的分析纯无水乳糖约 0.75g(精确到 0.2mg)于烧杯中，用水溶解并定容至 250mL。

2) 预滴定　　把乳糖溶液注入 50mL 滴定管中，准确吸取费林试剂(甲、乙液各 5mL)于 250mL 锥形瓶中。加入 20mL 水，从滴定管中徐徐加入乳糖溶液 15mL，置电炉上加热，使其在 2min 内沸腾，小火保持沸腾状态 15s，加入亚甲蓝 3 滴，继续缓慢滴加乳糖溶液，直至蓝色褪尽为终点。

3) 精确滴定　　吸取费林试剂(甲、乙液各 5mL)于 250mL 锥形瓶中，加入 20mL 水，一次性加入比预备滴定量少 0.5~1.0mL 的乳糖溶液，置电炉上加热，使其在 2min 内沸腾，小火保持沸腾状态 2min，加入亚甲蓝 3 滴，然后一滴一滴徐徐滴加乳糖溶液，直至蓝色褪尽为终点。以此滴定量作为计算的依据。

4) 费林试剂乳糖校正值(f_1)按下式进行计算

$$A_1 = \frac{V_1 \times m_1 \times 1000}{250} = 4 \times V_1 \times m_1$$

$$f_1 = \frac{4 \times V_1 \times m_1}{A_{L1}}$$

式中，A_1 表示吸光度；V_1 为滴定消耗乳糖溶液体积(mL)；m_1 为称取乳糖的质量(g)；A_{L1} 为由乳糖滴定毫升数查表 7-2 所得的乳糖数(mg)；250 为乳糖标准样品溶液的体积(mL)；1000 为 1g 样品换算为 1mg 样品。

表 7-2 乳糖及转化糖因数（10mL 费林试剂）

滴定量/mL	乳糖/mg	转化糖/mg	滴定量/mL	乳糖/mg	转化糖/mg
15	68.3	50.5	33	67.8	51.7
16	68.2	50.6	34	67.9	51.7
17	68.2	50.7	35	67.9	51.8
18	68.1	50.8	36	67.9	51.8
19	68.1	50.8	37	67.9	51.9
20	68.0	50.9	38	67.9	51.9
21	68.0	51.0	39	67.9	52.0
22	68.0	51.0	40	67.9	52.0
23	67.9	51.1	41	68.0	52.1
24	67.9	51.2	42	68.0	52.1
25	67.9	51.2	43	68.0	52.1
26	67.9	51.2	44	68.1	52.2
27	67.8	51.4	45	68.1	52.3
28	67.8	51.4	46	68.1	52.3
29	67.8	51.5	47	68.2	52.4
30	67.8	51.5	48	68.2	52.4
31	67.8	51.6	49	68.2	52.5
32	67.8	51.6	50	68.3	52.5

5）乳糖的测定

（1）样品处理。称取 2.5～3.0g 样品（准确到 0.01g），用 100mL 水溶解并分数次洗入 250mL 容量瓶中。加 4mL 乙酸铅、4mL 草酸钾-磷酸氢二钠溶液，每次加入试剂都要徐徐加入，并摇动容量瓶，用水稀释至刻度，摇匀。静置数分钟，用干燥滤纸过滤，弃去最初 25mL，所得样液作滴定用。

（2）预滴定。在 50mL 滴定管中注入上述待测样液 15mL。移取费林试剂甲、乙液各 5mL 于 250mL 锥形瓶中，加入 20mL 水，置电炉上加热，使其在 2min 内沸腾，沸腾后关小火焰，保持沸腾状态 15s，加入亚甲蓝液 3 滴，徐徐滴入乳糖溶液至蓝色完全褪尽为止，读取所用乳糖的毫升数。

（3）精密滴定。吸取费林试剂甲、乙液各 5mL 于 250mL 锥形瓶中，加入 20mL 水，一次加入比预备滴定量少 0.5～1.0mL 的样液，置于电炉上使其在 2min 内沸腾，沸腾后关小火焰，维持沸腾状态 2min，加入 3 滴亚甲蓝液，一滴一滴地滴入样液，待蓝色完全褪尽即为终点。以此滴定量作为计算的依据。

4. 乳糖含量计算 乳糖含量按下式进行计算。

$$L = \frac{F_1 \times f_1 \times 0.25 \times 100}{V_1 \times m}$$

式中，L 为样品中乳糖的质量分数(g/100g)；F_1 为由消耗样液的毫升数查表 7.2 所得的乳糖数(mg)；m 为样品的质量(mg)；V_1 为滴定消耗滤液量(mL)；f_1 为费林试剂乳糖校正值；0.25 为样品溶解定容至 250mL 时糖测定体积(L)；100 为将每 1g 样品中乳糖的含量转化为每 100g 样品中乳糖的含量。

第四节 乳与乳制品有毒有害物质检验

乳与乳制品中不仅富含蛋白质、脂类、碳水化合物、维生素、无机盐等营养成分，在生鲜乳和乳制品的生产加工、贮藏、运输等各个环节都可能污染对人体有毒有害的物质，危害人体的健康。更有甚者，在乳制品中人为添加一些非法添加物，严重威胁消费者健康和生命安全。本节主要介绍乳与乳制品中铅、汞、农药残留、三聚氰胺、亚硝酸盐和抗生素的检测方法。

一、乳与乳制品中铅的测定

1. 原理 乳与乳制品样品经灰化或强酸消解后，注入原子吸收分光光度计石墨炉中，铅经原子化后吸收 283.3nm 共振线，在一定浓度范围，其吸收值与铅含量成正比，可与标准系列比较来定量。

2. 试剂

(1) 铅标准储备液：浓度为 1.0mg/mL，由国家标准物质研究中心提供。

(2) 铅标准使用液：吸取铅标准储备液 1.0mL 于 100mL 容量瓶中，加硝酸(0.5mol/L)或硝酸(1.0mol/L)至刻度。如此经多次稀释成每毫升含 10.0ng、20.0ng、40.0ng、60.0ng、80.0ng 铅标准使用液，也可根据样品所含浓度进行配制。

(3) 混合酸：硝酸和高氯酸的配比为 4:1，即取 4 份硝酸与 1 份高氯酸混合。

(4) 其他：0.5mol/L 和 1mol/L 硝酸、20g/L 磷酸二氢铵溶液。

3. 仪器 所用玻璃仪器均用 10%～20%硝酸浸泡过夜，用水反复冲洗，最后用去离子水冲洗干净。

原子吸收分光光度计(附石墨炉及铅空心阴极灯)、消化装置、电炉。

4. 操作

1) 试样消化 称取试样 2.00～5.00g 置于锥形瓶或高脚烧杯中，放数粒玻璃珠，加 10mL 混合酸，加盖浸泡过夜，加一小漏斗电炉上消解，若变棕黑色，再加混合酸，直至冒白烟，消化液呈无色透明或略带黄色，放冷用滴管将试样消化液洗入或过滤入(视消化后试样的盐分而定)10～25mL 容量瓶中，用水少量多次洗涤锥形瓶或高脚烧杯，洗液合并于容量瓶中并定至刻度，混匀备用；同时作试剂空白。

2) 测定

(1) 仪器条件。根据各自仪器性能调至最佳状态。参考条件为波长 283.3nm，狭缝 0.2～1.0nm，灯电流 5～7mA，干燥(120℃，20s)；灰化温度 450℃，持续 15～20s，原子化温度

1700~2300℃,持续4~5s,背景校正为氘灯或塞曼效应。

(2) 标准曲线绘制。分别吸取铅标准使用液 10.0ng/mL,20.0ng/mL,40.0ng/mL,60.0ng/mL,80.0ng/mL 各 10μL 注入石墨炉中,测得其吸光值并求得吸光值与浓度有关系的一元线性回归方程。

(3) 试样测定。分别吸取样液和试剂空白液各 10μL 注入石墨炉中,测得其吸光值,代入标准系列的一元线性回归方程中求得样液中铅含量。

(4) 基体改进剂。对于干扰试样,则注入适量的基体改进剂磷酸二氢铵溶液(20g/L)一般为 5μL 或与试样同量消除干扰。绘制铅标准曲线时也要加入与试样测定时等量的基体改进剂磷酸二氢铵溶液。

5. 结果计算 样品中铅含量按下式进行计算。

$$X = \frac{(c_1 - c_0) \times V \times 1000}{m \times 1000}$$

式中,X 为试样中铅含量(μg/kg 或 μg/L);c_1 为测定样液中铅含量(ng/mL);c_0 为空白液中铅含量(ng/mL);V 为试样消化液定量总体积(mL);m 为试样质量或体积(g/mL)。

6. 精密度 在重复性条件下获得的两次独立测定结果的绝对差值不得超过算术平均值的 20%。

二、乳与乳制品中总汞的测定(冷原子吸收法)

1. 原理 汞蒸气对波长 253.7nm 的共振线具有强烈的吸收作用,样品经过硝酸-硫酸消化使汞转为离子状态,在强酸性中以氯化亚锡还原成元素汞,以氮气干燥清洁空气作为载体,将汞吸出,进行冷原子吸收测定,与标准系列比较定量。

2. 试剂

(1) 汞标准溶液。精密称取 0.1354g 于干燥器中干燥过的氯化汞,加 5mol/L 混合酸溶解后移入 100mL 容量瓶中,并稀释至刻度,混匀,此溶液每毫升相当于 1mg 汞。

(2) 汞标准使用液。吸取 1.0mL 汞标准溶液,置于 100mL 容量瓶中,加 5mol/L 混合酸稀释至刻度,此溶液每毫升相当于 1μg 汞,再吸取此液 1.0mL,置于 100mL 容量瓶中,加 5mol/L 混合酸稀释至刻度,此溶液每毫升相当于 0.1μg 汞,用时现配。

(3) 30%氯化亚锡溶液。称取 30g 氯化亚锡($SnCl_2 \cdot 2H_2O$)加少量水,再加 2.0mL 硫酸使溶解后,加水稀释至 100mL,放置冰箱保存。

(4) 5%高锰酸钾溶液。称取 5g 高锰酸钾,溶于 100mL 蒸馏水中,配好后煮沸 10min,静置过夜,过滤后置于棕色瓶中。

(5) 其他:硝酸、硫酸、无水氯化钙、5mol/L 混合酸液、20%盐酸羟胺溶液。

3. 仪器 测汞仪、汞蒸气发生器、抽气装置。

4. 操作方法

1) 样品消化 乳与乳制品采取回流消化法进行消化。称取 20g 牛乳或酸牛乳,或相当于 20g 牛乳的乳制品(2.4g 全脂乳粉,8g 甜炼乳),置于消化装置锥形瓶中,加玻璃珠数粒及 30mL 硝酸,牛乳或酸牛乳加 10mL 硫酸,乳制品加 5mL 硫酸,转动锥形瓶防止局部炭化。装上冷凝管后,小火加热,待开始发泡即停止加热,发泡停止后,加热回流 2h。如加热过程中溶液变棕色，再加 5mL 硝酸，继续回流 2h，放冷后从冷凝管上端小心加 20mL 水，继续加热回流 10min，放冷，用适量水冲洗冷凝管，洗液并入消化液中，将消化液经玻璃棉过滤于 100mL 容量瓶内，用少量水洗锥形瓶，滤器，洗液并入容量瓶内，加水至刻度混匀，取与消化样品相同量的硝酸、硫酸，按同一方法做试剂空白试验。

2) 测定

（1）吸取 10.0mL 样品消化液，置于汞蒸气发生器内，连接抽气装置，沿壁迅速加入 2.0mL 30%氯化亚锡溶液，立即通入流速为 1.5L/min 的氮气或经活性炭处理的空气，使汞蒸气经过氯化钙干燥管进入测汞仪中，读取测汞仪上最大读数，同时做试剂空白试验。

（2）吸取 0.00mL，0.10mL，0.20mL，0.30mL，0.40mL，0.50mL 汞标准使用液（相当 0.00μg，0.01μg，0.02μg，0.03μg，0.04μg，0.05μg 汞）置于试管中，各加 10mL 5mol/L 混合酸，置于汞蒸气发生器内，连接抽气装置，沿壁迅速加入 2mL 30%氯化亚锡溶液，通入流速为 1.5L/min 的氮气或经活性炭处理的空气，使汞蒸气经过氯化钙干燥管进入测汞仪中，读取测汞仪上最大读数，绘制标准曲线。

5. 计算　　按下式计算样品中汞含量。

$$X = \frac{(A_1 - A_2) \times 1000}{\dfrac{m \times V_2}{V_1 \times 1000}}$$

式中，X 为样品中汞的含量(mg/kg)；A_1 为测定用样品消化液中汞的含量(μg)；A_2 为试剂空白液中汞的含量(μg)；m 为样品质量(g)；V_1 为样品消化液总体积(mL)；V_2 为测定用样品消化液体积(mL)。

三、乳制品中农药残留的测定

本方法是由酶抑制法测定食品中有机磷和氨基甲酸酯类农药残留量的快速检验方法。有机磷和氨基甲酸酯类农药在六六六禁用之后已成为我国大量使用的一类农药。特别是氨基甲酸酯类生产量非常大，适用范围非常广，而且有效性好，选择性强，较有机磷恢复得快。其毒作用表现为抑制乙酰胆碱酯酶。

1. 原理　　胆碱酯酶可催化靛酚乙酸酯（红色）水解为乙酸和靛酚（蓝色），有机磷或氨基甲酸酯类农药对胆碱酯酶有抑制作用，使催化、水解、变色的过程发生改变，由此可判断出样品中是否含有有机磷或氨基甲酸酯类农药的存在。

2. 仪器　　离心机、水浴锅、蒸发皿、恒温培养箱(37℃±2℃)、速测卡。

3. 试剂　　丙酮、DDV 标准溶液、洗脱液、乙酸乙酯。

4. 操作方法　　取固体或半固体样品 2.5g 或液体样品 2.5mL 置比色管中加入 5mL 丙酮振荡均匀后在离心机 1000r/min 离心 3min。然后取上层丙酮提取液 1.5mL 于蒸发皿中在 70~80℃水浴加热，挥干丙酮。待丙酮完全挥干后，滴 3 滴洗脱液于蒸发皿中，轻轻摇晃 1~2min。取一片速测卡，把蒸发皿中的液滴滴在白色药片上。放置 10min 以上进行预反应，有条件时在 37℃恒温装置中放置。预反应后的药片表面必须保持湿润。将速测卡对折，用手捏 3min 或用恒温装置恒温 3min，使红色药片与白色药片叠合反应。可同时做空白或阳性对照。

以上实验中所用丙酮可用乙酸乙酯代替。

5. 结果判定 与空白对照卡比较，白色药片不变色为阳性结果；略有浅蓝色均为弱阳性结果；白色药片变为天蓝色或与空白对照卡相同，为阳性结果。

6. 注意事项 在样品测定时，需注意以下几点：一是待蒸发皿中的丙酮完全挥发干燥后，滴加 3 滴洗脱液，轻轻摇晃 1~2min 冲洗皿壁，否则做空白试验没有区别。二是将把蒸发皿中的液滴滴在白色药片时，必须保证滴饱满的 1 滴，不可以太多而溢出白色药片的现象。如果 10min 预反应结束白色药片出现干的现象，将速测卡对折前滴一点洗脱液，保证白色药片湿润，再对折速测卡。三是结果判定时白色药片显色反应结束后，可再滴洗脱液判定结果。四是每批不同产品做试验时以相同产品的阴性结果做对照，可判定结果。五是如果化验室使用农药快速仪，则必须注意快速仪的使用方法及进行维护。

四、乳与乳制品中三聚氰胺检测方法（高效液相色谱法）

1. 原理 试样用三氯乙酸溶液-乙腈提取，经阳离子交换固相萃取柱净化后，用高效液相色谱测定，外标法定量。

2. 试剂与材料

(1) 三聚氰胺标准品，CAS 108-78-01，纯度大于 99.0%。

(2) 三聚氰胺标准储备液：准确称取 100mg（精确到 0.1mg）三聚氰胺标准品于 100mL 容量瓶中，用甲醇水溶液溶解并定容至刻度，配制成浓度为 1.0mg/mL 的标准储备液，于 4℃ 避光保存。

(3) 1% 三氯乙酸溶液：准确称取 10.0g 三氯乙酸于 1L 容量瓶中，用水溶解并定容至刻度，混匀后备用。

(4) 5% 氨化甲醇溶液：准确量取 5mL 氨水和 95mL 甲醇，混匀后备用。

(5) 离子对试剂缓冲液：准确称取 2.10g 柠檬酸和 2.16g 辛烷磺酸钠，加入约 980mL 水溶解，调节 pH3.0，定容至 1L，备用。

(6) 甲醇水溶液：准确量取 50mL 甲醇和 50mL 水，混匀后备用。

(7) 阳离子交换固相萃取柱：混合型阳离子交换固相萃取柱，基质为苯磺酸化的聚苯乙烯-二乙烯基苯高聚物，60mg，3mL，或相当者。使用前依次用 3mL 甲醇、5mL 水活化。

(8) 海砂：化学纯，粒度 0.65~0.85mm，二氧化硅（SiO_2）含量为 99%。

(9) 其他：乙腈（色谱纯）、定性滤纸、0.2μm 有机相微孔滤膜、氮气（纯度大于等于 99.999%）。

3. 仪器和设备 高效液相色谱仪，配有紫外检测器或二极管阵列检测器；分析天平，感量为 0.0001g 和 0.01g；离心机，转速不低于 4000r/min；超声波水浴，固相萃取装置，氮气吹干仪，涡旋混合器等。

4. 样品处理

1) 提取

(1) 液态奶、奶粉、酸奶、冰淇淋和奶糖等。称取 2.00g 试样于 50mL 具塞塑料离心管中，加入 15mL 三氯乙酸溶液和 5mL 乙腈，超声提取 10min，再振荡提取 10min 后，以不低于 4000r/min 离心 10min。上清液经三氯乙酸溶液润湿的滤纸过滤后，用三氯乙酸溶液定容至 25mL，移取 5mL 滤液，加入 5mL 水混匀后做待净化液。

(2) 奶酪、奶油和巧克力等。称取 2.00g 试样于研钵中，加入适量海砂（试样质量的 4~6

倍)研磨成干粉状,转移至 50mL 具塞塑料离心管中,用 15mL 三氯乙酸溶液分数次清洗研钵,清洗液转入离心管中,再往离心管中加入 5mL 乙腈,超声提取 10min,再振荡提取 10min 后,以不低于 4000r/min 离心 10min。上清液经三氯乙酸溶液润湿的滤纸过滤后,用三氯乙酸溶液定容至 25mL,移取 5mL 滤液,加入 5mL 水混匀后做待净化液。

注:若样品中脂肪含量较高,可以用三氯乙酸溶液饱和的正己烷液-液分配除脂后再用 SPE 柱净化。

2)净化　　将前面提取的待净化液转移至固相萃取柱中。依次用 3mL 水和 3mL 甲醇洗涤,抽至近干后,用 6mL 氨化甲醇溶液洗脱。整个固相萃取过程流速不超过 1mL/min。洗脱液于 50℃下用氮气吹干,残留物(相当于 0.4g 样品)用 1mL 流动相定容,涡旋混合 1min,过微孔滤膜后,供 HPLC 测定。

5. 高效液相色谱测定

1) HPLC 参考条件

(1) 色谱柱。C_8 柱,250mm×4.6mm(i.d.),5μm,或相当者;C_{18} 柱,250mm×4.6mm(i.d.),5μm,或相当者。

(2) 流动相。C_8 柱,离子对试剂缓冲液-乙腈(85+15,体积比),混匀。C_{18} 柱,离子对试剂缓冲液-乙腈(90+10,体积比),混匀。

(3) 其他参数。流速,1.0mL/min；柱温,40℃；波长,240nm；进样量,20μL。

2) 标准曲线的绘制

用流动相将三聚氰胺标准储备液逐级稀释得到的浓度为 0.8μg/mL、2μg/mL、20μg/mL、40μg/mL、80μg/mL 的标准工作液,浓度由低到高进样检测,以峰面积-浓度作图,得到标准曲线回归方程。

3) 定量测定　　待测样液中三聚氰胺的响应值应在标准曲线线性范围内,超过则应稀释后再进样分析。

4) 结果计算　　试样中三聚氰胺的含量由色谱数据处理软件或按下式计算获得。

$$X = \frac{A \times c \times V \times 1000}{A_s \times m \times 1000} \times f$$

式中,X 为试样中三聚氰胺的含量(mg/kg);A 为样液中三聚氰胺的峰面积;c 为标准溶液中三聚氰胺的浓度(μg/mL);V 为样液最终定容体积(mL);A_s 为标准溶液中三聚氰胺的峰面积;m 为试样的质量(g);f 为稀释倍数。

6. 空白试验　　除不称取样品外,均按上述测定条件和步骤进行。

7. 方法定量限　　本方法的定量限为 2mg/kg。

8. 回收率和允许差　　在添加浓度 2～10mg/kg 范围内,回收率在 80%～110%,相对标准偏差小于 10%。在重复性条件下获得的两次独立测定结果的绝对差值不得超过算术平均值的 10%。

五、乳及乳制品中亚硝酸盐的测定

1. 原理　　样品经处理、沉淀蛋白质,去除脂肪后,亚硝酸盐与对氨基苯磺酸在弱酸条件下重氮化,再与盐酸萘乙二胺偶合,形成紫红色偶氮染料,在 538nm 处有最大的吸收,测定吸光度以定量。

2. 试剂

(1) 亚铁氰化钾溶液。称取 106g 亚铁氰化钾[$K_4Fe(CN)_6 \cdot 3H_2O$]，溶于水并稀释至 1000mL。

(2) 乙酸锌溶液。称取 220g 乙酸锌[$Zn(CH_3COO)_2 \cdot 2H_2O$]，加 30mL 冰醋酸溶解，用蒸馏水稀释至 1000mL。

(3) 饱和硼砂溶液。称取 5g 硼酸钠（$Na_2B_4O_7 \cdot 10H_2O$）溶于 100mL 热水中，冷却后备用。

(4) 4g/L 对氨基苯磺酸溶液。称取 0.4g 对氨基苯磺酸，溶于 100mL 20%（V/V）盐酸中，避光保存。

(5) 2g/L 盐酸萘乙二胺溶液。称取 0.2g 盐酸萘乙二胺，以水稀释至 100mL，避光保存。

(6) 亚硝酸钠标准液。精密称取 0.1000g 亚硝酸钠（经硅胶干燥器干燥 24h），用重蒸馏水溶解并定容至 500mL。此液的质量浓度为 200μg/mL。

(7) 亚硝酸钠标准使用液。吸取标准液 5.00mL 于 200mL 容量瓶中，用重蒸馏水定容。此液的质量浓度为 5μg/mL。临用时配制。

3. 仪器 分光光度计，2.50mL 比色管。

4. 测定方法

1) 样品处理 称取 5.0g 或 5.0mL 混匀的样品置于 50mL 烧杯中，加 12.5mL 硼砂饱和液，搅拌均匀；以 300mL 70℃ 的水将样品洗入 500mL 容量瓶中，于沸水浴中加热 15min，取出后冷却至室温；然后边转动边加入 5mL 亚铁氰化钾溶液，摇匀；再加入 5mL 乙酸锌溶液，以沉淀蛋白质；加水至刻度，摇匀，放置 30min，除去上层脂肪，清液用滤纸过滤，弃去初滤液 30mL，所得滤液备用。

2) 标准曲线绘制 吸取 0.00mL, 0.20mL, 0.40mL, 0.60mL, 0.80mL, 1.00mL, 1.50mL, 2.00mL, 2.50mL 亚硝酸钠标准使用液，分别置于 50mL 比色管中，加入 2.0mL 4g/L 对氨基苯磺酸溶液，混匀；静置 3~5min 后，各加入 1.0mL 2g/L 盐酸萘乙二胺溶液，加水至刻度，混匀；静置 15min，用 2cm 比色皿，以空白调零，于分光光度计 538nm 波长处测定吸光度，绘制标准曲线。

3) 试样测定 吸取 40mL 样品处理液置于 50mL 比色管中，其余操作同标准曲线的绘制。于 538nm 处测定吸光度，从标准曲线上查出样品液中亚硝酸盐的质量。

5. 结果计算 样品中亚硝酸盐含量的按下式计算。

$$X = \frac{m_1 \times V_1 \times 1000}{m \times V_2 \times 1000 \times 1000}$$

式中，X 为样品中亚硝酸盐的含量(g/kg)；m 为样品质量(g)；m_1 为测定用样液中亚硝酸盐的质量(μg)；V_1 为样品的总体积(mL)；V_2 为测定用样液的体积(mL)。

六、牛乳中抗生素的检测方法

牛乳中含有抗生素，不仅对人的健康造成很大的危害，而且由于生产酸奶、奶酪的乳酸菌发酵剂对抗生素敏感，会给乳品加工业带来巨大的经济损失，因此必须严格控制牛乳中抗生素残留。生鲜牛乳中抗生素的主要来源：一是治疗泌乳期病牛时使用抗生素，可从奶牛体内移行到乳腺残留进入牛乳中，一般应用抗生素后 5d 内挤出的牛乳都有抗生素残留；二是为了预防奶牛疾病并提高产量，在奶牛饲料中添加抗生素也会造成牛乳中抗生素的残留；三是由于牧场管理不善，挤奶、储奶没有严格的卫生制度和配套的设施，人为添加或造成牛乳抗生素的污染。

控制鲜乳中的抗生素残留，除要做好科学饲养、精心管理，正确把握挤奶时间和预防疾病外，还要规范抗生素的使用。按国标中有关规定，用药后的奶牛 5d 后所产的牛乳才可作为原料乳，并且要检测其残留。联合国粮食及农业组织(FAO)、世界卫生组织(WHO)、欧盟(EU)及美国食品药品监督管理局(FDA)等对食品中抗生素最大残留量都有明确的规定，我国也规定了鲜奶中抗生素残留限量标准。

目前，鲜奶中抗生素残留的检测方法大致分为三类：生物测定法（微生物测定法、放射受体测定法）、免疫法（放射免疫法、荧光免疫法、酶联免疫法）、理化分析法（波谱法、色谱及联用技术），下面介绍几种牛乳中抗生素残留检测方法。

(一) 2,3,5-氯化三苯四氮唑(TTC)法

TTC 法是我国鲜奶中抗生素残留量检验标准(GB 4789.27—2008)的检测法，属生物检测法。

1. 原理 TTC 法基于抗生素对微生物的抑制作用。如果牛乳中含有抗生素，则加入标准菌株嗜热链球菌，培养 2.5～3h 后，加入 TTC 指示剂（三苯基四氮唑），若样品中不含有抗生素或抗生素残留浓度低于检出限，嗜热链球菌将继续增殖，可还原 TTC 成为红色物质。若检样中含有抗生素并超过检出限，则嗜热链球菌生长受到抑制，指示剂 TTC 不被还原，保持无色。

2. 菌种与试剂

(1) 菌种：嗜热链球菌标准菌株。

(2) 2,3,5-氯化三苯四氮唑(TTC)水溶液：称取 1g TTC，溶于 5mL 灭菌蒸馏水中，装褐色瓶内于 7℃冰箱保存，临用时用灭菌蒸馏水稀释至 5 倍。若遇溶液变为玉色或淡褐色，则不能使用。

(3) 脱脂乳培养基：称取 12g 脱脂乳粉溶于 100mL 蒸馏水中，分装于小试管中，113℃灭菌 20min，备用。

3. 操作方法

(1) 菌液制备：将菌种接种于脱脂乳培养基，(36±1)℃培养 15h 后，以灭菌脱脂乳 1:1 稀释，备用。

(2) 取检样 9mL，置于 16mm×160mm 试管内，在 80℃水浴加热 5min，冷却到 37℃以下，加活菌液 1mL，在(36±1)℃水浴 2h，加入 4%的 TTC 指示剂 0.3mL，(36±1)℃水浴培养 30min 后观察结果。

4. 结果判定 若样液颜色不变为阳性，呈红色为阴性。进一步确证，需将阳性样液再置于水浴中培养 30min，不显色的为阳性，呈红色为阴性。

TTC 法测定各种抗生素的灵敏度为青霉素 4μg/mL，链霉素 500μg/mL，庆大霉素 400μg/mL，卡那霉素 5000μg/mL。它具有费用低、易开展的优点。缺点是耗时长，要求操作人员需有一定专业知识且实验过程中菌液的制备、水浴过程控制都要求严格遵守操作规程，否则易出现假阳性，以致出现检验结果的不稳定性。

(二) Delvotest 法（戴尔沃检测法）

Delvotest 法最早由香港传到广东，其使用是基于 20 世纪 80 年代初香港要求广东提供的

生奶必须"无抗"且要求采用 Delvotest 法检测。该方法也是生物测定法，其试剂是由荷兰 DSM 公司生产并由 AOAC 认证。

1) 原理　　利用嗜热芽孢菌在 64℃条件下培养 2.5～3h 后会产酸，酸引起指示剂 BCP（溴甲酚紫）变为黄色。若牛奶样品中不含抗生素，培养后样品呈黄色；如样品中含有抗生素，嗜热芽孢菌生长受到抑制而无法产酸，指示剂将不变色。

2) 操作方法　　以无菌操作将一片营养药片放入小试管内，用微量移液管将 0.1mL 牛奶样品注入小试管内，把小试管放入已预热至 64℃的水浴箱或恒温器中培养，定时 3h 取出，观察颜色变化。

3) 结果判定　　如果底部 2/3 的固体介质是黄色，则为阴性。如果底部 2/3 的固体介质是紫色，则为阳性。

Delvotest 法具有广谱性，可检测到 β-内酰胺类抗生素在内的更多抗生素，如磺胺类、四环素类、大环内酯类、氨基糖苷类、氯霉素等，其中对青霉素和磺胺类抗生素特别灵敏。其灵敏度为：青霉素 3μg/mL；链霉素 300μg/mL；庆大霉素 400μg/mL；卡那霉素 2500μg/mL。Delvotest 法具有操作方便、严格实用、容易判断、结果可靠、费用适中等优点。但也易出现假阳性，实验证明：当牛奶样品中添加微生物防腐剂（如乳酸链球菌素——Nisin）或样品中有足够的洗涤剂残留时，便可影响嗜热芽孢菌生长而使实验为阳性。

（三）Snap 法

Snap 法是酶联免疫法，由美国 IDEXX 公司生产其检测分析仪及其试剂盒，均获得 AOAC 认证，它利用了竞争酶联免疫技术。

1) 原理　　用特异性抗体将固相载体激活，加入含待测抗原的溶液和一定量的酶标记抗原在 45℃±5℃共同保温，使样品内的抗生素与内置抗生素标志物竞争与固定的抗体结合，然后进行洗涤和显色，内置抗生素标志物与固定的抗体结合形成的复合体，通过酶的作用分解可形成有色物质，通过测定色度并与参照物对照，就可以确定结果是阳性或阴性。

2) 仪器和试剂　　Snap 分析仪和 Snap 试剂盒。

3) 操作方法　　加入乳样于样品管中，摇匀，加热样品和检测板 5min。加入乳样于样品孔中，当激活圆环开始退却时，按 Snap 键。反应 4min，由 Snap 读数仪读取并打印结果。

4) 结果判定　　检测读数小于 1.05 时判为阴性，大于 1.05 时判为阳性。

Snap 检测法是一种将酶化学反应的敏感性和抗原抗体免疫反应的特异性相结合的方法，其敏感性和特异性好。检测的灵敏度以普遍使用的 β-内酰胺类计：青霉素 5μg/mL；阿莫西林 10μg/mL；氨苄西林 10μg/mL；头孢西林 8μg/mL。其他抗生素如四环素等的检测，则需购买相应的试剂来检测。Snap 法检测结果快速准确，9min 内即可检测出牛乳中 β-内酰胺类、四环素类、磺胺类等抗生素的残留含量，且有半定量的读数，可监控牧场用药的情况。检测仪器稳定性良好，结果重现性高，整个检测过程简单方便。但需购置专用检测试剂盒，成本较高。

第五节　乳与乳制品微生物检验

牛乳中含有蛋白质、脂类、糖类、无机盐、维生素等多种营养要素，不仅营养丰富，而且易于人体吸收。然而，牛乳也是微生物生长的最佳天然培养基，一旦被微生物污染，在适宜条件下，微生物可迅速增殖，引起乳及乳制品的腐败变质。如果污染微生物中含有致病微生物，还有引起食源性疾病的安全隐患和导致传染病的传播。本节主要介绍鲜乳中微生物的来源和种群构成、鲜乳贮藏过程中微生物菌相的演变和乳与乳制品中微生物的检验方法。

一、鲜乳中的微生物的污染来源

1. 乳房 一般情况下，乳中的微生物主要来源于外界环境，而非乳房内部。

乳汁从乳腺中分泌出来时是无菌的，但细菌常常通过乳头管污染乳头开口并蔓延至乳腺管及乳池，从而到达乳房内部。因此乳本身不是无菌的，一般情况下，健康牛乳房内部乳中细菌数量不超过 $200\sim600$ 细胞/mL，但乳头管部较多，细菌数量可达到 6000 细胞/mL。挤乳时，最初挤出的乳细菌数量较多，随着乳汁的挤出细菌数量迅速减少。因此，挤乳时最好将最初的头乳弃去。

正常存在于乳房中的微生物，主要是一些无害的球菌。当乳畜患有结核病、布鲁氏菌病、炭疽、李氏杆菌病、伪结核、胎儿弯曲杆菌病等传染病时，乳中含有致病微生物，成为人类疾病的传染来源。

2. 乳畜体表 乳畜体表及乳房上常附着粪屑、垫草、灰尘等。挤乳时不注意操作卫生，这些带有大量微生物的附着物就会落入乳中，造成微生物污染，这些微生物主要是需氧芽孢杆菌属和肠杆菌科的细菌。因此，挤乳前需进行必要的乳房清洗，减少乳中微生物的污染。

3. 容器和用具 在采集乳和乳品生产过程中所使用的容器及用具，如乳桶、挤乳机、滤布和毛巾等是造成微生物污染的重要来源。特别在夏秋季节，当容器和用具洗涮不彻底，消毒不严格时，微生物便在残渣中大量生长繁殖。这些细菌多为耐热性球菌和杆菌，一旦对乳造成污染，给高温瞬间灭菌带来很大的难度。

4. 空气 畜舍内飘浮的灰尘中常常含有许多微生物。牛舍中空气中的细菌含量通常可达 $50\sim100$ 细胞/mL，有尘土者可达 1000 细胞/mL 以上。细菌多为芽孢杆菌和球菌，也含有大量的霉菌孢子。因此，必须保持牛舍的清洁卫生，打扫牛舍宜在挤乳后进行，挤乳前 1h 内不宜清扫。

5. 水源 用于清洗牛乳房、挤乳用具和乳槽的水是乳中细菌污染的一个来源，自然条件下，井水、泉水和河水可能受到动物及人类粪便的污染，也可能受到来自土壤中细菌的污染。水中主要含有一定数量的嗜冷菌。因此，这些水必须经过清洁处理或消毒后方可使用。

6. 昆虫 在夏秋季节，蚊蝇等昆虫可能是造成乳的污染源。由于苍蝇常在垃圾或粪便等污物上停留，每个苍蝇体表可存在几百万甚至几亿的细菌，也可能含有各种致病菌。当蚊蝇落入乳中时，就可把细菌带入乳中造成污染。

7. 饲料和褥草 乳被饲料中的细菌污染，主要是在挤乳前分发干草时，附着在干草上的细菌随同灰尘、草屑等飞散在厩舍的空气中。细菌既污染了牛体，又污染了所有用具，或挤乳时直接落入乳桶，造成乳的污染。此外，往厩舍内搬入褥草时，特别是灰尘多的碎褥草，舍内空气可被大量的细菌所污染，成为乳中细菌污染的来源。混有粪便的褥草，往往污染乳牛的皮肤和被毛，从而造成对乳的污染。

8. 人 乳业工作人员，特别是挤乳工的手和服装是乳中细菌污染的重要来源。因为在人的指甲缝里，手皮肤的皱纹里往往积聚有大量的细菌，挤乳人员如不注意个人卫生，不严格执行卫生操作制度，在挤乳时就可直接污染乳汁。若工作人员患有某些传染病，或是带菌(毒)者则可能带来安全隐患。因此，乳业工作人员应定期进行卫生防疫和体检，以杜绝传染源。

二、鲜乳中的微生物类群

鲜乳中污染的微生物有细菌、酵母和霉菌等多种微生物类群。但最常见的且对产品质量安全影响的优势微生物是细菌，主要包括以下类群。

1. 发酵产乳酸的细菌 污染乳的乳酸菌类群主要是乳杆菌和链球菌两大类群，约占鲜乳内微生物总数的80%。这两类细菌可进行同型乳酸发酵，产生大量乳酸，使鲜乳均匀凝固。

1) 链球菌类 链球菌类主要包括乳酸链球菌、乳酪链球菌、粪链球菌、嗜热链球菌、液化链球菌等。乳酸链球菌能分解葡萄糖、果糖、半乳糖、乳糖和麦芽糖而产生乳酸和少量乙酸、丙酸等有机酸，在乳液中的产酸量可达1%。乳酸链球菌普遍存在于乳液中，几乎所有的生鲜乳中均能检出，最适生长温度为30~35℃。乳酪链球菌不仅能分解乳糖而产酸，而且具有较强的蛋白分解能力。粪链球菌在人类和温血动物的肠道内均有存在，能分解葡萄糖、蔗糖、乳糖、果糖、半乳糖和麦芽糖等，在乳液中可分解乳糖产酸，但产酸力不强，生长温度范围为10~45℃。嗜热链球菌能分解蔗糖、乳糖、果糖而产酸，最适生长温度为40~45℃。

2) 乳酸杆菌类 较常见的和重要的有嗜酸乳杆菌、保加亚利乳杆菌、干酪乳杆菌、短乳杆菌、发酵乳杆菌和乳酸乳杆菌等。

嗜酸乳杆菌是一种细而长的杆菌，革兰氏阳性，不产生芽孢，无鞭毛，最适生长温度为35~42℃，高于53℃或低于20℃时则不能生长。干酪乳杆菌为短杆状或长杆状细菌，呈短链或长链排列，能发酵葡萄糖、果糖、麦芽糖、乳糖产生乳酸，10~40℃均可生长，最适生长温度为30℃，能分解酪蛋白，在干酪制作中有重要作用。

2. 发酵产气的细菌 该类细菌能够分解糖类生成乳酸及其他有机酸，并产生二氧化碳和氢气等气体，能使牛乳凝固，产生多孔气泡，并产生异味和臭味。该群细菌主要包括大肠菌群、丁酸菌和丙酸菌等。大肠菌群主要包括埃希氏大肠杆菌和产气肠杆菌，除产酸产气外，它们还能分解蛋白质，产生异味，影响乳的质量。丁酸菌主要包括丁酸梭菌、魏氏梭菌等，可使鲜乳产酸产气，其中丁酸气味恶臭，产气体量很大，可使凝固的鲜乳裂成碎块，形成暴烈发酵现象。相反，丙酸细菌也能使鲜乳产酸产气，发酵可使干酪形成网眼且产生特殊的芳香风味物质，对干酪的品质有良好的影响。

3. 发生胨化的细菌 这类细菌能分泌凝乳酶，使乳液中的酪蛋白发生凝固，然后又发生分解，使蛋白质水解胨化，变为可溶性状态，主要包括假单胞菌、液化粪链球菌、蜡样芽孢杆菌、变形杆菌、产碱杆菌、黄杆菌、微球菌等。其中，假单胞菌具有极强的蛋白分解能力，可将蛋白质分解形成胺和氨产生不良气味。液化粪链球菌、蜡样芽孢杆菌、变形杆菌等使乳产酸与蛋白质分解，使产品腐败变质。产碱杆菌属、黄杆菌属、微球菌属等低温菌可在低温条件下使蛋白质分解，使冷藏乳腐败变质并产生苦味。

4. 呈碱性的细菌 鲜乳中呈碱性的细菌主要包括粪产碱菌和黏乳产碱菌。粪产碱菌是革兰氏阴性杆菌，不产生芽孢，好氧，有运动性，常存在于人和动物肠道内，可经粪便污染鲜乳。黏乳产碱菌常存在于水中，通常由水混入到鲜乳中，使鲜乳变为黏稠。这两种细菌可分解柠檬酸盐为碳酸盐，使鲜乳呈碱性。

5. 变色的细菌 正常鲜乳呈白色或略带黄色，由于某些细菌的生长代谢可使乳呈现不同颜色。有的假单胞菌产生的深蓝色色素，在中性或碱性乳中呈灰色，在酸性乳中呈蓝色。有的假单胞菌在乳中繁殖时，分解乳中的脂肪、蛋白质并产生淡黄色色素，使乳呈黄色。此外黄杆菌属的细菌生长也可使乳呈黄色。黏质沙雷氏菌在乳中纯培养可引起红乳，但由于其他细菌大量繁殖可抑制该菌生长，故红乳很少见。

6. 嗜冷菌和嗜热菌 乳中的嗜冷菌主要包括假单胞菌、芽孢杆菌属、黄杆菌属、微球菌属、埃希氏菌属等。乳中嗜热菌主要是芽孢杆菌属的细菌和一些嗜热性球菌。

7. 霉菌和酵母菌 鲜乳中的霉菌以酸腐节卵孢霉为最常见，其他还有乳酪节卵孢霉、多主枝孢霉、灰绿青霉、黑含天霉、异念球霉、灰绿曲霉和黑曲霉等。鲜乳中常见酵母为脆壁酵母、洪氏球拟酵母、高加索乳酒球拟酵母、球拟酵母等。

8. 鲜乳中可能存在的病原菌

1）乳畜的病原菌 乳畜本身患传染病或乳房炎时，在乳汁中常有病原菌存在。常见的有结核分枝杆菌、副结核分枝杆菌、布鲁氏菌、肠出血性大肠杆菌 O157：H7、金黄色葡萄球菌、阪崎肠杆菌等。

2）人的病原菌 主要来自患病工作人员或带菌者，使鲜乳中带有某些病原菌，如伤寒沙门氏菌、副伤寒沙门氏菌、志贺氏菌、霍乱弧菌、白喉杆菌、猩红热链球菌、人型结核分枝杆菌等。

3）真菌毒素 如乳畜长期食用含有黄曲霉毒素（B1）的饲料，这种毒素可转变为存在于乳中的黄曲霉毒素（M1）。研究证明，饲料中黄曲霉毒素含量超过 60μg/kg 时，就能造成乳的污染。

三、鲜乳贮藏过程中的微生物学变化

（一）牛乳在室温下贮存时微生物的变化

新鲜牛乳在杀菌前都含有一定数量的不同种类的微生物，如果在室温（10～21℃）放置，微生物在乳液中生长繁殖使乳腐败变质。一般微生物在室温下生长可分为以下几个阶段。

1. 抑制期 由于牛乳中均含有多种抗菌性物质，它在最初阶段可抑制牛乳中的微生物生长繁殖，该阶段使乳中的微生物数量反而减少。这种杀菌或抑菌作用源于称作"乳烃素"的细菌抑制物，乳烃素分为乳烃素 1 和乳烃素 2 两种，前者存在于初乳中，后者存在于常乳中。乳烃素在 70℃下 20min 可被破坏。在含菌少的鲜乳中，其作用可持续 36h；若乳的污染严重，其作用可持续 18h 左右。乳烃素的杀菌或抑菌作用随温度的升高而增强，但持续时间会缩短。因此，鲜乳放置在室温环境中，在一定时间内并不会出现变质的现象。

2. 乳链球菌期 生鲜牛乳过了抑菌期后，随着抗菌物质减少或消失，其内的微生物迅速繁殖，尤其是细菌的繁殖占绝对优势，致使牛乳凝块出现。此期的优势菌群主要是乳链球菌、乳酸杆菌、大肠杆菌和一些分解蛋白的细菌，特别是乳链球菌生长繁殖特别旺盛。乳链球菌分解牛乳中的乳糖产生乳酸，使乳的酸度不断升高。如大肠杆菌迅速增殖，会有产气现象出现。由于牛乳酸度不断升高，一些腐败细菌的活动就受抑制。当酸度升高至一定限度时（pH4.5），乳链球菌本身也生长受到抑制，数量反而会逐渐减少，这时牛乳会出现凝块。

3. 乳酸杆菌期 乳链球菌在牛乳中繁殖产酸，当牛乳 pH 下降至 6.0 左右时，乳酸杆菌的活动力逐渐增强。当 pH 继续下降至 4.5 以下时，由于乳酸杆菌耐酸力较强，尚能继续繁殖并产酸。此时还有非常耐酸的丙酸菌、芽孢杆菌等出现，并形成优势菌群。此时，乳液中可出现大量乳凝块，并伴有大量乳清析出。

4. 真菌期 当 pH 继续下降至 3.5～3.0 时，绝大多数细菌生长被抑制，有的甚至死亡。仅酵母和霉菌尚能适应高酸性的环境，并能利用乳酸及其他一些有机酸，于是形成优势菌群。由于酸性物质被利用，乳液的酸度会逐渐降低，使乳液的 pH 不断上升接近中性。

5. 胨化菌期 经过上述几个阶段，乳中的乳糖大量被消耗，残余量已很少，在乳中仅有蛋白质和脂肪大量存在。因此，适宜于分解蛋白质和脂肪的细菌在其中生长繁殖，这时乳凝块被消化(液化)、乳液 pH 逐步提高而呈碱性，并有腐败的臭味产生的现象。这时的腐败菌大部分属于芽孢杆菌属、假单胞菌属以及变形杆菌属的一些细菌。

（二）牛乳在冷藏中微生物的变化

生鲜牛乳在未消毒即冷藏保存的条件下，一般中温型微生物在低温环境中生长被抑制，低温型微生物却能够增殖，但生长速度非常缓慢。牛乳中常见的低温型细菌有假单胞菌、乙酸杆菌、产碱杆菌、无色杆菌、黄杆菌等，还有一部分乳杆菌、微球菌、酵母菌和霉菌等。

冷藏乳的变质主要指乳脂肪的分解。多数假单胞菌均具有产生脂肪酶的特性，它们在低温时活性非常强并具有耐热性，即使在加热消毒后的牛乳中残留脂肪酶还有活性，是造成冷藏乳腐败的主体微生物。

在牛乳冷藏过程中，可经常见到蛋白分解现象，主要是由产碱杆菌属和假单胞菌属中的细菌分解乳中蛋白质，使牛乳胨化。

四、消毒乳中残留的细菌种类

1. 嗜冷菌和营冷菌 在乳品工业上，把最适生长温度为 10～20℃，在 0℃或 0℃以下均可生长的菌类称为嗜冷菌。最适生长温度为 20～32℃，而在 2～7℃冷藏条件下能够生长的细菌称为营冷菌。在消毒乳贮存的环境中(2～4℃)，营冷菌的繁殖胜过嗜冷菌。

在乳品中存在的营冷菌多数为革兰氏阴性无芽孢、氧化酶阳性的小杆菌，主要为假单胞菌属、黄杆菌属和产碱杆菌属的细菌。消毒乳中的营冷菌主要来自原料乳和杀菌后的污染。

2. 嗜热菌和耐热菌 将最适生长温度为 50～55℃，最高生长温度为 70℃左右的细菌称为专性嗜热菌。还有一部分嗜热菌在 37℃时也能生长，称之为兼性嗜热菌。

乳中的嗜热菌主要是需氧型和兼性厌氧型的芽孢杆菌，主要来自土壤、水和牛舍垫草。在原料乳中，一般嗜热菌的数量不多，乳用低温长时间消毒时，由于使用的温度(63℃)适合此类菌生长，因此嗜热菌常在消毒乳中残留存在。此外，嗜热菌还在加工设备上的残留，造成消毒乳含菌量增高。反复进行乳的消毒也会使嗜热菌数量增高。在消毒乳中常见的耐热菌有节杆菌、芽孢杆菌、微杆菌、微球菌和部分葡萄球菌、链球菌等。

消毒乳中的耐热菌主要来自乳品加工设备，这些设备清洗和杀菌不彻底，有些耐热菌在设备上生长繁殖。原料乳中含菌量高也是原因之一。

3. 大肠菌群 大肠菌群是一群来自人和温血动物肠道在 37℃时分解乳糖产酸产气革兰氏阴性的小杆菌。在食品中若检测出大肠菌群，表明该食品直接或间接地被人和温血动物粪便污染。由于粪便污染菌与沙门氏菌、志贺氏菌以及肠道致病性大肠杆菌之间存在非常密切的联系，因此大肠菌群作为食品十分重要的安全指标广泛使用。当乳中大肠菌群值超标时，不仅要检测消毒乳中大肠菌群值,还要检测生产各个环节中大肠菌群的污染状况,以便查出污染原因。

五、乳与乳制品中微生物检验

乳与乳制品中微生物检验主要包括两个方面:一是针对乳制品中质量指标进行检验;二是针对乳与乳制品中安全指标进行检验。乳制品的质量指标主要指酸奶和活性乳酸菌饮料中乳酸菌的数量,乳与乳制品中安全指标分为国家规定的常规性指标和乳类所特有的非常规性指标。

(一) 乳制品中乳酸菌的检验

酸奶和活性乳酸菌饮料等乳制品中乳酸菌的数量直接决定着产品的质量,我国国家标准规定酸奶和活性乳酸菌饮料中乳酸菌数量不得少于 10^6 cfu/mL。我国规定了乳酸菌的检验方法,参见《食品安全国家标准 食品微生物学检验 乳酸菌检验》(GB 4789.35—2016),该检验方法以 MRS 和 MC 培养基为选择性培养基,对含有活性乳酸菌的乳制品进行定量分析。

(二) 乳与乳制品中安全指标检验

乳与乳制品中安全标准包括细菌菌落总数、大肠菌群、霉菌和酵母及各种致病菌等国家规定的强制性指标,也包括芽孢总数、嗜热芽孢总数和嗜冷菌等非强制性的指标。

1. 细菌菌落总数 细菌菌落总数是指食品检样经过处理,在一定条件下培养后(如培养基成分培养温度和时间、pH、需氧性等)所取 1mL(g) 检样中所含菌落的总数。菌落总数的卫生学意义:一是用来作为判定食品清洁状态的标志,通常应用菌落总数观察细菌对食品被污染的程度;二是观察细菌在食品中繁殖的动态,用来推断食品的保藏期限。

乳与乳制品中细菌菌落总数一般指在平板计数琼脂培养基上生长并形成肉眼可见菌落的嗜中性需氧细菌的总和。由于酸奶和活性乳酸菌饮料中富含有乳酸菌,嗜中性需氧菌很难获得生长,因此国际上通行没有设定相应的细菌菌落总数指标,而其他乳与乳制品都设有菌落总数限量标准。

菌落总数测定方法一般将被检样品进行 10 倍递增稀释,依据样品中的污染程度选择 3 个连续的稀释度,每个稀释度吸取 1mL 稀释液置于灭菌平皿中与平板计数琼脂培养基混合。在一定温度下,培养一定时间后(一般为 48h),记录每个平皿中形成的菌落数量,依据稀释倍数,计算出每克(毫升)样品中所含菌落总数。我国规定了食品微生物学检验菌落总数测定国家标准(GB 4789.2—2016)。

2. 大肠菌群 大肠菌群是指一群需氧及兼性厌氧,在 37℃下发酵乳糖产酸产气的革兰氏阴性无芽孢小杆菌。大肠菌群并非细菌学分类名词,一般认为大肠菌群包括肠杆菌科埃希氏菌属、柠檬酸杆菌属、克雷伯氏菌属和肠杆菌属的细菌,其绝大多数为埃希氏菌属。大肠菌群分布较广,在温血动物粪便和自然界广泛存在。调查研究表明,大肠菌群细菌多存在于温血动物粪便、人类经常活动的场所以及有粪便污染的地方,人、畜粪便对外界环境的污染是大肠菌群在自然界存在的主要原因。粪便中多以典型大肠杆菌为主,而外界环境中则以大肠菌群其他型别较多。

大肠菌群作为粪便污染指示菌主要是以该菌群的检出情况来表示食品中有否粪便污染。

大肠菌群值的高低，表明食品被粪便污染的程度，也反映了对人体健康危害性的大小。之所以以大肠菌群作为食品被粪便污染的指示菌，是因为粪便污染与沙门氏菌、志贺氏菌等肠道致病菌之间存在相关性，也就是说食品中检出大肠菌群，表明该食品被粪便污染，由此可以推测该食品中存在着肠道致病菌污染的可能性，潜伏着食物中毒和流行病的安全隐患。

大肠菌群的检验方法一般分为发酵法、平板计数法和过滤法。目前国际通行的主要测定方法为发酵法，它是基于泊松分布的一种间接计数方法，即最大可能数（most probable number，MPN）法，也称 MPN 法。

发酵法测定的原理是依据大肠菌群的定义，即 36℃±1℃下发酵乳糖的能力进行检测，主要分为初发酵和复发酵两大步骤。一般选取 0.1mL（g）、0.01mL（g）和 0.001mL（g）三个连续的稀释度分别接种 3 支月桂基硫酸盐胰蛋白胨（LST）肉汤在 36℃±1℃培养 48h，将产酸产气的阳性管数经复发酵进一步确证后得到正确的阳性管数，经查 MPN 检索表获得样品中大肠菌群最大可能数即 MPN 值。我国规定了食品微生物学检验大肠菌群计数国家标准检验方法（GB 4789.3—2016）。

3. 霉菌和酵母计数 霉菌和酵母计数是指食品检样经过处理，在一定条件下培养后，所得 1g 或 1mL 检样中所的霉菌和酵母菌落数。该指标主要作为判定食品被真菌污染程度的标志，以便对被检样品进行卫生学评价时提供依据。

霉菌和酵母计数主要是乳制品的重要微生物指标，用来衡量酸奶、奶酪、奶粉等乳制品被霉菌和酵母污染的程度。食品中霉菌和酵母计数检验方法与细菌菌落总数测定基本一致，所不同的是选择马铃薯-葡萄糖-琼脂或孟加拉红培养基作为计数培养基。我国规定了食品微生物学检验霉菌和酵母计数国家标准检验方法（GB 4789.15—2016）。

4. 沙门氏菌 沙门氏菌是重要的肠道致病菌，有的专对人类致病，有的只对动物致病，也有对人和动物都致病。沙门氏菌病是指由各种类型沙门氏菌所引起的对人类、家畜以及野生禽兽不同形式的总称。感染沙门氏菌的人或带菌者的粪便污染食品，可使人发生食物中毒。据统计在世界各国的种类细菌性食物中毒中，沙门氏菌引起的食物中毒常列榜首。我国内陆地区也以沙门氏菌性食物中毒占据首位。

在美国，每年大约报告 40 000 例沙门氏菌感染病例。但实际的感染人数可能要达 20 倍以上，因为许多轻型患者可能未确诊。据不完全统计，每年大约有 1000 人死于急性沙门氏菌感染。但是，以前各州暴发的疫情几乎都与人们吃了染上沙门氏菌的肉类、蛋类、乳类有关，但迄今为止，很少听说吃蔬果大面积受沙门氏菌污染甚至在人群中引发大疫情。因此，沙门氏菌主要污染肉类食品，鱼、禽、奶、蛋类食品也可受此菌污染。沙门氏菌食物中毒全年都可发生，吃了未煮透的病、死牲畜肉或在屠宰后其他环节污染的牲畜肉是引起沙门氏菌食物中毒的最主要原因。在我国，肉类沙门氏菌检出率在 1.1%～39.5%，蛋及其制品中沙门氏菌检出率为 3.9%～43.7%，由于吃蛋引起鼠伤寒病的病例报告逐渐有增加的趋势。此外，近年来果蔬等非动物性食品中沙门氏菌食物中毒事件也时有发生。

沙门氏菌是乳与乳制品中十分重要的致病菌指标。食品中传统沙门氏菌的检验方法一般分为前增菌、选择性增菌、选择性平板分离、生化筛选和血清学鉴定五大步骤。我国规定了食品微生物学检验沙门氏菌检验国家标准检验方法（GB 4789.4—2016）。

5. 金黄色葡萄球菌 金黄色葡萄球菌是一类在显微镜下呈葡萄串状排列的革兰氏阳性球菌，在自然界中无处不在，空气、水、灰尘及人和动物的排泄物中都可找到。因此，食品受到污染的机会很多。美国疾病控制中心报告，由金黄色葡萄球菌引起的感染占第二位，仅次于大肠杆菌。金黄色葡萄球菌肠毒素是个世界性卫生难题，在美国由金黄色葡萄球菌肠毒素引起的食物中毒，占整个细菌性食物中毒的33%，加拿大则更多，占到45%。在我国，每年发生的此类中毒事件也非常多，金黄色葡萄球菌引起的食物中毒一般呈季节性分布，多见于春夏季。中毒食品种类多，如奶、肉、蛋、鱼及其制品。此外，剩饭、油煎蛋、糯米糕及凉粉等引起的中毒事件也有报道。我国规定了食品微生物学检验金黄色葡萄球菌检验国家标准检验方法（GB 4789.10—2016）。

6. 单核细胞增生李斯特菌 单核细胞增生李斯特菌是一种人畜共患病的病原菌，能引起人、畜的李斯特菌病，感染后主要表现为败血症、脑膜炎和单核细胞增多。该菌广泛存在于自然界中。一般分布在土壤中，通过土壤污染食品特别是鲜奶产品引起人的十分严重食物中毒。食品中存在的单增李氏菌对人类的安全具有危险，该菌在4℃的环境中仍可生长繁殖，是冷藏食品威胁人类健康的主要病原菌之一。我国规定了食品微生物学检验单核细胞增生李斯特菌检验国家标准检验方法（GB 4789.30—2016）。

7. 阪崎肠杆菌 阪崎肠杆菌隶属于肠杆菌科，是乳制品中近几年新发现的一种致病菌。阪崎肠杆菌是奶粉等乳制品中新发现的一种致病菌，由其引发的婴儿、早产儿脑膜炎、败血症及坏死性结肠炎散发和暴发的病例已在全球相继出现。在某些情况下，由阪崎肠杆菌引发疾病而导致的死亡率可达40%~80%，阪崎肠杆菌已经引起世界多国相关部门的重视。我国规定了食品微生物学检验阪崎肠杆菌检验国家标准检验方法（GB 4789.40—2016）。

8. 芽孢总数和嗜热芽孢总数 芽孢是细菌为抵御外界不良环境而生存的一种方式，是一种休眠体，能够形成芽孢的细菌称为芽孢菌。芽孢菌主要类群包括芽孢杆菌属、芽孢乳杆菌属、梭菌属、脱硫肠状菌属和芽孢八叠球菌属等。由于对外界有害因子抵抗力强，分布广，存在于土壤、水、空气以及动物肠道等处，因此芽孢菌污染食品的概率非常高。在乳与乳制品中，细菌芽孢由于耐受热杀菌而造成乳制品的安全隐患。一般可依据耐受热的能力分为芽孢和耐热芽孢两项指标，能够耐受80℃ 10min的杀菌为总的芽孢数，而耐受100℃ 10min的杀菌的为耐热芽孢数值。无论是芽孢总数还是耐热芽孢总数其检验方法与细菌总数相似，只是前处理不同，芽孢总数测定时应用80℃对样品加热10min，耐热芽孢总数测定时应用100℃对样品加热10min，培养时间一般为72h±2h，操作过程和计数方法与细菌菌落总数相同。我国尚无芽孢总数和耐热芽孢总数的国家检验方法。

9. 嗜冷菌 嗜冷菌指一般在-5~20℃最适宜生长的细菌，由于这个温度段与其他菌最适宜生长的温度段相比要冷许多，故名嗜冷菌。乳与乳制品中最常见的嗜冷菌包括耶氏菌、单核细胞增生李斯特菌和假单胞菌等。嗜冷菌作为冷藏原料乳中生长的优势菌群，在原料乳贮存过程中会大量繁殖，并产生极其耐热的脂肪酶和蛋白酶，这些酶类在高温处理后仍会有残留，并在乳制品储藏过程中继续分解其中的脂肪和蛋白质，导致产品的风味和质地产生变化。由于在冷藏温度嗜冷菌能够生长繁殖，因此可造成乳与乳制品的腐败变质和给食用者带来安全隐患。

目前对嗜冷菌的快速检测方法很多，主要有直接荧光过滤法、电阻抗方法、PCR-ELISA法、流动血细胞法、酶联免疫吸附技术和氨肽酶法。而传统培养法对嗜冷菌计数一是采用选择性培养基在6.5℃培养10d的方法，二是采用21℃培养25h来缩短时间的方法。但这两种方法在时间和针对性方面都有一定的缺陷。

第六节 乳与乳制品掺伪检测

一、掺水的检测

1. 牛乳比重计法

1) 原理　　相对密度是物质的一项物理指标，正常牛乳的相对密度为 1.028～1.032。若牛乳掺水其相对密度自然降低，因此，相对密度低于 1.028 的牛乳即可视为异常乳。

2) 仪器　　比重计(20℃/4℃)、温度计(100℃，棒状水银温度计)、玻璃量筒(250mL)。

3) 操作方法　　将鲜牛奶充分搅拌均匀，取样 400～500mL，沿量筒壁缓慢倒入，然后将比重计轻轻插入量筒内，待静止后读数。同时测定牛奶温度，最后算出比重值。

4) 说明　　用比重法来确定牛奶是否掺水，其实没有用测冰点法来确定是否掺水准确，但它具有操作简单，可保证奶粉加工企业的出粉率，因此在实际生产中得到了普遍应用。

2. 阿贝折光仪法

1) 原理　　测定牛乳的折射率，可判定牛乳的纯度。正常牛乳乳清的折射率为1.341 99～1.342 75，若折射率在 1.341 28 以下，说明牛乳有掺水的可能。此法可检出 5%以上的掺水牛乳。

2) 仪器与试剂　　阿贝折光仪、恒温水浴锅(70℃)、250g/L 乙酸溶液。

3) 操作方法　　取 100mL 样品置洁净的烧杯中，加 2.0mL 250g/L 的乙酸溶液，用玻璃棒搅匀，加盖，在 70℃水浴中保温 20min，使蛋白质凝固，然后置于冰水冷却 10min，乳清用定量滤纸过滤分离，滤液备用。

校正折光仪，然后滴加 1～2 滴乳清试液于下面棱镜上，由目镜观察，转动棱镜旋钮，使视野分明暗两部分，旋动补偿器旋钮，使明暗分界线在十字线交叉点，通过放大镜在刻度尺上读数即可获得样品折射率。

二、牛乳掺碱的检测

为掩盖牛乳的酸败现象，往牛乳中加入少量的碱性物质，使牛乳的品质和贮藏性能降低。

1. 玫瑰红酸法

1) 原理　　新鲜牛乳的 pH 为 6.6，玫瑰红酸的 pH 变色范围为 6.9～8.0，掺有碱性物质后牛乳的 pH 上升至玫瑰红酸 pH 的变色范围时，其颜色由棕红色变为玫瑰红色，故可检出掺碱乳与乳房炎乳。

2) 试剂　　玫瑰红酸溶液：溶解 0.05g 玫瑰红酸于 100mL 95%乙醇中。

3) 方法　　取牛乳 5mL 玫瑰红酸溶液，摇匀观察颜色变化，有碱时呈玫瑰红色，不含碱的纯牛乳为褐黄色。其加入量与颜色的深浅成正比(在检验时应做对照试验)。

2. 溴麝香草酚蓝法

1) 原理　　溴麝香草酚蓝的变色范围，在 pH6.0 以下为黄色，pH6.0～7.6 为绿色，pH7.6 以上为蓝色。如鲜乳中掺有碱性物质，可使溴麝香草酚蓝指示剂由绿色变为蓝色。

2) 试剂　　溴麝香草酚蓝指示剂：溴麝香草酚蓝 0.04g 溶于 100mL 95%乙醇中。

3) 操作方法　　把 5mL 被检牛乳注入试管中，将试管保持倾斜位置，再沿管壁小心加入溴麝香草酚蓝溶液 5 滴。把试管小心倾斜旋转 2～3 次，以便这些液体更好地相互接触(但切忌液体相互混匀),然后把试管垂直放置 2min 后,根据指示剂颜色的特征确定结果,同时需做空白对照实验。

4) 结果判定　　新鲜牛乳为黄绿色,牛乳掺碱后因掺碱量的增加,颜色由淡绿色、绿色、深绿色、青绿色、淡蓝色、蓝色、深蓝色依次变化。

5) 注意事项　　掺水乳、掺洗衣粉乳及乳房炎乳均可呈黄绿色至淡绿色反应。

三、牛乳掺中性盐和弱碱性盐的检测

1. 掺食盐的检测

1) 原理　　当乳样中 Cl^- 含量较高时,与硝酸银反应生成氯化银沉淀,用铬酸钾作指示剂,当乳中的氯化物与硝酸银作用后,过量的硝酸银与铬酸钾生成红色铬酸银。

2) 试剂　　0.01mol/L 硝酸银溶液、10%铬酸钾溶液。

3) 操作方法　　取 5mL 0.01mol/L 硝酸银溶液于试管中,加 2 滴 10%铬酸钾溶液,混匀,加被检乳样 1mL,充分混匀,观察试管中颜色变化。同时做空白对照试验。

4) 结果判定　　若试管中溶液呈黄色,说明牛乳中 Cl^- 的含量大于 0.14%,掺有食盐。正常乳中 Cl^- 含量为 0.09%~0.12%。

2. 掺芒硝的检测

1) 原理　　掺芒硝的牛奶中含有较多的 SO_4^{2-},可与氯化钡反应生成硫酸钡沉淀,并与玫瑰红酸钠反应呈玫瑰红色,本法检出灵敏度为 100mg/kg。

2) 试剂　　20%乙酸溶液、1%氯化钡、1%玫瑰红酸钠乙醇溶液。

3) 操作方法　　吸取被检乳样 5mL 于试管中,加入 1~2 滴 20%乙酸溶液、4~5 滴 1%氯化钡溶液、2 滴 1%玫瑰红酸钠乙醇溶液,混匀,静止,观察试管中颜色变化。同时做空白对照试验。

4) 结果判定　　掺芒硝的牛乳呈玫瑰红色,不含有芒硝的牛乳为淡褐黄色。

四、牛乳掺蔗糖的检测

1. 间苯二酚法

1) 原理　　在酸性条件下,乳样中的蔗糖与间苯二酚反应,呈红色。

2) 试剂　　间苯二酚、浓硫酸。

3) 操作方法　　取牛乳检样 30mL,加浓硫酸 0.6mL,摇匀,加入固体间苯二酚 0.1~0.5g,在沸水浴或小火焰上加热至沸,3s 后呈微红色或红色者,为掺蔗糖乳。

4) 结果判定　　掺有蔗糖的牛乳为微红色或红色,正常牛乳呈橘黄色。

2. 联苯胺法

1) 试剂

(1) 乙酸铅氨水溶液。将 250g 乙酸铅溶于 600mL 水中,再加入 250mL 15%的氨水(相对密度为 0.944)。

(2) 费林试剂。甲液:取 34.639g 硫酸铜,溶于水中,加入 0.5mL 浓硫酸,加至 500mL。乙液:取 173g 酒石酸钾钠及 50g 氢氧化钠溶解于水中,稀释至 500mL,静置 2d 后过滤,备用。

(3) 联苯胺试剂。10mL 100g/L 的联苯胺乙醇溶液、25mL 冰醋酸和 65mL 浓盐酸混合即成。

2) 操作方法　　取 30mL 牛乳,在水浴上加热到 80~90℃,加入 30mL 乙酸铅氨水溶液,

用力摇动 30s,过滤。取无色透明滤液 3mL,加入等体积的联苯胺试剂,摇匀,并在沸水浴上保持 10min 后观察结果。

3)结果判定　如乳中掺有蔗糖,1~2min 内就有淡蓝色出现,5min 后变深蓝色。当在水浴内保持时间超过 10min 时,乳中痕量的乳糖也可能出现淡蓝色。

为了排出乳糖的干扰,可取 4mL 滤液,加入等体积的费林试剂(甲、乙液各 2mL)置于沸水浴内加热,如果联苯胺的反应明显呈蓝色,而没有还原费林试剂的颜色时,则证明有蔗糖存在。此法可测出 0.1%~1.0%的蔗糖。

五、牛乳中豆浆、豆饼水的检出

1. 邻二氮菲法

1)原理　正常的生鲜牛乳中含铁量小于 2mg/kg,而大豆中含铁量大于 100mg/kg。若生鲜牛乳中掺有豆浆或豆饼水,则乳中含铁量显著增加,所以可以用铁定性法间接测出乳中是否掺有豆浆或豆饼水。由于 Fe^{3+} 能被氯化亚锡还原 Fe^{2+},Fe^{2+} 与邻二氮菲($C_{12}H_8N_2$),在 pH2.9 的溶液中可生成水溶性红色络合物$[(C_{12}H_8N_2)_3Fe]^{2+}$。

2)试剂　氯化亚锡;邻二氮菲($C_{12}H_8N_2$)溶液,取 1.0g $C_{12}H_8N_2$ 溶于 100mL 乙醇中,加水稀释至 500mL。

3)操作方法　取生鲜牛乳 10mL 于大试管中,加入 100mg 氯化亚锡,充分振摇,放置 5min,再振摇均匀,加入 2mL 邻二氮菲溶液,混匀观察。

4)结果判定　在 30min 内掺豆浆或豆饼水的牛乳呈粉红色,颜色随掺入量的增加而加深,正常生鲜牛乳无明显颜色变化,该法检出限为 5%。

2. 皂角素法

1)原理　牛乳中加入豆浆、豆饼水,由于其中有皂角素,加入氢氧化钠或氢氧化钾生成黄色物质。

2)试剂　氢氧化钠或氢氧化钾溶液。

3)操作方法　取牛乳 5mL 于小试管中,加入氢氧化钠或氢氧化钾溶液,该方法应做阴性和阳性对照试验。

4)结果判定　掺有豆浆、豆饼水的牛乳阳性呈黄色,否则为阴性。

六、牛乳掺人、畜尿的检验

1)原理　人、畜的尿中含有肌酐,肌酐与苦味酸在 pH12 时形成红色的化合物。

2)试剂　100g/L 氢氧化钠溶液;饱和苦味酸:取苦味酸 20g 加水煮沸,加水至 1000mL,冷却后析出少量结晶。

3)方法　取牛乳检样 5mL,加 100g/L 氢氧化钠 4~5 滴,再加苦味酸 0.5mL,混匀,加热后立即观察颜色。

4)结果判定　掺有人、畜尿的牛乳为橙红色,阴性为黄色。

七、牛乳中掺米汤、淀粉的检测

1)原理　淀粉类物质遇碘可显蓝色,据此可检测乳中是否含有淀粉或米汤。

2)试剂　碘液:用蒸馏水溶解碘化钾 4g、碘 2g,移入 100mL 容量瓶中,加蒸馏水至刻度。

3）方法　取牛乳样品 5mL 于试管中，加温稍煮沸放冷后，加入数滴碘液，有淀粉存在时显蓝色，有糊精类时显示红色。

八、牛乳中掺石灰水和洗衣粉的检测

1. 掺石灰水的检测

1）原理　正常牛乳含钙量小于 1%，加入硫酸钠溶液、玫瑰红酸钠溶液和氯化钡溶液后呈现红色，如牛乳中掺有石灰水，则生成硫酸钙沉淀，呈白土色。

2）试剂　1%硫酸钠溶液、1%氯化钡溶液、1%玫瑰红酸钠溶液。

3）操作方法　取 5mL 乳样与试管中，加入 1%硫酸钠溶液、1%氯化钡溶液和 1%玫瑰红酸钠溶液各 1 滴，观察颜色变化，同时做空白对照试验。

4）结果判定　正常牛乳呈红色，掺石灰水的牛乳呈白土色沉淀，该法灵敏度为 100mg/L。

2. 掺洗衣粉的检测

1）原理　牛乳掺洗衣粉后，因洗衣粉中含有十二烷基苯磺酸钠在紫外线下发荧光，可通过紫外灯下观察进行检测。

2）仪器　紫外分析仪。

3）操作方法　取 10mL 乳样于蒸发皿上，在暗室中置于 365nm 的紫外分析仪下观察荧光，同时做空白对照试验。

4）结果判定　若牛乳中掺有洗衣粉，则发出银白色荧光；正常牛乳无荧光，呈乳黄色。该法检测灵敏度为 0.1%。

九、乳中掺尿素的检测

1. 原理　尿素与乙二酰一肟在酸性条件下，以锰离子（或三价铁离子）的催化产生缩合，并在氨基硫脲存在下，形成 5,6-二甲基-1,2,4 三嗪的红色化合物。

2. 试剂

1）酸性试剂　在 1000mL 容量瓶中加入约 100mL 蒸馏水，然后加入 44mL 浓硫酸和 66mL 85%磷酸，冷却至室温后，加入硫氨脲 80mg、硫酸锰 2g，溶解后用蒸馏水定容至 1000mL。置棕色瓶中放冰箱中可保存 6 个月。

2）2%乙二酰一肟试剂　称取乙二酰一肟 2g，溶于 100mL 蒸馏水中。置棕色瓶中放入冰箱可保存 6 个月。

3）使用液　取酸性试剂 90mL 和 2%乙二酰一肟 10mL，混匀，备用。

3. 操作方法　取使用液 1~2mL 于试管中，加乳样 1 滴，加热煮沸约 1min，观察结果。

4. 结果判定　正常乳呈无色或微红色，掺入尿素或尿的牛乳立即呈现深红色。掺入量越大，颜色越深。

十、乳中掺水解蛋白性物质的检测

1）原理　为了掩盖掺水牛乳蛋白质含量不足的现象，在生鲜奶中掺入水解蛋白性物质。用硝酸汞沉淀可除去乳酪蛋白，但不能除去水解蛋白物，与饱和的苦味酸溶液产生沉淀反应进行鉴别。

2)试剂

(1)蛋白质沉淀剂。取硝酸汞 14g，加入 100mL 蒸馏水，加浓硝酸 2.5mL，加热助溶，待试剂全部溶解后加蒸馏水至 500mL。

(2)饱和苦味酸。称取苦味酸 3g，加蒸馏水 200mL。

3)操作方法　取 5mL 乳样，加蛋白沉淀剂 5mL 混合均匀，过滤，沿滤液试管壁慢慢加入饱和苦味酸溶液约 0.6mL 形成环状接触面。

4)结果判定　按环层颜色变化判定结果，含有水解蛋白物的牛乳呈现白色环状。正常乳环层颜色为清亮。

5)说明　原料乳中掺有水解动物蛋白粉越多，白色环状越明显。反应的最低检出量为 0.05%。实验用长时间(>10h)冷冻后的乳样做试验，白色环状现象不太明显，其原因有待于进一步的研究探讨。

---- 复习思考题 ----

1. 乳的理化指标有哪些？乳被微生物污染后，酸度如何变化？解释其变化原因。
2. 乳品样品进行采集时如何分类？采集的原则是什么？
3. 乳品样品应如何进行合理保存？
4. 什么是吉尔涅尔度？
5. 用凯氏定氮法测定蛋白质含量时需要注意哪些事项？
6. 鲜乳在室温和冷藏条件贮藏过程中分别会发生哪些微生物变化？
7. 乳与乳制品检验主要包括哪些方面？

第八章 蛋品检验检疫技术

第一节 蛋的品质鉴定方法

禽蛋富含人体所需的优质蛋白质、脂类、碳水化合物、矿物质和维生素等营养物质，不仅蛋白质含量较高，而且还含有人类大脑和神经系统发育不可缺少的卵磷脂、脑磷脂和神经磷脂，被营养学家授予"人类最好的营养源"和"天然最接近母乳的蛋白质食品"等殊荣。此外，鸡蛋还含有抗氧化剂，一个蛋黄的抗氧化剂含量相当于一个苹果，被美国研究人员戴上了"世界上最营养早餐"的桂冠。同时，瑞典研究人员将其列为蛋白质食品中最低碳、最环保的食品，在健脑益智、保护肝脏与心脑血管、抵御癌症偷袭等方面功能卓著。

蛋与蛋制品包括鲜蛋、冰鲜蛋、巴氏消毒冰全蛋、冰蛋黄、冰蛋白、巴氏消毒全蛋粉、蛋黄粉、蛋白片、高温复制冰全蛋、皮蛋等。

来自健康家禽的鲜蛋内部可以认为是无菌的，但事实上从新鲜蛋中可以检出多种细菌和霉菌，其中包括引起人类致病和导致食物中毒的病原菌。蛋被微生物污染主要通过两条途径：一是产前污染，即由患病家禽或健康家禽生殖道中的病原微生物或寄生菌在蛋液形成过程中进入蛋体内；二是产后污染，即当蛋产出后受到外界微生物通过气孔进入蛋体内的污染。蛋中常见的微生物包括变形杆菌、沙门氏菌、假单胞菌、埃希氏大肠杆菌、禽分枝杆菌等细菌和青霉、毛霉、曲霉等霉菌。蛋与蛋品的化学性污染主要来自饲料、饮水、环境中的农药、重金属等，以及在饲养过程中用于预防治疗的抗生素等化学污染物。近年来，随着蛋与蛋制品中的污染引发的食品安全问题日益增多，因此对蛋与蛋品的检验检疫工作也备受重视。

蛋与蛋品的检验检疫主要包括对蛋的品质的感官鉴定，对腐败变质和脂肪酸败，以及农药和抗生素残留、有害金属污染等的理化检验和对各项微生物指标的微生物检验。

由于鲜蛋的环节多、数量大，不可能对所有鲜蛋进行逐个检验，故需应用统计学的原理建立采取抽样方法采集具有代表性的样品，通过对样品的检验来推测蛋的品质。一般而言，采样数量要求：在50件以内者，抽检2件；50~100件，抽检4件；101~500件，每增加50件增抽1件（所增不足50件者，按50件计）；500件以上者，每增加100件增抽1件（所增不足100件者，按100件计）。

一、感官鉴定法

感官鉴定法分为视觉鉴定、听觉鉴定、触觉鉴定和嗅觉鉴定等方面。凭借检验人员的感官鉴别蛋的质量，主要靠眼观、手摸、耳听、鼻闻等手段进行综合判定。

1. 检验方法 检验时逐个拿出待检蛋进行评定。首先，仔细观察其形态、大小、色泽、蛋壳的完整性和清洁度等状况；其次，仔细观察蛋壳表面有无裂痕和破损；再次，利用手抚摸蛋的表面和掂重，必要时可将蛋握在手中使其互相碰撞听其响声；最后，用鼻嗅检蛋表面有无异常气味。

2. 蛋新鲜度的判定

1) 新鲜蛋　　蛋壳表面常有一层粉状物，蛋壳完整而整洁，无粪便污染，无斑点；蛋壳无凸凹而平滑，壳坚实，相互碰撞发出清脆的声音，手感发沉。

2) 破损蛋　　蛋壳有不同程度破损的蛋，包括裂纹蛋、咯窝蛋、损壳蛋和流清蛋。裂纹蛋是由于鲜蛋受压或震动导致蛋壳破裂而壳内膜未破的蛋，将蛋握在手中相碰发出哑声。咯窝蛋是鲜蛋受挤压或震动使蛋壳局部破裂凹陷而蛋膜未破的蛋。流清蛋是鲜蛋受挤压、碰撞而破损，蛋壳和蛋膜皆破裂，蛋清流出的蛋。

3) 次劣蛋　　因家禽生理、病理、饲料等原因生产的非正常蛋，包括无黄蛋、沙壳蛋、血斑蛋、寄生虫蛋等。

4) 劣质蛋　　劣质蛋是指禽蛋因受自然条件、保存方式和时间的影响发生变质，成为不能食用的废蛋。劣质蛋包括雨淋蛋、出汗蛋、靠黄蛋、散黄蛋、腐败蛋、发霉蛋等。

二、灯光透视鉴定法

灯光透视鉴定法是根据蛋的透光性特征，依据不同质量蛋的物理结构及化学成分变化状况，利用照蛋器的灯光透视检测样蛋，可观察气室的大小、内容物的透光程度、蛋黄移动的阴影及蛋内有无浊斑、黑点和异物等。借助光透鉴别蛋的质量要素，对所观察的如蛋壳结构的致密度、气室的大小、蛋白、蛋黄及系带、胚胎等特征，对蛋的质量做出综合评定。

1. 检验方法

1) 照蛋　　在暗室里或弱光的环境中进行，将蛋的大头紧贴在照蛋器的洞口上，使蛋的纵轴与照蛋器约成 30º 倾斜，首先观察气室的大小和内容物的透光程度，然后上下左右轻轻转动，根据蛋内容物移动情况来判断气室的稳定状态和蛋黄、胚盘的稳定程度。

2) 气室测量　　蛋在贮藏过程中，由于蛋内水分的不断蒸发，致使气室内空间日益增大。禽蛋气室的大小与蛋存放时间、存放的温度和湿度有关。存放时间越长或温度高、湿度小，气室则大。气室测定一般用气室测量规尺进行测定，气室测量规尺是一个刻有平行刻线的半圆形切口的透明角质板或塑料板构成。测量时，先将气室测量规尺固定在照孔蛋的上缘，将蛋的大头朝上垂直嵌入半圆形的切口内，在照蛋的同时直接测量气室的高度。读取气室左右两端落在规尺刻线上的数值即为气室的高度。

气室的大小有两种表示法即气室高度和气室宽度。

2. 蛋新鲜度的判定

1) 最新鲜蛋　　透视全蛋呈橘红色，蛋黄不显现，内容物不流动，气室高度在 4mm 以下。

2) 新鲜蛋　　一般指产后 2 周以内的蛋，透视全蛋呈红黄色，蛋黄所处颜色稍深，蛋黄稍有转动，气室高度在 5～7mm。

3) 普通蛋　　一般指产后 2～3 月的蛋，不宜贮存，应快速销售。照检时，内容物呈红黄色，蛋黄阴影清楚，能够转动。且位置上移，偏离中央。气室高度在 10mm 以下，且能移动。

4）可食蛋　因浓厚蛋白完全水解，蛋黄显现，易摇动，上浮接近蛋壳。气室移动，高度达10mm以上。这种蛋可食用，应快速销售，不宜作为蛋品加工原料。

气室稍有或固定，高度不超过9mm，蛋黄明显而位于蛋的中央或稍偏离，蛋白不十分紧密但透明。打开后，蛋内容物占面积大，稀蛋白多，蛋黄稍扁平。煮后，蛋黄靠近蛋壳，气室大。煎时，浓蛋白几乎不见，蛋黄离中央位置并扁平。

5）次品蛋

(1)热伤蛋。鲜蛋由于受热时间较长，胚珠变大，但胚胎不发育。照蛋时发现胚珠增大，但无血管形成。

(2)早期胚胎发育蛋。受精蛋因受热或孵化后使胚胎发育。照蛋时，轻者呈现鲜红色小血圈(血圈蛋)，稍重者血圈扩大，并有明显的血丝(血丝蛋)。

(3)红贴壳蛋。蛋在贮存时未翻动或受潮所致。照蛋时可以看出蛋白变稀，系带松弛。由于蛋黄的比重小于蛋白，因此蛋黄上浮，靠边贴在蛋壳上。气室增大，贴壳处呈现红色，称作红贴壳蛋。打开后蛋壳内壁可见蛋壳粘连的痕迹。

(4)轻度黑贴壳蛋。当红贴壳蛋形成时间过长，导致贴壳处有霉菌孢子侵入，生长发霉变黑。照蛋时贴壳部分呈现黑色阴影，其余部分蛋黄仍呈深红色。打开蛋壳后，可见蛋壳贴壁处有蛋黄粘连有黑色印记，但蛋黄蛋白界限分明，无异味。

(5)散黄蛋。由于受到剧烈震动或贮藏时受热受潮以及空气不流通等因素作用，蛋在自身酶的作用下，使蛋白变稀，水分渗入蛋黄而膨胀，蛋黄膜破裂。照蛋时表现为蛋黄不完整或呈现不规则形状。打开蛋壳后蛋黄蛋白相混，但无异味。

(6)变质蛋：①重度黑贴壳蛋。轻度黑贴壳蛋的黑色部分进一步增加，但黑色部分增加到蛋黄面积的一半以上时，就成为重度黑贴壳蛋。②霉蛋。蛋表面和内壳膜上可见黑点或黑斑。打开后蛋壳内膜和蛋液表面都有霉斑，具有较浓的霉味。③泻黄蛋。由于蛋的贮存条件不佳，微生物侵入蛋壳内部大量繁殖，引起蛋黄膜破裂，蛋黄蛋白相混。照蛋时出现黄白混杂的灰黄色，打开后蛋液变稀、混浊且有异味。

三、哈夫单位和蛋黄指数

（一）哈夫单位

哈夫单位(Haugh unit)是指蛋白高度与蛋重的比例指数。根据蛋白高度与蛋重之间的回归关系来计算蛋的蛋白高度。利用蛋白高度与蛋白质量之间的关系衡量蛋的品质，哈夫单位值越高，表示蛋白黏稠度越大，蛋的品质越好。

哈夫单位计算公式如下：

$$Hu=100\lg(H-1.7W^{0.37}+7.6)$$

$$Hu=100\lg[H-\frac{G(30W^{0.37}-100)}{100}+1.9]$$

式中，Hu为哈夫单位；H为蛋白高度(mm)；W为蛋的重量(g)；G为32.6(常数)。

哈夫单位测定方法：蛋白高度用垂直测微器测量。把蛋打开，倒入水平的玻璃板上，测定蛋白最宽部分的高度，优质蛋的蛋黄周围几乎紧贴着浓蛋白。测微器的轴缓缓地下降至蛋白表面，量出刻度数，即为 H 值。蛋的重量用专门的蛋称或天平称量，测得 W 值。带入公式计算哈夫单位。

哈夫单位的分级判断标准，哈夫单位值 100 为最佳，特级（AA）在 72 以上，甲级（A）为 60～72，乙级为 30～59。哈夫单位值在 30 以下表示最劣。

（二）蛋黄指数

蛋黄指数指蛋黄高度与蛋黄直径之比（见下式）。蛋黄指数是表示蛋黄体积增大的程度，蛋越陈，蛋黄指数越小，新鲜蛋的蛋黄指数为 0.36～0.44。当蛋黄指数小于 0.25 时，蛋打开倒出时即成散蛋黄。

$$蛋黄指数 = 蛋黄高度/蛋黄直径$$

蛋黄指数的测定方法。将蛋打开倒在蛋质检查台上，用高度测微尺测量蛋黄高度，再用游标卡尺量蛋黄的宽度（直径），然后计算蛋黄指数。

四、荧光鉴定法

荧光鉴定法是用紫外线照射，观察蛋壳光谱的变化，来鉴别蛋的新鲜度。当荧光灯发射的紫外光照射在蛋上时，由于鲜蛋内部的变化会引起光谱的变化。鲜蛋的内容物吸收紫外光而发射出红光，不新鲜蛋吸收紫外光而发射出比紫外光稍长的紫光，荧光强度由弱到强。新鲜蛋荧光反应为深红色，随着新鲜度降低，荧光反应有深红—红色—粉红色—紫红色的变化过程，严重者甚至变为紫色。

五、相对密度鉴别法

新鲜鸡蛋的平均相对密度为 1.0845。蛋在贮藏过程中，但随着内容物变化，蛋白变稀，水分蒸发和二氧化碳的逸出，使蛋的气室逐渐增大，密度相对降低。因此，通过测定蛋的密度，可间接判断蛋的新鲜度。基本方法是应用不同浓度的食盐水，将蛋置于食盐溶液中，蛋在盐溶液内不漂浮的盐水相对密度即为该蛋的相对密度。优质蛋相对密度为 1.08 以上，低于 1.05 者为陈腐蛋。

六、计算机视觉技术无损检测方法

采用高分辨率的工业化数字摄像头，以冷光源背向照明方式（照度为 10 000lx）获取数字图像，并提取了鸡蛋的图像特征如蛋黄指数和气室指数。建立了鸡蛋新鲜度与蛋黄指数、贮藏时间与鸡蛋新鲜度、贮藏时间与蛋黄指数和气室指数的关系模型。应用计算机以蛋黄指数指标快速判断蛋的新鲜度。进一步研究利用计算机视觉装置和 Matlab 软件获取鸡蛋颜色等参数（色调 H、色饱和度 S 及光亮度 I），计算鸡蛋新鲜度指标（哈夫单位值），建立 BP 神经网络模型，确定鸡蛋新鲜度与其图像颜色参数之间的最优关系，系统地自动判别鸡蛋新鲜度。

第二节 蛋与蛋品卫生标准的分析方法

一、蛋与蛋品的卫生标准

(一)鲜蛋的卫生标准

我国国家标准 GB 2749—2015《食品安全国家标准 蛋与蛋白制品》中规定了鲜蛋的感官指标和理化指标。其中感官指标满足表 8-1 中的规定要求,理化指标符合表 8-2 的规定。

表 8-1 鲜蛋的感官指标

项目	指标
色泽	具有禽蛋固有的色泽
组织形态	蛋壳清洁、无破裂,打开后蛋黄凸起、完整、有韧性,蛋白澄清透明、稀稠分明
气味	具有产品固有的气味,无异味
杂质	无杂质,内容物不得有血块及其他鸡组织异物

表 8-2 鲜蛋的理化指标

项目	指标
无机砷/(mg/kg)	≤0.05
铅(Pb)/(mg/kg)	≤0.20
镉(Cd)/(mg/kg)	≤0.05
总汞(以 Hg 计)/(mg/kg)	≤0.05
六六六、滴滴涕/(mg/kg)	≤0.10(每种)

(二)无公害食品 鲜禽蛋的卫生标准

农业部 2005 年颁布了 NY 5039—2005《无公害食品 鲜禽蛋》(现已作废)中规定了无公害食品鲜禽蛋的感官指标、理化指标和微生物指标。

1)感官指标 蛋壳清洁、完整;灯光透视时,整个蛋呈橘黄色至橙红色,蛋黄不见或略见阴影;打开后,蛋黄凸起、完整、有韧性,蛋白澄清、透明、稀稠分明、无异味。

2)理化指标 无公害食品鲜禽蛋的理化指标如表 8-3 所示,主要包括重金属、抗生素和化学合成药物限量标准。

表 8-3 无公害食品鲜禽蛋的理化指标

项目/(mg/kg)	指标
汞(以 Hg 计)	≤0.03
铅(以 Pb 计)	≤0.20
砷(以 As 计)	≤0.50
镉(以 Cd 计)	≤0.05
铬(以 Cr 计)	≤1.00

续表

项目/(mg/kg)	指标
四环素	≤0.20
金霉素	≤0.20
土霉素	≤0.20
磺胺类(以磺胺类总量计)	≤0.10
恩诺沙星	不得检出

注：兽药、农药最高残留限量和其他有毒有害物质限量应符合国家相关规定

3)微生物指标　　表 8-4 所示无公害食品鲜禽蛋的主要包括菌落总数、大肠菌群和沙门氏菌三项的微生物指标。

表 8-4　无公害食品鲜禽蛋的微生物指标

项目	指标
菌落总数/(cfu/g)	$\leq 5\times 10^4$
大肠菌群/(MPN/100g)	≤100
沙门氏菌	不得检出

(三)蛋制品的卫生标准

我国国家标准 GB 2749—2015《食品安全国家标准　蛋与蛋白制品》适用于以鲜蛋为原料，添加或不添加辅料，经相应工艺加工而成的蛋制品。其中规定了蛋制品的感官指标、理化指标和微生物指标。

1)感官指标　　见表 8-5。

表 8-5　蛋制品的感官指标

品种	指标
巴氏杀菌冰全蛋	坚洁均匀，呈黄色或淡黄色，具有冰全蛋的正常气味，无异味，无杂质
冰蛋黄	坚洁均匀，呈黄色，具有冰蛋黄的正常气味，无异味，无杂质
冰蛋白	坚洁均匀，呈白色或乳白色，具有冰蛋白正常气味，无异味，无杂质
巴氏杀菌全蛋粉	呈粉末状或极易松散的块状，均匀淡黄色，具有全蛋粉的正常气味，无异味，无杂质
蛋黄粉	呈粉末状或极易松散的块状，均匀黄色，具有蛋黄粉的正常气味，无异味，无杂质
蛋白片	呈晶片状，均匀淡黄色，具有蛋白片的正常气味，无异味，无杂质
皮蛋	外壳包泥或涂料均匀洁净，蛋壳完整，无霉变，敲摇时无水响声；剖检时蛋体完整，蛋白呈青褐、棕褐或棕黄色，呈半透明状，有弹性，一般有松花花纹；蛋黄呈深浅不同的墨绿色或黄色，略带溏心或凝心；具有皮蛋应有滋味和气味，无异味
咸蛋	外壳包泥(灰)等涂料洁净均匀，去泥后蛋壳完整，无霉斑，灯光透视时可见蛋黄阴影；剖检时蛋白液化、澄清，蛋黄呈橘红色或黄色环状凝胶体；具有咸蛋的正常气味，无异味
糟蛋	蛋壳完整，蛋膜无破裂，蛋壳脱落或不脱落；蛋白呈乳白色、浅黄色，色泽均匀一致，呈糊状或凝固状；蛋黄完整，呈黄色或橘红色，半凝固状；具有糟蛋正常的醇香味，无异味

2) 理化指标　　见表 8-6。

表 8-6　蛋制品的理化指标

项目	指标
水分/(g/100g)	
巴氏杀菌冰全蛋	≤76.0
冰蛋黄	≤55.0
冰蛋白	≤88.5
巴氏杀菌全蛋粉	≤4.5
蛋黄粉	≤4.0
蛋白粉	≤16.0
脂肪/(g/100g)	
巴氏杀菌冰全蛋	≥10.0
冰蛋黄	≥26.0
巴氏杀菌全蛋粉	≥42.0
蛋黄粉	≥60.0
游离脂肪酸/(g/100g)	
巴氏杀菌冰全蛋	≤4.0
冰蛋黄	≤4.0
巴氏杀菌全蛋粉	≤4.5
蛋黄粉	≤4.5
挥发性盐基氮/(g/100g)（咸蛋）	≤10.0
酸度(以乳酸计)/(g/100g)（蛋白片）	≤1.2
铅(以 Pb 计)/(mg/kg)	
皮蛋	≤2.0
糟蛋	≤1.0
其他蛋制品	≤0.2
锌(Zn)/(mg/kg)	≤50.0
无机砷/(mg/kg)	≤0.05
汞(以 Hg 计)/(mg/kg)	≤0.05
六六六/(mg/kg)　（按鲜蛋折算）	≤1.0
滴滴涕/(mg/kg)　（按鲜蛋折算）	≤1.0

3) 微生物指标　　见表 8-7。

表 8-7　蛋制品的微生物指标

项目	指标					
	巴氏杀菌冰全蛋	冰蛋黄、冰蛋白	巴氏杀菌全蛋粉	蛋黄粉	糟蛋	皮蛋
菌落总数/(cfu/g)	≤5 000	≤100 000	≤10 000	≤50 000	≤100	≤500
大肠菌群/(MPN/100g)	≤1000	≤100 000	≤90	≤40	≤30	≤30
沙门氏菌	不得检出					

二、蛋与蛋制品的分析方法

蛋与蛋制品的分析检验主要依据国家标准 GB 2749—2015《食品安全国家标准 蛋与蛋白制品》中所规定的感官指标、理化指标和微生物指标进行。

1. 感官检验

(1) 鲜蛋的感官检验。按 GB 2749—2015 中鲜蛋的感官指标(表 8-1)的方法进行。
(2) 蛋制品的感官检验。按 GB 2749—2015 中蛋制品的感官指标(表 8-5)的方法进行。

2. 理化检验

(1) 鲜蛋和蛋制品中无机砷的检验。按 GB/T 5009.11—2014 的规定进行分析。
(2) 鲜蛋和蛋制品中铅的检验。按 GB/T 5009.12—2010 的规定进行分析。
(3) 鲜蛋和蛋制品中汞的检验。按 GB/T 5009.17—2014 的规定进行分析。
(4) 鲜蛋中镉的检验。按 GB/T 5009.15—2014 的规定进行分析。
(5) 鲜蛋中铬的检验。按 GB/T 5009.123—2014 的规定进行分析。
(6) 鲜蛋和蛋制品中六六六、滴滴涕的检验。按 GB/T 5009.19—2008 的规定进行分析。
(7) 鲜蛋中四环素、金霉素和土霉素的检验。按 GB/T 21317—2007 的规定进行分析。
(8) 鲜蛋中磺胺类药物的检验。按农业部 1025 号公告-7-2008 的规定进行分析。
(9) 鲜蛋中恩诺沙星的检验。参照农业部 1025 号公告-25-2008 中的规定进行分析。
(10) 蛋制品中水分的测定。按 GB/T 5009.3—2016 的规定进行操作。
(11) 蛋制品中脂肪的测定。按 GB/T 5009.6—2016 的规定进行操作。
(12) 蛋制品中游离脂肪酸的测定。按 GB/T 5009.47—2016 的规定进行操作。
(13) 蛋制品中挥发性盐基氮的测定。按 GB/T 5009.47—2016 的规定进行操作。
(14) 蛋制品中酸度的测定。按 GB/T 5009.47—2016 的规定进行操作。
(15) 蛋制品中锌的测定。按 GB/T 5009.14—2003 的规定进行分析。

3. 微生物检验

(1) 鲜蛋和蛋制品中菌落总数的测定。按 GB 4789.2—2016 的规定进行检验。
(2) 大肠菌群。按 GB 4789.3—2016 的规定进行检验。
(3) 沙门氏菌。按 GB 4789.4—2016 的规定进行检验。

---复习思考题---

1. 蛋是如何被微生物污染的?
2. 蛋与蛋品的检验检疫包括哪些方面?
3. 什么是蛋黄指数?如何进行测定?

第九章 动物性产品中药物残留检验技术

第一节 动物性产品中兽药残留检验

兽药按用途主要可分为 7 类：①抗生素类和合成抗生素类；②驱肠虫药类；③生长促进剂类；④抗原虫药类；⑤灭锥虫药类；⑥镇静剂类；⑦β-肾上腺素能受体阻断剂。兽药残留(residue of veterinary drug)是"兽药在动物源性食品中的残留"的简称，指给动物用药后蓄积或贮存在细胞、组织或器官内的药物原型、代谢产物和药物杂质。

兽药残留的种类(形式)主要有：第一类是以游离或结合形式存在的原药及其主要代谢物(除高亲脂性化合物外)，因代谢和排泄迅速，不会在动物体内蓄积。但这些物质可能具有毒性作用，而且被人摄入后在体内可生成高度活化的中间产物(亲电子基团、自由基等)，因而对消费者具有潜在的危害性；第二类是共价结合代谢物，因其从机体排出相对较慢，它们的存在对于靶动物有潜在的毒性作用，而对于消费者，由于结合残留在人体内不可能再活化，其生物利用率和含量均低，可能只显示很低的毒性。

一、兽药残留的检测方法

兽药残留的检测方法按照分离或检测原理可分为：①理化分析方法，包括波谱法、色谱法及其联用技术，如高效液相色谱(HPLC)、气相色谱(GC)、薄层色谱(TLC)、毛细管电泳(CE)等；②免疫分析法，如放射免疫测定法(RIA)、酶联免疫测定法(EIA、ELISA)、荧光免疫测定法(FIA)等；③生物测定法，如微生物学测定法(敏感菌抑制法)、放射受体测定法等。

按被测组分数量可分为：单组分残留分析法和多组分残留分析法。

按分析目的可分为：快速筛选法、常规定量法和确证分析法。这种分类方法主要是基于一种实用和管理上的观念，通常的方法是先筛选再确证，即所谓"两步"策略，首先用快速筛选法对大量样品进行快速分析，疑似阳性样品再用确证分析法确证。

快速筛选法一般提供被测物是否存在或浓度是否超过最高残留限量的初步信息。对快速筛选法只要求具有半定量和一定的定性能力，但必须灵敏度高、过程简单、分析速度快。在此条件下一般不会出现假阴性结果，但假阳性结果的概率必然升高，设计方法时需对假阳性率进行控制。通常可以认定快速筛选法的阴性结果，但对阳性结果必须用确证分析法确证。适于作为快速筛选法的技术包括免疫测定法、微生物学测定法等。

常规定量法要求具有准确的定量分析能力，但不一定具有准确的定性能力，如利用色谱保留值进行初步定性，可以基本确定某种残留物的存在和浓度。兽药残留检测实验室中建立和使用的多效分析方法属于此类，如常见的利用高效液相色谱/紫外监测器(HPLC/UV)、气相色谱/火焰离子化检测器(GC/FID)等所建立的方法，其分析结果能够满足一般的科研和生产用途。常规定量法的阴性结果是肯定的，但阳性结果在理论上仍存在相当的不确定性，对于可能引起严重后果(如贸易或法律纠纷等)的阳性样品必须用确证分析法进行确证。

确证分析法不仅要求有高的灵敏度,而且特别要求具有准确的定性分析(给出被测组分的结构信息)和定量分析能力。由于能够进行定量的方法较多,故这种方法突出定性功能。残留组分的绝对量极小(<1μg),目前能够满足要求的分析方法几乎只有色谱-质谱联用技术,如GC/MS、LC/MS。尽管这些价格昂贵的联用仪器目前仍居于少数实验室的尖端设备,而且需要操作者受过高度的专门训练,但最近几年发展很快。由于残留样品基质成分和分析过程的复杂性,对可疑组分进行结构鉴定是绝对必要的。

二、动物性产品中氨苄西林残留检测

1. 原理　　肌肉样品用磷酸缓冲液提取,肝和肾样品先用乙腈再用磷酸缓冲液提取,牛奶样品用四丁基溴化铵提取。提取液用固相萃取柱净化,用1,2,4-三氮唑和氯化汞溶液衍生,供高效液相色谱(紫外检测器)测定,外标法定量。

2. 试剂和材料
(1) 甲醇、乙腈、二水磷酸二氢钠、正己烷、无水磷酸氢二钠、氢氧化钠、硫酸氢化四丁基铵、五水硫代硫酸钠、1,2,4-三氮唑。
(2) C_{18}固相萃取柱:500mg,3mL。
(3) 流动相。A相:称取无水磷酸氢二钠5.0g、二水磷酸氢二钠10.0g、无水硫代硫酸钠4.0g、硫酸氢化四丁基铵6.5g,用适量的水溶解,定容至1000mL。B相:乙腈。
(4) 磷酸盐缓冲液0.1mol/L。
(5) 四丁基溴化铵溶液0.1mol/L。
(6) 氯化钠溶液0.3mol/L。
(7) 标准稀释液。
(8) 苯甲酸酐溶液0.2mol/L。
(9) 氯化汞溶液0.1mol/L。
(10) 衍生化试剂。
(11) 氨苄西林对照品。
(12) 氨苄西林标准储备液、氨苄西林标准工作液。

3. 仪器和设备　　高效液相色谱仪(配紫外检测器)、冷冻高速离心机、漩涡混合器、固相萃取装置、超声波清洗机、组织匀浆机、氮气吹干装置。

4. 检测步骤
1) 试料的制备　　取均质后的供试样品,作为供试材料;取均质后的空白样品,作为空白材料。
2) 提取　　称取肌肉试料5.0g,置于50mL玻璃离心管中,加磷酸缓冲液15mL,振荡5min混匀,加正己烷5mL,振荡混匀,3000r/min离心15min,弃掉正己烷层(上层),转移水层(中间层)至另一结晶玻璃离心管中;然后,用磷酸盐缓冲液10mL和正己烷5mL重复提取2次,出去正己烷层,合并3次的提取液(水层)供固相萃取(SPE)净化。

称取肝或肾试料5.0g,置于50mL离心管中,加入乙腈20mL,混匀,再加入正己烷5mL,混匀,静置5min,3000r/min离心15min,除去正己烷层,转移乙腈层至另一离心管中。残渣中加入磷酸盐缓冲液10mL和正己烷5mL,混匀,静置,3000r/min离心15min,除去正己烷层,水层和乙腈层合并,供SPE净化。

量取牛奶样品 5.0mL 置于离心管中，加四丁基溴化铵溶液 10mL 轻摇混匀，3000r/min 离心 10min，取上清液，再按上述操作重复 2 次。合并 3 次上清液，加正己烷 10mL。振荡混匀，静置 10min，除去正己烷层，在 45～50℃水浴旋转蒸发至 3～4mL，供 SPE 净化。

3) 净化　　固相萃取柱依次用甲醇、水、氯化钠溶液和磷酸缓冲液各 3mL 活化，将提取液过 C_{18} 固相萃取柱，用水 1mL 淋洗、乙腈 3mL 洗脱，用 10mL 的玻璃离心管收集洗脱液，45～50℃水浴氮气吹干。

4) 衍生化反应　　洗脱液 45℃氮气吹干，加标准稀释液 0.5mL 漩涡振荡溶解，转入 1.5mL 聚丙烯离心管中，加苯甲酸酐溶液 25μL，漩涡混匀，50℃水浴反应 5min，冰浴、快速冷却，加衍生化试剂 250μL，漩涡混匀，65℃水浴 10min，快速冷却冷却，4℃下 10 000r/min 离心 10min，取上清液供高效液相色谱分析。

5) 标准曲线的制备　　用标准稀释液稀释得到氨苄西林浓度分别为 10μg/L、25μg/L、50μg/L、100μg/L、250μg/L、500μg/L、1000μg/L、1500μg/L 标准溶液。取标准液 0.5mL，按照衍生化步骤进行衍生，高效液相色谱分析，每个浓度重复 3 次，将每测得的峰面积与对应浓度拟合，绘制标准曲线，求回归方程和相关系数。

6) 色谱条件
 (1) 色谱柱：C_{18} 柱，柱长 150 mm，内径 3.9mm，粒径 5μm。
 (2) 流动相：A 相+B 相=65+35。
 (3) 流速：1mL/min。
 (4) 紫外检测波长：325nm。
 (5) 柱温：30℃。
 (6) 进样量：50μL。

7) 色谱测定　　取衍生后的溶液和相应的标准溶液，做单点或多点校准，按外标法，以峰面积定量。

空白试验为取空白试料，采用完全相同的测定步骤进行平行操作。

8) 结果计算　　试料中氨苄西林的残留量(μg/kg)按下式计算：

$$X = \frac{A \times C_S \times V}{A_S \times W}$$

式中，X 为试料中氨苄西林残留量(μg/kg 或 μg/L)；A 为试样溶液中氨苄西林衍生物的峰面积；C_S 为标准工作液中氨苄西林的浓度(μg/L)；A_S 为标准工作液中氨苄西林衍生峰的峰面积；V 为试样溶液体积(mL)；W 为组织样品中质量或牛奶样品体积(g 或 mL)。

本方法氨苄西林的检测限为 5μg/L；在猪和牛的肌肉、肾组织，猪的肝和鸡的肌肉组织中的定量限位 10μg/kg；在牛奶中的定量限为 4μg/L。

三、动物组织中氨基糖苷类药物残留量的测定

1. 原理　　试样中氨基糖苷类药物残留，采用磷酸盐缓冲液提取，经过 C_{18} 固相萃取柱净化，浓缩后，使用七氟丁酸作为离子对试剂，高效液相色谱-质谱/质谱测定，外标法定量。

2. 试剂和材料
 (1) 甲醇、冰醋酸、甲酸、七氟丁酸、浓盐酸、氢氧化钠、三氯乙酸、乙二胺四乙酸二钠、

磷酸二氢钾、七氟丁酸溶液(100mmol/L 和 20mmol/L)、磷酸盐缓冲液、甲酸(0.1%)。

(2)壮观霉素、潮霉素 B、双氢链霉素、链霉素、丁胺卡那霉素、卡那霉素、安普霉素、妥布霉素、庆大霉素、新霉素标准品，纯度为 92%~99%。

(3)10 种氨基糖苷类药物标准储备液、10 种氨基糖苷类药物标准中间溶液、10 种氨基糖苷类药物标准工作溶液。

(4)固相萃取 C_{18} 柱：500mg，3mL。

3. 仪器　　高效液相色谱–串联质谱仪：配有电喷雾离子源；高速组织捣碎机；旋转蒸发器；氮吹仪。

4. 检测方法

1)试样制备　　样品经高速组织捣碎机均匀捣碎，用四分法浓缩分出适量试样，均分为两份，装入清洁容器内，加封后取出试样，一份作为留样。

2)提取　　称取约 5g 试样于 50mL 聚丙烯离心管中，加入 10.0mL 磷酸盐缓冲液均质 2min，于平板振荡器上提取 10min，4500r/min 离心 10min，将上清液转移到另一个 50mL 聚丙烯离心管中。在残渣中再加入 10.0mL 磷酸盐缓冲液，重复上述操作，合并上清液，用 1.0mol/L 的盐酸调 pH 为 3.5，加入 2.0mL 七氟丁酸溶液，漩涡混匀。

3)净化　　C_{18} 固相萃取柱用 3.0mL 甲醇、3.0mL 七氟丁酸溶液淋洗后，将提取液加载在固相萃取柱上，控制流速约 1 滴/s，先用 3mL 七氟丁酸溶液淋洗，再用每次 3.0mL 水淋洗两次，弃去淋洗液，抽干 5min。用 5mL 乙腈-七氟丁酸溶液(80+20，体积比)洗脱，收集洗脱液于精密刻度试管中，40℃氮气流挥去部分溶剂，用七氟丁酸溶液定容至 1.0mL，漩涡混匀后，过 0.2μm 微孔滤膜，液相色谱-质谱/质谱测定。

4)测定

(1)标准工作曲线制备：制备混合标准浓度系列，壮观霉素、双氢链霉素、链霉素、丁胺卡那霉素、卡那霉素、妥布霉素、庆大霉素分别为 50ng/mL、100ng/mL、250ng/mL、500ng/mL、1000ng/mL，新霉素、潮霉素 B、安普霉素分别为 300ng/mL、500ng/mL、1000ng/mL、1500ng/mL、2000ng/mL，按液相色谱条件测定并制作标准曲线。

(2)液相色谱条件如下。

a. 色谱柱：C_{18} 柱。

b. 流动相：甲醇+水+100mmol/L HFBA(梯度洗脱)，流动相组成和洗脱梯度见表 9-1。

c. 流速：0.3mL/min。

d. 柱温：30℃。

e. 进样量：30μL。

表 9-1　流动相组成和洗脱梯度

时间/min	甲醇/%	水/%	100mmol/L HFBA/%
0	5	75	20
0.5	5	76	20
1.0	60	20	20
12.0	70	10	20
12.1	80	0	20
15.0	80	0	20
15.1	5	75	20
35.0	5	75	20

(3) 质谱条件如下。
    a. 离子源：电喷雾离子源。
    b. 扫描方式：正离子扫描。
    c. 检测方式：多反应检测。
    d. 电喷雾电压：5000V。
    e. 雾化气压力：0.276MPa。
    f. 气帘气压力：0.207MPa。
    g. 辅助气压力：0.448MPa。
    h. 离子源温度：500℃。
    i. 定性离子对、定量离子对、碰撞气能量和去簇电压根据药物不同进行调整。

5) 液相色谱-串联质谱测定

(1) 定性测定：按照上述条件测定样品和建立标准工作曲线，如果样品中化合物质量色谱峰的保留时间与标准溶液相比在±2.5%的允许偏差之内；待测化合物的定性离子对的重构离子色谱峰的信噪比大于或等于3(S/N≥3)，定量离子对的重构离子色谱峰的信噪比大于或等于10(S/N≥10)；定性离子对的相对丰度与浓度相当的标准溶液相比，相对丰度偏差不超过2的规定，则可判断样品中存在相应的目标化合物。

(2) 按外标法使用标准工作曲线进行定量测定。空白试验除不加试样外，均按上述测定步骤进行。

6) 结果计算　　试样中每种氨基糖苷类药物残留量利用数据处理系统计算或按下式计算。

$$X = c \times \frac{V}{m} \times \frac{1000}{1000}$$

式中，X 为试样中被测组分残留量(μg/kg)；c 为从标准工作曲线得到的被测组分溶液浓度(ng/mL)；V 为试样溶液定容体积(mL)；m 为试样溶液所代表的质量(g)。

本方法中壮观霉素、双氢链霉素、链霉素、丁胺卡那霉素、卡那霉素、妥布霉素、庆大霉素的检验低限为20μg/kg；新霉素、潮霉素B、安普霉素为100μg/kg。

四、可食动物肌肉中土霉素、四环素、金霉素、强力霉素残留量的测定

1. 原理　　用 0.1mol/L Na$_2$EDTA-McIlvaine(pH=4.0±0.05)缓冲溶液提取可食动物肌肉中四环素族抗生素残留，提取液经离心后，上清液用Oasis HLB或相当的固相萃取柱和羧酸型阳离子交换柱净化，液相色谱-紫外监测器测定，外标法定量。

2. 试剂盒材料

(1) 甲醇、乙腈、乙酸乙酯、磷酸氢二钠、柠檬酸、乙二胺四乙酸二钠、草酸、磷酸氢二钠溶液、McIlvaine 缓冲溶液、Na$_2$EDTA-McIlvaine 缓冲溶液。

(2) 甲醇+水(1+19)。

(3) 流动相：乙腈+甲醇+0.01mol/L 草酸溶液(2+1+7)。

(4) 土霉素、四环素、金霉素、强力霉素标准物质，纯度均≥95%。

(5) 土霉素、四环素、金霉素、强力霉素标准储备溶液、土霉素、四环素、金霉素、强力霉素标准工作溶液。

(6) Oasis HLB 固相萃取柱(500mg，6mL)或相当者。
(7) 阳离子交换柱(羧酸型，500mg，3mL)。

3. 仪器
(1) 液相色谱仪，配有紫外监测器。
(2) 固相萃取装置。
(3) 高速冷冻离心机。

4. 检测方法

1) 试样制备　从全部样品中取出有代表性样品约 1kg，充分搅碎，混匀，均分为两份，分别装入洁净容器内。密封作为试样，标明标记。在抽样和制样的操作过程中，应防止样品受到污染或发生残留物含量的变化。

2) 提取　称取 6g 试样，置于 50mL 具塞聚丙烯离心管中，加入 30mL 0.1mol/L Na_2EDTA- McIlvaine 缓冲溶液(pH4)，于液体混匀器上快速混合 1min，再用振荡器振荡 1min，以 10 000r/min 离心 10min，上清液倒入另一离心管中，残渣中再加入 20mL 缓冲溶液，重复抽取一次，合并上清液。

3) 净化　将上清液倒入下接 Oasis HLB 固相萃取柱的贮液器中，上清液以≤3mL/min 的流速通过固相萃取柱，待上清液完全流出后，用 5mL 甲醇+水洗柱，弃去全部流出液。在 65kPa 的负压下，减压抽干 40min，最后用 15mL 乙酸乙酯洗脱，收集洗脱液于 100mL 平底烧瓶中。

4) 液相色谱条件
(1) 色谱柱：Mightsil RP-18 GP，3μm，150mm×4.6mm 或相当者。
(2) 流动相：乙腈+甲醇+0.01mol/L 草酸溶液(2+1+7)。
(3) 流速：0.5mL/min。
(4) 柱温：25℃。
(5) 检测波长：350nm。
(6) 进样量：60μL。

5) 液相色谱测定　将混合标准工作溶液分别进样，以浓度为横坐标，峰面积为纵坐标，绘制标准工作曲线，用标准工作曲线对样品进行定量，样品溶液中土霉素、四环素、金霉素、强力霉素的响应值均应在仪器测定的线性范围内。在上述色谱条件下，土霉素、四环素、金霉素、强力霉素的参考保留时间见表 9-2。除不称取试样外，均按上述步骤同时完成空白试验。

表 9-2　土霉素、四环素、金霉素、强力霉素的参考保留时间

药物名称	保留时间/min
土霉素	4.82
四环素	5.42
金霉素	10.32
强力霉素	15.45

6) 结果计算　　结果按下式计算：

$$X = c \times \frac{V}{m} \times \frac{1000}{1000}$$

式中，X 为试样中被测组分残留量(mg/kg)；c 为从标准工作曲线得到的被测组分溶液浓度(μg/mL)；V 为试样溶液定容体积(mL)；m 为试样溶液所代表试样的质量(g)。

注：计算结果应扣除空白值。

本方法土霉素、四环素、金霉素、强力霉素的检出限均为 0.005mg/kg。

五、动物组织中呋喃唑酮和磺胺类药物的残留测定

1. 原理　　样品以乙腈提取，正己烷脱脂，然后用固相萃取柱净化，分步溶剂洗脱，最后用 HPLC 进行分析。

2. 试剂和材料

(1) 甲醇、乙腈、无水硫酸钠、磷酸、正丙醇、正己烷、磷酸溶液、磷酸-乙腈溶液(5∶95)。

(2) 流动相：磷酸溶液-乙腈(70∶30)。

(3) 固相萃取柱：碱性氧化铝柱，2g/mL，或相当者。

(4) 呋喃唑酮对照品、磺胺嘧啶(SD)对照品、磺胺二甲嘧啶(SM2)对照品、磺胺间甲嘧啶(SMM)对照品、磺胺甲噁唑(SMZ)对照品、磺胺喹噁啉(SQ)对照品，以上药品纯度均≥98.0%。

(5) 磺胺类药物标准储备液(1mg/mL)：准确称取 SD、SM、SMM、SMZ、SQ 对照品各 100mg，用甲醇溶解并稀释至 100mL 量瓶中，贮存于 0～8℃冰箱中，有效期 90d。

(6) 呋喃唑酮标准储备液(1mg/mL)：准确称取呋喃唑酮对照品 100mg，用甲醇溶解并稀释至 100mL 量瓶中，贮存于 0～8℃冰箱中，有效期 90d。

(7) 呋喃唑酮、磺胺类药物标准工作液：取呋喃唑酮储备液、磺胺类药物储备液适量，用流动相稀释成含呋喃唑酮、磺胺类药物 0.005(0.01)μg/mL、0.01(0.02)μg/mL、0.05(0.1)μg/mL、0.1(0.2)μg/mL、0.5(1.0)μg/mL 的呋喃唑酮、磺胺类药物标准混合溶液。贮存于 0～8℃冰箱中，有效期 7d。

3. 仪器设备　　高效液相色谱仪（配置二极管阵列检测器或紫外检测器）、旋转蒸发仪、冷冻离心机、固相萃取设备。

4. 分析方法

1) 试样提取　　称取(5±0.05)g 均质动物组织样品于 50mL 离心管中，加入 20mL 乙腈和 4g 无水硫酸钠，用玻璃棒充分搅拌以防止样品与无水硫酸钠在离心管结块，振荡 5min 后，置于离心机上以 3000r/min 离心 10min，转移乙腈提取液于分液漏斗中，残渣再用 20mL 乙腈提取一次，合并两次提取液，转移到已加入 20mL 正己烷的分液漏斗中，分液并收集乙腈层(下层)，加入 5mL 正丙醇，40℃旋转蒸发浓缩至干，用流动相 5mL 溶解，备用。

2) 试样净化　　取固相萃取柱，用 3mL 磷酸-乙腈溶液活化 SPE 小柱，加入全部溶解液，过 SPE 柱，经 0.45μm 滤膜过滤，待 HPLC 分析。

3) 色谱条件

(1) 色谱柱：C_{18}(4.6mm×250mm，5μm)。

(2) 流动相：磷酸溶液-乙腈(70∶30)。

(3)柱温：30℃。
(4)进样：20μL。
(5)流速：1.0mL/min。

使用二极管阵列检测器选择365nm和270nm同时测定。

4)定量测定　取呋喃唑酮、磺胺类药物工作液和洗脱收集液分别注入液相色谱仪，记录谱图，按外标法以峰面积进行计算。

按照下式计算试样中各种药物残留的含量：

$$X = \frac{A \times C_S \times V \times 1000}{A_S \times m}$$

式中，X为试样中各种药物的含量(μg/kg)；A为试样溶液对应的色谱峰面积响应值；A_S为标准溶液对应的色谱峰面积响应值；V为加入流动相的体积(mL)；C_S为标准溶液的浓度(μg/mL)；m为试样质量(g)。

本方法呋喃唑酮和磺胺类药物的检出限分别为25.0μg/kg和50.0μg/kg。

第二节　水产品中渔药残留检验

渔药残留是指在水生动、植物养殖过程中，为防病、治病而使用的药物在生物体内产生积累或代谢不完全而残留的药物。目前水产品中主要有喹诺酮类、抗生素类、磺胺类和呋喃类，以及某些激素，如己烯雌酚、甲基睾酮、盐酸克伦特罗等残留。水产品中药物残留检测分析方法主要有气相色谱法、液相色谱法、免疫法和联用技术等。

一、水产品中氯霉素残留的检验

1. 原理　样品经乙酸乙酯提取并浓缩，提取物溶于水，用正己烷脱脂，C_{18}固相萃取柱净化，硅烷化试剂衍生化后，用气相色谱-二级质谱测定，外标法定量。

2. 试剂
(1)甲醇、乙酸乙酯、正己烷、氯仿、乙腈，以上试剂均为分析纯或色谱纯。
(2)无水硫酸钠、氯化钠、0.4%氯化钠溶液。
(3)氯霉素标准品：纯度≥99%。
(4)氯霉素标准溶液：准确称取氯霉素标准品0.0500g，用甲醇溶解并定容至100mL，配成浓度为500μg/mL的标准储备液，置4℃冰箱中保存，保存期不超过3个月。临用前，取此储备液，用甲醇稀释成浓度为0.100μg/mL的标准工作液。
(5)衍生化试剂：N,O-双(三甲基硅烷基)三氟乙酰胺(BSTFA)/三甲基氯硅烷(TMCS)体积比99：1。

3. 仪器和设备　气相色谱质谱仪：电子轰击源(EI)，离子阱串联质谱；旋转蒸发器；氮吹仪；C_{18}固相萃取柱，300mg；固相萃取装置；无水硫酸钠柱：砂芯玻璃层析柱中装无水硫酸钠5g。

4. 分析方法

1) 样品预处理　　鱼去鳞、皮，沿背脊取肌肉；虾去头、壳、附肢，取可食肌肉部分；蟹、中华鳖等取可食肌肉部分；样品切成为不大于 0.5cm×0.5cm×0.5cm 的小块后混匀，放置冰箱中冷冻贮存备用。

2) 提取　　将样品解冻，称取样品 5g，置于 50mL 离心管中，加入乙酸乙酯 20mL，均质机均质 1min，分散均匀，4000r/min 离心 3min，将乙酸乙酯层转移到 100mL 鸡心瓶中。再向离心管中加乙酸乙酯 10mL，用原均质机均质混合 1min，4000r/min 离心 3min，合并乙酸乙酯提取液于 100mL 细口鸡心瓶中，于 40℃水浴中减压旋转蒸发至干。

3) 脱脂净化　　向鸡心瓶中加 1mL 甲醇振荡溶解残留物，再加入 15mL 正己烷和 25mL 4%氯化钠溶液，盖塞振荡混合 1min，充分混合提取脂肪，转移到另一 50mL 离心管中，4000r/min 的速度离心 2min，除去上层正己烷相并弃去。再向水相中加 10mL 正己烷，重复提取一遍，弃去正己烷相。水相中加入 15mL 乙酸乙酯，旋涡混合 2min，3000r/min 离心 3min，吸取乙酸乙酯层，经过无水硫酸钠柱脱水过滤于 50mL 鸡心瓶中。再向水相中加入 5mL 乙酸乙酯，重复上述操作。用少量乙酸乙酯淋洗无水硫酸钠柱，合并提取液于 50mL 鸡心瓶中，在 40℃水浴中减压旋转蒸发至干。

对于净化不完全的样品可经 C_{18} 固相萃取柱进一步净化。加入 2mL 乙酸乙酯溶解提取物并转移于 5mL 具塞离心管中，用 1mL 乙酸乙酯洗涤鸡心瓶，合并乙酸乙酯，于 50~55℃的砂浴中吹氮蒸发至近干，再用 1mL 乙酸乙酯洗涤离心管壁并吹干。注意防潮。

4) C_{18} 柱净化　　给每个样品准备一根 C_{18} 柱，顺序用 5mL 甲醇、5mL 氯仿、5mL 甲醇和 5mL 水淋洗处理 C_{18} 柱，弃掉洗涤液。用 5mL 体积分数为 5%的乙腈水溶液溶解步骤 3)中在 40℃水浴中减压旋转蒸发至干的提取物，吸取水溶液装入 C_{18} 柱过柱，弃掉流出液。注意流速保持每秒一滴，否则净化效果和回收率都较差。用 1mL 水淋洗鸡心瓶 2 遍，并将淋洗液加入 C_{18} 柱过柱，弃掉流出液。用 5mL 水淋洗 C_{18} 柱，让洗涤液完全流出 C_{18} 柱，用微氮吹干。用乙腈将 C_{18} 柱中的氯霉素洗脱，洗脱 2 次，每次 1.5mL，合并洗脱液于 5mL 具塞离心管中。在 50~55℃的砂浴中，用氮气吹除乙腈至近干，再用 1mL 乙腈洗涤离心管壁并用氮气吹干。

5) 试样的衍生化　　向干的残留物中加 100μL 衍生化试剂，盖塞并旋涡混合 10s，在 70℃烘箱中反应 30min。再在 50~55℃砂浴中用氮气流吹除多余的试剂，至样品管刚好吹干为止(过长的吹干时间可导致损失分析物)。加入 0.5mL 正己烷，旋涡混合 10s，供气相色谱质谱分析用。

6) 标准工作液的衍生化　　取适量标准工作液于 5mL 具塞离心管中，在 50~55℃的砂浴中，用氮气吹除溶剂至干。以下按试样衍生化的步骤操作。

7) 检测条件

(1) 色谱条件。

a. 色谱柱：VF-5MS(30m × 0.25mm × 0.25μm)石英毛细管柱或相当者。

b. 载气：高纯氦气(大于 99.999%)，恒流 1.0mL/min。

c. 柱温：程序升温，150℃恒温 1min，以 20℃/min 速率升至 270℃，保持 5min。进样口温度为 260℃。无分流进样，进样量 1μL。

(2) 质谱条件。

a. 离子阱温度 200℃；传输线温度 250℃；歧管温度 45℃。

b. 光电倍增管电压补偿 200V；灯丝电流 80μA。

c. 质量扫描范围：99~250m/z。

d. EI 全谱监测离子：225、242、361、451。

e. 二级质谱母离子 225；二级监测离子 208。

f. CID 电压：0.7V。

g. 定量方法：选择 208m/z 为定量离子，外标法定量。

8）样品测定　分别注入 1μL 适当浓度的氯霉素标准硅烷化衍生物溶液及样品提取物硅烷化衍生物溶液于气相色谱质谱仪中，按上述色谱质谱条件进行分析，记录峰面积，响应值均应在仪器检测的线性范围之内。空白试验除不称取试样后，均按上述步骤进行。

（1）定性测定。进行样品测定时，如果检出色谱峰的保留时间与标准样品相一致，并且在样品质谱图中，二级质谱选择的定性离子均出现，而且待测样品的离子丰度比与标准品的丰度比相一致，可确证该样品含氯霉素。

（2）定量测定。以 208 为定量离子，外标法定量。

9）结果计算　结果按下式计算：

$$X = \frac{AV}{A_S m} C_S$$

式中，X 为试样中被测组分残留量（μg/kg）；C_S 为标准工作液衍生化定容后溶液氯霉素衍生物组分浓度（ng/mL）；A 为样品中氯霉素衍生物的峰面积；A_S 为标样中氯霉素衍生物的峰面积；V 为样品溶液衍生化后定容体积（mL）；m 为样品溶液衍生化后定容溶液所代表试样的质量（g）。

在水产品中氯霉素添加浓度在 0.5~5μg/kg，回收率在 72.7%~93.8%。

二、水产品中甲氧苄啶残留量的测定

1. 原理　试料中残留的甲氧苄啶，用三氯甲烷和酸性甲醇溶液提取，二氯甲烷反萃取，MCX 固相萃取柱净化，高效液相色谱紫外测定，外标法定量。

2. 试剂和材料

（1）三氯甲烷、甲醇、高氯酸、硫酸、二氯甲烷、氢氧化钠、乙酸、氨水、0.5%高氯酸溶液、0.1mol/L 硫酸溶液、2mol/L 氢氧化钾、5%乙酸溶液、5%氨水甲醇溶液。

（2）甲氧苄啶标准品（含量≥98%）。

（3）100μg/mL 甲氧苄啶标准储备液、10μg/mL 甲氧苄啶标准工作液。

3. 仪器和设备　高效液相色谱仪（配紫外检测器）、MCX 阳离子固相萃取柱、旋转蒸发器、固相萃取装置。

4. 检测方法

1）提取　称取试料 5g±0.05g，于 50mL 具塞离心管中，加三氯甲烷 15mL、甲醇 14mL、0.1mol/L 硫酸溶液 6mL，旋涡混合 2min，4000r/min 离心 3min，取上清液于 150mL 分液漏斗中。残渣中加甲醇 14mL 和 0.1mol/L 硫酸溶液 6mL，重复提取一次，合并两次上清液于分液漏斗中，加 2mol/L 氢氧化钾溶液 2mL、二氯甲烷 30mL，振摇 2min，静置分层，取下层液于茄形瓶中，分液漏斗中加二氯甲烷 30mL 重复提取一次，合并两次下层液，于 40℃旋转蒸发至近干，用 5%乙酸溶液 6mL 溶液残余物，备用。

2）净化　MCX 阳离子交换柱依次用甲醇 6mL 和 5%乙酸溶液 6mL 活化，取备用液过柱，用 5%乙酸溶液 6mL 和甲醇 6mL 淋洗，用氨水甲醇溶液 15mL 洗脱，于 40℃旋转蒸发至近干，用流动相 1.0mL 溶解残余物，滤膜过滤，供高效液相色谱测定。

3) 标准曲线的制备　　精密量取甲氧苄啶标准工作液适量，用流动相稀释，配制成浓度为 50μg/mL、200μg/mL、500μg/mL、1000μg/mL、2000μg/mL、5000μg/mL 系列标准溶液，供高效液相色谱测定。以测得峰面积为纵坐标，对应的标准溶液浓度为横坐标，绘制标准曲线。求回归方程和相关系数。

4) 色谱条件
(1) 色谱柱：ZORBAX-C_{18} 柱 (250mm×4.6mm，粒径 5μm)，或相当者。
(2) 流动相：甲醇+0.5%高氯酸溶液 (30+70，体积比)。
(3) 流速：1.0mL/min。
(4) 柱温：35℃。
(5) 进样量：20μL。
(6) 检测波长：230nm。

5) 测定　　取试样溶液和相应的标准溶液，作单点或多点校准，按外标法，以峰面积计算。标准溶液及试样溶液中甲氧苄啶响应值应在仪器检测的限行范围之内。

以不加试料，采用完全相同的步骤进行空白试验操作。

6) 计算　　试料中甲氧苄啶的残留量 (μg/kg) 按下式计算：

$$X = \frac{c \times V}{m}$$

式中，X 为供试试料中甲氧苄啶的残留量 (μg/kg)；c 为试样溶液中甲氧苄啶的浓度 (μg/mL)；V 为溶解残余物体积 (mL)；m 为供试试料质量 (g)；本方法的定量限为20μg/kg，在20～1000μg/kg 添加浓度水平上的回收率为70%～110%。

三、水产品中己烯雌酚残留量的测定

1. 原理　　测定的基础是竞争性酶联免疫抗原抗体反应，所有的免疫反应都在微孔中进行，加入己烯雌酚标准或样品溶液、己烯雌酚酶标记物、己烯雌酚抗体后，己烯雌酚与己烯雌酚酶标记物相互竞争己烯雌酚抗体的结合位点。结合的己烯雌酚酶标记物可以将无色的发色剂转化为蓝色的产物，在450nm处检测，吸收光强度与样品中的己烯雌酚浓度成正比，按校正曲线定量。

2. 试剂和标准溶液
(1) 叔丁基甲基醚、石油醚、二氯甲烷、甲醇、1mol/L 氢氧化钠溶液、6mol/L 磷酸等。
(2) 20%甲醇的 20mmol/L 三羟基甲基氨基甲烷缓冲液 (pH8.5)，40%、70%、80%的甲醇溶液。67mmol/L 磷酸盐缓冲液 (pH7.2)。
(3) 己烯雌酚酶联免疫定量测定试剂盒。

3. 仪器　　酶标仪 (450nm)、离心机、氮吹仪、高速匀浆机、C_{18} 固相提取柱、固相萃取器。

4. 检测方法
1) 试样提取　　取出鱼、虾、蟹等水产品肌肉部分，除净脂肪和结缔组织，样品切成不大于 0.5cm×0.5cm×0.5cm 的小块后混匀，置冰箱中冷冻备用。

将样品解冻，取5g样品于匀浆机的玻璃管中，加10mL 67mmol/L 磷酸盐缓冲液，充分匀浆，称取3g匀浆组织于20mL玻璃离心管中，加入8mL叔丁基甲基醚，强烈振荡20min，4000r/min 离心 10min，转移出上清液至20mL玻璃离心管中，再用8mL叔丁基甲基醚重复提取沉淀物,将两次提取的醚相合并,70℃蒸发至干。

取 70%的甲醇 1mL 溶解于干燥的残留物,加 3mL 石油醚洗涤甲醇溶液,漩涡混合 1min,4000r/min 离心 1min,吸除石油醚,置水浴锅中蒸发甲醇溶液,用 1mL 二氯甲烷溶解,加 1mol/L 氢氧化钠溶液 3mL,漩涡振荡后静置,取出上层氢氧化钠溶液,加入 6mol/L 磷酸 300μL 中和提取液,用 C_{18} 固相萃取柱进一步纯化。

2) 样品纯化　将 C_{18} 固相提取柱垂直固定,用 3mL 无水甲醇洗涤柱子,再用 2mL 20%甲醇的 20mmol/L Tris 缓冲液平衡柱子,紧接着将上述用磷酸中和后的氢氧化钠提取液用 1000μL 微量加样器全部加入柱中,过柱,然后用 2mL 20%甲醇的 20mmol/L Tris 缓冲液洗涤柱子,接着用 3mL 40%的甲醇洗涤柱子,弃去过柱的溶液,用正压去除残留的液体并且用空气或氮气吹 2min 以干燥柱子。

用 2mL 80%的甲醇洗脱样品(以上溶液洗柱子、平衡柱和提取液过柱的流速皆为 1 滴/s 左右,可用固相萃取器抽真空控制),收集洗脱液,向洗脱液中加入 2mL 水,取 20μL 进行酶联免疫测定。

3) 酶联免疫测定　控制室温在 20～24℃,取出足够数量的微孔条插入微孔架中,加入 20μL 的标准液和处理好的样品到各自的微孔底部,记录各标准液和样品的位置,标准和样品做两个平行实验。每个微孔中加入 50μL 稀释后的己烯雌酚抗体,漩涡振荡混合,置 2～8℃ 冰箱中孵育 20h。

取出微孔架,回复到室温 20～24℃,洗板(甩出孔中的液体,将微孔架倒置在吸水纸上每行拍打 3 次,以保证完全去除孔中的液体。用 250μL 蒸馏水加入孔中,再次倒掉微孔中液体,再重复操作两次),加入 50μL 稀释的酶标记物到微孔底部,漩涡振荡充分混合后,置室温孵育 1h,再洗板后,每个微孔中加入 50μL 基质和 50μL 发色试剂,充分混合,并在室温暗处孵育 30min,每个微孔中再加入 100μL 反应停止液,混合后在 60min 内测量每个微孔 450nm 处的吸光度值。

4) 结果计算

(1) 计算相对吸光度值:计算每个己烯雌酚标准液和样液的平均吸光度值,按下式求出己烯雌酚标准液和样液的相对吸光度值。

$$R_i = A_i/A_0 \times 100$$

式中,R_i 为相对吸光度值(%);A_0 为空白标准的吸光度值;A_i 为标准或样品的平均吸光度值。

(2) 绘制校正曲线:以计算的标准液相对吸光度值为纵坐标,以己烯雌酚浓度的对数为横坐标,绘制出己烯雌酚标准液相对吸光度值与己烯雌酚浓度的校正曲线,校正曲线在 0.05～0.4μg/L 范围内应当成为线性,相对应每一个样品的己烯雌酚浓度可以从校正曲线上读出。每次试验均应重新绘制校正曲线。

(3) 结果计算:在绘制的校正曲线上读出的相对应每一个样品的己烯雌酚浓度乘以相对应的稀释系数,即为试样中的己烯雌酚残留量。本方法的检测限为 0.6μg/kg。

第三节　动物性产品中农药残留检验

农药按其成分大致可分为有机氯农药、有机磷农药、氨基甲酸酯农药、拟除虫菊酯农药、生物农药和抗生素类农药等；按作用对象可分为除草剂、杀虫剂和杀菌剂等几类。农药残留是指农药使用后残存于生物体、农副产品和环境中的农药原体、有毒代谢产物、降解物和杂质的总称，残存的数量称为残留量。

国际上用于农药残留快速检测方法主要分为两大类：生化测定法和色谱快速检测法。生化检测法是利用生物体内提取出的某种生化物质进行的生化反应来判断农药残留是否存在以及农药污染情况，在测定时样本无需经过净化，或净化比较简单，检测速度快。生化检测法中又以酶抑制法和酶联免疫法应用最为广泛。色谱快速检测法通过尽可能的简化样品净化步骤，直接提取进样分析动物性产品中的农药残留，在具体应用中可以根据实际情况和方法各自适用范围及优缺点来选择使用。

一、动物性产品中有机氯农药多组分残留的测定

1. 原理 试样中有机氯农药组分经有机溶剂提取、凝胶色谱分离净化，用毛细管柱气相色谱分离，电子捕获检测器测定，以保留时间定性，外标法比较定量。

2. 试剂

(1)丙酮、正己烷、石油醚(沸程30～60℃，分析纯，重蒸)、环己烷、乙酸乙酯、氯化钠、无水硫酸钠(分析纯，将无水硫酸钠置于干燥箱中，于120℃干燥4h，冷却后密闭保存)、聚苯乙烯凝胶(200～400目)。

(2)农药标准：α-六六六(α-HCH)、六氯苯、β-六六六(β-HCH)、γ-六六六(γ-HCH)、五氯硝基苯(PCNB)、δ-六六六(δ-HCH)、五氯苯胺(PCA)、七氯、五氯苯基硫醚(PCP)、艾氏剂、氧氯丹、环氧七氯、反氯丹、α-硫丹、顺氯丹、p,p'-滴滴伊(p,p'-DDE)、狄氏剂、异狄氏剂、β-硫丹、p,p'-滴滴滴(p,p'-DDD)、o,p'-滴滴涕(o,p'-DDT)、异狄氏剂醛、硫丹硫酸盐、p,p'-滴滴涕(p,p'-DDT)、异狄氏剂酮、灭蚁灵，纯度均不低于98%。标准溶液的配制：分别准确称取或量取上述农药标准品适量，用少量苯溶解，再用正己烷稀释成一定浓度的标准储备溶液。量取适量标准储备溶液，用正己烷稀释为系列混合标准溶液。

3. 仪器和设备 气相色谱仪(具有电子捕获检测器)、旋转浓缩蒸发器、电动振荡器、氮气浓缩器、组织捣碎机、全自动凝胶色谱系统(带有固定波长254nm紫外检测器，供选择使用)、凝胶净化柱，长30cm，内径2.3～2.5cm，具活塞玻璃色谱柱，柱底垫少许玻璃棉。用洗脱剂乙酸乙酯-环己烷(1+1)浸泡的凝胶，以湿法装入柱中，柱床高约26cm，凝胶始终保持在洗脱剂中。

4. 分析方法

1)试样制备 蛋品去壳，制成匀浆；肉品去筋后，切成小块，制成肉糜；乳品混匀待用。

2)提取与分配

(1)蛋类：称取试样20g于200mL具塞锥形瓶中，加水5mL，再加入40mL丙酮，振摇30min后，加入氯化钠6g，充分摇匀，再加入30mL石油醚，振摇30min。静置分层后，将有机相全部转移至100mL具塞锥形瓶中经无水硫酸钠干燥，并量取35mL于旋转蒸发瓶中，浓缩至约1mL，加入2mL乙酸乙酯-环己烷(1+1)溶液再浓缩，如此重复3次，浓缩至约1mL，供凝胶色谱层析净化使用，或将浓缩液转移至全自动凝胶渗透色谱系统配套的进样试管中，用乙酸乙酯-环己烷(1+1)溶液洗涤旋转蒸发瓶数次，将洗涤液合并至试管中，定容至10mL。

(2)肉类：称取试样20g，加水15mL，加丙酮40mL，振摇30min，以下步骤按照蛋类试

样的提取、分配步骤处理。

(3) 乳类：称取试样 20g，鲜乳不需加水，直接加丙酮提取。以下步骤按照蛋类试样的提取、分配步骤处理。

3) 净化　　选择手动或全自动净化方法的任何一种进行。

(1) 手动凝胶色谱柱净化：将试样浓缩液经凝胶柱以乙酸乙酯-环己烷(1+1)溶液洗脱，弃去 0～35mL 流分，收集 35～70mL 流分。将其旋转蒸发浓缩至约 1mL，再经凝胶柱净化收集 35～70mL 流分，蒸发浓缩，用氮气吹除溶剂，用正己烷定容至 1mL，留待 GC 分析。

(2) 全自动凝胶渗透色谱系统净化：试样由 5mL 试样环注入凝胶渗透色谱(GPC)柱，泵流速 5.0mL/min，以乙酸乙酯-环己烷(1+1)溶液洗脱，弃去 0～7.5min 流分，收集 7.5～15min 流分，15～20min 冲洗 GPC 柱。将收集的流分旋转蒸发浓缩至约 1mL，用氮气吹至近干，用正己烷定容至 1mL，留待 GC 分析。

4) 气相色谱参考条件

(1) 色谱柱：DM-5 石英弹性毛细管柱，长 30m、内径 0.32mm、膜厚 0.25μm；或等效柱。

(2) 柱温：程序升温

$$90℃(1min) \xrightarrow{40℃/min} 170℃ \xrightarrow{2.3℃/min} 230℃(17min) \xrightarrow{40℃/min} 280℃(5min)$$

(3) 进样口温度：280℃。不分流进样，进样量 1μL。

(4) 检测器：电子捕获检测器(ECD)，温度 300℃。

(5) 载气(氮气)流速：1mL/min。尾吹气，25mL/min。

(6) 柱前压：0.5MPa。

5) 色谱分析　　分别吸取 1μL 混合标准液及试样净化液注入气相色谱仪中，记录色谱图，以保留时间定性，以试样和标准的峰高或峰面积比较定量。

6) 结果计算　　试样中各农药的含量按下式进行计算：

$$X = \frac{m_1 \times V_1 \times f \times 1000}{m \times V_2 \times 1000}$$

式中，X 为试样中各农药的含量(mg/kg)；m_1 为被测试样中各农药的含量(ng)；V_1 为样液进样体积(μL)；f 为稀释因子；m 为试样质量(g)；V_2 为样液最后定容体积(mL)。

二、动物性食品中有机磷农药多组分残留量的测定

1. 原理　　试样经提取、净化、浓缩、定容，用毛细管柱气相色谱分离，火焰光度监测器检测，以保留时间定性，外标法定量。出峰顺序：甲胺磷、敌敌畏、乙酰甲胺磷、久效磷、甲基对硫磷、杀螟硫磷、甲基嘧啶磷、马拉硫磷、倍硫磷、对硫磷、乙硫磷。

2. 试剂

(1) 丙酮、二氯甲烷、乙酸乙酯、环己烷、氯化钠、无水硫酸钠、凝胶(Bio-Beads S-X3 200～400 目)。

(2) 有机磷农药标准品。

3. 仪器

(1) 气相色谱仪：具火焰光度监测器，毛细管色谱柱。

(2) 旋转蒸发仪。

(3) 凝胶净化柱：长 30cm，内径 2.5cm，具活塞玻璃层吸柱，柱底垫少许玻璃棉。用洗脱液乙酸乙酯-环己烷(1+1)浸泡的凝胶以湿法装入柱中，柱床高约 26cm，胶床始终保持在洗脱液中。

4. 分析步骤

1) 试样制备　　蛋品去壳，制成匀浆；肉品去筋后，切成小块，制成肉糜；乳品混匀待用。

2) 提取与分配

(1) 称取蛋类试样 20g 于 100mL 具塞锥形瓶中，加水 5mL，加 40mL 丙酮，振摇 30min，加氯化钠 6g，充分摇匀，再加 30mL 二氯甲烷，振摇 30min。取 35mL 上清液，经无水硫酸钠滤于旋转蒸发瓶中，浓缩至约 1mL，加 2mL 乙酸乙酯-环己烷(1+1)溶液再浓缩，如此重复 3 次，浓缩至约 1mL。

(2) 称取肉类试样 20g，加水 6mL，以下按照蛋类试样的提取、分配步骤处理。

(3) 称取乳类试样 20g，以下按照蛋类试样的提取、分配步骤处理。

3) 净化　　将此浓缩液经凝胶柱，以乙酸乙酯-环己烷(1+1)溶液洗脱，弃去 0～35mL 流分，收集 35～70mL 流分。将其旋转蒸发浓缩至约 1mL，再经凝胶柱净化收集 35～70mL 流分，旋转蒸发浓缩，用氮气吹至约 1mL，以乙酸乙酯定容至 1mL，留待 GC 分析。

4) 色谱条件

(1) 色谱柱：涂以 SE-54 0.25μm，30m × 0.32mm(内径)石英弹性毛细管柱。

(2) 柱温：程序升温

$$60°C(1min) \xrightarrow{40°C/min} 110°C \xrightarrow{5°C/min} 235°C \xrightarrow{40°C/min} 265°C$$

(3) 进样口温度：270°C。

(4) 检测器：火焰光度检测器(FPD-P)。

(5) 气体流速：氮气(载气)1mL/min；尾吹 50mL/min；氢气 50mL/min；空气 500mL/min。

5) 色谱分析　　分别量取 1μL 混合标准液及试样净化液注入色谱仪中，以保留时间定性，以试样和标准的峰高或峰面积比较定量。

6) 计算　　结果按下式计算：

$$X = \frac{m_1 \times V_2 \times 1000}{m \times V_1 \times 1000}$$

式中，X 为试样中各农药的含量(mg/kg)；m_1 为被测样液中各农药的含量(ng)；m 为试样质量(g)；V_1 为样液进样体积(μL)；V_2 为试样最后定容体积(mL)。

三、动物性产品中氨基甲酸酯类农药多组分残留测定

1. 原理　　试样经提取、净化、浓缩、定容，微孔滤膜过滤后进样，用反相高效液相色谱分离，紫外检测器检测，根据色谱峰的保留时间定性，外标法定量。

2. 试剂

(1) 甲醇、丙酮、乙酸乙酯、环己烷、氯化钠、无水硫酸钠。

(2) 凝胶：Bio-Beads S-X3 200～400 目。

(3) 氨基甲酸酯类农药(NMC)标准：涕灭威、甲萘威、呋喃丹、速灭威、异丙威纯度均

大于99%。

(4) NMC 标准溶液配制：将 5 种 NMC 分别以甲醇配制成一定浓度的标准储备液，冰箱保存。5 种 NMC 的浓度分别为涕灭威 6.0mg/L、甲萘威 5.0mg/L、呋喃丹 5.0mg/L、速灭威 10.0mg/L、异丙威 10.0mg/L。

3. 仪器

(1) 高效液相色谱仪：附紫外检测器及数据处理器。
(2) 旋转蒸发仪。
(3) 凝胶净化柱：长 50cm，内径 2.5cm，带活塞玻璃层吸柱，柱底垫少量玻璃棉，用洗脱剂[乙酸乙酯-环己烷(1+1)]浸泡过夜的凝胶以湿法转入柱中，柱床高约 40cm，柱床始终保持在洗脱剂中。

4. 分析方法

1) 试样制备　蛋品去壳，制成匀浆；肉品切块后，制成肉糜；乳品混匀后待用。

2) 提取与分配

(1) 称取蛋类试样 20g，于 100mL 具塞锥形瓶中，加水 5mL，加 40mL 丙酮，振摇 30min，加氯化钠 6g，充分摇匀，再加 30mL 二氯甲烷，振摇 30min。取 35mL 上清液，经无水硫酸钠滤于旋转蒸发瓶中，浓缩至约 1mL，加 2mL 乙酸乙酯-环己烷(1+1)溶液再浓缩，如此重复 3 次，浓缩至约 1mL。

(2) 称取肉类试样 20g，加水 6mL，以下按照蛋类试样的提取、分配步骤处理。

(3) 称取乳类试样 20g，以下按照蛋类试样的提取、分配步骤处理。

3) 净化　将此浓缩液经凝胶柱以乙酸乙酯-环己烷(1+1)溶液洗脱，弃去 0～35mL 流分，收集 35～70mL 流分。将其旋转蒸发浓缩至约 1mL，再经凝胶柱净化收集 35～70mL 流分，旋转蒸发浓缩，用氮气吹至约 1mL，以乙酸乙酯定容至 1mL，留待 HPLC 分析。

4) 色谱条件

(1) 色谱柱：Altima C_{18} 4.6mm×25cm。
(2) 流动相：甲醇+水 (60+40)；流速 0.5mL/min。
(3) 柱温：30℃。
(4) 紫外检测器：波长为 210nm。

5) 测定　将仪器调至最佳状态后，分别将 5μL 混合标准溶液及试样净化液注入色谱仪中，以保留时间定性，以试样峰高或峰面积与标准比较定量。

6) 结果计算　按下式计算：

$$X = \frac{m_1 \times V_2 \times 1000}{m \times V_1 \times 1000}$$

式中，X 为试样中各农药的含量(mg/kg)；m_1 为被测试样中各农药的含量(ng)；m 为试样质量(g)；V_1 为样液进样体积(μL)；V_2 为试样最后定容体积(mL)。

本方法检出限分别为涕灭威 9.8μg/kg、速灭威 7.8μg/kg、呋喃丹 7.3μg/kg、甲萘威 3.2μg/kg、异丙威 13.3μg/kg。

四、ELISA 法检测食品中除虫菊酯类农药的多组分残留

1. 原理　利用除虫菊酯类农药的共性结构——间苯氧基苯甲酸(PBA)为半抗原，与牛

血清白蛋白偶联成人工抗原,免疫动物后获得对多种菊酯类农药有特异性的广谱性抗体,应用ELISA方法对食品中除虫菊酯类农药的残留进行筛选检测。

2. 试剂

(1)人工抗原:间苯氧基苯甲酸——牛血清白蛋白缩合物。

(2)除虫菊酯类农药标准溶液(以氯氰菊酯为代表性农药)。

(3)牛血清白蛋白(BSA)。

(4)辣根过氧化物酶标记羊抗鼠IgG。

(5)ELISA 缓冲液:包被缓冲液(pH9.6 的碳酸盐缓冲液)、磷酸盐缓冲液(pH7.4 的PBS)、洗液(PBS-T):含0.05%吐温-20的PBS、抗体稀释液(1.0g BSA加PBS-T至1000mL)、底物缓冲液(按 0.1mol/L 柠檬酸水溶液:0.2mol/L 磷酸氢二钠水溶液:蒸馏水体积比为24.3:25.7:50 的比例配制)。

3. 仪器 酶标仪、电动振荡器。

4. 分析方法

1)提取 样品粉碎后过20目筛,称取20.0g放入250mL具塞锥形瓶中,准确加入60mL三氯甲烷,盖塞后滴水封严。150r/min 振荡 30min。静置后,用快速定性滤纸过滤于 50mL 烧杯中。立即取12mL滤液(相当4.0g样品)于75mL蒸发皿中,65℃水浴通风挥发干。用2.0mL 20%甲醇-PBS 分3次(0.8mL、0.7mL、0.5mL)溶解并彻底冲洗蒸发皿中凝结物,移至小试管,加盖振荡后静置待测。此液每毫升相当于2.0g样品。

2)测定

(1)包被微孔板,用 PBA-BSA 人工抗原包被酶标板,150μL/孔,4℃过夜。

(2)抗体抗原反应液。将氯氰菊酯纯化单克隆抗体稀释后分别与等量不同浓度的氯氰菊酯标准溶液用 2mL 试管混合,振荡后 4℃静置,此液用于制作氯氰菊酯标准抑制曲线;与等量样品提取液用 2mL 试管混合,振荡后 4℃静置,此液用于测定样品中除虫菊酯类农药含量。

(3)封闭。已包被的酶标板用洗液洗涤3次,每次 3min 后,加封闭液封闭,250μL/孔,置37℃下 1h。

(4)测定。酶标板洗3次,每次3min 后,加抗体抗原反应液(在酶标板的适当孔位加抗体稀释液作为阴性对照),130μL/孔,37℃下 2h。酶标板洗3次,每次3min,加酶标二抗(1:200 稀释),100μL/孔,37℃下 1h。酶标板用洗液洗 5 次,每次 3min,加底物溶液(10mg 邻苯二胺,加 25mL 底物缓冲液,加 37μL 30% H_2O_2),100μL/孔,37℃下 15min,然后加 2mol/L H_2SO_4(40μL/孔)以终止显色反应,酶标仪 490nm 测 OD 值。

3)计算 总除虫菊酯类农药浓度按下式计算:

$$X = C \times \frac{V_1}{V_2} \times D \times \frac{1}{m}$$

式中,X 为总除虫菊酯类农药浓度(ng/g);C 为除虫菊酯类农药含量(对应标准曲线按数值插入法求得)(ng);V_1 为样品提取液的体积(mL);V_2 为滴加样液的体积(mL);D 为稀释倍数;m 为样品质量(g)。

注:该方法可以同时测定多种除虫菊酯类农药残留量。测定时以氯氰菊酯为代表性农药。该法可以做筛选检测用。

第四节 动物性产品中非法添加物检验

随着生活水平的提高，人们不仅追求食品的色、香、味，更追求食品的卫生和营养。但是食品中有毒有害成分的存在，以及国家公布的151种食品和饲料中非法添加物名单，不停地敲着食品安全的警钟。因食用受污染或含有非法添加物的食物而引起中毒的事件时有发生，迫使人们寻求能够有效检测食品中有毒有害物质和非法添加物的方法。

迄今为止已成功建立并有效应用多种检测方法，其中较有效、较常用的有色谱分析法、光谱法和免疫分析法等。

一、原料乳与乳制品中三聚氰胺检测

1. 原理 试样经溶解、超声提取、沉淀蛋白、过滤得到测试液体，经高效液相色谱测定，根据保留时间和紫外吸收光谱定性，根据峰面积进行定量。

2. 试剂和材料

(1)磺基水杨酸、柠檬酸、辛烷磺酸钠、乙腈、盐酸、60g/L 磺基水杨酸、0.1mol/L 盐酸、缓冲液(柠檬酸和辛烷磺酸钠浓度均为10mmol/L)。

(2)三聚氰胺标准品、三聚氰胺标准储备液。

3. 仪器和设备 高效液相色谱仪（配有紫外检测器或二极管阵列检测器）、高速离心机、涡旋混合器。

4. 分析方法

1) 提取

(1)固态乳制品：称取1.0g左右试样，加入0.1mol/L 盐酸约15mL，漩涡混匀，超声提取30min后加入60g/L 磺基水杨酸6～8mL，用0.1mol/L 盐酸定容至25mL，混匀后离心，上清液经0.45μm 的微孔滤膜过滤后进样。

(2)液态乳制品：称取15g左右试样，加入60g/L 磺基水杨酸3～4mL，用0.1mol/L 盐酸定容至25mL，混匀后离心，上清液经0.45μm 的微孔滤膜过滤后进样。

2) 色谱条件

(1)色谱柱：ODS-C_{18}，250mm×4.6mm，5μm。

(2)流动相：缓冲液：乙腈=85：15。

(3)流速：1.0mL/min。

(4)柱温：40℃。

(5)波长：240nm。

3) 测定

(1)标准曲线制备：将标准系列 0.25μg/mL、0.50μg/mL、1.00μg/mL、2.00μg/mL、4.00μg/mL、5.00μg/mL、10.0μg/mL 分别进样 20μL，以峰面积为纵坐标，浓度为横坐标作图，制作标准曲线。

(2)样品测定：取制备好的试样溶液进样 20μL，进行液相色谱分析。根据保留时间和紫外吸收光谱定性，根据峰面积进行定量。

(3)计算：试样中三聚氰胺的含量(mg/kg)按下式计算：

$$X = \frac{C \times V}{m}$$

式中，X 为样品中三聚氰胺含量(mg/kg)；C 为从标准曲线上查出的含量(μg/mL)；V 为定容体积(mL)；m 为称样量(g)。

本方法三聚氰胺定量检出限为 2.0mg/kg。

二、动物组织中盐酸克伦特罗的残留测定

1. 原理 反应在已包被有盐酸克伦特罗多抗的塑料微孔中进行，将盐酸克伦特罗标准品或样品、酶标物加入微孔，温浴时，游离的和酶标记的盐酸克伦特罗竞争结合盐酸克伦特罗抗体的结合位点。所有未反应的酶标物在洗涤步骤中被清除，结合了的酶可以由显色剂显示出来，因为酶可以使无色的显色剂转变成蓝色，反应终止液的加入则可以使蓝色变成黄色吸收值可以在 450nm 处进行测定。颜色变化的程度反映样品中盐酸克伦特罗的含量，在一定浓度范围内吸光度的高低与样品中盐酸克伦特罗的含量成反比。

2. 试剂和材料
(1) 竞争酶标免疫法盐酸克伦特罗试剂盒，2～8℃冰箱中保存。
(2) 微孔板：包被有盐酸克伦特罗多抗。
(3) 盐酸克伦特罗标准溶液：0.1μg/mL。
(4) 酶标物冻干粉、酶标物溶解液。
(5) 浓缩洗涤液。
(6) 洗涤液：用水 10 倍稀释厂商提供的浓缩洗涤液。
(7) 显色剂。
(8) 终止液。
(9) 盐酸克伦特罗工作液：取盐酸克伦特罗标准溶液，用稀释液稀释为 0.15～5.0μg/L。
(10) 酶标物溶液：在冻干粉中精确加入 12mL 酶标物溶解液(配制后静置至少 4h 或者 2～6℃放置 8h 后使用)，用前摇匀，酶标物溶液有效期为 90d。
(11) 盐酸、氢氧化钠、盐酸溶液(0.01mol/L)、氢氧化钠溶液(2mol/L)。

3. 仪器和设备 酶标仪(带 450nm 滤光片)、振荡器、冷冻离心机、氮吹仪、匀浆机、微量加样器及配套吸头(单道 20μL、50μL、100μL，多道 50～300μL)。

4. 检测方法
1) 样品处理 称取匀浆后样品(1±0.1)g，加入 1mL 盐酸溶液，涡旋 2min，4℃条件下 5000g 离心 10min，取 250μL 于 1.5mL 试管中，加 5μL 氢氧化钠溶液，4℃条件下 5000g 离心 10min，取上清液用于检测。

2) 测试程序
(1) 测定在室温 20～25℃条件下操作，测定之前将试剂盒以及所有试剂在室温(20～25℃)下放置 1～2h。
(2) 将足够标准和样品所用数量的孔条插入微孔架，标准和样品做两个平行实验，记录下标准和样品的位置。
(3) 分别在各孔中加 50μL 的标准品溶液或样品溶液。

(4) 每孔加 100μL 酶标物溶液(推荐使用多通道加样器)。

(5) 轻轻晃动反应板，20～25℃反应 10min。

(6) 倾出微孔中的液体，加 300μL 洗涤液，轻轻振荡混匀，倾出微孔中的洗涤液，在吸水纸上拍打，彻底清除微孔中的残留液和气泡，重复洗板 3 遍。

(7) 立即加 100μL 显色剂(推荐使用多通道加样器)，晃动反应板使之彻底混匀，20～25℃避光反应 10min。

(8) 每孔加 100μL 终止液(推荐使用多通道加样器)，轻轻振荡混匀，30min 内在 450nm 下检测吸光度(10min 内最佳)。

(9) 按下式计算百分吸光度值：

$$百分吸光度值 = B/B_0 \times 100\%$$

式中，B 为标准溶液或供试样品的平均吸光度值；B_0 为零标准的标准溶液平均吸光度值。

用专业计算机软件求出供试样品中盐酸克伦特罗的浓度，乘以稀释系数即得检测结果。或以 x 轴为标准溶液中盐酸克伦特罗浓度(ng/L)的自然对数，y 轴为百分吸光度值，在半对数坐标纸上绘制标准曲线图，校正曲线在 150～5000ng/L 应当成为线性。从标准曲线上查出供试样品中盐酸克伦特罗的浓度(ng/L)。

本方法在动物组织中的检测限为 0.1μg/kg。

三、水产品中孔雀石绿和结晶紫的检测

1. 原理　　样品中残留的孔雀石绿或结晶紫用硼氢化钾还原为其相应的代谢产物隐色孔雀石绿或隐色结晶紫，乙腈-乙酸铵缓冲混合液提取，二氯甲烷液液萃取，固相萃取柱净化，反相色谱柱分离，荧光检测器检测，外标法定量。

2. 试剂

(1) 乙腈、二氯甲烷、酸性氧化铝、二甘醇、硼氢化钾、无水乙酸铵、冰醋酸、氨水、硼氢化钾溶液(0.03mol/L)、硼氢化钾溶液(0.2mol/L)、20%盐酸羟胺溶液、对-甲苯磺酸溶液(0.05mol/L)、乙酸铵缓冲溶液(0.1mol/L)、乙酸铵缓冲溶液(0.125mol/L)。

(2) 酸性氧化铝固相萃取柱：500mg，3mL。

(3) Varian PRS 柱：500mg，3mL。

(4) 标准品：孔雀石绿(MG)、结晶紫(GV)，纯度大于 98%。

(5) 标准储备溶液、混合标准中间液、混合标准工作溶液。

3. 仪器和设备　　高效液相色谱仪(配荧光检测器)、匀浆机、离心机(4000r/min)、固相萃取装置、漩涡振荡器、旋转蒸发仪。

4. 分析方法

1) 取样　　鱼去鳞、去皮，沿背脊取肌肉部分；虾去头、壳、肠腺，取肌肉部分；蟹、甲鱼等取可食部分。样品切为不大于 0.5cm×0.5cm×0.5cm 的小块后混合。

2) 提取　　称取 5.00g 样品于 50mL 离心管内，加入 10mL 乙腈，10 000r/min 匀浆提取 30s，加入 5g 酸性氧化铝，振荡 2min，4000r/min 离心 10min，上清液转移至 125mL 分液漏斗中，在分液漏斗中加入 2mL 二甘醇，3mL 硼氢化钾溶液，振摇 2min。

另取 50mL 离心管加入 10mL 乙腈，洗涤匀浆机刀头 10s，洗涤液转入前一离心管中，加入 3mL 硼氢化钾溶液，用玻璃棒捣散离心管中的沉淀并搅匀，漩涡混匀器上振荡 1min，静

置 20min，4000r/min 离心 10min，上清液并入 125mL 分液漏斗中。

在 50mL 离心管中继续加入 1.5mL 盐酸羟胺溶液、2.5mL 对-甲苯磺酸溶液、5.0mL 乙酸铵缓冲溶液，振荡 2min，再加入 10mL 乙腈，继续振荡 2min，4000r/min 离心 10min，上清液并入 125mL 分液漏斗中，重复上述操作一次。

在分液漏斗中加入 20mL 二氯甲烷，盖塞，剧烈振摇 2min，静置分层，将下层溶液转移至 250mL 茄形瓶中，继续在分液漏斗中加入 5mL 乙腈、10mL 二氯甲烷，振摇 2min，把全部溶液转移至 50mL 离心管，4000r/min 离心 10min，下层溶液合并至 250mL 茄形瓶，45℃旋转蒸发至近干，用 2.5mL 乙腈溶解残渣。

3) 净化　　将 PRS 柱安装在固相萃取装置上，上端连接酸性氧化铝固相萃取柱，用 5mL 乙腈活化，转移提取液到柱上，再用乙腈洗茄形瓶两次，每次 2.5mL，依次过柱，弃去酸性氧化铝柱，吹 PRS 柱近干，在不抽真空的情况下，加入 3mL 等体积混合的乙腈和乙酸铵溶液，收集洗脱液，乙腈定容至 3mL，过 0.45μm 滤膜，供液相色谱测定。

4) 色谱条件
(1) 色谱柱：ODS-C_{18} 柱，250mm×4.6mm（内径），粒度 5μm。
(2) 流速：1.3mL/min。
(3) 柱温：35℃。
(4) 激发波长：265nm。
(5) 发射波长：360nm。
(6) 进样量：20μL。

5) 色谱分析　　分别注入 20μL 孔雀石绿和结晶紫混合标准工作溶液及样品提取液于液相色谱仪中，按上述色谱条件进行色谱分析，记录峰面积，响应值均应在仪器检测的线性范围之内。根据标准品的保留时间定性，外标法定量。

6) 计算　　样品中孔雀石绿和结晶紫的残留量按下式计算。

$$X = \frac{A \times C_S \times V}{A_S \times W}$$

式中，X 为样品中待测组分残留量(mg/kg)；C_S 为待测组分标准工作液的浓度(μg/mL)；A 为样品中待测组分的峰面积；A_S 为待测组分标准工作液的峰面积；V 为样液最终定容体积(mL)；m 为样品质量(g)。

孔雀石绿和结晶紫混合标准溶液的线性范围为 0.1～600ng/mL。本方法孔雀石绿、结晶紫的检出限均为 0.5μg/kg。

四、肉品中苏丹红染料的检测

1. 原理　　样品经溶剂提取、固相萃取净化后，用反相高效液相色谱-紫外可见光检测器进行色谱分析，采用外标法定量。

2. 试剂
(1) 乙腈、丙酮、甲酸、乙醚、正己烷、无水硫酸钠。
(2) 层析柱管：1cm×5cm 的注射器管。
(3) 层析用氧化铝(中性 100～200 目)：105℃干燥 2h，于干燥器中冷至室温，每 100g 中加入 2mL 水降活，混匀后密封，放置 12h 后使用。

(4)氧化铝层析柱：在层析柱管底部塞入一薄层脱脂棉，干法装入处理过的氧化铝至3cm高，轻敲实后加一薄层脱脂棉，用10mL正己烷预淋洗，洗净柱中杂质后，备用。

(5)5%丙酮的正己烷液：吸取50mL丙酮用正己烷定容至1L。

(6)标准物质：苏丹红Ⅰ、苏丹红Ⅱ、苏丹红Ⅲ、苏丹红Ⅳ；纯度≥95%。

(7)标准储备液：分别称取苏丹红Ⅰ、苏丹红Ⅱ、苏丹红Ⅲ及苏丹红Ⅳ各10.0mg（按实际含量折算），用乙醚溶解后用正己烷定容至250mL。

3. 仪器与设备 高效液相色谱仪（配有紫外可见光检测器）、旋转蒸发仪。

4. 分析方法

1）提取 称取粉碎样品（香肠等肉制品）10～20g 于锥形瓶中，加入60mL 正己烷充分匀浆 5min，滤出清液，再以20mL×2次正己烷匀浆，过滤。合并3次滤液，加入5g 无水硫酸钠脱水，过滤后于旋转蒸发仪上蒸至5mL以下，慢慢加入氧化铝层析柱中，为保证层析效果，在柱中保持正己烷液面为2mm左右时上样，在全程的层析过程中不应使柱干涸，用正己烷少量多次淋洗浓缩瓶，一并注入层析柱。控制氧化铝表层吸附的色素带宽宜小于0.5cm，待样液完全流出后，视样品中含油类杂质的多少用10～30mL正己烷洗柱，直至流出液无色，弃去全部正己烷淋洗液，用含5%丙酮的正己烷液60mL 洗脱，收集、浓缩后，用丙酮转移并定容至5mL，经0.45μm 有机滤膜过滤后待测。

2）色谱条件

(1)色谱柱：Zorbax SB-C_{18} 3.5μm，4.6mm×150mm。

(2)流动相：溶剂A（0.1%甲酸的水溶液：乙腈=85：15）；溶剂B（0.1%甲酸的乙腈溶液：丙酮=80：20）。

(3)流速：1mL/min。

(4)柱温：30℃。

(5)检测波长：苏丹红Ⅰ 478nm；苏丹红Ⅱ、苏丹红Ⅲ、苏丹红Ⅳ 520nm；于苏丹红Ⅰ出峰后切换。进样量10μL。梯度条件见表9-3。

表9-3 梯度洗脱条件

时间/min	流动相		曲线
	A/%	B/%	
0	25	75	线性
10.0	25	75	线性
25.0	0	100	线性
32.0	0	100	线性
35.0	25	75	线性
40.0	25	75	线性

3）标准曲线 吸取标准储备液0mL、0.1mL、0.2mL、0.4mL、0.8mL、1.6mL，用正己烷定容至25mL，此标准系列浓度为0μg/mL、0.16μg/mL、0.32μg/mL、0.64μg/mL、1.28μg/mL、2.56μg/mL，绘制标准曲线。

4）计算 按下式计算苏丹红含量。

$$X = C \times V / m$$

式中，X为样品中苏丹红含量（mg/kg）；C为由标准曲线得出的样液中苏丹红的浓度（μg/mL）；

V 为样液定容体积(mL);m 为样品质量(g)。

本方法最低检测限:苏丹红Ⅰ、苏丹红Ⅱ、苏丹红Ⅲ、苏丹红Ⅳ均为 10μg/kg。

---- 复习参考题 ----

1. 兽药残留的形式有哪些?检测方法有哪几种?
2. 水产品中药物残留检验的分析方法有哪些?
3. 在检测水产品中己烯雌酚残留量时,样品应如何进行纯化?
4. 肉品中苏丹红染料应如何进行检测?

第十章 植物有害生物风险分析

第一节 植物有害生物在自然界中分布的区域性

一、植物有害生物的区域性确定

自起源以来，生物就一直具有向适宜其生存的所有区域扩张的潜力和趋势，但在经贸不发达、交通不便的情况下，海洋、沙漠和山脉等天然屏障的阻隔，外界自然和生态条件的限制，加之国与国之间的某些人为限制，常常使生物的扩散和蔓延受到限制，多数生物只能分布在适宜它生存的部分地区。生物长期在这样的区域里繁衍生息，对该地区的生态条件产生了适应性，形成许多特有物种和特定的生态系统。这样一来，就一个地区里的有害生物而言，无论在种类上、数量上、适应性上，还是在发生、传播以及对植物的危害等诸多方面，与其他地区的有害生物就有了明显的差别，表现出了"区域性"的特点。

有害生物的自然地理分布范围是其与生态环境（寄主植物、气候条件、地理条件等）相互作用的结果。有害生物与生活在同一环境内的寄主植物、天敌等经过漫长的自然选择，逐渐形成了相互依存、相互容忍、相互制约、相对稳定的平衡状态。有害生物在不断地进化，环境条件也在随人类的生产活动而变化，所以有了人类的生产与贸易活动后，有害生物的地理分布区域由原始相对静止状态被激活了，也在发生意想不到的变化。能够影响有害生物地理分布的主要因素包括气候条件、生物因素、地理环境、土壤条件和人类活动等。

（一）环境因素

气候的综合效应决定着有害生物的分布和生态特征，是有害生物扩大其地理分布的主要制约因素。影响有害生物分布的气候因素主要有温度、湿度、光、风、雨及降雪等。其中温度是对有害生物影响诚为显著的气候因素。每种真菌、细菌、病毒、线虫、害虫，在其生长发育过程中所需要的气候条件各不相同。传入新区后，新区的气候条件能否满足它们的发育需要，是决定它们能否在新区繁衍生存的基本条件之一。

温度：每种有害生物对栖地的环境温度的要求都有一定范围。外界环境温度的高低直接影响害虫等变温动物的体温，进而影响其新陈代谢。当新区环境的极端温度（高温与低温）超出了所要求的范围后，对它们在新区生存将很不利或者难以在新区生存、繁衍。

水与湿度：有害生物的一切代谢都是以水为介质，体内的整个联系、营养物质的运输、代谢产物的输送等只能在溶液状态下才能实现。水分不足或缺水将导致有害生物正常生理活动的中止，甚至死亡。降雨、降雪能够改变大气或土壤的湿度，或通过直接的冲刷等机械作用，对有害生物产生影响。因而，如果在有害生物发育的关键期，新区的气候条件恰好处于缺水时期，对有害生物的生存与发育将形成致命的打击。

风：风也影响有害生物的地理分布和生活方式。小风能改变环境小气候，进而影响有害生物的热代谢；大风能将体型小的有害生物传带到很远的地方，加速有害生物的扩散蔓延。

土壤：土壤是有害生物的重要居住场所，有98%以上种类的有害生物，其生活史或多或少都和土壤有联系。这样土壤的温湿度、酸碱度，也常影响有害生物的分布。如不同土壤对检疫性害虫葡萄根瘤蚜有很大影响，有裂缝、具团粒结构的土壤有利其迁移，而沙质土壤不利其迁移。沙土地栽培的葡萄不发生或很少发生葡萄根瘤蚜。

（二）生物因素

有害生物传入新区后，新区的寄主、竞争者、天敌及各种病原微生物等均对其产生影响。尽管生物因素对有害生物的影响可能只涉及种群的部分个体，但如果所有进入新区的有害生物个体都受到了这种影响，这个新区就很难成为这种有害生物新的分布区。如寄主与食物是有害动物生存的基础，若新区缺乏其寄主或食物，它就无法生存；如其寄主数量稀少或这种进入新区的有害生物又是单食性，即使它们在新区能够建立种群，其传播的成功率也很低，也难以造成危害；若其寄主在新区分布广泛，进入新区的有害生物将具有生存、繁衍、扩大种群并产生危害的可能。

竞争者、有害生物病原微生物的流行同样也影响有害生物在新区的生存。例如，1946年在夏威夷发现橘小实蝇，1947～1949年该地柑橘类几乎100%受害，并很快抑制住了当地的地中海实蝇，使地中海实蝇几乎绝迹。其原因是橘小实蝇雌成虫可以敏锐地发现并利用地中海实蝇的产卵孔产卵、迅速孵化，从而抑制了地中海实蝇卵的孵化。同样，澳大利亚昆士兰当地的实蝇也能够对地中海实蝇的发生产生抑制作用。

（三）地理因素

限制有害生物自然分布的地理因素，包括阻隔有害生物扩散和蔓延的大面积水域及湖泊、山脉、沙漠。这些有害生物难以逾越的自然障碍，是维持各种有害生物栖地长期不变的重要原因。这样，即使气候条件极其相似的不同地区，由于地理屏障的限制，有害生物群落不能相互传播，经过长期的演化，形成了互不相同的群落结构。例如，北纬23°气候条件极相似的广州和古巴两地，除稻绿蝽（*Nezara viridula* L.）为两地共有种外，水稻害虫区系中的其他种类都不同。但人类活动可帮助有害生物超越地域与海洋的障碍，如不少昆虫、真菌等有害生物可随苗木等寄主的运输进行远距离传播。

地形则影响风、雨、寒流和暖流的发生。高山地区还形成植物的垂直分布等，影响有害生物的分布（海拔每增加100m，温度平均下降0.6～1℃）。例如，云南高海拔地区存在不少古北区昆虫种类，而低海拔地区则属于典型的东洋区系。

（四）人类活动

事实证明，除了少数迁飞昆虫和少数可经气流远距离传播的病菌以外，多数有害生物要想靠自身主动扩散或借助自然界外力（风、雨、流水、寄主动物等）传播至遥远的新地区去，是非常困难的。而有害生物的人为传播，降低了有害生物跨越空间障碍的难度，其传播速度、范围和程度都远胜于自然传播，给农业生产、生态系统及人类健康带来严重的危害，给人类造成巨大的经济损失。人类自从事生产活动以来，就一直在自觉、不自觉地充当有害生物在世界各地传播蔓延的"帮凶"。有害生物可以潜伏在植物的种子、苗木及植物产品的内部，或黏附在外表，或混杂于其间，随着人为的调运、邮寄、携带这些植物及其产品而无意引入本国或本地区。除此而外，有害生物也可以通过人为有意引入而传入。

今天，经济全球化和国际贸易自由化正在不同程度上影响世界上的各个角落，原有的文化、习俗、社会等方面的隔离或壁垒逐渐减少或淡化，这样一来，国际交往及其贸易往来大大的增加，在世界范围内形成巨大的人流和物流，加之交通运输和信息通讯的快速发展，上述天然屏障的作用则基本消失，外来有害生物得以有意或无意地引入和传播的机会极大地增加，几百万年生物隔离的历史宣告结束。人类从来没有像今天这样如此激烈地影响生物分布并造成物种混杂，人为传播有害生物的问题已成为一个新的全球化的现象。因而，在当今社会，通过植物检疫和植物卫生措施来防止有害生物的人为传播比以往任何时刻都显得更为迫切，植物检疫面临着前所未有的巨大挑战。

二、加强植物检疫的紧迫性

我国幅员辽阔，跨越寒温带、温带、暖温带、亚热带和热带5个气候带，地形复杂，种类丰富，具备和世界上大多数国家相同的气候条件，相类似的寄主种类，所以世界各国各地区很多生物种类，我国均有适合其生存和繁殖的环境条件。同时，我国一般缺乏控制外来有害生物扩展和繁殖的有效天敌。所以，外来有害生物一旦成功传入，就会在很大范围内扩展蔓延，可能从多个方面改变或破坏我国的生态环境，造成巨大的经济损失。加入WTO之后，中国经济逐步融入全球一体化大潮之中，对外贸易更加频繁和多样化，入侵有害生物种类的增加及生物入侵速度的加快将是前所未有的。自20世纪70年代以来，国外的危险农林病虫害传入我国后的扩散蔓延有逐渐增加的趋势，外来危险生物的入侵已对农业生产和农村经济造成了巨大的经济损失，对人民群众身体健康带来了巨大威胁，对我国生态安全构成了严重威胁，全面影响建设小康社会的进程。现在，有害生物扩散和蔓延已成为国际社会不容回避的问题，成为21世纪生物多样性保护、生态安全、农业可持续发展的主要障碍之一。此外，在国际贸易中常因外来有害生物问题引发纠纷，随着国际贸易的多元化和多样化，外来有害生物入侵问题必将引起各贸易国的高度重视。特别是在WTO框架内，植物检疫越来越成为各国保护本国农产品生产、促进本国农产品对外贸易、限制别国农产品进口的非关税贸易壁垒。因此，加强植物检疫工作，加强对外来有害生物的预防与控制的研究，是保障我国经济安全、生态安全、社会稳定和维护国家利益的重大需求，具有十分重要的科学意义与长远的战略意义。

第二节 植物有害生物风险分析的历史与发展

风险就是危险，是指遭受损失、伤害、不利或毁灭的可能性。风险是一种客观存在。在一定条件下，风险的发生带有一定的规律性。这种规律性给人们提供了把风险降到最小限度的可能性。

人们很早就有意无意地采用各种方法来处理日常生活中的风险，保险业的出现是人类管理风险的创举。保险实践的发展，使得风险管理从无到有，从低水平到高水平并逐渐发展成为一门独立于保险学的新学科——风险管理学。同时，风险管理的概念也开始在其他领域逐步得到应用。随着科学技术的进步，人们认识、管理和控制风险的能力也在不断地增强。从20世纪80年代末期开始，有害生物风险分析(pest risk analysis, PRA)在植物检疫领域得到广泛应用。《实施卫生与植物卫生措施协议》(SPS)明确指出,有害生物风险分析是植物检疫决策的科学依据。

风险管理就是研究风险发生和变化的规律,评估风险对社会、经济和生活等可能造成损失的程度,并选择有效的手段,有计划、有目的地处理风险,以期用最小的成本代价,获得最大的安全保障。

一、有害生物风险评估的产生和历史

在联合国粮食及农业组织(FAO)/国际植物保护公约(IPPC)2002年版的国际植物卫生措施标准(ISPM)第5号出版物(ISPM Pub.No.5)——《植物检疫术语》中,对有害生物风险分析的定义是:"评价生物学或其他科学、经济学证据,确定某种有害生物是否应予以限制以及限制所采取的植物卫生措施力度的过程。"

为了防范或者降低国际植物及其产品贸易传播有害生物的风险,人类很早就开始了有害生物的风险评估,并实施风险管理——采取植物检疫和植物卫生措施的实践,有害生物风险分析也在这一实践中发展并成熟起来。

有害生物风险分析的发展阶段:有害生物风险分析可追溯到20世纪,美国的生态学家Cook和Weltzien分别在20世纪的20年代和70年代提出了生态区(损害区)(ecological zonation, damage zone)和地理植物病理学(geophytopathology)的概念,后来逐渐发展成为有害生物风险分析。从有害风险分析的发展来看,一般认为可以分为三个阶段:一是从19世纪70年代到20世纪20年代的有害生物风险分析的起步阶段,也称作传入可能性的研究阶段,1872年,俄国和法国颁布禁止从美国进口马铃薯,以防止马铃薯甲虫,以及针对葡萄根瘤蚜禁止从国外输入插条的法令,这标志着有害生物风险分析的开始。二是20世纪20年代至80年代中后期的有害生物风险分析发展阶段,也称作有害生物适生性研究阶段。1972年,Weltzen第一次提出了地理植物病理学理论,认为如果一种病害及寄主的地理分布已确定,再分析其生物学资料,就可预测该病的发生区域;根据该病的发生频率、严重度和损失率,就可将该病分布区划分为主要危害区、边缘危害区和零星危害区。此阶段将"有害生物风险分析"写入SPS,并成为重要内容,FAO制定了有害生物风险分析的植物检疫措施国际标准,并颁布和实施。标志着"风险"的概念已正式引入检疫领域,并得到较快的发展。三是20世纪90年代以后的有害生物风险分析成熟阶段。1991年,美国动植物检疫局(APHIS)和北美植物保护组织(NAPPO)在美国召开了"由外来农业有害生物引发的风险鉴定、评价和管理"国际讨论会。1995年,FAO颁布了《有害生物风险分析准则》,2001年又颁布了《检疫性有害生物风险分析准则》。1991年,Sutherst等提出了有害生物风险评估专家系统(PESKY),该系统通过分析气候、植被分布、地理因子等生态因素及检疫管理和人类活动等因素,综合评估有害生物的风险。现在,地理信息系统(GIS)、全球卫星定位系统(GPS)、计算机模型和专家系统等已应用于有害生物风险分析,使有害生物风险分析向定量分析方向发展。

二、有害生物风险评估现状

当前世界上有害生物风险分析发展比较领先的国家有美国、澳大利亚、加拿大、新西兰和中国。

美国是一个移民国家,这种特殊的性质,使得近几百年来被带进美国并在美国定殖的物种不断增加。在20世纪70年代以前的几百年中,仅昆虫类就有1000种以上在美国定殖。为了有效地控制外来物种的入侵，保护美国农业生产的安全以及生态环境的安全，美国在70年代首创有害生物打分模型以对每种有害生物按照相关的指标来进行打分，得分越高的物种，其可能存在的危险性就越大。在发展了几十年以后。美国现在已经完成的PRA有近200项。在澳大利亚，"可接受的风险水平"成为其检疫决策的重要参照标准之一。澳大利亚PRA工作者研究所使用主要工具有有害生物数据库、CLIMEX、专家系统、地理信息系统等。

加拿大的PRA虽然也被分为三部分，但与其他国家不同。它分为有害生物风险评估、有害生物风险管理和有害生物风险交流三个阶段：它将有害风险分析的起点并入了有害生物风险分析评估中，并且多了其独特的有害生物风险分析交流阶段，这对于不同地区间，全球范围的有害风险分析的综合交流提供了典范。此外，许多加拿大的有害风险分析工作者认为，要保证在现有的技术水平上，风险要尽可能的低，适当的保护水平是在风险管理花费、有效性和风险管理利益之间的平衡，其确定的程序应与货主协商。在新西兰，"植物有害生物风险分析程序"已经被列为国家标准，应用于植物检疫的管理阶段。

我国的PRA起步工作较早，在国际上处于比较领先的地位，在制定植物检疫政策方面发挥了积极的作用。但从总体上看，我国的PRA依旧处于定性的评估阶段，侧重于有害生物定殖后研究，对其传入的可能性、各种检疫措施的效能评价等方面，特别是对经济、生态环境、人体健康影响方面研究不够深入。我国未来PRA应该着重研究三个方面：基础理论研究、定量PRA的方法研究以及风险管理措施的效能研究。在面对日益激烈的国际贸易竞争与严峻的外来物种入侵，保护本国生物安全的现状下，后两方面的研究至关重要。

第三节 有害生物风险分析的国际标准及风险分析程序

《实施卫生与植物卫生措施协议》(SPS)中明确指出：检疫方面的限制必须有充分的科学依据来支持，原来设定的零允许量与现行的贸易是不相容的，某一生物的危险性应通过风险分析来决定，这一分析还应该是透明的，应阐明国家间的差异。因此，随着新的世界贸易体制的建立，开展PRA工作既是遵守SPS及其透明原则的体现，又强化了植物检疫对贸易的促进作用，增强本国农产品的市场准入机会，还可发挥检疫作为正当技术壁垒的作用，充分发挥检疫的保护作用，同时为检疫决策提供了重要的支持。

一、有害生物风险分析的国际标准

为进一步协调各国PRA工作，FAO/IPPC先后颁布了《有害生物风险分析准则》(1996，ISPM Pub.No.2)和《包括环境风险分析在内的检疫性有害生物风险分析》(2003,ISPMPub.No.11, Rev.1)2个有害生物风险分析的ISPM，使有害生物风险分析逐步进入到规范化的阶段。

《有害生物风险分析准则》介绍了有害生物风险分析工作，包括检疫性有害生物风险分析和限定的非检疫性有害生物风险分析两个部分。该标准对有害生物，风险分析具有基本的指导意义。《包括环境风险分析在内的检疫性有害生物风险分析》是在其基础上的发展和细化，它详细介绍了检疫性有害生物风险分析定义、作用、目的、操作程序、应用范围，以及关于植物有害生物对环境和生物多样性风险的分析等。其目的是为国家植物保护组织制定植物检疫法规、确定检疫性有害生物及为采取必要的检疫措施提供科学依据。这两个标准是按照风险管理学的原理和方法制定的，并且遵循了风险识别、风险估算到风险控制方法的选择和实施这一风险管理学的程序。

二、检疫性有害生物风险分析的标准程序

有害生物风险分析包括风险分析启动、风险评估和风险管理等3个阶段。

（一）风险分析启动

出现下列情况之一时，国家质检总局可以启动风险分析：某一国家或者地区官方植物检疫部门首次向我国提出输出某种植物、植物产品和其他检疫物申请的；某一国家或者地区官方植物检疫部门向我国提出解除禁止进境物申请的；因科学研究等特殊需要，国内有关单位或者个人需要引进禁止进境物；我国检验检疫机构从进境植物、植物产品和其他检疫物上截获某种可能对我国农、林业生产安全或者生态环境构成威胁的有害生物；国外发生某种植物有害生物并可能对我国农、林业生产安全或者生态环境构成潜在威胁；修订《中华人民共和国进境植物检疫危险性病、虫、杂草名录》、《中华人民共和国进境植物检疫禁止进境物名录》或者对有关植物检疫措施作重大调整；其他需要开展风险分析的情况。

在启动风险分析时，应当核查该产品是否已进行过类似的风险分析。如果已进行过风险分析，应当根据新的情况核实其有效性；经核实原风险分析仍然有效的，不再进行新的风险分析。这一阶段主要是明确有害生物风险分析的任务、地区、类型、确定危险并列出相关的有害生物名单以及收集相关信息。随后进入PRA的第二阶段。

（二）风险评估

确定有害生物是否为检疫性有害生物，并评价其传入和扩散的可能性以及有关潜在经济影响的过程。国家质检总局采用定性、定量或者两者结合的方法开展风险评估。确定检疫性有害生物时应当考虑以下因素：有害生物的分类地位及在国内外的发生、分布、危害和控制情况；具有定殖和扩散的可能性；具有不可接受的经济影响（包括环境影响）的可能性。

评价有害生物传入和扩散应当考虑以下因素：传入可能性评价应当考虑传播途径、运输或者储存期间存活可能性、现有管理措施下存活可能性、向适宜寄主转移可能性，以及是否存在适宜寄主、传播媒介、环境适生性、栽培技术和控制措施等因素；扩散可能性评价应当考虑自然扩散、自然屏障、通过商品或者运输工具转移可能性、商品用途、传播媒介以及天敌等因素。

评价潜在经济影响应当考虑以下因素：有害生物的直接影响，对寄主植物损害的种类、数量和频率，产量损失，影响损失的生物因素和非生物因素，传播和繁殖速度，控制措施，效果及成本，对生产方式的影响以及对环境的影响等；有害生物的间接影响，对国内和出口市场的影响、费用和投入需求的变化、质量变化、防治措施对环境的影响、根除或者封锁的可能性及成本、研究所需资源以及对社会等影响。

国家质检总局根据风险分析工作需要，可以向输出国家或者地区官方检疫部门提出补充、确认或者澄清有关技术信息的要求，派出技术人员到输出国家或者地区进行检疫考察。必要时，双方检疫专家可以共同开展技术交流或者合作研究。

（三）风险管理

风险管理是指评价和选择降低检疫性有害生物传入和扩散风险的决策过程。国家质检总

局根据风险评估的结果，确定与我国适当保护水平相一致的风险管理措施。风险管理措施应当合理、有效、可行。

风险管理措施包括提出禁止进境的有害生物名单，规定在种植、收获、加工、储存、运输过程中应当达到的检疫要求，适当的除害处理，限制进境口岸与进境后使用地点，采取隔离检疫或者禁止进境等。

拟定风险管理措施应当征求有关部门、行业、企业、专家及 WTO 成员意见，对合理意见应当予以采纳。在完成必要的法律程序后对风险管理措施予以发布，并通报 WTO；必要时，通知相关输出国家或者地区官方植物检疫部门。

风险评估是整个 PRA 工作中最终制定决策的关键。管理措施的备选方案有列入限定的有害生物名单、出口前检疫和检疫证书、规定出口前应达到的要求、隔离检疫如扣留、限制商品进境时间或地点，在入境口岸、检疫站或目的地处理，禁止特定产地一定商品的进境等。最后评价备选方案对降低风险的效率和作用，评价各因子的有效性；实施的效益，对现有法规、检疫政策、商业、社会、环境的影响等。同时决定应采取的检疫措施。

三、有害生物风险分析的方法

有害生物风险分析的方法有定性有害生物风险分析和定量有害生物风险分析两类。

(一)定性有害生物风险分析和定量有害生物风险分析

定性风险分析一般采用非概率抽样的方法，研究个别或局部的特征及规律，将风险事件分解为多个风险要素，并将这些要素按某种方式进行多维向量运算后得到整体的风险分析，其结果用风险的高、中、低等类似的等级指标来表述。

定量风险分析是在时间和空间上分析造成风险的各个风险事件(场景分析)，用数学的语言来描述这些风险事件，并建立这些风险事件之间的函数关系(数学模型)，对其进行虚拟现实的模拟(计算机模拟)，其结果用风险发生的概率估计来表述。

(二)定量有害生物风险分析是未来有害生物风险分析发展的方向

定性有害生物风险分析一般以专家经验及模糊判断为主，为规范其实施过程，需要预先对各风险因素定义分级标准，然后采用指标分级、专家打分等方法来对各个风险因素进行评估，最后再通过加权、几何平均或其他的多维向量运算法则来对若干指标进行综合评价。

定性有害生物风险分析20世纪得到了很大的发展，基本上满足了植物检疫工作的需要，是目前世界各国进行有害生物风险评估的主要方式。对澳大利亚进口中国鸭梨、加拿大的栎树突死病，以及松材线虫随美国和日本输华货物木质包装材料传入中国的风险分析都是定性风险分析的例子。但由于定性有害生物风险分析的主观性、经验性和非量化的描述等特点，使其本身存在一些固有的缺陷，其科学性常常受到质疑。

定量风险分析的技术和方法早已应用于医学、管理学、工程学、金融学等领域。在20世纪40年代和50年代，在这些领域中应用的蒙特卡罗模拟首先被应用于原子弹的威力评估和核污染的风险评估，20世纪60年代开始应用于其他领域，近来则被应用于有害生物风险分析中。此外，场景分析中的事件树分析、布尔代数、概率逻辑、数据分布、模糊数学等方法都可用于有害生物定量分析工作中。另外，近些年由于生物学的迅速发展，某些重要有害生物的流行学研究已比较深入，积累了大量准确的基础数据，为有害生物的定量风险分析铺平了道路，使得分析者能够借助数学和计算机建立模型，通过大规模的模拟运算来预测和计算风险的大小。定量有害生物风险评估的结果是数量化的，有很好的可比性，有助于风险管理者更清楚地认识风险的种类、大小、来源，制定更科学的管理措施。随着科技的进步，特别是对各种有害生物发生规律的更深入的了解，定量风险分析将会占据越来越重要的位置。

四、世界各国有害生物风险分析现状

澳大利亚、加拿大、新西兰、中国和美国的有害生物风险分析起步早，工作做得较好，迄今已形成较为完善的符合 IPPC 国际标准的体系。欧盟、欧洲和地中海区域植物保护组织及其成员方 PRA 工作很不平衡，但已经制定了区域性的 PRA 标准。中国和日本是亚洲地区 PRA 能力最强的国家。

（一）美国的 PRA 发展

美国的 PRA 工作由美国农业部(USDA)、动植物健康检验局(APHIS)植物保护和检疫处(PPQ)负责，通常是 PPQ 官员和昆虫学、病理学、信息学等学科的专家组成工作组，对进口商品或有害生物等开展 PRA。

美国目前的 PRA 仍然以定性的风险评估为主。APHIS 制定了《以传播途径为起点的有害生物风险评估指南》和《杂草起始的有害生物风险评估指南》两个评估指南，并不断修订，使得美国定性风险分析工作更趋规范统一和成熟完善。这两个指南所使用的评估原则和术语符合联合国粮食及农业组织(FAO)和北美植物保护组织(NAPPO)的有关标准。1995 年 11 月至 2002 年 4 月，PPQ 在其官方网站上公布完成的商品有害生物风险评估 115 个，其中包括中国盆景、针叶木包装等。另外还公布完成了 4 个有毒有害杂草的风险评估、7 个引进用于生物防治物种的环境评估等其他种类的评估和报告。

（二）澳大利亚的 PRA 发展

澳大利亚农林渔业部(AFFA)生物安全局(BA)负责进行有害生物风险分析，目前，澳大利亚的有害生物风险分析按照《进口风险分析管理框架手册(草案)》和《进口风险分析指南(草案)》进行。

澳大利亚在进行植物检疫决策时，仅考虑由于进口导致有害生物传入澳大利亚的潜在影响，包括社会、环境和经济影响，经济影响包括控制有害生物暴发的成本，社会损失和所导致的相关产业丧失市场的成本。截至 2000 年年底，澳大利亚已按照所制定的 PRA 程序完成了 24 个进口风险分析，包括新西兰的苹果、日本的富士苹果、韩国的鸭梨、中国的鸭梨的 PRA 等。

（三）加拿大的 PRA 发展

加拿大的有害生物风险分析由加拿大农业和农业食品部食品检验局(CFIA)植物健康风险评估处(PHRA)负责。

加拿大的有害生物风险分析是按照国际通行规则来进行的。目前，加拿大风险评估的主要方法是定性风险评估，先给所有因素打分，最后给出总的得分，分出风险的等级。

风险评估的第一阶段利用申请所提供的信息，描述商品的详情、背景、产业介绍以及相关的风险评估，截获其他与植物健康有关的信息等。第二阶段首先考虑商品本身是否有变为农业或林业有害生物的潜能，这对于新的作物或园艺种类很重要。如果商品本身有风险，就要进行相关的有害生物风险评估。然后再根据已有的相关资料，列出该商品上传带的有害生物名录，检查检疫状况和潜在的意义，确定出检疫性有害生物。第三阶段是风险评估的报告，包括潜在的检疫性有害生物风险的性质和评价。

（四）中国有害生物风险分析的发展

中国的有害生物风险分析经历了起步、积极探索和全面快速发展阶段。

1. 起步阶段（1949～1980年）

新中国成立初，我国的植物保护专家根据进口贸易的情况，对一些有害生物陆续进行了简单的风险评估，提出了一些风险管理的建议。据此，1954年我国政府制定了"输出输入植物应施检疫种类与检疫对象名单"。后来又对这个名单进行了修订，于1966年颁布了"进口植物检疫对象名单"，标志着我国PRA工作的开始。

2. 积极探索阶段（1981～1989年）

从1981年起，原农业部植物检疫实验所就开展了植物有害生物的检疫重要性评价和适生性分析，制定了评价指标和分析办法，以分值大小排列出各类有害生物在检疫工作中的重要性程度和位次，提出了检疫对策，并开始建立"有害生物疫情数据库"和"各国病虫草害名录数据库"，为1986年制定《进口植物检疫对象名单》、《禁止进口植物名单》和有关检疫措施提供了科学依据。1984年，北京农业大学建立了农业气候相似距数据库。我国植物保护学者利用该系统先后对美国白蛾、假高粱等有害生物在我国可能适生的潜在危险性进行了分析。这一时期还引进了澳大利亚生态气候评价计算机模型——CLIMEX系统，分析了地中海实蝇的适生范围，预测了潜在危险性，为美国水果输入我国的检疫决策提供了依据。此外，还先后对谷斑皮蠹和甜菜锈病的适生性进行了研究，为检疫的宏观预测提供了依据。

3. 全面快速发展时期（1990年至今）

这一时期PRA的概念被引入中国，已成为我国植物检疫决策的科学基础。

1991年起，国家出入境检验检疫部门下属动植物检疫实验所主持农业部"八五"重点课题"检疫性病虫害的危险性评估（PRA）研究"，开始探讨中国PRA程序，建立了PRA指标体系和量化方法。

1995年，中国正式成立了有害生物风险分析工作组，开始制定中国PRA程序。20世纪90年代的PRA，为我国1992年制定《进境植物检疫危险性病虫杂草名录》和《进境植物检疫禁止进境物名录》、1997年颁布《进境植物检疫潜在危险性病虫杂草名录》和修订《进境植物检疫禁止进境物名录》提供了科学依据。

2000～2001年，针对中美农业合作协议，由动植物检疫实验所主持、与中国农业大学和辽宁、上海出入境检验检疫局合作，开展了小麦矮腥黑穗病菌（TCK）定量风险分析的研究工作，这也是我国第一个真正的定量PRA，取得了国际领先的成果。这项研究利用地理信息系统，根据18年的气象数据，建立了TCK地理植物病理学模型，以科学的方法和严密的数据分析了TCK在我国发生的可能性，绘制出TCK发生的风险区划图，其中高、中风险区约占冬麦区总面积19.3%，说明TCK对中国小麦生产存在着重大威胁，为我国采取相应的检疫措施提供了科学依据。此项成果填补了国内空白，对中美谈判、口岸检疫和对

TCK 疫麦处理都具有重要意义。

从 1994 年起，中国开始参加联合国粮食及农业组织（FAO）、国际植物保护公约（IPPC）秘书处关于有 PRA 国际标准起草的一系列工作组会议，参与制定了 PRA 的有关国际标准。目前，中国正对有关检疫政策和有关国家农产品进入中国问题进行分析。各国向中国输入新的植物及植物产品项目都要进行有害生物风险分析，PRA 已经成为我国植物检疫决策工作中必不可少的重要环节，我国制定植物检疫法规以及对外农产品市场准入谈判也都离不开 PRA 工作。

PRA 在保护我国农业生产和生态环境，保护我国的相关产业并促进我国农产品的出口创汇等方面发挥越来越重要的作用。

第四节 植物检疫与植物卫生

一、植物检疫的概念

检疫"quarantine"一词源由拉丁文"*quarantum*"，原意为"40d"，最初是在国际港口对旅客执行卫生检查的一种措施。早在 14 世纪，欧洲先后有黑死病（肺鼠疫）、霍乱、黄热病、疟疾等疫病流行。当时在意大利的威尼斯为防止这些可怕的疾病传染给本国人民，规定外来船只到达港口前必须在海上停泊 40d 后船员方可登陆，以便观察船员是否带有传染病。这种措施对当时在人群中流行的危险性疫病的控制起到了重要作用。所以 quarantine 就成为隔离 40d 的专有名词，并演绎为今天的"检疫"。

植物检疫在国外已有 100 多年的历史了，在中国也有半个多世纪的实践经验。在长期的植物检疫实践过程中，人们对植物检疫概念的认识也在不断地深入和完善。丹麦种子病理专家 Neergard（1977）对植物检疫的解释是："防止植物病原物和有害生物从一地区传入另一个通常是未曾侵染过的地区的官方预防措施"。联合国粮食及农业组织（FAO，1983）把植物检疫定义为：为保护各成员境内植物的生命或健康免受由植物或植物产品携带的有害生物的传入、定居或传播所产生的风险，为防止或限制因有害生物的传入、定居或传播所产生的其他损害的一切官方活动。简言之，所有为预防和阻止对植物有重大危害的危险性有害生物传入和扩散所采取的官方行为和程序都是植物检疫。通俗地讲，植物检疫是为防止人为地传播本国或本地区没有发生，或虽发生但分布未广且在政府机构控制中的有害生物，保护本国或本地区农业生产和生态环境安全，由法定的政府机构，依法应用科学技术等手段对可以传带这些有害生物的植物及其产品等，采取旨在预防这些有害生物传播的各种措施的综合管理体系。

植物检疫是由植物检疫法规来保障实施法规，是植物检疫的法律依据，植物检疫是由法定的政府机构依法进行检疫。随着中国加入世界贸易组织，中国经济正逐步融入全球经济一体化大潮之中，在这种情况下，除了要遵守国家和地方政府制定的植物检疫法规以外，还要遵守国际性植物检疫法规。要参照 WTO 的有关规定和国际组织制定的标准、建议和指南，进一步健全和完善我国植物检疫法律、法规体系，使之成为科学的，与市场经济相一致的，与国际通行做法相符合的植物检疫法律、法规体系。同时应继续加强对世贸组织有关规则和协议的研究及其应用，保护我国的农业生产和生态环境，打破国外植物检疫的技术壁垒，促进我国的农产品出口，保护我国的农产品市场，从而充分利用世贸组织的原则维护国家和民族利益。

植物检疫是一系列措施所构成的"综合管理体系"即对可能传带检疫性有害生物的植物、植物产品以及其他检疫物等采取一系列旨在阻止和防范其传播的措施所构成的包括法制管理、行政管理、技术管理的"综合管理体系"。植物检疫不仅涉及植物检疫机构，还涉及有关的生产、科研和技术推广部门，涉及交通、运输、邮政、贸易、海关、民航、旅游、司法、种子管理及粮食等部门。从这个意义上来说，植物检疫又是一项涉及生物、社会、法律、贸易、技术保障以及信息管理等领域的系统工程。

植物检疫的科学保障是有害生物风险分析有害生物风险分析是植物检疫政策和法规的制定、修改以及检疫措施的实施的科学依据和重要支持工具。有害生物风险分析使植物检疫符合当今国际社会对植物检疫科学化和国际化的要求。

二、植物检疫与植物卫生

植物卫生（phytosanitary）的概念是在乌拉圭回合贸易谈判中起草《实施卫生与植物卫生措施协议》（SPS）时提出的，后来为 FAO/IPPC 接受。早期的植物检疫运用行政的强制措施和法律手段，防范从国外或外地传入本国或本地没有的有害生物。后来，人们认识到有害生物的地理分布受寄主、气候和其他各种环境条件的制约，如果在一个能满足某种有害生物发生所有条件的地理区域内该有害生物都已广为分布，那么该有害生物的地理分布就达到了生态学极限，否则就没有达到生态学极限。基于这样的认识，以后的植物检疫就不仅针对本国或本地没有发生的有害生物，还针对本国或本地虽有发生但尚未达到生态学极限的有害生物。"检疫性有害生物"应该包括本国或本地区没有分布或者在本国或本地区的分布还没有达到生态学极限的有害生物，植物检疫就是指为防范"检疫性有害生物"的传入而采取的一切活动。

植物检疫是伴随着农产品国际贸易诞生的，其主要目的是防范从国外或外地传入本国或本地没有的有害生物——这也是最早的检疫性有害生物的含义。生态学研究认为生物的分布是有地理局限的，通过采取管理措施可以控制生物从一个地理区域传播到另一个地理区域。对植物有害生物而言，这些措施就是植物检疫措施。后来，随着农产品国际贸易的发展和生态学研究的深入，人们认识到有害生物的地理分布还有生态学极限问题，即有害生物的地理分布受寄主、气候和其他各种环境条件的制约，如果所有条件都适合某种有害生物发生的地理区域内都已经有该有害生物的分布，那么该有害生物的地理分布就达到了生态学极限，否则就没有达到生态学极限。因此，后来的植物检疫不仅针对本国或本地没有发生的有害生物，还针对本国或本地虽然发生但没有达到生态学极限的有害生物——这是检疫性有害生物的新含义。进入 20 世纪 90 年代，农产品国际贸易等更加活跃，各国对有害生物的关注程度也越来越高。除了检疫性有害生物，还要针对限定的非检疫性有害生物采取控制措施，原来的植物检疫的概念诚然已经不能适应新的形势了，于是植物卫生这一新的术语解释应运而生。植物卫生是"旨在防止检疫性有害生物传入和扩散，降低限定的非检疫性有害生物经济影响的法规和官方控制程序，以及对应检的物品进行的检验和处理等活动"。按照 FAO/IPPC 2007 年版《植物检疫术语表》（ISPM No.5），植物卫生与植物检疫的含义不同，后者仅针对检疫性有害生物，前者涵盖后者。因此，植物卫生是更加广义的植物检疫。用于控制所有这些限定的有害生物的措施统称为植物卫生措施。通俗地讲，植物卫生是为防止人为地传播本国或本地区没有发生，或虽发生但分布未广且在政府机构控制中的有害生物，以及控制本国或本地区虽有发生，但存在用于种植的植物会影响其用途，导致不可接受的损失而被限定的有害生物，保护本国或本地区农业生产和生态环境安全，由法定的政府机构，依法应用科学技术等手段对可以传带这些有害生物的植物及其产品等，采取旨在预防这些有害生物传播的各种措施的综合管理体系。"植物卫生"（phytosanitary）术语的重新定义，不仅是概念含义上的拓宽，即从单纯针对检疫性有害生物延伸到限定的有害生物，而且管辖范围也得到了扩展。但是，为照顾国内长期以来的习惯，除在特定场合要区分而强调其不同外，本书暂时还统称为"植物检疫"。

随着科学技术的发展，植物卫生的含义将得到不断的补充与完善。随着人们对保护生物多样性的日益关注，只针对检疫性有害生物或者限定的有害生物而采取管理措施的植物检疫和植物卫生已经不能满足形势发展的需要，外来生物入侵(bioinvasion)和转基因生物及其产品的潜在风险近些年来不断地成为新的热点问题。随着交通运输条件的不断改善、国际贸易和旅游业的迅速发展，外来种入侵的风险越来越大。人们有意或无意地将物种携带到新环境，这些物种可能由于缺乏制约因素而大量繁殖、迅速扩散，对当地物种、生态环境产生了很大的影响，被视为当代世界最重要的环境问题之一，引起了公众、科学家、国际组织和各国政府的普遍关注和重视。1992年，175个国家签署了《生物多样性公约》(convention on biological diversity, CBD)，决定采取一致行动保护全世界的生物多样性，同时要求缔约国要防止外来生物对生态环境的威胁。1996年，环境污染问题科学委员会(scientific committee on pollution of environment, SCOPE)为了实施《生物多样性公约》中有关外来种防止、控制和消除的条款，与联合国环境规划署(United Nations Environment Programme, UNEP)、国际资源和自然保护联合会(IUCN)、国际农业和生物科学中心(CABI)共同发起了"全球入侵种规划"(global invasive species programme, GISP)的项目，旨在了解外来种现状、研究新方法、解决外来种问题。

三、植物检疫学

植物检疫学是一门在各国扩大经济贸易和人员往来的前提下，为保护植物的健康，防止某些对植物(含种子、苗木等繁殖材料及植物产品，下文同)有严重危害的危险性有害生物随植物、植物产品或其他应检物调运而传播与扩散，对有害生物的生物学特性、危害性等进行分析研究；研究、制定与执行检疫法律、法规、检验和检测技术及检疫处理技术，提出检疫决策的科学。因此，植物检疫学是一门既与法律、法规，与贸易、政治经济学密切相关的综合性科学和社会科学，又是与植物学、动物学、昆虫学、生态学、微生物学、植物病理学、分子生物学、地理学、气象学、信息学等许多学科都密切相关的一门科学。植物检疫学是植物保护领域中的一门新兴学科与边缘学科。

第五节 转基因植物的风险评估

一、转基因作物的现状

转基因技术是生命科学前沿的重要领域之一。转基因技术的基础是重组DNA技术。该技术的发展打破了自然界中生物物种间的界限，不同物种的基因可以按照人类的意愿进行重新组合，进而表达出正常情况下无法产生的性状，甚至创造出新的生物。转基因技术已经被广泛用于动植物遗传育种、医药、食品和环境领域。

采用基因工程技术，将外源基因(从各种生物中分离或人工合成)转移到原来不具有这种基因的生物体内，使之有效表达并遗传，由此获得的基因改良生物称为基因修饰生物体(genetically modified organism, GMO)，也称转基因生物(transgenic organism)。如将某种生物的基因转移到农作物中去，使其出现原先不具有的性状或产物，这种农作物就称为转基因农作物(genetically modified crop, GMC)。据统计，目前已经获得成功转基因植物超过35科200种，涉及粮食作物、经济作物、蔬菜、水果、花卉、林木等。转基因作物不仅可以实现近缘物种间的基因转移，还可以打破不同物种之间的生殖隔离，实现远缘物种间的基因转移，甚至是人工合成的基因转移，从而获得新的性状，扩大了可利用的种质资源，加快了农作物育种进程。

自 1986 年首例转基因作物被批准进行田间试验以来，20 余年间转基因作物完成了由实验室研究到商业化应用的质的飞跃。转基因作物以其抗虫、抗除草剂、抗逆境等性状，在农作物品种的品质改良、生长发育调控、产量提高等方面具有独特的优势，创造了巨大的经济效益。

目前，已有 30 多个国家批准 3000 多例转基因植物进入田间试验，并且在美国、加拿大、中国等 25 个国家成功进行了转基因作物的商品化。2008 年 7 月 9 日，国务院常务会议审议并原则通过转基因生物新品种培育科技重大专项。根据《国家中长期科学和技术发展规划纲要》，从现在起到 2020 年，中国将投入 200 亿元(约 35 亿美元)作为转基因生物新品种培育科技重大专项的资金支持。其中，转基因棉花、水稻、玉米、大豆等新品种培育是重点资助发展的方向。

根据农业生物技术应用国际服务组织(the International Service for the Acquisition of Agri-biotech Applications)的报告显示，2008 年全球转基因作物种植面积持续强势增长，达到 1.25 亿 hm^2，比 2007 年增长 9.4%。从种植特性来说，1996 年以来，抗除草剂作物和抗虫作物一直占据主导地位。2008 年，抗除草剂转基因大豆、玉米、油菜和苜蓿的种植面积占总面积的 63%，复合性状作物的种植面积达到 23%。其中，2008 年美国 3530 万 hm^2 全国玉米作物中有 85%为转基因作物，其中 78%为双性状或三性状杂交作物，含有 8 个外源基因的 smartstaxTM 转基因玉米将于 2010 年在美国实现商业化。同样，转基因棉花在美国、澳大利亚和南非的全国种植面积占到 90%以上，双性状复合型占到美国所有转基因棉花的 75%，澳大利亚为 81%，南非为 83%。显然，复合性状作物已经成为转基因作物的一个非常重要的特点。1996~2015 年 20 年间，转基因作物耕种面积增长 100 倍，转基因作物累计面积第一次超过 20 亿 hm^2。

转基因作物在保障粮食安全并提供更多廉价的粮食方面发挥着重要作用，通过增加粮食供应，减少生产成本(通过减少投入，减少耕作以及杀虫剂施用量)，节省土地，减少农业机械使用化石燃料的数量，从而缓解了环境变化所产生的负面影响。转基因技术与其他科学技术一样是一柄祸福相倚的"双刃剑"。随着转基因作物的大规模栽植，及其在农业、医药等领域的广泛应用，转基因作物对人类健康和生态环境可能带来的潜在的不利影响，即转基因作物风险与生物安全问题，也不容忽视，并正在成为争论的焦点。

转基因作物的研发与商业化已经成为解决 21 世纪全球粮食短缺、人民健康、环境保护、能源危机等重大问题的有效途径，关系到国家农业可持续发展和国家粮食安全。转基因作物的生物安全研究问题首先是一个科学问题，但目前国内外对这个问题关注和争论的范围已经超出了科学的范畴，已经成为经济和贸易问题，甚至是社会问题。转基因技术产品已经从实验室到实验田，到大田，到食品加工厂，到市场，到我们的餐桌上，而在这各个过程中，其生物安全问题也涉及实验室安全、环境释放、风险分析、市场准入、生产消费、运输隔离、食品标签、贸易争端、知识产权等一系列问题。因此，转基因生物安全问题已经成为一个综合性的问题，它对于人类社会的深远影响已经超过人们的预期。

二、转基因植物的风险评估

(一)风险评估原则

1. 转基因食品安全性评估的原则 　安全性评估是一项复杂、精细的综合工作。目前得到世界经济发展合作组织、联合国粮食及农业组织、世界卫生组织以及多数国家认同的安全性评估原则是：实质等同原则、个案分析原则和逐步完善原则。

实质等同原则：如果一种转基因食品与现存的传统同类食品相比较，其天然有毒物质、过敏原、营养成分及抗营养因子、农艺性状是类似的，那么它们就具有实质等同性，因此无须进一步检测。如果个别成分不同，则只需对这些个别成分进行单独的毒性、过敏性等安全性检测。

个案分析原则：强调不同转基因作物或转基因食品，即使它们转化的是同一种外源基因，也必须逐个进行安全性审查。同一种作物转化不同的基因也同理需要逐个进行审查。

2. 转基因生物环境风险分析的基本原则　为了最大限度地确保风险评估结果的准确性，评估者在评估转基因生物环境释放风险时，需要遵循下列基本原则：科学性是指转基因生物风险的评估应以有关供体、载体、受体的背景信息以及转基因生物本体的实验数据为基础。熟悉性是指对某一转基因生物有关生物学、生态学和释放环境背景信息十分了解，并且对与之相类似的转基因生物使用具有经验。

个案评估由于每种转基因生物在供体、载体、受体、遗传操作、预定用途以及接受环境等方面存在一定的差异性，因此不同品种/品系的转基因生物或在不同环境中释放的同一品种/品系的转基因生物所产生的风险都有可能不同，必须针对具体的转基因生物环境释放个案进行风险评估。

实质等同性是指评价转基因生物在特定用途以及对生态环境和人体健康的安全性方面，是否等同于正在使用的、并且通常认为是安全的同种物种的生物体。

（二）风险评估

(1) 风险事件发生可能性的推断：某一风险事件的发生不仅取决于转基因生物本体，而且也与其所处的释放环境条件和预定用途密切相关。因此，对于具有风险特征的转基因生物，要推断其相关风险事件在释放环境中发生的可能性，就必须在释放前对有关环境因子进行调查，分析这些因子对转基因生物各种风险事件发生的影响。一般情况下，释放及释放环境因子的调查内容主要包括：转基因生物环境释放的数量、方法、频次和持续时间；转基因生物环境释放点的数及其规模；转基因生物环境释放点的地理位置；转基因生物环境释放点及受其影响区域的气候特征；转基因生物环境释放点离居民点和其他重要生物群落的距离；转基因生物环境释放点附近的植物和动物情况；转基因生物环境释放点的扰动情况；转基因生物环境释放点土壤状况等其他环境条件；转基因生物环境释放后有关风险管理的控制措施。

(2) 危害程度的确定：在通常情况下，将转基因生物在释放环境中所产生的某种危害程度定性地分为严重危害、中度危害、轻度危害和可忽略的危害4个等级，然后根据具体个案情况进行确定。

(3) 风险概率的确定：由于转基因生物在释放环境中各种风险事件发生的概率目前难以定量计算，因此通常将其每种风险事件发生的概率定性地分为高度可能、中度可能、低度可能、几乎不可能4个水平。

(4) 风险水平的分级：按照转基因生物可能产生对生物多样性、人类健康和环境的潜在风险程度，从低风险到高风险将转基因生物环境释放可能产生的风险分为Ⅰ～Ⅳ级4个水平。

(5) 风险水平的确定：按照风险水平=潜在危害程度×风险事件发生的概率，转基因生物某种风险事件发生的概率、所产生的潜在危害程度和风险水平3者间的定性关系如表10-1所示。

表 10-1 风险事件发生的概率、所产生的潜在危害程度和风险水平间的定性关系

发生概率	严重危害	中度危害	低度危害	可忽略的危害
高度可能	Ⅳ	Ⅳ	Ⅲ	Ⅰ
中度可能	Ⅳ	Ⅲ	Ⅱ	Ⅰ
低度可能	Ⅲ	Ⅱ	Ⅱ	Ⅰ
几乎不可能	Ⅰ	Ⅰ	Ⅰ	Ⅰ

现在有关风险识别和风险评估的具体方法尚处于定性水平，还很难在定量水平上描述转基因生物环境释放的风险。目前，在转基因生物风险评估的实践中，通常采用"问题清单审查法"(checklist)综合完成风险识别和风险评估。"问题清单审查法"是评估者按照预先精心编制的与风险评估有关的问题清单，对照申请者提供的有关信息和数据，根据定性的评价标准对转基因生物环境释放可能产生的各种风险进行分析、估算和评价。对于一些新的转基因生物，由于知识和经验的限制，所列问题不可能完全，因而有可能造成某些重要的风险在实际评估时没有考虑到。

风险管理根据"转基因生物环境释放可能产生的总体风险水平"与"可接受的风险水平"比值的大小，确定转基因生物是否能够在该环境条件下进行释放，或采取适当的管理措施降低风险水平，尽可能地消除风险因素，缩小损失范围，将损失降到最低程度。

三、国内外对转基因生物及其产品的管理

由于各国的政治、经济、社会、文化和环境等各不相同，因而对转基因生物及其产品管理的态度和立场也不尽相同，其中以美国和欧盟最具代表性。美国与加拿大基本上认为以分子生物学为基础所开发的转基因作物，与早期的传统育种方式开发的作物，并无本质上的差异，只是在精确性与效率上得到提高。因此，转基因作物的管理模式，是以产品为基础(product-based)，只要通过最终产品审查，转基因作物将同传统产品一样，不需再另行标识。而大部分欧盟国家的管理模式，则多采取以技术为基础(technology-based)，认为重组 DNA 技术本身即具有潜在的危险性，因此在商品化过程中需要逐步审查，终产品也需要特别标识。欧盟是世界上对转基因产品要求最为严格的地区。

中国国务院于 2001 年 5 月 23 日发布了《农业转基因生物安全管理条例》（以下简称《条例》），该《条例》对农业转基因生物的研究和试验、生产与加工、经营、进口与出口、监督检查等方面作了具体的规定，同时针对农业转基因生物的安全管理建立了下列 4 项基本制度。

(1) 国务院建立农业转基因生物安全管理部际联席会议制度，此联席会议由农业、科技、环保、卫生、检验检疫等有关部门负责人组成，负责研究、协调农业转基因生物安全管理工作中的重大问题。

(2) 国家对农业转基因生物的安全性实行分级管理评价制度，按照转基因生物对人类、动植物和微生物的危险程度从低到高分为Ⅰ～Ⅳ4 个安全等级。

(3) 国家建立农业转基因生物安全评价制度，对农业转基因生物从实验室研究一直到中间试验、环境释放、生产性试验每一环节实行安全性评价和审批。

(4) 国家对农业转基因生物实行标识制度，对列入农业转基因生物目录的农业转基因生物，需要由生产、分装单位和个人在其销售前进行标识。

为了配合《条例》的实施，农业部于 2002 年 1 月 5 日发布了《**农业转基因生物安全评价管理办法**》《**农业转基因生物进口安全管理办法**》《**农业转基因生物标识管理办法**》，同时下发了关于贯彻执行《农业转基因生物安全管理条例》及配套规章的通知。

为了加强对转基因食品的监督管理，保障消费者的健康权和知情权，原卫生部制定了《**转基因食品卫生管理办法**》，办法规定建立转基因食品食用安全性和营养质量评价制度，并制定和颁布转基因食品食用安全性和营养质量评价规程及有关标准。原卫生部设立转基因食品专家委员会，负责转基因食品食用安全性与营养质量的评价工作。

---- 复习思考题 ----

1. 影响有害生物地理分布的因素有哪些？
2. 国家质检总局可以启动风险分析的条件是什么？
3. 确定检疫性有害生物时应考虑哪些因素？
4. 风险评估的原则有哪些？

第十一章 植物检疫法规

第一节 植物检疫法规的发展和类别

植物检疫法规是指为了防止植物危险性有害生物的传播蔓延、保护农林业的安全生产和生态环境、维护对外贸易信誉、履行国际义务，由国家制定法令，对进出境和国内地区间调运植物、植物产品及其他应检物进行检疫的法律、规范的总称。它是开展植物检疫工作的法律依据。为保证贸易及植物检疫工作的顺利开展，国际、国内各级政府部门均制定了一系列法规。植物检疫法规在国外已有100多年的历史，在我国也经历了90多年的发展。特别是随着现代交通运输业的发展，以及植物、植物产品在国际、国内流通的频繁，植物检疫工作越来越受到世界各国政府重视，多个国际组织或区域组织先后建立了不同的植物检疫法律、法规，各国亦普遍建立了相关的法律制度，来保障世界各国和区域农林业生产的安全。植物检疫法规已成为一个国家行使主权的重要内容，并成为当今世界植物保护合作的一个重要组成部分。植物检疫的法规规章的种类很多，按照其内容从形式上可分为综合性法规和单项法规；按照制定它的权力机构和法规所起作用的地理范围，可将这些分为国际性法规、国家级法规和地方性法规。例如，联合国粮食及农业组织制订了《国际植物保护公约》和《植物卫生措施的国际标准》《植物检疫措施国际标准》，世界贸易组织颁布了《实施卫生和植物卫生措施协议》等；我国颁布了《中华人民共和国进出境动植物检疫法》和《植物检疫条例》等，以及为贯彻这些法规所制定的"实施条件""实施细则"和"办法"等，都具有法律效力。随着国际贸易的发展和自由化程度的提高，植物及其产品的国际贸易越来越频繁，植物检疫法规在解决由植物及其产品的国际贸易引发的壁垒、摩擦与纷争，在调节或平衡国际贸易市场、促进世界和地区经济发展等方面起着越来越重要的作用。

一、国外植物检疫法规的发展和类别

早期的植物检疫法规一般是针对某一特定有害生物的单项法规。例如，最早的植物检疫法规是法国于1660年颁布的为防止里昂地区的小麦秆锈病而要求铲除其中间寄主小檗的命令。1858年原产于美国的葡萄根瘤蚜随葡萄枝条的输出而传入欧洲；1860年传入法国，在25年间毁掉法国200多万公顷的葡萄园，这约占法国葡萄园总面积的1/3，使法国的酿酒业遭到沉重打击，为了防范葡萄根瘤蚜传入，1872年，法国在世界上率先颁布了禁止从国外输入葡萄枝条的法令。德国1873年针对葡萄根瘤蚜公布了《禁止栽培葡萄苗进口令》。印度尼西亚1877年为防止咖啡锈病传入颁布了禁止从当时的锡兰（现今的斯里兰卡）进口咖啡植株和咖啡豆的法令。

随着对有害生物认识的提高，人们逐渐意识到依靠单项法令不能满足迅速发展的国际贸易的需要，为此许多国家相继公布了灵活性与针对性相结合的综合性法规。例如，1914年日

本制定了《出口植物检查证明规程》和《进出口植物检疫取缔法》。1907年，英国颁布了《危险性病虫法案》（Destructive Insects Act）；经过两次修改、补充，1967年又颁布了《植物健康法》（Plant Health Act）。1912年，美国国会通过了《植物检疫法》（Plant Quarantine Act）；1944年通过了《组织法》（Organic Act），授权主管单位负责有害生物的治理及植物检疫工作；1957年颁布了《联邦植物有害生物法》（Federal Plant Pest Act）。

为了防止危险性有害生物在国际或地区间传播与蔓延，植物检疫法规向国际公约与国际间的双边或多边协定方向发展。1878年，法、德、奥、匈、瑞士和葡萄牙六国订立了"国际防虫协定"，标志着国际植物检疫组织和法规的开端。1881年，众多国家在瑞士伯尔尼共同签订了《葡萄根瘤蚜公约》，这是世界上第一个以防止危险性病虫传播为目的的国际公约。1889年，在伯尔尼又签订了一个关于采取措施防止葡萄根瘤蚜的补充公约。1979年，联合国粮食及农业组织批准的《亚洲和太平洋区域植物保护协定》就是作为《国际植物保护法公约》第3条的补充协定而缔结的。

与此同时，国际上还陆续建立了保护一个生物地理区域免受病虫危害的区域性植物保护组织，每个组织都有含植物检疫协定或协议的相关法规。例如，1956年，成立亚洲和太平洋区域植物保护委员会（APPPC），负责协调该地区植物保护专业方面出现的各类问题，如疫情通报、防治进行和检疫措施等；1950年，成立欧洲与地中海区域植物保护组织（EPPO），负责该地区的植物检疫工作。此外，还包括东南亚和太平洋地区植物保护委员会（SEAPPC）、近东植物保护委员会（NEPPC）、非洲植物检疫理事会（IAPSC）、南美洲国际农业保护委员会（CIPA）、中美洲国际动植物保护组织（OIRSA）、北美植物保护组织（NAPPO）、加勒比地区植物保护委员会（CPPC）等。

此外，国家之间为了加强植物、植物产品贸易，还签订了一些协定、协议、公约或备忘录等法律文书，使缔约双方共同采取一切必要的措施来防止双方签订的检疫性病虫害从缔约一方领土传到缔约另一方领土，以达到防止危险性病虫害传播的目的。这种合作既是国际间的检疫协作，又是缔约双方或多方在国内必须履行和遵守的植物检疫法规。

二、我国植物检疫法规的发展和类别

我国的植物检疫法规体系，从1928年的《农产物检查条例》开始。随后，陆续制定公布了《农产物检查条例实施细则》《植物病虫害检验实行细则》《农产物检查所检疫病虫暂行办法》和《商品检验法》等。但由于抗日战争的原因，这些法规文件仅在少数口岸执行，许多植物检疫机构形同虚设，对外贸易仍然受到限制，沿海各城市的检验机构处于瘫痪状态，虽然内地成立了一些商检机构（昆明和重庆），但是进出口业务处于停顿状态。直到新中国成立后，我国的植物检疫法规才真正得到发展与实施。

（一）进出境植物检疫法规

新中国成立初期，根据当时我国的生产发展情况和对外贸易的需要，最早制定了《输出入农、畜产品检验执行标准》《输出入植物病虫害检验暂行办法》和《植物病虫害检验标准》，这些法规文件规定了检验范围、检验方法和处理原则。同时，根据有关国家的植物检疫法令和危险病虫害在国内外的发生、分布情况，编制成《各国禁止或限制中国植物输入种类表》《世界危险植物病虫害的寄主与分布情况表》，作为《植物病虫害检验标准》的附录。

随后，我国的国内、国际贸易和经济得到快速发展，与植物检疫相关的法规文件相继制定。

1953年，原商检总局先后制定了《输出入植物检疫操作规程》和《国内尚未发生或分布未广的重要病虫杂草名录》，为检疫操作和检疫处理提供了依据。1954年1月3日，中央人民政府国务院批准并颁发了《输出入商品检验暂行条例》，对外贸易部据此制定了《输出入植物检疫暂行办法》和《输出入植物检疫应施检疫种类与检疫对象名单》，这些法规将过去所称的"植物病虫害检验"改称为"植物检疫"，使其同国际上的通用名称取得一致，并从概念上摆脱了"商品检验"的局限，由农产品检疫扩大到所有植物产品检疫。1963年，针对在进口小麦和烟叶中，多次发现小麦矮腥黑穗病和烟草霜霉病的问题，国务院对粮食、农产品、种子、苗木检疫工作做出了具体规定。要求进口的粮食和其他农产品，在口岸必须进行严格检疫。20世纪60年代末期，植物检疫工作的发展处于停滞状态，很多检疫专业人员离开了自己的岗位。

十一届三中全会以来，我国进入了以经济建设为中心的新的发展时期，国内经济得到迅猛发展，对外贸易重新活跃起来。在这种背景下，农业部加强了进出境植物检疫工作的引领，健全了进出境植物检疫的体制。1982年6月，国务院发布了《中华人民共和国进出口动植物检疫条例》。1983年10月15日，农牧渔业部根据上述条例的规定，颁布施行《中华人民共和国进出口动植物检疫条例实施细则》。随后，又相继制定颁布了《中华人民共和国进口植物检疫对象名单》《关于加强进口废钢船植物检疫办法》和《关于进出口集装箱运输植物检疫办法》等。同时，我国又先后制定了与检疫检疫密切相关的其他法令，使我国的植物检疫法规体系逐步完善。例如，我国制定颁布的《海关法》《国境卫生检疫法》《商检法》《邮政法》等重要法律。

随着形势的发展，《中华人民共和国进出口动植物检疫条例》已不能适应口岸检疫工作的实际需要，有关方面建议将条例升级为法律。1991年10月30日，第七届全国人大常委会第22次会议审议通过了《中华人民共和国进出境动植物检疫法》。此法的颁布和施行，标志着我国的进出境植物检疫工作已进一步纳入了社会主义法制的轨道。

为了发展对外贸易，防止危险性病虫害的传播，我国与各国政府相继签订了植物检疫、植物保护协定和备忘录。1963年2月18日与阿尔巴尼亚政府签订了《关于农作物检疫和防治病虫害的协定》，1978年8月21日与罗马尼亚政府签订了《关于植物检疫和植物保护的协定》，1980年6月6日与南斯拉夫政府签订了《关于植物检疫和植物保护的协定》，1983年8月9日与朝鲜政府签订了《关于植物检疫和防治农作物病虫害的协定》，1986年1月22日与匈牙利政府签订了《关于植物检疫和植物保护合作协定》，1986年5月12日与加拿大政府签订的《植物检疫合作谅解备忘录》，1986年8月25日与荷兰王国政府签订了《植物检疫协定》，1988年5月31日与新西兰政府签订的《植物检疫合作备忘录》，1990年5月29日与乌拉圭东岸共和国政府签订了《关于植物检疫合作的谅解备忘录》，1990年5月29日与智利共和国政府签订了《植物检疫合作备忘录》，1992年5月9日与蒙古国政府签订了《关于植物检疫的协定》，1994年6月7日与保加利亚政府签订了《关于植物检疫的协定》，1994年9月22日与波兰政府签订了《关于植物检疫的协定》，1995年6月26日与俄罗斯联邦政府签订了《关于植物检疫和植物保护的协定》，1995年12月13日与巴西联邦共和国政府签订了《关于植物检疫的协定》，1997年6月24日与泰国政府签订了《关于植物检疫的协定》，1998年2月11日与巴基斯坦伊斯兰共和国政府签订了《关于植物检疫的协定》，2000年4月25日与南非政府签订了《关于植物检疫的协定》，2001年12月12日与缅甸政府签订了《关于植物检疫的协定》，2003年8月26日与厄瓜多尔共和国政府签订了《关于植物检疫的协定》，2005年4月6日与哥伦比亚共和国政府签订了《关于植物检疫的协定》，2005年9月12日与墨西哥政府签订了《关于植物检疫的协定》。这些植物检疫、植物保护协定和备忘录的签订，使我国植物检疫法规体系得到全面的完善和发展，为我国对外贸易提供更为可靠的法律保障。

(二)国内植物检疫法规

新中国成立后，党和政府开始重视国内植物检疫工作，并相继制定并颁布与检疫相关的规章、条例或办法。

1955年6月，农业部提出《植物检疫暂行条例》和《植物检疫实施办法(草案)》征求外贸部和林业部意见。

1957年12月4日，国务院授权农业部公布了《国内植物检疫试行办法》，该办法共14条，主要内容有植物检疫的宗旨、执行机构、制定名单的权限、疫区的划定和撤销、从国外引进种苗的规定、调运检疫、植物检疫证书的制定和签发等。同时还公布了《国内植物检疫对象和应施检疫的植物、植物产品名单》，该名单包括了22种植物检疫对象，其中病害8种，害虫12种，杂草2种。

1959年，农业部印发了《加强种子、苗木检疫工作的通知》，作为《国内植物检疫试行办法》的配套规章制度，并随后相继印发了《植物检疫引种检疫隔离试种圃的建立、任务及管理试行办法》《关于加强农业科学研究单位、农林院校、国有农场、园艺场、良种繁殖场等单位植物检疫工作的通知》，批复同意广东省印发《广东省热带作物检疫工作暂行办法》《广东省热带作物检疫对象名单》和《广东省热带作物苗圃暂行规定》。

1966年6月，农业部公布了修改后的《国内植物检疫对象名单》，包含29个植物检疫对象，其中病害15种，害虫13种，杂草1种。

1980年农业部公布了《关于引进和交换农作物病虫杂草天敌资源的几点意见》；同年8月印发了《关于印发"引进种子、苗木检疫审批单"的函》，建立了引种检疫审批制度。1981年农业部、农垦部联合发出《关于使用"引进热带作物检疫审批单"的通知》和《关于引进林木种子苗木检疫审批手续的通知》。

1983年1月3日，国务院发布了国内的第一部植物检疫法规《植物检疫条例》。条例共20条，主要内容是：植物检疫的宗旨、植物检疫的管理机构和执行机构、调运检疫、产地检疫、国外引种检疫、奖励和处罚等，还第一次规定林业植物检疫由林业行政部门执行；植物检疫人员着制服、佩戴标志执行任务；植物检疫收取检疫费等内容。

1983年10月20日，农牧渔业部公布了《植物检疫条例实施细则(农业部分)》作为《植物检疫条例》的配套法规。共28条，分8章，对条例的条文做了具体的规定。同时公布的还有《农业植物检疫对象和应施检疫的植物、植物产品名单》，其中包括16种国内植物检疫对象，其中病害8种，害虫7种，杂草1种。同年，农牧渔业部颁发了《中华人民共和国植物检疫员证》，农牧渔业部、财政部、商业部、国家物价局联合印发了《国内植物检疫收费办法》，该办法1988年、1992年两次修改。

1984年，农牧渔业部、林业部、财政部联合印发了《关于植物检疫人员制服供应办法的通知》(1988年修改为《农业植物检疫人员制服供应办法》)。同年，农牧渔业部印发《国内热带作物检疫对象名单和应施检疫植物产品名单》。

1990年，农业部印发《中华人民共和国农业部植物检疫员管理办法(试行)》。

1992年，农业部印发了《国外引种检疫审批管理办法》。同年，农业部印发《国外引种检疫审批工作的补充规定》。国家物价局、财政部联合印发了《关于印发农业系统行政事业性收费和标准的通知》《国内植物检疫收费管理办法》和修订后的《植物检疫收费标准》作为附件予以公布。

1992年5月13日，国务院颁布了修改后的《植物检疫条例》，共24条，内容和前述条例基本一致，重点补充了国外引种检疫的具体规定、检疫疫情管理制度，进一步明确了奖励制度和法律责任等内容。

1995年，农业部颁布了《植物检疫条例实施细则（农业部分）》，作为《植物检疫条例》的配套法规，共30条8章。同时公布了《全国植物检疫对象和应施检疫的植物、植物产品名单》，列出检疫对象32种，其中病害12种、害虫17种、杂草3种。

1996年12月，农业部印发了《全国农业植物检疫对象疫情公布资料》。修改后的《植物检疫条例》颁发后，各省陆续进行实施办法的修订工作，已公布实施办法的有黑龙江、湖北、湖南、安徽、江西、福建、四川、吉林、山西、贵州等省。

为解决长期以来农、林检疫机构业务交叉问题，国务院办公厅1997年3月印发了《关于水果、花卉、中药材等植物检工作分工问题的函》，明确了上述内容的植物检疫工作由农业部门负责。

与此同时，全国31个省（自治区、直辖市）陆续制定了本省（自治区、直辖市）的《植物检疫实施办法》。

第二节　国际性植物检疫法规

1983年，联合国粮食及农业组织印发了《制订植物检疫法规须知》。从目前公布的国际植物检疫法规内容来看，均包括名称、立法宗旨、检疫范围与检疫程序、术语解释、检疫主管部门及执法机构、禁止或限制进境物、法律责任、生效日期及其他说明。

一、国际法规与公约

（一）《国际植物保护公约》

《国际植物保护公约》（International Plant Protection Convention，IPPC）是1951年12月6日联合国粮食及农业组织（FAO）在第六次大会上通过的一个有关植物保护的多边国际协议，1952年生效。IPPC由设在FAO植物保护处的IPPC秘书处负责执行和管理，其主要目的是加强国际间植物保护的合作，更有效地防治有害生物及防止植物危险性有害生物的传播，统一国际植物检疫证书格式，促进国际植物保护信息交流，是目前有关植物保护领域中参加国家最多、影响最大的一个国际公约。1979年和1997年，FAO分别对IPPC进行了2次修改。2005年10月20日，经国务院批准，我国驻联合国粮食及农业组织代表向该组织递交了关于加入经1997年修订的《国际植物保护公约》的加入书，成为该公约的第141个缔约方。目前，是植物保护领域中参加国家最多、影响最大的一个国际公约，截至2009年，共有缔约方172个。IPPC虽名为"植物保护"，但中心内容均为植物检疫。

《国际植物保护公约》包含序言、条款、证书格式附录3个方面，其中条款23条。第一条为缔约宗旨与缔约方的责任；第二条为公约中的相关术语解释，主要解释植物、植物产品、有害生物、检疫性有害生物等；第三条为与其他国际协定的关系，本公约不妨碍缔约方按照有关国际协定享有的权利和承担的义务；第四条主要阐述各缔约方应建立国家植物保护机构，明确其职能，同时各缔约方应将各国植物保护组织工作范围及其变更情况上报FAO；第五条为植物检疫证书，主要规定植物检疫证书应包括的内容和国际标准；第六条对有害生物的限定，不应严于该输入缔约方领土内存在的同样有害生物时所采取的措施，同时各缔约方不得要求对非限定有害生物采取植物检疫措施；第七条进口检疫要求，涉及缔约方对进口植物、植物产品的限制进口、禁止进口、检疫检查、检疫处理(消毒除害处理、销毁处理、退货处理)的约定，并要求各缔约方公布禁止及限制进境的有害生物名单，要求缔约方所采取的措施应最低限度影响国际贸易；第八条国际合作，要求各缔约方与FAO密切情报联系，建立并充分利用有关组织，报告有害生物的发生、发布、传播危害及有效的防治措施的情况；第九条区域性植物保护组织，该条款要求各缔约方加强合作，在适当地区范围内建立地区植物保护组织，发挥它们的协调作用；第十条各缔约方合作制定执行国际标准，区域标准应与本公约的原则一致；第十一条在FAO内建立植物检疫措施委员会，制定并通过国际标准；第十二条植物检疫措施委员会设立秘书处，负责实施委员会的政策和活动，并履行本公约可能委派的其他职能；第十三条为争端的解决，着重阐述缔约方间对本公约的解释和适用问题发生争议时的解决办法；第十四条声明在本公约生效后，以前签订的相关协议失效，这些协定包括1881年11月3日签订的《国际葡萄根瘤蚜防治公约》、1889年4月15日在瑞士保尔尼签订的《国际葡萄根瘤蚜防治补充公约》、1929年4月16日在罗马签订的《国际植物保护公约》；第十五条适用的领土范围，主要指缔约方声明变更公约适应其领土范围的程序，公约规定在FAO总干事接收到申请30d后生效；第十六条为各缔约方可对特定区域、特定有害生物、特定植物的植物产品、植物和植物产品国际运输的特定方法签订补充本公约的条款，补充协定应促进公约的宗旨；第十七条批准与参加公约组织，主要规定了加入公约组织及其批准的程序；第十八条为鼓励非缔约方接受植物检疫措施的国际标准；第十九条规定本公约及缔约方提供文件的正式语音应为FAO的所有正式语言；第二十条通过双边或有关国际组织向有关缔约方提供技术援助，促进本公约的实施；第二十一条涉及公约的修正，指缔约方要求修正公约议案的提出与修正并生效的程序；第二十二条为公约对缔约方的生效条件；第二十三条为任何缔约方退出公约组织的程序。

(二)《实施卫生与植物卫生措施协议》

随着国际贸易的发展和贸易自由化程度的提高，各国实行动植物检疫制度对贸易的影响已越来越大，某些国家尤其是一些发达国家为了保护本国农畜产品市场，多利用非关税壁垒措施来阻止国外尤其是发展中国家农畜产品进入本国市场，其中动植物检疫就是一种隐蔽性很强的技术壁垒措施。为限制技术性贸易壁垒，促进国际贸易发展，1979年3月在国际贸易和关税总协定(GATT)第七轮多边谈判东京回合中通过了《关于技术性贸易壁垒协定草案》，并于1980年1月生效。该草案在八轮乌拉圭回合谈判中正式定名为《技术贸易壁垒协议(TBT)》。由于GATT、TBT对这些技术性贸易壁垒的约束力仍然不够，要求也不够明确，为此乌拉圭回合中许多国家提议制定针对植物检疫的《实施卫生与植物卫生措施协议》(SPS)，该协议对检疫提出了比GATT、TBT更为具体、严格的要求。SPS是所有世界贸易组织成员都必须遵守的有规则的和有纪律的多边协议，自1995年1月1日起生效。

SPS是世贸组织成员为确保卫生及植物卫生措施的合理性，并对国际贸易不构成变相限制，经过长期反复的谈判和磋商而签订的。也可以理解为SPS是对出口国有权进入他国市场和进口国有权采取措施保护本国人体、动物和植物安全，两个方面的权利的平衡。SPS包括

14 项条款及 3 个附件。

SPS 规定了各缔约国的基本权利与相应的义务，明确缔约国有权采取保护人类、动植物生命及健康所必需的措施，但这些措施不能对相同条件的国家之间构成歧视，或变相限制或消极影响国际贸易。SPS 要求缔约国所采取的检疫措施应以国际标准、指南或建议为基础，要求缔约国尽可能参加如 IPPC 等相关的国际组织。SPS 要求缔约国坚持非歧视原则，即出口缔约国已经表明其所采取的措施已达到检疫保护水平，进口国应接受这些等同措施；即使这些措施与自己的不同，或不同于其他国家对同样商品所采取的措施。SPS 要求各缔约国采取的检疫措施应建立在风险性评估的基础上；规定了风险性评估考虑的诸因素应包括科学依据、生产方法、检验程序、检测方法、有害生物所存在的非疫区相关生态条件、检疫或其他治疗（扑灭）方法；在确定检疫措施的保护程度时，应考虑相关的经济因素，包括有害生物的传入、传播对生产、销售的潜在危害和损失，进口国进行控制或扑灭的成本，以及以某种方式降低风险的相对成本。此外，应该考虑将不利于贸易的影响降低到最低程度。在 SPS 中原则明确了疫区与低度流行区的标准，非疫区应是符合检疫条件的产地（一个国家、一个国家的地区或几个国家组成）；在评估某一产地的疫情时，需要考虑有害生物的流行程度，要考虑有无建立扑灭或控制疫情的措施。此外有关国际组织制定的标准或指南也是考虑的因素之一。在 SPS 中特别强调各缔约国制定的检疫法规及标准应对外公布，并且要求在公布与生效之间有一定时间的间隔；要求各缔约国建立相应的法规、标准咨询点，便于回答其他缔约国提出的问题或向其提供相应的文件。为完成 SPS 规定的各项任务，各缔约国应该建立动植物检疫和卫生措施有关的委员会。

SPS 是一个看起来十分合理的多边协议，但又是各成员争论和妥协的产物。没有一个国际的行为准则，各国自行其是就无法统一，国际贸易就无法进行。如果各国没有主权范围内的法规，植物有害生物的传播也就不可避免。因此，各成员方制定的植物检疫法、实施细则、应检有害生物名单都应经过充分的科学分析，又要符合国际法或国际惯例，即通常所说的与国际接轨。各国不能随意规定检疫性有害生物名单，所列名单必须经过"有害生物风险分析"(pest risk analysis，PRA)。若未经科学分析制定的检疫法规等于科学论据不足，就会被认为是歧视和非关税的技术壁垒，并可能受到起诉、报复甚至制裁。

（三）《植物检疫措施国际标准》

植物检疫措施国际标准(International Standards for Phytosanitary Measures，ISPM)由 FAO 下属的 IPPC 秘书处编纂发布。作为 FAO 全球检疫政策和技术援助计划的一部分，该计划向 FAO 成员及其他有关各方推荐使用植物检疫措施在国际上统一的准则，以避免各国不恰当地使用技术壁垒等措施所造成的矛盾，从而在更大程度上促进农产品国际自由贸易的发展。

ISPM 进行定期审查和修改，必要时各标准给予增补和再版。截至 2007 年年底，IPPC 发颁布的 ISPM 有 29 个。所有标准均用阿拉伯文、中文、英文、法文和西班牙文出版。

ISPM 制定的程序如下。

(1) 由国家植物保护组织或区域性植物保护或专家工作组向秘书处提出标准的第一草案。
(2) IPPC 秘书处将标准草案提交给临时标准委员会(ISC)。
(3) ISC 对标准的使用性和科学性进行评价和检查后反馈给 IPPC 秘书处。
(4) IPPC 秘书处就标准进行政府咨询。
(5) IPPC 秘书处将咨询结果再次提交 ISC。
(6) ISC 充分考虑政府咨询结果，对标准草案修改并反馈给 IPPC 秘书处。

(7) 由 IPPC 将修改后的标准提交给植物检疫措施过渡委员会(ICPM)，并形成标准，分发给 IPPC 的各签约国。

二、区域性植物保护条约

国际区域性植物保护组织是在较大范围的地理区域内，若干国家间为了防止危险性植物病虫害的传播，根据各自所处的生物地理区域和相互经济往来的情况，自愿组成的植物保护合作组织。各个组织都有自己的章程和规定，它对该区域内成员方有约束力。各组织的主要任务是协调成员方间的植物检疫活动，传递植物保护信息，促进区域内国际植物保护合作。至今，全世界有 9 个区域性国际植物保护组织。其中亚太地区植保组织、欧共体植保组织和北美植物保护组织是联合国粮食及农业组织秘书处的直属机构，其日常工作由联合国粮食及农业组织直接派遣植物保护官员主持。其他均是在 IPPC 的要求下建立的区域性组织。

（一）亚洲和太平洋区域植物保护委员会

亚洲和太平洋区域植物保护委员会(Asian and Pacific Plant Protection Commission, APPPC)，成立于 1956 年，总部设立在泰国曼谷，其前身是东南亚和太平洋区域植物保护委员会。IPPC 的官方语言为英语和法语。1983 年在菲律宾召开的第十三届亚洲和太平洋地区植物保护会议上，我国提出申请加入该组织；1990 年 4 月在北京召开的 FAO 第二十届亚太区域大会上正式批准中国加入，从此中国成为《亚洲和太平洋区域植物保护协定》的成员方。现有成员方 24 个，包括澳大利亚、孟加拉国、柬埔寨、中国、斐济、法国(法属波利尼西亚)、印度、印度尼西亚、老挝、马来西亚、缅甸、尼泊尔、新西兰、巴基斯坦、巴布亚新几内亚、菲律宾、韩国、西萨摩亚、所罗门群岛、斯里兰卡、泰国、汤加、越南等。该组织负责协调亚洲和太平洋区域各国植物保护专业方面所出现的各类问题，如疫情通报、防治进展、检疫措施等。

（二）欧洲和地中海区域植物保护组织

欧洲和地中海区域植物保护组织(European and Mediterranean Plant Protection Organization, EPPO)成立于 1950 年，始创国共有 15 个，总部设在法国巴黎，官方语言为英语和法语。EPPO 经过 60 多年的发展，现在共有 46 个成员方，几乎涵盖了欧洲和地中海地区所有的国家。成员方包括阿尔巴尼亚、阿尔及利亚、奥地利、比利时、保加利亚、克罗地亚、塞浦路斯、捷克、丹麦、爱沙尼亚、芬兰、法国、德国、希腊、英属根西、匈牙利、爱尔兰、以色列、意大利、英属泽西岛、约旦、吉尔吉斯斯坦、拉脱维亚、立陶宛、卢森堡、马其顿、马耳他、摩洛哥、荷兰、挪威、波兰、葡萄牙、罗马尼亚、俄罗斯、斯洛伐克、斯洛文尼亚、西班牙、瑞典、突尼斯、土耳其、乌克兰、英国等。

EPPO 公约于 1951 年 4 月 18 日签署，至今已由 EPPO 理事会修订多次。最近一次修订是在 1999 年 9 月进行的，修改的主要原因是要与最新修订的 IPPPC 公约有关原则相一致。该组织的目标是保护植物健康，通过各成员方间合作来制定安全策略，以防止危害栽培和野生植物、破坏自然和农业生态系统的危害性有害生物的传入和传播，鼓励协调各成员方植物检疫法规及 EPPO 以外其他地区的官方植物保护行为，同时不断发展和完善安全有效的控制措施。EPPO 已制定了大量的标准，并发行与植物有害生物、植物检疫法规和植保产品有关的出版物。

(三) 北美植物保护组织

北美植物保护组织(North American Plant Protection Organization, NAPPO)成立于1976年，由美国、加拿大和墨西哥3个成员方组成，总部设立在加拿大的渥太华。作为相邻的国家，三者在气候、农业资源、植物有害生物种类等方面都十分相似，同时在植物保护方面有着长期合作的历史。该组织的官方语言为英语、西班牙语和法语。作为一个区域性植物保护组织，NAPPO主要对3个成员方在保护各自植物资源，防止限定的植物有害生物的传入、定殖及扩散时所采取的措施进行协调，同时促进区域间的贸易发展。

(四) 加勒比地区植物保护委员会

加勒比地区植物保护委员会(Caribbean Plant Protection Commission, CPPC)于1967年成立，总部设在巴巴多斯，官方语言为英语、法语和西班牙语。现有24个成员方，包括巴巴多斯、哥伦比亚、哥斯达黎加、古巴、多米尼克、多米尼亚、法国(法属瓜德罗普、法属圭亚那、法属马提尼克)、格林纳达、圭亚那、海地、牙买加、墨西哥、荷兰(荷属阿鲁巴、荷属安的列斯)、尼加拉瓜、巴拿马、圣基茨和尼维斯、圣卢西亚、苏里南、特立尼达和多巴哥、英国(英属维尔京群岛)、美国(美属维尔京群岛、波多黎各)、委内瑞拉等。

(五) 南锥体区域植物保护委员会

南锥体区域植物保护委员会(Comite Regional de Sanidad Vegetal Para del Cono Sur, COSAVE)成立于1980年，总部设在巴拉圭，官方语言为西班牙语和英语。现有南美洲的成员方5个，分别为阿根廷、巴西、智利、巴拉圭和乌拉圭。

(六) 太平洋植物保护组织

太平洋植保组织(Pacific Plant Protection Organization, PPPO)成立于1995年，当时有22个成员方，总部设在斐济，官方语言为英语和法语。现有成员方20个，包括澳大利亚、法国(法属玻利尼西亚、新喀里多尼亚、Wallis and Futuna Islands)、美国(美属萨摩亚群岛、关岛)、新西兰(托克劳群岛)、库克群岛、斐济、基里巴斯、马绍尔群岛、密克罗尼西亚、瑙鲁、纽埃岛(新西兰)、美属北马里亚纳群岛、帕劳、马布亚新几内亚、瓦努阿图、汤加、所罗门群岛、萨摩亚、皮特克恩岛和图瓦卢。

(七) 泛非洲植物检疫理事会

泛非洲植物检疫理事会(Inter-African Phytosanitary Council, IAPSC)于1954年成立，总部位于喀麦隆的雅温德，官方语言为英语和法语。现有51个成员方，包括阿尔及利亚、安哥拉、贝宁、博茨瓦纳、布基纳法索、布隆迪、喀麦隆、佛得角、中非、乍得、科摩罗、刚果(金)、刚果(布)、科特迪瓦、吉布提、埃及、赤道几内亚、埃塞俄比亚、加蓬、冈比亚、加纳、几内亚、几内亚比绍、肯尼亚、莱索托、利比里亚、利比亚、马达加斯加、马拉维、马里、毛里塔尼亚、毛里求斯、莫桑比克、纳米比亚、尼日尔、尼日利亚、卢旺达、圣多美和普林西比、塞内加尔、塞舌尔、塞拉利昂、索马里、南非、苏丹、斯威士兰、多哥、突尼斯、乌干达、坦桑尼亚、赞比亚、津巴布韦。

(八)中美洲国际农业卫生组织

中美洲国际农业卫生组织(Organism International Regional de Sanidad Agropecuaria，OIRSA)于1953年成立，现有8个成员方，总部设在萨尔瓦多。

(九)卡塔赫拉协定委员会

卡塔赫拉协定委员会(Comunidad Andina，CA)，又称中南美洲植保组织，成立于1969年，现有成员方5个，总部设在秘鲁。

这些区域组织的最高权力机构是成员方大会，各组织都制定有区域性的植物检疫协议或协定。各组织均设有秘书处，负责本组织的日常工作。这些组织还定期出版一些专业性刊物，如APPPC的《通讯季刊》、EPPO的《EPPO通报》等。

三、检疫双边协定、协议及合同条款中的检疫规定

双边协定、议定书是国际条约的一种，也是最常用的文本形式。双边检疫协定是两个国家政府间就其检疫业务达成的一致意见，两国共同信守和实施的国际文本，在两个国家内具有法律性效力。议定书一般指两国间相应的政府主管机构就某一方面的业务通过友好协商达成一致的意见并在今后双方需要共同遵守的，不同文字形式签署的议定书具有同等的法律效力。备忘录是双边就某事经过协商，最后以文字形式记录表述其结果，内容反映双方协商后的一致意见和各自不同的意见，没有法律效应，但可作为参考，同时也是签署议定书、协定的过渡性文件。

为了适应改革开放、农业发展、农产品贸易和植物检疫的需要，近年来中国政府先后与法国、丹麦、南非等许多国家签署了近100个政府间双边植物检疫协定或协议和协定书。例如，《中华人民共和国政府和法兰西共和国政府植物检疫合作协定》(1998年7月28日)、《中华人民共和国政府和智利共和国政府植物检疫合作协定》(1990年5月29日)、《中华人民共和国政府和蒙古政府关于植物检疫的协定》(1992年5月9日)、《中华人民共和国政府和哈萨克斯坦共和国政府关于植物保护和检疫合作协定》(2004年12月10日起生效)、《中华人民共和国政府和古巴共和国政府关于植物检疫的合作协定》(2004年11月22日签署，2006年8月2日起生效)。此外，中国还与美国、加拿大、荷兰等国家签订了植物检疫协定，如《澳大利亚柑橘输华植物卫生条件的议定书》(2005年)、《中华人民共和国出入境检验检疫局和美利坚合众国动植物检疫局关于执行中美柑橘议定书有关问题的谅解备忘录》(2000年)、《中国苹果出口南非植物检疫要求议定书》和《中国梨出口南非植物检疫要求议定书》(2007年)等。

在植物、植物产品的贸易合同中经常有植物检疫的要求。这些要求也是贸易双方必须遵守的。例如，我国与国外粮商签订的粮食贸易合同中明确规定了植物检疫条款。合同中规定进口小麦"基本不带活虫"、根据中华人民共和国农业部的规定，卖方提供的小麦不得带有下列对植物有危险性的病害、虫害和杂草籽：小麦矮腥黑粉菌、小麦印度腥黑粉菌、毒麦、黑高粱、谷斑皮蠹、黑森瘿蚊、大谷蠹、假高粱"。在合同第七条中规定："……官方植物检疫证书……"，证明基本无有害的病害和活虫，并且符合本合同第二条中提到的进口国现行的植物检疫要求。

第三节　中国植物检疫法规

我国现行的主要植物检疫相关法规，以 1992 年实施的《中华人民共和国进出境动植物检疫法》和 1983 年颁布的《植物检疫条例》为主，辅之以 1997 年实施的《中华人民共和国进出境动植物检疫法实施条例》和 1995 年发布的《植物检疫条例实施细则》。在植物检疫具体工作实践中，起到了很好的法律保障和工作指导作用。

一、《中华人民共和国进出境动植物检疫法》及其《实施条例》

《中华人民共和国进出境动植物检疫法》是我国第一部由全国人大颁布的以动植物检疫为主题的法律。该法于 1991 年 10 月 30 日在第七届全国人大常务委员会第二十二次会议通过，自 1992 年 4 月 1 日起施行。该法共八章 50 条，包括总则(共 9 条)、进境检疫(共 10 条)、出境检疫(共 3 条)、过境检疫(共 5 条)、携带与邮寄物检疫(共 6 条)、运输工具检疫(共 5 条)、法律责任(共 7 条)和附则(共 5 条)(附录三)。并根据 2009 年 8 月 27 日第十一届全国人民代表大会常务委员会第十次会议《全国人民代表大会常务委员会关于修改部分法律的决定》修正。

《中华人民共和国进出境动植物检疫法实施条例》于 1996 年 12 月 2 日国务院第 206 号发布，1997 年 1 月 1 日起实行，是为了更具体地贯彻执行《中华人民共和国进出境动植物检疫法》而制定的实施方案，也是该法的重要组成部分。该条例共十章 68 条，包括总则(共 8 条)、检疫审批(共 7 条)、进境检疫(共 15 条)、出境检疫(共 6 条)、过境检疫(共 3 条)、携带邮寄物检疫(共 6 条)、运输工具检疫(共 7 条)、检疫监督(共 6 条)、法律责任(共 5 条)和附则(共 5 条)(附录四)。

根据《中华人民共和国进出境动植物检疫法》及《中华人民共和国进出境动植物检疫法实施条例》的规定，凡进境、出境、过境的动植物、动植物产品和其他检疫物，装载动植物、动植物产品和其他检疫物的装载容器、包装物、铺垫材料，来自动植物疫区的运输工具，进境拆解的废旧船舶，有关法律、行政法规、国际条约规定或者贸易合同约定应当实施动植物检疫的其他货物、物品，均应接受动植物检疫。

输入植物种子、种苗及其他繁殖材料和《中华人民共和国进出境动植物检疫法》第 5 条第一款所列禁止进境物必须事先办理检疫审批。国家对向中国输出植物、植物产品的国外生产、加工、存放单位实行注册登记制度。根据检疫需要，在征得输出国有关政府机构同意后，国家动植物检疫机关可派出检疫人员进行预检、监装或者疫情调查。在植物、植物产品进境前，货主或者其代理人应当事先向有关出入境检疫机关报检；经检疫合格的，准予进境；发现有危险性有害生物的，在出入境检疫机关的监督下，作除害、退货或销毁处理；经检疫处理合格后，准予进境。输出植物、植物产品的加工、生产、存放单位应办理注册登记。在植物、植物产品输出前，货主或者代理人应事先向有关出入境检疫机关办理报检。经检疫合格或经检疫处理合格后，签发植物检疫证书，准予出境；经检疫不合格、又无有效的检疫处理方法的，不准出境。对过境的植物、植物产品和其他检疫物，需持有输出国政府的有效植物检疫证书及货运单在进境口岸向当地植物检疫机关报检并接受检疫。旅客携带、邮寄物也应接受植物检疫，经检疫合格的予以进境，经检疫不合格又无有效的检疫处理方法的作销毁、退货处理，出入境检疫机关签发《检疫处理通知单》。来自动植物疫区的船舶、飞机、火车及其他进境车辆抵达口岸时，应接受检疫,发现危险性有害生物的,作检疫处理;装载植物产品出境的容器,应当符合国家有关植物检疫的规定,发现危险性有害生物或超过规定标准的一般有害生物的应作除害处理。对进出境的植物、植物产品,出入境检疫机关应当进行检疫监管。

危险性有害生物名单及禁止进境物名录由国务院农业行政主管部门制定并公布。违反本法规定的,将依法予以罚款、吊销检疫单证、注销检疫注册登记或取消其从事检疫消毒、熏蒸资格;构成犯罪的,依法追究刑事责任。植物检疫人员滥用职权、徇私舞弊、伪造检疫结果,或者玩忽职守、延误检疫出证,构成犯罪的,依法追究刑事责任;不构成犯罪的,予以行政处分。

二、《植物检疫条例》及其《实施细则》

1983年1月3日,国务院颁布了《植物检疫条例》,1992年5月13日,国务院对其进行修改并重新发布,是目前我国进行国内植物检疫的依据。该《条例》共24条,包括植物检疫的目的、任务、植物检疫机构及其职责范围、检疫范围、调运检疫、产地检疫、国外引种检疫审批、检疫放行与疫情处理、检疫收费、奖惩制度等方面(附录四)。

《植物检疫条例实施细则》(包括农业部分、林业部分)于1995年2月25日农业部发布,1997年12月25农业部第39号修订。该细则共七章39条,包括总则(共7条)、检疫范围(共6条)、调运检疫(共3条)、产地检疫(共3条)、国内引种检疫(共3条)、奖励和处罚(共3条)和附则(共5条)。

该条例明确了检疫对象的确定原则及疫区、保护区的划分依据及程序;对发现的疫情,各地检疫部门应及时向上一级检疫机构汇报,并组织力量予以扑灭;全国植物检疫性有害生物的疫情由国务院农业、林业行政主管部门发布,地方补充植物检疫性有害生物的疫情由省级农业、林业行政主管部门发布。凡种子、苗木和其他繁殖材料及列入应施植物检疫名单的植物产品,在调运前应向有关植物检疫机构申请,经检验合格并取得植物检疫证书后方可调运;发现有检疫对象的,经检验处理合格后方可调运;无法消毒处理的,不能调运。条例规定各种子、苗木和其他繁殖材料繁育单位应按照无检疫对象要求建立种苗基地,植物检疫机构应实施产地检疫。从国外引进种子、苗木等繁殖材料,应向所在地省、自治区、直辖市植物检疫机构办理检疫审批,经口岸动植物检疫机关检验合格后引进,必要时应隔离试种,经检验确认不带检疫性有害生物后方可分散种植。对违反本条例的单位或个人,将按照有关规定予以惩处。

三、与植物检疫相关的其他法律、法规

2000年7月8日,第九届全国人民代表大会常务委员会第十六次会议通过的《中华人民共和国种子法》,第46~50条,是有关对种子进行检验检疫的内容。

第46条严格规定,禁止生产、经营假、劣种子。规定下列种子为假种子:①以非种子冒充种子或者以此品种种子冒充他品种种子的;②种子种类、品种、产地与标签标注的内容不符的。下列种子为劣种子:①质量低于国家规定的种用标准的;②质量低于标签标注指标的;③因变质不能作种子使用的;④杂草种子的比率超过规定的;⑤带有国家规定检疫对象的有害生物的。第47条规定,由于不可抗力原因,为生产需要必须使用低于国家或者地方规定的种用标准的农作物种子的,应当经用种地县级以上地方人民政府批准;林木种子应当经用种地省、自治区、直辖市人民政府批准。第48条规定,从事品种选育和种子生产、经营以及管理的单位和个人应当遵守有关植物检疫法律、行政法规的规定,防止植物危险性病、虫、杂草及其他有害生物的传播和蔓延。禁止任何单位和个人在种子生产基地从事病虫害接

种试验。第 49 条规定，进口种子和出口种子必须实施检疫，防止植物危险性病、虫、杂草及其他有害生物传入境内和传出境外，具体检疫工作按照有关植物进出境检疫法律、行政法规的规定执行。第 50 条规定，从事商品种子进出口业务的法人和其他组织，除具备种子经营许可证外，还应当依照有关对外贸易法律、行政法规的规定取得从事种子进出口贸易的许可。从境外引进农作物、林木种子的审定权限，农作物、林木种子的进出口审批办法，引进转基因植物品种的管理办法，由国务院规定。

此外，在一些其他法律、法规中也涉及植物检疫的内容。例如，《中华人民共和国森林法》第 22 条规定"林业主管部门负责规定林木种苗的检疫对象，划定疫区和保护区，对林木种苗进行检疫"。《中华人民共和国邮政法》第 30 条规定"进出境邮件的检疫，由进出境检验检疫机构依法实施"。《中华人民共和国邮政法实施细则》第 49 条规定"用户交寄应当施行卫生检疫或者动植物检疫的邮件，必须附有检疫证书。检疫部门应当及时对邮件进行验放，以保证邮件的运递时限"。《中华人民共和国铁路法》第 56 款规定"货物运输的检疫，按国家规定办理"。同时，各地方政府也制定了一些有关植物检疫的规定，如《河南省植物检疫实施办法》《浙江省植物检疫实施办法》等，都是我国实施和开展植物检疫工作的依据。

复习思考题

1. 什么是植物检疫法？
2. 什么是国际区域性植物保护组织？该组织的任务是什么？

第十二章 进出境植物和植物产品检验检疫工作程序

第一节 进出境植物及植物产品检疫审批

植物、植物产品检疫审批是指国家质检总局和有关农、林行政部门依照《中华人民共和国进出境动植物检疫法》的规定,对输入境内的植物、植物产品进行审查,并最终决定是否允许进境的过程。

通过检疫审批,国家农、林业行政主管部门和国家质检总局可以在宏观上对引进种苗等植物、植物产品进行控制和管理,同时对引进单位进行技术指导,让货主或其代理人了解我国的检疫要求,在对外谈判时做到心中有数,以便在签订合同时将我国的检疫要求列入合同,使国外检疫机关在出境检疫时有依据,使供货商及早组织符合要求的货物,避免不符合要求的货物运到我国。可见,对引进种苗实施检疫审批,不仅可以起到限制可能带有危害性病虫害的种苗等进境的作用,达到防止危险性病虫害传入的目的,而且可以减少盲目引进、重复引进的现象,避免因此而造成的损失,对保护我国农林业的健康发展切实起到了保护的作用。

一、检疫审批的依据

《动植物检疫法》第 10 条规定,输入动物、动物产品、植物种子及其他繁殖材料的,必须事先提出申请,办理检疫审批手续;第 28 条规定,携带、邮寄植物种子、种苗及其他繁殖材料进境的,必须事先提出申请,办理检疫审批手续;《植物检疫条例》中的第 12 条也规定,从国外引进种子、苗木,引进单位应当向所在地的省、自治区、直辖市植物检疫机构提出申请,办理检疫审批手续。但是,国务院有关部门所属的在京单位从国外引进种子、苗木,应当向国务院农业主管部门、林业主管部门所属的植物检疫机构提出申请,办理检疫审批手续。具体办法由国务院农业主管部门、林业主管部门制定。以上几条规定,是进境植物检疫审批的法律、法规依据。

根据《动植物检疫法》第 5 条、第 17 条和第 18 条的规定,农业部制定了《中华人民共和国进境植物危险性病、虫、杂草名录》《中华人民共和国进境植物检疫禁止进境物名录》,于 1992年 10 月 1 日起开始执行。1997 年农业部动植物检疫局又依据《动植物检疫法》和《动植物检疫法实施条例》,在过去曾经提出的《国内尚未分布或分布未广的危险性病、虫、杂草名录》基础上,依照联合国粮食及农业组织(FAO)制定的有害生物风险分析(PRA)原则和世界植物有害生物疫情现状,以及目前我国口岸检疫工作实际情况,制定发布了《中华人民共和国进境植物检疫潜在危险性病、虫、杂草(三类有害生物)名录(试行)》。国家质检总局会同农业部、国家林业局对 1992 年发布实施的《进境植物检疫危险性病、虫、杂草名录》进行了修订,形成的《中华人民共和国进境植物检疫性有害生物名录》已于2007年5月28日正式发布实施。2009年6月4日通过农业部第1216号公告发布施行了新的《全国农业植物检疫性有害生物名单》。

二、检疫审批机关和检疫审批的范围

进境植物检疫审批的机关是根据《动植物检疫法实施条例》来确定的。《动植物检疫法实施条例》第2章第9条明确规定：输入动物、动物产品和进出境动植物检疫法第5条第1款所列禁止进境物的检疫审批，国家出入境检验检疫部门或者其授权的直属检验检疫局(以下称直属局)负责。输入植物种子、种苗及其他繁殖材料的检疫审批，由植物检疫条例规定的机关负责。本条规定一方面确定了进境植物检疫审批的机关，另一方面也在一定程度上确定了检疫审批机关的相应的检疫审批范围。

植物检疫审批的范围是根据《动植物检疫法》第5条、第10条、第11条、第28条和第29条的规定而确定的。具体来讲，凡通过贸易、科技合作、交换、赠送、援助等方式输入或通过携带、邮寄进境的植物及植物产品包括植物种子、种苗及其他繁殖材料，均须事先提出申请，办理检疫审批手续；因科学研究等特殊需要引进国家规定的禁止进境物也要事先提出申请，报国家检验检疫机构并获得批准后，方可入境。前一种情况的审批就是习惯上所讲的审批，也称一般审批；后一种情况的审批则称为特许审批。

根据农业部、林业局(原林业部)和国家检验检疫机关(国家质检总局)的现行规定，具有审批权的机关有国家质检总局或其授权的直属检验检疫局、农业部和各省、自治区、直辖市农业厅(局)，以及国家林业局和省、自治区、直辖市林业厅(局)。

三、检疫审批的办理

按照农业部和国家林业局的有关规定，从国外引进农、林种子、苗木和其他繁殖材料，实行农业部、国家林业局和各省、自治区、直辖市农、林业厅(局)两级审批。其执行机构分别是农业部全国农业技术推广中心和各省、自治区、直辖市农业厅(局)植物检疫(植保植检)站；国家林业局森林保护司和省、自治区、直辖市林业(农林)厅(局)的森保部门。

（一）一般检疫审批的办理步骤

1. 提出申请　　引进种子、苗木和其他繁殖材料的单位(个人)或代理进口单位，应当在对外签订贸易合同或协议30d前，申请办理国外引种检疫审批手续。

国务院和中央各部门所属在京单位、驻京部队单位、外国驻京机构等，向农业部全国农业技术推广中心或林业局森林保护司提出申请；各省、自治区、直辖市有关单位和中央京外单位向种植地的省、自治区、直辖市农业厅(局)植物检疫(植保植检)站或林业(农林)厅(局)的森保部门提出申请。

2. 填写《引进种子、苗木检疫审批申请书》及《引进种子、苗木检疫审批单》《引进林木种子、苗木和其他繁殖材料检疫审批单》　　引种单位提出申请时，必须按规定的格式及要求如实填写《引进种子、苗木检疫审批申请书》和《引进种子、苗木检疫审批单》《引进林木种子、苗木和其他繁殖材料检疫审批单》；引进生产用种苗须同时提供有效的进口种苗权证明材料。报农业部全国农业技术推广中心审批的生产用种苗，还须提供种植地的省、自治区、直辖市农业厅(局)植物检疫(植保植检)站签署的有关种苗的疫情监测报告。

引种单位在申请前应调查了解引进植物原产地的病虫发生情况，对于引进数量较大、疫情不清、与农业安全生产密切相关的种苗，引种单位还应事先进行有检验人员参加的种苗原产地疫情调查，以便在申请时向检疫审批单位提供有关疫情资料。

3. 审批 审批机关对申请单位提供的有效证件和相关单证是否齐全进行审查后，根据国家的有关检疫法规和输出国家或地区的植物疫情，以及两国间签订的检疫卫生条件，签署审批意见。对于批准进境的，提出具体的检疫要求及批准的数量(有关生产种苗、种植资源和科研试验材料引进检疫审批限量见相关文件)，同时指定允许进境的口岸。

4. 审批单证的发放和废止 经检疫审批机关审批同意后由审批机关发给《引进种子、苗木检疫审批单》。审批单的有效期一般为 6 个月，特殊情况可延长，但最长不超过 1 年。在有效期内，如果输出国发生重大疫情时，检验检疫机关有权宣布已审批的审批单作废或延期执行。

5. 审批单的更改与重新办理 《审批单》在办理后，申请单位如需更改进境国家或地区、时间、植物种子、种苗及其他繁殖材料的种类、数量的，均需重新办理审批手续；超过有效期的，也需重新办理。

(二)特许审批的办理

凡从国外引进《动植物检疫法》第 5 条第 1 款规定中与植物检疫相关的禁止进境物的，引进单位或个人必须在引进前向国家质检总局提出申请，办理特许检疫审批手续。办理特许审批须遵循以下原则。

引进单位或其代理人必须提出书面申请，同时应出具以下证明和说明材料。

(1)上级机关以及其他有关部门的证明材料；企业还须提交营业执照复印件。

(2)详细说明"特批物"的品种、产地、引进的数量、引进的特殊需要、引进和使用方式及进境后的防疫和管理措施。

(3)引进单位将填写后的植物检疫特许审批单连同证明和说明材料一并报国家质检总局审批。

(4)国家质检总局根据"特批物"进境后的特殊需要和使用方式，决定批准的数量，提出检疫要求，指定进境口岸，并委托有关口岸检验检疫机构核查和监督使用；同时签署植物检疫特许审批单。

(5)审批单有效期一般为 6 个月，进口粮为 1 年。特许审批单在签发后如更改或过期，均需重新办理。

携带、邮寄植物种子、种苗及其他繁殖材料进境检疫审批的办理同一般审批和特殊审批的办理。特殊情况无法事先办理的，携带人或邮寄人应当在抵达口岸后到审批机关补办检疫审批手续。

四、检疫审批的程序

(一)一般审批

检疫审批单位自收到《引进种子、苗木检疫审批申请书》之日起 15d 内予以审批或答复。农作物种植资源和科研试验材料引进，国务院和中央各部门所属在京单位、驻京部队单位、外国驻京机构等，由农业部全国农业技术推广服务中心审批；各省、自治区、直辖市有关单位和中央京外单位由种植地的省、自治区、直辖市农业厅(局)植物检疫(植保植检)站审批;热带作物种植资源交接和引进报农业部全国农业技术推广服务中心审批。种植资源和科研试验材料检疫审批限量见相关文件。对于省级检疫审批超过审批限量的,应由省级农业厅(局)植物检疫机构签署意见后,报农业部植物检疫机构审批。

国际区域性试验和对外制种的种苗引进,由种植地的省、自治区、直辖市农业厅(局)植物检疫(植保植检)站签署意见后,报农业部全国农业技术推广服务中心审批。

生产用种苗的引进:对于新引进(指从未引进和近 3 年内未引进)的作物或品种的引进,必须事先少量隔离试种(种子以 2 亩①,苗木以 50 株用量为限)。引种单位在申请引进前,应安排好隔离试种计划,隔离试种条件符合检疫要求后,由种植地的省、自治区、直辖市农业厅(局)植物检疫(植保植检)站审批。

已在当地多年引进,经疫情监测符合检疫要求的作物或品种,引种数量在"生产用种苗引种检疫审批限量"(见相关文件)内的,由种植地的省、自治区、直辖市农业厅(局)植物检疫(植保植检)站审批(国务院和中央各部门所属在京单位、驻京部队单位、外国驻京机构等,由农业部全国农业技术推广服务中心审批);引种数量超过审批限量的,由种植地的省、自治区、直辖市农业厅(局)植物检疫(植保植检)站签署意见后,报农业部全国农业技术推广服务中心审批。

《引进种子、苗木检疫审批单》的有效期一般为 6 个月,特殊情况的有效期可适当延长,但最长不得超过 1 年。

引种单位办理检疫审批后,《引进种子、苗木检疫审批单》已逾有效期限或需要改变引进种苗的品种、数量、输出国家或者地区的,均须重新办理检疫审批手续。

(二)特许审批

国家质检总局在管理进境物申请时,根据申请报告、各地检验检疫机构签署的意见、引进物的性质、动植物病虫害的风险等做出审批决定。

在受理货主报审后,对来自有害生物非疫区需审批的检疫物,3d 以内给予批复(能当天批复的当天批复);对来自有害生物疫区需特批的检疫物,5d 以内给予批复;进口粮在接到申请后 7 个工作日做出答复。

对同意引进的,提出检疫要求,指定进境口岸和进境后的隔离场所,批准引进数量。

货主、物主或其代理人应在贸易合同(或有关协议)中订明国家质检总局提出的检疫要求,认真遵守检疫审批意见,配合各地检验检疫机构的检疫工作。

第二节 入境植物及植物产品检疫

入境动植物检疫通过其宏观调控作用,防止由于外来疫情的侵入而出现正常动植物的生物失衡,从而导致疫情大流行的严重后果。专家估计,我国 20 世纪 70 年代发生在林业上的检疫性病虫害(美国白蛾、松材线虫、松突圆蚧),其损失远远超过了大兴安岭 1987年发生的森林火灾。我国为控制以上新传入的外来疫情,阻止其扩展蔓延,进而达到根除

---

① 1 亩 ≈ 666.7m²

的目的，每年投资数千万元资金。与此同时还需警惕由于大量使用农药，可能引起的环境污染以及对有益昆虫——害虫天敌的伤害而形成恶性循环的后果。按照自然界的规律，动植物（包括昆虫、微生物等所有生物种类）在一定的地理范围内保持生态平衡，如一旦有外来的病、虫种类被人为地传到新的地理区域，特别是对于现代化的农场，那里集中种植数量巨大的植物群体，由于新的寄主作物缺乏抗性，加之当地又没有外来病虫种类的天敌，其结果会形成毁灭性的疫情流行灾害。美国的葡萄根瘤蚜传入欧洲、美国的松材线虫传入日本所发生的后果都说明了这个问题。

农产品的生产安全成为世界各个国家密切关注的问题。植物检疫作为预防性植物保护措施已被世界各国政府所重视和运用，并将植物检疫作为世界农产品贸易中不可缺少的必要手段。关于《实施卫生与植物卫生措施协议》(SPS)，明确要求所有参加国的动植物检疫部门保证其动植物检疫从技术到执法管理要符合国际标准，处理的措施开放透明；不应该妨碍贸易，搞非关税壁垒。一个国家在入境检疫方面的法制管理及技术水平反映其经济技术的水平，也反映其国家的政治地位。

一、检疫范围

对通过贸易、科技合作、赠送、援助、交换、携带等各种方式入境的植物、植物产品和其他检疫物都应实施检疫。

"植物"是指栽培植物、野生植物及其种子、种苗及其他繁殖材料等。包括所有栽培、野生的可供繁殖的植物全株或者部分，如植株、苗木（含试管苗）、果实、种子、砧木、接穗、插条、叶片、芽体、块茎、球茎、鳞茎、花粉、细胞培养材料等。为了避免和广义的植物检疫混淆，通常将这部分检疫物统称为种子、苗木（简称种苗）。判断入境物属"植物"还是"植物产品"的范畴，一是根据进境物的用途，如入境玉米子粒，生产加工使用的以植物产品对待，种用的以种子对待。二是进境物的形态，如入境观赏植物，虽然没有繁殖的目的，但以活体进境并在入境后的使用过程中，仍以活体植物的形态长期存在，并且其携带和传播有害生物的能力和机会区别于植物产品。所以，归在"植物"的范畴内。

种子、种苗是重要生产资料，也是有害生物远距离传播的主要手段之一。与植物产品比，它传播有害生物的种类多、数量大、概率高。因为种子、苗木本来就是有害生物的自然传播载体，有完善的传播机制，人为传播只不过延长了传播距离。而且传入新区后大部分直接进入田间，使有害生物侵染下一代植物并蔓延。种子、苗木传播和其他传播方式，如气流传播、昆虫介体传播和土壤传播等相互配合，危险性更大。据测定，有些种传细菌、霜霉菌和锈菌的种子带菌率低至 0.001%～0.01%，就足以在一个生长季节内酿成病害流行。因此，种苗的检疫具有特殊的重要性，有些国家规定种苗传带特定病原物的允许量为"0"。

植物产品是指来源于植物未经加工或者虽经加工但仍有可能传播病虫害的产品。

植物产品包括：粮谷类（包括粮食加工品）、豆类（包括各种豆粉）、木材类（包括各种木制品、垫木、木箱）、竹藤柳草类、饲料类、棉花类、麻类（包括麻的加工品）、烟草类、茶叶和其他饮料原料类、糖和制糖原料类、水果类、干果类、蔬菜类（包括速冻、盐渍蔬菜和食用菌）、干菜类、植物性调料类、药材类、其他类等。

植物性有机肥料、植物性废弃物、植物产品加工后产生的下脚料和其他可能传带植物有害生物的检疫物。

对易感染害虫的入境动物皮、毛、骨粉等动物产品也应实施植物检疫。

二、检疫依据及入境条件

出入境检验检疫机关依据下列内容实施检疫。
(1)《中华人民共和国进出境动植物检疫法》及相关法规规定的进境植物危险性有害生物。
(2)我国政府与一些国家政府间签订的植物检疫和植物保护双边协定中规定的、签约双方防止通过植物或植物产品的出口而传入对方的危险性病虫害名单。在双边协定中，这类危险性病虫害名单一般被称作"检疫性病、虫、杂草"或"植物检疫病虫害"等。
(3)在进口贸易合同及入境种苗检疫审批单中所规定的不得带有的植物病虫害名单,连同出口贸易合同中所规定的病虫害都是在具体工作中需实施检疫的。
(4)中国的其他有关规定。

（一）植物

(1)入境植物不得带有国家规定的植物危险性病、虫、杂草。
(2)入境植物不得带有有关协定、贸易合同中规定的应检病虫。这些病虫多属于我国尚未发现或分布未广的。
(3)引进种子、种苗或其他繁殖材料，需事先提出引种计划，到有关部门办理审批手续。必须附有输出国官方植物检疫部门出具的《植物检疫书》和产地证。
(4)不得带有天然土壤。

（二）植物产品

(1)入境的植物产品不得带有我国公布的植物危险性病、虫、杂草。
(2)入境植物产品应符合有关协定、协议备忘录或贸易合同的规定。
(3)输入植物产品须带有输出国或地区官方出具的《植物检疫证书》。
(4)不得带有天然土壤。

三、植物、植物产品及其他检疫物的检疫

入境植物检疫包括报检、检疫、检疫处理和签证放行几个环节。

（一）报检

货主或其代理人凭《报检员证》,在进口货物抵达口岸前或抵达口岸时持植物检疫审批单、输出国官方植物检疫证书、产地证、贸易合同或协议、装箱单、发票、提单等单证向口岸检验检疫机关报检。属入境种苗的，如果引种单位和进口单位不是同一单位，还需附有双方签订的委托书，明确主要检疫责任的承担单位，以利于种苗检疫及后期检疫监管的进行。

（二）检疫

1. 现场检疫 现场检疫是指检验检疫人员在船上、码头及检验检疫机关认可的场所实施检疫，并按规定抽取样品的过程。入境植物、植物产品的现场检疫一般在卸货前及卸货时进行。

检疫人员按照下列规定实施现场检疫。

(1)植物、植物产品：检查货物、包装物及运输工具上有无病、虫、杂草、土壤，并按规定采取样品。

(2)植物性包装、铺垫材料：检查是否携带病、虫、杂草子、土壤，并采取样品。

(3)其他检疫物：检查包装是否完好及是否被病虫污染。需实验室检验的货物，样品移送实验室做进一步检验。现场检疫是实验室检疫的基础，现场采集的检疫样品是否合理是影响实验室检疫结果准确性的主要因素之一。因此，现场检疫一定要仔细，抽取的样品要有代表性。经检疫发现病虫害并有扩散可能的，及时对该批货物、运输工具和装卸现场采取必要的防疫措施。

现场检疫要根据入境货物不同类别及装载情况采取不同的检疫方法。

2. 实验室检验　　对抽取的植物、植物产品代表性样品和病、虫、杂草样本材料，根据不同情况并按生物学特性，采用下列一种或几种方法进行检查和鉴定：过筛检查，解剖检查，透视检查，染色检查，相对密度检查，洗涤检查，漏斗分离检查，直接镜检，吸水纸培养检查，切片检查，分离培养检查，萌发检查，试植检查及分子生物学检测等。

3. 隔离检疫　　植物隔离检疫，指的是在隔离的情况下培植和筛选繁殖材料，这种隔离检疫能够不让当地存在的病虫害侵入，同时又能不让随着引进的种苗而带来的病虫害向外逃逸，从而能保证引进的繁殖材料不带进口国所没有的病虫害。因此，引进植物种苗及其他繁殖材料从入境口岸调离到出入境检验检疫机关认可或指定的植物隔离场(圃)进行检疫，是当前引种检疫不可缺少的必要手段。

植物隔离检疫对可能传带病毒类病害、细菌病害、某些系统感染的真菌及线虫病害在种子和休眠的苗木上往往表现为隐症，在口岸或实验室内一般不易检出，而在隔离种植、创造有利于病害发生的生态环境条件，有利于对病害的鉴别。

因此，只有通过隔离检疫，才能确定引进的植物种苗是否带有这些危险性病虫草害。

引进种苗带有大量的病原物，在入境口岸抽样检疫时有的不易发现，在隔离检疫圃内有适合于病菌生长的条件，病原微生物可以大量繁殖，经生育期观察检测，淘汰病株，选留健株或经处理确保无毒、无病的种苗，用其繁殖出健康种苗，交还货主或用作生产。在隔离期间应及时发现《中华人民共和国入境植物检疫性有害生物名录》中记载和我国尚无记载的病害，以便于控制和扑灭。

经过植物隔离检疫圃的隔离试种，根据检验结果，做出发放健康种苗或进行以下检疫处理的决定：检疫治疗。例如，热疗处理或脱毒处理(主要用于感染病毒的种苗)；延长隔离期限，做进一步观察；销毁。引进种苗的检疫结果，只有种苗整个生长期结束之后才能得出，绝不能急于求成，仓促放行。

在隔离检疫圃内经过生育期的观察和监测，淘汰病株，选留健株，或经过处理确保无毒无病的种苗，再用这些无毒、无病的种苗繁殖出来健康的种苗，才可交还货主。

在隔离检疫或集中隔离种植期间，未经出入境检验检疫机关同意，货主和种植人对种苗不得擅自调离、处理和使用。如有病虫害发生，应及时向出入境检验检疫机关报告，并按检疫机关提出的检疫处理措施进行处理。

4. 产地检疫　　国家质检总局根据需要，并经输出国有关机关同意或应输出国有关部门邀请，可派员赴产地进行检疫考察，实施产地预检或监装。

(三)检疫处理和签证放行

经检疫合格的货物,检验检疫机关签发入境货物检验检疫证明,或在提单、报关单上加盖检验检疫放行章,交货主或其代理人办理报关、提货、发运手续。

对现场检疫或实验室检疫发现疫情,或发现该批货物不符合合同规定,或不符合双边协定中的检疫要求时,出入境检验检疫机关签发《检验检疫处理通知书》,根据不同情况按《动植物检疫法》做相应处理。

四、禁止入境物

为保护我国的农林牧渔业生产和人体健康,对一些从国外一旦传入可能造成重大植物疫情,给农、林、牧、渔业带来巨大灾害的,由国家颁布有关法律、法规、规章,严格规定不准入境的危险性有害生物,或可能感染危险性有害生物的植物、植物产品和其他介体为禁止入境物。

根据《中华人民共和国进出境动植物检疫法》第 5 条和《中华人民共和国进出境动植物检疫法实施条例》第 4 条和第 7 条的规定,下列物品禁止进境:害虫、植物病原体(包括菌种、毒种等)及其他有害生物;病虫害疫情严重流行的国家和地区的有关植物、植物产品和其他检疫物;土壤;2009 年,农业部修订的《中华人民共和国入境植物检疫禁止入境物名录》规定的植物和植物产品。禁止进境物的检疫地位规定禁止入境物,是最基本、最彻底的检疫措施,是国际上通行的做法。禁止进境物同危险性病、虫、杂草是不同的,它主要是指病虫害的传带物体。危险性病、虫、杂草,需经检疫认定后,才不准入境,而禁止进境物不需检疫,一经发现即不准入境,直接做退回或销毁处理。由于特殊需要必须入境的,应出示入境检验检疫机构特许审批。

第三节 出境植物及植物产品检疫

出境植物检疫是指对贸易性和非贸易性的出境植物、植物产品及其他检疫物(以下简称出境检疫物)实施的检疫,出境检疫物在离境前由出入境检验检疫机关依据《中华人民共和国进出境动植物检疫法》实施检验检疫,使其符合我国参加的国际公约组织的要求,符合进境国家的植物检疫规定,符合双边植物检疫协定的有关条款,以维护我国对外贸易的信誉。

一、出境检疫物的范围和种类

出境检疫物的范围:贸易性的出境植物、植物产品及其他检疫商品;作为展出、援助、交换、赠送等的非贸易性的出境植物、植物产品及其他检疫植物;进口国家有植物检疫要求的出境植物产品;出境植物、植物产品及其他检疫物的装载容器、包装物及铺垫材料。

主要出境检疫物种类:植物,是指栽培植物、野生植物及其种子、种苗和其他繁殖材料等;植物产品,是指来源于植物未经加工或虽经加工但仍有可能传播病虫害的产品,如粮食、豆、棉花、油、麻、烟草、子仁、干果、鲜果、蔬菜、生药材、木材、饲料等;其他检疫物,如废纸、植物性有机肥料等植物性废弃物,以及植物、植物产品加工后产生的下脚料等;货主要求实施检疫的其他物品。

二、出境检疫物的检疫依据

(1)与我国有政府间双边植物检疫协定、合作谅解备忘录的国家，按我国所承担的检疫义务，据其有关条款实施检疫。

(2)贸易合同、信用证中的植物检疫条款，除按条款要求做针对性检疫外，同时要遵守输入国家(或地区)官方的有关检疫规定(PQIR)。

(3)如合同或信用证未说明具体的检疫条款，应参照输入国家(或地区)的进境植物检疫危险性病、虫、杂草名单和检疫禁止进境物名单等有关规定(PQIR)实施检疫。

(4)中国的有关出境植物检疫规定。

三、出境检疫物的检疫程序

(一)报检

输出检疫物应当在检疫物出境前向出入境检验检疫机关报检。应填写报检单，并随附贸易合同或协议、信用证、发票、装箱单、生产企业检验报告或当地检疫部门出具的产地证书等。有特殊检疫要求的，要在报检单上注明。

出境濒危和野生动植物资源，出入境检验检疫机关凭国家濒危办或其授权的办事机构发的允许出境证明文件接受报检和检疫。

经检疫合格的出境检疫物，有下列情况之一者，应当重新报检：更改输入国家或地区，更改后输入国家或地区有不同检疫要求的；改换包装或原来未拼装后来拼装的；超过检疫规定有效期的。

检疫有效期指检疫物在出入境检验检疫机关检疫合格至规定检疫物出境的期限。检疫有效期一般为21d，因此经检疫后的货物要在有效期内出境。黑龙江、内蒙古、吉林、辽宁、新疆五省(自治区)的植物产品在冬季(11月1日至次年2月底)进行检疫的，检疫有效期可适当延长，但不能超过35d。如输入国另有不同要求(荷兰检疫有效期规定为14d)，可按对方的要求办理。

(二)检疫

1. 准备工作 现场检验检疫工具一般应备有规格筛、扦样铲、分样混样布、手持放大镜、刀、标签、镊子、虫样管及样品袋等。室内检验仪器设备按虫害、病害、杂草实验室的要求配置。危险性有害生物的检测鉴定，应在专门的隔离室或使用专项设备进行。

2. 审核工作 检疫人员应审核报检单，检查贸易合同等有关单证，索取货物配载图，查对载货储存清单，核对货证是否相符，确定现场检疫时间、地点、人员和方法。

国外收货人信用证中的检疫要求，如与合同、双边植物检疫协定或进口国家(或地区)的检疫规定不符，由出入境检验检疫机关确定能否接受或提出修改意见，并通知货主或其代理人。

3. 现场检疫 输出出境检疫物在抵达口岸时，检验检疫人员到指定的货物停放场地检疫，核对货单、唛头标志和数量、重量，对植物和植物产品检查货物及其包装有无受病虫害侵染，并按规定采取代表样品供实验室检验检疫使用。货主或其代理人应协助开启和恢复包装、取样及除害处理等工作。需要离开出入境检验检疫机关所在地检疫的，货主或其代理人应免费提供交通工具和住宿。

4. 产地检疫　产地检疫是出入境检验检疫机关对出境植物、植物产品在其种植地、种植场圃、收获集散地、产地加工厂、产地储存场(库)等场所实施检验检疫,以保证检疫质量和方便货主、服务外贸的一种检疫工作方式。

产地检疫主要是针对有政府间双边植物检疫协定特殊规定的植物及其产品、出境种子苗木以及货主有申请要求的植物及其产品的检疫。

产地检疫工作基本包括检疫调查、疫情监测、现场检查、检疫监管(包括产地检疫注册、产地兼职检验检疫员管理)等内容。

5. 实验室检疫　根据双边协定、检疫条款、贸易合同、信用证、输入国检疫要求和我国的检疫要求,需做植物病虫害检疫的和需要在实验室做进一步检疫鉴定的,均需做实验室检疫。实验室检验需按病虫不同生活习性、侵染规律,采取过筛检验杂草和昆虫、螨类分离法、蚧虫鉴定、线虫分离鉴定、真菌检验、细菌检验、病毒检验、试植检验等7种检测方法,对不同出境检疫物分情况做不同检验。

6. 检疫结果的判定　符合出境植物检疫依据(简称"检疫依据",下同)规定的货物应满足检疫依据的各项规定和要求,检疫合格的货物还要在出入境检验检疫机关的监督下运输和装载,方可出境。

不符合"检疫依据"规定的货物,货主或其代理人应进行整理、换货或实施检疫除害处理等措施。对加工整理或换货的货物应重新报检。

对检出一般生活害虫超标的货物须进行除害处理,具体要求与检验不合格货物的要求相同。

对检疫发现带有输入国家和地区及信用证要求的应检病、虫、杂草的货物和一般生活害虫超标严重的货物,经过检疫处理后,须进行复检,以确定检疫除害的效果,经复检合格的货物方可出境。

（三）检疫处理

经检疫发现不符合出境检疫规定的货物,由出入境检验检疫机关签发《检疫处理通知单》,通知货主或其代理人分别做加工整理、除害处理,经复检合格后方可出境;对检疫不合格又无有效方法除害处理的不准出境。

要求实施检疫处理的货物,出入境检验检疫机关将按照货主或其代理的申请,依据检疫处理的有关规程,监督专业熏蒸队实施处理。

进行熏蒸杀虫、灭菌等检疫处理时,要在出入境检验检疫机关的监督管理下进行,对经检测达到检疫除害标准要求的,准予出境。

（四）签证放行

经检疫合格或经除害处理合格的出境检疫物,准予出境。出境货物海关凭出入境检验检疫机关签发的检疫证书或在报关单上加盖的印章验放。

第四节　过境植物及植物产品检疫

过境植物检疫系指对由境外启运,通过我国境内继续运往境外的植物、植物产品和其他检疫物(以下称"检疫物")及其包装容器、包装物和运输工具实施检验检疫和必要的检疫处理。过境植物检疫是动植物检疫执法行为中的一项重要内容,它具体地体现了一个国家的主权和尊严。

过境植物检疫适用于:经陆路通过我国境内直接过境运输的检疫物;入境后在我国口岸经改换其他运输工具并直接从入境口岸运出境外的检疫物;由船舶或飞机装运入境,由原运输工具装运出境的通运检疫物以及属于亚欧大陆桥方式的国际集装箱过境运输的检疫物。

一、过境植物检疫的意义和作用

过境植物检疫是国家为防止植物危险性病、虫、杂草随过境植物、植物产品和其他检疫物传入国内,保护国内农、林业生产安全而采取的一种手段,它的意义不亚于入境植物检疫对防止植物危险性病、虫、杂草传入国内的意义。过境植物检疫的作用主要有:防止植物危险性病、虫、杂草传入,保护农、林业生产安全。过境的植物、植物产品和其他检疫物,虽然不在国内的某个城镇卸载、停放,但过境物品在我国境内长时间、长距离运输,加之温湿度变化及其他环境因素的影响,会给植物危险性病、虫、杂草的传播创造良好的时机和条件。例如,欧洲国家运往越南的植物、植物产品,其所经路线贯穿我国大江南北。再如,美国经天津新港运往蒙古国的植物产品,途经我国主要的农牧业区,一旦植物危险性病、虫、杂草传入,将对我国的农牧业生产带来不可估量的损失。因此,过境植物检疫对防止危险性病、虫、杂草传入,保护国内农、林业生产安全,维护国家主权都具有极其重要的作用。

履行国际义务,促进国际贸易。在当今世界中,发展国际贸易,促进国际间物资交流,开展科技协作,是推动世界经济发展不可缺少的手段。由于地理条件的限制,各国或地区间的贸易往来不可能都是直接相通的,而必须经其他国家或地区才能完成,因而产生了在其他国家或地区过境的问题。一个国家或地区向另一个国家或地区运送物资,在对我国国家主权和安全不构成损害和威胁时,我们将按国际惯例给予方便。过境的植物、植物产品和其他检疫物在符合我国有关检疫要求的条件下,可以获得过境许可。因此,过境植物检疫是促进国际贸易发展的一个重要环节,也是我们履行国际义务的一个重要方面。

二、过境植物检疫程序

(一)申请人

作为过境检疫物的货主一般不随同过境,过境植物、植物产品和其他检疫物运抵我国口岸入境时,应当由过境运输的承运人或者押运人负责办理过境检疫的申请手续。

办理过境检疫申请手续的可以是被授权的有关单位,如陆路口岸的铁路交接所、铁路对外服务公司和港口的粮食转运站、对外贸易运输公司、外轮代理公司和口岸所在地政府指定的少数有国际船、货代理权的企业。

(二)申请的受理机关

出入境检验检疫机关是法定的过境植物检疫申请的受理机关,过境植物、植物产品和其他检疫物的入境口岸的出入境检验检疫机构负责签发过境检疫许可。任何单位和个人不经出入境检验检疫机构同意,将过境的植物、植物产品和其他检疫物随意放行的行为都是违法行为。

(三)检疫程序

1. 报检 从我国口岸入境、经我国境内运往第三国的过境植物、植物产品和其他检疫物,在货物到达我国口岸时,承运人或者押运人或受委托的代理人,持运单和输出国家或者地区政府检疫机关出具的植物检疫证书向入境口岸的出入境检验检疫机关报检,填写《动植物检疫报检单》,申报过境植物、植物产品或其他检疫物的品名、数量、产地、输出国家或地区、输往国家或地区、过境路线、出境口岸、过境物品包装类型及包装材料、铺垫或填充物材料等。

对来自疫区的装有植物、植物产品或其他检疫物的过境集装箱,承运人应向出入境检验检疫机关报检。

2. 检疫及检疫要求 对原装运输工具过境的,查验运输工具(或装载容器)的外表有无破损、撒漏,是否附着土壤、害虫及杂草等有害生物。

更换运输工具的,全面查验原运输工具上有无过境检疫物的残留物及动植物性铺垫物,检疫物的装载容器、包装物有无破损、撒漏或感染害虫、杂草等有害生物。

对现场检疫截获的害虫、杂草等做初步鉴定并做记录,样本装入指形管,带回室内做进一步检验和鉴定。

3. 检疫处理与放行 装载过境植物、植物产品和其他检疫物的装载容器、包装物、运输工具应完好无损,不撒漏。经出入境检验检疫机关检查,发现运输工具或者包装物、装载容器有可能造成途中撒漏的,承运人或者押运人应当按照出入境检验检疫机关的要求,采取密封措施;无法采取密封措施的,不准过境。

装载过境植物、植物产品和其他检疫物的运输工具、包装物经检疫发现危险性病、虫、杂草等,出具《中华人民共和国动植物检疫处理通知单》,通知报检人做如下处理。

(1)对可以通过清扫、喷洒药剂、熏蒸等处理方法达到除害目的的,监督报检人用指定的方法处理合格后,准予过境。

(2)对疫情严重,难以完成清扫、喷药、熏蒸等处理,而不符合检疫要求的,不准过境。

(3)经检疫未发现危险性病、虫、杂草等,出具《中华人民共和国动植物检疫放行通知单》,或在货运单上加盖"检疫放行章",准予过境。出境口岸出入境检验检疫机关验证放行。

第五节 植物及植物产品检疫处理

一、除害处理的原则和方法

为了达到保护植物安全的目的,植物检疫法律授予检疫官员对所有调运的出入境植物和植物产品,以及附属的所有限定物实施检验检疫和在必要时采取除害处理的权力。在应检物品中发现一种有害生物未必一定要处理,只有经过风险分析确认是危险性大的、关系到国家农林业生产安全的重要种类才有必要。

检疫处理的方法大体上有4种,即除害处理、退回、销毁处理和禁止出口处理。执法部门根据出入境或货物调运的具体要求和疫情不同,采取适当的方法处理。在检验检疫中,一旦发现疫情要作检疫处理的要立即发出货物不合格通知,让货主知道,同时签发处理通知单,再行处理。

除害处理的目的是彻底杀灭在国内或国际贸易调运物品中带有的危险性有害生物,使得处理后的物品能够安全地调运,否则,物品由于携带有害生物将禁止输出或调运。当运输的物品有可能传播有害生物时,检疫法规可能要求将除害处理作为输入的一个条件。

尽管各国或各地检疫机关认为他们采用的处理是有效的,但由于条件的变化,不可能经常获得满意的效果。降低处理效果的因素包括:有害生物对药剂的抗性、不利的处理条件和错误的处理方法。除害处理效果的降低可导致有害生物生存下来,处理失败几乎总是由于疏忽或采用不正确的方法而引起的。

除害处理常用的方法有物理除害和化学除害两大类。机械处理、温热处理、微波或射线处理等,属物理学方法;药物熏蒸、药液浸泡等属化学方法。

为了适应实施"大通关"的新形势,植物检疫除害处理需要加快除害处理法规与技术标准建设,加快采用国际标准的步伐,加快与国际接轨的进程;加强对动植物除害处理机构的规范化管理;实行动植物检疫除害处理的分类管理;加强除害处理新技术的研究和除害处理检测仪器的研发等。

二、化学处理法

化学处理法是检疫除害处理中最常用的方法,主要有熏蒸、农药常规处理以及运输工具的除害处理等,而熏蒸又是化学除害处理法中最常用的处理方法。

(一)熏蒸

熏蒸技术是20世纪最普遍使用的化学除害方法,具有操作简单、适用面广、经济高效等特点,广泛应用于木材、粮食、水果、种子、苗木、花卉、药材、土壤、文物、资料、标本上各类害虫、真菌、线虫、螨类及软体动物的除害处理。熏蒸技术被广泛地应用于植物检疫中各种病虫的处理,也常用于防治仓储害虫、原木上的蛀干害虫,以及文史档案、工艺美术品和土壤中的病虫防治,甚至也是防治白蚁、蜗牛等的重要方法。目前植物检疫处理中广泛应用的熏蒸剂主要是溴甲烷、磷化铝和硫酰氟以及杀菌用的环氧乙烷。

熏蒸技术是采用熏蒸剂这类化合物在能密闭的场合杀死害虫、病菌或其他有害植物的技术措施。熏蒸剂是以其气体分子起作用的,不包含呈液态或固态的颗粒悬浮在空气中的烟、雾或霾等气雾剂。熏蒸剂是指在所要求的温度和压力下能产生对有害生物致死的气体浓度的一种化学药剂。这种分子状态的气体,能穿透到被熏蒸的物质中去。熏蒸后通风散气,能扩散出去。

熏蒸剂的蒸气主要通过昆虫的呼吸系统进入昆虫体内,幼虫、蛹是通过气门进入其体内。某些熏蒸剂可能是通过昆虫节间膜渗透,但其重要性尚不清楚。Philips(1949)提出,环氧乙烷灭菌的机制是环氧乙烷能与蛋白质上的羧基、氨基、巯基和羟基产生烷化作用,代替上述各基团上不稳定的氢原子,而构成一个带有羟乙基根的化合物,阻碍了蛋白质的正常化学反应和新陈代谢,杀死微生物。

(二)熏蒸剂

经常使用的熏蒸剂有10多种,可以按其理化性质或使用类型分为不同类型。按物理性质分为:固态,如磷化铝、氰化钠、氰化钾;液态(常温下呈液态),如四氯化碳、二溴乙烷、氯化苦、二硫化碳等;气态(常温下呈气态),如硫酰氟、溴甲烷、环氧乙烷等,经压缩液化,贮存在耐压钢瓶内。选择熏蒸剂时,除考虑药剂本身的理化性能外,还要根据熏蒸货物类别、害虫或病害的种类以及当时的气温条件，综合研究分析后而决定。其中最重要的是对有害生物的杀灭效果好而不影响货物的质量。

1. 溴甲烷

1）理化特性　　溴甲烷(CH_3Br)(methyl bromide)在常温下是无色、无味的气体，相对密度为3.27(0℃)，沸点3.6℃，熔点-93℃。难溶于水，易溶于有机溶剂。化学性质比较稳定，不易被酸碱物质所分解，但在碱性的乙醇溶液中能分解。在一般浓度下不燃烧，不爆炸，但空气中含溴甲烷体积达13.5%～14.5%时，遇火花可以燃烧。溴甲烷气体对金属、棉、丝、毛织品和木材等无不良影响，液体则可溶解脂肪、橡胶、颜料和亮漆等。

2）应用范围　　溴甲烷在常压或真空减压下广泛应用于各种植物、植物材料和植物产品、仓库、面粉厂、船只、车辆等运输工具，以及包装材料、木材、建筑物、衣服、文史档案资料等。也可用作土壤熏蒸和新鲜蔬菜、水果的熏蒸。溴甲烷也可与其他熏蒸剂混合使用。国产溴甲烷贮存在Ⅰ型和Ⅱ型的钢瓶内，有25kg和70kg装。使用时打开钢瓶阀门，溴甲烷就能自动喷出并气化，气体侧向和向下方扩散快，向上方扩散慢。

3）毒性与安全　　溴甲烷是广谱性的神经毒剂，对仓储害虫、蛀果性害虫、蛀干害虫、蚜虫、粉虱、蓟马、蚜虫，以及螨类、蜗牛、鼠和某些真菌有效。

溴甲烷对人及其他高等动物的影响，主要表现缓滞的神经麻醉性。中毒症状要在数小时到2～3d内出现，慢者数星期至数月，恢复健康更慢，高浓度溴甲烷会损伤肺部，引起有关的循环衰竭。

4）禁用替代　　鉴于溴甲烷对大气臭氧层有破坏作用，1997年9月17日，在加拿大蒙特利尔召开的第九次《蒙特利尔议定书》缔约国大会上对溴甲烷的限制做出了规定：发达国家2005年停用，发展中国家2015年停用。关于溴甲烷的替代药剂，国际"溴甲烷技术方案委员会"的调查结果表明，目前尚没有单一的替代品或替代技术可以全面取代溴甲烷。替代品和替代技术的研究主要集中在：提高气密水平，加强溴甲烷回收利用技术和与其他熏蒸剂包括二氧化碳混用技术的研究；加强物理处理方法的研究，如蒸汽热处理、热空气处理、低湿加气处理以及辐照处理技术的研究，从而在水果害虫除害处理、木材处理、包装材料处理等领域取代溴甲烷的熏蒸。

2. 磷化铝

1）理化特性　　磷化铝(AlP)(aluminium phosphide)原药为浅黄色或灰绿色松散固体，吸潮后缓慢地释放出磷化氢。磷化铝片剂或丸剂中含有白蜡、硬脂酸镁和氨基甲酸铵，能同时放出二氧化碳和氨。这两种气体有助于在片剂或丸剂释放磷化氢时将其稀释，以减少燃烧的危险。

磷化氢为无色气体，具大蒜气味，气体相对密度为1.183(0℃)，沸点-87.4℃，熔点-133.5℃，自燃点37.7℃。冷水中溶解度26mg/100mL(17℃)，不溶于热水。稍溶于乙醇，溶于乙醚和氯化亚铜溶液。能和所有金属反应，特别对铜或铜合金有严重腐蚀作用，电机、电线、电子装置可能受其损坏。

2）应用范围　　磷化铝应用于谷物、油料、饲料、种子、药材、坚果、干果、茶叶、面粉、香料、糖果、可可豆、咖啡豆、麻袋等熏蒸，以防治玉米象、米象、豆象、谷蛾、谷螟、麦蛾、粉螟、赤拟谷盗、锯谷盗、长角谷盗、谷蠹等。熏蒸原木对小蠹类、天牛类害虫也有效。林荫道树的蛀干害虫，将药粉塞入蛀孔，用淤泥将蛀孔封严，杀虫效果好，对活树安全。

磷化氢熏蒸干燥贮存的植物种子，在应用有效杀虫的剂量内，对发芽无不良影响。对生长中的植物如苗木、花卉等的影响较大。

3) 毒性与安全　磷化氢对昆虫的毒性表现在引起昆虫组织腺苷三磷酸衰竭，终止了对氧的利用和能量的产生。磷化氢处理昆虫存在某种时间里可能死亡也可能恢复的现象，死亡率要经历一段时间才能固定下来，这所需的时期称为死亡率终点。死亡率终点因虫种、品系和虫期而异。FAO(1980 年)规定，磷化氢处理的供试验害虫的死亡率的检查，应在适宜条件下饲养 14d 后。

磷化氢对高等动物的毒性属剧毒。它经呼吸系统进入肺部，主要损害神经系统、心脏、肝、肾和呼吸器官，与细胞酶起作用，影响细胞代谢，引起窒息。空气中含磷化氢 7mg/kg 时，人停留 6h 就会出现中毒症状；含 400mg/kg 时，停留 30min 以上有生命危险。操作时必须戴上防毒面具和胶皮手套，做好安全防护。

3. 硫酰氟

1) 理化特性　硫酰氟(SO_2F_2)(sulphuryl fluoride)为无色、无味气体，常压下沸点-55.2℃，熔点-120℃，相对分子质量为 102.6。气体相对密度为 2.88，液体相对密度为 1.342(4℃)，不燃烧，化学性质稳定。难溶于水。与金属、橡胶、塑料、纸张、皮革、布匹、摄影器材和其他许多材料不发生反应。蒸气压力高，渗透力强。商品名为熏灭净。

2) 应用范围　硫酰氟在常压下熏蒸玉米、小麦、高粱、水稻、谷子、白菜、甘蓝、胡萝卜、黄瓜、番茄、大豆、花生等种子，防治皮蠹类害虫、玉米象、谷象、米象、谷蠹、豆象类、谷盗类和谷蛾类等，温度为 25～30℃、20～24℃、15～19℃和 11～14℃时，用药量分别为 $30g/m^3$、$35g/m^3$、$40g/m^3$ 和 $50g/m^3$，皆熏蒸 24h，防治谷斑皮蠹则需延长 12h。

硫酰氟以其蒸气的分子状态对生物起作用。杀虫灭菌主要是对酶起化学作用，是一种神经毒剂。它是一种广谱性的熏蒸杀虫剂，在较低的温度(0～6℃)下仍能发挥良好的杀虫作用。

3) 毒性与安全　硫酰氟对高等动物的毒性属中等，为常用熏蒸剂溴甲烷的 1/3。操作时要注意防护，一般防护用具为防毒面具，配备合适的滤毒罐。发生头昏、恶心等中毒现象，应立即离开熏蒸场所，呼吸新鲜空气。硫喷妥钠或苯巴比妥钠，可控制惊厥的发作，对中毒的疗效显著。

4. 环氧乙烷

1) 理化特性　环氧乙烷$[(CH_2)_2O]$(ethylene oxide)是低黏度的无色液体，沸点 10.7℃，熔点-111.3℃，相对密度为 0.887(7℃)。除溶于水和绝大多数有机溶剂外，易溶于油脂、奶油、蜡中，尤其是橡皮。有高度的化学活性和燃烧性，无腐蚀性。为防止使用时着火，国外商品与二氧化碳或氟利昂混合在一起(环氧乙烷 1：二氧化碳 9 或环氧乙烷 11%：氟利昂 89%)，国内在 1985 年后已有与二氧化碳或氟利昂混合的商品。

2) 应用范围　环氧乙烷对昆虫、细菌、真菌毒性高，渗透力强，效果显著，适用于熏蒸原粮、成品粮、烟草、衣服、皮革、纸张、空气等，一般用药量为 15%或 $30g/m^3$ 密闭 48h。上海出入境检验检疫局使用溴甲烷和环氧乙烷混用熏蒸沙门氏菌、金黄色葡萄球菌、蜡状芽孢杆菌和新城疫病毒，大部分剂量组合都能达到 100%的效果。

环氧乙烷对活植物有严重影响，它也严重影响种子发芽。因此，不用于熏蒸活植物、苗木及种子。

3) 毒性与安全　该剂对高等动物的毒性为中等毒性，它是一种神经系统抑制剂。人体反复吸入较低浓度蒸气时，出现生长抑制、腹泻、肝肾营养障碍和呼吸道刺激症状；吸入高浓度蒸气时有流泪、流涕、呼吸困难、恶心、呕吐、腹泻、肺水肿、瘫痪(尤其是下肢)、惊厥等症状，严重者引起死亡，死因主要是肺水肿。发现有中毒现象立即离开熏蒸场所，呼吸新鲜空气，并请医生治疗。由于环氧乙烷易燃烧和爆炸，在熏蒸过程中，采取专门的防护措施或使所有的设备接地以防可能因产生的静电火花引起爆炸。

(三) 熏蒸方式

熏蒸方式一般可分为常压熏蒸和真空熏蒸(减压熏蒸)。

1) 常压熏蒸　　常压熏蒸常用于帐幕、仓库、车厢、船舱、筒仓等可密闭容器内或土壤覆盖塑料布内的熏蒸。常压熏蒸的主要程序包括：选择合适的熏蒸场所，要求在空旷偏僻、距离人们居住活动场所以外的干燥地点进行；仓库应具备良好密闭条件；根据货物种类、熏蒸病虫对象来确定熏蒸剂种类；计算容积，确定用药量；安放施药设备及虫样管；测毒查漏；散毒和效果检查。

2) 真空熏蒸　　真空是指在一定的气密容器内低于 101.325kPa 的气体状态。真空技术在熏蒸工作上的应用即在一定的容器内抽出空气达到所需的真空度，导入定量的熏蒸杀虫剂或杀菌剂，这样就非常有利于熏蒸剂蒸气分子迅速地扩散，渗透到熏蒸物体内。因而，可大大减少熏蒸杀虫灭菌的时间，在常压下熏蒸杀虫一般需要 12~24h，在真空减压情况下只要 1~2h。由于真空熏蒸时间短，一般不适于常压熏蒸灭虫的种子、苗木、水果、蔬菜在真空情况都可使用。另外，整个操作过程如施药、熏蒸和有毒气体的排出，均在密闭条件下进行，容器内的熏蒸剂蒸气分子可引进定量空气反复冲洗抽出，直至安全程度。

(四) 运输工具的化学除害处理

国际货物的贸易是通过运输工具的装载从一个国家或地区向另外一个国家或地区转运的。运输工具流动性大，因而成为病虫害和动物疫病病原的比较重要的携带媒介，在它们的传播扩散方面起着重要作用。来自动植物疫区的运输工具包括船舶、飞机、火车、装载容器(笼、箱、桶、筐)、包装物和铺垫材料以及集装箱等经常携带检疫性有害生物，这些生物能够给农业生产带来严重的危害；有些媒介昆虫(蚊虫和蚤类)和啮齿动物甚至能传播人类疾病如登革热、登革出血热、霍乱、黄热病、肺鼠疫和腺鼠疫。因此，依据《中华人民共和国动植物检疫法》的规定，对来自动植物疫区的船舶、飞机、火车、集装箱等实施检疫，是防止动植物病虫害通过入境运输工具传入我国的重要措施。

运输工具动植物检疫的重点部位是在可能隐藏病虫害的餐车、配餐间、厨房、储藏室、食品舱、货舱等动植物产品存放、使用场所，以及动植物性废弃物的存放场所及集装箱箱体。检疫人员对运输工具检疫，不仅限于上述重点场所，对其他部位、区域应根据需要进行检疫，如货舱壁、夹缝、船缘板、车厢壁等。

对于船舶食品舱、货舱、空舱及铺垫材料、进境火车车厢、航机、集装箱、入境空集装箱等运输工具里发现的谷斑皮蠹、非洲大蜗牛等其他危险性害虫，以及蜗牛和蛞蝓等有害生物，通常用溴甲烷进行常压熏蒸。入境集装箱黏附有土壤和动植物残余物，喷洒甲醛(1%水溶液)、过氧乙酸或除虫菊酯类药剂，进行消毒杀虫处理。在箱内发现危险性检疫病虫时，须采用帐幕熏蒸处理。

烟雾剂是一种溶剂或推进剂与杀虫剂的混合物，适用于杀灭火车、汽车、集装箱等运输工具及货运交通工具内暴露的或隐蔽性昆虫。使用前，用烟雾剂处理的空间应予以密封；食物及活动物应转移到其他安全地方；所选用雾剂的粒子 80% 应小于 $30\mu m$，最大不超过 $50\mu m$；计算出处理空间的容积，并按所处理害虫的种类算出剂量；备好防尘面具及防护手套等。

三、物理处理法

在植物保护中，物理处理的方法很多，常用的除风选、过筛、水漂洗和人工切除病部等机械处理外，还有低(高)温处理、电磁、射线处理等多种，其中又以加热处理为最多。在植物检疫处理中，以低温与加热处理为常用，近年来辐射和微波处理也受到重视。

热处理的目的和要求是消灭有害生物而不伤害寄主植物，处理的基本要素有温度、热传导率和持续时间。由于杀死害虫所需的温度与寄主可忍耐的温度之间的差异狭小，因而处理一定要准确无误。

(一) 低温处理

低温处理可分为速冻处理和冷处理两种。

速冻是在-17℃或更低的温度下急速冰冻农林产品，是控制害虫的一种处理方法。这种方法对防治许多种害虫均有效，因此常常被用来处理由于害虫的原因而不能进口的产品，特别是用于处理某些水果和蔬菜。

速冻处理的过程包括：在-17℃或更低的温度下预冻，随后按规定在-17℃或更低的温度下保持一定的时间，然后在不能高于-6℃下保藏。速冻处理需具备满足上述温度处理的冷冻仓和贮藏库，在冷冻仓内必须设置自动温度记录仪，记录速冻过程中温度的变化动态。

冷处理是指应用持续的不低于冰点的低温作为控制害虫的一种处理方法。这种方法对处理携带实蝇的热带水果有效，并已在实践中应用。处理的时间常取决于冷藏的温度。

冷处理通常是在冷藏库内(包括陆地冷藏库和船舱冷藏库)进行。处理的要求包括严格控制处理的温度和处理的时间，这是冷处理有效性的根本条件。

(二) 热处理

利用热力杀死有害生物的方法很多，也很有效。常用的有干热法、湿热法、温汤浸泡和电磁波加热法等。热处理也常用来处理木质包装材料，2002年，FAO颁布了第15号国际检疫措施标准，即国际贸易中木质包装材料的控制原则，要求木质材料内部的温度不低于56℃，时间不少于30min。窑内烘干法(kiln-drying，KD)、加压化学浸渍法(chemical pressure impregnation，CPI)或其他方法被认为是达到了热处理的标准。例如，加压化学浸渍法通过使用蒸汽、热水、干热来达到热处理的标准。

热处理在进口原木的处理上也常用到，可采用蒸汽、热水、干燥、微波等方式。处理时原木的中心温度至少要达到71.1℃并保持75min以上。

1) 干热处理　　干热处理一般在烤炉或烤箱里进行，将被处理的物品置于100℃下1h。这种方法的关键是使受处理的材料内部达到特定的温度，并保持到需要的处理时间。当被处理物内部温度达到处理温度时，开始计算处理时间。

2) 蒸汽热处理　　蒸汽热处理主要用于控制水果中的实蝇，它是利用热饱和水蒸气使农产品的温度提高到规定的要求，并在规定的时间内使温度维持在稳定状态，通过水蒸气冷凝作用释放出来的潜热，均匀而迅速地使被处理的水果升温，使可能存在于果实内的实蝇死亡。

3) 热水处理　　热水处理能够除治各种有害生物，主要针对线虫和病菌，以及某些螨类和昆虫。此方法主要用于处理球茎上的线虫、其他有害生物以及种传病害。

处理采用的温度与时间的组合必须既要杀死病原生物和害虫，又不超出处理材料的忍受范围,当温度接近有害生物致死点与寄主受损开始点之间时,必须控制水温。在大部分情况下,需留有使所有材料升至处理温度的时间,并确保每一植物材料内部达到所要求的温度。

(三)电磁波处理

电磁波防治害虫的研究始于20世纪初,主要用微波加热灭虫和^{60}Co-γ射线灭虫。

微波加热属于电磁场加热,加热对象都是电解质。电解质中的极化分子因正、负电量相等,带的总电量呈中性。但正、负电的重心位置并不重合。所以,分子的分布紊乱而不均匀、不对称。当介质在外电场作用下,被反复极化时,其产生的偶极子也随外电场的变化而发生趋向变化。即由外电场做功转化而来的"位能",产生分子的相对运动。带正电一端趋向负极,带负电一端趋向正极。从而在杂乱的运动中形成一个比较整齐有秩序的排列。偶极子随着外电场方向的交替变化而不断振荡,其振荡频率每秒近50亿次。外电场的变化频率越高,偶极子的运动也越剧烈。由于分子不停地运动,克服分子间力而做功,以"热"形式表现出来,即所谓分子"摩擦"生热。粮食、食品、植物与昆虫均是介质,当它们同处于电场中时,都因本身的上述分子运动而迅速加热。昆虫的内容物,可因迅速加热和剧烈振荡而破坏,最后导致死亡。植物、种子和食品也会因过热导致死亡或质量的变化。但其主要优点是升温快,介质内部的温度往往较外表高,不像一般热处理,温度由外及里需时长。处理后的介质无残毒问题。主要缺点是介质的内容物的组成不一样和磁场不均匀,导致介质的升温不均匀。

电离辐射防治害虫的研究工作,已有半个多世纪的历史。美国、加拿大、荷兰、土耳其等国的辐射杀灭贮粮害虫的研究进展很快,有的结合红外线或低剂量农药进行综合防治。谷物受规定剂量^{60}Co-γ射线照射处理后,能使其中的仓虫死亡或后代不育。因此,辐射用于谷物及其他农副产品,在严格控制允许剂量的情况下,是一种有前途的防虫技术措施。

辐照处理在水果除害处理中的应用始于20世纪30年代,1930年,Koidsumis首先提出利用辐照对水果检疫处理;Balock(1956,1966)提出用^{60}Co射线处理柑橘小实蝇和夏威夷实蝇;Macfarlane(1996)、Shipp和Osborn(1968)和Eric等(1970)分别提出用辐照处理昆士兰实蝇。目前,辐照处理对鳞翅目、双翅目和蜱螨亚纲的应用研究较为广泛和深入。我国辐照处理在水果检疫处理方面始于20世纪80年代,也取得了一定的成绩。1998年,我国开展了进口水果γ射线辐照检疫处理的研究,以300Gy剂量辐照进口的菲律宾芒果,柑橘小实蝇和芒果实蝇幼虫的死亡率和蛹的不羽化率均达到死亡概率值为9的水平。1999年,高美须等在柑橘大实蝇、柑橘小实蝇和栗象辐照处理上取得了成功。辐照处理作为新鲜水果的检疫处理方法的有效性已被北美植物保护组织承认(1989),并制定了辐射用于检疫处理的有关条款和技术标准。相信随着研究的深入、法律上的承认以及其对环境卫生无不良影响的特点,加之溴甲烷逐渐被淘汰,辐照处理在检疫上的应用前景将非常广阔。

复习思考题

1. 为什么要对植物及植物产品进行检疫审批?其好处有哪些?
2. 什么是一般审批?什么是特许审批?
3. 试述一般检疫审批的办理步骤。
4. 入境植物检疫包括哪几个环节?什么是隔离检疫?
5. 试述过境植物检疫的意义和作用。
6. 除害处理通常用的方法有哪些?

第十三章 植物检验检疫技术

第一节 常规检验检疫技术

有害生物的检验检疫是植物检疫中十分重要的环节和技术，检验技术要求快速、准确、灵敏、安全、高通量、简便、易于标准化和推广应用。植物检疫结果的准确与否，还关系到有关货物能否流通，关系到输入国和输入地的生态和农牧业生产的安全，有时还涉及国际贸易的争端。因此，世界各国都十分重视检验检疫方法和技术的研究与应用，并且都非常注重检验检疫标准的制定与完善。我国于 2001 年 12 月 1 日正式成为世界贸易组织（WTO）成员，这意味着包括检验检疫技术在内，所有与国际贸易有关的法律、法规、技术标准、技术规范，均要与国际接轨，各成员方采取 SPS 措施应该基于国际标准。以国际标准为基础制定本国标准，已成为 WTO 对各成员方的要求。

一、检验检疫抽样方法

在植物、植物产品或其他商品的调运过程中，应检物的数量通常很大。目前，尚无法对所有应检物进行检验，通常采用抽样检验的方法，即抽取有代表性的样品进行检验检疫，然后根据所抽取样本的检验结果来判断所检验货物携带有害生物的状况。抽样的均匀性和代表性是影响检验结果准确性的重要因素，同时还要考虑有害生物有移动性和趋性等特殊性。

（一）货物的种类和特性

货物按包装和运输的规格，货物通常有分立个体和散料两类。分立个体如水果、蔬菜、大蒜头、板栗、冬笋、苗木、棉花、瓜类和药材等，一般以袋、筐、箱、桶和罐等容器包装，以批或件来计算。散料（散装散料和分装散料）如小麦、大米、玉米、大豆、大麦、面粉、饼粕饲料和碎玉米等，一般散装或袋装。在现场抽样时一定要注意抽样数量的确定和取样方法的选择。

（二）样本量和样本数

样本量和样本数在植物检疫实际工作中，抽样一般是建立在"批"的基础上。那些具有同一品名、同一商品标准、同一运输工具、来自或运往同一地点，并有同一收货人或发货人的货物，称为同一批货物。在同一批货物中，每一个独立的袋、箱、筐、桶、捆和托等称为"件"。散装货物不存在"件"，以 100~1000kg 为一件计算。从整批货物中抽样，一份样品的重量或体积或株数称为样本量；从同一批货物中所抽取的样品数量被称为样本数；检疫抽样中，从每批货物中抽取的样本量和样本数视货物的数量、种类以及有害生物可能分布的情况而定。

(三)抽样原则

在抽样检验时，因植物及其产品包装材料、运输工具、堆存场所和铺垫材料等可能带有或混有的检疫性病虫杂草不同，抽样的部位及数量也有所不同。同时要考虑某些有害生物的趋性，特别注意从最有可能潜藏病虫的部位抽取一定数量的样品，在害虫易滋生聚集的部位应适当增设样点。

(四)取样方法

取样方法主要根据有害生物的分布规律及生物学特性、货物种类、包装、数量、存放方式、存放场所及装载方式等因素而定。要兼顾货物的上、中、下不同层次及堆垛的四周。常用的取样方法有对角线取样法、棋盘式取样法和随机布点或分层随机取样法等几种。样品抽取后混匀装于盛器内带回。每份样品都必须附有标签，记明植物或产品的种类、品种、来自何地、批次、件数、取样日期及货物堆放(装运)场所。

货物抽样的目的是为了明确货物中有无有害生物和该货物的检疫状况，尽管以抽样为基础的检验总有一定程度的误差，称为概率误差，但这是可以接受的和不可避免的。使用以统计学为基础的抽样方法进行检验，一旦在抽样中发现有有害生物存在，检疫机关就可以此为据进行检疫处理。然而，如果在样品中没有发现有害生物，可以认为该样品中有害生物的数量低于一定水平，但是不能证明有害生物在货物中一定不存在。因此，在检测结果的名称中就有"未发现(find free)：对货物、大田或产地进行现场检查认为没有某种特定的有害生物""基本无疫(practically free)：对一批货物、大田或产地而言，其有害生物(或某种特定有害生物)的数量不超过预计的数量"或"无疫害(free from)：按植物检疫程序，未能检查出一定数量的有害生物"等术语。

二、现场检验的基本方法

检疫人员在车站、码头、机场等现场对检疫物所作的直接检查，属于检验的范畴。直接检查是对植物、植物产品或其他限定物在没有检验或处理的情况下，用肉眼、放大镜或解剖镜来检查有害生物的或污染物。

(一)直接检查

直接检查适用于检验具有明显症状的植物材料，可做出初步的诊断。通过肉眼、手持放大镜或解剖镜，对种子、植物及植物材料等进行观察，结合症状和镜检结果，判断是否带有或混有检疫性病原物。该方法检查范围广，视野宽，速度快，易发现隐患。检查时应先检查外表和周围，然后由表及里仔细观察。必要时结合刀具等进行刮检或剖检。

(二)过筛检查

过筛检查主要用于植物籽粒、油料、干果和生药材中的真菌、线虫、储粮害虫和杂草种子的检查。将规格筛各筛层按孔径大小顺序装好(小孔筛放在下层，最下层为筛底)，将样品装入上层筛内(不宜过多，约为筛层高度的2/3)，盖筛盖，用双手以回旋形的方式筛动20转左右，然后逐层仔细检查筛上和筛下物，有无害虫、伪茧和杂草籽等，并进行识别分类，必要时装入指形管带回室内鉴定。同时要将最后一层的筛下物携回室内做进一步检测。标准筛的孔径规格及层数，依据植物籽粒的大小而定(表 13-1)。

表 13-1 主要作物籽粒应用的标准筛规格

作物名称	层数	筛孔规格/mm
玉米、大豆、花生、向日葵	3	3.5、2.5、1.5
稻谷、小麦、大麦、高粱、大麻	2	2.5、1.5(长孔网眼)
小米、菜籽、芝麻、亚麻	2	2.0、1.2

资料来源：许志刚，2003

(三) X 光机检查

X 光机检查主要用于旅客携带物的现场检查。检验人员可通过 X 光机查看旅客所携带包裹中的物品，在发现可疑物品时，检验人员可要求旅客打开包裹并根据物品的类型再进一步确认。

(四) 检疫犬检查

检疫犬作为检验检疫工作中一种特殊的检测手段，是利用犬类灵敏的嗅觉，检查旅客的行李、邮寄包裹和运输货物中，国家有关规定禁止携带、邮寄、运输的物品。检疫犬在国际入境通道来回执勤，主要穿插在行李传送带旁边进行搜检，也可对正办理入境手续的排队旅客搜检其手提箱包。当检疫犬发现有目标时即以训练出的固定姿态告知检疫人员，检疫人员随即让旅客打开行李箱包接受检查。检疫犬的应用能有效地加强检验检疫把关力度，提高检出率，防止漏检，减轻检验检疫人员的劳动强度。

三、实验室检验检疫技术

实验室检测是由检验人员在实验室中借助一定的仪器设备对样品进行深入检查的植物检疫法定程序，以确认有害生物是否存在或鉴别有害生物的种类。经现场检验，某些应检物或查验出的有害生物需要进一步进行实验室检测，以确定其种类。检疫人员依据相关的法规以及输入国或地区所提出的检疫要求，对输出或输入的植物、植物产品和其他应检物进行有害生物的检测。这一环节对专业技能的要求较高，需要专业人员利用现代化的仪器、设备和方法对病原物、害虫、杂草等进行快速而准确的鉴定。

(一) 相对密度检验

一般用于检验种子、粮谷、豆类中的内蛀性害虫，也可检验其中的菌瘿、菌核和病秕粒及菟丝子等杂草籽。其原理是有虫害的籽粒及菌瘿、菌核、病秕粒、草籽比健康好粒轻，将其浸入一定浓度的食盐水或其他溶液中，使它们浮于液面。捞取浮物，再结合解剖镜检，即可鉴定种类。

豆类等较重的种子，用饱和食盐水(在 100mL、20℃温水中，溶入食盐 36g)或硝酸铵溶液(硝酸铵 300~500g，溶于 1000mL 水中)浸泡(浸入后搅拌 5~10s，静置 1~2min)，可漂浮出豆象危害的籽粒。稻谷等籽粒较轻，可用 2%硝酸铁溶液检出被谷象等蛀害谷粒；方法是取经过筛的样品 100g，倒入硝酸铁溶液中，搅拌或摇晃 1min，即可使健康粒下沉，被害粒上浮而分开。

(二)染色检验法

某些植物和植物器官被害虫为害或病原感染后,或某些病原物本身,常可用特殊的化学药品处理,使其染上特殊的颜色,帮助检出和区分病虫种类,这种方法即为化学染色法。

当检查粮谷中隐藏的谷象、米象时,将样品15g(在铁丝网中,先浸入30℃水中1min,再移入1%高锰酸钾溶液内染色1min,然后用清水洗净,在放大镜下观察,凡粒面有直径约0.5mm黑斑点挑选出来进行检查;检查豆类中隐藏的豆象时,将样品50g放在铁丝网中,先浸入1%碘化钾或2%的碘酒中染色1~1.5min后,移入0.5%氢氧化钠或氢氧化钾液中处理20~30s,取出用水冲洗0.5min,再摊开检查,凡粒面有1~2mm直径的黑色圆点者,即挑出检查。

另外,该法还适用于检验植物组织中的内寄生线虫。方法是在烧杯中加入酸性品红乳酸酚溶液,加热至沸腾,加入洗净的植物材料,透明染色1~3min后用冷水冲洗,然后转移到培养皿中,加入乳酸酚溶液,褪色,用解剖镜检查植物组织中有无染成红色的线虫。

(三)直接镜检

对查获的害虫,可在双目解剖镜下鉴定种类;也可挑取样品病变部分,沾涂于玻片上,置显微镜下检查病原种类。

电镜的分辨率已达到0.2~0.4nm,比最好的光学显微镜高10万倍。目前电镜检验技术主要有复染法、超薄切片技术、免疫吸附电镜技术等,由于其分辨率高,因而可以用于植物病毒、植原体和细菌等病原物的检验和鉴定中。

(四)洗涤检验法

适用于检查附着在粮谷类和其他种子表面的真菌孢子、细菌或颖壳上的病原线虫,如检查小麦种子是否带有小麦矮腥黑穗病菌等都常采用此法。

操作步骤如下。①洗脱孢子。将按规定取样得来的供检样品(因种子的种类而异,一般10~100g)两份,分别放入锥形瓶中,加入10~100mL的无菌蒸馏水,在振荡器上振荡5~10min,洗脱黏附在种子表面的病菌孢子。②离心富集。将洗液倒入离心管中,以2000~4000r/min的转速离心10~30min,使病原物完全沉淀下来。③镜检计数。弃去上清液,每个离心管内再加少量蒸馏水,摇动离心管使沉淀重新悬浮。将离心管内的悬浮液集中到量筒或有刻度的试管内,定容至一定的毫升数。再取悬浮液制片镜检、鉴定。每个样品至少检查5个玻片。如果要统计每克种子含某种病菌孢子的数量,通常采用血细胞计数板检测计数来推算。

(五)分离培养检验

本方法主要适用于潜伏于种子、苗木、繁殖材料及植物产品内的(包括表层和深层的)病原菌。一些专性寄生菌,如白粉菌类、锈菌类、病毒类和大多数类菌原体、类病毒等,目前还不能在人工培养基上分离培养,因而不能采用此法。

不同的病原菌分离所用的培养基、分离方法、分离培养的条件不同,必须因病制宜地选用适宜的培养基、分离方法和培养条件。通常,分离、培养真菌最常用的是马铃薯葡萄糖琼脂培养基,分离、培养病原细菌最常用的是牛肉汁培养基,这两种培养基是适宜于多数病原菌生长的通用培养基。对于一些有特殊营养要求的病原菌,或在分离时为了抑制其他菌类的生长,往往需要用特殊的选择性培养基。

组织分离法适用于对病原真菌的分离，将试样材料经表面消毒并冲洗后切成4~5mm的小块，轻轻置于平板培养基表面，写好标签后即可置于适宜温度下培养观察，待病原菌长出后再进行形态学鉴定或进一步纯化后接种鉴定。

稀释分离法适用于对产生孢子的真菌、放线菌和细菌的分离。对于病原真菌，将发病部位的孢子挑取少量放入试管中的无菌水中，制成孢子悬浮液，并稀释配成不同浓度，与经冷却的熔化琼脂培养基混合后倒入培养皿中培养。待病原菌长出后再进行形态学鉴定或进一步纯化后接种鉴定。

划线分离法则主要适用于细菌的分离，试样则在表面消毒后应研碎并在灭菌水中浸泡10~20min后再划线。

此外，各种病原菌发病的部位和存在的植物组织不同，分离时要采取不同的方法。如分离潜伏于种子表层或深层的病菌，可先将种子表面消毒，用灭菌水洗涤后，移植于培养基上；如要确定病菌的潜伏部位时，可将种子表面消毒，用灭菌水洗涤后，将种粒放在消毒过的培养皿内，再用消毒过的解剖刀分割成不同部分，移植于培养基上，或是先将种子按不同部分分成小块再作表面消毒，作培养工作；如需了解种子外部附着的菌群时，应先用灭菌水洗涤，然后将洗液稀释到一定程度，以后采取稀释法培养；在分离块茎、块根及苗木、接穗等繁殖材料所带的病菌时，可先将病部用70%乙醇或0.1%升汞溶液作表面消毒，用无菌水洗涤3~4次后，再挑取内部组织进行培养，或者切取与健全组织邻近的部分病部，进行表面消毒和洗涤，然后再培养。

当供检的样品通过适宜的分离方法分离得到病原菌后，再根据不同类别的病菌，分别采用形态学、生物学特性、生理生化等方法进行鉴定，必要时还需对分离的病原菌作进一步的致病性测定，即接种鉴定，以确定分离菌是否就是病原菌。接种方法可根据病原菌和寄主植物种类及病菌的传播和浸染途径来设计。例如，种子传染的病害可用拌种法、浸种法、花期接种法等方法接种；土壤传染的病害可用土壤接种法、蘸根接种法、根部切伤接种法；气流和雨水传播的病害可用喷雾法、喷洒法、针刺法、剪叶法、涂抹法、注射法等方法接种；有些昆虫介体传播的病害，可用相应的昆虫介体接种；有的通过嫁接传染的病害则可用嫁接法接种。

（六）血清学检验法

血清学方法是植物病害检验检疫的有力手段之一。它快速、准确、灵敏度高、操作方便、应用范围广，适用于对种传、土传及苗木等种用材料传播的病害的检测。当前主要用于植物真菌、病毒类病害和某些细菌性病害的检测。血清学反应又称免疫学反应，是指抗原与抗体之间发生的各种作用。抗原指的是能诱导产生抗体的一类物质，它可以是病毒、细菌、真菌、植物菌原体等微生物，也可以是酶类、DNA、RNA、类脂、多糖等有机化合物。抗体是指由抗原注射到动物体内诱导产生的，并能与抗原在体外进行特异性反应的一类物质，主要是一些免疫球蛋白。含有抗体的血清通常称为抗血清。抗原能与由其诱导产生的抗体发生凝集、沉淀等反应。血清学检验法就是制备具有专化性的抗体(抗血清)，利用抗原-抗体反应检测样本中有无目标病原物，实现对病原物的检测、鉴定。

血清学反应检测技术，随着免疫学理论的进展有了很大的发展，方法很多。从最初的沉淀反应、凝集反应，到现在的酶联免疫吸附方法等，操作技术日趋微量化、自动化、标准化，检测技术的敏感性和特异性大大提高。目前，实验室中最常用的血清学方法有免疫电镜和免疫电泳、琼脂双扩散、酶联免疫技术、斑点免疫技术和免疫荧光检验等。

1. 免疫电镜技术　　免疫电镜技术(immunoelectron microscopy, IEM)是电镜技术和免疫学技术相结合的一种方法。其操作是利用载有支撑膜的铜网经漂浮于抗体或抗原液中，经冲洗、吸干，再漂浮于抗原或抗体液中，再冲洗、吸干、染色，电镜下诱捕的病毒粒体就会显现出来。

免疫电镜技术的电镜制片方法有多种，常用的有3种：诱捕法、修饰法和诱捕修饰法。诱捕法是先将抗体(抗血清)包被在电子显微镜的铜网支持膜上，然后根据抗血清和病原物(抗原)之间的相互作用而将同源病原物(抗原)吸附于铜网支持膜上，最后用电子显微镜进行检测；修饰法是在抗血清包被铜网和病原物(抗原)处理后，将吸附在铜网上的病原物用抗血清处理，同源病原物表面会因吸附抗血清而在其表面形成一层由抗血清形成的"外套"，出现了"外套"，电子显微镜下病原体就很容易观察到。

免疫电镜技术出现后，进行了多次改进，后来的A-蛋白免疫电镜法和胶体金免疫电镜等使灵敏度进一步提高免疫电镜技术快速、准确、省工、省抗体和抗原材料，且制好的铜网以及抗血清的包被铜网均可保存一段时间，并可邮寄，因此该技术已广泛应用于植物病原真菌、病毒以及类病毒的检测中。

2. 酶联免疫吸附技术　　酶联免疫吸附技术(enzyme-linked immuno-sorbent assay, ELISA)是血清学反应中最常用的一种酶标记法。该技术的基本原理是把抗原、抗体的特异性免疫反应和酶的高效灵敏催化反应有机地结合起来，即通过化学的方法将酶标记在抗体或抗原上，然后将它与相应的抗原或抗体起反应，形成酶标记的免疫复合物。结合在免疫复合物上的酶，在遇到相应的底物时，就催化无色底物生成有色的产物。这样就可根据颜色的深浅和有无，进行定性、定量的分析。

酶联免疫吸附测定法最早是用于病毒的检测，由于其具有快速、灵敏、特异等优点而受到人们的推崇。20世纪80年代后，它又开始逐渐应用于类菌原体、植物病原细菌及植物病原真菌的检测。

ELISA法主要有：直接法、间接法、夹心法、竞争法、酶抗酶法和双抗体夹心法，其中以双抗体夹心法在植物病原物的鉴定上应用最为广泛。

3. 斑点免疫法技术　　斑点免疫法技术(dot immunobinding assay, DIA)是近年发展起来的血清学技术，它采用硝酸纤维膜(NC)代替ELISA的酶联板，通过酶标记抗体与吸附于硝酸纤维素膜(NC)上的抗原发生特异性结合，经加底物溶液后在NC膜上形成有色斑点的免疫学方法。

同ELISA相似，DIBA也有直接法、间接法、双抗体夹心法。斑点免疫技术是一项十分有用的血清学技术，它的一个重要用途是组织免疫印迹，通常可以将组织材料(如切割开的种子)直接与硝酸纤维素膜接触，抗原从组织中释放，并结合于膜上，通过直接法检验或使用辣根过氧化物酶(或碱性磷酸酶)标记间接检测结合于膜上的抗原。由于斑点免疫检测技术具有与电镜观察法同样高的灵敏度，且操作容易、简便，试验本身血清用量少，可重复利用，一次性检测的样品量大，因此是一种适合检疫需要的快速诊断检测方法。

4. 免疫荧光抗体法　　免疫荧光抗体法(immunofluorescent, IF)是先将荧光染料(异硫氰酸荧光黄、罗丹明和得克萨斯红等)与抗体，以化学的方法结合起来，形成标记抗体。当与相应的抗原反应后，产生有荧光标记的抗体-抗原复合物。借助于荧光显微镜的光激法，能观察到荧光。荧光的存在就表示抗原的存在。免疫荧光技术具有间接和直接免疫荧光法，间接免疫荧光法在实践中用途较广。

免疫荧光技术检测的灵敏度一般为$10^3\sim10^5$cfu/mL，不仅对每个荧光细胞可以记数，而且可以观察有关细胞的形态特征。荧光抗体测定现已成功应用于植物组织、种子及土壤中细菌及真菌的检测。

(七)生理生化测定

在分离培养获得细菌纯培养物后，有时还需要进行生理生化测定。传统的测定方法用细菌培养物接种于特定的培养物或检测管，通过产酸、产气、颜色变化等反应，检测细菌的耐盐性、好氧或厌氧性、对碳素化合物的利用和分解能力、对氮素化合物的利用和分解能力、对大分子化合物的分解能力等，达到鉴别目的。

目前，在传统测定的基础上，发展出了测定细菌多项生理生化指标，并借助于计算机统计和决策的快速测定方法。例如，生化测定试剂盒、Biolog测定、甲基脂肪酸气相色谱分析法等。

研发出的商品化生化测定试剂盒主要包含鉴定某一类细菌的关键碳源、氮源、特殊酶及有机酸等，并附有比较和检索用的计算数据库。Biolog细菌自动化鉴定系统大大地简化了传统的细菌鉴定程序，它将大量的细菌生理、生化测定参数与先进的计算机技术有机地结合起来。应用时只需将经过纯化后的病原细菌制成菌悬液，再接种到反应板上，4~24h后，便可得到准确的鉴定结果。

(八)噬菌体检验法

噬菌体是侵染细菌的病毒，能在活细菌细胞中寄生、繁殖，并裂解寄主细胞。在液体培养时使浑浊的细菌悬浮液变得澄清；在固体平板上培养时则出现许多边缘整齐、透明光亮的圆形无菌空斑，称为噬菌斑。

一般来说，自然界中凡有细菌存在的地方，就有可能存在寄生该细菌的噬菌体，而且噬菌体的数量消长也常常与该寄主细菌的数量消长成正相关；另外，噬菌体的寄主范围常有一定的专化性。自20世纪50年代起，噬菌体与寄主细菌的相关性和选择的专化性就被用于追踪植物病原细菌潜伏的场所，测定细菌的种类和数量，探索病菌的消长规律，进行病害的预测预报以及应用于植物病原细菌的检验检疫。另外，可以利用专化性噬菌体鉴定病原细菌的菌系。

应用噬菌体检验法检验时，不需要分离细菌，也不需要进一步鉴定，直接就可获得检验结果，具有快速、准确的优点。缺点是非目标菌大量存在时敏感性较差，噬菌体与寄主细菌的选择专化性和细菌对噬菌体的抵抗性都有可能影响检验的准确性。

(九)保湿萌芽检验

一般种子携带的病原菌，无论其为内生菌或外在菌，在种子萌芽阶段，即开始侵染危害。其中，有很多在种子的萌芽期或幼苗的早期，就表现症状，甚至在种子还未萌发时，表面就长出病菌。对这类病害，可采用保湿萌芽试验检验种子带菌情况。

1. 保湿培养检验 保湿培养检验包括吸水纸法、冰冻吸水纸法和琼脂平皿法三种方法。

1)吸水纸法 吸水纸法适用于许多类型的种子，如禾谷类、豆类、麻类、各种蔬菜、观赏植物和林木种子等的种传真菌病害的检验。它已被列为国际种子检验协会(ISTA)规定的种子健康检验的常规方法之一。

用无菌吸水纸(滤纸)三层，吸足无菌水后，滴掉多余的水，然后放入无菌的柏氏培育皿(这些培育皿可以透过近紫外光)内，将待测样品种子保持一定距离，放于滤纸上，再将培养皿置于 20～28℃(视不同检验对象而定)的温箱中，以 12h 光照和 12h 黑暗为一周期，用近紫外灯光照射和黑暗交替处理(用 2 根 40W 近紫外灯光日光灯管，两管相距 20cm，悬挂高度距离培养皿 40cm)。培养时间视检查对象而定(一般 3～7d)，待病原菌长出后再镜检、鉴定。

2)冰冻吸水纸法　　冰冻吸水纸法是常规吸水纸检验法的改进。此法用于某些种传病原真菌的某些种的检查与检验，并可以减少杂菌污染、抑制种子发芽。

将种子排列在吸水纸上，将一般谷物种子在 10℃下保持 3d，使其先萌芽。然后，在 20℃的温度下，保持 2d(其他种子在 20℃保持 4d)。再将幼苗在-20℃冰冻过夜，以死亡的幼苗作为培养基。以后在 20℃的条件下，以 12h 紫外光和 12h 黑暗交替处理，保持 5～7d。为了防止细菌污染，可在吸水纸上加些抗生素，如 $2.0×10^{-4}$ 金霉素或土霉素等数滴。然后在体视显微镜下观察种子上真菌的存在及形态特点。

3)琼脂平皿法　　此法是将待检种子放在琼脂培养基上，通过一定温度下的培养，使其在种子上产生菌落后进行鉴定。常用于检验棉籽是否携带棉花枯、黄萎病菌以及矮腥黑穗病菌与普通腥黑穗病菌。

此法和吸水纸法不同之处，就是用 1.5%～1.7%琼脂，经灭菌后倒入无菌培养皿中，制成一定厚度的平面，代替吸水纸。其优点是因含水量均匀一致，有利于病原菌生长，皿内洁净，杂菌少，便于检查。

2. 萌芽法检验

1)沙土萌发检验　　此法可用普通河沙进行检验，以通过 1mm 筛孔的沙粒最为适合。首先，将沙粒用清水洗去泥垢，然后用沸水煮过，铺在经乙醇或甲醛溶液消毒过的萌芽器内，加冷开水至含沙量的 60%左右。沙面应低于容器边沿 4cm，在铺平的沙上排列种子，间隔一定距离。排好种子后，再加细沙覆盖 2～3cm，并加容器盖，置于 25℃的温箱中。

当第一个幼芽长高碰到顶盖时，即应去盖。经过一定时期，将幼芽连根取出，并取出发芽的种子，根据幼芽和未发芽的种子所表现的症状及种苗上有无孢子，就可计算出发芽率和发病率。

2)土内萌发检验　　将种子播种在含有灭菌土壤的盆钵或播种箱内，保持适宜发芽的温、湿度。到种子发芽出土后，进行检验，分析其发病情形。

3)试管幼苗症状测定　　取长 160mm，直径为 16mm 的大试管若干支，每管内盛有 1%热的、透明的水琼脂培养基 10mL。消毒过的管子保持大约 60°的角度，待培养基完全凝固后，每管放入 1 粒种子，塞紧管口。再置 20℃(或培养于对病原和寄主适合的其他温度下)，用人工光照和黑暗各半(12h)处理。当幼苗达到管顶时，即可将管盖取掉。待培养期到后，检查幼苗症状。

(十)鉴别寄主检测

鉴别寄主检测是植物病毒生物定性测定的一种基本方法，被广泛应用于植物病毒的鉴定、诊断及检疫中。将许多病毒接种到某些特定的敏感植物上可以产生特定的症状。根据这些症状的特点，可以判断是否有某种病原物存在。在生物学鉴定时，需将病毒接种到这些鉴别寄主上，然后观察症状反应，常用的人工接种方法包括汁液摩擦接种和嫁接接种，有的病毒不能通过机械接种传染，而需借助介体昆虫或菟丝子等进行传染。

鉴别寄主包括草本植物和木本植物。对一种病毒有特殊反应的寄主，可以归结成一组，称为"鉴别寄主谱"。一般可以包括 3～5 种不同反应类型的寄主植物。理想的鉴别寄主应该是容易并能快速生长，具有适宜接种的大叶片，接种以后，能比较快地产生特异而稳定的症状反应，最好是产生枯斑反应（包括枯斑、环斑、斑纹等），若形成的病斑能保持不连续、不愈合在一起，在以后叶不出现系统感染则更好。表13-2是马铃薯的病毒在鉴别寄主上的症状表现。

表13-2 马铃薯的病毒在鉴别寄主上的症状表现

检验病毒	接种植物	检查时间/d	症状表现
PVX	千日红	5~7	叶面有红色环形枯斑
PVM	千日红	12~24	叶面有紫红色小枯斑
PVS	千日红	14~25	叶面有橘红色小枯斑
PVG	心叶烟	20	系统性白斑花叶
PVY	普通烟	7~10	先是明脉，后常花叶
PVA	香料烟	7~10	明脉
PSTV	莨菪	5~10	沿脉出现褐色环死斑

资料来源：许志刚，2003

（十一）植物病原线虫的各种分离方法

1. 改良贝尔曼漏斗法 这是分离线虫最常用的方法，用于分离植物材料中有活动能力的线虫。将直径12~15cm的玻璃漏斗放在漏斗架上，在漏斗下面接一段10~15cm的透明乳胶管，乳胶管上装一止水夹，下方接一个培养皿或离心管。将待检的植物样品(植物根系或组织需剪碎，种子需破碎，但不成粉末)或土壤样品，用纱布包好，放在装有2/3水的漏斗中，向漏斗内补水至材料被浸没。20~30℃浸泡12~24h，线虫游离到水中，并沉降到漏斗下部的乳胶管中。打开止水夹，放出5~10mL水(如果需要定量检查，则先取出样品，再放出全部浸泡水)，在解剖镜下检查。线虫数少，或浸泡水全部放出时，可经离心(1000~1500r/min，2~3min)后再检查。

2. 浅盘分离法 原理同漏斗法。也是用于分离可活动的病原线虫，是一种较有效地从土壤及组织碎片中分离线虫的方法。用一个筛盘和一个底盘，筛盘放在底盘内。底盘内装适量的水，筛盘铺上纱布或线虫滤纸，铺上线虫分离材料后放入底盘内，再从边缘补加水至材料被浸没。放置在20~25℃条件下1d后，取底盘内的线虫液依次通过20目、300目和500目网筛，小心收集300目和500目网筛上的线虫。

3. 简易漂浮分离法 本法主要用于分离土壤中的线虫孢囊，利用干燥的线虫孢囊能漂浮在水面上的特性分离土壤中的线虫孢囊。该方法一次可处理50~100g土样。将土粒杂物风干后，经6mm孔径的分样筛过筛后，倒入750~1000mL的锥形瓶中，加清水半瓶摇动0.5min，再加水至瓶口，静置10~15min线虫的孢囊和杂物漂浮在水面上，把漂浮物倒入10目和80目的套筛内，用水适当淋洗后，将80目筛上的过滤物轻轻扣倒在滤纸上，然后用放大镜或体视显微镜检查晾干后滤纸上的孢囊。

4. 过筛分离法 此法利用线虫与其他土壤成分之间的大小差异和各自不同的相对密度进行分离，可以分离土壤中各种类群线虫。具体操作：采用一组不同孔径的分样筛(一般需20目、100目、300目、500目4种型号)，下层为细筛。先将土样放入一个大容器(一般用塑料桶)内，少量土可用大烧杯，向容器内加水至4/5，充分搅动，使土壤中的线虫都悬浮在水和泥浆中，静置0.5min，使泥沙沉淀，线虫仍然悬浮在水中。将水倾注套筛，粗筛上收集大的沙粒、根系等杂物，100目筛则收集线虫的孢囊，甚至大的线虫(如剑线虫等)，300～500目筛可收集一些虫体较小的大多数线虫。

第二节 植物检验检疫新技术的应用

随着科学技术的飞速发展，生物技术、分子生物学的方法或手段已被用于植物检疫中，对有害生物的检测检验，在特异性、灵敏度、准确性及缩短检验时间和简化检测程序等方面都有了长足的发展。

用分子生物学的方法，可以从基因序列和基因序列的同源差异角度，确定有害生物的遗传变异和亲缘性，从而达到准确检测和鉴定有害生物的目的。

一、分子标记技术

对入侵生物进行快速检测与监测首先需要寻找入侵生物在DNA水平上的特异性基因或差异片段，目前采取的主要方法有RFLP、RAPD、AFLP、SCAR、ITS、SSR及ISSR技术等。

(一) RFLP分析

限制性片段长度多态性标记技术(restriction fragment length polymorphism, RFLP)在植物检疫中可用于植物病原真菌、细菌和线虫等的鉴定和分类，特别在对近似种或种下分类鉴定方面具有广阔的前景。其以标准菌和待测菌的基因组DNA或质粒DNA为模板，用限制性内切核酸酶消解，从而产生大量的限制性片段，通过凝胶电泳将DNA片段按各自的长度分开。当酶解片段数量比较多时，电泳后，虽按片段长度分开，但实际上仍然是形成连续一片的带。为了把多态片断检测出来，需要将凝胶中的DNA变性，通过Southern blotting转移至硝酸纤维素滤膜或尼龙膜等支持膜上，使DNA单链与支持膜牢固结合，再用经同位素或地高辛标记的探针与膜上的酶切片段分子杂交，通过放射自显影显示出杂交带，这种带谱数量差异，就是病原生物不同种或相似种、变种的遗传基因信息的真实表现。

(二) RAPD分析

RAPD是建立在PCR(polymerase chain reaction)基础之上的一种可对整个未知序列的基因组进行多态性分析的分子技术。其以基因组DNA为模板，以单个人工合成的随机多态核苷酸序列(通常为10个碱基对)为引物，在热稳定的DNA聚合酶(Taq酶)作用下，进行PCR扩增。扩增产物经琼脂糖或聚丙烯酰胺电泳分离、溴化乙锭染色后，在紫外透视仪上检测多态性。扩增产物的多态性反映了基因组的多态性。RAPD技术现已广泛地应用于生物的品种鉴定、系谱分析及进化关系的研究上。

(三) AFLP

随机扩增长度多态性(amplified fragment length polymorphism, AFLP)是基于PCR技术扩增基因组DNA限制性片段，基因组DNA先用限制性内切核酸酶切割，然后将双链接头连接到DNA片段的末端，接头序列和相邻的限制性位点序列，作为引物结合位点。限制性片段用两种酶切割产生，一种是罕见切割酶，一种是常用切割酶。它结合了RFLP和PCR技术特点,具有RFLP技术的可靠性和PCR技术的高效性。由于AFLP扩增可使某一品种出现特定的DNA谱带,而在另一品种中可能无此谱带产生,因此,这种通过引物诱导及DNA扩增后得到的DNA多态性可作为一种分子标记。AFLP可在一次单个反应中检测到大量的片段。以说AFLP技术是一种新的而且有很大功能的DNA指纹技术。

(四)SSR标记

简单序列重复(simple sequence repeats, SSR)标记是近年来发展起来的一种以特异引物PCR为基础的分子标记技术,也称为微卫星DNA(microsatellite DNA),是一类由几个核苷酸(一般为1~6个)为重复单位组成的长达几十个核苷酸的串联重复序列。由于每个SSR两侧的序列一般是相对保守的单拷贝序列。

SSR标记又称为sequence tagged microsatellite site,简写为STMS,是目前最常用的微卫星标记之一。由于基因组中某一特定的微卫星的侧翼序列通常都是保守性较强的单一序列,因而可以将微卫星侧翼的DNA片段克隆、测序,然后根据微卫星的侧翼序列就可以人工合成引物进行PCR扩增,从而将单个微卫星位点扩增出来。由于单个微卫星位点重复单元在数量上的变异,个体的扩增产物在长度上的变化就产生长度的多态性,这一多态性称为简单序列重复长度多态性(SSLP),每一扩增位点就代表了这一位点的一对等位基因。由于SSR重复数目变化很大,由此SSR标记能揭示比RFLP高得多的多态性,这就是SSR标记的原理。

二、基于PCR的检测技术

聚合酶链反应(polymerase chain reaction, PCR)是一种在体外模拟自然DNA复制过程的核酸扩增技术。PCR的原理是通过靶DNA变性(模板变性)、引物与模板DNA(待扩增DNA)一侧的互补序列复性杂交(引物退火)、耐热性DNA聚合酶催化引物延伸(延伸)等过程的多次循环,产生待扩增的DNA片段。这三个反应作为一个周期,反复循环,从而达到迅速扩增特异性DNA的目的。

模板变性是指反应系统加热至90~95℃,模板双链DNA变性成为两条单链DNA,作为互补链聚合反应的模板;引物退火是指降低反应系统温度至37~60℃;使人工合成的两种寡聚核苷酸引物分别与模板DNA链的3′侧的互补序列杂交(复性),形成部分双链;延伸是将反应系统的温度升至70~75℃,耐热性DNA聚合酶催化引物按5′→3′方向延伸,合成模板DNA的互补链。由于上一次循环合成的两条互补链均可作为下一次循环的模板DNA链,因此每循环一次,底物DNA的拷贝数增加一倍,理论上的最高值应是2^n。理论上它可以检测到一个目标分子,是最为灵敏的检测方法。PCR技术快速、准确、需样品量少等特点十分符合植物检验检疫的要求,现已在植物细菌、病毒、类病毒、真菌和线虫等检测中发挥了重要作用。

(一)PCR-ELISA技术

PCR-ELISA是近年在酶联免疫吸附实验(ELISA)基础上建立起来的一种新方法,它同时具备抗原抗体反应的专一性和PCR的惊人扩增能力,用PCR扩增代替ELISA的酶催化底物显色,具有更强的信号放大能力,敏感性可比ELISA提高10^5倍,理论上能检测单分子抗原,又无放射免疫法的放射性危害。

其一般程序为:首先于酶联板上包被捕获抗原的抗体,然后加入待检抗原,该步骤也可将待检抗原直接包被于酶联板上；加入标记了 DNA 分子 Marker 的检测抗体，温育后充分洗涤；PCR 扩增黏附于抗原抗体复合物上的 DNA 分子；对 PCR 产物进行分析。

（二）巢式 PCR

巢式 PCR(nested-PCR)是一种 PCR 改良模式，它由两轮 PCR 扩增和利用两套引物对所组成。对靶 DNA 进行第一次扩增后，再用在已扩增的 DNA 片段内设定第二套引物扩增。与常规 PCR 相比，该法的检测特异性和灵敏度都有明显提高。丁芳等(2004)采用 PCR 与巢式 PCR 技术对柑橘黄龙病进行检测，对特异的柑橘黄龙病的 DNA 片段进行了克隆、测序分析，并对两种方法检测柑橘黄龙病的灵敏度进行了比较，结果证明巢式 PCR 比常规 PCR 的灵敏度高。

（三）多重 PCR

多重 PCR(MPCR)基本原理与常规 PCR 相同，区别是在同一反应体系中加入一对以上的引物，如果存在与各对引物特异互补的模板，则它们分别结合在模板相对应的部位，同时在同一反应体系中扩增出一条以上的目的 DNA 片段。多重 PCR 反应体系的组成和 PCR 循环的条件需要经过优化以确保同时扩增多个片段。理论上只要 PCR 扩增的条件合适，引物对的数量可以不限。多重 PCR 既有单个 PCR 的特异性和敏感性，又较之快捷和经济，在引物和 PCR 反应条件的设计方面表现出很大的灵活性。采用该技术可在一个反应体系中同时检测不同的目标 DNA 或 RNA，因而在检疫上可以快速鉴别一种植物是否受到多种病毒或细菌等的侵染。

（四）实时荧光 PCR 检测

实时荧光 PCR(real-time fluorescent PCR)技术是 1996 年由美国 Applied Biosystems 公司推出的 PCR 和核酸杂交以及荧光电信号放大结合同步的检测技术。实时荧光 PCR 技术，是指在 PCR 反应体系中加入带有荧光基团的互补探针，如果有 PCR 反应(扩增)，荧光信号就较大。这样利用荧光信号积累可以实时监测整个 PCR 进程，还可以通过标准阳性荧光信号大小对未知样品荧光信号强弱进行定量。借助于荧光信号来检测 PCR 产物，一方面提高了灵敏度，另一方面 PCR 每循环一次就收集一个数据，建立实时扩增曲线，准确地确定 c 值，从而根据 c 值确定起始 DNA 拷贝数，做到真正意义上的 DNA 定量。其主要过程包括设定反应体系、热循环及全程的实时监控，最快在 20min 内给出结果。

实时荧光 PCR 检测技术不仅实现了 PCR 从定性到定量分析的飞跃，它结合了 PCR 技术的高灵敏度和核酸杂交技术的特异性，而且与常规 PCR 相比，它具有特异性更强、能有效解决 PCR 污染问题、自动化程度高、检测速度快等特点。因此在植物病害检疫中实时荧光 PCR 技术可用于植物病原真菌、细菌、线虫、病毒等的鉴定和分类，特别在对植原体和难培养菌以及近似种或种下的分类鉴定中显示出良好的应用前景。

三、基因芯片检测技术

基因芯片(gene chip)是生物芯片的一种。生物芯片技术是生命科学与微电子学等学科相互交叉的一门高新技术，采用光导原位合成(*in situ* synthesis)或微量点样等技术，将数以万计的 DNA 片断(探针)高密度有序地固定在固相支持物(玻片、硅片、聚丙烯酰胺凝胶)上，产生二维 DNA 探针阵列，阵列中的每个分子的序列及位置都是已知的，并且按预先设定好的序列点阵。这样可与标记的样品中的靶分子进行杂交，通过特定的仪器对杂交信号的强度进行高效、快速的检测分析，从而对检测样品中的靶分子进行高效判断和定量。

基因芯片技术具有高密度、快速、检测自动化等优点。今后，在检验检疫中具有广阔的应用前景。

目前，最成功的生物芯片形式是以基因序列为分析对象的"微阵列"(microarray)，也被称为基因芯片(gene chip)或 DNA 芯片(DNA chip)。1998 年 6 月，美国宣布正式启动基因芯片计划，联合私人投资机构投入了 20 亿美元以上的研究经费。世界各国也开始加大投入，以基因芯片为核心的相关产业正在全球崛起，2012 年美国已有 8 家生物芯片公司股票上市，平均每年股票上涨 75%，据统计全球目前生物芯片工业产值为 10 亿美元左右，预计今后 5 年之内，生物芯片的市场销售可达到 200 亿美元以上。生物芯片技术通过微加工工艺在厘米见方的芯片上集成有成千上万个与生命相关的信息分子，它可以对生命科学与医学中的各种生物化学反应过程进行集成，从而实现对基因、配体、抗原等生物活性物质进行高效快捷的测试和分析。它的出现将给生命科学、医学、化学、新药开发、生物武器战争、司法鉴定、食品与环境监督等众多领域带来巨大的革新甚至革命。

第三节　植物检疫信息和资料的内容及收集

充分掌握国内外植物检疫方面的信息是开展植物检疫工作的基础。只有做好植物检疫情报资料工作，才能从宏观上为植物检疫决策提供科学依据，才能从微观上改进和提高检验检疫技术，从而充分发挥检疫的超前和预警作用，使植物检疫管理工作符合科学化和国际化的要求。

一、植物检疫情报资料的内容

植物检疫情报资料主要包括国内外植物有害生物的疫情，特别是有害生物风险分析需要的大量信息；包括有害生物的名称、寄主范围、地理分布、生物学、传播扩散方式、鉴别特征和检测方法等；包括寄主植物、农产品及其地理分布、商业用途及价值的资料；还包括有害生物与寄主植物的相互作用，即症状、为害、经济影响、防治方法和对自然环境和社会环境的影响等。此外，还应注意收集国际社会检疫工作开展的情况，包括国际间植物检疫组织的成立、发展、活动情况，现行的国际标准、指南或建议，各国检疫法规的颁布、修改的情况，各国在植物检疫理论研究方面的进展，有关防范有害生物的研究成果，各国检疫工作的做法、经验、技术、方法等；再有，植物及其产品在国际间及国内流通的动态，特别是我国从国外引进种子、苗木等繁殖材料的动态，各国口岸截获植物病虫杂草的动态也是我们所关注的；最后，还要关注并收集国内外科技发展动态和在植物检疫中有应用前景的高新技术资料。

二、植物检疫信息和资料的收集

（一）文献信息收集

在收集检疫性有害生物的文献时，尽可能利用图书馆，从国外公开出版物中获取大量的文献信息。例如，针对检疫性有害生物，可先查阅动物学记录，或生物学文摘等。可从书中查找学名和英文名称，查到之后，根据所列内容和页次，就可找到原文的全称和著作人姓名，所登载的期刊名称、卷数、期号、页次、年份或书名和出版社等，再作进一步的查阅。此外，可查找一些公开的出版物，如由FAO出版的《粮农组织植物保护通报》，该出版物报道有大量的"世界植物病虫害情报局"获得的世界各地的危险性病虫害发生、传播和危害情况。欧洲及地中海植物保护组织出版的《EPPO通报》刊载该组织34个成员方的植物保护措施，其中包括植物病虫害及其防治等方面的文章和调查报告。亚洲太平洋地区植物保护委员会出版有《季度新闻通讯》《信息通讯》和《技术文献》。国际农业和生物科学中心（CABI）编制的《植物病害分布图》和《害虫分布图》对于检疫是十分有用的。这些分布图，每一地图都标出了一种病原物或者一种害虫的世界分布状况。

另外，各国出版的植物病理学、昆虫学、真菌学、细菌学、病毒学、线虫学、杂草学等方面的学报、报道、年鉴、评论、文摘等也是重要的情报资料的来源。

在国内公开出版的一些刊物上经常可以刊登植物检疫方面的有关内容，如《植物保护学报》《植物病理学报》《昆虫学报》《植物保护》《植物检疫》《中国进出境动植物检疫》等。除此以外，其他农学、林学、园艺、仓储、微生物等方面的各种专业刊物常载有大量有关的病、虫、杂草发生，传播、危害情况及防治的信息和资料也值得一看。

我国已加入《国际植物保护公约》组织，可以作为缔约国参加《公约》框架下的国际交流与合作，共享其他缔约方提供的有害生物信息，参与国际植物检疫措施标准及相关规则的制定，参与检疫争端的合理解决，这为我国及时掌握准确、全面的检疫信息提供了极为便利的条件。

（二）利用网络收集文献信息

21世纪，随着网络技术的迅猛发展，互联网作为当今人类知识的最大宝库，在人们面前展示出一个信息的新天地。网上众多的联机数据库和信息网站，改变了传统的植物检疫信息交流和沟通方式。

农业文献数据库主要有以下3个。

（1）CAB ABSTRACTS。该数据库由国际农业和生物科学中心（CABI）生产。内容包括CABI出版的50多种农业文摘的全部资料，资料来源于70多种语言，1.4万余种连续出版物及其他文献，数据量达15万条。

（2）AGRIS（农业索引）。该数据库由联合国粮食及农业组织（FAO）和国际农业科技情报系统（AGRIS）生产。收录世界各国（美国除外），特别是第三世界国家的农牧业生产，植物保护的科技资料及有关农村发展的资料，是目录数据库，有少量文摘，该光盘数据库始于1975年，现文献量已超过200万条记录。年更新递增量约为13万条。

（3）AGRICOLA。该数据库由美国农业图书馆（NAL）生产。其内容就是美国农业图书馆的馆藏目录。其数据来自2000多种有关农业期刊和其他图书、研究报告、会议资料和政府出版物等。

EPPO建立了植物检疫数据库，该数据库包括了EPPO所有A_1和A_2名单中的有害生物的寄主范围、地理分布及其他详尽的目录。同时，包括每种有害生物在一个国家中发生程度的细节，如温室、田间发生情况，传入日期及扑灭情况的信息。EPPO还和CABI合作，为欧盟（EU）编制了植物检疫资料单的数据库，这个数据库包含有害生物（包括学名、异名、分类地位、俗名、命名和分类的说明)、寄主、地理分布、生物学、检测和鉴定、传播和扩散方式、有害生物的重要性(包括经济影响、防治和检疫风险)和植物检疫措施及参考文献。

FAO 全球植物检疫信息系统数据库不仅与前述数据库相似，而且能提供有关国家和地区植物保护组织的植物检疫条例摘要、检疫性有害生物名单及处理方法。另外，亚洲及太平洋地区的植物检疫中心和培训研究所(PLANTI)的植物信息数据库(PLANTINFO)，USDA-APHIS 和 USDA-ARS 建立的国家农业病原信息系统(NAPIS)和世界植物病原数据库(WPPD)及由澳大利亚 AQIS 建立的病虫害信息库也是检疫中很重要的数据库。我国检验检疫部门也建立了动植物检验检疫文献题录数据库。

核酸蛋白序列这方面的数据库有欧洲分子生物学实验室核酸序列数据库(EMBI)(1988)、基因银行(Genbank)(1992)、美国的核糖体数据库(RAP)(1993)、日本的 DNA 数据库(DDBJ)和基因序列数据库(GSDB)等。

常用的植物检疫信息网站：

(1) 国内信息。

中国农业农村信息网 http://www.agri.cn/

中国植物保护学会官网 http://www.ipmchina.net

中国林业科学研究院科研网 http://www.caf.ac.cn/

植物病理学报 http://zwblxb.magtech.com.cn/CN/volumn/home.shtml

中国农业科技信息网 https://cast.caas.cn/

中华人民共和国农业农村部官网 http://www.moa.gov.cn/

中国外来入侵物种信息系统 https://www.plantplus.cn/ias/

国家市场监督管理总局官网 https://www.samr.gov.cn/

(2) 国外信息。

美国植物病理学会 http://www.scisoc.org

美国农业部 http://www.usda.org

美国动植物检疫局 http://www.aphis.usda.gov

北美植物保护组织 http://www.pestalert.org

美国植物保护协会 http://www.acpa.org

英国植物病理学会 http://www.bspp.org.uk

英联邦农业生物研究中心（CAB International）http://www.xabi.org

欧洲和地中海植物保护组织（EPPO/OEPP）http://www.eppo.org

亚太植物保护协会（APCPA）http://www.apcpa.org

日本农林水产省 http://www.maff.go.jp

联合国粮食及农业组织（FAO）http://www.fao.org

世界贸易组织（WTO）http://www.wto.org

国际植物病理学会 http://www.apsnet.org

现代信息技术的发展和应用，使植物检疫信息的获取、传递、交流和应用前所未有的方便和快捷。充分利用现代信息技术，及时、全面收集植物检疫信息，可以进一步提升检疫的科学性、前瞻性和预防性。

第四节 进境原木及木质包装材料的检疫处理

近年来，由于各种林木有害生物随货物使用的木包装在国际间传播问题的不断出现，国际贸易中木包装检疫处理措施问题也越来越受到世界各国的重视。1998年9月18日，美国政府从中国进口的货物木包装托盘中发现大量的光肩星天牛，以担心因本土没有天牛天敌会导致其大量蔓延为由，决定对来自中国的木包装实施强制检疫制度。1999年以来，我国明确规定对从美、日、韩3国进境的木包装实施检疫的具体措施和要求，其目的就是为了防止危险性有害生物松材线虫随进境货物木包装传入我国。针对林木有害生物会随货物使用的木包装在国际间传播蔓延这一国际性问题，2002年3月，《国际植物保护公约》(IPPC)公布了国际植物检疫措施标准第15号《国际贸易中的木包装材料管理准则》(以下均简称ISPM15)，要求货物使用的木包装材料应在出境前进行热处理或熏蒸除害处理，并加施IPPC确定的专用标识。找出出现问题的原因，并采取有效措施加以改进，对防止有害生物随木包装在国际间的传播和蔓延具有重要意义。

目前检疫处理的方法主要使用热处理和溴甲烷熏蒸处理，而且这两种方法已有相应的国际标准。此外还有硫酰氟等药物熏蒸处理、辐照处理、防腐处理、电磁波处理等方法，但这些处理方法的国际标准还在审议中。由于现行检疫处理国际标准中熏蒸处理使用的溴甲烷气体会毒害人体，且对大气臭氧层具有很强的破坏力，发达国家已于2005年1月1日彻底废除溴甲烷的使用，根据1997年蒙特利尔协议，发展中国家将于2015年废除使用溴甲烷。与此同时，随着人们环保意识的增强，一些非环境友好型的检疫方法也将逐渐被禁止使用，因此探索新的环保型检疫处理方法，对木包装实施切实有效的检疫处理势在必行。

一、木包装材料的检疫处理措施

ISPM15中对木包装材料的范围、引用标准、管理要求、业务要求和检疫处理方法标准等都做了详细规定。ISPM15中所谓木包装是针对可能成为对活树造成威胁的植物有害生物传播途径的针叶和非针叶原木包装材料。它们包括下列木包装材料：托盘、垫木、条板、填塞块、圆筒、木箱、负荷板和活动木容器等，但经人工合成或经加热、加压等深度加工的包装用木材料、薄板旋切芯、锯屑、木丝、刨花等以及厚度等于或小于6mm的材料除外。

（一）ISPM15中已批准的木包装检疫处理方法

已经批准的木包装材料检疫处理措施包括热处理方法和溴甲烷熏蒸处理方法两大类。

(1)热处理(HT)。木包装材料应由去皮木材制成，并应根据规定的时间、温度进行加热处理。要求木芯最低温度达到56℃，至少保持30min。窑中烘干(KD)、化学加压浸渍(CPI)或其他处理方法只要符合热处理规范即可视为热处理。例如，通过蒸汽、热水或干热方法进行的化学加压浸透。热处理后加施IPPC处理标识HT，表示已采用热处理方法进行检疫处理。

(2)溴甲烷熏蒸(MB)。ISPM15中规定的用溴甲烷熏蒸处理木包装材料的处理标准为：处理过程中最低温度不应低于10℃，当温度为21℃以上、16℃以上、11℃以上时，溴甲烷使用剂量应分别为48g/m³、56g/m³、64g/m³，最低熏蒸时间应为16h。溴甲烷熏蒸处理后加施IPPC

处理标识 MB，表示已采用溴甲烷熏蒸处理方法进行检疫处理。

(二) ISPM15 中正在审议的木包装检疫处理方法

正在审议并在获得适当数据时可能批准的处理手段主要有 3 类：熏蒸处理，使用的药剂有磷化氢熏蒸、硫酰氟熏蒸、碳酰硫熏蒸；化学加压浸透处理，主要方法有高压/真空法、双重真空法、冷热槽法、树液置换法；照射处理，主要方法有 C 放射、X 射线、微波、红外线、电子处理，但 ISPM15 中也说明检疫处理方法不限于以上所介绍的方法。

二、木质包装材料的除害处理

随着经济全球化和贸易自由化步伐的加快，植物有害生物随木质包装材料在全球传播和扩散的情况越来越严重，对林业及旅游资源造成了严重的损失，有效防止有害生物随包装材料的传播受到各国的重视。对木质包装实施合理的检疫处理已成为世界多数国家采取的一项检疫措施。鉴于木质包装是有害生物传播和扩散的重要途径，而且木质包装往往重复使用，产地难以确定等原因。《国际植物保护公约》(IPPC) 于 2002 年 3 月公布了 ISPM15。使木质包装检疫在全世界范围内有了一个统一的标准，对推进检疫处理措施的实施，有效防止有害生物通过木质包装材料在各国间的蔓延，起到了重要作用。中国、美国、日本、加拿大、欧盟及南美等国家和地区，都明确提出进境木质包装的检疫处理要求，并规定了除害处理管理机制。为满足各国的要求，国家质检总局依据国际标准制定了《出境货物木质包装检疫处理管理办法》。为此，世界各国从除害处理的有效性及减小除害处理对环境的影响等方面，开展了检疫除害处理技术和方法的研究。

(一) 杀虫原理

除害处理可分为化学方法和物理方法。

(1) 化学方法。此法中使用最普遍的是熏蒸处理，常用的熏蒸剂是溴甲烷、磷化氢和硫酰氟。主要是对细胞中的正常生化反应造成破坏，使虫类窒息死亡或破坏生物体内磷酸平衡抑制其氧气吸收。

另外，还可用加压浸渍处理方法，将毒性防腐剂注入木材中，对木质包装材料中的有害生物进行杀灭。

(2) 物理方法。物理处理方法主要有热水处理、热空气处理、蒸汽处理等外部加热处理、辐照处理等。加热处理主要使包装材料中的害虫快速脱水，造成虫的细胞壁损坏、蛋白质凝固而窒息至死。

辐照处理则是利用离子化能照射有害生物，使之不能完成正常的生活史或不育，以阻止有害生物的传播和繁衍。

(二) 处理方法

1. 熏蒸处理　　熏蒸处理的除害效果易受环境条件(包括环境温度、湿度、压力及密闭状况)、熏蒸方式、熏蒸剂本身的理化性能、有害生物的种类以及货物类别和堆放情况等诸因素的影响。2006 年 4 月，《国际植物保护公约》对 ISPM15 中溴甲烷熏蒸处理技术要求进行了修订，将最低熏蒸温度改为不低于 10℃，时间不少于 24h。磷化氢熏蒸除害效果，除熏蒸药剂的扩散受温度的直接影响外，还与熏蒸剂的理化性能及有害生物的生理特征密切相关；硫酰氟熏蒸则由于在低温条件下杀灭虫卵效果差，因而在木质包装检疫熏蒸处理中的应用受到限制。2002年4月始，美国已停止使用硫酰氟熏蒸。

2. 化学加压浸渍处理 对木质包装材料的化学加压浸渍处理，使用最多的是水溶性防腐剂，主要包括铜铬砷(CCA)、铜铬硼(CCB)、酸性铬酸铜(ACC)、砷酸铜铵(ACA)、季铵铜(ACQ)等。为了防止环境污染，世界各国学者已积极投入到环保型防腐剂除害效果的研究中。

3. 热处理 由于溴甲烷熏蒸处理存在熏蒸操作危险大、对大气臭氧层破坏大，且受天气变化影响，有残毒等诸多弊端，因此国际上更广泛接受经热处理的木质包装。疫木热处理过程中，木材温度对杀虫起着至关的重要作用。一般而言，大多数真菌生长的温度界限在0~45℃，致死温度46℃。而昆虫和蛾类在15℃以上环境即开始活动，在38~45℃时呈夏眠状态，致死温度48℃。在大多数情况下，林木有害生物幼虫的抗热性都高于成虫和蛹。因此，ISPM15要求，处理材中心的最低温度应达到56℃，且至少保持30min，以保证有效灭除各种真菌、昆虫和线虫。除温度外，热处理除害效果还与木材热传导速率和木材尺寸有关。木材含水率也是影响木材内部温度变化的重要因素，含水率高的木材在热处理过程中需要吸收更多的热量。

4. 高频、微波加热处理 高频、微波等电磁波加热处理效果与高频电场的电压、频率和介质材料的损耗因子有关。由于微波和高频的电磁波在木材内的损耗因子明显低于有害生物，因此，在不影响木材性能的前提下，可科学合理的杀死木材内的害虫。国外已采用高频、微波灭除木材中的白蚁、甲虫和木蛀幼虫，以及活立木中的天牛幼虫。

目前，我国用电磁波进行检疫除害处理还处于探索阶段，也仅限微波处理疫木，未见高频处理疫木的技术报道。木材的规格、含水率、在微波处理炉内的堆放，以及环境温度、微波功率，都是影响除害效果的因素。吾中良曾采用隧道式微波处理设备，处理松材线虫病疫木，排除了以上因素后，当被处理木材的表面温度>68℃，持续30min，就能有效地杀死松木中的松褐天牛和松材线虫。用微波处理木材时，只要保证木材中心或表面达到所需的温度，并保持一定时间，就能得到与热处理相同的快速检疫除害效果。该方法既节约能源又提高了生产效率。

5. 辐照处理 应用于辐照杀虫的主要为γ射线。生产实际中常用 ^{60}Co 作为射线源，可对大型集装箱进行不开箱检测。辐照剂量是辐照检疫处理技术的关键性因素。ISPM18《辐射用作植物检疫措施的准则》中规定，为阻止某一虫态在包装材料中继续发育或繁殖，均可作为检疫除害处理的辐照剂量标准。因此，推荐 ^{60}Gy 作为光肩星天牛幼虫检疫γ射线辐照处理的有效剂量，用于木质包装材料的检疫除害处理。

在所有的检疫处理方法中高频介质加热处理疫木，与常规的药物熏蒸或热处理等方法相比，具有疫木处理均匀、时间短、变形小、杀虫效果好、污染少等优点，是值得深入研究的灭虫新手段。如果采用蒸汽-高频联合加热来处理则能够进一步降低成本。但这种方法目前还没有国家标准和国际标准，因此高频加热检疫处理方法的应用受到限制。就环境友好性以及持久耐用性而言，化学加压浸渍处理都要优于熏蒸处理。如果对不抗蚁蛀的马尾松、油松等，不耐腐的白桦、榆属、山杨等采用化学加压浸透处理方法进行检疫处理，可以在取得满意除害效果的同时防止木材腐朽。应用这种方法处理的木包装材料可以重复利用，有利于资源的节约利用。

复习思考题

1. 现场检验的基本方法有哪些?
2. 试述植物病原线虫的分离方法。
3. 保湿培养检验有哪几种检验方法? 其中吸水纸法检验是如何进行的?
4. 植物检验检疫的新技术有哪几种?
5. 除害处理中的物理处理法有哪些? 其中什么是辐照处理?

第十四章 检疫性植物有害生物

第一节 检疫性植物病原物

一、黄瓜黑星病菌

1. 简史与分布

黄瓜黑星病是一种世界性病害，境外分布于北美、欧洲、东亚、南亚和非洲等地。20世纪70年代以前我国仅在东北地区温室中零星发生。该病害为保护地及露天栽培黄瓜的常发性病害，一般损失可达10%～20%，严重可达50%以上，在温室和塑料大棚中病株率可高达90%以上，减产70%以上，病瓜受损变形，失去商品价值，甚至绝收。

2. 生物学

1) 病害症状　黄瓜整个生育期均可发病，主要危害嫩叶、嫩茎及幼瓜。子叶受害，产生黄白色近圆形病斑，发展后引致全叶干枯；嫩茎发病，初呈现水渍状暗绿色梭形斑，后变暗色，凹陷龟裂，湿度大时病斑上长出灰黑色霉层（病菌分生孢子梗和分生孢子）；生长点附近嫩茎被害，上部干枯，下部往往丛生腋芽。成株期叶片被害，开始出现褪绿的近圆形小斑点，干枯后呈黄白色，容易穿孔，孔的边缘不整齐，略皱，且具黄晕；叶柄、瓜蔓被害，病部中间凹陷，形成疮痂状病斑，表面生灰黑色霉层；卷须受害，多变褐色而腐烂；生长点发病，经2～3d烂掉形成秃顶；瓜条受害，向病斑侧弯曲，病斑初流半透明胶状物，以后变成琥珀色，渐扩大为暗绿色凹陷斑，表面长出灰黑色霉层，病部呈疮痂状，并停止生长，形成畸形瓜。

2) 病原特征　病原学名为 *Cladosporium cucumerinum* Ell.et Arthur，属半知菌门丝孢纲丝孢目暗色菌科枝孢属真菌。菌丝白色至灰色，具分隔。分生孢子梗细长，丛生，褐色或淡褐色，顶部、中部稍有分枝或单枝，大小为(160～520)μm ×(4～5.5)μm，分生孢子圆柱状、近梭形至长梭形，形成分枝的长链，单生或串生，单胞、双胞、少数3胞，褐色或橄榄绿色，光滑或具微刺。单胞孢子大小平均为(11.5～17.8)μm×(4～5)μm；双胞平均为(19.5～24.5)μm×(4.5～5.5)μm。

3) 寄主范围　该病除危害黄瓜外，还侵染笋瓜、葫芦、南瓜、冬瓜、甜瓜、节瓜、佛手瓜和其他葫芦科植物。据报道，人工接种可侵染茄科的番茄、茄子以及豆科的芸豆。

4) 生物学特性　病菌对碳源的利用以葡萄糖、麦芽糖和乳糖最好，利用淀粉及山梨糖的能力较差。该菌在pH2.5～11.0均可生长及产孢，最适pH6.0。病菌对光照反应不敏感，单色光处理有利于孢子产生。生长发育温度为2.5～35℃；适温20～22℃；52℃处理45min可使孢子及菌丝死亡。分生孢子在12.5～32.5℃均能萌发，最适为20℃；碱性条件下孢子发芽受抑制，孢子萌发适宜pH5.5～7.0，最适 pH6.0。黑暗处理有利于孢子萌发；碳源可促进孢子萌发，其中以麦芽糖、乳糖和木糖为佳；几种氨基酸中以天冬氨酸有利于孢子萌发，孢子在无机盐中不萌发。孢子萌发对湿度反应敏感，相对湿度90%以上孢子萌发率较高，81%以下则较低，66%以下孢子不萌发。

3. 检验检疫方法

1) 症状观察　　在产地检疫时，对于田间病株和病瓜，主要依据病害症状特点和病原菌镜检观察结果，进行病害诊断和病原鉴定。

2) 培养检验　　种子样品可用常规吸水纸培养法或琼脂培养基培养法检出带菌种子。

3) 洗涤检验　　对于调运的种子也可采用常规的洗涤检验法，检查种子表面是否带有病菌的孢子。

4) 检疫处理　　加强检疫严禁在病区繁种或从病区调种，做到从无病地留种。

种子除害处理：据报道，种子用 70℃ 干热处理 3d，可完全控制该病。病区种子播种前消毒，可采用温汤浸种法，即 50℃ 温水浸种 30min，或 55～60℃ 恒温浸种 15min，取出冷却后催芽播种。

药剂处理：①药剂浸种：50%多菌灵 500 倍液浸种 20～30min 后冲净再催芽，或用冰醋酸 100 倍液浸种 30min；直播时可用种子质量 0.3%～0.4%的 50%多菌灵或 50%克菌丹拌种，均可取得良好的杀菌效果。②熏蒸消毒：温室和塑料棚定植前 10d，每 55m^3 空间用硫黄粉 0.13kg 和锯末 0.25kg 混合后分放数处，点燃后密闭大棚，过夜熏蒸。

二、香蕉枯萎病菌

1. 简史与分布　　香蕉镰刀菌枯萎病又称香蕉巴拿马病、黄叶病，是一种分布广泛的维管束萎蔫类的毁灭性病害。此病于 1874 年澳大利亚首次报道，现在该病在大多数香蕉生产国都有发生，在美洲的美国、墨西哥、哥斯达黎加、巴拿马、危地马拉、尼加拉瓜、古巴、洪都拉斯、波多黎各、牙买加、巴巴多斯、特立尼达和多巴哥、圭亚那、哥伦比亚、苏里南、厄瓜多尔等一些国家发病严重。印度、新加坡、加那利群岛、塞拉利昂、莫桑比克、大洋洲等国家和地区都有发生。中国台湾 1967 年首次发现该病危害，目前广东、广西、海南、云南等香蕉产区都有枯萎病发生。

受害品种主要为粉蕉，也可侵染香蕉。除我国台湾地区较严重危害外，大陆各省区以往零星发生，但近年有逐步加重扩大危害的趋势，局部地区更由次要病害上升为威胁性的主要病害。

2. 生物学

1) 病害症状　　香蕉幼株感病后除了生长不良外无显著症状。但成株期尤其是接近抽蕾结实时，下部叶片及靠外的叶鞘呈现特异的黄色。叶片的黄色病变最初发生在叶缘，后渐向中肋扩张。病叶下垂，其后上部叶片相继发病下垂。病叶由黄色变为褐色，直至干枯。少数叶片未变黄即已倒垂，但也有个别病株叶片黄化后并不倒垂，也不迅速枯萎，尤其是隐蔽的环境下更为明显。病株最后一张顶叶迟伸或不抽出。病株多数于抽蕾结实前枯死，少数尽管在抽蕾结实后不枯死，但果实发育不良，而且质量低劣。一般母株地上部发病以至枯死后，其根茎仍能长出吸芽，虽受病菌侵染，但仍能继续生长，在生长中后期才表现病状。

本病是一种维管束病害，根茎和假茎内部症状表现明显。在发病初期观察植株下部根茎的横切面，中柱髓部和皮层薄壁组织间可看到黄色或红棕色斑点，若纵向剖开病株根茎，可看到黄红色病变的坏死维管束，由茎基部开始自下而上病变部位颜色由深变浅；病株根部木质部导管常出现红棕色病变，后期大部分根变成褐色或干枯。发病严重的病株，其假茎横切面可看到内层幼嫩叶鞘的维管束变黄色，外层老叶鞘的维管束变赤红色。在这些变色维管束内及附近组织中，很容易检察到病菌的菌丝体和分生孢子。

2)**病原特性** 香蕉枯萎病菌属于半知菌门镰孢菌属尖刀镰孢菌古巴专化型[*Fusarium oxysorum* Schl. f. sp. *cubense*(E. F. Smith)Suyder. et Hansen]。

病菌可产生 3 种类型的孢子,即大型分生孢子、小型分生孢子和厚垣孢子。大型分生孢子形成于分生孢子座内,多数有 3 个隔膜,偶有 4～5 个隔膜,大小为(17～51)μm×(3.5～4.5)μm;有 5 个隔膜的孢子大小为(36～57)μm×(3.5～4.7)μm。小型分生孢子多散生于气生菌丝间,单胞或双胞,卵形或圆形。小型分生孢子中单胞的大小为(4.5～10)μm×(4～8)μm,双胞为(9～18)μm×(4.5～7.2)μm,厚垣孢子椭圆形至球形,顶生或间生。菌核深蓝色直径为 0.5～1mm,最大的达 4mm。

在马铃薯培养基上,菌丝生长浓密,菌落白色至桃红色或淡紫色,菌丝体为白色絮状,气生菌丝不多,基质反面因病菌分泌色素呈各种颜色,后产生暗蓝色至蓝黑色的菌核。

本病菌共有 4 个小种,小种 1 和小种 2 使香蕉产生萎蔫,而小种 3 可侵染野生的海里康(Heliconia),小种 1 号广泛生长于全世界,侵染许多国家的商业性香蕉品种,造成的经济损失非常严重,其中蓝田蕉最感病,而青芽蕉抗病,我国广东报道的主要是 1 号小种。目前在大陆多数省区小种 1 号主要为害粉蕉、西贡蕉以及含有粉蕉基因的香蕉,而青芽蕉比较抗病。小种 2 仅侵染杂交 3 倍体 Bluggoe(ABB),是中美洲的地方性病害。小种 4 能侵染现存的所有栽培香蕉品种。我国台湾主要是 4 号为害严重。据中国台湾橡胶研究所试验,从世界各国引进的 150 个香蕉栽培品种对小种 4 多数很敏感。小种 4 可侵染碎米莎草(*Cyperus iria* L.)、香附子(*C. rotundus* L.)、匙叶鼠魏草(*Gnaphalium purpureum* L.)与柯氏飘拂草(*Fimbristylis koidzumiawa* Ohwi.)。因此,在未种植香蕉的土壤中,小种 4 可能在某些杂草的根上生存。

3)**寄主范围** 香蕉枯萎病菌在田间可侵染粉蕉、龙芽蕉、青芽蕉,以及其他与粉蕉有亲缘关系的香蕉。

4)**生物学特性** 病原菌主要分布在病园土壤中深 20mm 的表土层。土质黏重、酸度大、透水和透气性差、缺肥、排水不良的香蕉园发病较重。发病率与温度的关系密切,高温有利发病。在中国台湾南部,4～5 月种植的香蕉吸芽,通常于 10 月开始表现叶片黄化症状。12 月花序形成后,黄化植株数猛增,2～3 月香蕉成熟时,发病率达到高峰。根部受伤的植株发病率高。再植前犁地和种后锄地发病多。此外,根结线虫数量多或其他因素造成伤根多的场合下,促进本病发生。发病高峰期出现于每年的 10～11 月。

不同品种抗病性有差异,粉蕉、西贡蕉以及与粉蕉有亲缘关系的香蕉较感病,其他类型的香蕉较抗病。

3. 检验检疫方法

1)**检验方法** 横切植株下部根茎,可发现中柱髓部和皮层薄壁组织间具有黄色或红棕色斑点,若纵切病株根茎,可看到坏死的维管束有黄红色病变;病株根部木质部导管常出现红棕色病变,后期大部分根变成褐色或干枯。严重发病的病株,可看到其假茎横切面内层幼嫩叶鞘的维管束也变黄色,外层老叶鞘的维管束则变赤红色。在这些变色维管束内及附近组织中,很容易检察到病菌的菌丝体和分生孢子。

2)**检疫处理** 严禁从国外病区输入感病和带病的香蕉类植物。输入香蕉苗必须来自无病区,并执行严格检验检疫,若发现有可疑的镰刀菌时,用粉蕉和西贡蕉苗进行接种试验。输入的种苗应在隔离区种植观察 2 年,确保不带有该菌,方可推广种植。

选用无病的繁殖材料。供种植的吸芽必须取自无病区,或用分生组织培养技术繁殖无病香蕉苗,供大田商业性种植。

隔离病区、毁灭病株和处理病土。香蕉园或香蕉种植区发现病株后,应实行隔离封锁措施,禁止疫区香蕉苗、土壤、农具进入无病区。

此外,对发病区选用抗病品种、加强栽培管理及使用药剂防治可减轻病害的危害程度。

三、玉米指霜霉

1. 简史与分布　　玉米指霜霉在1897年由Raciborski发现,在印度尼西亚爪哇岛为害玉米,故也称爪哇霜霉病,其发病率20%～30%,年损失40%。该病分布在印度、印度尼西亚、索马里、刚果(金)、刚果、澳大利亚、前苏联和中国。20世纪60～70年代,在我国广西、云南造成严重危害,当地称之为"白菌病"。

2. 生物学特性

1) 病害症状　　玉米指霜霉病菌为局部和系统侵染,病叶色泽苍白,形成初期黄白色、后期颜色变深,潮湿时长出白色霜霉状物。有时病菌在坏死组织里产生卵孢子。病株生长缓慢、矮化、不结果穗或穗小粒瘪。玉米幼苗全株呈淡绿色,逐渐变黄枯死。成株发病,常从部叶片的基部开始,产生淡绿色条纹,逐渐向上发展,成为黄白色条斑,而后互相联合,叶背产生白色霉状物。后条斑变褐,病叶枯死,病株矮化。

2) 病原特征　　玉米指霜霉病菌[*Peronosclerospora maydis*(Racib.)Shaw]属卵菌纲(Oomycetes)霜霉目(Peronosporales)。玉米指霜霉病菌导致爪哇玉米霜霉病。

病菌孢囊梗无色透明、基部细,有一分隔,上部肥大呈二叉状分支2～4次。末次小梗近于3分叉状,孢囊梗长150～300μm,小梗近圆锥形弯曲,顶生一个孢子囊。孢子囊无色,长椭圆形或近球形,着生部略圆或稍突起,大小为(28～45)μm×(16～22)μm,未发现卵孢子。

3) 寄主范围　　病菌的寄主有玉米、甜根子草(*Saccharum spontaneum*)、墨西哥类蜀黍(*Euchlaena mexicana*)、羽高粱(*Sorghum plumosum*)、摩擦草属(*Tripsacum*)和狼尾草属(*Pennisetum*)。

4) 生物学特性　　植物表面有露水覆盖时,温度24℃以下,适于孢子囊产生,夜间3～4时为产孢高峰。孢子囊在培养皿内保湿10h,即失去侵染力,但是在幼嫩的玉米叶上,20h后仍有侵染力。孢子囊在植物吐水中萌发率最高。种子含水量在18%以上时,病菌可存活30d。种子干燥后(含水量在9%左右),其内部菌丝全部失活,不再传病。

3. 检验检疫方法

1) 产地检疫　　在发病期对产地幼苗和成株的症状进行诊断,并对病部病原菌进行镜检。症状诊断时注意与玉米病毒病(呈褪绿或黄绿色条斑,株矮化、节间短)、生理性病害或遗传性病害(白色条斑从叶尖至基部,单株发生)和萎缩病(紫红色或褐色条斑)等病害的区别。

2) 室内检验

(1) 保湿培养检验法。用吸水纸保湿培养玉米种子,诱导出病菌繁殖体后镜检。将来自疫区的高粱、玉米包装材料,将其保湿一周或埋在灭菌土壤中一周,使组织腐烂分解,然后镜检。

(2) 洗涤检验。检验种子外部是否附着卵孢子。

(3) 种子部分透明染色检验。检查种子的种皮和种胚等部位是否带有菌丝体和卵孢子。霜霉菌菌丝长而分枝,粗壮,无隔多核。本法只能检查种子是否带有霜霉菌,不能确定是何种霜霉菌,也不能确定其侵染性。

(4) 种植检验。将种子播于灭菌土壤中,观察幼苗的系统症状,直至出苗5周以后。

3) 检疫处理　　禁止从东南亚国家和美国等疫区进口玉米种子。

种子处理。收获后晒种，降低种子含水量，并储存40d以上，使种子内菌丝体死亡。用25%瑞毒霉(metalaxyl)可湿性粉剂，以每100kg种子用200g药(有效成分)拌种防治玉米的菲律宾指霜霉，以每100kg种子100g药(有效成分)拌种防治玉米高粱指霜霉效果均好；而每100kg种子用有效成分400g或600g拌种，对种子萌发和幼苗生长有轻微的抑制作用。

四、大豆疫霉根腐病菌

1. 简史与分布 该病菌于1948年发生在美国印第安纳州。现分布于美洲的美国(24个州)、加拿大、巴西、阿根廷；欧洲的俄罗斯、白俄罗斯、乌克兰、匈牙利、德国、英国、法国、瑞士、意大利；非洲的埃及、尼日利亚；大洋洲的澳大利亚、新西兰；亚洲的中国、印度、日本和哈萨克斯坦。1989年在我国东北大豆产区第一次分离到大豆疫霉，现国内于黑龙江、吉林、安徽、河南、江苏和浙江等省的局部地区有分布。

大豆疫霉病在大豆各生育期均可发病，苗期较成株期易感病。该病引起根腐、茎腐、植株矮化、枯萎和死亡。一般发病田减产30%~50%，高感品种减产50%~70%，严重地块绝产，为毁灭性病害。被害种子大多是不成熟的青豆，蛋白质含量明显降低。

2. 生物学

1) 病害症状 苗期症状主要表现在：播种后引起种子和幼芽出土前腐烂和出土后幼苗猝倒。病苗主根变深褐色，侧根腐烂。病茎由地表到第一分枝处出现水渍状病斑，以后因腐生菌侵染，茎部溃烂而倒伏。感病植株叶片黄化。

成株期症状主要表现在：成株受害，初期下部叶片叶脉间和叶缘变黄，上部叶片失绿，随后整株枯萎死亡，凋萎叶片常不脱落。主、侧根腐烂，茎基部出现黑褐色溃疡病斑，病变部位向上扩展，有的在茎部断续出现，发病节位高达11~12节。病茎髓部变黑，皮层和维管束组织坏死。靠近病斑的叶柄基部变黑、凹陷，叶片下垂凋萎，呈"八"字形，但不脱落。受害植株叶片由下而上发黄，随即整株枯萎死亡。侵染较晚的植株可以结实，但豆荚基部呈水渍状，病部逐渐向端部扩展，整个豆荚变褐干枯。病荚中豆粒表面淡褐色、褐色至黑褐色，无光泽皱缩干瘪，部分种子表皮皱缩后网纹状，豆粒变小。根部被侵染，主根生长缓慢衰弱，呈黑褐色腐朽。

2) 病原特征 该病原菌属卵菌纲(Oomycetes)霜霉目(Peronosporales)腐霉科(Pythiaceae)疫霉属(*Phytophthora*)大雄疫霉大豆专化型 *Phytophthora megasperma* (Drechs.) f. sp. *glycinea* Kuan & Erwin。

病菌在PDA培养基上生长缓慢，气生菌丝致密，幼龄菌丝体无隔多核，分枝大多呈直角，在分枝基部稍有缢缩，菌丝老化时产生隔膜，并形成结节状或不规则的膨大。膨大部球形、椭圆形，大小不等。菌丝宽3~9μm。在利马豆培养基和自来水中可以形成大量孢子囊。孢囊梗单生，无限生长，多数不分枝。孢子囊顶生，初梨形，顶部稍厚，乳突不明显。新孢子囊在旧孢子囊内以层出方式产生，孢子囊不脱落，大小为(23~89)μm×(17~52)μm，平均为58μm×38μm。游动孢子在孢子囊里形成，卵形，一端或两端钝尖，具两根鞭毛，尾鞭长为茸鞭的4~5倍。用胡萝卜或利马豆固体培养基培养，一周后可产生大量卵孢子。该菌同宗配合。雄器侧生，偶有穿雄生。藏卵器壁薄，球形至扁球形，直径29~46μm。卵孢子球形，直径19~38μm，有内壁和外壁，壁厚1~3μm，成熟和休眠态卵孢子细胞质呈颗粒状，中心有折光体，边缘有一对透明体。在白芸豆琼脂培养基平板上，菌落边缘整齐，菌丝致密，气生菌丝白色，菌落前沿有环形半透明带(淀粉利用带)，菌落上可大量产生卵孢子。

3）寄主范围　　大豆疫霉病菌寄生专化性较强，主要侵染大豆。此外，还可为害羽扇豆、菜豆、豌豆、双花扁豆、红花、欧芹、甜菜、菠菜、胡萝卜、马铃薯、番茄、甘蔗、紫苜蓿、低地三叶草等。

4）生物学　　菌丝生长最适温度 20～25℃，最高 32～35℃，最低 5℃。孢子囊直接萌发产生芽管的最适温度为 25℃，产生游动孢子或小型孢子囊的温度为 14℃，卵孢子的萌发适温为 23～27℃，且需光照。卵孢子的抗逆性强，可在土壤中存活多年。

3. 检验检疫方法

1）种子带菌检验　　大豆种子表面带菌采用常规洗涤检验。带菌种子表皮上有大量卵孢子，肉眼可见灰白色霉层。检查种皮里的卵孢子，可将豆粒放在 10% KOH 溶液中处理，取出后剥下种皮，制片镜检。判断大豆疫霉菌卵孢子死活，可用 0.05% MTT 染色，在显微镜下观察卵孢子颜色，被染上蓝色的为已打破休眠、可以萌发的卵孢子，玫瑰红色的表示处于休眠中的卵孢子，黑色的和未染上颜色的表示已死亡的卵孢子。须注意严格区分疫霉菌和霜霉菌的卵孢子。

2）病残体检验　　将大豆根、茎、叶、荚病部用乳酚油透明后，镜检卵孢子。

3）土壤诱集检验　　将风干的土壤，加蒸馏水湿润，使土壤接近或达到饱和状态，光照条件下培养 4～6d，加适量蒸馏水浸泡，使土表距水面不超过 15mm，加感病大豆品种的 5mm 叶碟诱集 6～24h，取出叶碟用蒸馏水培养，1～3d 后检查叶碟边缘有无孢子囊。获得单游动孢子菌株后，以形态特征和致病性作为最终鉴定结果。

4）血清学检验　　将可疑病根或诱集后的叶碟磨碎（抗原）后进行 ELISA 检测。

5）分子生物学检验　　制作 DNA 探针或利用 mtDNA 的 RFLP 技术，可鉴别病原菌。

6）检疫处理　　种子处理。对发现带有病菌的种子或可疑种子，可用甲霜灵、杀毒矾等杀菌剂按种子量 0.4% 拌种进行种子处理。

甲霜灵处理土壤沟施可用每公顷 113.4g 的药量，施成 18cm 宽的药带，用药量为每公顷 454g，还可用种子重量 0.4% 的杀毒矾闷种。

五、马铃薯癌肿病菌

1. 简史与分布　　马铃薯癌肿病最初于 1888 年在匈牙利发现，后来在英国和德国相继出现。目前该病已在欧洲、北美洲的其他许多国家蔓延开来，如芬兰、罗马尼亚、瑞典、比利时、挪威、葡萄牙、奥地利、法国、西班牙、德国、荷兰、卢森堡、瑞士、爱尔兰、冰岛、丹麦、捷克斯洛伐克、匈牙利、意大利、前南斯拉夫、罗马尼亚、保加利亚、希腊、突尼斯、前苏联、美国、加拿大；南美的墨西哥、厄瓜多尔、秘鲁、巴西、玻利维亚、智利、阿根廷、乌拉圭等；非洲的肯尼亚、坦桑尼亚、津巴布韦、南非；亚洲的日本、缅甸、尼泊尔、印度；中东的巴勒斯坦、黎巴嫩、以色列；澳大利亚、新西兰也有发生。

20 世纪 80 年代以来，马铃薯癌肿病已在我国四川和云南两省局部地区有发生。癌肿病对马铃薯的产量和品质影响极大，此病不仅在田间影响产量，而且冬季贮藏期间在窖内也极容易引起腐烂。此外，严重影响薯块的品质，多数病重的薯块完全不能食用，轻病薯块也难以煮烂。

2. 生物学

1）病害症状　　病菌为害马铃薯的地下部分，块茎、匍匐枝和茎上形成癌肿是马铃薯癌肿病最初的明显特征。癌肿症状一般不发生在根和叶上。

受害的地下茎基部、块茎、匍匐茎等部位的寄主细胞增殖，长出肿大畸形的癌瘤。癌瘤初为淡白色，后逐渐变为粉红到黄褐色，最后变黑褐腐烂，腐烂的癌瘤流出褐色黏液，并有难闻的气味。

薯块症状：发育中的幼薯受到侵染，则整个幼薯畸形。在较大的薯块上主要是从芽眼处开始侵染。芽眼附近形成表皮成波浪状的癌瘤，发展成增生组织。癌瘤的大小、个数因品种的感病性、侵染的迟早、侵入点的多少、发展程度而异。

匍匐茎症状：在匍匐茎上如有癌瘤出现，很快就会出现绿色，同时外观酷似未成熟的菜花。在罹病的匍匐茎上没有块茎形成，但匍匐茎仍能继续生长。罹病的地方越多，匍匐茎上的癌瘤越多。往往在一根匍匐茎上生长一长串4～5个癌瘤。

高度感病的品种，其地上部分也可表现出肿瘤症状。后期比健株保持绿色时间长。主枝与分枝或分枝与分枝的腋芽处及茎尖等部位，可长出如菜花花蕾状或鸡冠状的小癌瘤，初为绿色，逐渐变为褐色，最后变黑腐烂。长了癌瘤的枝条纤细，节间短，早期易枯死。高度感病的品种，其株丛还能增生许多细枝，好似丛枝病。叶背、茎秆、花梗、花等等器官背面可产生绿色、无叶柄、有主脉、但看不出支脉的丛生小叶。以叶背长出的丛生小叶更为普遍。尤其以主脉附近和叶缘发生最多。丛生小叶多密集呈小花冠状，叶片的颜色渐变黄进而变黑腐烂、脱落。

2) 病原特征　　病原菌为内生集壶菌[*Synchytrichum endobioticum* (Schilb.) Perc.]，属于壶菌目集壶菌属。该菌不形成菌丝体，为专性寄生菌。它可以产生夏孢子囊和休眠孢子囊。

夏孢子囊产生于夏孢子堆中，每个夏孢子囊堆发育成4～9个卵形或近球形的夏孢子囊，壁薄、无色，其大小为(40.3～77)μm×(31.4～64.6)μm，游动孢子和配子形态上无明显差异，梨形或卵形、单鞭毛、单核，其大小为2～2.5μm。但配子具有不同性别。

3) 寄主范围　　马铃薯癌肿病菌能侵染较多的茄科植物，除马铃薯外，番茄是特别容易罹病的植物。

4) 生物学特性　　休眠孢子囊是由配子接合后的接合子侵入寄主后发育而成。休眠孢子球形或卵形，局部有规则脊突，金黄褐色，其大小为40～80μm，壁厚，分为三层，内壁薄而无色，中层金黄褐色，外壁厚，色较暗。休眠孢子囊须经过相当长的休眠时间才能萌发。萌发时休眠孢子囊中释放出许多游动孢子。灌溉或雨水是夏孢子囊和休眠孢子囊及游动孢子释放、扩散、侵入寄主的重要条件。在湿度具备的前提下，温度在12～24℃都会发生侵染。在田间降温平均温度21℃情况下，最适合侵染。休眠孢子囊抗逆力很强，在100℃的湿热下，经2.5min或60℃的湿热下经2h才能被杀死。休眠孢子囊通过牲畜的消化道后仍能存活。

在薯块生长末期，当癌瘤的块茎遗留土中，病组织腐烂，休眠孢子囊散落土中。这些休眠孢子囊，在萌发之前，需经过胞核的反复分裂，发育成200～300个单倍体的游动孢子。在萌发时，休眠孢子囊内壁膨胀的压力，使厚的囊壁破裂而导致游动孢子散落土中，9～12年后还有一些孢子存活。

3. 检验检疫方法

1) 检验方法　　诊断要点是块茎、匍匐茎等部位表皮细胞膨大形成癌瘤。癌瘤从最初的淡白色变为粉红到黄褐色，最后变黑褐腐烂，腐烂的癌瘤流出褐色黏液，具有难闻的气味。

2) 检疫处理　　遵照我国对外检疫的有关规定，严格审批和检验检疫手续，严禁从国外马铃薯癌肿病疫区引种，防止国外生理小种的传入。在国内要划出癌肿病"疫区"，无病区切勿到疫区去引种、调运或购买马铃薯等。

对于病区，可采取以下防治措施。

（1）与玉米、甘薯、油菜和芥子等作物轮作，彻底铲除隔年生马铃薯，提高轮作效果。选育和推广抗病丰产品种，逐步淘汰感病品种。欧美等地许多国家都是通过种植抗病和免疫品种使此病得到控制的。

(2) 种植无病种薯。病区建立无病留种田，供应大田生产用种。

(3) 改进栽培措施。采用双行垄栽培，降低田间湿度。增施肥料，提高植株的生长势和抗病力；彻底清除田间病薯，病残体集中烧毁；严禁用病薯或病残体作肥料。

(4) 生物防治及药剂防治。在染菌的土壤内使用对癌肿病有拮抗作用的放线菌，能明显减少侵染。三唑酮防止此病效果显著，每亩用 15%三唑酮可湿性粉剂 400~500g。

六、苜蓿黄萎病菌

1. 简史与分布 苜蓿黄萎病又称苜蓿轮枝孢萎蔫病，1918 年最早发现于瑞典，第二次世界大战前后传入西欧大陆和英国，然后向东欧和南欧扩张。1938 年德国开始报道，1962 年传入加拿大，但是未能定殖。1976 年在美国华盛顿州突然发生，哥伦比亚河流域发现大批病株，翌年在毗邻的加拿大不列颠哥伦比亚省也发现该病。1980 年传入日本北海道。该病目前分布在日本、新西兰、欧洲、美国、加拿大、墨西哥等地。

2. 生物学

1) 病害症状 苜蓿受害后表现为黄化、矮缩、萎蔫等症状。发病初期叶尖和叶缘开始变黄色或黄紫色，主要的鉴定特点是：由叶尖向下形成"V"字形褪绿斑，植株上部叶片常沿中脉对折。叶片变为浅黄色，最后呈黄白色至全株干枯。病株叶腋部产生的分枝细而短。病株的高度常为健株的 2/3 或 1/2。剖开病茎可见维管束呈黄色至深褐色。田间湿度大时有时可见枯死的病茎表面有一层灰白色的霉层（即为病菌的分生孢子梗和分生孢子）。

2) 病原特征 病菌为黑白轮枝菌（*Verticillium albo-atrum* Reinke et Berth.），属于轮枝菌属。另据有关资料报道，大丽花轮枝菌（*Verticillium dahliae* Kleb.）也可以产生相似的病害症状。在 PDA（马铃薯葡萄糖琼脂培养基）和 MA（麦芽浸汁琼脂培养基）平板培养基上，黄萎轮枝孢菌落白色至浅灰色，绒毛状，后因形成黑色休眠菌丝菌落中部变为黑褐色。分生孢子梗直立，有隔，无色至淡色，而在植物基质上产生的分生孢子梗基部膨大呈暗色。梗上每节轮生 2~4 个小梗，可有 1~3 轮。小梗(20~30)μm×(1.4~3.2)μm，其端部的产孢瓶体连续产生分生孢子，聚集成无色或淡色易散的头状孢子球。有时小梗可以二次分枝。分生孢子椭圆形、圆筒形、无色，单胞，个别有一隔膜，(3.5~10.5)μm×(2~4)μm。形成的黑色菌丝直径 3~7μm，分隔规则，隔膜间膨大，呈念珠状，有时集结成菌丝结或瘤状菌丝体，不产生厚垣孢子和微菌核。

3) 寄主范围 黄萎轮枝孢病菌寄主十分广泛，已知寄主达 600 多种植物。但是侵染苜蓿的菌系寄主范围相对狭窄，具有较强的寄主专化性。现已发现黄萎轮枝孢苜蓿分离菌系能侵染苜蓿、番茄、马铃薯、草莓、冠状岩黄苗（*Hedysarum coronarium*）和红花菜豆等。另外，羽扇豆、豌豆、驴喜豆、大豆、红三叶草、白三叶草、草木樨、罗马甜瓜（*Cucumis melo* var. *cantalupensis*）、茄子、忽布、西瓜等带菌但是不表现症状。人工接种大豆、花生、杂三叶草和茄子等植物都能够表现严重症状。

苜蓿黄萎病是典型的土传病害，农业机械工具和人畜携带病田土壤和病残体是最有效的田块间传播途径。病菌通过羊的消化道后仍能存活，所以食用病残体的牲畜粪便也可传播。田间借气流传播孢子，翻地、浇水等农事操作也是传播途径之一。此外，切叶蜂、蝗虫、蚜虫等昆虫也可进行传播。Huang 等(1981)首先发现昆虫可以传播分生孢子，豌豆蚜（*Acyrthosiphon pisum*）、苜蓿象甲（*Hypera postica*）、苜蓿切叶蜂（*Megachile rotundata*）等多种昆虫可以传播。带病菌的种子通过调种可进行远距离传播。

4)生物学特性　黄萎轮枝孢病菌在琼脂培养基平板上的生长适温是22.5℃，在30℃时不能生长，然而苜蓿分离菌系的生长适温较高，在20～25℃生长良好，在15℃和27℃生长较差，5℃和33℃条件下停止生长。20～27℃温度下，在PLYA（梅干煎汁酵母琼脂培养基）平板上培养20d后产生暗色菌丝体。

3. 检验检疫方法

对于原产地不详和原产地发病情况不明的或者有可能带菌的种子应该进行种子带菌检验，常用的检验方面如下。

1)琼脂培养基检验法　适用于检验内部带菌种子。检验种子经表面消毒后，用无菌水充分洗涤，置于PLYA培养基或Christen选择培养基平板上，22℃培养14d左右，根据菌落特点和分离菌形态，检验带菌种子。观察培养皿底部，带菌种子周围的菌落有暗色休眠菌丝体形成的辐射状结构。必要时挑取病原菌镜检鉴定。

2)2,4-D吸水纸培养检验法　用0.2% 2,4-D钠盐溶液浸渍吸水纸，然后将吸水纸铺在9cm直径的培养皿底部。苜蓿种子可不经表面消毒，每皿等距放入25粒种子，然后将培养皿移入20～25℃条件下培养。每昼夜用黑光灯（或日光灯）照明12h，10d后取出培养皿，用体视显微镜(25-50X)逐粒检查种子上的轮枝状分生孢子梗和分生孢子着生状况。该方法适用于快速检验大量种子。若必须检查种子外表带菌，则可先用灭菌水洗涤种子，取定量洗涤液在Czapeki培养基平板上展布培养，然后选取类似轮枝孢菌落，挑取孢子接种PLYA培养基或Christen选择性培养基，做进一步检查。

3)检疫处理　种子处理。对带菌或可疑种子可选用50%多菌灵可湿性粉剂500倍液浸种2h，或用种子重量2‰的50%福美双可湿性粉剂拌种。由无病地区或无病田块选留种子，田间发现中心病株应及时拔除，并进行销毁，减少传播蔓延。及时清除田间病残体，减少初侵染源。在发病初期，可选用50%多菌灵可湿性粉剂500倍液，或50%甲基托布津可湿性粉剂500倍液灌根。

七、瓜类细菌性果斑病菌

1. 简史与分布　西瓜细菌性果斑病最早于1969年在美国佛罗里达州被发现。但因发生并不严重，一直未引起注意。直到1989年才真正受到重视。目前，美国许多西瓜栽培地区都有发病记录。

我国从1986年开始，就不断有人发现和报道该病在国内的发生和为害情况。1998年张荣意对海南省病瓜进行了病原鉴定，认为是细菌性果斑病。我国的果斑病菌估计是由境外种子公司在中国繁种时传入的。目前主要分布在美国、印度尼西亚、土耳其等国家。

2. 生物学

1)病害症状　病菌感染西瓜子叶，产生水渍状病斑，并沿主脉逐渐发展为黑褐色坏死病斑。随后感染真叶，形成不明显的褐色小斑，周围有黄色晕圈。通常沿叶脉发展，对植株的直接影响不大，但却是感染果实的病菌的重要来源。植株生长的中期，叶片上的病斑很少，通常不显著，暗褐色，略呈多角形，病叶很少脱落。开花后14～21d的果实容易感染。果实上症状随西瓜品种不同而异。典型的症状是在西瓜果实朝上的表皮，首先出现水渍状小斑点，随后扩大成为不规则的大型橄榄色水渍状斑块。发病初期病变只局限在果皮，果肉组织仍然正常，但将严重影响西瓜的商品价值。发病中期以后，病菌可单独或随同腐生菌蔓延到果肉，使果肉变成水渍状。发病后期受感染的果皮经常龟裂，并因杂菌感染而向内部腐烂。有些品种果实受感染后，仅出现龟裂的小褐斑，而无明显的橄榄色水渍状斑块，但病菌已侵入果肉组织，造成严重的水渍状病症。病斑上常有黏稠、褐色的菌脓溢出。接触地面的果面无病斑。瓜蔓、叶柄和根部通常不被侵染。

2) 病原特征　　此菌1988年首次被鉴定为类产碱假单胞菌西瓜亚种(*Pseudomonas pseudoalcaligenes* subsp. *citrulli*)，后来根据病菌的rRNA-DNA和DNA-DNA分子杂交研究结果，将其更改为燕麦食酸菌西瓜亚种(*Acidovorax avenae* subsp. *citrulli*)。

菌体呈短杆状，大小为$(2\sim3)\mu m\times(0.5\sim1.0)\mu m$；极生鞭毛1根，鞭毛长$4\sim5\mu m$，无芽孢，革兰氏染色阴性。在KB培养基上28℃培养2d，菌落乳白色、圆形、光滑、全缘、隆起、不透明，菌落直径$1\sim2mm$无黄绿色荧光。对光观察菌落周围有透明圈。在YDC培养基上菌落白色。

3) 寄主范围　　寄主主要有西瓜、罗马甜瓜、哈密瓜、蜜露洋香瓜和网纹洋香瓜等。该病菌人工接种可感染其他葫芦科植物(黄瓜、甜瓜、节瓜、瓠瓜、南瓜、丝瓜、苦瓜、西葫芦)及番茄、胡椒、茄子等。

4) 生物学特性　　病菌耐盐性为3%。最适生长温度为$24\sim28℃$，41℃能生长。低温下在种子上可存活相当长的时间。带菌种子储存在12℃下可存活1年，传病率也不降低。

3. 检验检疫方法　　果实和子叶上初期呈现暗绿色水渍状病斑，后病斑表面溢出大量乳白色菌脓(或用溢菌法检出菌溢)，最后全果腐烂，是本病的典型特征。无法确诊时要用如下方法检验。

1) 病菌分离和致病性测定　　一般采用平板划线分离法，对病原菌进行分离和纯化，将获得的菌株在30℃条件下培养$24\sim48h$，配成10^8 cfu/mL的菌悬液，采用高压喷雾法、针刺法接种到健康无病西瓜苗和果实上，28℃保湿$24\sim48h$。同时将菌悬液用灭菌注射器注入成熟的烟草叶片内，48h后观察是否有过敏性坏死反应发生。

2) 分子检测　　任毓忠等(2004)采用PCR技术，用分别对应于西瓜果斑病菌标准菌株16S rRNA的$293\sim310bp$和$652\sim669bp$的2个特异性引物(预期扩增出长度为360bp的特异性片段)，用水或PBST浸泡哈密瓜带菌种子的浸提液直接作模板，对市售的11个哈密瓜品种的种子带菌情况进行检测，结果检测出8个品种携带瓜类果斑病菌。

3) 检疫处理　　严把种子关，加强西瓜等葫芦科作物种子的进口检疫，阻止带菌种子进入我国和传播蔓延。对要求来内地制种的境外公司必须严格把关。应从无病区采种。种苗生产过程中应避免污染病菌。生产的种子应进行种子带菌率测定。采种时种子与果汁、果肉一同发酵$24\sim48h$后，随即以1%的盐酸浸渍种子5min，或以1%次氯酸钙浸渍15min，接着水洗、风干，都可以有效去除种子携带的病菌，大幅度降低田间发病率，对种子发芽无不良影响。

八、柑橘黄龙病菌

1. 简史与分布　　黄龙病在我国发现最早，20世纪20年代在华南地区即为人们所知，因广东潮汕地区称梢为"龙"而得名于黄龙病，Reinking(1919)记述了华南柑橘上的一种黄叶斑驳病。印度在18世纪即对梢枯病有文字记录，但不能确定由黄龙病病原引起，至1929年才首次有准确记录。目前主要分布于亚洲的菲律宾、印度尼西亚、泰国、马来西亚、孟加拉国、印度、巴基斯坦、尼泊尔、越南、日本、中国、沙特阿拉伯、也门；非洲的布隆迪、喀麦隆、中非、科摩罗、埃塞俄比亚、肯尼亚、马达加斯加、马拉维、毛里求斯、留尼旺、卢旺达、索马里、南非、斯威士兰、坦桑尼亚、津巴布韦；南美洲的巴西。

黄龙病已在我国广东、广西、海南、福建、四川、云南、贵州、江西、湖南、浙江、台湾等省（自治区）发生。

2. 生物学

1) 病害症状　黄龙病枝叶症状有 3 种类型，即黄化型、斑驳型和类缺素型。

(1) 黄化型。开始发病时，在绿色树冠顶部部分新梢的叶片不转绿，均匀黄化，直立。

(2) 斑驳型。叶片转绿后黄化，多数从主、侧脉附近和叶片基部开始黄化，黄化部分逐渐扩散形成黄绿相间的斑驳，最后也可全叶黄化脱落。

(3) 类缺素型。主侧脉附近保持绿色，而脉间叶肉组织黄化，类似于缺锌缺锰症状。

非洲青果病症状可发生在柑橘各个部位，病树或病枝大量落叶，非正常季节萌芽现蕾，严重时梢枯。一般而言，叶部症状有两种，主要症状为沿叶脉黄化或斑驳，其次为叶小、直立，呈现多种多样的褪绿图案，类似于缺锌和缺铁诱发的症状（病叶经分析发现钾含量高，钙、镁、锌含量低）。病果小、偏斜、味苦（可能是由于高酸低糖），许多果实在成熟前脱落，而留在树上的果实着色不正常，遮阴面一直保持绿色，柑橘青果病便由此而得名。重病果的种子通常畸形。病树根系发育不正常，细根少，新根生长受遏制，动根即开始腐烂。

2) 病原特征　1995 年才将柑橘黄龙病病原归为韧皮部杆菌属（*Liberobacter*），该属有 2 个种：亚洲韧皮部杆菌（*L. asiaticus*）（又称亚洲种，耐热型），引起柑橘黄龙病。可由柑橘木虱传播，也可嫁接传染。适应较高温度，主要为害甜橙和宽皮橘。非洲韧皮部杆菌（*L. africanus*）（又称非洲种，温敏型），引起青果症状。由非洲柑橘木虱传播，适应较低温度，主要为害甜橙。

此外，最近巴西圣保罗州柑橘上发现黄龙病，但用黄龙病菌通用引物做 PCR 检测为阴性，认为是一新种，命名为美洲韧皮部杆菌（*L. americanus*），也是柑橘木虱传播。南非最近从一种芸香科观赏植物上通过 PCR 发现一种新的韧皮部杆菌，此菌与非洲型更为接近，定名为非洲韧皮部杆菌的一个亚种 *L. africanus* subsp. *capensis*。

柑橘黄龙病原寄居于植物韧皮部，有较薄的细胞壁，对青霉素和磺胺嘧啶敏感。在电镜下看到其形态为梭形或短杆状的细菌，革兰氏染色反应阴性。目前还不能人工培养。

3) 寄主植物　南非的青果病（非洲型）主要是一种甜橙病，瓦伦西亚甜橙比脐橙病症更明显；血红甜橙比哈姆林橙更感病；宽皮橘发病特别重；柠檬上发病轻，发病最轻的是酸来檬。

在中国香港、印度和菲律宾，甜橙和宽皮橘最易感染黄龙病（亚洲型），来檬、柠檬、甜橙和葡萄柚较耐病，枳壳相当耐病。

黄龙病菌经人工接种可侵染柑橘属多种植物，以及芸香科其他属如金柑属、九里香属、酒饼簕属、木橘属的植物。黄龙病菌可经菟丝子传到草本的长春花上，为提取病原、制备抗血清提供了条件。

4) 生物学特性　亚洲型菌系的介体木虱耐极端温度，但对多雨高温敏感，喜欢干热天气而不适应湿冷条件，早春和夏季虫口高，而在春季多雨期虫口明显降低。此介体可耐受短期低温，在自然条件下 -3℃、24h 有 45%存活；在实验条件下 -5℃、24h 有 36%存活。亚洲黄龙病在冷凉和炎热条件下症状明显，但较高温度似更有利发病。

非洲青果病在冷凉条件下（晚上 22℃、8h，白昼 24℃、16h）症状更重，而在 27～30℃不显症状；温度更高，持续时间更长，可以完全钝化病原物。在南非，冷凉地区比低洼炎热地区的叶部症状更明显，冬季症状更明显，海拔 900m 处症状最重，而在海拔 360m 处一般不显症状。在肯尼亚（该国在赤道上），青果病仅在海拔 700m 以上发现。非洲型菌系的介体木虱对热敏感，在室内试验条件下，高温(32℃)可杀死各虫态木虱；27℃使木虱快速发育但死亡率达50%；而在21℃有90%存活。在南非，冷湿高地果园，木虱的寄主植物发芽时间长，对木虱取食有利。

3. 检验检疫方法

1) 产地检验　　识别黄龙病的主要依据是黄化和斑驳症状。一般始病期仅有1～2个新梢的叶片停止转绿，逐渐变黄发硬，失去光泽，有革质感，常发生于夏梢和秋梢。叶转绿后着重调查斑驳型症状。此症状多发生在长势旺的柑橘树。发病后期注意调查类缺素型症状。

黄龙病症状易与缺素、淹水、树干或枝条受天牛为害或机械损伤、脚腐病等引起的黄化相混，但黄龙病叶小、狭尖、质硬，可与缺素症区分。缺氮引起的均匀性黄化和缺锰锌引起的叶脉间黄化都是全株性的，而黄化病最初发生时仅个别梢的叶片黄化，另外前者追肥后可恢复，而追肥对黄龙病无显著影响，更无法使其恢复正常。虫伤和机械损伤引起的黄化可在树干或枝条上发现蛇口、孔或伤口。脚腐病引起的黄化症可根据茎基部树皮是否变褐腐烂、发臭、流胶而与黄龙病区分。淹水引起的黄化在搞好排水工作之后可恢复正常，而黄龙病树不能恢复正常。水淹造成的黄化叶质软。

调查的重点应放在易感品种上，如焦柑、椪柑、茶枝柑和福橘。传病虫媒柑橘木虱也是田间调查的项目之一。对一些怀疑的病树，可将其重修剪，并加强肥水管理，促使萌发新梢，若为黄龙病，新梢叶片往往表现明显的斑驳或黄化。

2) 药物诊断　　黄龙病菌对四环素族抗生素和青霉素都很敏感，故可用这些抗生素处理可疑树的枝条，根据症状是否恢复而与其他原因引起的黄化症区分开来。

鉴定时可从可疑树采病芽条数十枝，分为两组，一组用清水浸泡2h；另一组用适当浓度的抗生素溶液浸泡2h。水洗后，分别用含2～3个芽的枝段腹接于椪柑实生苗上。设阳性对照(未经抗生素处理的典型黄龙病接穗)和阴性对照(无病实生苗接穗)。若被鉴定的接穗用抗生素处理后不发病，而用清水浸泡的发病，症状与阳性对照相同，则证明该树为感染黄龙病的病株。

3) 荧光显微镜检查　　根据最近的研究，用荧光显微镜检查病材料，在韧皮部可发现多个特异性的黄色荧光团块，而在健康材料和其他原因引起的黄叶中无此现象，这是一种较快速的检验方法。

4) 血清学检测　　由于黄龙病菌难以大量提纯，多克隆抗体中可能含有植物成分的抗体，在检测时可能出现假阳性，因此目前许多国家都在发展单克隆抗体检测技术。法国的加尼尔(Gar-nier)和波武(Bove)首先用长春花病株组织制备了印度分离菌和非洲分离菌的单克隆抗体，在ELISA试验中可识别印度、菲律宾、留尼旺岛以及非洲的分离菌。这几个单克隆抗体与中国、泰国、马来西亚和印度某些地区的分离菌不反应，也不与印度青果病病原起反应。

5) PCR检测技术　　利用已知的16S rDNA碱基序列设计引物做PCR检测，最近有人利用β-操作元的核糖体蛋白基因碱基序列设计引物，不仅可检出黄龙病菌，还可区分亚洲型和非洲型。

6) 检疫处理　　严格实行检疫。一方面要杜绝病区苗木输出，另一方面要防止传入新的株系。据报道，非洲型青果病原和亚洲型青果病原在耐温性、传病介体方面不同，若传进了非洲型青果病原，可能会增加防治的复杂性。

培育无病苗木。无病苗木所用接穗应采自3～5年间未发现病状的母本树，嫁接前用50℃的1000mg/L四环素溶液浸泡10min消毒。砧木种子也要消毒。可用茎尖嫁接获得无该病菌的植株。无病苗圃应选择没有木虱发生的无病区，周围5～10km没有柑橘树，最好有自然隔离带(高山或湖泊)。

此外，挖除病树，消灭侵染源，用四环素化学治疗和防治木虱等可以减轻发病。

九、番茄溃疡病菌

1. 简史与分布 此菌引起的番茄溃疡病于 1909 年在美国密歇根州首次发现，目前在非洲、北美洲、南美洲、亚洲、欧洲、大洋洲许多国家发生，几乎所有产番茄的国家都有此病。此病在我国发生历史不长，分布也不广。亚洲：中国、印度、伊朗、以色列、日本、黎巴嫩；非洲：埃及、肯尼亚、马达加斯加、摩洛哥、南非、多哥、突尼斯、乌干达、赞比亚、津巴布韦；欧洲：土耳其、奥地利、比利时、保加利亚、芬兰、法国、德国、希腊、匈牙利、爱尔兰、意大利、立陶宛、荷兰、挪威、波兰、葡萄牙、罗马尼亚、西班牙、瑞士、英国、乌克兰、亚美尼亚、俄罗斯、白俄罗斯；大洋洲：澳大利亚、夏威夷、新西兰、汤加；美洲：加拿大、墨西哥、美国、伯利兹、哥斯达黎加、古巴、多米尼加、巴拿马、阿根廷、巴西、智利、哥伦比亚、秘鲁。

2. 生物学

1) 病害症状 番茄溃疡病可以引起不同类型的症状。种子带菌或病菌从伤口直接侵入维管组织时，通常首先出现系统侵染症状，尤其是萎蔫症状。但若病菌从自然孔口如水孔或表皮毛侵入，则先出现局部症状，如叶缘坏死、叶斑。局部侵染区内的细菌一旦进入维管束，也可导致系统症状。症状类型还与株龄、侵染位点、品种感病性和环境条件有关，因此单凭症状还不能确诊此病。

叶缘坏死是局部侵染的早期症状，常发生在下部叶片上，叶缘变褐，干焦，界限分明，有时在枯缘与绿色组织之间有一窄条黄色组织，坏死区渐变宽，可造成小叶、叶和全茎枯萎。在温室幼苗上喷雾接种，可在子叶和小叶上产生白色小疱状斑，但此症状在田间少见，不过有些年份在田间植株茎上出现白色至褐色斑点。

果实上出现鸟眼状斑，中间褐色，外有白晕，直径大于 0.3cm，这种特殊病斑常被认为是田间诊断最可靠的依据，但辣椒疮痂病菌侵染番茄幼果时，初期也有类似的变白症。

幼苗时系统感染的番茄植株可较快萎蔫崩溃，而成株系统感染时病情发展慢，是渐进式的。有时小叶一侧萎蔫，但整叶最终枯死。病茎维管组织带黄色，以后变为褐色，纵切病茎在茎节处表现特别明显。

2) 病原特征 本菌为密执安棒形杆菌密执安亚种（*Clavibacter michiganensis* subsp. *michiganensis*）以前曾归于棒杆菌属（*Corynebacterium*）。病原菌棒杆状，无鞭毛，无芽孢，大小为 $(0.3\sim0.4)\mu m\times(0.6\sim1.2)\mu m$，革兰氏染色阳性，严格好氧。在 523 培养基上 28℃培养，菌落黄色，圆形，略突起，边缘整齐，光滑，不透明，黏稠状，直径 2~3mm。

能利用葡萄糖、蔗糖、阿拉伯糖、甘露糖、麦芽糖和甘油，不能利用鼠李糖、棉子糖、松三糖、甘露醇、山梨醇，而对乳糖、木糖、纤维二糖的利用在各菌株间或同一菌株重复时结果不一致。此外，供试菌株能利用苯甲酸、柠檬酸、延胡索酸、丁二酸和苹果酸，不能利用甲酸、丙二酸、草酸、酒石酸、丙酸及半乳糖酸，乙酸和乳酸在各菌株之间或不同重复实验时结果不一致。供试菌株不产生果聚糖，不能以天冬酰胺为唯一碳源和氮源。供试菌株能液化明胶，不产生吲哚，但产生 H_2S，不还原硝酸盐，石蕊牛乳还原不产生氨。其尿酶、苯丙氨酸脱解氨酶、氧化酶、色氨酸脱解氨酶反应为阴性，过氧化氢酶反应为阳性。

3) 寄主植物 侵染番茄、树番茄、心叶烟、乳茄、马铃薯、南美香瓜茄、龙葵、裂叶茄。人工接种侵染小麦、大麦、黑麦、燕麦、向日葵、西瓜、黄瓜、辣椒、茄子、布洛华丽茄、鸳鸯茉莉、洋丁香、曼陀罗、锦灯笼、蛾蝶花。

4) 生物学特性　　番茄溃疡病菌的最适生长温度是 24~27℃，最高 35℃。喜偏碱土壤（pH>8）。在土壤中的病残体上，病菌量随天数增加逐渐减少，但 850d 后仍可分离到病菌，若病残体分解，则病菌迅速减少。种子带菌率可达 53.4%。

3. 检验检疫方法　　果实上鸟眼斑的存在是检验的一个重要依据，此外还可采取以下检验程序。

1) 病菌分离和致病性测定　　病菌分离。从病果斑点和果内变色维管组织分离病原菌的成功率高。从辣椒叶斑和果斑分离也较容易成的。分离时将果斑变色维管组织切成小片，在 9mL 灭菌蒸馏水中浸泡 30min，或在几滴灭菌蒸饱水中浸解，用移植环沾菌液划线分离。

现在一般采用选择性培养基分离。迄今为止，已发展多种选择性培养基，如 SCM 培养基和 mSCM 培养基（是在 SCM 基础上改良），培养 9~12d/7~9d 后出现暗灰黏滑中央暗灰、橄白或中央黄色黏滑红色菌落。

种子带菌检测可将种子在缓冲液中研磨，悬浮液稀释后涂布在选择性培养基上，再根据菌落特征等判断。幼苗带菌检测只需将茎切断，切口在选择性培养基平板上盖印即可检测。

2) 血清学检测技术　　ELISA 检测限为 10^4cfu/mL 或 10^3cfu/孔，可用手挤压茎的切口，使汁液流入反应板上的小孔内（事先包被有抗血清）。此法可检测出无症植株中的溃疡病菌，且专一性好。但不能判断细菌是否具有活性。

将血清学技术与分离培养技术结合起来的方法叫免疫分离法，有望提高检测灵敏度和选择性。做法是，将玻棒或塑料棒包被特异性抗体，在样品提取物中俘获细菌，吸附的细菌涂布在合适的培养基上，此法大大减少了污染。

3) 核酸检测技术　　提取溃疡病菌 DNA，用限制性内切核酸酶消化之后，进行电泳分析，发现 13 个供试菌株的 DNA 都有 5.6kb 的片段，当用一个菌株近似该大小的 DNA 片段（5kb）做探针检测时，可将番茄溃疡病菌致病菌系与无毒力菌系以及所有其他细菌区分开来。用 rep-PCR 技术可区分番茄溃疡病菌与其他亚种。

4) 检疫处理　　严格检疫。严格控制境外公司来内地进行番茄制种，进口或从外省调番茄种子一定要检疫合格。一旦发现病株，应全田销毁，并在几年内不在发病地种植此菌的寄主植物。

种子处理：将果实堆在缸中发酵产酸 96h 后，捞起种子晾干，注意发酵温度不应高于 24℃，发酵过程中不加水，对灭菌有一定效果。也可用 8%盐酸浸种处理 24h，冲洗晾干后播种；53℃温水浸种 60min 或 55℃浸 30min；种子在 45℃预烘几小时，使含水量低于 10%，在 (70±1)℃烘 96h，处理后的种子发芽要迟 2~3d，但不影响发芽率。轮作和大田药剂防治可减轻危害。

十、柑橘溃疡病菌

1. 简史与分布　　柑橘溃疡病最初可能在东南亚的马来西亚地区和南亚的印度发生，以后传到亚洲其他国家。再从日本传到美国、南非、澳大利亚、新西兰等国。我国南部有此病发生。

目前此病已在亚、非、美等洲发生。亚洲：阿富汗、孟加拉国、柬埔寨、中国、印度、印度尼西亚、伊朗、伊拉克、日本、朝鲜、韩国、老挝、马来西亚、马尔代夫、缅甸、尼泊尔、阿曼、巴基斯坦、菲律宾、沙特阿拉伯、新加坡、斯里兰卡、泰国、阿拉伯联合酋长国、越南、也门。非洲：科摩罗群岛、象牙海岸、加蓬、马达加斯加、毛里求斯、莫桑比克、留尼旺、塞舌尔、南非、刚果(金)。美洲：墨西哥、美国、阿根廷、巴西、巴拉圭、乌拉圭。大洋洲：澳大利亚、圣诞岛、科科斯群岛、斐济、关岛、北马里亚纳群岛、密克罗尼西亚、新西兰(已根除)、帕劳、巴布亚新几内亚。我国大陆部分地区及台湾省有分布。

2. 生物学

1) 病害症状　　典型症状为病斑褐色，隆起或突出，海绵质或木栓质，具一圈水渍状或油渍状边缘，后期病斑变为火山口状有黄色晕圈。病斑可发生在枝条、叶片和果实上。抗病品种在病健交界处形成愈伤组织，用刀削去外部软木塞状物质，从留下的粗糙表面可看到浅褐至暗褐病斑。初期病斑仅为针头大小的黄色或暗绿色油渍状斑，此时可用玻片溢菌法检验，如有细菌从组织溢出，可以认为是柑橘溃疡病，不过要注意区分柑橘油腺分泌物与菌溢的区别。

E 型菌系引起的症状明显不同于其他菌系，叶斑呈不规则至圆形，扁平水渍状，常有坏死中心，且周围有褪绿晕圈；嫩梢和枝条上的病斑常为扁平长形水渍状具坏死中心，老病斑扁平状并坏死，具一狭窄的水渍状边缘。

2) 病原特征　　柑橘溃疡病菌为地毯草黄单胞菌柑橘致病变种 *Xanthomonas axonopodis* pv. *citri*，异名 *Xanthomonas citri* 和 *Xanthomonas campestris* pv. *citri*。

柑橘溃疡病菌共分 A~E 5 个菌系。

A 型菌系也称亚洲菌系，是最重要的，大多数国家的柑橘溃疡病是由 A 型菌系引起。

B 型菌系分布在阿根廷、乌拉圭、巴拉圭，为害柠檬和墨西哥来檬，致病力弱。

C 型菌系仅在巴西发生，主要侵染墨西哥来檬、酸橙，致病力弱，仅形成小病斑。

D 型菌系发生在墨西哥，主要为害墨西哥来檬，病斑发生在叶片和嫩梢上，自然情况下未见果实发病。后来有人报道这种病是由链格孢菌引起的，因此 D 型菌系的身份和致病性仍然是未定的。

E 型菌系只在美国佛罗里达州苗圃中枳、柚砧木上发现。

3) 寄主范围　　亚洲菌系(A 菌系)寄主范围很广，可为害芸香科多种植物，包括墨西哥来檬、酸橙、墨西哥来檬×指橘、温州蜜柑、菲律宾柠檬、柚、柚×枳壳、马蜂橙、波斯青柠、来檬、柠檬、枳壳、四季橘、夏橙、葡萄柚、椪柑、椪柑×柚、椪柑×枳壳、甜橙、酸橙、温州蜜柑、香橼、木橘、集中酒饼簕、香胶橘、香果肉、东非樱桃橘、黄皮、沙橘、爪哇克拉商果、克拉商果、宁波金橘、山橘、金橘、牛奶橘、柑果子、木苹果、三叶蜜茱萸、指橘、红皮指橘、圆果指橘、九里香、菲律宾藤橘、枳壳×甜橙、飞龙掌血、美国南部刺椒、耳翼花椒等。

最感病的是甜橙类，其次是酸橙类、柚、柠檬类、枳橙，轻微发病的有蕉柑、椪柑、瓯柑、温州蜜柑、香橼等，抗病力最强的是金柑。在甜橙类中脐橙比其他甜橙更易感病，在引种脐橙的果园，尤其要防止溃疡病传入。

4) 生物学特性　　溃疡病菌发育温度范围为 5~36℃，发病适温为 20~30℃，最低 10℃，最高 38℃，致死温度 55~60℃ (10min)。酸碱度适应范围为 pH6.1~8.8，最适 pH6.6。

溃疡病菌抗寒力极强，冻结 24h 不影响其生活力。耐干燥能力也很强，室内玻片上可存活 121d，在日光下曝晒 2h 才死亡。在自然条件下，病菌在活的寄主组织中可存活数月(在夏橙根部可存活 300d)，在病株残体上和土中，溃疡病菌群体迅速变小，在杂草根围和叶表存活时间最高可达 62d。

3. 检验检疫方法　　一般在春、夏、秋生长旺季检查果园中一定数目柑橘树的叶片、果实和枝条，根据症状进行肉眼观察。在缺乏症状的情况下，取疑似的叶或枝，用 1%蛋白胨磷酸缓冲液洗涤，洗液在室温下放数小时，然后用细菌滤器过滤或离心机离心浓缩，浓缩液用于分离或接种、酶联检测或免疫荧光检验。

1) 病菌分离和致病性　　分离时选初期病斑的病健交界处，取小块组织置 0.5～2mL 无菌水中，室温下浸 15～20min 后，浸提液在培养平板(半合成马铃薯培养基加春雷霉素 16μg/mL)上划线，3～5d 后挑取淡黄色圆形黏滑菌落。如果症状不明显或病斑太老，可用间接分离法。取感病品种嫩梢幼叶，自来水冲洗 10min，1%次氯酸钠表面消毒 1～4min，无菌条件下彻底冲洗，然后针刺叶片下表面造成伤口(每叶 5～10 个针眼)，下表面朝上摆在 1%水琼脂表面，每叶加 10～20μL 病叶或病斑抽提液，在 25～30℃及光照条件下放置 5～7d，然后按上法分离。可将分离菌接种在感病品种上以确定其致病性。

2) 血清学检验　　可采用玻片凝集试验和 ELISA 法。

3) 核酸检测技术　　以前曾尝试根据溃疡病菌的质粒 DNA 序列设计引物进行 PCR 检测。现已研究出更为灵敏的根据此菌核糖体 DNA 序列设计引物的 PCR 技术。此外，还可以用免疫荧光法、实时荧光 PCR 法和基因 DNA 指纹图谱法。

4) 检疫处理　　保护无病区。严禁病区苗木接穗等繁殖材料及病果运往无病区，以防病区扩大。控制病区。建立无病苗圃，从无病区取接穗和砧木繁殖菌木。搞好田间卫生，对于只有个别树发病的果园，应挖掉病树烧毁，发病普遍的果园应清除病株残体。加强栽培管理减少菌源或药剂防治减轻发病。可供选用的药剂有 77%可杀得可湿性粉剂 800 倍、72%农用链霉素 15 000 倍、3%克菌康可湿性粉剂 800 倍等。

十一、水稻细菌性条斑病菌

1. 简史与分布　　此病主要分布在亚热带和亚热带地区。亚洲：孟加拉、柬埔寨、中国、印度、印度尼西亚、老挝、缅甸、尼泊尔、巴基斯坦、菲律宾、泰国、马来西亚、越南。非洲：马达加斯加、尼日利亚、塞内加尔。大洋洲：澳大利亚。国内在广东、广西等省(自治区)有发现。据菲律宾所做的研究，感病品种染病后，雨季产量损失为 8.3%～17.1%，旱季产量损失为 1.5%～2.5%，而抗病品种产量不受影响。在印度，损失一般在 5%～30%，感染品种得病后千粒重下降 28.6%～32.2%，而抗病品种千粒重不受影响。

2. 生物学

1) 病害症状　　此菌所致典型症状为最初在叶脉间出现暗绿色水渍状短条斑，后纵向扩展为浅褐色细条状病斑，局限于叶脉之间，病部对光看呈半透明状，病斑多时可相互愈合，感病品种病斑周围常带有黄色晕圈。潮湿条件下，病斑上产生许多黄色珠状菌脓，干燥时菌脓干硬，蜡黄色，不易脱落。

2) 病原特征　　此菌为稻黄单胞菌稻生致病变种(*Xanthomonas oryzae* pv. *oryzicola*)。为单细胞杆状，单极鞭，革兰氏反应阴性；菌落黄色、圆形、光滑、黏滑状；液化明胶，不凝固牛奶，但可陈化牛奶，石蕊牛奶反应呈微碱性，不还原硝酸盐，产生 H_2S 和 NH_3，不产生吲哚，不水解淀粉。细菌性条斑病菌与白叶枯病菌在细菌学性状上的主要区别是可液化明胶、陈化石蕊牛奶，可利用阿拉伯糖发酵产酸，能在含 2%葡萄糖的培养基上可生长。

3) 寄主范围　　除水稻外，还侵染几种野生稻(*Oryze spontanea*、*O. perennis*、*O. nivara*、*O. breviligulata*、*O. glaberima*)以及假稻属(*Leersia* spp.)植物。

4) 生物学特性　　病菌生长最适温度 25～28℃，最低温度 8℃，最高温度 38℃，致死温度 51℃(10min)。高温高湿和多雨有利于发病，一般热带和亚热带湿润气候最适合本病发展。

3. 检验检疫方法

1) 病原菌分离和致病性测定　最好从初期水渍状病斑分离病原物。如病斑太老,可将病组织加磷酸缓冲液捣碎,过滤后滤液经离心浓缩,接种于感病品种秧苗叶上。待初见病斑时取病组织进行稀释分离或平板划线分离培养。致病性测定一般采用喷雾法接菌于感病水稻品种叶片,接种菌液浓度以 1×10^9 cfu/mL 较好,喷后保湿 1d,28℃条件下 5~7d 后观察有无典型症状出现。

2) 噬菌体检测法　噬菌体检测法是检测种子等材料中细菌的一种常用方法,其特点是快速、简便。下面介绍笔者实验室用噬菌体法检测水稻种子中细菌性条斑病菌步骤。

稻种 5~10g 用牛皮纸包好,锤碎后加 25~50mL 无菌水,20~25℃浸泡 30min 后取上层清液,在每个灭菌的培养皿内加 0.5~1mL 上清液,另加细菌性条斑病菌(指示菌)悬浮液 1mL,混匀后制成培养平板,28℃放 12~24h 后检查溶菌斑。

使用噬菌体法有时会遇到问题,如噬菌体寿命长于细菌,噬菌体检测结果阳性并不能反映被测细菌的存活情况。不过,阳性结果可反映出种子产于病区,应按病区种子对待。另外,最近发现细菌性条斑病菌存在着溶原性分化。

3) 血清学检测　玻片凝集试验。这是一种快速的初步鉴定方法。目前我国细菌性条斑病菌的血清型分化不明显,因此可以用纯培养菌的抗血清对分离菌做玻片凝集试验。

葡萄球菌 A 蛋白共凝聚法。葡萄球菌 A 蛋白(SPA)是金黄葡萄球菌细胞壁上具有的无特异性抗原成分——A 抗原,SPA 能与人和某些动物的免疫球蛋白分子(IgG)上的 Fc(可结晶段,fragment crystallizable)部位结合,其 Fab(抗原结合段,fragment of antigen binding)部位仍保持活性。用特异性抗血清(IgG)包被这种葡萄球菌,使之致敏成为吸附抗体的载体,每个葡萄球菌表面约有 8 万个 A 蛋白分子,可结合大量的 IgG 分子,且抗体活性部位 Fab 端均外,更易于捕捉到相应的抗原,检测精度更高。

PAS-ELISA(A 蛋白夹心-酶联免疫吸附法)。PAS-ELISA 利用市售的 A 蛋白纯品和 A 蛋白酶标物,只需制备一种动物的特异性抗血清即可检出相应抗原,操作简便,结果准确,重复性好,特异性强。

单克隆抗体 ELISA。国际水稻研究所的 Benedict 等(1989)报道了用致病变种特异的单克隆抗体区分细菌性条斑病菌和白叶枯病菌,条斑菌单克隆抗体 Xcocola 只与细条菌呈阳性反应,而与所有的白叶枯菌株均呈阴性反应;白叶枯菌单克隆抗体 Xco-1 与来自不同地区的 178 个白叶枯菌株呈阳性反应,与细条菌株呈阴性反应,因此可明显区分这两个致病变种。

有人利用水稻细菌性条斑病菌的单克隆抗体以间接 ELISA 法对 30 份人工接菌的种子进行检测,结果 28 份呈阳性反应,检出阳性率达 93.3%;对 46 份病田稻种进行检测,结果 36 份呈阳性反应。灵敏度为 0.00125~0.0125mg/mL(蛋白浓度)。

4) 核酸检测技术　廖晓兰等(2003)根据含铁细胞接受子基因设计了通用引物 PSRGF/PSRGR(扩增一个 152bp DNA 片段)和特异性探针(Baiprobe 和 Tiaoprobe),分别对自然感染条斑菌和白叶枯菌的叶片 DNA 提取液和种子浸泡液进行实时荧光 PCR,特异性检测目标菌并将两种病原细菌区分开来,只需 0.3g 叶片和 10g 种子。检测的绝对灵敏度是质粒 DNA 30.6fg/μL 和菌悬浮液 10^3 cfu/mL,相当于 1 个细菌细胞的基因,比常规 PCR 检测灵敏度高约 100 倍,相对灵敏度为 10^5 cfu/mL。整个检测过程只需 2h。

5) 检疫处理　保护无病区。切实搞好产地调查,对无病区要加强保护。水稻种子调运必须要有检疫合格证,严禁病区种子调入无病区。新发病的地区,若为点片发生,应采取果断措施毁种,如发病面积较大,要严格限制其扩大,病田不留种。

控制病区。病区要积极采取措施,封锁、限制和缩小发病范围。使用无病种子,选无病田作秧苗,防止病田水流入。

选用抗病品种、搞好田间卫生、及时处理病田稻草和田间施药等可减轻发病。

十二、椰子死亡类病毒

1. 简史与分布　椰子死亡病是Ocfemia于1937首次在菲律宾发现的,由于病害的症状和其病原的传播方式与病毒很相似,人们一直把它归于病毒病。直到1975年,Randles从病叶中分离出两种低分子质量的RNA(RNA1和RNA2),其热变性特点等与已知的类病毒马铃薯纺锤形块茎类病毒(PSTVd)相似,从而确认椰子死亡病的病原为类病毒,并称之为椰子死亡类病毒(coconut cadang-cadang viroid, CCCVd)。

椰子死亡类病毒分布于菲律宾的中东部,其他地方还未发现该类病毒引起的病害。

2. 生物学

1)病害症状　随着椰子死亡病病情的发展,该病的发生可分为三个时期。早期可持续2~4年,其症状是在未展开的嫩叶以下的第三或第四个复叶上出现亮黄色或橘黄色的褪绿斑点,有时呈水渍状,半透明。病株新开花序短小,椰子果实变小近圆形,且数量减少,严重时果实表面有纵向烧伤状斑痕。中期持续约2年,其症状是叶片病斑增多,病斑随叶龄的增大而扩大,并愈合成片状斑块,使树冠下部2/3处呈黄色,病株花序坏死,不结果。晚期持续约5年,其症状是叶斑愈合,整个树冠变成黄色或青铜色,叶子减少、变小、变脆,最后只有几片小而直立的叶子,随后整个树冠死亡。

感病树从开始出现症状到整株树死亡需8~16年。一般树龄越长,发病持续的时间越长。例如,在22年树龄的椰子树上,该病可持续7.5年,而在44年树龄的椰子树上可持续15.9年,症状表现因品种的不同而有差异。

椰子死亡类病毒的核酸序列虽与椰子败生类病毒(coconut tinangaja viroid, CTiVd)的核酸序列有64%的同源性,但两者所引起的病害的症状是不同的。CTiVd主要危害树龄为20~30年的椰子树,叶片上有慢性的斑点,与椰子死亡病相似,病果小、长而无核,停止产果后植株立即死亡。而椰子死亡病的病果有烧伤状斑痕,小而圆,停止产果后植株要持续几年才死亡。

Randles等1987年通过人工接种,第一次发现了一种更严重的症状,它的主要特征是叶片明显变窄,整个植株似扫帚状,并很快死亡。在椰子种植园偶尔也可见相似的症状表现,这意味着这种症状有可能在自然环境下出现。

2)病原特征　CCCVd属于马铃薯纺锤形块茎类病毒科(Pospiviroidae)椰子死亡类病毒属(*Cocadviroid*),为该属的代表种。

椰子死亡类病毒是已知核酸序列的最小的专性细胞内寄生分子生物,其基因组为一条单链环状RNA,长246nt或247nt,有5个功能区,即左手末端区(TL)、致病区(P)、中央保守区(CCR)、可变区(V)和右手末端区(TR),还有一个末端保守发夹结构(TCH),形成稳定的杆状或拟杆状二级结构。

负链不能通过锤头状结构进行自身切割。椰子死亡类病毒通过不对称滚环式进行复制,与其他类病毒不同,CCCVd是唯一能在右手末端区进行复制的分子,并产生大分子形式。

椰子死亡类病毒的核酸有两种形式,即单体(ccRNA-1)和二聚体(ccRNA-2),沉降系数分别为7S和10S,单体和二聚体都具有侵染性,单体相对分子质量为8.4×10^4, A_{260}/A_{280}为

2.1，在 Cs_2SO_4 中密度为 $1.60g/cm^3$。在感病早期，CCCVd 以 246 或 247 核苷酸的小分子形式存在，随后在其 197nt 处插入 1 个或 2 个胞嘧啶。如果 246 个核苷酸的形式先出现，会形成 246、247、296 和 297 四种形式。如果 247 个核苷酸的形式先出现，在以后的侵染中只有 297 这种形式。在椰子出现症状之前就可在嫩叶上检测到 ccRNA-1 和 ccRNA-2。随着侵染的发展，这些小分子形式被大分子形式所代替，通过序列重复，使核苷酸数达 287～297，新出叶片中含有大量的大小为 287～301nt 的 RNA 和少量的 246/247nt 的 RNA。单体在 10mmol/L Na^+ 存在下，在 49℃和 58℃时有两种热迁移率，即一种是双链区溶解形成一个稳定的中间体，第二种为中间体溶解形成一个共价相连的开放环。天然的类病毒 GC 含量为 70%。

3）寄主范围　　该类病毒的寄主范围较窄，仅局限于棕榈科的少数几种植物。椰子开花之前很少能观察到该病症状，但开花后，发病率随树龄的增大呈线性增加，每年的新病株以 0.1%～1% 递增。高发病率的地区在 20～30 年后可成为低发病率地区，而低发病率地区又可发生新的病害流行。

3. 检验检疫方法　　在田间可借助症状观察及发病规律作初步判断，但在检疫中常需采用各种不同的室内检验方法，常用的有以下几种。

1）电泳分析　　从患病寄主组织提取相对分子质量低的 RNA，采用聚丙烯酰胺凝胶电泳，包括垂直双向电泳和往复式电泳。第一向电泳在常温下进行，将类病毒与相对分子质量差异较大的寄主核酸等分子分开。第二向电泳在热变性温度下进行，将环状的类病毒 RNA 与其他非环状分子分开。通过硝酸银染色后观察特异条带的有无判断检测结果。

2）PCR 检测　　可根据该类病毒的特定序列设计引物，以 CCCVd 的 RNA 为模板经反转录合成 cDNA 后，在按常规方法进行 PCR 扩增，电泳分析观察特异扩增产物的有无。

3）分子杂交　　可采用 RNA 或 cDNA 探针，进行 RNA-RNA 或 DNA-RNA 杂交，前者检测灵敏度更高，而后者操作相对容易。杂交的方法有多种，常用的有斑点杂交，即制备待检验样品的粗提汁液，在硝酸纤维素膜上点样后进行杂交；也可按以上方法电泳后再进行杂交分析。近年来，有人采用直接的组织印迹法，即取少量待检验样品的组织，直接在杂交膜上轻压印迹，然后按常规方法进行杂交，这种方法不需要制备样品提取液，操作更简便。可通过人工接种椰子和其他寄主植物的幼苗，在幼叶上可产生褪绿或黄色的斑点，且病株生长减缓、叶片变小。这种方法所需时间较长，可作为田间的验证方法，但在口岸检疫中应用受到限制。

4）检疫处理　　到目前为止，还没有发现有效的防治方法。在发病初期立即拔除感病植株，可以降低损失。建立健康种苗生产基地，新种植区应选用健康的繁殖材料或种苗，严格禁止从发病区调运种苗。发病区在栽培管理过程中，应尽量避免因农事操作造成的交叉感染。

十三、烟草环斑病毒

1. 简史与分布　　Fromme Wingard 等于 1927 年首次报道在美国弗吉尼亚烟草上发生的烟草环斑病毒病。以后，印度、前苏联和法国等也相继报道了该病毒病的发生。现在非洲、亚洲、大洋洲、欧洲、北美洲、南美洲的加拿大、美国、俄罗斯、印度、日本、英国、巴西等 39 个国家都有发生。在我国山东、河南、安徽、辽宁、黑龙江、云南、贵州、福建、湖南、湖北、陕西、台湾省有病毒分布。

2. 生物学

1）病害症状　　TRSV 在烟草种植区发生很普遍。烟草感染该病毒后叶片上产生褪绿环斑，病斑常由断续的坏死线局限起来呈单环或双环状，直径5~8mm，与病斑相邻组织褪绿，有时形成一个晕圈，幼叶和成熟的叶上易产生病斑，而老叶上很少见病斑。有时在茎、叶柄和叶脉上也可产生病斑而导致叶片枯死。受害植株略矮化，结实极少或完全不育，叶片小而质次，种子收获量明显减少。

在大豆上，TRSV主要引起顶芽枯死，最明显症状是顶芽卷曲，病株其他芽则变褐色枯死。在茎干和复叶叶柄上产生褐色条纹，豆荚发育不良。大豆开花前被侵染则植株矮化，只有健康植株高度的1/9，种子成熟延缓，有的病株在较多种子上形成紫色斑。田间的大豆病株常晚熟，当其他健康植株衰老黄化时病株仍为绿色。

在西瓜上，叶片产生坏死斑，植株节间缩短、束顶、矮化，结的瓜多疣。

在美国纽约州和宾夕法尼亚州，已发现该病毒可使葡萄产生衰退症状，发病植株节间缩短而矮化，叶片上产生褪绿斑和斑驳，果穗稀疏、结果少。

苹果感染该病毒后，嫁接接合处出现不亲和，叶片稀疏，叶片的症状为褪绿和斑驳。樱桃感染该病毒后，新叶出现不规则褪绿斑，叶片边缘变形开裂，果实成熟延迟。TRSV在其他植物上的症状因寄主而异，多为褪绿环斑、斑驳以及植株花等症状。

2) 病原特征　　烟草环斑病毒(tobacco ringspot virus，TRSV)为+ssRNA病毒，属豇豆花叶病毒科(Comoviridae)线虫传多面体病毒属(*Nepovirus*)。病毒粒子为等轴多面体，直径为28nm。为多分体病毒，提纯病毒有3种主要成分：无RNA的蛋白空壳(56kDa)，无侵染性的核蛋白(M，1.4×10^3kDa)和具侵染性的核蛋白(B，2.4×10^3kDa)。有的还分离到卫星RNA。致死温度60~70℃，稀释终点10^{-4}~10^{-3}，因株系不同有差异。病毒在寄主的汁液中，体外保毒期(20℃)为1d，在干燥的叶片内致病力能维持30d，该病毒对低温的抵抗力很强，于-181℃可存活22个月。TRSV基因组由两条正单链RNA组成，RNA1全长8100~8400nt，RNA2全长3400~7200nt，3′端均有poly(A)尾，5′端有VPg。病毒颗粒在细胞质内散生或聚集成堆，在病毒侵染的细胞核中出现较多的液泡，病毒的空壳在核内形成结晶体，在细胞质中形成管状体。

TRSV的卫星RNA负链是一条可自我切割RNA。现已鉴定出它的催化区域和底物结合区域，它的催化区域又称为发夹催化性RNA，这种发夹催化性RNA模体首先就是在烟草环斑病毒卫星RNA的负链上发现的。

3) 寄主范围　　TRSV寄主范围很广，可在果树、蔬菜、花卉和经济作物上引起严重的病害。在自然条件下，可侵染54科246种植物。自然侵染寄主有豆类、瓜类、薯类、花卉和果树等，常见的有大豆、马铃薯、甘薯、烟草、西瓜、黄瓜、甜瓜、西葫芦、胡萝卜、莴苣、菜豆、豇豆、茄子、菠菜、香石竹、唐菖蒲、百合、水仙花、鸢尾、天竺葵、李属、苹果、葡萄、甜樱桃、越橘、银莲花属、悬钩子属、白蜡树等，以在茄科和豆科植物上发生最普遍、危害最严重。

3. 检验检疫方法

1) 症状观察　　可在隔离条件下种植，以观察植株的症状表现。也可通过嫁接传染到某些敏感的指示植物上，如葡萄上的TRSV可通过嫁接传染到酿酒葡萄霞多丽上，产生明显的衰退症状，叶片变小、节间缩短。

2) 草本鉴别寄主反应　　常用的鉴别寄主和症状特点如下。

苋色藜(*Chenopodium amaranticolor*)和昆诺黎(*C. quinoa*)叶片产生黑绿斑或局部枯斑，以后产生系统性斑驳。

黄瓜(*Cucumis sativus*)叶片产生局部褪绿、坏死斑，或系统斑驳、植株矮化和顶端畸形。

普通烟(*Nicotiana tobacum*)汁液摩擦接种 4~7d 后，接种叶出现局部坏死斑，常发展成环斑，系统感染叶片产生环斑或线状纹。在心叶烟和克利夫兰烟上也可产生类似的症状。

长豇豆(*Vigna sesquipdalis*)接种 4~7d 后，接种叶出现褐色的坏死斑或环斑，10~15d 生长点坏死，最后全株枯死。豇豆不同品种可用于株系的区分。

番杏(*Tetragonia expansa*)接种叶局部褪绿斑，以后发展为系统褪绿斑，叶小而株矮。

菜豆(*Phaseolus vulgaris*)在"Pinto"品种上，接种叶产生坏死斑，以后产生系统性顶端坏死。

3) 电镜观察　　将待检验样品按常规方法制片在电镜下观察。TRSV 病毒粒体为等轴多面体，直径约 28nm。纯化的病毒制剂主要有无 RNA 的空壳(T)、非侵染性的核蛋白(M)、侵染性核蛋白(B)有三种粒体。

4) 血清学检测　　TRSV 有较好的免疫原性，已制备有较高效价的抗体。用琼脂双扩散、免疫电镜、酶联免疫吸附技术(ELISA)均可有效地检测出 TRSV。

该病毒的无侵染性组分具有较好的抗原性，在检测中可用无侵染性病毒组分可作为酶联免疫吸附检验的阳性对照，避免了以带有烟草环斑病毒的样品作阳性对照而可能导致检疫危险性有害生物扩散到环境中去的危险。

5) PCR 检测　　RT-PCR 已用于该病毒的检验，根据 TRSV 外壳蛋白基因设计的一对特异引物 P1 和 P2，从感病组织中可扩增出了 600bp 的目的片段。Kraus 等(2004)从线虫体内抽提病毒并建立了灵敏的 RT-PCR 检测技术，这种方法能有效检测美洲剑线虫体内的 TRSV。

在田间 TRSV 与 ToRSV 均可侵染葡萄等植物，产生相似的症状，在以上草本指示植物上的反应也很相近，因此必须借助多种检验技术(如血清学或分子生物学技术)加以区分。

6) 检疫处理　　禁止从疫区引进种子、苗木和花卉鳞球茎等，从其他地区引进种苗也必须隔离试种，观察植株表现，种子和花卉鳞球茎为 1 年，苗木为 2 年。大豆等作物必须使用无病种子。果树类植物可采用热处理或其他途径脱除病毒，获得无病毒母株，建立无该病毒的种苗繁育基地。在引进苗木时，需对携带的土壤进行重点检验以防传毒介体的传入以及病毒通过介体携带传入。对有介体线虫的土壤，可在移植健康苗木前使用杀线虫剂对土壤进行处理。

十四、黄瓜绿斑驳花叶病毒

1. 简史与分布　　最初由英国的 Ainsworth(1935)报道发生在黄瓜上，并命名为 cucumber virus 4。主要分布在欧洲地区，包括欧洲的英国、希腊、德国、荷兰、波兰、罗马尼亚、芬兰、匈牙利、丹麦、爱尔兰、保加利亚、捷克、巴西、摩尔多瓦、瑞典等国家；南美洲的巴西；亚洲的韩国、以色列、日本、印度、巴基斯坦、沙特阿拉伯、伊朗和中国局部地区。

2. 生物学

1) 病害症状　　CGMMV 为害葫芦科植物可导致植株生长缓慢而出现严重的矮化现象，叶片产生程度不同的褪绿，表现出花叶、褪绿斑驳、皱缩或形成疱状斑，严重的形成蕨叶；受害西瓜植株所结果实通常没有明显外部症状，但内部果肉常出现变色，发病重时果肉纤维化而形成空洞，味苦不能食用。不仅降低果实产量，而且严重影响果实品质。

该病毒有多个株系，不同株系在寄主范围和所引起的病害症状上存在差异。危害葫芦科植物主要症状如下：

黄瓜：表现为初期在新叶出现黄色小斑点，以后叶片出现褪绿斑驳并形成疱状凸起，有的叶片畸形，病株矮化，果实上可产生黄色或银色条斑。

西瓜：种子带病毒时，所出幼苗瓜蔓幼叶产生不规则的褪绿斑，以后叶片褪绿斑扩大形成斑驳或花叶症状，有的品种病叶绿色部分呈疱状隆起，发病植株常矮化。成熟期果实可表现明显症状，果实表面产生浓绿色近圆形斑，内部果肉暗红色水渍状，并有块状黄色纤维，形成大量空洞而呈丝瓤状，果肉味苦不能食用。

甜瓜：生长初期接种 7～10d 后，顶部第 3～4 片幼叶出现黄色斑或花叶，成株侧枝出现不完整或星状黄花叶。后期有时顶部叶片出现大的黄色轮状斑。病株果实出现绿色斑驳。

瓠瓜：叶片出现明显花叶，绿色部分突出，叶脉及周边坏死变褐，植株上部叶片变小黄化，植株下部叶片边缘呈波状，叶脉皱缩呈畸形；未熟果实出现轻斑驳，绿色部分略突出，成熟后症状消失，果梗出现坏死，但对产量及其品质影响不大。

2) 传播　　CGMMV 易通过汁液摩擦接种传染，嫁接操作也可使健康植株感染病毒。种子带病毒是该病毒的主要远距离传播途径，病毒主要存在于种子外部表皮，在病株的花粉和种胚轴中也有病毒存在。黄瓜种传率可达 8%，西瓜种传率达 0～3%；瓠子 1%～5%。种子收获后随储藏期延长带毒率有所下降。此外，CGMMV 具有极高的体外稳定性，不同株系的致死温度(TIP)为 80～100℃，体外存活期(LIV)为 240d 以上(20℃)，病毒随病残体混入土壤中，可存活较长时间，引起下一季节种植的葫芦科植株发病。该病毒还可通过多种菟丝子(*Cuscuta subinclusa*，*C. lupuliformis*，*C. campestris*)传播。

该病毒是否存在有效的传播介体还不明确，有试验表明蚜虫和叶甲不能传毒。

3) 寄主范围　　CGMMV 的寄主范围相对较窄，在自然条件下主要侵染葫芦科植物，包括黄瓜、西瓜、甜瓜、瓠子、南瓜、葫芦、丝瓜、苦瓜等。人工接种可侵染藜科的苋色藜、蒿生藜，茄科的曼陀罗和普通烟及葫芦科甜瓜属、南瓜属、葫芦属、丝瓜属、苦瓜属和栝楼属的多种植物。

3. 检验检疫方法

1) 症状观察　　产地检疫可通过生长期观察田间植株症状进行判断。引进种子可在隔离条件下种植，观察植株的症状表现，鉴别是否有该病毒病发生。对表现可疑的植株也可通过人工接种鉴别寄主植物作进一步鉴定。常用鉴别寄主植物及症状特点如下。

苋色藜：该病毒的西瓜、Yodo 株系和印度 C 株系在苋色藜叶片上产生小的坏死斑，无系统性症状反应。

黄瓜：产生系统性花叶，黄瓜也是该病毒很好的繁殖寄主。

2) 电镜观察　　CGMMV 在寄主植物中具有很高的浓度，将病样按常规方法制片在电镜下观察，CGMMV 病毒粒体为直杆状，粒子长度约为 300nm，直径约 18nm。但其病毒粒子形态与烟草花叶病毒属其他成员无明显差异，需结合其他检测技术加以区分。

3) 血清学和 PCR 检测　　琼脂双扩散、免疫电镜、ELISA 均可有效地检测出 CGMMV。也可合成特异引物采用 PCR 法检测，PCR 法的灵敏度较 ELISA 更高。

CGMM 存在较多株系，采用血清学方法检测时不同来源抗体可能存在株系特异性，如西瓜株系与英国的黄瓜株系及印度 C 株系血清学密切相关，而与日本黄瓜株系和 Yodo 株系血清学远缘相关。因此为避免漏检应选择几个不同株系的抗血清分别或混合使用。此外，已发现 CGMMV 与烟草花叶病毒(tobacco mosaic virus，TMV)及同属的其他病毒间血清学远缘相关，可能存在交叉反应。最近韩国研制出一种检测该病毒的 cDNA 芯片，可成功检测和区分侵染葫芦科植物的4种烟草花叶病毒厉的不同病毒。

十五、鳞球茎茎线虫

（一）简史与分布

寄生和危害鳞球茎及块茎的线虫很多，引起严重的坏死和腐烂，主要的有起绒草茎线虫[*Ditylenchus dipsaci*(Kuhn)Filipjev]和腐烂茎线虫(*D. destructor* Thome)。因对鳞球茎等植物的巨大危害，又称为鳞球茎茎线虫。几十年来，起绒草茎线虫以其易传播性、引起多种植物毁灭性病害而闻名于世，为世界上公认的最危险的线虫之一。研究表明，当每500g土壤中有10条线虫时就可以严重危害洋葱、甜菜、胡萝卜等植物。严重侵染时损失可达60%～80%；在欧洲，因该线虫的为害，洋葱苗期死亡率达50%～90%。

起绒草茎线虫为世界性分布，特别是温带地区。主要分布于德国、希腊、意大利、葡萄牙、西班牙、英国、爱尔兰、以色列、摩洛哥、塞浦路斯、叙利亚、土耳其、突尼斯、前南斯拉夫、伊朗、约旦、巴基斯坦、伊拉克、哥伦比亚、墨西哥、委内瑞拉、法国、荷兰、前苏联、丹麦、挪威、瑞士、瑞典、比利时、捷克斯洛伐克、匈牙利、波兰、美国、加拿大、巴西、秘鲁、智利、阿根廷、澳大利亚、新西兰、南非、阿尔及利亚、肯尼亚、日本、印度等。

腐烂茎线虫主要分布于奥地利、保加利亚、捷克斯洛伐克、芬兰、法国、德国、希腊、匈牙利、爱尔兰、卢森堡、荷兰、罗马尼亚、西班牙、瑞典、瑞士、英国、前苏联、孟加拉国、日本、南非、加拿大、美国等。我国个别省份有分布。

（二）生物学

1. 病害症状 甘薯薯蔓受害后，呈现淡褐色干腐状病斑，表皮破裂；侵染薯块后，感染部位常常可以看到一块块黑褐色的晕斑，至后期呈现小形龟裂纹，线虫在薯块内部生长繁殖。但有时在外表并无任何明显变化，而内部逐渐疏松，仅留下维管束等粗纤维，淀粉质消失，整个薯块变轻，纵剖时可看到点点条条白色粉状空隙，呈干腐状。嫩茎和幼茎有时也可受害，蔓基部表现为黄褐色龟裂斑，严重受害时，植株叶片发黄，株形矮小，畸形，结薯很少，甚至生长点干缩，严重减产。

腐烂茎线虫为害多种花卉。在水仙上，主要危害水仙地上部分。水仙发芽时即可侵染。在被害叶和花茎上产生黄褐色镶嵌条纹，后逐渐出现水泡状或波涛状隆起，最后表皮破裂而成褐色，叶片迅速向上枯萎。球茎被害轻时，从外表上看不出明显症状。被害重时，球茎上部变成褐色腐烂并下凹。将球茎横切，内部呈轮状褐变。球茎在夏季贮藏期中，其他病原菌也会引起轮状病变，而容易混淆。但是，病原菌的侵入是从球茎底部开始，且腐败的球茎散发出特有的酸臭味；而茎线虫则相反，是从球茎上部开始并向下部蔓延的，且无酸臭味。马铃薯块茎受害后，植株矮小，叶细小而皱缩，块茎坏死并易腐烂（受软腐细菌或芽孢杆菌侵染），早期受害后呈丛生状态，生长停滞，不结薯块或很小。洋葱、唐菖蒲、鸢尾、郁金香的鳞球茎受害后，大多数都首先表现坏死，后期造成腐烂，植株枯死。

2. 病原特征 包括许多种茎线虫，主要有起绒草茎线虫、腐烂茎线虫和洋葱茎线虫(*D. allii*)，隶属于垫刃目粒科茎属(*Ditylenchus*)。

腐烂茎线虫雌雄成虫均为线形，尾端渐尖。虫体头部缢缩，无横纹，体壁上横纹极细小，侧线4条，食道前体部圆柱形，较细，峡部较窄，后食道球膨大，与肠部平接，或有小角状突起，排泄孔开口于后食道球中部体壁。雄成虫交合刺的膨大部有突起，交合伞长度占尾部 1/4 以上，但不达尾端，很发达。雌成虫阴门在体长的 4/5 处。雄成虫的长度 (0.9~1.6)mm× (0.03~0.04)mm，口针长 11~13μm，交合刺长 25m。雌成虫比雄成虫略粗大，(0.9~1.86)mm×(0.04~0.06)mm，口针长 11~13μm，卵巢(56~65)μm×(17~19)μm。卵呈圆形，(60~66)μm×(19~29)μm，无色。刚孵化的幼虫与成虫相似，但只有成虫的 1/10 长。

起绒草茎线虫形态与腐烂茎线虫基本相似，所不同的是前者虫体侧线有 4 条，后者 6 条；前者交合刺无指状突，后者有；前者尾末端形状为尖指状，后者为窄圆；前者食道腺不覆盖肠前端，后者则覆盖；前者雌虫后阴子宫囊为 1/2 肛阴距长，后者 3/4 肛阴距长；前者卵母细胞为单行排列，后者为双行排列。

3. 寄主范围 起绒草茎线虫的寄主范围广，约有 40 个科，500 种植物以上，重要的寄主有起绒草、水仙花、郁金香、风信子、康乃馨、鸢尾、福禄考、报春花、绣球、燕麦、玉米、荞麦、黑麦、甘薯、马铃薯、烟草、草莓、糖甜菜、芜菁、人参、洋葱、胡萝卜、蚕豆、豌豆、大蒜、苜蓿、三叶草等。

腐烂茎线虫的寄主有 120 多种，主要有马铃薯、鸢尾、花生、大蒜、甘薯、郁金香、唐菖蒲、美人蕉、大丽花、蘑菇、甜菜、胡萝卜、薄荷和一些牧草等。

4. 侵染循环 腐烂茎线虫在 2℃ 时即开始活动，71℃ 以上能产卵和孵化生长。发育适温为 25~30℃。茎线虫耐低温不耐高温，低温在-15℃ 情况下虽停止活动，但不死亡，-25℃ 下 7h 才死亡。在田间越冬，薯块中线虫的死亡率仅达 10%。在高温 35℃ 以上即停止活动，薯苗中茎线虫在 48~49℃ 温水中处理 10min，死亡率高达 98%。

腐烂茎线虫喜温耐干，在土壤多集居在干湿交界(10~15cm 土层内)的地方，干燥的表层很少。遇到干旱，呈休眠状态，遇雨即恢复活动。浸在水中半个月，茎线虫并不完全死亡。

5. 传播途径 鳞球茎茎线虫是卵、幼虫、成虫同时存在，在育苗、结薯、储藏过程中，对苗、蔓、薯块和粗根，只要温度条件适合，几乎时时处处都可侵染为害。但集中为害的部位是薯块。用带有茎线虫的种薯上炕育苗之后，育苗的温度正适合于茎线虫繁殖为害。起绒草茎线虫的广泛分布在很大程度上是人为传播所致。通常可以随许多作物的种子、花卉和蔬菜作物的鳞、球茎、块茎，以及牧草(如三叶草)的干草及被线虫侵染的植物的茎、叶、花碎片等远距离传播。种子的携带量惊人，据记载 1 粒种子携虫量高达 19 万条。

(三)检验检疫方法

1. 症状检查 郁金香、风信子、洋葱等鳞球茎受害后，剖开后常可见环状褐色特征性病状。有时，在鳞球茎基部，还可见到线虫团。

2. 线虫分离

1)直接观察分离法 在解剖镜下用尖细的竹针或毛针将线虫从病组织中挑出，放在凹穴玻璃片上的水滴中，作进一步观察处理。

2)滤纸分离法 植物病组织用清水冲洗后，放入铺有线虫滤纸的小筛上，再将小筛放在盛有清水的浅盘中，水的深度以刚好浸没滤纸为度。浅盘放在冷凉处过夜，第 2 天取出筛子，线虫则留在水中，用吸管将线虫吸放在培养皿中，在解剖镜下观察其形态特征。

3)漏斗分离法 将玻璃漏斗(直径为 10~15cm)，架在铁架上，下面接一段(10cm 左右)橡皮管，橡皮管上装有弹簧夹。植物材料切碎用纱布包好，放在盛满清水的漏斗中。经 4~24h，由于趋水性和本身的重量，线虫就离开植物组织，并在水中游动，最后沉降至漏斗底部的橡皮管中。打开弹簧夹,取底部约 5mL 的水样,其中含有样本中大部分活动的线虫。在解剖镜下检验,如果线虫数量少,可以离心(1500r/min,2~3min)沉降后再检查。

3. 检疫处理与疫区防治 检疫处理。严禁带线虫的种子和种植材料的调运、防止茎线虫病从疫区向非疫区传播蔓延。用热水处理,是消灭各种花卉、蔬菜鳞茎、球茎和其他休眠器官内线虫的常用方法,如在使用时结合杀线虫剂浸泡则效果更好。对花卉,如水仙球茎内的茎线虫可进行温汤处理,在 50℃温水中浸 30min,或在 43℃温水中加入 0.5%甲醛溶液浸 3~4h在实施热水处理法时,要严格掌握好适当的温度和时间;有些作物如郁金香对温度十分敏感;另外,也可用干燥法防治茎线虫。例如,在 34~36℃下保持 12~17h,可以有效杀死大蒜球茎内的茎线虫。

疫区防治。选用较抗病的品种、轮作和化学防治都有一定的防效。

十六、香蕉穿孔线虫

(一)简史与分布

香蕉穿孔线虫[*Radopholus similes*(Cobb)Thome]首先在斐济发现,是当地大蕉根广泛坏死的原因。香蕉穿孔线虫有广泛的地理分布,包括在亚洲的印度、印度尼西亚、日本、马来西亚、巴基斯坦、菲律宾、斯里兰卡、韩国、日本、阿曼、泰国等,在北美洲的加拿大和美国,中南美洲的大部分地区,在非洲的埃及和整个次撒哈拉附近地区,印度洋诸岛,大洋洲的澳大利亚、斐济和法属波利尼西亚。同时,该线虫在欧洲及地中海地区的比利时、法国、德国的温室植物上局部发生。寄生柑橘的穿孔线虫在北美洲(仅存在美国的佛罗里达、夏威夷和路易斯安那州)、中美洲和加勒比海地区的古巴的多米尼加共和国、南美洲的圭亚那、欧洲的意大利等地有分布。

(二)生物学

1. 病害症状 穿孔线虫主要侵害香蕉根部,在直接受害的香蕉根和地下肉质茎上出现不规则病斑,病斑淡红色至红褐色,小斑可以合成大斑。病部内的皮层薄壁细胞遭受破坏形成空腔(隧道),导致外皮纵裂,在皮层内形成红褐色病斑。病株生长不良,叶小而少,提早脱落;果穗减少。病重的结穗常倒伏。由于被此线虫侵染的蕉株倒塌或翻蔸,挂果蕉株严重倒伏,故此病又称黑头倒病、黑头病和倒塌病。

穿孔线虫侵染引起的柑橘病害,称为扩散性衰退病(spreading decline)。病树出叶稀疏、叶片小,果实很少成熟,果小。树枝末端落叶而秃枝,后期枯死。病树在缺水时迅速萎蔫。

2. 病原特征 香蕉穿孔线虫隶属于垫刃目垫刃总科短体科穿孔属(*Radopholus*)。测量值:①雌虫$L = 690(530~880)\mu m$;$a = 27(22~30)$;$b = 6.5(4.7~7.4)$;$c = 10.6(8.6~13.0)$;$c' = 3.4(2.9~4.0)$;$V = 56(55~61)$;口针$=19(17~20)\mu m$;尾长$= 65~70\mu m$。②雄虫(w=5);$L = 630(590~670)\mu m$;$a = 35(31~44)$;$b = 6$;$c = 9(8~10)$;$c' = 5.1(5.1~6.7)$;口针$=14(12~14)\mu m$;交合刺$= 20(19~22)\mu m$;引带$= 8~12\mu m$。

雌虫体形为圆筒形,体环清楚,侧带区 4 条刻线。唇区半球形,稍缢缩或不缢缩,具 3~4 个唇环,6 片唇片,头骨架较发达。口针 17~20μm,强壮,基部球发达,圆形。中食道球近圆形,峡部长约等于体宽,食道与肠交界处瓣膜模糊。食道腺呈叶状覆盖肠前端背面 2~4 倍体宽长。双卵巢,对生,前卵巢直,常伸至中食道球附近;后卵巢伸至尾部,有时回折向前伸 1~3 倍体宽长。卵母细胞单行排列。尾感器位于肛门后方不到 1 倍体的水平线上。尾圆锥形，末端钝圆。

雄虫与雌虫形态有较大差异，体为圆筒形。唇区高，圆形，缢缩明显，侧唇片及头架欠发达，常有3~5环。口针纤细，基部球细小而不明显，食道退化，中食道球稍膨大，但没有瓣膜。体环清楚，侧区刻线4条，伸至尾部，尾感器位于交合伞基部附近。精巢1条，向前直伸，为体长的1/4~1/3。交合伞伸至尾的2/3处，交合刺微弯，18~19μm长，引带棒形，10~12μm长。

目前，已知香蕉穿孔线虫有2个小种，一种为香蕉小种，为害香蕉、甘薯和葛属等，但不侵染柑橘；另一种为柑橘小种，侵染柑橘，又能为害香蕉等多种植物。后来，Huettel等发现，香蕉小种染色体数目为4，而柑橘小种染色体数目为5，同时它们的同工酶类型和寄主也有区别，因此将柑橘小种提升到种的地位，称为柑橘穿孔线虫（*Radopholus citrophilus*），香蕉小种仍称为香蕉穿孔线虫也称相似穿孔线虫。实际上，由于它们在形态上极其相似，这种分类状况仍没有被普遍接受。

3. 寄主范围　　香蕉穿孔线虫的寄主范围非常广泛，已经报道的寄主达350多种，主要为害芭蕉科、天南星科和竹芋科。包括香蕉、胡椒、芭蕉、咖啡、葡萄柚、柑橘、茶、玉米等，此外许多蔬菜、观赏植物、牧草、杂草等也是其寄主。

4. 侵染循环　　香蕉穿孔线虫为迁移性根内寄生物。其L2、L3、L4和幼雌虫均能侵入，主要破坏植物皮层细胞，形成空腔。线虫在根的韧皮部及形成层取食，发育和繁殖后代。由于线虫的不断取食，陆续形成空腔。雌虫能在植物组织内产卵，1条雌虫能在半月内持续产卵60~80粒。在24~32℃条件下，香蕉根内的卵需7~8d孵化出2龄幼虫，在实验室卵历期为5~7d。幼虫从近根尖处侵入根内或直接在根内取食发育，需10~13d发育为成虫。在温湿度适合时，该线虫完成一个生活周期为20~25d。

5. 生物学特性　　在潮湿的土壤中，穿孔线虫在27~36℃时一般可存活6个月，在干燥土壤中，在29~39℃时仅存活1个月。在12~32℃下，有利于线虫的繁殖和入侵，土温在24~28℃时，最适于线虫群体的发展。砂性土壤时发病比黏土壤重。如果在果园中存在一些杂草寄主，即使在不种植香蕉的果园内，香蕉穿孔线虫的存活期长达5年。据报道，在中美洲的果园中，香蕉穿孔线虫的年自然扩散距离为3~6m。在合适的条件下，香蕉穿孔线虫在45d内可繁殖10倍，每千克土壤中线虫高达3000条，而在根上每100g根可高达10万条线虫。

（三）检验检疫方法

1. 幼苗检验　　先将根表皮黏附的土壤洗净，仔细观察挑选根皮有淡红褐色痕迹，有裂缝，或有暗褐色、黑色坏死症状的根，剪成小段，放入玻皿内加清水，置解剖镜下，用针和镊子挑开皮层观察是否被破坏及有无游离在水中的线虫。或把根剪成碎段，用漏斗法或浅盘法分离。

2. 鉴定方法　　用水清洗进境植物的根部，仔细观察根部有无淡红色病斑，有无裂缝，或暗褐色坏死现象。在立体显微镜下在水中解剖可疑根部，观察是否有线虫危害。也可直接将根组织用漏斗法分离。将分离获得的线虫制片后观察，按前述形态特征进行鉴定。

3. 检疫处理　　如果香蕉的球茎小于13cm，则在55℃温水中浸20min，可以杀死球茎内线虫。

切削防治法。当根状茎基部直径大于10cm时，切削防治法，即先剥除假茎，再切除所有变色的内生根和根状茎组织，然后削去周围一部分健康组织，将切削后留用的球茎或根状茎组织，用 0.2%的二溴乙烷浸泡 1min 再种植。

化学药剂法。对基部直径小于 10cm 的根状茎或球茎，可直接用药液浸渍杀死线虫。例如，用 320g 克线磷原药，加 100kg 水和 12kg 黏土，混匀后浸渍包裹根状茎，移栽后待蕉苗生长成活，每株根部再施 2.5～3g 上述浆拌剂，3～4 个月用药 1 次。

销毁严重感病的香蕉植株后，种植香蕉穿孔线虫非寄主植物，12 个月后再移植香蕉苗，可以消除土壤中的线虫。休闲 6 个月以上，或灌水淹没 5 个月，都可以消除土壤中的线虫。

第二节 检疫性害虫

一、稻水象甲

(一)简史与分布

稻水象甲学名 *Lissorbqptrus oryzqphilus* Kuschel，英文名 rice water weevil。属鞘翅目象甲科稻水象属，是我国危害较大的外来入侵物种之一。稻水象甲原产美国东南部原野和山林，以野生的禾本科、莎草科植物为食。1800 年首次在密西西比河流域发现。随水稻大规模栽培，先后传到加拿大和墨西哥，1972 年由美国传入多米尼加，1976 年传入日本，1988 年由日本传入韩国。现广泛分布于美国、加拿大、墨西哥、古巴、哥伦比亚、圭亚那、多米尼加、委内瑞拉、苏里南、北非、日本、朝鲜、韩国、印度。中国 1988 年首次在河北省唐山市唐海县发现，现已在全国包括河北、天津、北京、辽宁、吉林、山东、浙江、福建、台湾、安徽、湖南和江西等 10 多个省(直辖市)60 多个县(市)相续发生。

(二)生物学

1. 寄主与危害 稻水象甲食物复杂，寄主范围广泛。其中，最重要的寄主植物是水稻，其次是禾本科、泽泻科、鸭跖草科、莎草科、灯心草科内的其他植物。Okada(1978)报道在美国成虫取食的寄主植物有 7 科 56 属 76 种；幼虫可取食的有 5 科 18 属 22 种。Iwamoto(1986)报道，在日本成虫可在 86 种植物上取食，幼虫取食植物 22 种。

稻水象甲的成虫和幼虫均为害水稻，成虫在幼嫩水稻叶上取食叶肉，在叶片的叶缘或中间沿叶脉方向啃食叶肉，留下表皮，形成长短不等(长度一般不超过 3cm)、宽约 0.9cm 的长条白斑，影响光合作用。幼虫食根，在水稻根内和根上取食，1～3 龄幼虫蛀食根部，4 龄后爬出稻根咬食根系。幼虫密集根部，根系被蛀食后变黑或腐烂，刮风稻株易倒伏，甚至被拔起浮在水面上。由于水稻根系遭到破坏，稻株黄化枯萎，生长受阻，变得矮小，分蘖率降低，成穗株率和每穗粒数明显减少，抽穗期和成熟期显著推迟，最终导致严重减产，一般地块减少 10%～20%，严重地块减产可达 50%～70%。

2. 生活习性 稻水象甲有两性生殖型和孤雌生殖型，发生在中国的均属孤雌生殖型。在中国北方单季稻区一年发生 1 代，在浙江和台湾等省双季稻区一年可发生 2 代。以成虫在稻草、田间的稻茬和水田周围大型禾本科杂草、田埂土中、落叶下及住宅附近的草地越冬。越冬代成虫在翌春气温达 10℃左右时开始活动。复苏后先食禾本科作物的新叶，待水稻插秧后就进入稻田进行危害。雌成虫多在水线下产卵，在稻株冠部产卵的，其卵散产在叶鞘内，每雌可产卵 50～100 粒，卵期 6～10d。孵化后，幼虫短时间潜入叶鞘静伏，然后爬行到根部取食，并完成4龄发育，幼虫期30～40d。

3. 传播途径　　稻水象甲传播速度快，能爬、善飞、会游泳，成虫可飞翔10 000m以上。可借水流、气流、交通工具进行远距离传播。未发生稻水象甲的地域，要控制其传入当地。应严格按照植物检疫法规办事。不从疫区引种，不从疫区、发生区调运稻草及稻草制品。

4. 检疫特征　　成虫长2.6～3.8mm，宽1.15～1.75mm，灰褐色。密布相互连接的灰色鳞片，前胸背板和鞘翅的中区无鳞片。喙约与前胸背板等长，稍弯，扁圆筒形。触角鞭节6亚节，末亚节膨大，基半部表面光滑，端半部表面密布毛状感觉器。前胸背板宽大于长，两侧边近于直，只前端略收缩。鞘翅明显具肩，肩斜，翅端平截或稍凹陷，端半部行间有瘤突。腿节棒形，胫节细长弯曲，中足胫节两侧各有一排长的游泳毛。雌虫的锐突单个的长而尖，有前锐突。雄虫后足胫节无前锐突，锐突短而粗，深裂呈两叉形。

卵长约0.8mm，圆柱形，两端圆，略弯，珍珠白色。

老熟幼虫体长约10mm，白色，无足，头部褐色。体呈新月形。腹部2～7节背面有成对向前伸的钩状气门。

蛹白色，大小、性状近似成虫。在土茧中形成，土茧黏附于根上，灰色近球形，直径约5mm。

（三）检验检疫方法

1）检疫处理　　对来自稻水象甲疫区的稻草、牧草、草坪、腐殖土、包装材料和运输工具等进行严格检疫，防止侵入。发现疫情应熏蒸灭虫，熏蒸药剂有溴甲烷、磷化氢或硫酰氟。

2）防治措施　　农业防治需控制水稻田灌溉排水，田间尽量保持低水位至0.5cm，可减少成虫在水面下产卵，分蘖后晒田，减少幼虫残存。药剂防治策略为"根治迁入早稻田的越冬后成虫，兼治第一代幼虫，挑治第一代成虫"。每次施药，必须兼施田边、沟边、坎边杂草。晚稻秧苗、本田均结合防治其他害虫兼治，一般不需专治。10%甲基异硫磷漂乳剂拌细土撒施，对幼虫及成虫均有良好效果。每间隔5d喷一次，连续喷药2～3次效果较好。

二、马铃薯甲虫

（一）简史与分布

马铃薯甲虫学名 *Leptinotarsa decemlineata*(Say)，英文名colorado potato beetle，又名马铃薯叶甲，属鞘翅目叶甲科瘦跗叶甲属。该虫原发生于北美落基山区，危害茄科的一种野生植物 *Solanum rostratum*(中文名：刺萼龙葵)。当马铃薯的栽培向西扩展到落基山区时，立刻遭到这种甲虫的严重危害。此后，这种甲虫又向东扩散，速度很快。现已知美国、加拿大、墨西哥、危地马拉、哥斯达黎加、古巴、欧洲大部分国家、中亚的哈萨克斯坦、吉尔吉斯斯坦、塔吉克斯坦、乌兹别克斯坦和伊朗，以及非洲的利比亚都有发生。

1993年马铃薯甲虫开始传入新疆，仅在边境地区霍城、察布查尔、伊宁、塔城4个县(市)危害。1995年已分布到伊犁、塔城两地的13个县(市)。1996年越过伊犁、塔城盆地天然屏障，首次出现在乌苏市郊。至此，该虫进入天山北坡无屏障地带，沿着马铃薯种植带迅速东进。1999年到达乌鲁木齐。2002年马铃薯甲虫扩散前沿到达木垒县。目前，新疆伊犁、塔城、阿勒泰、博乐、奎屯、石河子、昌吉、巴音郭楞和乌鲁木齐市11个地(州)、师的35个县(市)、

258个乡(镇、农场)发生分布,对中国农业生产具有极大的危险性。世界上许多国家将其列为检疫性有害生物。

(二)生物学

1. 寄主与危害　马铃薯甲虫的寄主范围较窄,主要是茄科的20余种植物,其中大部分是茄属(*Solanum*)植物。适宜寄主是马铃薯,其次是茄子、番茄和辣椒。此外,寄主还包括曼陀罗属、天仙子属、颠茄属、菲沃斯属植物。

成虫和幼虫均能取食寄主植物的叶片和枝梢。由于卵密集叶背,幼虫孵化后即群集取食,初将马铃薯叶片吃成网络状,继而咬成孔洞,随着幼虫长大危害日益加重,并在被害植株上遗留大量黑色虫粪。成、幼虫先取食叶片,后及枝梢,发生严重时马铃薯植株仅残留茎秆基部。此虫取食量大,一般造成减产30%~50%,严重时高达90%。此外,马铃薯甲虫还能传播马铃薯褐斑病和环腐病等。

2. 生活习性　该虫一年发生1~4代,发育历期30~70d。以成虫在土壤中越冬,越冬深度多为20~60cm。此虫的抗寒力不强,越冬死亡率一般较高,有时高达85%以上。翌年4月上中旬土温上升到15℃时,成虫开始在土面出现,并作较长距离飞翔以寻找寄主食物。成虫产卵呈块状于叶背,每个卵块10~40粒,卵期5~7d,卵粒与叶面多呈垂直状态。产卵常持续4~5周,直到仲夏,每雌产卵达300~500粒,最多可达2500粒。同一卵块的卵几乎同时孵化,幼虫孵出后即开始取食。幼虫有4个龄期,幼虫期15~35d。幼虫末期停止取食,大量幼虫在离被害株10~20cm半径的范围内入土化蛹,少数个体爬到35~45cm之外。化蛹的深度为1.5~12cm,多数2~6cm。老熟幼虫做蛹室化蛹,蛹期7~10d,羽化后出土继续危害,干旱年份发生较重。成虫寿命平均长达1年。

3. 传播途径　该虫的传播途径主要通过:一方面是人为传播,成虫和幼虫可匿藏在来自疫区的马铃薯块茎内,随飞机、轮船、汽车等交通运输工具进行远距离传播;也可随水果、蔬菜、原木及包装材料等调动进行人为传播。另一方面是自身扩散传播,越冬成虫出土后,若迁飞方向与风和气流的方向一致时,年扩散速度达120~170km;水流也有助该虫扩散,在海水中漂流后重新上岸的部分个体仍能存活。

4. 检疫特征　成虫体长9.0~11.5mm,宽6.1~7.6mm。体淡黄色,有光泽,并镶嵌黑色斑纹。头部背面中央有一近心形斑。复眼的后方有1对黑斑,但通常被前胸背板遮盖。触角11节,基部6节黄色,端部5节膨大而色暗。前胸背板隆起,基缘呈弧形,前侧角突出,中央有一"V"形斑,每侧有5斑,有时相连。小盾片光滑,黄色至近黑色。鞘翅卵圆形,显著隆起,每鞘翅具5条纵行黑斑,全部由翅基部延伸到翅端,翅合缝黑色。

卵长1.5~1.8mm,宽0.7~0.8mm,椭圆形,黄色具光泽。

幼虫腹部膨大而隆起,1龄幼虫长约2.6mm,暗红色;4龄幼虫长约15mm,砖红色。

蛹长9~12mm,宽6~8mm,椭圆形,橙黄色。

在美国发生的同属近缘种为伪马铃薯甲虫[*L. juncta*(Germar)],它们之间的区别主要是鞘翅上黑色条纹的数目和各条纹之间的相互位置。

(三)检验检疫方法

1. 检疫处理　田间观测应在晴天进行,由调查人员逐株检查植株上是否有成虫、幼虫或卵块。可根据风向和传播途径设立检疫站，以监视马铃薯甲虫的成虫扩散动态。

禁止从有马铃薯甲虫分布的地区输入马铃薯。加强口岸检疫，对疫区或途经疫区的飞机、轮船等运输工具及所运载的农副产品，特别是谷类、种子、苗木以及长毛类野生动物等，应严格检查其有无附着成虫，以及携带的马铃薯薯块中有无成虫、幼虫和蛹。加强旅检，特别注意是否携带有活成虫标本。

对于进境的染虫寄主植物、包装材料等需进行熏蒸处理。研究表明，在25℃下，用溴甲烷16mg/L，密闭4h；在15～25℃，每降低5℃，用药量应增加4mg/L，可以彻底杀灭成虫。若要灭蛹，则温度应在25℃以上。

2. 防治措施 实行马铃薯轮作。同时清除田间有关的野生茄科植物，如天仙子以及农田杂草。马铃薯甲虫非常讨厌掺了草木灰的土壤。草木灰是菜农使用的一种古老的消灭害虫的材料。越冬成虫发生期，特别是温室茄子，4月上旬开始发动群众捕杀越冬成虫。用真空吸虫器防治苗期越冬代成虫效果可达80%以上。

关键是适时，要掌握在第一代幼虫发生高峰时用药。采用下列多种有效药剂轮换使用的方法：乙密硫磷、爱卡士（Ekalux）、灭百可（Ripcord）、多来宝（Ethofenprox）、功夫菊酯等。在美国肯塔基州，推荐轮换使用亚胺硫磷、西维因、高效氰戊菊酯、印棟素、多杀菌素和阿维菌素，能取得较好的防治效果。应用细菌制剂苏云金杆菌圣地亚哥变种，对于低龄幼虫防治效果较好。

三、菜豆象

（一）简史与分布

菜豆象学名 *Acanthoscelides obtectus* (Say)，英文名 bean weevil，dried bean beetle，俗名大豆象，属豆象科（Bruchidae）菜豆象属（*Acanthoscelides*），是我国进境植物检疫性害虫。该虫原产中美和南美，随着国际贸易和引种等渠道广泛传播，现已分布于世界五大洲的部分地区，与我国近邻的缅甸、日本、阿富汗、俄罗斯等国家均有分布。在我国吉林、湖北的部分地区也有发生。

（二）生物学

1. 寄主与危害 菜豆象主要危害菜豆属的豆类，其寄主植物有菜豆（*Phaseolus vulgaris* L.）、金甲豆（*P. lunatus* L.）、豇豆（*Vigna unguiculate* Linn.）、绿豆（*V. radiata* Linn.）、赤小豆（*V. umbellate* Thunb.）、鹰嘴豆（*Cicer arietinum* L.）、蚕豆（*Vicia faba* L.）、兵豆（*Lens culinaris* Medic）、豌豆（*Pisum sativum* L.)等。

该虫幼虫在豆粒内蛀食，对储藏食用豆类的危害尤为严重。豇豆被害时，60d后平均损失重量68.7%；蚕豆被害时，60d后平均损失重量14.7%，平均1豆粒有虫4.2头，1头虫一生吃豆粒重量的3.5%。在重发区，1豆粒内的幼虫可多达28头，蛀空豆粒，严重影响产量和商品价值。

2. 生活习性 菜豆象成虫活泼，善飞，在田间豆荚上及仓库内的干豆上都能产卵为害，1个豆粒可有数头幼虫为害。1头雌虫可产卵200粒左右。在温度22℃、相对湿度80%条件下，卵期仅5d。在我国吉林省延边地区，在罩笼田间菜豆象大部分可从产卵发育到老熟幼虫或蛹，少部分可以羽化出成虫，然后随豆粒收获进入室内仓储进行繁殖。它以老熟幼虫或蛹在仓内越冬，不能在田间越冬。因菜豆象卵无黏性，很少把卵产于开裂豆荚内或外部皱褶处。

主要是成虫用口器在成熟或近成熟的豆荚内腹线上咬一狭缝或小孔，然后将产卵器伸入缝内产卵，可以减少卵的损失率。豆荚内的卵经过15～20d后开始孵化，刚孵化的幼虫胸足发达，四处爬行以寻找蛀入处。

3. 传播途径 菜豆象主要通过被侵染的豆类种子经贸易、引种和运输工具等进行传播，卵、幼虫、蛹和成虫均可被携带。成虫还可飞行逐渐扩散，据报道该虫在疫区每年扩散的平均距离可达25～30km。我国口岸检疫部门曾多次截获菜豆象。1998年扬州检验检疫局在泰州港对一艘来自韩国的巴拿马籍货轮登轮检疫时，在其食品干货舱内的食用菜豆中截获大量菜豆象。同年又在停泊于扬州港的一艘来自日本的巴拿马籍货轮食品舱货架上的残留物中，再次截获到菜豆象。1999年吉林长白检验检疫局首次在进口朝鲜菜豆中截获菜豆象。之后随着进口的豆类频繁输入我国，大连、北京、福州、宁波、梧州、北海、畹町、瑞丽、西藏、图们等检疫单位均有截获报道。

4. 检疫特征 成虫体长2～4mm。头、前胸及鞘翅黑色，密披黄色毛，背面暗灰色。腹部及臀板为橘红色，密披白色毛，杂以黄色毛。头部长而宽，密布刻点，额中线光滑无刻点。触角11节，基部4节及第11节为橘红色，其余为黑色。前胸背板圆锥形。后足腿节腹面近端有3个齿（少数个体有4个齿），一个为长而尖的大齿，其后为两个小齿，大齿长度约为两个小齿的两倍。

卵长0.55～0.80mm，宽0.19～0.36mm，近短圆筒状，不黏附在种皮上。

老熟幼虫体长2.4～3.5mm，宽1.6～2.3mm。身体肥胖粗壮，背方强烈隆起，向腹方呈"C"形弯曲，胸足退化。新鲜的虫体呈乳白色，除头部外体壁极少骨化。头深深缩入前胸、呈长卵圆形，光滑少毛。

（三）检验检疫方法

1. 检疫处理 储藏豆类，过筛检查种子看有无成虫和卵，注意豆粒上是否有成虫的羽化孔或幼虫蛀入孔。成虫产的卵并不黏附在豆粒表面，必须在样品的筛出物中寻找。幼虫蛀入种子后，种皮上留下一个裸露的直径0.13～0.24mm的圆形蛀孔，孔口被豆子的碎屑堵塞。成虫羽化后，在种皮上留下一个近圆形的直径为1.5～2.4mm的羽化孔。羽化孔大，容易发现；幼虫蛀入孔很小，不易发现。

若被害的种子为褐色、红色或其他深色，暗色背景为发现幼虫蛀入孔提供了一个有利的条件，不宜进行染色检验。若被害种子为白色或接近白色，可用染色法迅速将蛀入孔染成红色。采用的染色方法如下：将样品放入1%碘化钾溶液或2%碘酒溶液中，使种子全部沉浸在染色液内，并轻轻晃动，使豆粒表面与染色液充分接触。2min后，将样品取出放在0.5%氢氧化钠或氢氧化钾液内固定1min，然后用清水漂洗0.5min。以上方法使幼虫蛀入孔显褐色至深褐色。也可以将酸性品红0.5g、冰醋酸50mL及蒸馏水950mL混合，配制成酸性品红染色液。将样品充分浸泡2min，然后用自来水漂洗0.5min。上述方法可将幼虫蛀入孔染成粉红色，清晰可辨。此外，可借X光机检查豆粒内的幼虫或蛹。

一旦发现大批量的豆类带有菜豆象。可采用磷化氢熏蒸防除，当气温在15℃以上时，保持熏蒸场所内磷化氢的平均浓度不低于1mL/L，处理72h能100%杀死各虫态。也可用溴甲烷3g/m³熏蒸48h；用二硫化碳200～300g/m³或氯化苦25～30g/m³或氢氰酸30～50g/m³处理24～48h，均可全部杀灭各虫态。旅检和邮检中发现少量豆种带虫时可采用高温60℃处理20min、55℃处理2h、低温-15℃处理3h能100%杀死各虫态。

2. 防治措施 少量豆种的贮藏可采用干河沙和草木灰压盖、草本灰拌种、植物油拌种等方法进行防虫。用惰性粉和草木灰拌种也可以有效地杀灭此虫。用黑胡椒 2.6g 拌入 1000g 豆内，经 4 个月储藏可减少侵染 78%；若黑胡椒用量增加到 11.1g，可减少侵染 97.9%。田间喷洒 1605 或甲基 1605(20g/hm^2)、敌百虫、杀螟松等。当豆荚开始成熟时用第一次药，一周后再喷第二次。仓内储存期间可用虫螨磷(安得利)，浓度为 8mg/kg，保护期为半年以上；或马拉硫磷 15mg/kg，保护期为 4 个月以上。

四、四纹豆象

(一) 简史与分布

四纹豆象学名 *Callosobruchus maculates*(Fabricius)，英文名 cowpea weevil, southern cowpea weevil, four spotted bean weevil。属鞘翅目豆象科(Bruchidae)瘤背豆象属(*Callosobruchus*)。该虫原产于东半球的热带或亚热带地区，但美国最早发现。中国在台湾较早发现，后在广东、福建、云南、湖南、江西、山东、河南、天津、浙江、湖北、广西等地发现，目前基本得到控制。

(二) 生物学

1. 寄主与危害 主要危害木豆、鹰嘴豆、扁豆、大豆、金甲豆、绿豆、豇豆等多种豆类，还能对花生仁和小麦造成危害。被害豆粒被蛀蚀成空壳后，既不能食用，也不能作种子，大大降低了商品价值。幼虫钻蛀在寄主种子内取食胚乳。热带地区，可在田间和仓内危害；温带区主要在仓内进行危害。

2. 生活习性 四纹豆象一年发生代数因温度和食料而异。绿豆、赤豆上，广东西部、广西 10~11 代/年，浙江、福州 7~8 代/年；豌豆、蚕豆上，福州 5~6 代/年；大豆上，福州 4~5 代/年。幼虫、蛹和成虫可以在豆粒内越冬。当日平均温在 17~19℃时，成虫开始活动，19~25℃时大量出现。成虫羽化后几分钟即可交配、产卵。每头成虫能多次交配。在仓内，喜欢产在饱满的豆粒表面，每一豆粒产卵 1~3 粒，多至 8 粒。在田间，卵产于豆荚表面或开裂豆荚的豆粒上。每个雌虫一生平均产卵 82 粒，最多达 196 粒。幼虫孵化后，咬破种皮或豆荚进入种子内取食，一粒豆子即可完成一生。最喜食绿豆、赤豆，存活率较高，发育周期较短。幼虫 4 龄，幼虫期 18~64d。化蛹前老熟幼虫在豆粒里作一直径为 2~2.5mm 的蛹室，并预先将种皮咬成一个圆形羽化孔盖，准备化蛹，预蛹期 1~2d。蛹期第三代为 4~6d，第 8 代为 36~74d。成虫不取食，只摄取水或液体食物。在 31~34℃、56%~65% RH 时，成虫寿命为 5~7d。

3. 传播途径 四纹豆象各虫态可因贸易及种子调运而远距离传播。成虫飞翔、换仓搬运及仓库用具的搬移可近距离传播。

4. 检疫特征 成虫体长 2.5~4.0mm，卵形。触角 11 节，略呈锯齿状，着生复眼凹缘处，1~5 节黄褐色，其余黑色，或全部黄褐色。前胸背板圆锥形，褐色，散布稀疏刻点，疏生金黄色毛，后缘中央的瘤状隆起上密生白毛。小盾片方形，上密生白毛。鞘翅肩胛明显，具 10 条刻点行，刻点较粗深而明显。每鞘翅有黑斑 3 个，肩部的极小，中部及端部的甚大，有的雄虫鞘翅上无斑纹。臀板侧圆弧形，露于鞘翅外。后足腿节外缘的齿大而钝，内缘的齿细长而尖锐。

卵长 0.4~0.8mm，宽 0.4mm，卵形。初产时卵壳透明光泽，呈米黄色。

末龄幼虫体长 3.0~4.6mm，淡黄白色，身体肥胖弯曲呈"C"形。头部除黑色上颚外，其余均白色。额中间两侧各有一近于白色的圆点。下唇片两条强骨化臂平直，两臂基部外侧各有一清晰的白色圆斑。前胸有一对薄的淡黄色背板盾。腹部由 10 节组成。

蛹长 3.2～5.0mm，椭圆形，乳白色或淡黄色，体背细毛。头部弯向胸部，口器在前胸基节间。触角弯向第一、二对胸足后面，伸达鞘翅的 3/4。后足附节露出鞘翅，直达腹部末节基部。

（三）检验检疫方法

1. 检疫处理　　检测方法：①目测检验。成虫羽化后常脱出豆粒隐藏在豆粒间，把所有样品堆放在白磁盘内，挑出混在豆粒间的成虫镜检。卵或已孵出幼虫的卵壳牢固地粘在豆粒表面不易脱落，选出带卵或卵壳的豆粒，再剖粒镜检。②比重检验。豆粒被蛀食后比重下降，可以通过不同盐类及浓度的溶液，利用物理比重法将其区分开。将 100g 样品倒入 18.8%食盐水或硝酸铵溶液中搅拌 10～15s，静止 1～2min，捞出浮豆，剖检被害豆。③染色检验。白色的豆粒样品可用酸性品红染色法将蛀入孔染成红色，可查出豆粒内的老熟幼虫和蛹。④X光检验。用X光透视检验豆粒内有无幼虫、蛹或成虫。

禁止从发生区调运豆类种子，若必须调运时，应经检疫部门检验方可通行，发现有四纹豆象的豆类，须经灭虫处理。经常检查进口豆类的储藏仓库，看有无该虫出现。对进口的种用寄主豆类，不要急于在田间播种，应查明确实无该虫侵染的情况下才播种到田间。

2. 防治方法　　将豆子放在室外或不受加温影响的房间，恶化幼虫越冬条件。少量种子可用高温处理，在 60℃下持续 20min。用惰性粉和草木灰拌种也可有效地杀灭。在豆荚开始成熟时田间喷洒用药，一周后再用药一次防治四纹豆象幼虫。仓储期可采用磷化铝熏蒸方式处理豆子，也可高频或微波加热处理包装物。

五、葡萄根瘤蚜

（一）简史与分布

葡萄根瘤蚜学名 *Daktulosphaira vitifoliae* Fitch，英文名 grape phylloxera。属同翅目球蚜总科根瘤蚜科葡萄根瘤蚜属。该虫在美国于 1854 年发现，后传入欧洲，目前已广泛分布于六大洲约 40 个国家和地区。历史上曾在欧洲对葡萄生产造成毁灭性灾害，是世界上第一个检疫性有害生物，至今仍是多个国家的植物检疫性有害生物。1892 年传入我国烟台，随后在辽宁、陕西、湖南、上海等局部地区曾有过零星发生，1992 年在国内被根除，现较难采到标本。

（二）生物学

1. 寄主与危害　　该虫为单食性，仅为害葡萄及野生葡萄。主要危害根部，也可危害叶片。欧洲系葡萄只有根部被害，而美洲系葡萄和野生葡萄的根和叶都可被害。须根被害后肿胀形成菱角形或鸟头状根瘤，该虫多在肿瘤缝隙处。由于根部养分被刺吸和受害，肿瘤不久逐渐变色腐烂，导致根部死亡。因而严重破坏根系吸收、输送水分和养分的功能，造成树势衰弱，影响开花结果，严重时可造成植株死亡。叶片被害后，在叶背面形成虫瘿影响叶片正常光合作用，并使叶片萎缩。该虫在 1860 年传入法国后，在 25 年内共毁灭该国葡萄约 100 万hm^2，对欧洲葡萄生产造成毁灭性灾害。

2. 生活习性　　葡萄根瘤蚜在我国山东烟台发生的是根瘤型。每年发生 7～8 代，以 1 龄若蚜或少数卵在1cm以下土层中或2年生以上的粗根叉及缝隙处越冬。次年4月开始活动，5月上旬无翅成蚜产第一代卵，5月中旬至6月底和9月下旬有两个发生高峰。据观察，烟台的葡萄根瘤蚜在7～8月每头雌蚜产卵39～86粒。卵期3～7d，若虫期12～18d(共4龄)，成虫寿命14～26d，完成一代平均20d。有翅蚜从7月上旬开始出现，9月下旬至10月下旬为盛期。有翅蚜很少出土。

在美洲系葡萄品种枝条上越冬卵孵化为干母，可以存活，并形成叶瘿。在欧洲系葡萄品种枝条上，越冬卵孵出的干母死亡，在叶片上不形成虫瘿。而在两系的杂交品种上可形成叶瘿。常在美洲系品种上两年一循环，包括有性阶段、形成叶瘿和在根部取食阶段，其生活史完整；在欧洲葡萄品种上通常连续在根部生活，孤雌生殖重复进行，其生活史不完整。

3. 传播途径 该虫的传播方式有：通过苗木、种条进行远距离传播；通过爬出地面，再通过缝隙传染给临近植株；有翅蚜和叶瘿，随风传播；可随水流传播；带根瘤蚜的物体(如土壤等)，通过运输工具、车辆、包装传播。该虫只要根活，便可存活。一般离根1d即死亡。

4. 检疫特征 有翅胎生雌蚜体长1.7～2.0mm，暗褐色，头及胸部黑色。身上披有白色绵状物。复眼红黑色，有眼瘤。触角6节，第3节特长，有不完全和完全的环状感觉器24～28个，第4节3～4个，第5节1～4个，第6节2个。腹管退化为环状黑色小孔。

无翅胎生雌蚜体长1.8～2.2mm，近椭圆形，赤褐色，体侧有瘤状突，体被白色蜡质绵状物。触角6节，无环状感觉器。复眼红黑色。有眼瘤。腹背有4条纵列的泌蜡孔，腹管退化，在第5～6节间，呈半圆形裂口。

有性雌蚜体长1mm，身体淡黄褐色，触角5节，口器退化，腹部褐色，稍被绵毛。

有性雄蚜体长约0.7mm，黄绿色，触角5节，口器退化。腹部各节中央隆起，有明显沟痕。

若蚜体赤褐色，略呈圆筒形。喙细长，触角5节。体被白色绵状物。

(三)检验检疫方法

1. 检疫处理 检验方法分为苗木产地检验和苗木(种条)的检验。苗木产地检验包括地上部检验和根系检验。地上部的检验，应包括春季检查叶片上是否有虫瘿；根系检查可在收获前1个月至整个收获季节(一般6月中旬至9月)取样。苗木(种条)的检验要注意苗木上的叶片是否有虫瘿、枝条上是否有虫卵、根部(尤其须根)有无根瘤，根部的皮缝和其他缝隙有无虫卵、若虫等。

葡萄根瘤蚜为专食性害虫，根除相对容易，疫区改种其他作物即可根除该害虫。如条件所限，则严禁从葡萄根瘤蚜发生的地区向外调运葡萄苗木和插条，各级植保、植检机构对调入的葡萄种苗全面进行严格检查，对无检疫证书的葡萄种苗依法处理。特殊需要外运的必须经严格检疫和彻底消毒处理。消毒方法：将葡萄枝条扎成捆，用50%锌硫磷乳油1500倍浸泡1min；用80%敌敌畏乳油1500～2000倍液浸泡2～3次；用45℃热水浸泡20min；溴甲烷24～60g/m^{3}或二氧化碳80～150g/m^3，处理3h，杀虫效果达100%。

2. 防治方法 葡萄根瘤蚜的防治，在充分了解其分布的基础上，应采取不同的防治策略：在沙地栽培无蚜苗；培育抗蚜葡萄品种；用50%锌硫磷乳油或二硫化碳处理土壤，用6-丁二烯或六氯环戊二烯熏蒸。

六、苹 果 蠹 蛾

(一)简史与分布

苹果蠹蛾学名 *Cydia pomonella* (L.)，英文名 coding moth，又名苹果小卷蛾，属鳞翅目小卷蛾科小卷蛾属。该虫原产欧洲大陆，最初仅分布于欧洲泰加林带南部及小亚细亚地区。19世纪后随着苹果种植面积的扩大，分布范围迅速扩大。现已广泛分布于除东亚以外的所有苹果产地。我国于1987年随旅客携带水果传入甘肃，在敦煌市立足，而后迅速扩散。目前在新疆苹果产区和甘肃的酒泉地区有发生。

（二）生物学

1. 寄主与危害 该虫的寄主范围较窄，主要是蔷薇科的仁果和核果类，主要寄主有苹果、沙果、梨、海棠、胡桃、石榴、李、山楂、桃、杏等。

幼虫早期蛀果能使幼果脱落。果肉蛀食后使苹果品质低劣，严重的不能食用。据新疆疏勒县调查，未防治的老果园苹果被害率为84.3%～98.4%，喀什地区农业科学研究所经防治两次的新果园被害率为4%。因苹果蠹蛾的为害，1898年美国纽约州损失50万美元，1909年全国损失1600万美元。该虫繁殖力和对环境条件的适应能力均较强，发育历期长且不整齐，是世界上最严重的蛀果害虫之一。

2. 生活习性 苹果蠹蛾广泛分布在南半球和北半球，对各种气候适应能力强。发育起点温度为9～10℃，适宜温度为15～30℃，最适温度为20～27℃，成虫活动和产卵时，需要15.5～16℃以上。该虫抗逆性强，幼虫在-20℃才开始死亡，-27～-25℃大部分冻死。

在我国新疆库尔勒，苹果蠹蛾一年3代，石河子完成2个完整世代和部分第三代。以老熟幼虫在树皮下做茧越冬。在新疆喀什地区越冬幼虫3月底开始化蛹，4月底至5月上旬为盛期，成虫羽化盛期在5月中下旬。第一代卵期在5月下旬，幼虫孵化盛期在5月底至6月初，6月底至7月初是化蛹盛期，7月上旬为成虫羽化盛期，7月初至中旬为第二代卵期。第三代卵期在9月底至10月初。

成虫有趋光性，黄昏至清晨交尾，卵散产，每雌产卵少者1粒，多者100多粒，树冠上层卵量多，叶上卵多于枝条和果实，而且喜产在背风向阳处。初孵幼虫遇到叶片就咬食叶肉，遇到果实后不久从果实胴部蛀入，食果肉和种子。幼虫可转果为害，一头幼虫能咬几个苹果，从蛀果到脱果一般需1个月左右。幼虫老熟后脱果爬到树干裂缝处或地上隐蔽物以及土缝中结茧化蛹，也能在果内、包装物及贮藏室等作茧化蛹。

3. 传播途径 苹果蠹蛾为小蛾类害虫，在田间最大飞行距离只有500m左右，自身扩散能力较差。主要以未脱果的幼虫随果品、运输工具及包装物进行远距离传播，也可随杏干传播。

4. 检疫特征 成虫体长8mm，翅展15～22mm，灰褐色，带紫色光泽。前翅臀角处有深褐色椭圆形大斑，内有3条青铜色条纹，其间显出4～5条褐色横纹。翅基部外缘略呈三角形，有较深的波状纹。雄蛾前翅腹面中室后缘有一黑褐色条纹，雌蛾无。雌虫翅僵4根，雄虫仅1根。

卵长1.1～1.2mm，宽0.9～1.0mm。椭圆形，扁平，中央略突出，初产似蜡粒，后呈现一红圈，卵面有很细的皱纹。

初龄幼虫黄白色。成熟幼虫体长14～18mm，头黄褐色，体呈红色，背面色深，腹面色浅，前胸盾淡黄色，并有褐色斑点，臀板上有淡褐斑点。幼虫前胸气门群3毛位于同一毛片上，腹足趾钩19～23个，单序缺环；臀足趾钩14～18个，单序新月形。

蛹黄褐色，体长7～10mm，肛门两侧各有2根臀棘，末端有6根。

(三)检验检疫方法

1. 检疫处理 凡从苹果蠹蛾发生地区外运的苹果、沙果、梨、桃、杏等果品及其包装物,均需运前在产地进行检验。检验时,可根据苹果蠹蛾的危害症状及形态特征进行初步观察和鉴别;发现果实外皮有被害状,应剖检其中幼虫或蛹;有怀疑时应进一步作镜检鉴定。

禁止新疆、甘肃等疫区的苹果和梨等鲜果携带和调运到其他省区。对进口的果品和繁殖材料要严格检疫。在港口、机场、车站周围和果区定期进行疫情调查,用苹果蠹蛾性外激素监测效果很好。发现苹果蠹蛾要检疫处理,用溴甲烷熏蒸或熏蒸结合冷藏以及 γ 射线辐照可杀死各虫态。常压条件下,21℃或较高温度,溴甲烷 $32g/m^3$,熏蒸 2h;低于 21℃熏蒸,要适当增加剂量。

2. 防治方法

(1)保持果园清洁,经常捡拾落果,消灭落果中尚未脱果的幼虫。果树落叶后或早春,刮树皮、填树洞、石灰刷白,消灭潜伏的越冬幼虫。

(2)4 月下旬开始到 9 月底,在果园架设频振式杀虫灯诱杀成虫,每 20 亩架设一台。开关灯的时间在每天天黑以后打开,天亮时关闭,清除收虫袋子里的虫子。

(3)诱集幼虫利用老熟幼虫潜入树皮下化蛹的习性,在主干分枝下束草,诱集老熟幼虫入内化蛹,每隔 10d 检查处理一次。

(4)应用性诱剂诱杀雄虫,阻止交配。1991~1992 年在新疆库尔勒地区采用美国 Bedok Kian Research 公司合成生产的性信息素(反,反-8-10-十二碳二烯-1-醇),每亩放 2~4 个诱捕器。

(5)药剂防治根据积温推算第一代卵孵化时喷药,或大部分卵处于红圈期时喷药。目前,防治苹果蠹蛾有效药剂有 50%杀螟松 1000~1500 倍,2.5%溴氰菊酯 5~8μg/g 或 50%锌硫磷 1500 倍等。

七、美国白蛾

(一)简史与分布

美国白蛾学名 *Hyphantria cunea*(Drury),英文名 fall webworm,又名美国灯蛾、秋幕毛虫、秋幕蛾,属灯蛾科白蛾属。该虫原产于北美,第二次世界大战期间,随军用物资的运输从美国传入欧洲许多国家和亚洲的日本,于 1940 年首先在匈牙利发现,1945 年传入日本,1958 年传入韩国,1961 年传入朝鲜。现分布于北纬 19°~55°的广大地区,包括墨西哥、美国、加拿大、土耳其、俄罗斯、波兰、捷克、斯洛伐克、匈牙利、罗马尼亚、塞尔维亚、奥地利、意大利、西班牙、希腊、法国、朝鲜、韩国和日本等。1979 年在我国靠近朝鲜的辽宁省丹东地区发现,1981 年又扩展到旅顺和大连。根据国家林业局植树造林司介绍,截至 2010 年,北京、天津、河北、辽宁、山东、陕西、河南等 7 个省(直辖市)已经出现了美国白蛾疫情。

(二)生物学

1. 寄主与危害 美国白蛾是典型的多食性害虫。幼虫可为害 200 多种林木、果树、农作物和野生植物,但主要为害阔叶树,尤其是植物有桑、白蜡槭、胡桃、苹果、梧桐、李、柿、榆和柳等。

幼虫取食树叶，并常群集叶上吐丝作网巢，在其内食害。网巢有时可长达 1m 或更大，稀松不规则，把小枝和叶片包进网内，形如天幕，故俗名天幕毛虫；因常出现于仲夏到初秋，因此又叫秋幕毛虫。发生严重时可将成片的树林叶片大部分吃光，造成树木部分或整株死亡；严重受害的果树造成果实严重减产，有时导致当年甚至来年不结实。另外，被害树木由于树势变得衰弱，又易遭蠹虫、真菌和细菌病害的侵袭，也大大削弱树木的抗寒力。

据国家林业局资料，我国 4 省市(京、津、冀、辽)2006 年美国白蛾实际发生面积已经达到 22.3 万 hm^2，2007 年我国的美国白蛾发生面积达到 27 万 hm^2，并且增加到 5 个省市(京、津、冀、辽、鲁)，防治任务比 2006 年增加了 15% 以上，给林业和园林绿化造成重大威胁。

2. 生活习性　　美国白蛾在我国山东烟台地区一年两代，大连市和秦皇岛市一般年份发生两代，遇上秋季高温年份，第三代也能完成发育。天津市、陕西关中第三代发生量较大，化蛹率约占总发生量的 30%。成虫常在下午或傍晚羽化，刚羽化的成虫迅速爬到附近与地面垂直的物体上，如树干、草本植物的茎秆和墙壁等，静伏不动，天黑之后飞行选择寄主植物。成虫喜光，白天隐蔽取食，夜间活动和交尾。每雌可产卵 500～900 粒，多的可达 2000 粒，卵排列成块，上覆白色鳞毛，产于叶背。卵发育的适宜温度为 23～25℃，RH 75%～80%。

孵化后，幼虫营群居生活，在取食之前就开始吐丝结网。开始缀叶 1 片，后又扩大到 2～3 片。随着幼虫生长，越来越多的叶子被包到网幕内。1～4 龄幼虫生活于网幕内，5 龄后开始抛弃网幕分散取食。1～2 龄幼虫仅在叶背刮食叶肉，保留叶子上表皮及叶子的细脉，被害叶呈纱窗状；3 龄幼虫可将叶片咬透；4～5 龄幼虫开始由叶缘啃食，造成边缘缺刻；6～7 龄幼虫往往将整片叶子甚至连同主脉吃光，仅留叶柄。幼虫发育的适宜温度为 24～26℃，RH 70%～80%。

幼虫老熟后沿树干下行，寻找隐蔽处化蛹。蛹主要集中在树干老皮下及树周围的表土内或砖瓦土块下。在建筑物附近，部分幼虫聚集在建筑物的缝隙内化蛹。越冬蛹于次年 4 月下旬开始羽化。

3. 传播途径　　该虫各虫态均可借助运输工具随原木、苗木、鲜果、蔬菜及包装物进行远距离传播，但以 4 龄以上的幼虫和蛹传播的机会最大。此外，也可通过自身的飞翔能力，在一定的范围内进行自然扩散。

4. 检疫特征　　成虫体白色，体长 9～12mm，翅展 23～45mm。复眼黑褐色。口器短而纤细。雄虫触角双栉齿状，雌虫触角锯齿状。翅面无暗色斑或具有或多或少的暗色斑。前翅 R1 脉由中室单独发出，R2～R5 共柄；后翅 Sc+R1 脉由中室前缘中部发出；前、后翅的 M1 由中室前角发出，M1 及 M2 基部有一短的共柄，由中室后角上方发出，Cu1 由中室后角发出。前足基节及腿节端部橘黄色，胫节跗节大部分黑色。后足胫节缺中距，仅一对端距。

卵直径 0.4～0.5mm。圆球形，表面有多数规则的小凹刻，初产卵浅黄绿色或浅绿色，后变灰绿色，孵化前变灰褐色，有光泽。

老熟幼虫体长 28～35mm，圆筒状。头黑，具光泽。体黄绿色至灰黑色，背线、气门上线、气门下线浅黄色。背部毛瘤着生白色长毛丛。腹足外侧黑色。气门白色，椭圆形，具黑边。幼虫有两种类型：一种类型幼虫的头和背部毛瘤为黑色，另一种类型幼虫的头和背部为橘红色，即"黑头型"和"红头型"。在北美洲，红头型在美国南部占优势，黑头型则在美国北部和加拿大明显占优势。我国的美国白蛾幼虫大多属于"黑头型"。20 世纪 70～80 年代，Ito 等在加拿大温哥华发现了一种"镶嵌型"的美国白蛾幼虫，其特点是头部颜色黑红镶嵌，行为与红头型相似。于是，Ito 等建议将红头型和"镶嵌型"合并，称之为 Mala-cosoma 型。

因此，美国白蛾幼虫也可分为黑头型和Mala-cosoma型两种类型。

蛹长8~15mm，宽3~5mm。暗红褐色，腹部各节除节间外，布满凹陷刻点，臀刺8~17根，每根钩刺的末端呈喇叭口状，中凹陷。

(三) 检验检疫方法

1. 检疫处理　　田间检验的重点时期在春、夏、秋季，幼虫期是检验的关键时期。幼虫期要仔细检查寄主植物的枝条、叶片是否缀合网幕，或叶片仅留主脉和叶柄并呈网状，或整体叶片被吃光，确定是否有幼虫危害。蛹期仔细检查寄主树皮裂缝、树洞、居民点建筑屋檐缝隙中是否有蛹。成虫期仔细检查寄主叶背面或周围草丛中是否有美国白蛾成虫。还可在田间悬挂诱虫灯诱虫。卵期仔细检查寄主叶片背面是否有卵块分布。

对来自疫情发生区的林木、果树、灌木等活体、木材、植物性包装材料(含铺垫物、遮阴物、新鲜枝条)及装载容器、运载工具、堆放场地、仓库及其周围500m范围内场所是否有美国白蛾幼虫、蛹、排泄物、蜕皮物或被害状。在美国白蛾田间和调运现场检验过程中，发现各虫态的美国白蛾或疑似美国白蛾都要采集标本，带到实验室进行进一步的室内检验坚定。

产地检疫发现疫情时，要根据不同虫态、不同时期的除治方法限期除治。调运检疫发现疫情时，要对带虫的原木等介体进行销毁，不能销毁的采用20~30g/m³溴甲烷熏蒸2d，或15~20g/m³磷化铝熏蒸3d，或30~40g/m³磷化铝熏蒸3d。

2. 防治方法　　人工防治：在幼虫3龄前发现网幕后人工剪除网幕，并集中处理。如幼虫已分散，则在幼虫下树化蛹前采取树干绑草的方法诱集下树化蛹的幼虫，定期定人集中处理。

利用性诱剂或环保型昆虫趋性诱捕器诱杀成虫：在成虫发生期，把诱芯放入诱捕器内，将诱捕器挂设在林间，直接诱杀雄成虫。

利用生物和化学药剂喷药防治：防治中，重点检查桑树、悬铃木、臭椿、榆树、金银木、桃树、白蜡等树种是否有幼虫危害，如果有幼虫危害，及时防治。药剂选用Bt乳剂400倍液、2.5%溴氰菊酯乳油2500倍液、80%敌敌畏乳油1000倍液、5%来福灵4000倍液喷药防治。

生物防治：在该虫3龄幼虫以前，喷洒核型多角体病毒(HcNPV)和Bt复合制剂；在老熟幼虫期和化蛹初期各放蜂一次，放蜂量为美国白蛾的3~5倍。

八、红　火　蚁

(一) 简史与分布

红火蚁学名 *Solenopsis invicta* Buren，英文名 red imported fire ant。隶属于膜翅目蚁科切叶蚁亚科，是世界自然保护联盟(IUCN)收录的最具有破坏力的入侵生物之一。原分布于南美洲巴拉那河流域(包括：巴西、巴拉圭、阿根廷)。1918~1930年入侵美国的阿拉巴马州，随后通过苗木的调运迅速扩散到美国东南部广大地区。2001年澳大利亚和新西兰相继发现红火蚁，2003年传入马来西亚。至今，已报道发生红火蚁的其他国家和地区有巴西、秘鲁、阿根廷、玻利维亚、乌拉圭、安提瓜岛、巴布达岛、巴哈马群岛、特立尼达和多巴哥、波多黎各、土耳其斯和凯克斯群岛、英属维尔京群岛、澳大利亚(昆士兰、布里斯班)、新西兰和马来西亚等。2001~2002年通过货柜箱及草皮蔓延至我国台湾，然后又通过家居垃圾从台湾再传入广东省吴川县，继而蔓延至省内其他城市及香港、澳门、福建、广西和湖南等地。

(二) 生物学

1. 寄主与危害 红火蚁的寄主和危害表现在以下 4 个方面。

(1) 对人类健康的威胁：一旦蚁巢被打扰，红火蚁迅速出巢表现出很强的攻击行为，接触到人体后一头红火蚁可以连续刺 10 余下，每次都从毒囊中释放毒液。因此，人体被红火蚁叮咬后有如火灼伤般疼痛感，其后会出现如灼伤般的水泡。大多数人仅感觉疼痛、不舒服，而少数人由于对毒液中的毒蛋白过敏，会产生过敏性休克甚至死亡，如水泡或脓包破掉。

(2) 对农业的威胁：红火蚁可取食种子、根部、果实等，危害幼苗，如马铃薯的块茎、向日葵、黄瓜、大豆果实、黄秋葵、茄子、柑橘等。在春天取食萌发中的种子、玉米、高粱的秧苗。除了由于觅食习性所造成的农业上的损失外，红火蚁也破坏土壤环境和损坏灌溉系统，影响农作，导致耕作机器的损坏，降低工作效率。

(3) 对生态环境的威胁：红火蚁对野生动植物也有严重的影响，兵蚁攻击海龟、蜥蜴、鸟类等野生动物卵和幼苗。一旦入侵新的地区，红火蚁大批消灭和取代当地的蚂蚁群体。红火蚁影响自然生态系统中的植物群，其取食种子的习性改变了各种种子的比率和能发育种子的分布，造成生态系统的重大改变。

(4) 对公共安全的威胁：红火蚁破坏建筑和电子设备，如空调、场应急灯、电缆、油井、水井电泵、电脑，甚至汽车电力系统都遭到过破坏，啃咬这些部分的绝缘层或带入泥土而引起短路。

2. 生活习性 红火蚁为完全地栖型的社会性昆虫，根据巢穴中蚁后的数量可分为单蚁后型（巢内仅有一头蚁后）和多蚁后型（巢内有蚁后两头及以上）两种社会型。蚁群有明显的品级分化，包括工蚁、兵蚁、有翅蚁、蚁后等品级及其各虫态。一个成熟的红火蚁种群有由 15 万~50 万头个体，其中绝大多数为工蚁和兵蚁，有翅繁殖雄蚁和雌蚁数百头，1 头或多头繁殖蚁后组成。

蚁后是整个族群存在的中心，它通过产卵来控制整个族群，还通过释放信息素来影响工蚁和有性生殖蚁的生理及行为。而蚁后的产卵速率则受环境条件、营养状况以及工蚁行为的制约。蚁后的卵巢含有 80~90 条卵巢管，每天可产卵 1500~5000 粒，产下的卵有 3 种类型：营养卵（不育卵），专用于喂饲幼虫；受精卵，最终发育成不育的雌性工蚁或有繁殖能力的雌蚁；未受精卵，最后发育成雄蚁。

卵经过 7~10d 孵化成无足的、蛆状幼虫。幼虫有 4 个龄期。其中，工蚁发育历期 20~45d，大型工蚁 30~60d，兵蚁、蚁后和雄蚁 80d。蚁后成虫寿命 6~7 年，工蚁、兵蚁寿命 1~6 个月。

新建的蚁巢经过 4~5 个月的时间成熟并开始产生有翅生殖蚁，进行婚飞活动。成熟的蚁群一年能产生 4000~6000 头有翅生殖蚁。这些有性生殖蚁会在巢穴内大量积累直至遇上适宜的环境条件才开始婚飞、交配。只要条件适宜，成熟蚁巢的红火蚁在一年中任何时间都有可能发生婚飞，通常以春秋季节居多，3~5 月是婚飞盛期，但有时因地理区域的不同而有所差异。降雨后一两天内如气候温暖（高于 24℃）晴朗，风不大，上午 10 时前后有翅生殖蚁开始婚飞。

3. 传播途径 红火蚁的入侵、传播包括自然扩散和人为传播。自然扩散主要是生殖蚁飞行或随洪水流动扩散，也可随搬巢而作短距离移动；人为传播主要通过土壤、草皮、干草、盆栽植物、带有土的植物和植物产品，以及移动工具的贸易传播，也可通过受蚁巢侵染的培养土、木质包装、机电设备和集装箱夹层或地层等作长距离传播。

4. 检疫特征 红火蚁群体中有雌(雄)繁殖蚁、无生殖能力的兵蚁和工蚁，体型大小呈连续多态型。鉴别红火蚁目前主要以形态特征为基础，并参考其野外结巢的特点及攻击干扰者的行为特征，可准确加以鉴别。

小型工蚁(工蚁)：体长 2.5～4.0mm。头、胸、触角及各足均为棕红色，腹部常棕褐色，腹节间色略淡，腹部第 2、3 节腹背面中央常具有近圆形的淡色斑纹。头部略呈方形，复眼细小，由数十个小眼组成，黑色，位于头部两侧上方。触角共 10 节，柄节(第 1 节)最长，但不达头顶，鞭节端部两节膨大呈棒状。额下方连接的唇基明显，两侧各有齿 1 个，唇基内缘中央具三角形小齿 1 个。上唇退化。上颚发达，内缘有数个小齿，上述口器的特征是与近似种热带火蚁(*S. geminata*)的主要区别。

前胸背板前端隆起，前、中胸背板的节间缝不明显，中、后胸背板的节间缝则明显；胸腹连接处有两个腹柄结，第一结节呈扁锥状，第二结节呈圆锥状。腹部卵圆形，可见 4 节，腹部末端有螯刺伸出。

大型工蚁(兵蚁)：体长 6～7mm，形态与小型工蚁相似，体橘红色，腹部背板色呈深褐色。上颚发达，黑褐色。体表略有光泽。

雄蚁：体长 7～8mm，体黑色，着生翅 2 对，头部细小，触角呈丝状，胸部发达，前胸背板显著隆起。

生殖型雌蚁：有翅型雌蚁体长 8～10mm，头及胸部棕揭色，腹部黑褐色，着生翅 2 对，头部细小，触角呈膝状，胸部发达，前胸背板亦显著隆起。

卵：卵为卵圆形，大小为 0.23～0.30mm，乳白色。

幼虫：共 4 龄，各龄均乳白色。各龄长度为：1 龄 0.27～0.42mm；2 龄 0.42mm；3 龄 0.59～0.76mm；发育为工蚁的 4 龄幼虫 0.79～1.20mm，而将发育为有性生殖蚁的 4 龄幼虫体长可达 4～5mm。

蛹为裸蛹，乳白色，工蚁蛹体长 0.70～0.80mm，有性生殖蚁蛹体长 5～7mm，触角、足外露。

(三)检验检疫方法

1. 检疫处理 从疫区运出的物品要进行严格检疫，主要包括土壤及介质土、草皮、带有土壤的其他植物、用过的运土器具或机械、废纸、纸箱、集装箱、木材、木包装、木材加工厂的木屑与废料、在存放时曾与土壤接触的草捆和农作物秸秆、农家肥料、曾与土壤接触过的废品与垃圾等。

熏蒸处理主要使用磷化氢和溴甲烷熏蒸，磷化氢可使蚁巢中蚂蚁全部死亡，溴甲烷可熏蒸处理红火蚁的传播介体，如介质土、有机覆盖物、土壤、泥炭、干草、稻草、农业机械和集装箱等。

种植器皿中的植株也可使用联苯菊酯、毒死蜱或二嗪农药液喷雾处理至饱和一次。用于处理的药液量应少于盛装植物的容器体积的 1/5。目前商品化的 0.3%锐劲特颗粒剂、1.5%和 3%七氟菊酯颗粒剂可用于处理盆栽土壤和介质。带土并包有塑料布、塑料编织布、麻布的植株，可施用苯氧威、氟蚁腙、烯虫酯或蚊蝇醚等饵剂后，撒施毒死蜱颗粒剂进行处理。

2. 防治方法 化学药剂使用方法包括浇灌、颗粒剂处理、粉剂处理或者可渗透的气雾剂处理。目前使用的药剂主要有拟除虫菊酯类、西维因、毒死蜱、乙酰甲胺磷等液剂或粉剂。

物理处理法包括沸水处理和水淹法，沸水法防除效果接近 60%；水淹法则是用水淹没蚁巢将蚂蚁淹死，有效的实施需直接挖掘蚁丘，将整个蚁巢在水中浸泡 24h 以上。

生物防治主要使用寄生真菌和寄生蝇。寄生真菌小芽孢能够感染工蚁并通过交哺作用传给蚁后，最终导致蚁后产卵量降低，整个蚁巢渐渐衰弱。小芽苞真菌也可以由工蚁将其真菌传染给蚁后、幼虫，化蛹、羽化后的蚁后仍会受到感染，蚁巢可以在9~18个月灭绝。

九、蜜柑大实蝇

(一) 简史与分布

蜜柑大实蝇学名 *Bactrocera tsuneonis* (Miyake)，英文名 citrus fruit fly, Japanese orange fly, Japanese citrus fly。属实蝇科寡毛实蝇亚科寡毛实蝇属。原产于日本的日向、大隅、萨摩的野生橘林中。现已分布于日本（九州、琉球群岛）和越南。目前，该虫已传入我国，四川、江苏、贵州、广西、海南、台湾和湖南等省（自治区），是我国农业和进境植物检疫性有害生物。

(二) 生物学

1. 寄主与危害 该虫的主要寄主是柑橘类植物，包括二酸橙、乳橘、甜橙、橘、大红橘、温州蜜柑、厚叶金橘、金橘、圆金橘等。蜜柑大实蝇以幼虫在果实内取食果肉为害，致使果实未熟先黄，提前脱落，丧失食用价值，严重影响果实产量和品质。在发生区，虫果率在20%~30%，严重时高达100%。

2. 生活习性 该虫在日本九州一年发生一代，以蛹在土中越冬。一般于6月上旬开始羽化，成虫发生期为6~8月。卵产在果实的果瓣内，多数产在果皮中，通常每个产卵孔中产1粒卵。幼虫孵化后即在果瓣瓣中蛀食，至3龄后可转移到其他瓣瓣取食。老熟幼虫脱果后，可在地面爬行选择适当场所钻入土表下3~6cm处化蛹。

3. 传播途径 主要以幼虫随被害果，有时也能随被害的种子，从一地传到另一地。卵也可随果实传播。蛹则可随果实的包装物或结果寄主树木所附的土壤传播。

4. 检疫特征 成虫中型，雌虫10.1~12.0mm，雄虫9.9~11.0mm。头部黄至黄褐色，具一对椭圆形黑色颜面斑。单眼三角区黑色，具光泽。触角芒与触角等长，暗褐色，但基部呈黄色。胸部黄褐至深黄色。中胸背板中央有"人"字形赤褐色斑纹，肩胛、背侧板胛、中胸侧板条和小盾片均为黄色；中胸侧板条宽，几乎伸达肩胛后缘；侧后缝色条始于中胸缝并终于后翅上鬃之后，呈内弧形弯曲，具中缝后色条。翅的前缘带宽，黄褐色，斑纹的端部和翅痣常呈褐色。腹部黄褐至红褐色。背面中央有1条自腹基伸至腹端的黑色纵带；第3背板基部有一黑色横带，与中央的纵带相交呈"十"字形；第4和第5节背板两侧各有1对暗褐色至黑色短带。雄虫第3节背板两侧具横毛，第5腹板后缘略凹。雌虫产卵器的基节瓶形，长度约为腹部1~5节长度之和的1/2，末端三叶形。

卵长1.33~1.6mm，宽0.24~0.32mm。白色，椭圆形，略弯曲，一端梢尖，另端圆钝。

老熟幼虫长11~13mm。蛆形，乳白色，前气门扇形，有指突33~35个。

蛹长8.0~9.8mm。椭圆形，淡黄色至黄褐色。

(三) 检验检疫方法

1. 检疫处理 对从疫区输入的柑橘果实及其包装箱或其他容器进行严格的检疫。首先从外表观察果实是否有此虫感染，然后剖果检查是否有幼虫或卵存在；检查包装箱的碎屑物中是否有蛹存在。由于越冬蛹有随带土的树株转运他处的可能性，因此在清除所附土壤的过程中，要注意检查是否有蛹脱落。

对于来自疫区的水果，可采取下列措施进行除害处理，低温处理：0℃冷藏10d或在2℃冷藏16d，均可杀死幼虫和卵。湿热处理：用43℃的蒸汽处理12~16h，可杀死水果中的幼虫和卵，但对某些柑橘品种会导致风味降低和贮存期缩短。此外，用49.5℃热水浸泡70min可杀死水果中的幼虫和卵。熏蒸：正常大气压下，在温度为16~21℃时，$1m^3$用二溴乙烷12~16g熏蒸2h。综合杀虫处理可采用"热处理+冷处理"或"熏蒸+低温冷藏处理"两种以上的处理方法。

2. 防治方法 在果树挂果中后期，每隔2d及时清除落果，对树上有虫青果也应经常摘除。有虫果可利用水浸、深埋、焚烧、水烫等方法杀死果内卵和幼虫。

利用引诱剂：采取吐酒石8g、糖40g和水1800 mL混合，可供$0.4hm^2$果园诱杀使用。

可用50%倍硫磷乳油，处理寄主附近土壤，杀死脱果入土的幼虫。

第三节　检疫性杂草

一、毒　麦

毒麦，学名 *Lolium temulentum* L，英文名 poison rye-grass。毒麦属于禾本科大麦族黑麦草属，人吃了含毒麦的面粉，易发生中毒现象。中毒严重的可导致中枢神经系统麻痹而死。毒麦在世界各国均有发生，国内已有分布，属危险性害草。

（一）简史与分布

黑麦草属的绝大多数种是很好的牧草，分蘖力和适生能力都很强，可多次刈割和放牧。但毒麦的种子常因遭受一种有毒真菌侵害，使籽粒内含有真菌毒素，人畜食后即发生中毒事故，其茎叶一般无毒。盛产于叙利亚和巴勒斯坦一带，我国1954年在从保加利亚进口的小麦中发现，首先在黑龙江等东北地区发生，后随种子调运扩散到长江流域。

（二）生物学

1. 形态特征 一年生草本。幼苗叶鞘基部常紫色，叶片比小麦狭窄，叶色碧绿，下面平滑光亮。茎直立丛生，高50~110cm，光滑。叶鞘疏松，长于节间；叶片长10~15cm，宽4~6mm，叶脉明显，叶舌长约1mm。穗状花序长10~25cm，穗轴节间长5~15mm；每穗有8~19个小穗，小穗单生，无柄，互生于穗轴上，以背腹面对向穗轴，长9~12mm（芒除外），宽3~5mm，每小穗含4~7小花，排成2列；第一颖（除顶生小穗外）退化，第二颖位于背轴的一侧，质地较硬，有5~9脉，长于或等长于小穗；外稃椭圆形，长6~8mm，芒自顶端稍下方伸出，芒长7~10mm；内稃与外稃等长。颖果长椭圆形，灰褐色，无光泽，长5~6mm，宽2~2.5mm，厚约2mm，腹沟宽，与内稃紧贴，不易分离。

2. 生长习性 毒麦是生长在小麦、大麦和燕麦等麦田里的一种恶性杂草。毒麦的生活力很强，种子在土内10cm深处仍能出土，室内贮藏2~3年仍有萌发力，从播种到萌芽需5d。在东北地区，毒麦在4月末5月初出苗，比小麦迟2~3d，出土后生长迅速，5月下旬抽穗，比小麦迟熟7~10d。在南方，一般在5月上旬抽穗，比小麦迟熟5~7d。

毒麦分蘖力较强，一般有 4~9 个分蘖，繁殖力比小麦大 2~3 倍。据黑龙江省 1962 年调查，在小麦地里，每穗平均籽粒数，毒麦为 66.8 粒，小麦为 20 粒。因此，毒麦侵入麦田后，如不及时防除，几年之内混杂率可达 60%~70%，使小麦产量锐减。毒麦籽粒中，在种皮与糊粉层之间，常因"有毒真菌"侵染，能产生毒麦碱、毒麦灵、黑麦草碱及印防己毒素。毒麦碱对脑、脊髓、心脏有较强麻痹作用。

3. 传播途径　毒麦原产欧洲，在 20 世纪 50 年代由国外引种或进口粮食中混杂的毒麦传入我国。最初在黑龙江、江苏、湖北 3 省蔓延危害。我国各口岸从美国、阿根廷、澳大利亚、法国、德国、土耳其、希腊、芬兰、埃及等国的进口小麦中，也经常检出毒麦。

（三）检验与防治

1）产地调查　在小麦和毒麦的抽穗期，根据毒麦的穗部特征进行鉴别，记载有无毒麦发生和毒麦的混杂率。

2）室内检验　对仓库贮藏的或调运的小麦进行抽样检查，每个样品不少于 1kg，按照毒麦籽粒特征鉴别，计算混杂率。

3）近似种的区别　毒麦是受一种产毒素的内生真菌侵染后才变为有毒的，这种内生真菌是子囊菌中的座盘菌 (Endoconidium temulentum Prill et Delacr.)，可受座盘菌侵害的还有长芒毒麦(L. temulentum var. longia-ristatum)、田毒麦(L. temulentum var. arvense)、波斯毒麦(L. persicum)和细穗毒麦(L. remotum)等。目前这种内生真菌对寄主的影响还需进一步研究。

4）防治　大量的毒麦种子常随小麦种子一起收获而进入粮仓，随小麦种子一起调运而传播，机械筛选可使种子中的混杂率从 23%降低到 0.07%，即可去除 95%，但少量的毒麦种子一旦进入麦田就可能很快繁殖起来，难以根除。

二、列　　当

列当，学名 Orobanche spp.，英文名 broomrape。列当是列当科列当属植物的总称，约有 100 种，能寄生在 70 余种草本植物上，广泛分布于温带地区。种子小，数量多，每株能结种子 10 万粒以上，种子在土中的发芽力可保持 10 年之久。典型的根寄生，严重影响寄主生长发育，对农作物危害极大，造成减产甚至绝收，属限制进境的有害生物。

（一）分布

目前已知分布的国家和地区有：北纬 30°以北地区，如印度、缅甸、地中海沿岸各国，希腊、意大利、匈牙利、捷克、斯洛伐克、保加利亚、俄罗斯等。我国分布于黑龙江、吉林等省。

（二）生物学

1. 形态特征　一年生寄生草本，茎直立，单生，高 15~50cm，黄褐色或带紫色，有毛。叶片状。穗状花序有花 20~40(80)朵；苞片披针形；花萼 5 裂，贴茎的一个裂片不显著，基部合生；花冠二唇形，长 15~18mm，上唇 2 裂，下唇 3 裂，蓝紫色；雄蕊 4，2 强，插生于花冠筒内；花冠在雄蕊着生以下部分膨大，花柱下弯，子房卵形，由 4 个心皮合生，侧膜胎座。蒴果卵形，熟后 2 纵裂，散出大量尘末状种子。种子形状不规则，略呈卵形，黑褐色，坚硬，表面有网纹，长 0.2~0.5mm，宽与厚各约 0.2mm。

2. 生长习性及危害 列当种子在土壤中接触到寄主根部分泌物时，便开始萌发。如无寄主刺激，种子在土中可存活 5~10 年。幼苗以吸器侵入寄主根内，吸器的部分细胞分化成筛管与导管状分支，通过筛孔和纹孔与寄主的筛管和导管相连，吸取水分和养料，逐渐长大，植株花序由下而上开花结实。幼苗出土盛期为 8~9 月，多寄生在土中 5~10cm 深处的寄主侧根上。一株向日葵最多寄生列当 143 株，寄生率高达 91%。受害植株细弱，花盘小，秕粒多，含油率下降，严重的不能开花结实，甚至干枯死亡。1952 年河北怀来县因向日葵列当危害严重，被迫改种其他作物。1985 年在吉林省干安县才字乡的向日葵连作区发现，列当寄生率高达 80%。

向日葵列当也能寄生在烟草、番茄、茄子、红花属、艾属等植物上。每株列当能结籽 10 万粒以上，种子寿命长，在土中可存活 10 年以上，每年发芽又不整齐，这样，在疫区内的土壤中逐年积累了大量种子。种子微小，易黏附在向日葵籽上或根茬上传播，也能借风力、水流、人、畜及农机具传播。

(三) 检验与防治

列当种子很小，易随风飘浮而传播扩散较大范围，混杂在农作物种子中，又不易发现。按规定取样品重复过筛，收集筛下的杂屑在双筒解剖镜下仔细检查，可计算混杂率。

列当种子的繁殖率极高，寿命又很长，落入土中发芽很不整齐，因此，一旦定殖在田间，很难根除。由于发芽很不整齐，使用除草剂的效果也受到影响。

三、假 高 粱

假高粱，别名石茅、宿根高粱，学名 *Sorghum halepense* (L.) Pers.，英文名称 Johnsongrass, egyptian-grass。假高粱是禾本科高粱里的一种恶性杂草。

(一) 分布

原产地中海地区，现已广泛传播到从北纬 55°到南纬 45°间的 60 多个国家和地区。国内在华南和华东已有分布，由于它的繁殖力和适应能力特强，种子常混杂在种子、粮食和饲料中，随装卸调运而扩散蔓延。属于限制进境的有害生物。

(二) 生物学

1. 形态特征 多年生草本，有发达的根状茎。茎秆直立，高 1~3m，直径约 5mm。叶片阔线形至线状披针形，长 25~80cm，宽 1~4cm；基部有白色绢状疏柔毛，中脉白色而厚；叶舌长约 1.8mm，具缘毛。圆锥花序，长 20~50cm，淡紫色紫黑色，主轴粗糙，分枝轮生，基部有白色柔毛，上部分出小枝，小枝顶端着生总状花序；穗轴具关节，易断，小穗柄纤细，具纤毛；小穗成对，一具柄，一无柄；在顶端的一节有 3 小穗，一无柄，二具柄；有柄小穗较狭，长约 4mm，颖片草质，无芒；无柄小穗椭圆形，长 3.5~4mm，宽 1.8~2.2mm；二颖片草质，近等长，被柔毛；第一颖的顶端具 3 齿，第二颖的上部 1/3 处具脊；第一外稃膜透明，被纤毛；第二外稃长约为颖的 1/3，顶端微 2 裂，主脉由齿间伸出呈小尖头或芒。带颖片的果实椭圆形，长约 5mm，宽约 2mm，厚约 1.4mm，暗紫色(未成熟的呈麦秆黄色或带紫色)，光亮，被柔毛；第二颖基部带有一枚小穗轴节段和二枚有柄小穗的小穗柄，二者均具纤毛；去颖颖果倒卵形至椭圆形，长 2.6~3.2mm，宽 1.5~2mm，棕褐色，顶端圆，具 2 枚宿存花柱。

2. 生长习性及危害 假高粱常生长在热带和亚热带地区的农田或荒地上，以种子和根茎繁殖蔓延。在亚热带地区，于 4~5 月开始出苗，从根茎上发生的芽苗出现较早，叶鞘呈紫红色，生长比籽苗快。出苗后 20d，地下茎形成短枝，开始分蘖，随着气温上升，地上茎叶生长加快。6 月上旬开始抽穗开花，一直延续到 9 月。7 月上旬颖果开始成熟，随熟随落。种子经过休眠，到第二年温度上升到时，即可萌发。每个花序能结籽 500~2000 粒。

在开花期，地下根茎迅速生长，在壤土中，4d 就能增长鲜重 2 倍以上，在黏土中生长较慢。根茎形成的最低温度是 15~20℃，到秋季进入休眠，在杭州地区可露地越冬。

假高粱是谷类、甘蔗、棉花、麻类、苜蓿、大豆等 30 多种作物地的最危险的杂草之一，它不仅使作物的产量下降，而且它的花粉容易与高粱属作物杂交，致使品种不纯。由于它生长快，长得高大，一个生长季每株能生长 8kg 鲜草和 70m 长的地下茎，结籽 28 000 粒。一小段根茎就能繁殖形成新植株。因此，它具有很强的繁殖力和竞争力。假高粱还是多种病毒和细菌病害的桥梁寄主和越冬寄主。假高粱的幼苗和嫩芽含有氰苷酸，家畜误食会中毒。

3. 适应范围 假高粱的适生能力极强，可在国内大部分农业区生长。从国外进境的农产品中也经常混杂有大量的假高粱种子，威胁很大，一旦定殖，可在土中长期生存，很难彻底杀灭。

（三）检验与防治

高粱属植物，除假高粱外，在我国尚有粮食作物高粱、引种栽培的牧草苏丹草、野生杂草有光高粱和拟高粱，后者植株形态与假高粱相似。

防治：假高粱的根茎耐高温、低温和干旱，可配合田间管理进行伏耕和秋耕，使其根茎暴露而死。禁止种植混杂有假高粱的作物种子或原粮，并用风车或选种机过筛彻底清除，将筛下物粉碎以杜绝传播。

化学防治曾用草甘膦、四氟丙酸钠等除草剂。近年在世界主要甘蔗种植区广泛使用磺草灵，每公顷用 4kg 防治有特效。

── **复习思考题** ──────────

1. 黄瓜黑星病菌的检验检疫方法有哪些？并试述其病害症状。
2. 水稻细菌性条斑病菌如何进行检疫处理？
3. 防治稻水象甲的措施有哪些？
4. 马铃薯甲虫是如何进行传播的？
5. 四纹豆象的检测方法有哪几类？各种方法是如何进行的？

主要参考文献

鞠兴荣. 2008. 动植物检验检疫学. 北京: 中国轻工业出版社.
李琴, 刘慧艳. 2010. 乳与乳制品中农药残留的筛选. 生命科学仪器, 8(4): 58-60.
李泽瑶. 2003. 水产品质量安全控制与检验检疫手册. 北京: 企业管理出版社.
李志红, 杨汉春, 沈佐锐. 2004. 动植物检疫概论. 北京: 中国农业出版社.
李志荣, 丁双阳. 2008. 动物源性食品安全与兽药残留检测技术. 天津: 天津科学技术出版社.
励建荣, 李婷婷, 李学鹏. 2010. 水产品鲜度品质评价方法研究进展. 北京工商大学学报(自然科学版), 28(6): 1-8.
刘维华, 段中玉, 吴顺祥. 2007. 动物源性食品质量安全检验. 银川: 宁夏人民出版社.
刘翊中, 陈士恩. 2010. 动物检疫学. 兰州: 兰州大学出版社.
马贵平. 1993. 进出境动物检疫手册. 北京: 北京农业大学出版社.
马美湖, 胡小松, 励建荣, 等. 2011. 食品工艺学. 北京: 中国农业出版社.
王建军, 黄菲菲, 赵嘉胤, 等. 2011. 生鲜乳中农兽药残留限量分析比对. 中国乳品工业, 39(4): 42-44.
王巧华. 2004. 基于BP神经网络的鸡蛋新鲜度识别方法的研究. 武汉: 华中农业大学硕士学位论文.
王巧华, 任奕林, 文友先. 2006. 基于BP神经网络的鸡蛋新鲜度无损检测方法. 农业机械学报, 37(1): 104-106.
王仁华, 陈向前, 汪明. 2008. 国际动物卫生法典简介. 中国兽医杂志, 44(1): 76-77.
魏广东. 2005. 水产品质量安全检验手册. 北京: 中国标准出版社.
翁鸿珍. 2010. 乳与乳制品检验技术. 北京: 中国轻工业出版社.
吴晖. 2008. 动植物检验检疫学. 北京: 中国轻工业出版社.
许志刚. 2003. 植物检疫学. 北京: 中国农业出版社.
于大海, 崔砚林. 1997. 中国进出境动物检疫规范. 北京: 中国农业出版社.
乐涛, 毕玉霞. 2007. 动物检验检疫. 重庆: 重庆大学出版社.
张福军. 2009. 动物疫病检疫指南. 北京: 中国农业科学技术出版社.
张晓东. 2006. 畜产品质量安全及其检测技术. 北京: 化学工业出版社.
张延明, 薛富. 2010. 乳品分析与检验. 北京: 科学出版社.
张彦明, 佘锐萍. 2009. 动物性食品卫生学. 4版. 北京: 中国农业出版社.
张彦明. 2002. 无公害动物源性食品检验技术. 北京: 中国农业出版社.
郑丽敏, 杨旭, 徐桂云, 等. 2009. 基于计算机视觉的鸡蛋新鲜度无损检测. 农业工程学报, 25: 335-339.
周德庆. 2007. 水产品质量安全与检验检疫实用技术. 北京: 中国计量出版社.
朱坚, 汪国权, 陈正夫, 等. 2003. 食品中危害残留物的现代分析技术. 上海: 同济大学出版社.
Li J R, Lu H X, Zhu J L, et al. 2009. Aquatic products processing industry in China: challenges and outlook. Trends in Food Science & Technology, 20: 73-77.
Marth E H, Steele J L. 2001. Applied Dairy Microbiology. 2nd ed. New York: Marcel Dekker, Inc.
Nollet Leo M L, Toldra F. 2010. Handbook of Seafood and Seafood Products Analysis. New York: CRC Press.

更多文献扫码查看

附 录

附录一 中华人民共和国进出口商品检验法

 扫码获取内容

附录二 中华人民共和国进出口商品检验法实施条例

 扫码获取内容

附录三 中华人民共和国进出境动植物检疫法

 扫码获取内容

附录四 中华人民共和国进出境动植物检疫法实施条例

 扫码获取内容

附录五 中华人民共和国动物防疫法

 扫码获取内容

附录六 实施卫生与植物卫生措施协议

 扫码获取内容

附录七 中华人民共和国进境植物检疫性有害生物名录

 扫码获取内容

附 录

附录一 中华人民共和国进出口商品检验法

扫码获取内容

附录二 中华人民共和国进出口商品检验法实施条例

扫码获取内容

附录三 中华人民共和国进出境动植物检疫法

扫码获取内容

附录四 中华人民共和国进出境动植物检疫法实施条例

扫码获取内容

附录五 中华人民共和国动物防疫法

扫码获取内容

附录六 突发公共卫生事件应急条例

扫码获取内容

附录七 中华人民共和国进境植物检疫性有害生物名录

扫码获取内容